盐池县水务志

YANCHI XIAN SHUIWU ZHI

《盐池县水务志》编纂委员会 编

黄河出版传媒集团
宁夏人民出版社

图书在版编目（CIP）数据

盐池县水务志 /《盐池县水务志》编纂委员会编
. -- 银川 : 宁夏人民出版社，2019.9
ISBN 978-7-227-07082-5

Ⅰ. ①盐… Ⅱ. ①盐… Ⅲ. ①水利史-盐池县-1958- Ⅳ. ①Ⅳ-092

中国版本图书馆CIP数据核字(2019)第201683号

盐池县水务志　　　　**《盐池县水务志》编纂委员会　编**

责任编辑　贺飞雁
责任校对　姚小云
封面设计　丁凤玲
责任印制　肖　艳

黄河出版传媒集团
宁夏人民出版社　出版发行

出 版 人　薛文斌
地　　址　宁夏银川市北京东路139号出版大厦（750001）
网　　址　http://www.yrpubm.com
网上书店　http://www.hh-book.com
电子信箱　nxrmcbs@126.com
邮购电话　0951-5052104　5052106
经　　销　全国新华书店
印刷装订　宁夏云成印刷包装有限公司
印刷委托书号（宁）0014703

开本　880mm × 1140mm　1/16
印张　39.5
字数　800 千字
版次　2019 年 9 月第 1 版
印次　2019 年 9 月第 1 次印刷
书号　ISBN 978-7-227-07082-5
定价　298.00 元

《盐池县水务志》编纂委员会

序

盐池县水务局局长　蔡向阳

盐池县境内几无河流、湖泊。有被称作山水河、十字河、苦水河、哈巴湖、二道湖、南海子等水源名称，皆有名无实，或水域极小，不足论者。史有可考的水源地仅有一处，即秦和西汉时期的神泉障、唐时的饮马泉，也就是明代的铁柱泉。明人胡侍所撰《铁柱泉颂》载：“铁柱泉者，渟泓渊沦，广其百武。历四序而盈科，饮万骑以靡涸。兴武之野，方数百里，绝无水泉，胡马南牧，兹焉是赖。”这一段文字记载，一方面说明，当时铁柱泉水域水量之充盈宏阔，另一方面也说明，广数百里之野，再无水源。“绿杨著水草如烟，旧是盐州饮马泉。”是唐代大诗人李益描写今铁柱泉一带风光的著名诗句，历经千年沧桑，再无当时盛况。明清以降，盐池地区生态资源遭到严重破坏，荒漠化进程日益严重，人类生存状况愈来愈差。

盐池县南部为干旱山区，中北部地区处于半荒漠地带。历史以来，水资源就极其短缺，成为制约经济社会发展的主要因素。新中国成立初期到20世纪80年代中期，全县人畜饮水主要靠井窖，肩挑驴驮，拉运困难，且卫生状况差，水质不达标；遇有旱灾，人畜饮水十分困难。全县几乎没有水浇地种植历史记载，仅花马池镇红山沟村利用沟泉水开辟出不足20亩的水浇地，主要种植韭菜，远近闻名。这里不仅水资源奇缺，且水土流失十分严重，风蚀、水蚀面积最高时达7013平方公里，约占全县土地总面积8522.2平方公里的82%以上。干旱缺水、生态环境脆弱成为基本县情。千百年来，“吃水靠井窖，种田靠老天”“杯中浮细草，碗底澄（dèng）砾砂”是当地老百姓日常生活最真实的写照。

大旱望云霓，久渴思甘霖。盐池人民盼水心切，思水求变。为了从根本上解决老百姓靠天吃饭的被动局面，历届县委、政府在不同时期、采取不同方式积极利用水资源发展农业经济,改善人民生产、生活状况,有成功的经验,也不乏失败的教训。盐池人盼水、求水、用水的急迫心情和坚定信心从未改变。

2018年,是中国改革开放40周年,也是盐池县水务事业不断发展壮大的40年。经过40年的艰苦奋斗、砥砺前行,截至2017年年底,全县共发展扬黄灌溉面积38.66万亩,开发灌域外高效节水面积19.06万亩,灌域内19.6万亩;扬黄灌区节水改造达到15.1万亩,8万亩井灌区全部完成改造,全县高效节水总面积达到42.3万亩,占扬黄灌区总面积的90%以上。全县实现农村自来水普及率达到99.73%,农村自来水集中供水率达到100%,供水水质达标率为100%,彻底解决了全县102个行政村656个自然村14.57万农村人口的饮水安全问题。实施精准扶贫、精准脱贫工作以来,全县水土保持工作紧密结合精准脱贫、精准扶贫工作大局,以项目扶持为主导,大力推进坡改梯、洪漫坝等水保措施,在黄土丘陵区实施以"山、水、田、林、路、草"等综合治理措施为主的小流域综合治理和生态环境治理,发展以旱作为主的基本农田42.8万亩,累计完成治理水土流失面积4437平方公里(其中小流域治理水土流失903平方公里),占全县水土流失总面积7013平方公里的63%。也正是这一年,盐池县率先在宁夏脱贫摘帽,高标准实现农村群众"两不愁、三保障"目标。水务事业对全县农业经济发展的贡献从无到有,从小到大,占到了全县农业经济总量的半壁江山。这些成就的取得,是盐池人民众志成城的结果,其中盐池水务人功不可没。换句话说,也正是历任盐池县委、政府领导,包括盐池水务人在内的全县广大干部群众艰辛付出,撑起了盐池县农业经济发展的半壁江山。

中共盐池县第六届委员会书记张敏,在1975年就高瞻远瞩,提出"引黄入盐"的设想,得到了自治区领导的支持,说服了水利部专家领导。后经10多年的反复论证,终于形成了"盐环定扬黄工程"方案报告,获得国务院批准,1988年盐环定扬黄共用工程开工建设。中共盐池县第七届委员会书记吴学庭,继续前任"引水"思路,提出扬黄灌区"山、滩、田、林、路、村"整体开发建设布局,促成了引水方案的优化调整。单新强,1987年3月任盐池县委常委、副县长,先后主持了全县"三西"农业建设、北六乡沙漠化土地综合整治、中日治沙等重大项目建设。1993年单新强调任扬黄指挥部指挥,肩负起惠安堡、马儿庄和城西滩灌区开发建设重任,拉开了盐池扬黄灌区开发建设的序幕。从此他夜以继日,呕心沥血,为灌区建设作出了巨大的贡献,被灌区百姓尊敬地称为"老县长"。石岗,1988年主持水电局工作,1993年担任盐池扬黄灌区建设指挥部副指挥。亲自参与了扬黄工程前期规划论证、土壤普查、灌区规划、组织施工、吊庄搬迁等各个阶段重点工作,为灌区建设打下了坚实基础。高玉,1978年从清华大学水利工程系毕业后开始参与扬黄工程前期勘测设计工作,1991年被任命为盐池扬黄工程建设管理局局长,后又兼任灌区建设指挥部副指挥、指挥，义不容辞地担起了工程设计的技术“总工”和施工管理两副重担，先后参与扬黄工程建设近20年。吴德，1996年3月任水电局局长。在此期间，积极组织实施打井、打窖、兴建小型农田水利工程，大搞以小流域综合治理为重点的旱作农田建设和生态建设；1999年实现全县乡乡通水，1994年实现全县村村通电目标。白树民，1974年在县水电局参加工作，先后任水务部门技术员、工程师，设计室副主任、主任，副局长、局长。2006年8月担任政协盐池县第七届委员会副主席后，仍然联系水务工作，先后在水务战线工作近40年。女工程师苏明昌从水利学校毕业后，由四川分配到盐池县工作，她和丈夫莫兴福一道把毕生精力献给盐池水务事业。李峰、李东、吴科、白赟等技术骨干，在实干中磨砺，在实践中成长，成为盐池水利事业的中坚力量、有功之臣。

一代人有一代人的历史使命，一代人有一代人的责任担当。

中共十八大报告首次提出“两个一百年”奋斗目标：第一个一百年，是到中国共产党成立100年时（2021年）全面建成小康社会；第二个一百年，是到中华人民共和国成立一百年时（2049年）建成富强、民主、文明、和谐的社会主义现代化国家。在第一个一百年来临之际，盐池人民彻底摘掉贫困帽子，勇敢、自信地向小康社会迈进。到第二个一百年，还有整整30年。30年，是又一代盐池人创造奇迹、建功立业的历史时期。作为新一代盐池水务人，我们有责任、有信心和全县人民一道把家乡建设成为美丽、富裕、文明的社会主义新农村。

2018年12月

凡 例

一、编纂《盐池县水务志》是以马克思列宁主义、毛泽东思想、邓小平理论、“三个代表”重要思想、科学发展观和习近平新时代中国特色社会主义思想为指导,以《中国共产党中央委员会关于建国以来党的若干历史问题的决议》和《中共中央关于经济体制改革的决定》为准绳,科学运用辩证唯物主义和历史唯物主义的观点和方法,充分反映人民群众的历史作用,全面、客观、真实、系统地记述盐池县在水利建设的发展历程和主要成果,突出体现“资治、教化、存史”功用。

二、本志主要章节上限可追溯至1936年盐池解放前后;下限至2017年12月31日。

三、本志体裁分为述、记、志、图、表、传、录七种方法,以志为主体,采用记述文体,部分内容用说明文体。记述部分力求语言文字简洁顺畅,表述清楚,合乎志书规范体例;本志大量运用数据说明问题,所采用数据以盐池县统计部门和已出版地方志书及《政府工作报告》等重要文件为依据。

四、本志分章(含章下小序)、节、目,采用第三人称记述,横排门类,纵述史实,力求层次分明,图文并茂。

五、大事记采用编年体,按事件发生时间顺序一事一记。要求时间、地点、人物、起因、经过、结果六要素基本完备;所记事项有具体日期的,注明年、月、日;日期不详的附于月末,用“是月”表示;月份不详的附于季末,分别用“春季”“夏季”“秋季”“冬季”或“是年春”等规范用语表示;季节不详的附于年末,用“是年”表示。

六、本志采用资料以盐池县档案馆馆藏资料和已出版地方志书资料为主,以全国及自治区行业主管部门、专家学者著作和各级党委、政府相关政策文件和相关党报党刊报道资料为补充。

七、志书内数字的用法按照2011年11月1日国家标准化管理委员会颁布《出版物上数字用法》的规定标准执行。如计量单位,统一使用法定计量单位:千米、平方千米、公顷、千克、平方米等,一律用现行汉字单位表示;亩、公斤、石等计量单位遵照当地习惯用法;统计表格的数据单位用、平方公里、平方米、立方米、公斤等公制单位表示；引用《盐池县志》《盐池统计年鉴》等已出版地方志资料数据，为使统计数据口径一致，保持原计量单位不变。

八、志书内附表以章统一编号，第一个数码为章号，第二个数码为节号，第三个数码为顺序号，如 1-1-1 表示第一章第一节第一表；2-2-1 表示第二章第二节第一表，以此类推。

九、为了行文叙述方便，对于字数较多的地域名称、单位名称、领导职务名称等，除在同一章节第一次使用全称后，下文可根据行文语言习惯使用简称。如“宁夏回族自治区”简称“自治区”，“中共盐池县委、盐池县人民政府”简称“盐池县委、政府”或“县委、政府”等。

十、附录文件部分，重点录入文件标题、内容，或重点节选相关内容；对文本格式、附件、签印等内容不作全面录入。

目　录 Contents

概　述

盐池县位于宁夏回族自治区东部，处于陕西、甘肃、宁夏、内蒙古四省区七县（市、区、旗）交界地区。东与陕西省定边县毗邻，西与灵武市、同心县、红寺堡区接壤，南接甘肃省环县，北靠内蒙古自治区鄂托克前旗，自古就有“西北门户，灵夏肘腋”之称。县境南北长110公里，东西宽66公里，总面积8522.2平方公里。地理坐标东经106° 30' 至107° 47'，北纬37° 04' 至38° 10'。属鄂尔多斯台地向黄土高原过渡地带，地势南高北低，平均海拔1600米。2017年，全县辖4镇4乡和1个街道办事处，有102个行政村、654个自然村、17个城镇社区居委会。总人口17.2万人，其中农业人口14.3万人，有回族、满族、东乡族等13个少数民族4234人，占全县总人口的2.45%，其中回族人口3728人，占全县总人口的2.16%。有耕地218万亩，人均15.6亩，其中水浇地32.0557亩。林木保存面积358万亩。

盐池中温带大陆性气候特征极其明显；春迟秋早，夏短冬长，气温多变，温差悬殊，干旱少雨，风多沙大。年平均降水量300毫米左右，全年无期3至5个月，曾经历过年平均每秒之风200余次的历史。因此，本地有“早穿皮衣午穿纱，围着火炉吃四瓜”和“一年一场风，从春刮到冬”之说。

一个地区的水资源，大体由地表水、地下水及其土壤水组成，是大自然普遍存在的三种水体。盐池县地处宁南山区干旱地带，南部为黄土沟壑区，北部为风沙荒漠区，年平均降水量只有293毫米。完全依靠降水补给形成十分有限的地下水资源，年储量只有约2100万平方米。盐池县不仅水源奇缺，且水土流失也十分严重，风蚀、水蚀面积达5800平方公里，约占全县土地总面积的67%。干旱缺水、生态环境脆弱是基本县情，成为制约全县经济和社会发展的重要因素。

中华人民共和国成立初期，盐池县为了从根本上解决靠天吃饭的被动局面，在地表水和浅层水较为丰富的地方搞小型水利工程建设，通过打土圆井、截引沟泉水的办法开发水浇地，同时大搞农田水利大会战。受当时条件限制，所有水利工程全部为人力修筑的土坝或土渠，工程质量不高，水毁严重，因而先后多数废弃。此后，历届县委、政府持续加大水利工程建设，积极依靠国家项目投资和发动群众自主投入，在充分利用好“四水”方面取得了一定的成果：在中北部地区建筑塘坝截引沟泉地表水；打带子井、土圆井、塑料井和深机井等开发地下水；在地下水资源极其缺乏的南部山区建集雨场、打窖蓄存天上水；开发建设扬黄灌区利用黄河水。形成了以扬黄灌溉区为主，井灌区和窖灌为辅的三大农田水利体系。截至2017年，全县发展水浇地累计保存面积32.0557万亩，其中扬黄灌溉区19.6万亩，机井灌溉区7.0841万亩，小高抽、塘坝、窖灌共计5.3716万亩。

一

历史以来，干旱是盐池县最主要的自然灾害。全年干旱天数达到250天以上，1月、2月、3月、4月、11月、12月共6个月降水量不足50毫米。由于受地形和气候影响，一年四季都有可能发生旱灾，但以春、夏旱最为普遍。当地有“天旱人发愁，吃水贵如油”的俗语。干旱造成空气干燥、土地龟裂、植物缺水，导致草原枯萎、粮食减产、河流干涸、人畜饮水困难。据统计，1949年至2016年，全县范围的大旱、中旱有60年，局部旱情年年都有，大中旱出现频率为85%，历史上由于旱灾引发的饥荒年馑多不胜数。

1952年全县大旱，盐池县委提出“生产自救、厉行节约”的救灾方针，并抽调机关干部194名、企业职工66名到基层农村参加抗旱救灾。1955年，由于发生严重春旱，全县70%的耕地没有按季节播种，县委发动群众在有水源的地方用人工浇水、滴水的办法抢救青苗。20世纪60年代到80年代，全县旱灾频发，对农牧业生产、人畜饮水安全造成了极大危害。1982年全县遭遇大旱，年降雨量仅为171.7毫米，粮食收获只有大约两成。1986年7月至

盐池南部山区地貌

1987年3月，累计降雨量只有129.5毫米，气温比往年偏高2.2℃至4.1℃，干土层达60厘米至70厘米。1988年全年大旱，旱情持续12个月，全县3.6万人、1.5万头大家畜、20万只羊严重缺水。1993年盐池县遭受有史以来四季连旱大灾，1至5月份全县总降水量仅为32.4毫米，仅5月份就出现了8次大风、19次沙暴和30天扬沙天气；持续干旱造成土壤干涸、林草枯萎、塘坝见底、机井断流；北部地区地下水位下降了50厘米至80厘米；7个乡、26个行政村、151个自然村的2万人、10万只羊、0.75万头大家畜严重缺水，部分群众要到10公里以外的地方拉运生活用水。1994年，全县出现历史上罕见大旱、风沙灾害性气候，农作物无法适时播种，地下水位下降，南部山区部分水窖枯竭，全县一度有13个乡54个行政村217个自然村、4.1632万人、1.1528万头大家畜、18万只羊严重缺水。1999年冬至2000年春，全县持续干旱达14个月之久，分别造成9万人缺粮、1.6万头大家畜、32万只羊缺饲料，5万余人、0.5万头大家畜、24万只羊缺水；全县300余眼浅井、800眼水窖干枯；南部山区个别村庄生活用水要到三四十公里以外的地方拉运，水价高达30元/立方米至40元/立方米。2000年至2001年，全县持续干旱，18个月累计降雨量仅为299毫米，在此期间出现扬沙天气119次、沙尘暴12次，加上气温偏高，蒸发量大，致使全县大面积农田无法春播，苗木死亡严重，人口缺粮，牧畜缺料，人畜饮水极度困难。2001年春节过后，麻黄山乡机关、学校严重缺水，机关、学校700余人的生活用水只能到百里以外的山下拉水。为了保证冬季不发生更为严重的水荒，乡上只能采取措施，如不准学生在学校洗衣服、扫地不许洒水、每天只供吃喝用水等“节水措施”。2004年至2011年，连续7年大旱，造成旱作区土壤失墒严重，农作物大面积干枯，部分地区出现人畜饮水困难。2011年1至6月，全县累计降雨量55.8毫米，全部为无效降雨，农作物受旱面积1.06万公顷，1.25万人、0.14万头大牲畜、42万只羊缺水；机井出水不足265眼。

旱灾频发的同时，洪灾、雹灾也时有发生。1943年10月29日，11月3日、5日，连续3次冰雹，全县不同程度受灾。11月5日夜，三区（王乐井）三乡张记沟村东西约20公里、南北约10公里的地带降冰雹厚达5寸。冰雹过后，寸草不生，打死羊49只。二区（高沙窝）高里吾苏村遭受洪灾，淹死4人、羊49只、驴3头。1956年，全县受洪灾耕地6.1万亩，受灾人口0.78万人，直接经济损失97万元。1959年，全县受洪灾耕地8.213万亩，受灾人口0.9135万人，直接经济损失131万元。1964年，全县受洪灾耕地4.21万亩，受灾人口0.2万余人。1968年，全县受洪灾耕地7.8101万亩，受灾人口0.618万人，直接经济损失93万元。1979年，全县受洪灾耕地3.8121万亩，受灾人口1.8万余人，直接经济损失70万元。1984年，全县受洪灾耕地1.1万亩，受灾人口1.2万余人。1994年8月5日凌晨，盐池县遭受了百年不遇的特大洪涝灾害，全县受灾耕地12万亩，受灾人口1.31万人，城镇受灾直接经济损失2913万元。1998年受洪灾耕地15.112万亩，受灾人口0.9万余人，农村直接经济损失

402万元。1999年7月13日，盐池县局部降大暴雨，刘八庄、五堡、二堡、北园子等村及北关居民、机关、学校被淹，直接经济损失达3200万元。21世纪初，盐池县持续加大生态建设力度，治沙治水，控制水土流失，恢复草原植被，取得了显著成效，但旱灾、风灾洪涝灾害仍然时有发生。从2001年至2016年，旱灾、风灾、洪灾交替出现，其中旱灾最为严重。旱灾、风灾引发气温持续偏高、流行性感冒严重、肺炎哮喘人数明显增多。2005年5月30日，盐池县部分地区遭受大风和冰雹袭击，灾情较重的冯记沟乡降雹时间持续10分钟，冰雹直径达20毫米。风、雹灾害造成全县5个乡镇、29个行政村、152个村民小组、6535户、2.93万余人受灾。大风造成8120只滩鸡丢失；损坏蔬菜大棚8座，损坏移动式养鸡棚23座；倒塌民房5间，损毁44间，倒塌围墙1300米；刮倒高压电线杆2根；全世达镁业公司36米高的烟囱被风刮倒；大风还造成2人轻伤；全县直接经济损失达660万元。2009年4月23日，全县部分乡镇遭受沙尘暴袭击，最大风力8级，造成78座大拱棚棚膜撕裂，5座大拱棚棚架倒塌；1户农户羊圈墙被大风吹倒，造成羊只死亡5只。2014年入春后全县旱情严重，造成全县8个乡镇100多万亩旱耕地严重受灾，5.26万人缺水、3.56万人缺粮、50余万头（只）牲畜缺水。旱灾、风灾、洪灾、雹灾间或发生，严重困扰着盐池县农牧业生产繁荣发展。

二

中华人民共和国成立初期，盐池县为了从根本上解决靠天吃饭的被动局面，在地表水和浅层水较为丰富的地方搞小型水利工程建设，通过打土圆井、截引沟泉水的办法开发水浇地，同时，大搞农田水利大会战。

1952年，盐池县委、政府根据中央人民政府政务院《关于发动群众继续开展防旱、抗旱运动并大力推行水土保持工作的指示》（1952年12月19日政务院第163次政务会议通过）精神，提出“打井筑坝，利用一切水源浇地”的抗旱思路。受当时条件所限，对水文地质情况不清，在一些不宜打井的地方打井，致使有的井打出的是苦水，有的井不出水，造成了人力、财力的浪费。1955年开始以“堵挡洪水、截挖潜水”为主，组织开展大规模农田水利工程建设，开挖土井，截引沟泉水，发展水浇地，同

1958年6月29日，盐池县人委在水利施工现场召开表彰大会

时对盐碱地进行改良 1956 年采用小孔试挖的办法勘探地下水，节省人力财力，群众参与水利事业建设的积极性逐步提高。1958 年农村实行公社化后，国家水利建设实行小型为主、蓄水为主、社办为主的“三主”方针，盐池县委提出“苦干三年改变盐池面貌，奋斗五年实现四十条，提前两年实现水利化，人均水地达 2 亩”的目标，开展以“大兵团作战，主攻重点，实行组织军事化”的农田水利建设运动，重点修筑了太平庙、营盘台、杨圈沟、陈家台、官滩、汪家河沿、红井子、芨芨滩营井等截水、蓄水工程。

1964 年，中央提出了“小型为主，配套为主，社队自办为主”的水利建设方针。1965 年，盐池县开展了大规模草原建设和水利水保大会战，县上成立了草原建设水土保持委员会，全县 8 个公社划分为 4 个战场，以王乐井、大水坑公社为中心的两个水土保持战场，以城郊、侯家河公社为中心的两个小型水利战场，出动了占全县 35%近 9000 名劳动力，是中华人民共和国成立以来出动劳力最多的一年。

根据国务院北方抗旱会议精神，1967 年以后，盐池县农田水利建设的主战场转为以打机井为主，建设机井灌区，增加粮食产量。20 世纪 70 年代，盐池县对已建成的土井全部进行配套，以提高使用效率，发挥土井在抗旱救灾中的作用。同时因地制宜，在土壤条件好、地势平坦、地下水源好的地方发动群众打带子井和大口井发展水浇地。1974 年，根据国务院北方地区 17 省、市抗旱会议和自治区党委关于山区、牧区抗旱会议精神，按照全面规划、综合治理、因地制宜、分类指导的水利方针，大搞“机井群”建设。1974 年至 1975 年，全县共打大口井 155 眼。1980 年在柳杨堡、城郊、高沙窝、苏步井等公社发展一户一井灌溉，每眼井配发水车 1 部，发展水地 3 亩至 5 亩。

20 世纪 70 年代盐池县农村水车灌溉

“五五”（1976 年至 1980 年）期间，盐池县根据水利资源不足、分布不均的特点，在多年群众打井实践的基础上，依据内蒙古自治区水文大队提供的水文资料，开始在地下水埋藏较深（600 米）及较富的城郊、柳杨堡、高沙窝、苏步井、王乐井公社开发利用深层水，计划累计成井 1000 眼，每年打井 150 眼。“六五”（1981 年至 1985 年）期间，盐池县认真贯彻执行全国水利管理会议提出的“把工作重点调整到管理上来”的用水方针，改变过去重建设、轻管理，不注重经济效益的做法。1981 年至 1982 年对全县水利工程，特别是机井类工程进行普查，分项登记，统一编号，建立档案。盐池县水电局设立了机井管理站，专门负责对全县各类水源井进行管理。组建了机泵维修组，对已配套的机泵进行维修；机井管理实行责任制，按照群众协商自愿原则，将机井的管理权全部划归给生产队、生产小组或个人，国家给予一定的管理补助，固定泵长专门负责维护和运行。配套和管理上的改进促进了水地经济效益不断提升。平均年井灌溉面积由过去40.6亩提高到70.5亩。这一时期注重打井质量和效益，打井数量虽然不多，但实现了当年打井、当年配套、当年种植、当年见效的目标。

1994年，盐池县根据自治区在固原召开节水灌溉研讨会提出的将“抗旱节水坐水种灌溉”作为一项新技术在干旱山区推广试点的要求，选择后洼乡沙崾岘村，麻黄山乡何新庄村分别进行经果村和农作物微灌实验，取得成功。1995年，盐池县水电局制订出台了《盐池县集雨生产窖技术要求》，对窖址、规格、质量标准、验收做出统一规定，严格把关，集雨微灌农业快速发展。在水利部、自治区水利厅专家的精心指导下，盐池县广大干部群众坚持与干旱抗争，探索实施雨水集蓄利用项目，取得显著成效，为当地百姓生存发展找到了一条新的出路。“十五”期间，盐池县利用国家扶持项目投资，完成节水灌溉面积1773亩，灌溉面积4.2万亩，建设高标准农田6.4万亩，全民行动打造了农田水利建设“盐池模式”。

集雨微灌措施具有十分明显的经济、社会、生态效益。根据有关部门效益分析计算，效费比为1.83，内部收益率为13.9%，投入与产出效益显著；其社会效益是有效地解决了当地农民群众温饱问题和农村饮水困难，带动了农村经济繁荣发展；其生态效益是有效地保持了水土流失，遏制了越贫越垦、越垦越贫的乱开乱伐现象，为再造山川秀美的新盐池提供了一条可行之路。

“八五”期间，盐池县农田水利建设主要以打坝、打井、打窖、修水库为主，发展井灌、窖灌节水农业。1997年盐池县被自治区列为宁南山区率先实现基本温饱县。县委、政府把抓农田水利基本建设作为实现脱贫致富、解决温饱问题的重要举措来抓。

“九五”“十五”期间，盐池县农田水利基本建设的重点，主要在扬黄灌区大力发动群众平田整地、植树种草、加快农业产业化调整，提高经济收益。

从2005年开始，自治区政府组织开展全区“黄河杯”秋冬季农田水利建设竞赛活动。盐池县委、政府专门成立了秋季农田建设领导小组，县水务局成立了秋季农田建设技术服务小组，采取县领导包乡、部门包村、群众投工投劳的办法，掀起了全民参与秋冬季农田水利大会战高潮。之后，盐池县委、政府每年都对秋冬季农田水利建设进行精心谋划，认真安排，全力实施。

2010年，盐池县围绕“生态、资源、特色”三篇文章，依托南部生态农业旱作区、中部扬黄灌区、北部旱作高效节水补灌区，完成2010年农田水利基本建设任务，获得吴忠市农田水利基本建设成果第一名。2011年，盐池县按照“3592”工作思路，坚持“因地制宜、务求实效，高点定位、彰显特色，规范管理、创新突破”的总体原则，强化三项措施、建设五大片区、

2010 年 10 月盐池县秋季农田水利建设成果

实施九项重点工程、建立两个长效机制，全面完成秋冬季农田水利基本建设各项任务。累计完成投资 4.69 亿元。2012 年，盐池县以“建设节水型社会”为统揽，以改善农业基础设施条件、提高农业生产能力、构筑宁夏东部生态屏障为目标，累计投入秋冬季农田水利基本建设资金 4.8 亿元，实施高效节水补灌 10060 公顷，改善灌溉面积 4320 公顷；组织实施了南部山区等人饮工程，实现了全县人口安全饮水全覆盖，获得全国农田水利基本建设先进县。2013 年，盐池县以提高水资源利用效率、效果为目的，以保障粮食安全、饮水安全、生态安全、防洪安全为核心，以改善农业基础设施条件、发展高效节水灌溉、建立长效机制为重点，高标准完成秋冬季农田水利建设大会战各项任务，累计投入 3.25 亿元，改善灌溉面积 1666.7 公顷，新增灌溉面积 3953.3 公顷，节水灌溉面积 4266.7 公顷，建设高标准农田 8333.3 公顷，荣获 2013 年度全区农田水利基本建设“黄河杯”特等奖。2014 年，盐池县按照“节水优先、空间均衡、系统治理、两手发力”的新时期治水思路，统筹规划秋冬季农田水利基本建设方案，以完善配套现有水利设施为重点，突出扬黄灌区和机井灌区工程效益；以小流域为单元，突出生态环境效率；以解决干旱缺水问题为重点，突出饮水安全工程效益；以水毁修复、防洪工程建设为重点，突出水利工程安全效益；建设高标准基本农田 2000 公

2012 年 5 月，麻黄乡基本农田建设

顷，激光平地 2466.7 公顷，新增节水灌溉面积 3200 公顷，改善和恢复灌溉面积 666.7 公顷。2015年，盐池县按照“在南部黄土丘陵区重点开展小流域综合治理、在中部扬黄库井灌区重点开展高标准农田建设和高效节水建设、在北部沙区重点开展防沙治沙”的新发展思路，因地制宜开展秋冬季农田水利建设，累计完成投资 5.7 亿元，新增高效节水灌溉面积 2800 公顷，建设高标准农田 4266.7 公顷，全民行动，打造了农田水利建设“盐池模式”。

2016 年 3 月 15 日，国家发展改革委发布了《关于支持贫困地区农林水利基础设施建设推进脱贫攻坚的指导意见》，明确指出在“十三五”时期，中央预算内农林水利建设投资用于贫困地区的比重达到 40%左右，地方同步加大投入，力争贫困地区农林水利基础设施条件得到明显改善，生态环境保护得到明显加强，特色农业和农村二三产业加快发展。

三

盐池县地处鄂尔多斯台地向黄土高原过渡地带，东南部为黄土丘陵区，土质疏松，容易被雨水侵蚀，水土流失面积 1555.3 平方公里，中北部多为草原沙地，由于多年盲目发展农牧业，加之采挖甘草等乱采滥伐，造成水土流失面积 1000 多平方公里。严重的水土流失是造成盐池县生态环境恶化、旱灾频繁、经济落后、人民生活贫困的主要原因。中华人民共和国成立后，盐池县人民群众通过长期与干旱和水土流失作斗争，总结积累了大量成功经验，取得了显著成效。截至 2017 年，全县治理水土流失面积 2763 平方公里。

盐池县水土保持和生态修复工程大致经历 6 个阶段。

第一阶段（1957 年至 1973 年） 统一规划、综合发展、沟坡兼治、集中治理阶段。主要采取工程措施和生物措施相结合，按照“由小到大，自上而下，沟坡兼治，综合治理”的水保方针，开展大规模探索实践。1957 年，盐池县制定水土保持工作规划，开始在水土流失重点区域进行治理，达到“治一山成一山，治一沟成一沟”的效果。1959 年，自治区水利部门在麻黄山公社设立何新庄水保试验站，采取沟坡兼治、林草粮并重的方式开展水土保持治理试验，取得了林粮草并收的良好效益，为全区开展水土保持治理提供了可资借鉴的经验。1971 年，盐池县委提出在南部山区以水土保持为主、生物措施和工程措施相结合，自上而下，坡沟兼治，大力发展洪漫地，改良山间润地的要求，掀起了水土保持治理新高潮。

1990 年，盐池县四墩子科研基点果树试验种植

第二阶段（1973 年至 1982 年）　以土为首，土水林综合治理，为发展农业生产服务阶段。1973 年，水利部黄河中游水土保持工作会议提出了“以土为首、土水林综合治理，为发展农业生产服务”的水土保持工作目标。此后，盐池县在南部山区水土流失严重地区着重进行打拦洪坝、修水平梯田、培地埂、开挖引洪渠、发展洪漫地、开展基本农田建设等，同时开展植树造林、种草等生物工程建设。南部山区各公社生产队坚持群众治理和专业治理相结合、治沟治坡与农田建设相结合、生物措施和工程措施相结合，大力开展水土保持综合治理，为农、林、牧业产生服务。盐池县委、政府按照“以牧为主，农林牧结合，因地制宜，全面发展”的农业建设方针，积极开展草原、林业、农田三大建设，在中北部地区采取封沙育草、补播牧草、种树种草等措施，控制沙化，恢复植被，提高草原生产能力；中部丘陵地带和南部山区以控制水土流失为重点，实行山水田林路综合治理，提高农业生产经济效益。

第三阶段（1982 年至 1991 年）　防治并重，治管结合，因地制宜，全面规划，综合治理，除害兴利阶段。根据第四次全国水土保持工作会议和国务院发布《水土保持工作条例》精神，盐池县水土流失治理由过去单一措施和分散治理走向以小流域为单元，山水林草路统一规划、综合治理的科学轨道。随着农村生产责任制变革，农民生产积极性空前高涨，迫切要求改变生产条件，加之“三西”建设国家以工代赈项目的实施，水土保持投入持续加大。自治区党委、政府制定了“大力种树种草，兴牧促农，因地制宜，农林牧副渔全面发展”的山区建设指导思想，确定盐池县为黄土高原水土流失综合治理的试验基地之一。盐池县认真贯彻落实中央及自治区水土保持工作部署要求，水土保持工作由“一山一沟”点的治理转变为面的治理，采取“南治土，中治水，北治沙”的水土保持工作方针，制定并出台了《关于沙荒滩和小流域承包治理几个问题的规定》，以小流域治理和旱三田建设为中心，实行“进一步扩大自留地，划分责任山，把适宜种草种树的‘五荒地’按群众意愿和经营能力承包下去，长期不变，子女有继承权”的激励政策，将大部分水土保持治理项目承包给群众，提高群众参与小流域治理的积极性。到 20 世纪 90 年代初，全县累计治理水土流失面积 227 平方公里；造林 66667 公顷，种草、补播封育 66667 公顷。

第四阶段（1991 年至 1999 年）　预防为主，全面规划，综合防治，因地制宜，加强管理，注重效益阶段。1991 年 6 月 29 日《中华人民共和国水土保持法》颁布实施后，水土保持工作实行“预防为主，全面规划，综合防治，因地制宜，加强管理，注重效益”的方针。盐池县水土保持工作也由分片治理向区域化集中连片治理转变，由包户小流域治理模式向专业治理转变。“九五”期间，盐池县大力推进以小流域综合治理为单元的水保生态修复工程建设，综合运用工程措施、生物措施、农业措施进行山、水、林、路、梁、峁、沟、坡综合治理，林果、草、种全面发展。1998 年被列入沙棘资源建设试点县，1999 年被列入全国水土保持“十百县”“示范工程县”。

第五阶段(2000年至2005年) 以科技为先,以西部大开发为契机,全面规划、统筹安排阶段。"十五"期间,自治区党委、政府提出全面加快生态建设的部署,确立了"以科技为先,以西部大开发为契机,全面规划、统筹安排"的水土保持指导原则。"十五"期间,盐池县水土保持工作以生态建设为重点,依托国家项目扶持,大力实施小流域重点工程建设。

第六阶段(2006年至2016年) 水土保持和农业综合开发相结合阶段。盐池县在"十一五""十二五"期间,更加重视水土保持在农业开发中的作用,更加注重水土保持工程效益、经济效益、生态效益相结合。在此期间,在国家政策项目的扶持下,先后实施了一大批水土保持工程和农业综合开发项目,为盐池县农村群众早日实现脱贫致富、奔小康做出突出了贡献。

四

盐池县地处干旱、半干旱地带,历史以来人畜饮水主要靠井窖水、沟泉水解决,处于十分困难的状况。

20世纪90年代以前,盐池县大部分农村生活用水要到较远的水源地拉运取水

从20世纪80年代开始,盐池县对人畜饮水特别困难地区和高氟病区实施改水工程,主要通过供、改、蓄、引等措施,建设了一大批人畜饮水机井和水源工程,逐步缓解了全县部分地区人畜饮水困难问题。2009年陕甘宁盐环定扬黄续建宁夏专用工程建成后,以黄河水替代了之前建设的人畜饮水集中供水工程水源,从根本上解决了全县人民饮水困难问题。进入21世纪,盐池县把保障饮水安全作为水利建设的主要任务,由解决人畜饮水困难向饮水安全转变,启动了干旱带人畜饮水项目,完成了农村人饮解困一期、二期和氟砷病改水工程。一期项目中,完成投资1985.3万元,建设工程供水16个,安装苦碱水蒸馏淡化棚100座,稳固解决了全县48728人、75961只羊、4300头大家畜的饮水困难。2010年至2012年,"百村千户"自来水入户工程建成,2015年麻黄山地区农村安全饮水工程建成。截至2017年,盐池县城乡年供水量达到859万吨,全县8个乡镇、101个行政村、596个自然村的13.286万农村人口饮水安全问题得到彻底解决。全县集中供水率达到100%,自来水普及率达94%,水质达标率为82%。2016年,盐池县水务部门主要完成管记掌等农村饮水安全改造工程,彻底解决了大水坑、惠安堡、麻黄山等乡镇边界地区

6个行政村2567户9323人(其中建档立卡贫困人口3206人)饮水安全问题。2017年,盐池县农村安全饮水实现全覆盖。

盐池县城市供水系统始建于1968年,依靠打井抽水,日供水量100吨。1972年完成五堡供水工程,打井抽水,主要解决县城万余人生活用水问题。1988年以骆驼井为水源地实施了县城一期供水工程，建设水源井4眼，铺设供水管线22.4千米，日产水量2000吨。2001年投资2900万元实施了县城二期供水扩建工程,新建水源井18眼,安装了遥控监测和调度系统,建成了水质化验监测站。2007年投资350万元用于水厂及管网建设,新增日供水量5000立方米。2009年在骆驼井实施县城供水扩建三期工程,建成生产井6眼,完成国补投资2000多万元。截至2010年,县城供水区覆盖县城及周边35个自然村,供水1.8万户4.6万人,供水管线总长120千米,自来水普及率达90%以上。2012年盐环定扬黄二期盐池专用饮水工程完成,盐池县城形成了以扬黄水为主、骆驼井水源为辅的供水体系。2015年投资2445.93万元(其中自治区项目资金1920万元)实施了县城老城区供水管网扩建一期工程。

20世纪90年代后,盐池县加大对县城北部地区沙化治理力度,开始了大规模沙漠化土地综合整治,并列入自治区科技攻关重点项目。为确保这些项目顺利实施并取得成效,盐池县水务部门多方筹措资金,为生态建设工程提供水源,共打草原井50多眼;同时建成了20多处生态造林和节水农业水源工程。2010年,建设完成高沙窝、惠安堡、青山3个工业园区供水工程,完成投资903.31万元。2014年完成高沙窝工业园区集中区供水工程,建成扬水泵站3座,1万立方米、0.2万立方米蓄水池各一座。

五

历史上,盐池县的旱灾具有持续时间长、发生频率高、危害面广等特点,当地素有“十年九旱”“三年两头旱”“三年一小旱,五年一大旱”之说。自1949年至2016年的67年中,全县范围内的大旱、中旱就有60年,大中旱出现频率高达85%以上,局部旱情年年都有。

中华人民共和国成立以来,历届盐池县委、政府持续加强水利基础设施建设,努力提高抗旱和生产自救能力,逐步改变“靠天吃饭”的被动局面。20世纪50年代,盐池县委成立了抗旱救灾委员会,80年代成立了防汛抗旱指挥部,专门负责抗旱救灾工作。1995年8月,盐池县被列为全国100个抗旱服务组织建设试点县，盐池县组建成立了专门的抗旱服务队,主要承担抗旱科技推广、打抗旱井、小型水利机械设备配套、机泵维修等抗旱服务。同时大力实施退耕还林、退耕坏草项目,加强生态建设与保护力度,调整农作物种植结构,发展高效节水农业,全面推动抗旱减灾取得实际效果。

盐池县委、政府号召全县人民树立“抗大旱、长期抗旱”的思想意识行动准备，每年制定抗旱计划，适时调整抗旱救灾方案。2014年制定出台了《盐池县抗旱应急预案》，深入分析了盐池县自然环境条件、经济社会发展状况、旱灾规律特点等，从抗旱救灾组织建设、建立预测和预警机制、后期处置、保障措施等方面进行详细了规划和应急准备。

1956年，盐池县人民委员会专门成立了防洪办公室，后延续为防汛指挥部。各区、乡、社指定专人负责防汛工作，各级各部门认真贯彻“安全第一，预防为主，防重于抢，有备无患”的防汛基本方针，落实责任制，防汛工作常抓不懈。先后采用了洪水预报、洪水警报等防洪非工程措施，有效减少洪灾损失。1984、1988年两次调整防汛指挥部领导成员，此后防汛指挥部成员单位随着机构职能和人员变化不断调整。2011年《中华人民共和国防汛条例》颁布实施后，盐池县认真落实“安全第一，常备不懈，以防为主，全力抢险”的防汛工作方针，切实加强防汛工作。2010年以后，为进一步落实防汛救灾责任，开始由县政府主要负责人担任防汛救灾指挥部总指挥，实行县长、局长、乡(镇)长三级负责制，做到组织、机构、人员三落实。2014年制定出台了《盐池县山洪灾害防御预案》。

六

盐池县是宁夏人均水资源最少的县，因而节约用水显得尤为重要。经过多年摸索实践，全县节水农业实现了从传统、单一、分散、小规模发展到规模化、产业化、智能化的突破。构建了设施多样化、技术高新化、建设标准化、工程精品化、管理智能化体系，推动了农业灌溉方式、生产方式、经营方式、管理方式的变革，促进了经济、社会、生态效益同步增长。盐池县节水农业的发展历程大致经历了三个阶段：节水农业探索实验阶段、常规节水灌溉技术成熟阶段和高效节水项目实施阶段。截至2017年，盐池县农业灌溉总面积30.56万公顷，节水灌溉面积23.293万公顷，其中低压管灌和滴灌面积17.720万公顷、喷灌面积5573公顷。

盐池县实施高效节水项目，先后完成了三墩子高效节水灌溉工程，改善三墩子扬黄老灌区面积473.3公顷，发展刘家沟新增节水灌溉面积3326.7公顷。青山乡牧区灌溉饲草地高效节水灌溉工程改造和扩大灌溉面积1340公顷，全部采用节水滴灌种植玉米。高沙窝牧区灌溉饲草料地节水改造工程改善灌溉面积1380公顷。城西滩、三墩子高效节水灌溉项目改善节水灌溉面积666.7公顷。西沟、刘家沟、姚沟塘高效节水灌溉项目建成灌溉面积906.7公顷，其中新增西沟片区灌溉面积333.3公顷。宋新庄胡记圈高效节水灌溉工程建成滴灌面积390.8公顷。花马池镇高效节水灌溉工程新增节水灌溉面积540公顷。城西滩、贾家圈高效节水灌溉工程把农艺与水利措施紧密结合，水利用率系数达到0.9%，单方水产出率可达到29元以上。区域内群众生活水平明显提高，社会效益明显。

七

20世纪70年代初，盐池县委领导就大胆提出了把黄河水引到盐池的设想。1975年9月5日、28日，盐池县委两次向自治区党委上报了《关于引黄灌溉工程初步建设的报告》，得到自治区党委高度重视。是月，盐池县委成立盐池扬黄工程筹备委员会，县委书记张敏亲自任主任。11月，借全国农业学大寨会议在北京召开的机会，盐池县委书记张敏当面向国家水利部领导汇报了引黄入盐的愿望和初步设想。年底，自治区计委正式向国家计委、水利部上报了引黄入盐的立项报告。1976年1月，银南地委成立了“盐池扬水工程测量队”，随后进行了长达5年时间的勘测设计，引黄入盐方案几经修改，反复论证，于1987年12月15日陕甘宁盐环定扬水工程由国家计委正式批复立项。再经过5年时间建设，盐池人民迎来了1993年5月7日下午1时18分这个让人永远铭记的时刻，黄河水终于流进了塞上盐池干涸的土地，滋润了老区人民久旱的心田。

盐环定扬水工程盐池县第一处灌区——李记坝灌区的建成，是一个标志，它标志着盐池千百年来干旱缺水时代的结束；标志着盐池大地培育新面貌、开创新生活时代的到来。黄河水流进盐池大地的时间点，不是引黄入盐事件的终点，而是一个崭新的变革起点。

冯记沟乡平台村万亩特色节水农业综合示范区

1996年9月，陕甘宁盐环定扬水工程经历8年多时间的艰苦奋战，已初具规模。灌区开发建设中，经济效益、社会效益和生态效益初步显现：一是稳定解决了全县一半以上农业人口的温饱问题，大多数农户进入灌区，一般都能达到一年见效、两年解决温饱、三年人均收入过千元的目标。二是灌区开发前以旱作农业为主的粮食产量由401万公斤增加到开发后的9760万公斤，农民人均可支配收入由开发前的338元增加到2015年的7674元；特别是经过产业结构调整、发展优质高效节水农业，部分灌区实现了亩产吨粮田。三是灌区开发极大地促进了生态建设，初步建成各类林网面积3万亩；通过组织向灌区实施生态移民，迁出地生态环境实现历史性恢复，全县生态环境状况得到了极大改观。

独立自主，自力更生，艰苦奋斗，奋发图强，是中华民族战胜一切艰难险阻的奋斗号角；是中国共产党以大无畏革命建设精神带领全国人民走出困境，使中华民族傲然屹立于世界东方的制胜法宝。党的十九大提出全面建成小康社会、全面建成社会主义现代化强国的两个一百年奋斗目标。新的历史使命，需要新的时代精神，“不忘初心，方得始终”。人民的福祉始终是一切工作的出发点和落脚点。这既是奋斗目标，也是生命力所在。

黄渡槽(摄于2012年)

大事记

1943 年

10 月 28 日（农历八月初九），盐池县大部分地区遭受严重霜冻。10 月 29 日，11 月 3 日、5 日，连续 3 次冰雹，全县不同程度遭灾。11 月 5 日夜，三区（王乐井）三乡（曾记畔）张记沟村东西约 40 里，南北约 20 里的地带降冰雹厚达 5 寸。冰雹过后，寸草不生，打死羊 49 只；二区高里吾苏洪水爆发，淹死 4 人、羊 49 只、驴 3 头。

1947 年

是年，盐池全县春旱秋涝，粮食无收，灾荒严重。加上国民党马鸿逵部骚扰，民无宁日，外出逃荒者甚多。

1950 年

7 月，盐池县惠安堡回汉群众在回族教长穆易兰的建议下，由 9 名回汉群众组成委员会，带领大家在惠安堡成功修成水井两口，水质甘甜，水量较大，仅一口水井就能满足惠安堡所有居民饮用。解决了多年来当地群众饮水要到很远的地方去驮运的困难状况。

9 月 1 日、16 日，盐池县四区（侯家河）四乡二村，二区（余庄子）一乡二村、四村先后遭雹灾袭击，冰雹厚达 1 寸。即将收获的 6100 余亩糜子、1670 余亩荞麦遭灾，损失严重。

1952 年

4 月 8 日《宁夏日报》报道：盐池县春旱严重，县委书记、县长亲自下乡具体指导防旱抗旱工作。截至4月14日，全县已抢墒下种46500亩，打防旱水井96眼。

是年春，党中央、毛主席发出了“兴修水利”的号召，盐池县成立以县长为主任、建设科长为副主任的生产防旱委员会，抽194名干部掀起群众性抗灾防旱水利建设。在工程建设上实行国家投资、以工代赈、群众合作的办法，并由过去修塘筑坝利用天上水（雨雪）、地面水，转变到打井开发地下水。当年共打土井145限、筑水坝4个、拦洪坝66个，其中多数因水量不足，收效甚微。

1953年

是年，宁夏省派工作组对全县小型水利项目进行实地勘测。

是年，盐池县在第一个五年计划中明确提出，要有计划地搞好洪漫地与小型水利建设，三区（王乐井）列入全县水土保持建设重点。

1954年

3月26日，盐池县委、政府向各区乡发出指示：目前正是干草缺乏、青黄不接季节，部分地区发生了春乏牛羊死亡现象，如不及时采取措施设法抢救，必将会造成人民财产的重大损失。因此，各区乡领导必须引起足够重视，切实领导好农牧民抢救牲畜，安全度过春乏关；县、区、乡党政领导干部要深入农村，发动群众，普遍开展抢救工作；4月份以抢救牲畜羊只为主。

是年，盐池县完成郝家台水利工程。

是年，四区（侯家河）党委明确提出：兴修水利应从沟泉工程入手，结合灌溉，先抓投资少、花工小、收益快的工程，迅速建成，树立榜样。

是年全县发展水浇地90亩。

1955年

6月25日，二道湖水利工程开工建设，8月10日结束。工程开挖水沟1条，长150米，底宽5米，两边用草皮做护坡，平均高度2米。在排水沟的下游挖蓄水涝坝1座，采取零集整放的办法浇地。蓄水涝坝底长40米、底宽20米，高1.8米，蓄水深1.2米。工程概算用工1957.8个，投资3134.3元。工程结束后，经测量24小时蓄水293立方米，可浇地3亩。如播种小麦，月浇水一次，可发展水浇地100亩；四区（侯家河）政府安排8家农户开发利用。

9月15日，郝家台水利工程开工建设。规划开挖西起赵记塘、东止张记圪崂全长2700米的渠道一条，引沟水浇地。该工程于1955年7月开始规划，9月15日动工，11月下旬竣工，历时70天。动用土方354459立方米，投劳375455个工日。渠中建涝池1200米2，涝池上打土墙围护，另建陡坡跌水槽1个，出水石斗门1个。

是年冬，全县动员劳力5000余名，组织开展规模更大的水利建设工程。到1956年底，截引沟水25处，主要有二道湖、红山沟、郝记台、五堡泉、柳杨堡、红庄、猫头梁等处；打井700余眼，安装水车102部，修涝坝14座，水渠40条，全长22.78千米，共动土22万立方米。

1956年

1月，盐池县人委水利科小型水利工作组根据本县实际做出五年水利工程初步规划，明确了全县7个区35个乡每年的洪漫、田间、水窖、涝坝工程和农田水利工程任务。

是年，实现农业合作化，盐池县兴修水利再掀新高潮。1956年至1957年，四区(侯家河)社员自筹资金修筑水利工程15处，打灌溉井62眼。

是年，盐池县六区(惠安堡)在惠安堡、盐积、狼布掌、萌城等村打井111眼，报废45眼；发展水浇地98亩，建洪漫地3890亩，打地埂4061亩，建涝坝6座，打水窖91个。

是年，盐池县三区(王乐井)抽调劳力开工建设野湖井泉水灌溉工程。共投入人工3135个(其中5个受益社出工2197个、外社支援938个)，于6月底完成蓄水池建设，动用总土方量35003立方米、蓄水容量24003立方米，平整土地1000亩，发展水浇地542亩。1957年3月冰融后，灌地1000亩，当年能够利用的水浇地600亩。

1957年

5月17日，盐池县水利科上报《第二个五年水利水土保持基本计划(初稿)》，经县农业生产合作部第25次行政会议研究通过。

7月，盐池县撤销水利科，归县人委农林水牧部管理。

8月10日—11月5日，盐池县城南区和平社试打深管井1眼，历时95天。

12月11日，盐池县当年最大的水利工程——汪家河沿水利工程开工，到1月15日民工春节放假时，第一期工程结束；1958年2月23日开始二期工程。工程开工建设时，调集全县4个区民工1000名(实到最多民工达927名)参与会战。为了实现1958年通水目标，又于2月28日在全县各区增加民工2000名，民工总数达到3000名(实到最多民工达2720名)。工程原计划4月25日竣工后边，通水边施工，后因隧洞土层出现问题，直到5月

5日左右各区才陆续完工。该工程因为突击上马，缺乏建设经验，工程效益低，造成了人力、财力、物力的浪费。

是年，盐池县水土保持工作站成立，址在七区麻黄山赵记湾村。主要任务为开展南部黄土高原区水土保持实验工作。

1958年

6月，盐池县侯家河公社党委提出坚决贯彻社办为主、蓄水为主、以小型为基础、中小型并举的治水方针，提出“挖开地下水，蓄起长流水，引来地表水，见水齐抓，滴水必争”的口号，突击修筑水利工程，仅1个月时间就动用土石方20多万立方米，投劳2500多个工日，每天有1500余人在水利工程一线参加劳动。参加兴修水利的劳动力占到全社总劳动力的60%以上。

9月27日—10月7日，盐池县召开南部山区农田水利、水土保持工作会议，制定了1959年盐池实现水利化、保证每人有3亩旱涝保收标准基本农田和山区水土保持及小流域治理1.4万平方千米2的计划。

是年，麻黄山公社何新庄大队被研究为全县水土保持工程重点治理区，治理范围为辜阳洼、张新庄、王到山、新庄子、何家山、西掌6道小流域。

是年，“大跃进”开始，全国掀起全民大办水利热潮。盐池县万名劳动大军进入水利建设工地，其中3000名劳力奋战在汪家河沿工地，其余分别参加了太平庙、英雄堡、红井子、官滩、陈家台、苏步井等重点水利工程和何新庄水土保持工程建设。托儿所、食堂、战斗指挥部、学校一起进工地，形成“家里不见人，地里人成群”“昼战日头夜战星，没有月亮挂马灯”的跃进局面。经过一年的艰苦劳动，除了完成汪家河沿引水工程外，还修建小型沟泉工程39处，水渠731条，全长1700余千米；共筑水坝4万座，挖涝池63个，打水井596眼、深管井7眼，安装水车242部；共计完成土石方量189万立方米，用工55万多个。

是年，王乐井公社举全社之力，开工建设哈巴湖引水灌溉工程，历时3年完成。

是年，大水坑公社组织千名劳动大军进入水利建设工地，建成红井子水利工程。

1959年

6月26日—7月6日，全国人大常委会委员竺可侦视察宁夏盐池、灵武、沙坡头等地的治沙工作时，针对盐池县植被覆盖率低、土壤风蚀水浸严重的情况，提出了保护林带、积极造林、工程措施与生物措施齐头并进、科研与群众经验相结合的治沙意见。

7 月，王乐井、叶家渠、牛头沟村发生洪灾。洪水涌向郑家堡后，村民慌乱逃离，民房被毁近半，羊只死亡近千只。

10 月 27 日，盐池县调集城郊公社民工支援侯家河公社(今青山乡)修复营盘台大队红庄生产队洪漫坝工程。该工程于 1956 年修建，1959 年被洪水冲毁，是年冬进行修复，11 月 29 日部分工程结束，1960 年 1 月全部竣工；同期修复了太平庙水库工程。

是月，王乐井公社官滩扩建截水沟工程、大水坑公社羊圈沟复建水库工程以及队办的 54 处复修扩建水利工程陆续开工。为了年内实现每人滩地“四分三水保产田”和“一到二分半水地”的跃进计划，全县 5000 多名社员组成水利大军艰苦奋战，掀起了全县大兴水利的高潮。

是月，古峰庄大队陈记台水利工程完成建设，共动用土石方 77880 立方米，劳动日 18700 个，修成后蓄水 2.5 万立方米，可浇地 500 亩。

是年冬，营盘台大坝工程开工建设，整个工程修筑拦洪大坝 1 座，高 26.5 米、顶宽 8 米，内外坡 1∶20，坝顶高 101.5 米，洪峰水面高程 97.5 米，静水面高程 96.5 米；退洪渠 1 条，长 100 米、底宽 15 米；引水渠 1 条，长 600 米。修筑退洪渠上的地下暗墙石坝 1 座，断面 1 米，宽 0.4 米；引水渠口的放水口 1 座。用工石方总计 8.6 万立方米，投资总计 6.69 万元，建成后可蓄水 22 万立方米，可浇三水保产田 700 亩；该工程于 1960 年夏竣工。

1960 年

2 月 15 日，盐池县最大的水库—李大湾水库正式动工兴建，全县 2700 余名劳动力开赴工地。由于地冻未化，施工异常艰苦。李大湾水库位于山水河中游，设计一期工程建成后可拦蓄洪水 2150 万立方米，灌溉水地 5 万亩，发电 70 千瓦，每年可控制 350 万立方泥沙不流入黄河。预计当年 4 月下旬完工，结果历时一年，用工 186653 个，总投资 58.7 万元。

1961 年

10 月 23 日，盐池县人委研究将自治区水利局分配的小型农田水利及水土保持补助费分给城郊、高沙窝等 8 个公社，主要用于沟泉水配套、小型防洪及购买树种、草籽等。

是年，中央指示：“水利建设只搞续建工程和配套工程，不搞新建工程。”

是年，惠安堡公社在李记李家大湾水库上游加巩提升 2 平方千米的水土保持面积，总投资 1.55 万元。

1962 年

是年，为贯彻中央“林业十八条”（1961 年 6 月 26 日，中共中央下发《关于确定林权、保护山林和发展林业的若干政策规定(试行草案)》，简称“林业十八条”)精神，盐池县委制定了《关于贯彻执行林业十八条的意见（草案）》，全县 8 个公社根据“谁种谁有”政策，对林权进行了处置。

1963 年

5 月 25 日，盐池县各公社在银行储存历年水利结余款 101487.56 元，全额上缴财政。

是年，盐池县农林水牧部改为农林水牧科。

1964 年

4 月 18 日，惠安堡公社启动了摆宴井西滩水土治理工程，经过一年多时间治理，在 15 公里长的滩地上打拦水坝 66 道，淤池坝 8 道，引水渠 2 条，发展洪漫地 8500 亩。

7 月 1 日，自治区水利电力局批准盐池县农林水利科水保站机构。

7 月 14 日，盐池县农林水利科下达 1964 年农田水利及水土保持工程补助费，共高沙窝、城郊等 8 个公社分配补助资金 29969.05 元，明确该补助资金的使用范围。

11 月 8 日，盐池县人委农林水利科批准城郊公社吴记圈水利工程开工兴建，总投资 4042 元。

11 月 9 日，盐池县农林水利科为确保全县次年春天水利工程和高产稳产农田建设需要，将库存 30 吨水泥、9 立方米木材、300 块井盘分配给全县 8 个公社。

12 月 16 日，盐池县人委农林水利科、计委、财政科、银行联合下发《关于小型农田水利补助费和水土保持经费审批办法的通知》，进一步规范了小型农田水利补助费和水土保持经费的使用范围、管理办法及相关原则。

是年，中央提出“以小型为主、配套为主、社队自办为主”的水利建设方针，各地农田水利建设发展到山、水、田、林、路统一规划，连片治理，以大队、公社大兵团作战的局面。

1965 年

3 月，盐池县卫生防疫站对全县饮用水源及水质情况进行了调查，形成盐池县地方性氟中毒调查报告，并提出了改水规划：10 年内基本解决全县健康饮水问题；1985 年前先解决特别严重高氟地区的饮水问题。

8 月 9 日，盐池县人委下发关于清理历年小型农田水利及水土保持补助费的通知，要求清出的资金全额上交农林水利科，统筹安排使用。

8 月 11 日，自治区水利电力局给盐池县划拨小型农田水利费 4 万元、李记大湾水库管理费 9 万元，共计 13 万元。

8 月 18 日，盐池县农林水利科给城郊、高沙窝等 8 个公社及各场站共分配水利用炸药 2520 千克。

12 月 13 日，盐池县农林水利科及财政科为解决部分社队受灾歉收造成经济困难问题，决定拿出 5 万元分配给城郊、高沙窝等 8 个公社，用于小型水利及水土保持所需种树、种草补助费。

12 月 26 日，盐池县惠安堡公社芨芨滩截水工程开工建设，该工程在芨芨滩开辟 500 米长、9 米宽、6 米深的一道积水沟，容水量为 3000 立方米，可浇灌 500 亩水地。工程至 1966 年 1 月 15 日基本竣工，为期 21 天。

是年，盐池县侯家河公社有水利工程 22 处，水浇地 690 亩，其中当年新发展水地 391 亩；杨成沟生产队水地试验种植小麦 21 亩、二道湖种植水地玉米 42 亩。

是年，盐池县侯家河公社调集全社劳力修筑了郝记台大坝。坝高 16 米，库容量 30 万立方。坝上修建了溢洪渠、引水渠和桥梁。可发展水浇地 800 亩，实际发展约 200 亩。

是年，盐池县惠安堡公社开工建设了狼布掌大队洪漫工程，共建拦洪坝 31 座，总长 24.2 千米，用土 120625 立方米，用工 20105 个。

1966 年

6 月，自治区水利局在盐池县城郊公社举办火箭锥打井培训班，并以火箭锥打井 2 眼。

8 月 7 日—8 日，盐池县高沙窝、侯家河、大水坑、马儿庄、麻黄山 5 个公社 33 个生产队遭受暴雨、冰雹袭击。大水坑公社新泉井大队被特大山洪淹死羊畜 273 只，淹没庄稼万余亩。盐池县委立即组织干部下乡帮助抗灾自救，补种晚秋作物（因时节过晚，秋后未有收获）。

是年，盐池县侯家河公社 5 个大队调集所属生产队劳动力集中打坝，平田整地。猫头梁大队集中在猫头梁、二道湖、太平庙 3 个生产队平整水浇地 264 亩;郝记台大队集中在郝记台生产队平整水浇地 120 亩;营盘台大队集中在营盘台生产队平整水地 416 亩;侯家河大队集中在杨成沟生产队平整水地 123 亩; 古峰庄大队集中在陈记台生产队平整水地 156 亩。是年,侯家河公社新发展水浇地 1242 亩。

1967 年

2 月 13 日, 盐池县人委给城郊公社王步泉等 6 处水利工程批准水泥 11 吨, 炸药 250 公斤,木材 2.3 立方米。

4 月 30 日, 盐池县人武部生产办公室给李家大湾水库管理所核拨水库主坝防护坡工程款 7000 元。

1968 年

4 月,李家大湾水库坝体滑坡约 2000 立方米,垮坝失事,形似泥石流。

1970 年

5 月中旬,李记李家大湾水库决口报废。水库决口前,隰宁堡大队曾开挖引水渠浇地 400 余亩,生产效益较好。

是年,青山公社共有水浇地 486 亩,产量 72900 公斤,平均亩产 150 公斤。

是年,盐池县再次掀起"农业学大寨"高潮,兴修水利、平田整地、科学种田得到普遍重视。

是年底,盐池县惠安堡公社决定修复李家大湾水库。共计修复大坝 980 米,其中主坝 250 米,西坝 430 米,东副坝 300 米,修复调洪渠道 1150 米;完成土方 106975 立方米,用工 64636 个。修复工程历时130 天。

1971 年

8 月 6 日,盐池县组织召开全县林业水利现场会,全县每个公社参加 5 人,各有关林场、水保站各参加 1 人,共计 67 人,并邀请自治区农科所、灵武白芨芨滩林场有关人员参加会议;会期 7 天。

是年,盐池县青山公社水浇地达到 1744 亩。

是年,全县“农业学大寨”,大搞基本农田建设,青山公社先后修建了郝记台大坝、营盘台大坝、刘记窑头蓄水池、古峰庄带子井、海子塘蓄水池等水利工程。

是年,盐池县财政投资 8 万元修复了李家大湾水库。

是年,盐池县城郊五堡供水池建成,县城内居民从此开始使用自来水。

1972 年

6 月,盐池县农机修造厂经过一年时间研制,成功生产出 15 台延河牌打井机并投入使用。延河牌打井机可以打 200 米以下的深井,除了在本县推广外,还支援同心、固原等县打井。9 月 27 日《宁夏日报》报道:盐池县东方红农具厂克服厂子小、设备差的困难,研制生产的锅锥打井机正式投产,目前已超额完成了 23 台生产任务。锅锥打井机结构简单,操作方便,使用效率高,一个星期就能打一眼 40 米深的浅层井。

9 月,自治区水电局在盐池县举办了延河牌打井机技术推广现场学习班。盐池、固原、同心、海原、阿拉善左旗、中卫、灵武等县水利部门技术人员、工人和贫下中农代表参加了学习班。边教边学边干,在城郊公社打 220 米深井一口。

12 月 9 日,青山公社集中全社劳动力修建营盘台大坝,坝址仍为 1960 年修建的旧坝址。民工分为 4 个连、12 个排、28 个班,经过 140 多天的苦战,于次年 4 月底完成大坝主体工程和输水工程,共完成土石方 56272 立方米,投工 37883 个,国家先后投资 68678.26 元。

是年,盐池县建成五堡供水工程,打进抽水,日产水量 300 吨,主管道 8.5 千米,支管道 40.5 千米,除供县城万人生活用水外,还为城郊二堡、五堡、北园子、东门、得胜墩等生产队 1236 人、2952 只羊、233 头牲畜供水。

是年,青山公社重点建设了雷记沟引水上山工程,投资 1.6 万元,平整水地 80 亩,但因提水设备故障,致使水浇地无法得到利用。是年,青山公社共有水浇地 2363 亩,其中当年开发 638 亩;水地总面积中,保灌面积 1703 亩,按全公社人口计算,人均有水浇地 3 分 1 厘;按大队人口计算,猫头梁大队人均有水浇地最多,为 1 亩 10 分。

1973 年

6 月 4 日,经自治区水利电力局批准,同意红山沟工程扩建,核准投资 10.3 万元,劳力 7.5 万工日,水泥 325 吨,钢材 2.74 吨,木材 25 立方米。

6 月 15 日,盐池县水电局编制为局领导 3 人,业务组 10 人,后勤组 7 人,电力组 3 人,打井队 4 人,物管组 2 人;公社各配 1 名水利干事。

是年，盐池县设立水电局，县党校院子全部划拨水电局办公使用。

是年，盐池县贯彻北方十四省抗旱会议精神，县水利局成功引进并仿制延河钻机，在县境北部城郊、柳杨堡、高沙窝等公社打机井，提取深层水。

是年，王乐井公社贯彻小型为主、配套为主、社办为主的"三为主"水利建设方针，在官滩生产队大搞水利建设，续建哈巴湖引水灌溉二期工程。全乡抽调劳力 13045 个工日，在大涝坝南口建闸门 1 座，向南 2000 米处五里坡新开挖涝坝 1 座(面积约 2 亩)，从哈巴湖老井坑起，至林场后石砂窝开挖截潜流渠道 2.9 千米，动土方 1.28 万立方米，铺砌渠道 1.93 千米；使用无砂混凝土暗管输水，输水管内径 0.3 米、外径 0.4 米，埋深 1.2 米至 2 米，输水落差高 22 米；新开水浇地 300 亩，形成官滩千亩引水灌溉区。

1974 年

7 月 27 日，自治区编办领导小组下达盐池县抗旱打井人员编制 170 名。

9 月，自治区水电局在盐池县召开全区山区牧区喷灌现场试点会，总结了银川双渠口、盐池县四墩子试验点的成功经验和问题不足。

12 月 15 日，盐池县委成立了城西万亩灌区工程领导小组，张敏任组长，康秦川、董侠任副组长。下设办公室、水利组、机械组、农林组、后勤组。万亩灌区包括城郊、王乐井两个公社的 27 个生产队和一个县办农场。计划建喷灌田 13600 亩，机井 65 眼，蓄水池 64 座，喷灌渠道 138.5 千米。

是年冬，盐池县委决定建设"万亩喷洒区"，灌区范围包括城郊及王乐井公社的长城、田记掌、沟沿、四墩子、李记沟、石山子等 6 个大队的 27 个生产队。

是年，盐池县水利电力局成立打井队，为事业单位，主要承担全县打井任务。期时，打井队有钻机 3 台，钻床 2 辆，人员 94 名。

是年，盐池县建立了 100 多个农田水利建设专业队，重点工程有柳杨堡暗管截潜流、红山沟续建工程、范家圈截潜流、官滩扩建工程、野狐井水库、猫头梁混凝土蓄水涝池和防渗渠等 10 余处。全年共打机井 240 眼、土井 344 眼。

是年，盐池县农业水利部门在城郊四墩子大队利用两眼机井对 42 亩农田进行喷灌试验。糜子亩产 165 公斤，较渠灌增产 20%至 30%。

是年，青山公社小型水利建设的重点是对水利工程进行防渗维护（用水泥板护渠、护池，减少渗露量）。维护工程包括猫头梁大队的猫头梁、二道湖生产队，郝记台大队的刘窑头、赵记塘生产队，营盘台大队的墩湾、武记圪垯生产队，古峰庄大队的常山子生产队，月儿泉大队的牛圈坑、路红庄等个生产队，方山大队的方山生产队，侯家河大队的青山、六里洼生产队。

是年，青山公社共种植水地2700亩，其中新发展水浇地800亩。有1700亩水浇地平均每产200公斤；营盘台生产队种水地198亩，平均亩产279公斤。

是年，盐池县水电科投资23.8万元再次修复了李家大湾水库。

是年，惠安堡公社大搞农田基本建设，投入劳力1890个，平整水地437亩，半水地110亩，洪漫地180亩。修防渗渠4625米，喷灌渠2处，开挖大小渠道1290米，打各种拦洪坝61395米，打防风墙2710米，打防风拜26087米，修蓄水池3座，打土井4眼。

1975年

3月，青山公社郝记台大队水利工地施工中发生炸药爆炸事故，大队党支部书记李自耕在事故中遇难。

4月14日—5月15日，自治区革命委员会、宁夏军区和驻宁部队抽调1000余名机关干部、工人和解放军分赴盐池、同心两县帮助群众担水点种，并提出“千里百担一亩苗”“苦干一个月，抗旱夺丰收”等口号

6月 盐池县委、政府领导提出引黄河水的初步构想。

9月5日、28日，盐池县委两次向自治区党委上报《关于引黄灌溉工程初步建设的报告》，得到自治区党委高度重视。王志强、李学智、马英亮、吴尚贤等自治区领导和专家也予以肯定积极支持。

是月，盐池县委成立盐池扬黄工程筹备委员会，县委书记张敏任主任，下设办事组、规划设计组。

10月4日，《宁夏日报》报道，盐池县城郊、王乐井两个公社广大干部群众经过8个月大干，胜利建成城西万亩喷灌区。人均有喷灌水地1.4亩。秋收季节，9700多亩秋作物长势良好，丰收在望。

11月，借全国农业学大寨会议在北京召开的机会，盐池县委书记张敏当面向国家水利部领导汇报了引黄入盐的愿望和初步设想。年底，自治区计委正式向国家计委、水利部上报了引黄入盐立项报告。

是年，经盐池县革委会1975年第一次党委会研究决定，从水电局现有延河牌钻机中抽出8台，分别下放到高沙窝、王乐井、青山、惠安堡4个公社各2台，每个公社各调配跃进车一辆。

是年，自治区计委向国家计委、水电部上报了《关于盐池扬水设计任务书的报告》，申请国家立项。

是年，青山公社以大队成立为主，成立了8个农田水利建设专业队，投入劳力747人，整修水浇地998亩，新发展水浇地204亩，打坝2道，打防风墙11465米，动用土方5.95万立方米。

是年，青山公社党委对1971年至1975年农田水利基本建设情况进行汇总，全公社5年打机井26眼(其中配套10眼)、大口井3眼、土井53眼、带子井26眼，截流坝33道，建涝池7个，蓄水池3个，修防渗渠14165米，建水闸25座，打防风墙37097米，建防风障5475米；完成土石方824575立方米，发展水浇地4431亩。

是年，盐池县水电科投资21万元维修了李家大湾水库。

是年，李家大湾水库从李家大湾林场分出，称李家大湾水库管理所。

1976年

1至2月，盐池县水电局在全体干部职工中深入开展了“武装思想，揭矛盾、找差距、清思想、反腐败”整风活动。

2月25日，盐池县分配全县各公社打井任务220眼，水地5万亩。

3月31日，盐池县水电局班子成员听取了郭成等13人赴兰州学习灌壁管下管及机井管理经验做法。

5月，上级水电部门恢复了何新庄水土保持试验站，基本职能以总结群众经验为主，重点研究水土流失治理经验和开展基本农田建设。

6月，盐池、环县扬水灌溉工程开始筹备。银南地委副书记夏生秀担任总指挥，张光祖担任第一副总指挥，起用“文化大革命”前被下放到盐池县工作的老工程师王虚中(时年70岁)为工程技术人员。初期勘察测量用一年多时间，到1977年8月结束，勘察资料为后期盐环定扬水工程立项提供了重要资料依据。

8月4日，银南地委向自治区党委上报了《关于盐池扬水工程的请示报告》。建议从东干渠29公里处电力扬水，经灵武马家滩到盐池县西南部(包括青山、马儿庄、惠安堡等公社和同心县的韦州公社)，引水量为7立方米/小时，其中盐池5立方米/小时，同心和采油三分部各1立方米/小时。

是年，盐池县共打各类机井、土井84眼，其中深井164眼，新增水地4450亩，井灌面积27000亩，成立了91个社队专业打井队，102个农田常年基建队。

是年，银南地区成立了盐池扬黄水利工程测量队(郝智为队长)，负责勘测规划工作。经过3年艰辛努力，在最初设想5条线路的基础上，经过反复比较、修改，终于形成引水方案初步框架，上报国家计委。根据国家计委的要求，水利部、自治区水利厅及盐池县水利技术人员协同作战，经过两年勘察测量，完成了初步设计方案。

是年，盐池县组织1.5万名劳力，开展以改土治水为重点的农田水利建设。当年兴建水利工程68处，打机井318眼、带子井54眼、土井277眼，建涝池23座，修水渠78千米、防渗渠40千米，筑拦洪坝441座，打地埂12.5万米，建防风墙16.8万米，完成土石方量317万立方米。

1977年

8月4日至5日，盐池县除高沙窝公社外，普降大雨，造成洪灾。惠安堡、王乐井公社降雨量达到100毫米以上；麻黄山公社灾情严重，麦子被冲走，秋作物被洪水冲淤；萌城公社受灾面积达到6071亩。

10月，萌城公社集中400名劳力开展沙坡子洪漫工程大会战，共筑坝28道，圈地2300亩。同时集中100名劳力在杏树梁搞治涧工程，动土10000立方米；全社深翻地1550亩，人均达到三分高产稳产田。

12月5日，自治区革委会批复同意恢复盐池县麻黄山水土保持试验站，人员编制内部调剂解决。

是年春，盐池县成立社队专业打井队91个，常年农田基建队102个，上半年打井54眼，新修水窖蓄水池23座，打洪漫坝441道。

是年，甘肃、宁夏两省（区）经过协商，同意甘肃省环县加入扬黄引水工程，并成立了盐环扬水工程指挥部，自治区政府副主席马英亮任指挥，水利专家吴尚贤、桑印德参与工作。

1978年

6月7日，盐池县水利电力局向自治区水电局、银南地区水电局上报了盐池县“六五”水利规划要点。

10月22日，盐池县110千伏变电所建成。

是年，盐池县在总结过去钻探找水经验的基础上，探索电测找水获得成功。全年实施电测找水点272个，定井位49个，成井34眼，电测找水成功率达到87.2%。

是年，盐池县水土流失治理面积达到485平方千米，建成水库3座，其中中型水库1座；打机井1065眼，配套844眼；耕地总面积85万亩，喷灌面积2000万亩。

是年，国家计委批复成立盐池县草原打井队。

是年，盐池县委决定成立扬黄工程规划领导小组，王振宇任组长，夏青山、柳怀德任副组长。

是年,自治区党委确定盐池等3县为农业现代化基地和黄土高原水土流失综合治理试验基地,并进行了土壤普查和农业区划工作。

1979年

1月3日至5日,盐池县委召开常委扩大会议,以贯彻党的十一届三中全会精神为中心内容,组织学习中央《关于加快农业发展若干问题的决定(草案)》和《人民公社工作条例》(新“六十条”),强调全党工作着重点转移到社会主义现代化建设上来。

1月9日, 盐池县革命委员会批复柳杨堡公社农田水利基本建设工程项目及投资:铺设防渗渠75条,打带子井18条,建洪漫坝12道,共计投资2.76万元。

5月24日,盐池县水利电力局批准萌城公社南窑子队前沟闸沟工程、东圈队溢洪道工程、石湾沟队石涝池工程、宋儿庄闸沟工程水土保持资金0.951万元。

7月,王乐井公社利用国家投资,组织劳力修复野湖井水利工程,修筑长940米、宽45米、深3米出水沟一道,动用沙土7691.9立方米、泥土9276.9立方米,安装直径30厘米滤芯水泥管450米,做观测孔2个,每昼夜流量1209立方米。该工程于9月底结束,国家投资26063.83元。

是年, 盐池县农田水利建设开始由偏重于工程措施转变为工程措施和生物措施相结合,采取山、水、田、林、路综合治理,草原、林业、农田三大建设并举的措施。

是年,大水坑供水工程开工建设。截止至1981年,大水坑供水工程陆续建成供水点15处,供水管道14.17千米,由长庆油田指挥部引黄水作为水源,为当地3721人、15383只羊、1202头大牲畜供水。

是年,盐池县委、政府作出《关于加快电力建设的决定》。

是年,盐池县开始架设县城至柳杨堡、王乐井、青山石膏厂高压线,于1980年架通,全长77.47千米,低压线23.22千米,有25个行政村,111个自然村受益。

1980年

1月14日,盐池县水电局决定局属企业水泥制品厂等7个单位单独核算,自负盈亏,改变过去吃大锅饭现象。

2月19日,水电局下达全县当年打水窖任务1560眼。

5月6日,盐池县召开了为期4天的全县水利工作会议,听取各公社水利工作汇报,总结全县水利工作,安排布置1981年水利工作任务。

5月—8月,盐池县在全县范围内开展了地方性氟中毒调查。

6月,青山公社先给7个生产队和1个林场解决了生产生活用电,又架设35千米支线,为10个生产队解决了用电问题。当年,水电部门先后为青山大队侯家河南北两个生产队的2眼机井、六里洼南北两个生产队的2眼机井、公社农科站2个带子井、郝记台大队郝记台南北两个生产队的沟坝、猫头梁大队猫头梁生产的沟坝等水利点安装了变压器和电动机。

8月,盐池县农村普遍实行了包干到户生产责任制。

12月,盐池扬水工程测量队完成了盐池扬水工程全部测量与初步设计任务,并将测量资料上报自治区水利设计院。随后,盐池扬水工程测量队撤销。

是年,李家大湾水库管理所直属盐池县水电局管理。

是年,惠安堡供水工程建成供水点2处,管道2.5千米,以长庆油田供水管道作为水源,为当地588人、892只羊、92头大牲畜供水。

是年,长庆石油输水管道工程共给盐池县南部惠安堡、青山、马儿庄、冯记沟乡预留供水出口6个,总线长100千米。该项供水工程解决了盐池县4个乡部分群众的饮水困难问题。

是年,盐池县根据自治区旱地农业发展试点经验,开始在麻黄山、后洼等乡小范围实施水窖集雨节灌工程,示范推广旱地水种,采取点浇、穴灌、注射灌、膜上膜下灌等新技术,取得成功。

是年,麻黄山公社凉风掌自然村贺国英、贺国栋、贺国雄、贺国智、贺新礼、贺新茂6户村民联户承包凉风掌阳洼210亩荒坡进行治理,取得成功,被有关部门称为贺国英联户承包小流域治理模式 。

1981年

7月3日,盐池县成立以县长为指挥的防汛抢险指挥部领导小组,成员由相关单位负责人参加,办公室设在水电局。

8月,盐池县水电局水泥制品厂生产的10米水泥杆试制成功。

12月10日,盐池县地方病防治所在联合开展全县饮用水源含氟量调查的基础上,提出全县改水计划,上报自治区水利厅。

是年,青山公社党委申请县水电科投资14.25万元,解决了斗沟子、太平庙、刘窑头等14个生产队的通电问题;先后解决了方山大队海子塘生产队、青山大队杨成沟生产队、郝记台大队郝记台生产队、北马坊东西两个生产队、古峰庄大队陈记台生产队机井、带子井的通电和设备配套问题;申请解决了青山大队杨成沟生产队、方山大队海子塘生产队、郝记台大队北马坊生产队的水坝加固和渠道清淤、防渗等工程维护问题。

是年，根据自治区关文件精神，盐池县组织各乡、区将所有小型水利设施全部承包到组（户），但部分设备老化，群众迫切要求更新配套。

1982 年

3 月，盐池县全面完成机井“三查三定”工作。经普查，全县共有完好机井 560 眼，实际发挥效益 420 眼；有部分井由于水位下降、接近枯涸，部分水井含氟量高、不宜人饮。

8 月，盐池县水电部门完成南海子、南部山区、青山乡 217 千米引水线路测量任务。

9 月，马儿庄供水工程管理所成立，定编 12 人，业务隶属盐池县水电局管理。

9 月 15 日，马儿庄引水工程竣工通水。该工程从大水坑于家梁处接长庆采油三部供水管为水源，总投资 160 万元，历时 4 个月，完成供水管线 58 千米，解决了马儿庄 3000 人、2 万只羊的饮水困难。

10 月 12 日，《内参》刊载中央人民广播电台宁夏记者罗大芬关于盐池县群众氟中毒危害严重的报导，引起了中央、自治区对改水降氟工作的关心和重视。

是月，根据盐池县政府关于辞退临时工文件精神，县水电局先后辞退农村户口水电临时工 25 人。

12 月 15 日晚 1 时左右，麻黄山水保站发电机房失火，直接经济损失 4707 元。

是年，盐池县累计打窖 14000 眼，基本做到山区用窖群众一户两窖，缓解了 3 万多人的饮水困难；发展水浇地 13500 亩，架设农电线路 36 千米。

是年，盐池县水电科为青山公社营盘台大队营盘台、红庄两个生产队水利工程解决了提水灌溉设备，同时为全乡 12 口机井、带子井进行了设备配套。

是年，由长庆油田采三厂设计院设计，利用采三厂输水管道为水源，在马儿庄公社建成全县第一处改水降氟工程，共铺设供水管道 58 千米，设供水点 17 处，日供水量 200 立方米，解决了氟中毒危害最为严重马儿庄、冯记沟公社 3000 人、20000 只羊、1000 头大牲畜供水问题。

1983 年

1 月，盐池县水电局认真落实自治区水利局会议精神，针对农业实行生产责任制改革，提出水利也要适应农业发展变化要求；下达当年全县水利建设计划指标：水窖由过去的一户 2 窖改为一户 3 窖，计划打井 15 眼、水窖 3000 眼，完成青山乏牛坡人饮工程一处，修病井10眼，机泵70台。

2月24日，盐池县水电局召开职工大会，讨论安排1983年水电局工作任务，审定所属单位生产任务及包干方案，表彰奖励上年度超额完成任务单位。

4月27日，盐池县遭遇特大沙尘暴袭击。下午4时许，黄沙翻滚，黑压压的沙尘如同天幕中降下的一面墙，从盐池县西北方向排山而来，晴朗的天空逐渐呈灰黄色、橘色、褐灰色，继之狂风大作，对面不见人影，人在屋内感到呼吸困难。两三个小时后，沙尘渐去。晚9时后又有降雪，狂风终夜不停，28日大风持续一天。盐池县在这场沙暴灾害中丢失、死亡羊畜2万余只，10余人走失或死亡。灾情发生后，盐池县委、政府及时组织人员下基层抢险救灾。

5月，成立盐池县水土保持委员会，主任由县政府主管县长担任。

6月7日至9日，盐池县水电局召开为期3天的全县水利系统工作会议，听取各乡水利员半年工作汇报，讨论分解1984年农田水利及人饮工程建设任务。

是年，麻黄山公社沙崾岘村主任吴宝善与妻子尚斌慧承包余洼子生产队一座荒山头，利用早晚和农闲时间靠人工平整梯田，常年坚持，被称为吴宝善户包小流域治理模式。

是年，盐池县投资223万元建成王乐井公社南海子人畜饮水工程，全长86.3公里，受益12500人。

1984年

1月，盐池县水利电力局改称水利电力科。

2月27日，自治区水利厅给盐池县分配第一批抗旱打井补助费35万元，要求做到当年打井当年配套，及早发挥效益。

4月14日，国家计委以[84]658号文件批复，同意盐环定扬黄工程立项。要求进一步补充设计，做好经济论证工作。

5月21日，盐池县水利电力科批准何新庄水保站开展冬流观测试验。

6月30日17时，李家大湾水库发生暴雨山洪，水库拦蓄洪水达到200万立方米，县委副书记赵国英及时赶赴水库组织制定度汛措施。

10月31日，经过1年6个月艰苦施工，盐池县南海子人畜饮水工程竣工通水。该工程共打机井11眼，建蓄水池24座，修扬水泵站2座，架设输电线路13.8千米，铺设输水管道86千米，建成供水点24处。有效解决鸦儿沟、王乐井2个公社1万多群众、2万多只羊畜饮水困难。自治区政府支持该工程建设资金223万元。

是年，在城郊乡八岔梁行政村柳树梁自然村找到符合人畜饮用的地下水，经自治区水利厅批准建设为盐池县城镇供水工程水源地。

是年，盐池县水电科组织为青山乡雷记沟、牛圈坑、月儿泉等16个自然村通了电。

是年，盐池县政府批准同意县水电科关于在城郊、柳杨堡、王乐井、青山四乡成立电管站。

是年，洪水冲毁青山乡太平庙、郝记台、杨成沟、北马坊西队等自然村大坝，乡政府申请县水电科投资1.1万元对被冲毁的大坝进行了修复。

是年，萌城乡利用国家水保投资治理施天池、杏树梁两处小流域。

是年，惠安堡乡利用“三西”资金治理狼布掌和杜记沟两处小流域。

1985年

1月14日—16日，盐池县水电科召开各基层单位负责人会议，听取3年来水利工作汇报，进行业绩评议；研究和布置1985年水利工作安排，提出水利工作改革初步设想：从抓管理入手，给企业放权。

1月27日，自治区水利厅有关领导在盐池县水电科召开会议，专题研究盐环定扬黄工程引水线路耕地补偿、房屋搬迁、林地征地等事宜。

2月16日起，由国家投资修建的南海子供水工程正式移交给王乐井、鸦儿沟两乡管理。

6月8日，为期两天的银南地区水土保持现场会在盐池县召开。

是月，盐池县委决定组建盐池扬黄工程建设指挥部，赵国英任指挥，王珍、刘汉治、赵元兰任副指挥。

是年春，国家水电部部长钱正英带领有关部门到盐池、定边县考察水利工作，对老区人民多年来受高氟水危害的情况深表同情，表示盐环定扬黄工程一定要上马。

是年，盐池县新打机井63眼、土圆井98眼，机井配套32台；建水窖1500眼；架设机井高压线16千米，低压线13千米；建水泥防渗渠41千米，发展水浇地3500亩，平整水地为4500亩；完成南部山区供水工程主管安装13.5千米；完成水土保持治理面积13平方千米。

是年，盐池县水电科架通马家滩—鸦儿沟、大水坑北联站—红井子、环县甜水堡—萌城、马家滩—冯记沟、惠安堡—马儿庄等主干线，共架设高压线212.35千米。低压线106.6千米，有141个自然村受益。

是年，后洼乡共计完成小流域治理面积1.18平方千米、旱条田422亩、洪漫地472亩，打水窖33眼，其中王新庄村打水井3眼。

是年，大水坑镇利用“三西”农业建设资金，在马儿沟、狼儿沟治理小流域1.05平方千米，打水窖32眼、土圆井5眼。

是年，盐池县投资490余万元建成冯记沟、红井子供水工程。两项工程铺设输水管道全长1602千米，受益人口17500余人。同时也使后洼、麻黄山两个缺水人畜饮水困难大为缓解。

1986年

1月12日,盐池县水电科召开科务会议,进一步明确科属企业单位改革具体事项,对所属企业实行盈利分成、人财物权力下放;撤销合并了部分企事业单位。

2月18日,国家水电部复函自治区政府:扬黄工程正式命名为"陕甘宁盐环定扬黄工程"。工程主要任务是解决盐池、同心、环县、定边四县部分地区27万人和79万头牲畜的用水、防治地方病,在条件较好的地方结合发展农业灌溉。

3月,盐池县委、政府对南部山区水土保持工作明确提出"大力种树种草,治沟建园,遏制水土流失,发展以畜牧业为主的商品经济"的建设方针。

4月,盐池县委决定成立盐环定扬黄工程盐池县工程领导小组,吴学庭任组长,王珍、庞富贵、赵元兰任副组长,下设规划设计办公室。

6月,盐池县成立扬黄工程办公室,冯儒雄任主任。

是月,盐池县水电科召开全县小型农田水利建设会议,会议进行了典型经验介绍,观摩了八岔梁、周庄子等农田水利点。

6月—8月,麻黄山花鸨沟工程开工建设。施工人员克服山大沟深、交通不便的困难,在原沟底1582.5米的基础上填高至1604米的高程,完成输水和卧管工程,共填挖方16007立方米。

11月,狼皮梁吊庄跨县工程竣工。该工程于当年3月份规划设计,4月份测量,6月份开展渠道土方挖填。截至11月,共完成开挖支渠2036米,建公路桥一座;开荒地3749亩,实际能灌溉水浇地2466亩,实际冬灌2118亩;搬迁250户1144人。

是月,盐池县南部山区人畜饮水工程全部竣工。该工程完成共水源井3眼,输电线路20千米,埋设管线121.6千米,供水点38处,有效解决南部山区1万人、3万只羊、3000多头大家畜的饮水问题。

12月6日,自治区水利厅组织在盐池县水电科召开水保工程验收座谈会。水利厅水保处、自治区农建委、银南地区水电科、盐池县农建办等单位参加。

是年,盐池县委、政府确定1986年为"治水年",提出"南治水、中治土、北治沙"的发展建设方针;把适宜种草种树的"五荒地"按群众意愿和经营能力承包到户;加大南部山区水土保持力度。当年全县有6086户农户承包了"五荒地",先后涌现出麻黄山上"活愚公"李万福、自治区劳模贺国英、自治区人大代表吴宝善等水土治理先进典型人物。

是年,盐池县委、政府结合宣传贯彻中央1号文件精神,共抽调100多名机关人员组成工作队,宣传水土保持责任制有关政策和以户承包小流域治理的典型经验;组织南部乡村

200余人观摩学习了李万福、吴宝善两户水土治理经验。

是年，国家投资106万元建成高沙窝35千伏供变电所，架通高沙窝、苏步井主干线，架设高压线151.44千米，低压线99.464千米。

是年，盐池县加快农电建设步伐，全年共架设高低压输电线路250千米，机井配套101眼；全县11个乡32个自然村通电。

是年，青山乡共有水浇地2231亩，其中机井10眼灌溉296亩；带子井2眼，灌溉50亩；土圆井1眼灌溉25亩，自流灌溉13处，浇地333亩；小高程抽水18处，灌溉1527亩。

是年，盐池县水电科下文要求各乡镇对已有"三田"和已经治理的小流域进行加固维修。

是年，惠安堡镇维修洪漫地614亩，涝池15座，沟头防护26道，谷场87道；小流域治理完成79亩，土坝21条，水簸箕80个，水平沟150米；造林47亩，种草149.6亩；综合治理面积275.6亩。

是年，萌城乡修洪漫坝地956亩，治理洪漫地1281亩，旱条田1205亩，治坡549亩；建涝池34座；小流域治理完成500亩；造林6900亩，种草3000亩。

是年，后洼乡完成淤地坝建设17道、沟头防护119处，修建涝池68个、谷坊108个，发展洪漫地137亩、沟坝地176亩，动土方359947立方米，完成流域治理面积4029亩、2.68平方千米。

是年，自治区政府分配盐池灌区水指标5立方米/小时，规划灌溉粮、林、草面积14.7万亩。灌区集中规划在马儿庄(分水2立方米/小时，灌地4.53万亩)、惠安堡(分水3立方米/小时，灌地10万亩至17万亩)；规划人畜饮水工程线2条：李家大湾—赵家湾、马儿庄乡—县城。

是年，国家投资106万元建成高沙窝35千伏供变电所，架通高沙窝、苏步井主干线，架设高压线路151.44千米，低压线99.464千米。

1987年

2月，自治区水利厅下达盐池县当年打井任务55眼。

4月13日，盐池县委决定成立盐环定扬黄工程盐池县工程领导小组，县委书记吴学庭任组长，人大常委会主任王珍、常务副县长庞富贵、水电局长赵元兰、计委主任王宝山任副组长，农、林、水、牧、科委、财政、土地等部门负责人为成员；下设办公室，赵元兰兼任办公室主任，苏明昌任办公室副主任。

是月，盐池县召开由南部山区6个乡、60余名户包治理代表参加的水土保持经验交流会。

5月初，杨儿庄人畜饮水工程开始测量定线，9月底竣工通水。

9月，青山乡"侯—青灌区"工程在县水电部门的支持下开工建设。工程涉及侯家河、六里洼、青山3个自然村155户844人、5900亩耕地;3个自然村原有机井6眼、水浇地619亩。设计当年新打机井8眼,新发展水浇地1000亩;截至8月份,完成打机井8眼,水量均在400立方米以上,配套设备全部完成;年底平整水地1000亩,做防渗渠5000米。青山乡计划1988年再发展水浇地400亩,使该灌区水浇地达到2000亩,人均有水地2.3亩。

12月15日,宁夏"七五"重点建设项目"陕甘宁盐环定扬黄工程"经国务院正式批准立项。工程预计总投资3.3亿元,设计流量11立方米/小时,其中分配盐池县流量5立方米/小时。工程建成后,盐池县可增加水浇地14.7万亩,加上现有机井灌溉面积,全县12万农村人口人均可拥有一亩水浇地,可有效解决7.4万人和35万头羊畜饮水困难。

是年,惠安堡乡利用国家投资建成杨儿庄供水工程,主管、支管线长26.76千米,建蓄水池11座,蓄水530立方米。

1988年

5月25日,经盐池县水电科批准,高利乌素拦洪坝开工建设。

7月,宝塔人饮工程竣工。该工程于当年5月勘测施工,7月中旬竣工,共铺设塑料输水管线29.65千米,解决营西、宝塔两个行政村2043人、585头大牲畜、17034只羊饮水困难问题。

是月,盐环定扬黄工程开工建设。

10月18日,盐池县利用国家以工代赈资金建设的人畜饮水工程——骆驼井供水工程竣工通水,县城及周边两万多居民群众结束了饮用高氟水的历史。同期建设的还有各乡13处人畜饮水工程,铺设输水管道470公里,修建蓄水池97座,挖水窖3280眼,打土圆井650眼,总投资400多万元。

11月,后洼乡曹记畔、沙崾岘、唐平庄人畜饮水工程竣工。该工程于当年8月中旬开工,11月中旬竣工,铺设输水管线23千米,解决了3个行政村1691人、733头大牲畜和6800只羊饮水困难问题。

是年,盐池县共架设农电高压输电线路74.43千米,低压输电线路24.17千米,有效解决了部分机井配套和乡村照明问题。

是年,八岔梁风沙区小流域综合治理试点完成选点、定点、勘测、规划及设计任务,上报黄河中游局批准实施。

是年,盐池县水电科抽组组清查小组对科内及所属单位财务进行全面清理,对废旧设备及物资进行定价处理,减少库存积压;开展内部审计工作。

是年,盐池县水电科将马儿庄、冯记沟、南海子、杨儿庄、宝塔水管所下放所在乡政府直接管理，做到以水养水，减轻财政压力。

是年，萌城乡完成“三西”资金治理北河小流域工程。投资8300元治理水土流失面积0.57平方千米，建坝地259亩，造林556亩，种草46亩，打水窖170眼。

是年，萌城乡完成516亩灌区开发任务，安置移民220人。

是年，国家投资20万元修建官滩至哈巴湖水利工程，发展水浇地500亩，改变当地“水地旱种”局面，使全村726人吃饭问题得到保障。

1989年

2月24日，盐池县水电科组织两个工作组对全县水利和水保工作进行全面检查。

3月，麻黄山乡党委、政府发出倡议，推广李万福承包小流域治理模式，制定出台了《关于户包小流域治理几个问题的规定》，提出“按能承包、以户承包或联产承包，数量多少不限”的承包原则。

5月，由盐池县扬黄管理局主持，抽调农业、水利等部门技术人员和有关乡镇干部参加，对马儿庄、惠安堡、大水坑、青山、冯记沟5个乡镇拟设灌区的20万亩土地进行土壤普查，到1990年12日完成普查任务；这次普查是在1983年全县土壤普查基础上进行的补充调查。

8月1日，自治区编制委员会、劳人厅、水利厅下达全区各乡镇水利水保管理站机构设置和编制定员通知，盐池县共设置16个乡镇水利水保站，编制40人。

8月9日，盐池县水电科研究审定全县水利“八五”规划制定情况。“八五”期间，全县规划打机井180眼，建小高抽5处，更新机井170眼；每年打水窖800眼、土圆井150眼；建人畜饮水工程5处；种草7万亩。

10月18日，盐池县利用国家以工代赈资金建设的人畜饮水工程——骆驼井供水工程竣工通水，县城及周边两万多居民群众结束了饮用高氟水的历史。

是年，盐池县水电部门选派人员参加国家水利部举办的水利先进成果展览会，组织到外地考察学习先进技术，引进了“U”型防渗渠浇注机和塑料管打井机。

是年，国家投资43万元，兴建了冯记沟乡暴记春引水工程。

是年，国家投资300万元，新建谢儿渠35千伏变电所，架设线路33公里。

是年，八岔梁风沙区小流域治理试点工作进展顺利，年内打井5眼，发展水浇地282.7亩，造林2655亩，种草1030亩，封育草原1000亩。

是年，盐池县水电部门为勘探新水源，先后在余庄子、青羊井、边记场、红疙瘩、武记塘试打机井5眼，成功打井3眼。

是年，盐池县积极开展打井抗旱，发展水浇地。年内共打机井40眼，配套38台，更新机井7眼；架设高压线28千米；发展水浇地1629亩；完成三田建设任务13642亩，经自治区农建委验收，合格率为90%。

是年，王乐井乡依靠国家投资2.2万元、群众集资1.5万元、积累工2080个，完成狼洞沟村朱家窑、徐光滩2个自然村人畜饮水工程，铺设输水管线3.6千米。

1990年

1月8日，根据自治区水利厅及县人事部门有关文件精神，盐池县水电科择优录用工人28名。

3月1日，盐池县委、政府下发《关于农田水利基本建设的决定》，提出全县农田水利基本建设总任务是：以旱作基本农田建设和扬黄灌区开发为主，大、中、小型农田水利工程相结合，继续搞好地表径流、沟泉水和井灌区合理开发利用和巩固提高，进一步加强农田防风固沙、水土保持、肥料地力建设和水利设施管理。

4月9日，盐池县水资源管理办公室成立。

是月，盐池县水利电力科改称盐池县水利电力局。

5月，自治区政府同意盐池县关于扬黄灌区引水到盐池县城西滩的调整方案。调整后的具体方案为：将原分配惠安堡乡的3立方米/小时水量减少为1.5立方米/小时，另1.5立方米/小时水送往马儿庄方向；将原马儿庄乡灌区的2立方米/小时水减少1立方米/小时。两乡减余的2.5立方米/小时水量，经黎明、三道井两级泵站，通过67公里的渠道，流经马儿庄、冯记沟、青山、王乐井、城郊6个乡镇部分地区，最终进入盐池县城西滩。

6月1日，盐池县委、政府下发了《关于批转盐池扬黄灌区开发建设规划提纲的通知》。

10月3日，自治区农业厅组织在盐池县萌城乡召开全区冬小麦种肥分层播放和沟播比较现场会。种肥分层播施和沟播技术解决了旱作农业大面积推广丰产措施问题，是促进干旱山区粮食增产、农业上台阶的有效措施。

10月5日，盐池县委、政府作出《关于加强扬黄灌区开发建设的决定》，计划一到两年内完成扬黄灌区主体工程开发建设工作。

11月，盐环定扬水工程已完成投资5690万元，占投资总额的三分之一。是月，水利部黄委会质量检查小组组织对该工程进展情况进行检查。

12月18日，在自治区农田水利基本建设“六盘山杯”竞赛活动中，盐池县柳杨堡乡水利水保站、水电局打井队被评为基层水利先进集体；石岗、张文良、白树明、王文忠被评为先进个人。

是年秋，盐池县水电局在深井村征地300亩，打机井3眼，建立以节水试验为目的、以种植经果林和饲料为主的多种经营基地。

是年，盐池县引进内蒙古鄂托克前旗塑料真空井技术，在英雄堡、苏步井村打塑料真空井15眼，发展水浇地285亩。

是年，盐池县建立健全全县16个乡镇和狼皮梁吊庄水利水保机构，核定人员编制；在城郊等6个乡镇建立了井泵维修服务点，保证了全县水利工程的正常运行。

是年，全县累计治理水土流失面积227平方千米，造林100万亩，种草补播封育100万亩，建人饮工程13处，铺设管线471.2千米。

是年，后洼乡对已有水利工程进行普查。共登记水平地132块、919.8亩，洪漫地109块、1093亩，旱条田275块、2804亩。

是年，王乐井乡完成刘四渠小流域治理。该项目于1984年列入计划治理，国家投入21.03万元，其中“三西”资金19.94万元，由盐池县水保队负责施工。治理流域总面积10.2平方千米，治理水土流失面积9.6平方千米。

1991年

1月3日—13日，自治区水保站对麻黄山试验站1990年降雨、泾流、土壤含水量、气温、蒸发量五项内容观察资料进行了整编。

2月23日，盐池县委决定成立扬黄工程建设管理局，隶属县水电局，为正科级事业单位，局长高玉、副局长冯儒雄；下设计划财务室、规划设计室、吊庄办公室、土壤普查利用办公室、水利工程建筑公司(事业单位企业管理)。原扬黄工程办公室同扬黄工程建设管理局合署办公。

是月，结合实施“231”工程，水电局对23名水利员进行为期10天的培训，并派技术人员对150名机井长进行机井管理、井泵维修、安全用电等知识培训。

4月24日—28日，自治区水保站重点对城郊、惠安堡、马儿庄和冯记沟4个乡镇采挖甘草情况进行了调查。

5月25日，盐池县委常委会审定通过了《盐池县扬黄灌区开发建设规划提纲》。

6月1日，盐池县委、政府下发《关于批转盐池扬黄灌区开发建设规划提纲的通知》，提出扬黄灌区开发建设规划的指导思想、原则、内容、要求和方法步骤。扬黄灌区开发工程建成后每年可为盐池县提供水资源6217万立方米，其中灌溉用水5847万立方米，人畜饮水370万立方米；可灌溉14.7万亩水浇地，解决7.4万人、35万头大牲畜用水问题。

是月，青山乡西部人畜饮水工程动工兴建，到9月底竣工。通过区、地、县有关部门验收，被评为县级优良工程。

是月，谢儿渠送变电工程动工，到10月份完工，总投资270万元。

7月31日，盐池县八岔梁小流域被自治区水利厅评为“水土保持试点流域”。

8月初，盐了县政府组织南部乡三级干部及水利技术人员到西海固进行观摩学习。

8月16日，盐池县水电局向自治区水利厅农水处上报了《盐池县牧区水利规划》报告，规划共分5章12节。

9月10日，高利乌素供水工程破土动工，4个月后全部工程完工。该工程使当地16个自然村3344人、861头大牲畜、5976只羊摆脱严重缺水困境；工程总投资70余万元。

9月20日，青山乡续建供水工程中的西部供水工程建成通水，使青山乡西部地区8000余人脱离远距离拉运生活水和高氟病危害困境。

11月，盐环定扬黄工程红墩子隧洞顺利掘进。位于惠安堡镇和马儿庄乡交界的红墩子隧洞全长13.1千米，其中隧洞长1.25千米，是盐环定扬黄工程施工难度最大的“卡脖子”工程。宁夏军区指战员主动请战，273名指战员于10月15日进驻工地。此后，先后投入兵力1000名，动用各种机械65台（辆），挖掘土石方66万立方米，被复砼1.6万立方米，投资1300万元。到1992年8月4日下午5时30分全线贯通，比计划工期提前了27天。

是月，由中科院沙漠所和盐池县政府利用5年时间完成的沙边子沙漠化土地整治模式研究通过专家鉴定。专家组称：该项研究成果是依靠科技在半干旱地区治理沙漠化土地的成功范例，研究成果达到国内国际治沙研究先进水平；经过综合整治，治理区沙漠化土地基本得到控制，人与自然环境发展进入良性循环；1992年沙边子人均有粮698公斤，人均收入1300余元。

是月，国家投资270万元建成麻黄山谢儿渠35千伏供变电站，架通麻黄山、后洼两乡主干线高压线路28千米，低压线路14千米，有5个行政村、7个自然村的1780人受益。至此，盐池县实现乡乡通电目标。

是年，麻黄山乡桑记沟流域治理被自治区水利厅列入“八五”治理重点工程，开始施工。

是年，经盐池县编委研究同意成立水管站，为水电局下属股级单位，定编5人。

是年，萌城等乡组织劳力5815余人进行秋季农田大会战，中断多年的农田基本建设会战再次掀起高潮。

是年，青山乡决定开发乏牛坡林场范围内地表浅层水。此后两年内共计开挖带子井11眼，开垦水浇地144.7亩，配备水泵（电动机）8千瓦。

1992 年

2 月 12 日，盐池县政府研究通过了《盐池县扬黄灌区土地开发和建设用地暂行规定》。

3 月 28 日，李家坝灌区田间配套工程开工建设。

4 月 1 日，自治区水利厅副厅长、盐环定扬水指挥部指挥刘汉忠、副指挥哈双等领导在盐池视察工作时提出，盐池扬黄灌区专用工程要于 1993 年 7 月 1 日前通水。

4 月 7 日，自治区、银南地区、盐池县有关领导和部门负责人在吴忠召开专题会议，讨论盐池扬黄工程专用工程建设问题，形成了《盐环定扬黄工程及配套建设现场办公会议纪要》，主要精神是：支渠以上专用工程纳入国家计划，由国家投资，自治区水利厅组织实施；斗渠以下工程和田间配套工程着眼整体规划，国家只负责三材补助（每亩 100 元），以群众投劳为主，由受益县负责完成。

5 月，马儿庄乡平台供水工程、苏步井乡高利乌素供水工程竣工。该工程于 1991 年动工兴建。

6 月 9 日，自治区、银南地区防汛指挥部领导在盐池大湾水库召开现场会，研究确定大湾水库紧急实施防洪抢险工程措施。

6 月 22 日，盐池县扬黄工程建设管理局召开专题会议，研究老盐池村北、村东和苏家场及南梁灌区规划建设工作，决定到 1993 年 5 月前，保证开发水地 9000 亩（其中李家坝 6000 亩，老盐池 3 片 3000 亩），力争达到 11400 亩（加上南梁 2400 亩）。9 月 1 日，老盐池 3 片灌区配套工程开始施工。

是月，盐池县扬黄灌区内引水方案经过 5 年勘测设计，正式动工兴建。

8 月 8 日下午 4 时，盐池县东西两端局部地区突降暴雨，青山乡雷记沟流域暴发特大山洪。

8 月 26 日—9 月 7 日，盐池县水电局组织南部山区重点治理区乡村干部、水保员等 18 人，前往柳林、离石、延安、榆林等地参观学习综合治理小流域先进典型。

10 月 5 日，盐池县委、政府制定出台了《关于加强扬黄灌区开发建设的决定》。指出：坚持总体规划，力求合理优化；加强灌区土地管理，合理开发利用；认真做好移民吊庄工作；创建灌区农业社会化服务体系；多途径、多渠道筹措灌区开发资金及切实加强对灌区开发建设领导五个方面的总体要求。

11 月，城郊乡柳树梁供水工程竣工，该工程于当年 3 月初动工兴建。

12 月，盐池县水电局分别向自治区农建委、水利厅水保处和黄河中游局呈报了《关于兴建隰宁堡人畜供水主体工程的设计报告》《关于宁夏盐池县桑家沟窝风掌治沟骨干工程规划设计报告》和《关于宁夏盐池县荫子沟试点小流域水土保持规划的报告》。

是年初，盐池县水电局组织对全县120名机井长和77名水保员进行了业务培训。

是年，根据盐池县委、政府关于兴办经济实体有关规定，水电局成立水利综合经营公司，积极开展多种经营。先后建立水利综合实验基地，种植经果林230亩；养殖奶牛、猪、羊；办豆腐场；购置推土机5台。全年综合经营总产值272万元，获利9.7万元。

是年，盐池县第一片扬黄罐区—李家坝灌区启动工程配套，年底完成90%的工程量。六干渠工程于8月份竣工，于10月22日至24日试水，运行正常。

是年，青山乡开发刘窑头、赵记塘、井坑、张记圈、路红庄等5个自村地表浅层水，发展水浇地130亩。

是年，盐池县委、政府制定颁布了《盐池县南部山区小流域综合治理暂行规定》《关于拍卖“五荒地”暂行规定》，从政策措施上保障了群众治山治沟、大搞水土保持的积极性。

是年，盐池县政府制定出台了《盐池县人畜供（改）水工程管理办法》，根据工程规模及便于管理原则，分县、乡、村三级管理，便已建成人畜供水工程发挥长期效益。

是年，盐池县城郊、青山、柳杨堡三乡示范推广节水灌溉种植1.15万亩，比传统种植省工50%、省地8%、节水40%、增产20%。

1993年

2月2日，盐池县委决定成立扬黄灌区建设指挥部，为正处级事业单位。单新强副县长任指挥，石岗、高玉任副指挥。4月，盐池县灌区中心水管所成立；7月，县委调整设立指挥部政工计财室、规划设计室、移民开发办公室、施工管理办公室；计划在年内提前完成老盐池、南梁、潘儿庄三片灌区平田整地任务。

3月4日，自治区政府副主席任启兴主持召开由自治区政府办公厅、水利厅等部门参加的盐环定扬黄工程协调会，根据盐池县提出的相关要求，会议决定：一是田间配套工程补助由原定100元/亩提高到130元/亩；平田整地增加补助50元/亩，即180元/亩，打入总概算，由水利厅安排；二是灌区收费暂时执行固海扬水收费标准。

4月3日，盐池县第一个扬黄灌区——南梁灌区开工建设。截至11月份，全面完成南梁、潘儿庄、苦水井1.2万亩灌区土地平整，其中南梁灌区平整土地2592亩，被誉为“样板灌区”。

5月5日，青山续建供水工程动工兴建，8月10日全线竣工通水。

5月7日下午1时18分，黄河水自红墩子隧洞进入盐池县李记坝、老盐池灌区，盐池人民盼望黄河水的梦想终于变成了现实。

是月，盐池县荫子沟流域被黄河中游局列为第四批水保试点小流域，该项目从5月初开始实施，共计完成基本农田建设550亩，营造水保林1200亩，种草1700亩，总投资12.15万元。

6月1日，潘儿庄灌区配套工程开始施工，到11月5日基本完成施工任务，通水冬灌。是月，银南地委书记刘丰富、行署专员马昌裔、副专员杨永山到盐池扬黄灌区调研工作。

7月1日，在《中华人民共和国水法》颁布实施五周年、《中华人民共和国水土保持法》颁布实施两周年纪念日之际，盐池县成立了两法宣传领导小组，集中两天时间开展宣传活动，共计张贴宣传标语30余条、散发宣传材料600多份。

7月30日，盐池县甘沟治沟骨干工程竣工。该工程于1992年8月20日动工兴建，完成土方1.01万立方米。

9月10日，盐池县八岔梁小流域水土保持综合治理获宁夏水利科技进步二等奖；U型砼渠槽卧式预制机研制及U型防渗渠道推广应用获三等奖；塑料管井及聚氯乙烯管材推广应用获四等奖。

10月，盐池县苏步井乡247户1300人搬迁到惠安堡乡潘儿庄灌区，定名为苏河村，成为灌区第一批移民。

11月19日，惠安堡镇隰宁堡人畜饮水主体工程竣工通水。该工程于8月批复立项，9月8日动工兴建，共完成输水管29千米，建160立方米蓄水池1座，解决了惠安堡南部沿山地区及部分高氟病区3个行政村、8个自然村人畜饮水困难。

是年，根据自治区内外旱地农业发展和试点经验，开始在麻黄山、后洼等乡小范围实施“水窖集雨节灌工程”，示范推广旱地水种，采取点灌、穴灌、注射灌等新技术，并取得成功。是年，因旱灾严重，南部山区10000余眼水窖没水，7个乡近4万人饮水告急。水电局除投资维修管线保证供水外，给严重缺水的后洼、麻黄山、萌城、大水坑、惠安堡5个乡60个村送水295车。

是年，盐池县水电部门先后完成甘沟、凉风掌、窝风掌、八岔梁、石葱湾、谢儿渠、荫子沟7条小流域治理，共计治理面积2.08平方千米。

是年，盐池县为实现“八五”末村村通电目标，共架设10千伏输电线路73千米，完成投资210万元，解决了6个行政村、27个自然村、830户4560人照明用电问题。

是年，盐池县先后兴建了二道沟、青山东部、鸦儿沟乡、吊庄等人畜饮水工程，总投资127万元，解决了23个自然村、6468人、17523头牲畜饮水问题，青山、二道沟供水工程被自治区、银南地区评为优良工程。

是年，盐池县扬黄灌区建设取得显著成果：建成李家坝灌区6000亩，安排当地人口341户1674人；建成老盐池灌区3000亩，安排当地人口76户369人，安排鸦儿沟乡吊庄人口60户382人；建成南梁灌区2600亩，安排当地人口183户860人；建成苦水井灌区1120亩，安排当地人口298户1340人，安排苏步井吊庄人口247户1300人；建成龚儿庄(左)灌区1700亩，安排滩羊场下岗职工400人。

是年，由自治区农建办、水利厅投资75万元，在惠安堡乡修建输水管线30千米，彻底解决了当地群众吃水困难问题。

是年，青山乡甘洼山、路红庄自然村组织开发乏牛坡—常山子一带地表浅层水，开挖带子井5眼，发展水浇地50亩。

是年，红井子乡为后台、涝坝沟、红沟洼等自然村建输水管线6千米，解决了117户群众人畜饮水困难。

是年，二道沟供水工程建成主管线4.35千米、支管线5.2千米，30立方米蓄水池1座，解决了红井子乡3个村、7个生产队、2147人、506头大家畜、4029只羊饮水困难问题。

是年，盐池县共计出现8次大风、19次沙暴、30次扬沙天气，总降雨量仅为32.4毫米。

1994年

3月1日，盐池县水电局向自治区水利厅上报了《盐池县1994—2000年人畜饮水和乡镇供水规划》，力争在2000年前完全解决全县人畜饮水问题。

4月20日，根据自治区、盐池县及有关会议精神，盐池县扬黄灌区成立了潘儿庄、李家坝灌区管理委员会。8月10日，隰宁堡(南)灌区配套工程开始施工，年底完成施工任务，开发水地8500亩，安排当地人口230户1039人，后洼乡吊庄人口192户788人。

5月1日，青山续建供水工程、二道沟供水工程、隰宁堡主体供水工程、苏记场吊庄供水工程同期开工兴建；青山续建供水工程、二道沟供水工程于10月20日竣工通水。

6月7日，自治区党委书记黄璜带领有关部门视察盐环定扬黄工程时提出，扬黄工程盐池灌区要提前两年建成，及早解决盐池干旱缺水问题。

6月17日，盐池县委书记蔡明在县直机关副科级以上干部大会上提出，全县经济建设要突出抓好“一二三三三”工程，即开发建设一个灌区(扬黄灌区)，抓好羊只育肥、中草药种植两个基地；建立畜牧业、林业、乡镇企业三个支柱产业；改造完善县城、大水坑、惠安堡三个综合集贸市场；深度开发以绒、毛、皮、肉为原料的畜产品加工，以甘草、苦豆子、麻黄为原料的制药，以石灰石、石膏为龙头的建材三个系列工业产品。

7月19日—20日，自治区人大常委会主任马思忠带领有关部门视察盐池县抗旱救灾工作。

8月5日凌晨，盐池县遭受百年不遇特大洪水灾害，全县受灾人口2.9万，死亡13人，重伤10人，倒塌、损坏房屋5466间，使385户1648人无家可归，直接经济损失达3200万元，重点灾区位于县城北门外及其以西地区。灾情发生后，盐池县委、政府快速反应，积极组织广大干部群众踊跃投入抢险救灾，宁夏武警总队官兵迅速参与到抢险救灾第一现场。灾情发生后，盐池县水利局组织干部职工立即投入抗灾抢险中，共出动车辆50台，转运灾民财物254车次，组织抽水机泵14台，动员职工为灾民捐款12000元。自治区党委常委马文学、副主席刘仲、马骏廷、周生贤、银南地区专员马昌裔等领导前来察看灾情，慰问灾民。为杜绝山洪再次造成危害，决定修筑盐池县城泄洪渠。

8月11日，窝风掌治沟骨干工程发生垮坝事故，蓄水在坝体高17米处冲开一缺口，坝体出现多道裂缝，冲走土方约3万立方米，造成经济损失12万元。

9月27日，盐池县委召开整顿机关作风、抗洪救灾表彰大会，县水电局等37个抗洪救灾先进集体和王学富、李有为等38名抗洪救灾先进个人受到表彰。

10月7日，盐池县与农学院联合承担完成的膜上灌试验项目经自治区科委、水利厅、农学院等专家领导验收，认为技术数据准确，节水效益显著。

是月，盐池县水电局举办全县水土保持执法人员培训班，参加培训37人。

是年，盐池县出现历史上罕见干旱、风沙灾害天气，地下水位下降，南部山区部分乡村农户水窖枯竭，有13个乡、54个行政村、217个自然村、41632人受灾，给农业生产和群众生活造成严重威胁。

是年，盐池县多方筹集资金243万元，架设农电线路140千米，于11月中旬全县98个行政村全部通电，提前一年实现自治区“八五”村村通电目标。

是年，盐池县扬黄灌区开发三年来，共建成灌区九片3.15万亩，完成支渠20条41千米，斗渠69条长60千米，灌溉面积达到2.95万亩。

是年，盐池县全面实施取水许可制度，标志着水资源管理逐步走向法制化轨道。

是年，盐池县被列为全国第二批100个水土保持预防监督执法试点县。县委、政府制定了《盐池县水土保持预防监督执法试点工作实施方案》，成立了领导小组和水土保持预防监督站，配备兼职水保监督员6人。同时成立了各乡镇水土保持预防监督站，站长由各乡镇水利水保站站长兼任；各行政村配备水保管护员97人。

1995年

3月，按照盐池县委、政府统一安排，潘儿庄、李家坝灌区掀起造林高潮，共计营造农田防护林2058亩、经果林890亩。

4月，盐池县被列为全国100个抗旱服务试点县，县政府批准水电局将原抗旱打井队、水利管理站合并组建成立了盐池县抗旱服务队。

7月1日，自治区计委扶贫项目、世界银行项目投资25万元实施贾家圈灌区配套工程，在潘儿庄建立中心小学1所，要求当年秋季开学。

7月12日，自治区政府主席白立忱、副主席周生贤带领有关部门调研盐池县扬黄灌区开发建设工作并召开现场办公会议，进一步明确惠安堡灌区开发建设有关政策：一、扶持贫困农户到灌区移民开发，实行每开发1亩土地配套补助180元的政策不变；二、灌区农电建设列入全区村村通电计划予以解决；三、贫困户移民到灌区人均补助200元安家费，从扶贫贷款中安排；四、在土地多余的前提下允许拍卖土地使用权，引导县内有开发能力的经营大户进入灌区开发建设；五、灌区小学建设由自治区政府副主席周生贤、刘仲商定解决意见。是月，盐池县贾家圈灌区开发建设大会战拉开序幕，主管部门共计组织7个建工队、5个预制厂、45台推土机、21辆手扶拖拉机、235个劳力，历时4个月艰苦奋战，灌区支、斗渠道工程全部完工，控制面积1.6万亩，平田整地0.57万亩。

8月10日，郭占贵同志经地区机关政工专业职务资格评委会评审，区职评领导小组验收，取得政工师职务资格。

8月18日，盐池县委决定成立扬黄灌区建设委员会，县委书记蔡明任主任，日常工作由扬黄灌区建设指挥部负责，原扬黄开发建设领导小组撤销。

是月，盐池县政府抽调科级干部18人组成6个工作组，深入6个乡镇和吊庄点，动员群众尽快向灌区搬迁。当年盐池县计划吊庄移民517户2240人，其中搬迁281户1523人；完成建房605间，国家扶持资金41.58万元，其中贷款37.6万元，救济款3.98万元。

9月，盐池县按照自治区有关会议精神和《取水许可制度实施办法》要求，成立了由主管副县长任组长，水电局、城建局、矿管局、法制局、政府办等主要负责人为成员的实施取水许可制度领导小组。

11月，王乐井乡完成李庄子人畜饮水供水工程。

12月，根据盐池县南梁、老盐池、苦水井等灌区出现土壤盐渍化问题，自治区水利厅召开专门会议研究决定：由自治区水利工程建设专用办牵头，自治区水利科研所在技术上负责，盐池县扬黄局配合，对出现盐渍化土地灌区进行调查，对已开发灌区进行土壤详查。1996年1月，《盐池灌区开发现状及存在问题的对策研究》报告编制完成，上报自治区水利厅。

是年，隰宁堡(北)灌区开发灌溉面积1700亩，由县畜牧局、盐环定扬水管理处九泵站征用开办农场；贾家圈灌区开发灌溉面积16000亩，安排当地人口500户2240人，安排麻黄山乡移民吊庄人口317户1356人；农业、农机、水利、林场等部门、单位征地2660亩开办农场。

是年，盐池县认真贯彻自治区党委、政府“在南部山区大力发展窖(井)集雨节灌”的指示精神，实行每验收合格1个生产水窖补助200元至300元的政策，积极鼓励有条件的农户打生产窖。

是年，惠安堡镇建成潘儿庄供水工程，主管、支管线长27千米，蓄水池1座。

1996年

2月10日，自治区政府副主席周生贤、政府办公厅副主任容健、水利厅副厅长刘汉忠及有关部门负责人到盐池县检查扬黄灌区建设情况。

是月，自治区农林科学院、科委、林业厅、水利厅、农建委、畜牧局，盐池县政府、扬黄指挥部等单位负责人在银川召开会议，决定在惠安堡贾记圈灌区建立“扬黄新灌区农业综合开发技术研究”试验示范区。当月，自治区农林科学院土肥所、园艺所、作物所、林科所研究员、助理研究员8人进驻贾记圈试验区开展工作。

3月19日，盐池县扬黄新灌区农业综合开发技术研究试验示范区领导小组成立。

7月14日至20日，大水坑镇连续遭受风沙、暴雨、冰雹袭击，倒塌房屋32间576平方米，危房36间648平方米，死亡羊只32只，造成直接经济损失22.74万元。有4个自然遭受到冰雹袭击，粮油作物绝产。

是月，自治区科委领导到贾记圈示范区检查指导工作，对示范区工作给予了肯定，并提出新灌区农业快速起步问题，为新灌区建设提出新的发展建设思路。

是月，盐池县委、政府在扬黄灌区召开了夏季农业生产暨新技术推广现场会。

8月，从4月份开始，盐池县城郊、青山两乡部分村庄地下水位上升，在四尔滩村、北塘村、东郭庄村等低洼地带形成面积约3万亩的湖泊。10多平方公里的草原、2000亩耕地被淹，溺死羊只200只。受灾较重的村庄交通受阻，供电中断。灾情发生后，自治区党委常委马锡广带领有关部门深入灾区察看灾情，自治区副主席周生贤责成有关科研部门调查原因。

9月19日，陕甘宁盐环定扬黄工程(共用部分)竣工典礼在盐池县举行，国务委员彭珮云出席典礼并讲话。竣工典礼后，彭珮云在自治区党委书记黄璜和自治区主席白立忱的陪同下参观了盐环定扬黄工程二泵站。国务院总理李鹏扬黄工程纪念碑题写了“陕甘宁盐环定扬黄工程”铭文大字。

是月，自治区水利厅同意先在苦水井、潘儿庄划出两片灌区做排水试验，排水工程先后于1997年10月下旬开挖。

是月，盐环定扬黄工程自1988年8月动工兴建，经过三省广大建设者历时8年艰苦奋斗，于是年9月竣工，经水利部等单位组织验收，评为优良工程。

10月，盐池县水电部门完成林记洼子骨干工程除险加固，该工程于1995年7月开工建设。

12 月 14 日,盐池县委、政府召开扬黄灌区开发建设表彰大会,对 1992 年扬黄灌区工程建设以来涌现出的 16 个先进集体和 38 名先进个人进行表彰奖励。

是年,盐池县开始实施“231 工程”第二个五年计划。

是年,宁夏水利科研所和盐池水电局联合实施《盐池县(麻黄山乡)谢儿渠小流域蓄流微灌综合治理开发研究》课题,采取以常规控制水保措施为主,拦蓄天然降水使之就地入渗,发展以泾流农业与以蓄灌微灌技术为主的高效农业,因地制宜进行流域综合治理,形成集水—蓄水—用水技术体系。该项技术获自治区科技进步三等奖。

是年,水利部、财政部等 4 部委联合发出《关于“九五”期间在全国建立 300 个节水增产重点县和建设节水井灌区的通知》,盐池县被列为节水增产县之一。县政府根据通知精神,结合当地社会经济条件、水资源及农田灌溉现状,组织专业技术人员进行论证,选择了适宜全县推行的节灌技术。

是年,盐池县在麻黄山、后洼、萌城 3 个乡试种窖水微灌积极 0.91 万亩,比无灌溉旱地增产近 10 倍。

是年,全县建立了 3 个节水灌溉试验示范点:一是五堡渗灌试验点;二是谢儿渠小流域窖灌综合治理试点;三是扬黄灌区示范点。

是年,群众自筹资金打带子井、土圆井、打塘坝蓄水共投入 100 万元;自筹资金架设电线投入 70 万元;自筹资金打生产窖投入 40 万元;超打生产窖 1500 余眼,投入 40 余万元,总计自筹资金搞水电建设投入 200 余万元。

是年,盐池县各乡镇引进和推广“旱地龙”,重点在机井灌区、窑灌区等水地实施。实施 4 年后,共使用“旱地龙”8 吨,累计面积 8 万亩,一般可增产 20%左右。

1997 年

2 月,盐池扬黄指挥部在贾记圈灌区确定并安排了“农业快速起步”项目。指挥部派分管领导负责,组织自治区、县蹲点科技人员 10 余人,深入田间,定地块、定农户、搞培训,亲临现场组织指导,“快速起步”项目全面启动。截至 4 月底,有 558 家农户种植作物 3209 亩。6 月对该项目进行检查统计,项目区小麦有 70%的面积可以达到预定目标,玉米、豆类等苗种齐全。后因当年气候反常,项目区又遭受两次冰雹灾害,损失严重。

3 月 4 日,自治区党委书记黄璜、常委马锡广、政府副主席周生贤及 14 厅(局、委)主要负责人视察了盐池扬黄灌区,并召开了盐池县 1997 年脱贫现场办公会,决定 1997 年在盐池县投资 2000 万元,加快盐池专用工程及灌区配套工程建设。

3 月 7 日,盐池县水电物资经销部更名为盐池县水电物资供销公司。

3月12日,盐池县水利机械队更名为盐池县水利机械施工公司。同日成立了盐池县水利机械施工队。

3月13日晚,盐池县南部山区发生历史上罕见雾淞现象,输电线路形成10厘米以上冰棒,直径最大达到15厘米左右,部分电杆连根折断,导线断裂。

是月,贾家圈灌区造林2000亩,植树20.7万株。

4月1日,惠安堡灌区部分续建工程开始施工。苦水井、潘儿庄两个灌区13座排水桥涵施工任务全部完成;潘儿庄灌区东部修排水沟2.64千米,桥涵7座;苦水井灌区修排水沟2.4千米,桥涵6座;20日,大庄子、龚儿庄、宋新庄3片灌区配套工程先后开工建设。

6月,石山子引水隧道工程动工兴建,到2000年7月26日全线贯通,总投资2650万元。

7月27日,下午4时左右,惠安堡突降暴雨,降水47毫米,冰雹袭击了贾家圈灌区,冲毁了部分支渠;同日,青山乡发生特大洪水灾害,全乡46条塘坝、8条带子沟被洪水冲毁,冲走9台套提水电机水泵,造成直接经济损失47万元。

是月,龙记湾隧洞工程动工修建,到1999年1月底竣工,全长280米,总投资190万元。

是月,后台骨干大坝工程动工修建。该坝3月批复立项,4月开工,7月竣工。总投资170万元,其中国家补贴114万元、群众自筹56万元。

8月,盐池县委决定苏步井、后洼、麻黄山3个乡吊庄群众按现管区分别成立村民委员会,到10月底将其行政管理、生产经营与有关服务职能移交惠安堡镇管理。

9月,盐池县扬黄指挥部在项目区召开了"农业快速起步"技术项目现场观摩总结会。以合理增施化肥、提高生物产出量为主的"农业快速起步项目"实施两年取得了成功。

9月30日,"盐池县水利电力局"机构改革为"盐池县水利水保局"。经县机构改革领导小组审定,县人民政府批准,水利水保局机关核定行政编制8名,局机关后勤服务人员定事业编制3名。

10月8日,大庄子灌区建设工程全面铺开。该工程建成面积8000亩,安排当地人口367户1652人,萌城乡吊庄84户222人,大水坑吊庄99户384人;宋新庄灌区建成面积2300亩,安排当地人口163户737人;龚儿庄(右)灌区1400亩,安排当地人口86户389人。

11月13日,"盐池县水电局党委"更名为"盐池县水利水保局党委"。

是月,三道井泵站开工建设到1998年8月竣工,投1120万元。

是月,萌城乡利用国家投资建成萌城供水工程,主管、支管长5.77千米,蓄水池4座。工程投资80万元,解决了乡驻地机关、学校和4个自然村2500人的饮水困难问题。

是年秋,青山乡掀起农田水利建设高潮,共计投入劳动积累工1.6万个,新打坝15道,用土5.6万立方米;维修加固塘坝8道,维修水渠37条19.4千米,平田整地470亩。

是年,冯记沟、青山、红井子3个乡采用喷灌技术种植农作物0.31万亩,与传统种植相比，省工7%、省电15%、节水48%、增产24%。

是年，盐池县发改委争取项目投资15万元，完成了王乐井官滩村灌溉设施工程建设。

是年，《盐池县节水增产工程实施规划》编制完成，被列为全国300个节水县培训教材。

是年，盐池县遭受历史罕见春夏秋三季持续干旱，风沙、冰雹、洪水、低温、冷冻灾害交错发生。全县粮食总产量3725.1万公斤，比1996年减产1290.3万公斤，减产25.7%。其中，夏粮1054.6万公斤，比1996年减产12.5%；秋粮2670.5万公斤，比1996年减产30%；油料总产305.8万公斤，比1996年减产34.8%；羊畜缺草缺料，草畜矛盾突出。

是年，盐池县着重抓好“一二三四”扶贫开发重点，即：抓住一个主旋律，解决两个问题，突出三个重点，搞好四个基地建设，形成四个主导产品。具体内容为：把握年内实现基本脱贫目标的主旋律；抓好以扬黄灌区为主的农业生产和以滩羊为主的畜牧业生产，解决群众吃饭、花钱两个问题；突出以扬黄灌区为主的水利建设、畜牧业生产、资源开发三个重点；抓好粮食生产、畜牧业、中药材、马铃薯淀粉四个基地建设。以基地带农户，以龙头促基地，走产加销一体化之路，巩固提高扶贫成果，为稳定脱贫进而实现小康奠定基础。

1998年

1月，盐池县政府批准成立3个吊庄村民委员会，即苏步井吊庄点命名为苏河村（辖5个村民小组、1068人），麻黄山吊庄点命名为富山村（辖5个村民小组、1337人），后洼乡吊庄点命名为新民村（辖5个村民小组、790人）。3个村的移民共承包土地8491亩。是月，3个吊庄乡分别与惠安堡镇履行了移交签字仪式。至此，3个吊庄乡移民实行属地管理，开始了新的生活。

5月10日，盐池县水保局决定成立了宁夏盐池振兴水利工程有限公司。

6月12日，银南地区防汛抗旱指挥部根据盐池县1994年8月5日和1997年7月27日两次洪水造成的损失，把盐池县城列为银南地区防洪抢险重点区域。

7月4日—5日，盐池县麻黄山、柳杨堡、王乐井、鸦儿沟、苏步井、青山6个乡镇暴雨成灾，造成直接经济损失314万元；12日、14日、15日，红井子、王乐井、城郊乡又连遭3次暴雨袭击，造成直接经济损失532.7万元。

7月26日晚，盐池县城周围持续降中到大雨，部分地区降暴雨，致使县城及柳杨堡等六乡18个行政村75个村民小组15000余人遭受洪水袭击。惠安堡镇南部遭受冰雹袭击，冰雹直径1厘米至3厘米，持续20分钟。

是月，中科院黄河考察组对吴忠、青铜峡、中卫、盐池等地黄河水资源合理开发利用情况进行了考察，专家建议该地区应大力推广节灌农业。

8月，全区节水增产重点县建设座谈会在盐池县召开。会议期间，区、市、县领导专家参观了盐池县各节水灌溉示范点。

9月12日，红井子乡后台治沟骨干工程竣工。该工程于3月26日开工，设计坝高30米，控制面积9平方千米，库容126万立方米，投资49.8万元。

10月26日，盐池县委、政府出台了《关于扬黄灌区移民吊庄有关问题的规定》。

是年，在盐池县企业改制领导小组的统一指导下，县水保局对所属水泥制品厂资产进行重新评估核算后，改制为股份合作制企业。

是年，红井子乡新建烟墩山供水工程，建成主管线10.55千米，30立方米蓄水池1座，解决了3个自然村、600人、60头大家畜、5056只羊饮水困难问题。

是年，大水坑镇建成摆宴井供水工程，建成主管线4.99千米，解决了2个自然村、420人、62头大家畜、4000只羊畜饮水困难问题。

是年，红井子乡完成红井子至涝坝沟村3.5千米供水工程，解决了新乡政府所在地用水困难问题。

是年，大水坑镇新建东学良子供水工程，建成主管线2.95千米，解决了1个自然村、125人、29头大家畜、2800只羊饮水困难问题。

1999年

3月3日，盐池县委、政府在惠安堡镇召开了扬黄灌区春季生产暨建设会议。

3月22日，自治区领导马启智、李俊杰、刘兴中、魏世成在吴忠市市长杨永山及有关部门的陪同下，调研指导了盐池、同心两县抗旱救灾工作。

7月12日至13日，盐池县普降大到暴雨，局部地区遭受冰雹袭击。13日，县城降水量达到127.2毫米，最大降雨达到155毫米。全县农作物受灾面积151074亩，淹没农田7870亩；受灾人口1.2万余人，死亡3人，倒塌房屋32户98间；洪水冲毁盐鄂、盐惠、盐冯等公路主干线17处，乡村道路53处，桥梁10座；冲毁部分供电、农用设施，部分企业损失较为严重。全县洪灾直接经济损失3277.9万元（不包括道路、通信、供电等）。13日晚，自治区政府副主席刘仲、马俊廷带领有关厅局负责人赴盐池县视察灾情，慰问灾区干部群众，解决救灾资金160万元。

7月13日，盐池县发生特大山洪。根据灾后统计，全县有63个行政村、189个村民小组、13800户63472人受灾，死亡2人，失踪4人，造成800余人无家可归者；同日，郝家台拦洪坝发生垮坝事故，造成危房179间，房屋倒塌33间，死亡1人。

7月下旬，在自治区的大力支持下，盐池县开始灾后重建，县城泄洪渠开工建设。泄洪渠东西走向，全长3.178千米；泄洪渠起点为南北走向修建一条长1.375千米的导洪堤，导洪堤与307国道交叉处修建建筑物一座；二堡、五堡、八堡村修建护村圆堰4条，长3.9千米。

是月，全国政协副主席钱正英视察了盐池县盐环定扬黄工程和异地移民扶贫开发工作。

10月15日，自治区副主席刘仲、马骏廷带领有关部门负责人调研了盐池县县城防洪工程建设及施工区居民搬迁情况，现场办公解决有关问题。

是年，盐池县自1996年被国务院列为全国300个节水重点县，截至1999年累计完成各类节水灌溉面积5.58万亩，项目年节水695.5万立方米。

是年，自治区党委书记毛如柏提出实施“生命工程”。盐池县水利水保局根据实际，维修改造13处饮水工程，新建13处人饮工程，全县15个乡镇全部吃到符合国家标准的自来水；盐池县通过多年来改水措施的实施，当地氟病、氟斑牙患者比1982年下降了33.2%。

是年，盐池县被列入全国水土保持“十百千”示范工程县。其中城郊乡八岔梁小流域和青山乡刘窑头小流域治理工程为全国水土保持小流域综合治理树立了样板。八岔梁小流域以沙（沙蒿、沙打旺、沙棘、沙柳）治沙、以封（封育围栏、封管）治风模式获黄河中游局科技进步二等奖。

是年，盐池县广泛推广节水剂，共计施药1.4吨，喷洒面积1.4万亩。

2000年

5月7日—9日，吴忠市委书记赵廷杰、市长杨永山带领有关部门调研盐池、同心两县灾情。从1999年秋至2000年4月，盐池县共计扬沙天气32天、沙尘暴天气11天，降水量21.3毫米，干土层12厘米，牲畜死亡3220只，农户返贫671户，有2899农村贫困人口需要救助。

5月12日，“保护母亲河行动”绿色工程宁夏盐池项目启动暨万人签字仪式在盐池县城举行。该项目区位于惠安堡镇境内山水河和苦水河流域，是自治区实施的第一个国家级保护母亲河绿色工程项目。

6月23日，自治区副主席马骏廷带领有关部门到盐池县视察指导抗旱救灾工作。

10月25日，扬黄水从盐池西南部马儿庄乡流经青山、冯记沟、王乐井三乡，穿过70公里沙漠进入城西滩灌区。至此，盐环定扬黄工程盐池灌区骨干工程自1992年6月动工起，经过8年时间完成建设任务。工程总投资5306万元，开发土地9.3万亩，安置移民5699户25611人。

10月27日，中央国家机关工委副书记周敬东、团中央书记处书记崔波到盐池县参加“保护母亲河行动”宁夏盐池项目捐款暨中央国家机关“世纪林工程”命名仪式（中央国家机关“5元捐植一棵树，200元捐植一亩林”的活动始于1999年3月）。命名仪式上，团中央、中央国家机关工委为盐池项目捐款100万元。

11月6日，盐池县举行盐环定扬黄工程盐池县城西滩段通水庆典，陈进玉、赵廷杰等区、市领导到会祝贺。

12月14日，盐池县节水灌溉增产项目通过自治区验收。1996年盐池县被列为全国节水灌溉增产重点县。5年来，共计投入资金3032万元，累计建成节水灌溉面积11.58万亩；项目区年增产粮食1494万公斤，年净增经济效益810万元。

是年春，由国家领导人捐资的“保护母亲河”生态环境治理工程开始实施，李家大湾库区治理列入其中。

是年，自治区物价局、水利厅联合下文，规定盐环定扬黄灌区农业用水以干渠直开口为计量点，由每立方米5分调整为10分；城镇及工矿企业用水按供水成本增加5%的利润计收。

是年，惠安堡镇利用国债项目治理狼布掌小流域，治理面积4.391平方千米，修梯田45.5亩，坝地141.9亩；造林141.7亩，种草103.3亩，打水窖25眼；完成投资25万元。

是年，萌城乡利用国家坡改梯项目资金67.39万元，完成北河小流域治理工程，建基本农田172.6亩。

是年，惠安堡镇在总结以往灌区建设经验的基础上，不断调整灌区管理。一是适时对村级行政区划进行调整，将原来9个行政村按照灌区种植分布调整为7个行政村；制定了《扬黄灌区灌溉管理办法》，将渠道设施管理和灌溉管理权下放至村。二是发动群众大搞农田基本建设，集中开展修路、打埂、平田整地、维护渠道，保证灌区水、田、路、林、渠配套完善。三是推广先进技术，调整种植结构。以麦套玉米为主的套种面积达2020亩，覆膜种植面积达4289亩，西瓜种植3500亩。

是年，青山乡建成古峰庄千亩扬黄灌区。

是年，盐池县累计建成和在建小流域33条，流域面积415.29平方千米，完成治理面积85.41平方千米。通过水土保持、植树种草、治理沙化等各种措施，完成水土流失、沙化治理面积1200平方千米，占全县应治理面积5868平方千米的20.4%。

是年，青山乡、红井子乡新建马坊供水工程，建成主管线6.95千米，支管线18.14千米，泵站1座，打机井1眼，建蓄水池53座1680立方米。解决了3个行政村、12个自然村3508人、946头大家畜、9015只羊的饮水困难问题。

是年，盐池县全年降水160.8毫米，仅为历年降水量的50%左右。全县农作物播种无法完成，旱地作物大部分绝产，植被大量旱死；风多沙大，气温持续偏高，流行性感冒严重，沙尘暴致使肺病哮喘人数增多。

2001 年

1 月 6 日，盐池县被列为全国水保规范化试点县。

是月，盐池县水利部门组织开展了全县土壤侵蚀调查报告，4 月份完成调查，上报自治区有关部门。

3 月 27 日，盐池县水利水保局组织开展了“世界水日”“中国水周”宣传活动。

是月，近百只国家一级保护动物大天鹅栖息花马池镇四尔滩天然湖，在干旱缺水的盐池县境内出现大天鹅比较罕见。

4 月 2 日，盐池县组织 2000 多名干部职工在城西滩灌区开展植树造林活动。2001 年，盐池县委决定对城西滩农田林网、村镇道路和灌区外围进行综合治理，使灌区林地面积达到灌区总面积的 75%以上。

4 月 6 日，盐池县水土保持生态环境监督管理规范化建设工作顺利通过黄河上中游管理局和自治区水利厅专家组验收。

4 月 18 日，盐池县召开县城供水二期工程可行性项目论证会。项宗西、齐同生等自治区领导、盐池县四套班子领导及有关部门参加项目论证会。

6 月 3 日—7 日，自治区水利厅水保局在盐池县举办了《宁夏小流域水土流失综合防治工程技术标准》培训班。

6 月 25 日—30 日，盐池县水利水保局开展了《中华人民共和国水土保持法》颁布 10 周年纪念宣传活动。

7 月 26 日凌晨 6 时至下午 18 时 25 分，盐池县持续中到大雨，局部地区大到暴雨，平均降雨 63.7 毫米，局部地区降雨 80.7 毫米。全县 9 个乡镇、21 个行政村、94 个自然村、18800 余人受灾，死亡羊只 701 只，洪水冲毁农田 42201.4 亩，农作物受灾 40201.4 亩，扬黄工程、公路、农房、圈棚等均遭受到不同程度损毁，造成直接经济损失 1600 余万元。

7 月 31 日，盐池县委、政府召开国家异地移民扶贫试点项目城西滩项目工作会议，安排部署 2001 年全县兴建的“八项工程”和“九个项目”开工建设事项。八项工程为：道路工程、电力工程、供水工程、学校、移民搬迁、综合服务站、林带整地、村道建设；九个项目为：防汛工程、旧庄点改造、有线电视、卫生所、通讯、邮政所、设施农业及农业产业化、养殖业、吊出村生态建设。

是月，水利部与财政部共同命名全国水土保持生态环境建设“十百千”第三批示范工程，盐池县刘窑头小流域列入其中。

是月，盐池县城西滩扬黄灌区国家异地移民扶贫开发试点项目正式立项。

8 月 17 日 8 时 10 分至 18 日 20 时 25 分，盐池县持续降雨 76.6 毫米，局部地区达到

89毫米，形成洪涝灾害。全县除高沙窝、鸦儿沟外的14个乡镇、45个村、198个组、3万余人受灾；农作物受灾面积8245亩，倒塌房屋277户659间，造成危房549户1797间，伤2人，羊只死亡177只，畜圈棚、道路、井窑等受到毁损，造成直接经济损失1037.5万元。

9月初，宁夏“大地之爱·母亲水窖”项目实施领导小组下达盐池县水窖计划500眼。

9月18日，盐池县举行县城供水二期工程通水庆典仪式。该工程历时两个月，共打机井20眼、铺设供水管线34千米，使县城日供水量由原来的2000立方米增加到1万立方米。

10月20日，王乐井扬黄灌区完成建设任务。王乐井灌区包括丁家井、郑家堡、王吾岔、官滩、石山子5个片灌区，2001年3月完成勘测设计，4月开工建设。

10月26日，经盐池县政府决定，撤销盐池县水利水保局，成立盐池县水务局，11月7日举行挂牌仪式。

是年，盐池县自1996年被国务院列为全国300个节水增产重点县后，截至2001年共完成项目投资3032万元。

是年，青山乡刘窑头治理项目通过黄河中游局验收，被评为精品项目工程。

是年，麻黄山乡共有建有各类塘坝、涝池223座，沟头防护343处，洪漫地12191亩，梯田8502亩；水窖7218眼，其中生产窖3988眼，浇灌面积6948亩。

是年，后洼乡共有各类塘坝、涝池112座，沟头防护191处，洪漫地2048亩，梯田2990亩；水窖5059眼，其中生产窖2692眼，浇灌面积4366亩。

是年，王乐井乡争取国家小流域治理项目资金156.7万元，对野湖井、石山子、张家沟、西沟等6条小流域进行综合治理。

是年，惠安堡镇实施供水工程，铺设主管、支管线3.971千米，解决了贾记圈、隰宁堡两个灌区600户吊庄移民生活用水困难问题。

是年，王乐井乡组织完成孙家楼村旱“三田”建设工程。在孙家楼村东西两个自然村采取统一规划、打破地界、集中连片的办法，动用机械15辆，动土方20.9万立方米，建成高标准反坡梯田238条1117.3亩，人均实现旱“三田”3亩。

是年冬，惠安堡镇投资902万元开展农田水利基本建设。共计整修柏油路12.5千米。水泥路18.3千米。砾石路15.3千米；清淤沟道9千米，清淤渠道77千米，整修农路158千米，砌护维修渠道138千米；完成高标准农田治理3.3万亩，建设扬黄畦田6.7万亩，利用平地仪精整农田8000亩；完成旱地秋深翻18.5万亩，秋覆膜3.8万亩。打造了隰宁堡万亩高效节水农业、贾记圈灌区2万亩高标准农田整理、狼布掌万亩高标准农田治理。还建立了以杏树梁、林记口子村为主的万亩秋覆膜保墒、万亩冬小麦种植、万亩荒山造林、万亩秋深翻等7个万亩示范点。提升了全镇农田水利基本建设的整体水平，被吴忠市政府授予全市农田水利基本建设“十佳乡镇”荣誉称号。

2002年

5月，盐池县新建城西滩防洪工程，投资338万元。

7月，自治区水利厅批复兴建盐池县城西滩人畜饮水工程，投资495.8万元。

8月29日，港澳台代表团到盐池县考察“母亲水窖”工程。

9月，盐池县被黄河委员会评为黄河上中游局生态建设先进县；被水利部和黄河委员会评为黄河流域水土保持生态建设先进县。

12月，自治区水利厅批复盐池县节水灌溉示范项目，发展节水灌溉面积3223亩。

是年，盐池县先后遭受干旱、沙尘暴、冰雹、洪水等多种自然灾害，造成13个乡镇46个村45897人受灾；因灾死亡1人，羊只死亡1985只；农作物受灾7.45万亩，成灾9.15万亩，绝产3.1万亩；有1623间危房倒塌或出现裂缝，共造成直接损失1485万元。

2003年

1月，经自治区人民政府批准，同意各级水行政主管部门为全区水资源费缴费主体。盐池县原来由城建部门承担的部分水资源管理职能按程序移交水行政主管部门。

3月27日，盐池县扬黄二期扩灌项目由自治区计委批复立项。项目新开发水地5万亩，安置移民2万人。项目计划两年完成，其中2003年完成旺四滩、狼布掌两个泵站建设，计划开发灌溉面积3.3万亩。

5月12日，盐池县政府召开扬黄指挥部工作会议，研究扬黄二期扩灌有关工作。

5月19日，盐池县发展计划局组织各用水站所代表召开了全县自来水价格听证会。

7月16日，盐池县政府与自治区供电局签订了“理顺盐池县农电管理体制协议书”。协议将高沙窝、谢儿渠变电所等全部农电固定资产无偿移交给盐池县供电局，变电所原有40名合同制工人由供电局与水务局签订集体劳务合同，工资由供电局支付，人员由水务局管理。

7月22日15时30分，盐池县大水坑、惠安堡、麻黄山、花马池、王乐井等乡镇遭受暴雨和冰雹袭击，19个村、77个村民小组14800余人受灾。农作物受灾面积94818亩，其中扬黄灌区成灾56818亩，绝产13530亩；洪水冲毁防洪坝79道，乡村道路47处72公里；冲走正在打碾的小麦4850千克；溺死2人，其中学生1名；造成直接经济损失564.7万元。

8月，盐池县被国家水利部、财政部授予全国水土保持生态建设先进县称号。

是年，盐池县水务部门在青山、王乐井乡的6个自然村安装苦水蒸馏淡化棚165座。

2004 年

1 月 8 日，中国妇女发展基金会秘书长王萍一行在自治区政协副主席金晓昀、中国妇女发展区妇联主席金萍芬，吴忠市妇联主席丁兰玉、市政协副主席张冠军及有关部门的陪同下，到盐池县毛儿庄村调研妇女利用“母亲水窖”种植蔬菜温棚情况。

3 月 3 日，盐池县委副书记、县长张柏森，副县长石瑞林带领有关部门在城西滩召开现场办公会，针对城西滩移民吊庄中存在的问题提出五项具体措施：一是加快移民搬迁进度，但不搞强迫搬迁；二是引导群众合理利用水地，优化种植结构，提高生产效益；三是积极筹措资金，扶持吊庄群众发展生产；四是加强技术培训，提高群众种养殖水平；五是认真落实有关优惠政策，把城西滩移民整体纳入城镇人口。

3 月 30 日，盐池县水务局投资 90 万元，青山乡自筹 10 万元，开工建设海子塘治沟骨干工程，至 6 月 18 日竣工。工程完成后，水务局与青山乡政府签订了保护合同。

4 月 1 日起，盐池县开始征收水资源费。

5 月 13 日，吴忠市市长吴玉才、副市长马英杰带领市民政局等部门对盐池县旱灾情总进行了视察。

5 月 19 日，盐池县荫子沟小流域坝系赵记湾等 4 座水保治沟骨干工程动工建设，设计洪水标准为 30 年、20 年，总库容为 587.79 万立方，总投资 285 万元。

6 月，大水坑镇马坊行政村井沟骨干坝工程项目完工。工程总投资 60 万元，其中国家补贴 52 万元、群众自筹 8 万元。该工程于 2003 年 11 月开工建设。

7月，青山乡政府出台了《青山乡旺四滩扬黄灌区移民搬迁实施方案》，规定将旺四滩村 8 个自然村 265 户 1301 人搬迁到旺四滩自然村，在灌区 40 米外建砖混结构平房 530 间。

9 月 11 日，盐池县局部地区遭受暴雨、冰雹袭击，花马池、王乐井、高沙窝等乡镇的 10 个行政村 30 个自然村 17000 多亩农作物、6 万亩草原受灾；数十间民房倒塌或淹没，受灾人口 6000 多人，造成直接经济损失 460 多万元。13 日，王乐井乡又一次遭受冰雹袭击，致使狼子沟、孙家楼两个行政村 13265 亩农作物受灾，7995 亩农作物绝产。

是年，自治区水利厅组织对盐池县水务局水土保持工作队持丙级资格证书人员进行了考核。

是年，盐池县农村饮水解困二期工程，共建人畜饮水工程 22 处，解决了 5.88 万人的饮水困难问题，工程总投资 2999 万元。

是年，经盐池县机构编制委员会研究决定，将盐池县供水公司由自收自支事业单位转制为企业，转制后实行公司化管理。

是年，盐池县扬黄二期工程给予搬入灌区群众的政策为：100 元 / 亩平田整地费，1000 元 / 人建房费。二期工程共计开发狼布掌灌区 9431 亩、李记坝灌区 1240 亩、陈圈灌区 205 亩。

是年，王乐井乡张步井供水工程建设。共打机井 1 眼、建泵站 1 座，铺设输水管道 16 千米，解决了王乐井乡张步井、小沙窝、马记圈、赵记圈 352 户 1045 人饮水困难问题。工程总投资 70 万元，其中国家补助 50 万元、自筹 20 万元，由盐池县水务局组织施工。

2005 年

1 月，盐池县扬黄局合并到盐池县水务局。

3 月 18 日，国家水利部农水司副司长李仰斌在自治区水利厅厅长袁进琳、副厅长杜永发，吴忠市副市长刘金定，盐池县委书记张柏森，县委副书记、县长沈凡的陪同下视察了盐池县盐环定扬黄工程及人畜饮水工程。

是月，盐池县水务局对内设 14 个单位的中层领导正副职实行竞争上岗，对 103 名一般干部职工也采取考核定岗的方式，重组了 14 个事业单位领导班子和 7 个党支部。

5 月 12 日，国家水利部副部长翟浩辉一行在自治区副主席赵廷杰等领导的陪同下到盐池县考察扬黄扩灌二期工程和人畜饮水情况。

5 月 30 日，盐池县部分地区遭受大风和冰雹袭击，灾情较重的冯记沟乡降雹时间持续 10 分钟，冰雹直径 20 毫米。风雹灾害造成全县 5 个乡镇 29 个行政村 152 个村民小组 6535 户 29340 人受灾。受灾农作物面积 70853 亩，其中绝产 51426 亩；大风造成 8120 只滩鸡丢失；损坏蔬菜大棚 8 座，移动式养鸡棚 23 座；民房倒塌 5 间，损坏 44 间，围墙倒塌 1300 米；刮倒高压电线杆 2 根；全世达镁业公司 36 米高的烟囱被风刮倒；大风还造成 2 人轻伤。此次大风和冰雹灾害全县共造成直接经济损失达 660 万元。

6 月，盐池县城南 52 万立方米库容生态湖开始建造，初次命名为“花马寺国家森林公园人工湖”。

7 月，根据盐池县委统一部署，水务局党委组织开展了保持共产党员先进性教育活动。

8 月 14 日，王乐井乡狼洞沟村小学生李涛涛和她的母亲应邀参加中央电视台经济频道举办的“全民节约，共同行动”大型主题晚会。李涛涛被全国妇联聘为“节水形象大使”。21 日，天津市城市节约用水办公室负责人一行到王乐井乡狼洞沟村看望慰问了李涛涛。该村群众生活饮用水困难和小学生李涛涛的生活、学习情况被中央电视台播出后，引起了社会各界和媒体广泛关注。

9 月 26 日，盐池县在城西滩扬黄灌区举行了秋季农田基本建设暨农业综合开发大会战启动仪式。

10月，盐池县水务局被授予全国精神文明创建工作先进单位称号。同时在“平安盐池”创建活动和党建三级联创活动中被评为示范单位，全县党建工作现场观摩会在水务局召开。

12月，盐池县农田水利基本建设在全区“黄河杯”农田水利基本建设评比中获三等奖。

是年，盐池县发改委批复建设旺四滩灌区供水工程。工程水源地为杨儿庄机井地下水，设计在原来青山乡供水工程桃胡台至丁记掌泵站管线上开口，安装新的供水管道，将水送至旺四滩吊庄。铺设管道33.9千米，建阀门81座，供水全部入户。工程总投资75万元，其中国家补助60万元，群众自筹15万元。

是年，盐池县扬黄灌区开发姚古塘灌区8882亩。

是年，盐池县投资58万元，实现县城供水全自动监控。

是年，经自治区发改委批准，在盐池县麻黄山、惠安堡等5个乡镇98个自然村开始实施集水场建设。当年共建集雨场1530处。

2006年

3月6日，自治区水利厅厅长袁进琳一行在盐池县县长沈凡、副县长韩向春和有关部门的陪同下调研了盐池县南部乡镇抗旱及人畜饮水困难情况。

4月11日—12日，国家水利部有关领导调研盐池县人畜饮水情况。

是月，因旱灾持续，盐池县水务局向全县8个乡镇下拨抗旱资金45万元，重点用于解决特困灾民口粮救助和人畜饮水救助。

5月，盐池县水务部门要求全县机井用水单位和个人安装取水计量设备，实施按表收缴水资源费。

7月6日—12日，惠安堡镇、大水坑镇多次遭受暴雨和冰雹袭击，造成14个行政村59个自然村2617户9884人受灾。农作物受灾面积46471亩，绝产12251亩，其中水地受灾面积30500亩，旱耕地受灾面积15972亩；冲毁堤坝59处，道路4处约15公里，桥梁两座；造成直接经济损失1030多万元。

7月13日，吴忠市召开抗旱救助工程集水场项目建设动员会，市委、政府决定投资100万元帮助盐池、同心两县建设集水场600年，解决两县人畜饮水困难问题。

8月12日—14日，惠安堡镇的萌城、麦草掌、杏树梁三个村连降阵雨，引发山洪。洪灾造成千余亩农作物受灾，8条村庄便道被冲毁，17个村民小组群众生产生活受到影响。

是月，盐池县政府召开专题会议，将王乐井与青山乡定为宁夏中部干旱带旱作节水农业示范项目盐池核心区，提出“一张蓝图绘到底”的工作思路，分期实施。

9月26日，盐池县秋季农田水利基本建设暨农业开发会战启动仪式在城西滩举行，全县干部群众1000余人参加了启动仪式。

10月，盐池县水务局组织编写了《盐池县2006—2010年水利建设规划》。

是月，盐池县降雨少、气温高，旱情持续加剧。全县2.39万眼水窖干涸，大部分水井水位下降，全县29个行政村248个自然村的1.87万人、14.6万只羊和0.57万头家畜饮水困难。

12月9日，由自治区水利、发改、财政、农牧、林业、农发、国土资源等部门组成的全区“黄河杯”农田水利基本建设验收组对盐池县2006年农田水利建设成果进行验收。

是年，为确保农村集雨场工程建设质量，盐池县水务局组织专业技术人员编写了《盐池县水窖集雨场建设技术手册》，发放到每个在建集水场。

是年，盐池县积极动员干部群众投入抗旱救灾实际行动中，有关部门给麻黄山、惠安堡、大水坑三乡镇的836眼水窖补水1万立方，解决3500名农村群众生活用水问题。

是年，盐池县农田水利基本建设在全区“黄河杯”农田基本建设评比中获三等奖。

是年，盐池县水务局对所属事业单位进行清理整顿，原有所属13个事业单位，经合并、重组调整后，新建5个事业单位，退出事业单位序列6个，撤销1个，更名1个，共有在编人员157人。

是年，盐池县水务局党委在系统内组织开展了“八荣八耻”学习宣传教育活动。

是年，青山乡实施了旺四滩扬黄灌区平田整地工程。在旺四滩自然村西1千米处和糜子滩、龙记湾、张记圈3个自然村开发灌区面积7585.95亩，灌溉面积7080亩；实际开发水浇地6820.6亩，吊庄移民283户1428人；工程总投资2129.8万元，其中国家补助1045.4万元，群众自筹1084.4万元。该工程属于扬黄工程二期项目，解决了旺四滩行政村的8个自然村和糜子滩、龙记湾、张记圈3个自然村共500多户2000余人没有水地的问题。

2007年

3月，受黄河来水量影响，全区引黄及扬黄灌区供水量相应缩减。盐池县积极组织引导扬黄灌区农户调整种植结构。

4月23日，自治区党委书记陈建国，自治区党委常委、副主席王正伟，自治区党委常委于革胜带领在同心县召开全区加快中部干旱带发展工作会议的全体参会者观摩视察了盐池县宁鲁石化公司、滩羊繁育中心、盐中高速公路绿化工地、马儿庄万亩甘草及优质牧草种植示范区。

是月，盐池县扬黄工程甘洼山干渠由于运行多年，受盐碱腐蚀，渠板空鼓脱落，导致干渠决口23米，造成直接经济损失11.2万元，其中渠道水毁5.5万元，群众财产损失5.7万元。

5月24日，中国光大银行总行长郭友、中国妇女发展基金会副秘书长秦国英一行到盐池县考察“母亲水窖”项目实施情况。盐池县从2001年开始实施“母亲水窖”工程，截止2006年年底，累计投入项目资金320万元，建“母亲水窖”2125眼，有效解决了全县8个乡镇、38个干旱贫困村2000多户9000余人的饮水问题。

5月29日，马儿庄万亩甘草节水项目一期工程建设完成。

5月30日，盐池县初步确定享受水库移民后期扶持政策人口，涉及惠安堡镇的三叉河、郝家台、林泉、新庄、刘石嘴、大湾6个自然村，共224户970人。

6月6日，盐池县王乐井乡边记洼村野狐井自然村遭强雷电天气袭击，致人一死一伤。

6月12日17时30分至18时，盐池县大水坑镇和青山乡局部地区遭受雹灾和洪灾，造成2个乡镇8个行政村受灾，农作物受灾面积2088亩。

6月28日，自治区水利厅厅长吴洪相带领有关处室到盐池县检查水利建设工作。2007年，盐池县计划组织实施水利工程项目21个，总投资3922万元。

7月14日，盐池县水务局组织召开水利系统基层农业技术推广人员竞争上岗大会，3个事业单位58名竞聘者通过综合考核和民主测评，竞争上岗。

7月15日，盐池县城西滩设施农业水源工程开工建设，10月30日竣工。

7月18日，盐池县在城西滩举行中部干旱带设施农业建设项目启动仪式。县委、政府提出利用5年时间，发展5万亩设施农业和20万亩高效节水补灌项目。自治区副主席郝林海、吴忠市委书记肖云刚等领导参加启动仪式。

8月17日，宁夏南部山区旱作节水农业新技术推广交流会在盐池县召开。原州区、同心县、彭阳县、盐池县分别就“一膜两季”保护性耕作技术、秋季覆膜技术、玉米留膜留茬越冬和早春覆膜等新技术运用进行交流发言。

8月25日，自治区水利厅厅长吴洪相会带领有关处室对盐池县中部干旱带农村饮水项目建设情况进行了工作检查。

9月8日，国家水利部副部长鄂竟平在自治区副主席郝林海的陪同下视察了盐池县水土保持和生态修复工作。

9月10日，盐池县委、政府在城西滩扬黄灌区举行了全县设施农业暨秋季农田水利基本建设大会战启动仪式。启动仪式后，盐池县将利用一个月的时间动员全县干部群众集中力量开展以建设日光温室、大拱棚、节水补灌项目、水土保持综合整治和农田水利基本建设大会战。

9月11日，中国建筑工程总公司援助麻黄山乡扶贫找水打井项目开工。

10月23日，盐池县扬黄二期工程九片灌区全部通过验收。

10月31日，盐池县秋冬季农田水利基本建设大会战启动仪式在青山乡六里洼举行。2007年盐池县秋冬季农田水利基本建设的主要内容是鱼鳞坑建设、扬黄灌区整治、“旱三田”建设、设施农业建设、节水补灌项目建设、甘草种植基地建设及滩羊养殖园区建设等。

11月2日，自治区党委书记陈建国在区、市、县各级领导的陪同下，对盐池县秋季农田水利基本建设情况进行了调研。

11月13日，盐池县设施农业水源工程城西滩20万立方米蓄水池建成蓄水。

11月21日，盐池县水务部门组织了开发建设项目水土保持监督执法专项行动。经过一个月专项整治，初见成效；12月24日，专项执法行动进入第二阶段工作。

是年，盐池县水务局党委组织党员开展了学理论、学业务、学先进，比能力、比作风、比创新的“三学三比”活动。

2008年

2月28日，全国人大环资委主任委员毛如柏一行在自治区人大副主任马文瑞、自治区副主席张来武的陪同下，调研盐池县水资源及人畜饮水情况。

3月19日，中国建筑总公司再次投资90万元，配套麻黄山应急水源井工程。

3月26日，“大爱无疆——金华儿女续写母亲水窖”公益活动在浙江金华隆重举行，盐池县委、政府及水务局领导前往金华接受了214眼“母亲水窖”善款捐赠仪式。

4月17日，盐池县水务局在“世界水日”“中国水周”期间，组织开展了以“发展水利，改善民生”为主题的节水宣传活动。

5月22日，盐池县组织四套班子领导及有关部门对全县2008年度重点水利工程进行了现场观摩；是日，盐池县集雨场工程顺利通过区、市联合验收。

5月29日，自治区水利厅水保局局长陈广宏带领相关科室对盐池县水土保持项目实施情况进行了检查。

5月30日，自治区水利厅副厅长毕廷和带领相关处室对盐池县2005年至2006年小型农田水利项目进行了检查验收。

6月11日，自治区副主席于革胜带领由区、市相关部门组成的全区设施农业交流观摩团视察了盐池县设施农业建设情况。

6月17日，盐池县水务局组织举办了“2018水务文化广场会演”活动。

6月18日，全国人大常委会重大建议调研组一行30人到盐池县调研杨黄续建项目建设情况。盐池县杨黄续建项目从2004年开始实施，预算总投资2.34亿元。

6月18日，全国人大、国家发改委和水利部组成联合调研组对盐池县高效节水补灌项目进行了调研。

6月19日，国家水利部规划司司长周学文一行在自治区水利厅厅长吴洪相的陪同下到盐池县王乐井高效节水灌溉项目区进行调研。王乐井灌区自2006年实施高效节水补灌项目以来,集成多种高效节水抗旱避灾和特色种植技术,对全县发展节水高效农业起到示范带动作用。项目区共建大拱棚5000亩,其中重力滴灌大拱棚300座220亩,节水效益明显。

7月1日,盐池县水务局组织离退休老党员、老干部40余人观摩了全县重点水利工程。

7月6日,以民政部救灾救济司巡视员柳永发为组长的工作组在自治区民政部门的陪同下深入盐池县麻黄山乡查看灾情。2008年上半年,宁夏中南部遭受50年来最严重的春夏旱灾,群众缺水缺粮问题突出,国家减灾委、民政部已于7月4日启动了国家四级救灾响应。

7月8日,自治区主席王正伟、副主席刘慧带领有关部门对盐池县农业生产和抗旱救灾工作进行了调研。

7月10日,国家防汛抗旱指挥部办公室派出检查组,深入盐池县麻黄山、王乐井乡查看旱情。

8月1日,国家环保部、黄委会专家组对盐孙县盐环定扬黄续建配套工程环保方案进行评估论证。

8月9日,盐池县防汛抗旱指挥部指挥韩向春主持召开全县防汛工作紧急会议。

9月2日,全国人大常委会副委员长、民建中央主席陈昌智,原十届全国人大常委会副委员长盛华仁带领调研组到盐池县调研农村饮水安全和高效节水补灌情况。

9月3日,盐池县委、政府召开全县秋季农田水利基本建设动员大会。盐池县2008年秋季农田水利基本建设将集中2个月时间,大力开展人畜饮水安全建设、高效节水补罐、设施农业建设、灌区小畦麦田建设、水保综合治理、秋季植树造林、灌区道路建设大会战。

9月11日,山东省水利厅派出专家组对盐池县花马池工程进行技术咨询。

9月13日,盐池县秋季农田水利大会战启动仪式在花马池工程现场启动。

9月19日,山东省委常委、副省长王军民在区、市、县领导的陪同下到盐池县考察花马池工程规划建设情况。

9月20日,中国光大银行郑州分行“母亲水窖”西部行考察团到盐池县高沙窝镇考察“母亲水窖”项目受益情况。自2001年以来,盐池县实施“母亲水窖”项目建设累计完成投资401万元,建成水窖2633眼,并配套了集雨场建设。

10月6日,自治区党委书记陈建国、自治区副主席郝林海、吴忠市委有关领导、市长吴玉才带领有关部门再次对盐池县花马寺生态资源综合利用工程和火车站站台广场规划建设情况进行调研。

10月10日,吴忠市人大常委副主任姬学仁带领市委督查组对盐池县秋季农田水利基本建设情况进行督查。盐池县2008年秋季农田水利基本建设从9月中旬开始,到11月上旬结束,主要任务为:围绕盐中高速、古王高速、古长城及盐环定杨黄干渠沿线两侧为轴线进行生态治理及设施农业综合开发，建成高效节水补罐 3.1 万亩，搭建大拱棚及日光温室 1.4 万亩，小畦田建设 16 万亩；维修清淤各类渠道 113 千米，整修村道 438 条 153 千米；完成秋覆膜 10 万亩；完成治理水土流失面积 18.2 平方千米；综合整治柳杨堡村土地 4027 亩；实施花马池生态水资源综合利用工程、城北水系统工程、人畜饮水安全工程、设施农业和旱作节水补罐项目水渠工程；实施旱三田建设和秋季造林工程。

10 月 14 日，吴忠市委督察组对盐池县秋季农田水利基本建设工作进行了督查。

10 月 28 日，中德财政合作中国北方荒漠化综合治理宁夏项目管理机构——德国复兴银行专家级一行在自治区林业局领导和盐池县委书记李卫宁及相关部门的陪同下对盐池项目区建设进行了考察。中德财政合作中国北方荒漠化综合治理宁夏项目是德国政府援助宁夏的生态治理项目，该项目自 2008 年开始实施，为期 8 年。盐池县项目区涉及花马池、高沙窝、王乐井、冯记沟、青山、大水坑 6 个乡镇，规划治理面积 81.18 万亩，总投资 2833 万元，其中德方援助 1841.45 万元。建设内容包括草地恢复与可持续管理和水土保持两种类型，建设集水窖、蓄棚、饲料加工储存四项辅助内容。

11 月 14 日，宁夏军区“百日支农富民”工程第 101 眼管井移交仪式在高沙窝镇徐庄子村进行。自治区领导陈二曦、杨春光、赫林海，吴忠市委、及盐池县相关领导参加了移交仪式。

11 月 19 日，吴忠市组织对盐池县秋季农田水利基本建设进行评比验收。盐池县 2008 年秋季农田水利基本建设累计投入资金 8373 万元，投工 30 万个，出动机械 1.4 万台，完成拱棚 1.3 万亩，补灌 3.6 万亩，生产水窖 9013 眼，集雨场 1111 处；建设小畦田 21 万亩，秋覆膜 14 万亩，秋深翻 41.9 万亩，挖鱼鳞坑 52 万亩。

11 月 29 日，自治区农田水利基本建设指挥部总指挥毕廷和带领技术人员对盐池县农田水利基本建设情况进行了检查指导。

12 月 4 日—9 日，盐池县遭受近 50 年不遇的大风袭击，最高风速达 9—10 级，风向为盐池一带秋冬季罕见的西南风。大风造成全县 8150 亩秋覆膜受损，637 座 1911 亩日光温室棚膜破损，其中 187 座 561 亩日光温室棚膜完全破损，274 座 832 亩蔬菜幼苗受冻，直接经济损失达 300 万元以上。灾情发生后，盐池县委、政府及时组织有关部门紧急调运压膜线 3000 公斤、棚膜 1000 公斤，动员群众积极采取加固措施，将大风造成的损失降到最低程度。12 月 10 日，自治区农牧厅、财政厅等有关部门联合视察了盐池县设施农业秋覆膜遭受风灾损失情况。

是月，《陕甘宁盐环定扬黄续建工程可行性研究报告》获国务院批准。其中盐池县工程项目部分投资 2.94 亿元，占宁夏投资总额的 66%。工程主要以解决城镇供水和农村人畜饮水困难为重点，建成后将有效解决全县 4 镇 3 乡 15.77 万人、0.93 万大家畜和 34.76 万只羊饮水问题，并为盐池县工业用水提供战略资源。

是年，自治区水利厅将麻黄山乡杨沙沟村设立为集雨节水补灌项目示范点。该项目是自治区水利厅在宁夏中部干旱带利用集雨场补水发展设施农业的试点之一，也是盐池县南部山区集雨补灌设施农业示范点之一，项目区地处谢儿渠流域。新修“旱三田”1362亩，集中建设大型集雨场一处5220平方米，配套生产水窖30眼，新建蔬菜大拱棚30座，在反坡梯田种植730亩枣树间作芸芥，发展集雨补灌经果林与其他作物套种的经营模式。

2009年

2月8日，自治区防办副主任李克文带着水利厅领导的关怀和嘱托，对盐池县基层抗旱服务组织的建设发展情况及目前盐池县的旱情进行了调研。

2月24日，宁夏农科院向盐池县赠送抗旱补水器115台，帮助农民抗旱自救。是日，由宁夏军区给水团团长、政委带队，出动7辆抗旱送水车，计划利用4天时间为缺水最为严重的麻黄山乡沙崾岘等8个行政村的军属、贫困户及学校免费送水60车次。

是月，盐池县扬黄指挥部认真落实宁夏盐环定扬水管理处制定的《供用水管理办法》，进一步加强和规范供用水管理，实行水费征收、商品水率目标管理与工资挂钩的“风险保证金”制度。

3月3日，盐池县委、政府有关部门对水务部门委托宁夏遥感测绘勘察院土地开发整理勘测设计室编写的《盐环定扬黄灌区盐池专用干渠两侧土地高效节水生态综合农业开发规划方案》进行初步审订。

3月6日，盐池县水务局党委以“巾帼不让须眉”为主题，举办了别开生面的迎“三八”小型运动会。

3月22日，盐池县水务局在“世界水日”“中国水周”期间，先后在县城街心公园、惠安堡等乡镇组织开展了以“落实科学发展观，节约保护水资源”为主题的集中宣传活动。

3月23日，盐池县水务局组织召开了深入学习实践科学发展观活动动员大会。

3月24日，自治区政府主席王正伟、副主席郝林海带领有关部门视察了盐池县花马池生态水资源综合利用工程。

4月19日，盐池县水务局邀请自治区水利厅有关专家，就水务局在学习实践科学发展观活动中征求到水利建设方面的意见建议进行“专家会诊”。

4月23日，盐池县部分乡镇遭受沙尘暴袭击，最大风力8级，造成78座大拱棚棚膜撕裂，5座大拱棚棚架倒塌；1户农户羊圈墙被大风吹倒，造成羊只死亡5只，直接经济损失20余万元。

4月24日，武警宁夏总队抗旱第二分队调集19台送水车进驻盐池县全面开展送水抗旱,帮助人民群众抗旱自救。

4月28日,自治区防汛抗旱指挥部副总指挥、水利厅厅长吴洪湘,宁夏武警总队后勤部长杨万荣一行慰问了在盐池县进行抗旱的宁夏武警总队抗旱支农第二小分队,并到缺水严重的王乐井乡边记洼村详细了解了当地群众缺水情况。

5月5日, 山东省水利厅副厅长马承新一行在自治区水利厅副厅长方彦的陪同下,考察了盐池县花马池生态水资源综合利用工程建设。

5月13日至14日8时,全县8个乡镇普降甘露,降水量最高14.2毫米、最低6.5毫米。盐池县委、政府召开紧急动员会,下派300名机关干部和技术人员到农村协助农民抢墒播种。各乡镇农民出动农机5000台,播种马铃薯、小杂粮和经济作物。是日,自治区水利厅厅长吴洪相带领计划处、灌溉处等相关部门到盐池县调研指导水利工程建设,视察了花马池生态水资源综合利用工程和王乐井高效节水补灌项目区种植利用情况,了解了即将开工建设的扬黄续建人饮工程情况。

5月20日,兰州军区某防化团调集7辆抗旱送水车进驻盐池县,帮助缺水乡镇抗旱送水。

6月1日,盐池县举行了花马池生态水资源综合利用工程通水仪式。

6月2日,盐池县妇联、妇幼保健所联合在花马池镇李记沟村举行了母亲水窖“六个一”工程启动仪式。母亲水窖“六个一”工程的内容是:建一眼母亲水窖、配备一台电脑、添置一架太阳灶、实施一个致富项目、为妇女做一次健康检查、为妇女提供技能培训。盐池县妇联自2001年开始实施母亲水窖以来,累计投入项目资金401万元,共建母亲水窖2633眼,有效解决了43个缺水自然村2600多户近1万人饮水困难问题。启动仪式结束后,主办单位为李记沟村41户母亲水窖项目户发放小额贷款12.3万元; 为李记沟村50多名妇女免费进行了妇科检查;邀请县畜牧局专业技术人员为母亲水窖项目户妇女进行了以滩羊养殖技术为主的技能培训。

7月1日,盐池县水务局组织离退休老党员、老干部对花马池生态水资源综合利用工程、城北水系等重点水利工程进行观摩视察。

7月7日,盐池县局部地区出现强降雨过程,冯记沟乡三道井村受灾较为严重,过程降雨量达30毫米以上,致使三道井扬黄泵站遭洪水侵袭,泵坑进水达1.4米;同时造成双庄坑退水区域水位上升,致使扬黄干渠部分渠段受毁。

7月10日,盐池县水务局组织县财政、发改、纪检、审计等部门,惠安堡镇、麻黄山乡以及项目质检部门、设计单位、监理单位,对全县2007年以来竣工的荫子沟、桑记沟、杏树梁流域骨干工程、中小型淤坝进行了竣工验收。

7月12日,自治区副主席郝林海在吴忠市委、盐池县有关领导和部门的陪同下调研了盐池县抗旱救灾工作。

7月14日，自治区党委书记陈建国带领自治区有关部门，在盐池县委书记刘鹏云等有关部门陪同下，深入盐池县冯记沟乡马儿庄万亩甘草种植示范区、花马池镇沙边子防沙治沙科技示范基地、花马池生态水资源综合利用工程施工现场调研了产业发展、生态建设和城市规划等工作。陈建国书记还就新建盐池县医院选址问题提出指导意见。

7月30日，由国家水利部、黄河委，自治区水利厅、农业综合开发办公室领导、专家组成验收组，按照《国家农业综合开发水土保持项目管理实施细则》《水土保持综合治理技术规范》和《水土保持综合治理验收规范》要求，采取听汇报、查图表、看现场、查阅项目技术档案和财务账目、现场抽验等方式对盐池县青山农业综合开发水土保持项目东沟、红庄、侯家河、雷家沟等四条小流域进行竣工验收。

8月1日—2日，国家水利部水土保障司司长牛崇桓带领由黄河委等单位组成的验收组，对盐池县实施国家农业综合开发水土保持项目进行验收。

8月8日，16时左右，盐池县大水坑镇红井子、马坊、二道沟、新桥、李伏渠、王新庄、莎草湾、新建8个村突降大雨，降雨量达60.2毫米，山洪导致4570亩农作物不同程度受损，冲毁洪漫坝71道、村道23处，冲毁输油管线1处，污染草原面积1000亩，二道沟桥桥基受损，倒塌房屋2间。大水坑到红井子公路有多处路面被冲毁，致使车辆、行人无法通行。针对大水坑镇遭受“8.8”洪灾情况，盐池县委、政府及时组织民政、交通、水务、农业、环林、畜牧、扶贫、石油办等部门到大水坑镇现场办公，抢险救灾。

9月1日，全国政协副主席、九三学社中央副主席王志珍，全国政协常委、九三学社中央副主席邵鸿、等带领九三学社中央节水农业专题调研组就盐池县旱作农业节水项目和甘草产业发展情况进行专题调研。自治区政协副主席袁汉民、吴忠市政协副主席买霞及盐池县政协主席高盐芬、盐池县委副书记韩向春陪同调研。

9月8日，灵武市党政考察团在盐池县委书记刘鹏云、人大主任刘继远、政协主席高盐芬的陪同下，考察了花马池生态水资源综合利用工程等。

9月9日，盐池县委、政府召开秋季农田水利基本建设暨“两大工程”整治工作启动大会。

9月11日，盐池县委书记刘鹏云带领县四套班子主管领导、各相关部门、各乡镇主要负责人对全县农田水利基本建设进行实地考察、调研，并对部分项目规划提出指导意见。

9月26日，盐池县庆祝建国60周年献礼工程——花马池生态水资源综合利用工程全面竣工。自治区党委书记陈建国、副书记于革胜，自治区党委常委蔡国英、自治区有关厅局领导及盐池县近万名干部群众参加了竣工典礼。

9月29日，吴忠市秋冬季农田水利基本建设启动大会在盐池县花马池镇李毛庄村隆重举行。吴忠市委副书记孔绍逊主持启动仪式。自治区水利厅副厅长毕廷和、吴忠市领导张广庆、何旭东、尹金生及利通区、青铜峡、同心、红寺堡等市、县(区)党政主要领导和盐池县上千名干部职工参加了启动大会。青铜峡市市长冀晓翀、盐池县代县长赵涛分别做了表态发言。

10 月 11 日，盐池县政府召开了全县秋季农田水利基本建设定责问效促进会。

10 月 28 日，自治区副主席姚爱兴带领有关部门对盐池县冯记沟乡地面塌陷等地质灾害情况进行了调研。

10 月 30 日，盐池县政府召开了全县秋冬季农田水利基本建设督促评议会。

11 月 10 日—11 日，盐池县普降大雪，造成花马池镇 10 户 37 座日光温室倒塌，直接经济损失达 113 万元。灾情发生后，盐池县委、政府立即组织有关部门和乡镇开展抗灾自救。是年，盐池县获 2009 年度全区农田水利基本建设“黄河杯”竞赛二等奖。

2010 年

3 月 19 日，自治区水利厅纪委书记崔莉带领水利厅中央扩大内需资金检查组一行 8 人，对盐池县 2009 年批复的桑记沟、杏树梁两个流域 6 座淤地坝工程建设管理、工程进度及资金使用等情况进行检查。

3 月 22 日，盐池县水务局部署开展水利工程建设领域突出问题专项治理自查工作，对 2008 年以来政府投资和使用国有资金的水利项目特别是扩大内需水利项目进行全面排查，切实解决工程建设领域存在的突出问题。是日，盐池县水务局组织在县城中心广场举办了第十八届“世界水日”和第二十三届“中国水周”宣传活动；是日，按照县委、政府统一安排，盐池县扬黄灌区灌溉用水实行凭卡购水。

4 月 1 日，盐池县水务局党委召开“机关党的建设年”活动动员大会，对机关党建工作进行全面安排部署。

4 月 8 日，盐环定扬水八泵站开机运行；三道井泵站经过检修，于 4 月 9 日投入 2 台 28SH-10C 机组运行，流速流量为 2.4 立方米。

是日，自治区水利厅副厅长郭浩、水土保持局局长张亚峰带领相关处室在盐池县委常委贺满文、副县长王学增和水务局长袁书义的陪同下，调研了盐池县水土保持工作开展情况。

4 月 9 日，陕甘宁盐环定扬黄续建宁夏专用工程启动建设。盐池县水务局、宁夏水利工程建设中心、宁夏水利水电勘测设计研究院有限公司以及宁夏振兴、振盐水务等 5 家施工单位一起对盐环定扬黄续建工程高沙窝供水片区管道线路进行招标前线路勘查设计交底。是日，自治区纪检委、财政厅组织对落实中央扩大内需促进经济增长政策情况，开展对盐池县 2009 年牧区水利建设情况进行检查。

4 月 11 日，盐池县副县长王学增召集财政、扶贫、水利、农牧、林业等部门领导在花马池镇郭记沟村召开了郭记沟小流域综合治理工作启动会。

4月14日，自治区水利厅建设管理中心、水利勘测设计院，工程监理单位、施工单位，盐池县政府、工程受益乡镇在盐池县水务局召开了扬黄续建工程盐池人饮工程专项工作会议。

是日，盐池水务局积极响应县委、政府号召，组织干部职工、各企业向青海省玉树藏族自治州灾区捐款30950元。

4月20日，自治区水利厅移民办主任尚中琳及有关专家一行，对盐池县水库移民后期扶持项目规划实施及移民后期扶持工作进行了检查指导。

4月22日，自治区水利厅水保局副局长张宁、自治区发改委以工代赈办公室副主任杨彩霞带领计划、治理等科室负责人，对盐池县淤地坝除险加固、防汛责任落实以及桑记沟、杏树梁流域续建淤地坝工程建设管理情况进行实地检查。

4月24日夜间—25日，受蒙古东移南压强冷空气影响，盐池县出现5至6级大风，瞬间最大风力达到9级，气温下降8℃左右，并伴有扬沙及沙尘暴天气。此次风冻天气过后，全县大拱棚棚体倒塌702座，棚膜破损842张；种苗受冻962亩，其中大田苗受冻500亩；秋覆膜损失3330亩，覆膜玉米损失100亩，造成直接经济损失259.66万元。灾情发生后，盐池县委、政府高度重视，组织干部深入抗灾一线调查受灾情况，帮助指导抗灾自救。

是月，根据盐池县委统一安排，水务局党委开展了“抓作风、促效能、干事业”主题实践活动，到6月20日结束。

5月17日，自治区水利厅建设处、安全生产科、水保局和防汛办组成检查组对盐池县防汛备汛工作进行了全面检查。

5月23日，由自治区水利厅水土保持局主办，盐池县水务局承办的全区水土保持监督管理能力建设培训班在银川长城宾馆开班。

6月9日，自治区党委书记陈建国在区、市领导蔡国英、吴玉才和盐池县委书记刘鹏云、县长赵涛及有关部门的陪同下，到王乐井乡刘四渠旱作节水现代农业示范区、花马池生态水资源综合利用工程及万亩生态园进行调研。

是日，盐池县水务局召开党建及行风建设座谈会，会议聘请县委组织部、纪委、审计局、相关乡镇领导及政协委员为水务局行风建设及“两管三评一推优”工作评议员和监督员。

6月11日，盐池县政府召开全县防汛抗旱工作会议。

6月25日，“七一”前夕，盐池县水务局党委组织离退休老干部、老党员对刘四渠高效节水示范区、花马池生态水资源利用工程、万亩生态园供水工程等重点项目进行了观摩。

6月28日，根据盐池县委制定《盐池县规范城乡供水一体化管理工作实施方案》（盐党办发[2010]79号）意见，盐池县供水事业公司更名为盐池县城乡供水总公司，隶属盐池县水务局管理。

6月29日，盐池县水务局党委结合庆祝建党89周年和“党内扶贫互助工程”，组织党员干部深入包扶的王乐井乡王吾岔、孙家楼行政村5户贫困党员和2名水利系统疾有重大疾病的退休老党员家中，开展走访慰问活动。

7月7日，盐池县水务局接到群众举报，依法查处大水坑镇红井子村涝坝沟自然村群众未办理取水许可手续擅自打井案件。

7月14日，自治区水利厅纪委书记崔莉、吴忠市水务局有关科室负责人组织到盐池县花马池镇水利站、王乐井乡水利站、惠安堡中心水管所实地检查基层站所及乡镇水利工作站民主评议政风行风工作开展情况。

7月17日，盐池县水务局常委组织召开“学准则、树形象”领导班子专题民主生活会。

7月18日，盐池县高沙窝镇突降暴雨和冰雹，致使贺庄子、郭记沟等2个自然村受灾。农作物受灾面积2000亩，其中玉米600亩、马铃薯800亩、小杂粮600亩，造成直接经济损失20余万元。

是月，哈巴湖国家级自然保护区在湿地鸟类资源调查中首次发现了欧嘴噪鸥、灰斑鸻和反嘴鹬3种新鸟类，经专家确认为宁夏首次发现。此次湿地鸟类资源调查工作自2010年5月30日启动，截至7月份，在保护区共发现栖息繁殖的湿地鸟类32种，其中国家Ⅱ级重点保护鸟类有灰鹤、蓑羽鹤2种；自治区重点保护鸟类有凤头、苍鹭、大白鹭、赤麻鸭、翘鼻麻鸭、绿头鸭、斑嘴鸭、琵嘴鸭、凤头潜鸭、黑水鸡、骨顶鸡11种；留鸟6种，夏候鸟26种。哈巴湖国家级自然保护区属于内陆干旱区湿地生态系统，区内分布湿地资源1.16万公顷，占保护区总面积的25.7%。湿地类型主要有湖泊型湿地、沼泽型湿地和人工湿地。自2006年保护区成立以来，加大对湿地和动植物资源的保护力度，通过植树种草、修建围栏、设置鸟巢、配备湿地保护监测设备等形式对湿地进行保护监测，湿地保护成效初步显现，湿地鸟类种类和种群数量明显增加。

8月8日，盐池县大水坑镇、惠安堡镇红井子、马坊、新桥、杏树梁等9个行政村出现强降雨过程，最高降雨量达54.9毫米。造成山洪暴发，沟渠横溢，致使农作物和基础设施受到不同程度损失。据实地调查统计，农作物受灾面积4720亩；71处洪漫坝决口；25处村道冲毁；石油输油管线断裂1处，污染草原面积1000亩；泥坯房倒塌2间；大水坑至红井子柏油路冲毁1处。直接经济损失达170万元。

8月10日，盐池县境内出现大范围降雨，花马池、大水坑、王乐井、青山、冯记沟等乡镇遭强雷阵雨袭击，致使农牧业、道路交通、水利工程及部分群众不同程度受灾。

8月11日，盐池县遭受强降雨侵袭，过程降雨量最高达148.8毫米，部分乡镇暴发洪灾，遭受重大损失。三道井泵站遭遇暴雨及雷电天气，35千伏高压输电线路被雷电击中，距泵站7千米处3个瓷瓶绝缘子被击穿造成永久接地，系统跳闸断电。

8月16日，盐池县水务局党委召开了党建、廉政风险防范管理工作促评会。

8月25日，盐池县水务局被自治区党委、政府评为“8?11”抗洪抢险先进单位。

8月26日，盐池县水务局党委召开深入实施西部大开发战略大学习大讨论活动动员大会，聘请县党校讲师就深入实施西部大开发战略进行宣讲。

是日，盐池县水务局党委召开了“五抓五强五争创，五学五比五带头”主题实践活动动员会。

是月，按照盐池县纪委关于《盐池县开展“三直评”活动加强民主评议机关科室乡镇站所和村民委会工作的安排意见》，水电局党委组织系统职工开展了直评活动。

9月3日，盐池县扬黄灌区19.6万亩水地秋灌结束，累计灌溉水量4525.65万立方米。

9月30日，盐池县水库移民管理办公室组织相关部门对盐池县2006年至2009年实施大中型水库移民后期扶持项目“一池三改”、大拱棚、砾石路、砼路、桥涵护坡等工程进行竣工验收。

10月9日，吴忠市人大常委会副主任王有才带领全市农田水利基本建设验收组对盐池县2010年农田水利基本建设工作进行考评验收。

10月14日，盐池县水务部门举行花马湖生态渔业资源增殖放流仪式，一次性向花马湖投放由宁夏水产研究所提供的优质鱼苗种8000公斤。

10月19日，陕甘宁盐环定扬黄续建盐池人饮工程主管网试通水仪式在盐池县城西郊供水点举行。

12月9日，水利部水库移民开发区中水中心评估专家组对盐池县2006年至2010年大中型水库移民后期扶持政策执行情况和实施效果进行检测评估。

是年，青山乡投资130万元对衙门沟流域北马坊至郝记台一线小流域进行综合治理。在北马坊新修水泥渠道7千米，新增节水灌溉面积500亩，维修大坝5道，小畦田建设1700亩，整修村道 及生产道路9千米；在郝记台维修、加固、整建大拱棚地600亩，小畦田建设400亩，平整渠道10条8千米；在营盘台、方山等地维修加固土坝12条22千米。

是年，盐池县盐环定扬黄续建工程按期通水，解决了3070户1.3万人饮水安全问题；在全区率先实现城乡供水一体化管理；以山水田林路渠庄综合治理为主的秋冬季农田水利基本建设扎实开展，新增改善灌溉面积11万亩，改造“旱三田”1.4万亩，在全区农田水利基本建设“黄河杯’考核评比中名列第一，获全区特等奖。

2011年

1月18日，盐池县水务局党委召开创先争优活动点评会，党委书记对7个基层支部及支部书记总体工作进行了点评。

3月4日,盐池县水务局党委组织举办了庆“三八”妇女保健知识问答联谊会。

3月16日,自治区纪委常委罗万里在盐池县委常委丁炜及有关部门陪同下,对盐池县水务局廉政风险防范管理及党务公开工作进行了检查指导。

是月,盐池县专门召开第一次全国水利普查工作会议,安排落实相关水利普查工作任务。盐池县第一次全国水利普查标准时点为2011年12月31日,时期资料为2011年度。2011年3月底前完成普查方案设计、试点、培训和宣传动员;12月底前完成清查登记、台账建立和现场调查等工作。2012年1月至5月完成填表上报、数据处理和审核验收;2012年

6月至12月对普查成果进行汇总和验收。

4月7日,根据国家有关供电规定,要求盐环定泵站于2011年4月前将水泵电机设置电流定值为5.3安。三道井泵站启动电流设置定值最小为5.7安。由于启动电流定值不符,造成三道井泵站春灌两次开机失败。经与电管中心、盐环管理处多次协商,十二泵站将输给三道井泵站供电电流定值调整为5.7安以上才得以启动。

5月26日,花马池镇十六堡3万立方米蓄水池开始蓄水。

5月20日,香港慈恩基金捐建盐池县水窖开工仪式在花马池镇郭记沟村举行。自治区外事侨务办侨务处处长张铁群、盐池县副县长魏爱群参加开工仪式。香港慈恩基金会拟在盐池县捐建水窖50眼。

5月27日,由宁夏金运建筑工程有限公司董事长文宏强先生捐助30万元在盐池县王乐井乡康庄子村实施的抗旱机井“宏一水井”竣工通水,第二眼抗旱机井“宏二水井”开工建设。

6月1日下午,盐池县防汛抗旱指挥部组织召开了全县防汛抗旱工作会议。

6月27日,自治区抗旱第二检查组到盐池县检查指导抗旱工作。

6月30日,盐池县水务局100多名干部职工代表盐池老区人民在银川市人民广场参加了由自治区党委宣传部、文明办等12家单位主办的“党在我心中”庆祝建党90周年群众文化优秀节目展演暨万人唱红歌广场晚会文艺演出,获得优秀奖。

7月5日,由自治区水保局局长张亚峰带队组成的自治区水土保持初验组对盐池县水土保持监督管理能力建设试点工作进行了省级初验。

7月25日,全国人大常委会副委员长、民建中央主席陈昌智在自治区人大常委会副主任马瑞文、张小素,自治区副主席郝林海,吴忠市委有关领导、市长吴玉才,盐池县委书记刘鹏云、人大常委会主任刘继远、政协主席韩向春的陪同下,深入王乐井乡刘四渠村、寇庄子村、冯记沟乡移民新村等地对高效节水灌溉工程、人饮供水工程等工作进行调研。

7月27日,盐环定扬水管理处处长李克文、副处长杨永春一行对盐池县扬黄灌溉管理工作进行了检查调研。

是月，惠安堡镇实施宁夏生态移民工程，重点实施隰宁堡生态移民新村一期工程建设，移民新村占地面积900亩。

8月15日，自治区水利厅组织专家组在银川召开评审会，对盐池县兴武营农业综合开发水土保持项目(2012年至2014年)可行性研究报告进行了初审。

8月18日，自治区人大常委会法制工作委员会副主任朱赟、自治区水利厅副厅长毕廷和一行对即将出台的《宁夏回族自治区抗旱防汛条例(草案)》起草情况进行了意见征询。

8月21日，盐池县王乐井乡两次遭受特大暴雨袭击。全乡受灾荞麦2300亩、甘草220亩；冲毁郑家堡农渠1000米、斗渠15米，王吾岔平阳沟新农村3户农户被淹。

8月22日，盐池县麻黄山乡局部地区遭受强降雨和冰雹灾害，降雨持续30分钟，造成该乡井滩子、何新庄、下高窑三个村荞麦等1.82万亩农作物不同程度受损。其中荞麦绝产6400亩、马铃薯绝产1600亩、葵花绝产1200亩、玉米绝产100亩。下高窑村养殖园区30座养殖暖棚和何新庄村两道淤地坝受损严重，直接经济损失达623万元。大水坑镇发生特大冰雹灾害，造成莎草湾、向阳、王兴庄、新泉井、宋堡子、新建6个行政村16个自然村1280户5120人受灾，直接经济损失达670多万元。

是月，盐池县被确定为“宁夏2011年中央专项彩票公益金支持革命老区整村推进试点县”。项目区涉及61个自然村4069户14143人（其中低收入户967户3429人），劳动力8382人，耕地面积102610亩(其中水浇地15297亩、旱耕地87313亩)，人均耕地面积7.3亩。按照彩票公益金整村推进项目要求，筛选出以盐池滩羊、旱作节水补灌为重点的4大类43个子项目，项目总投资5461.96万元，其中中央专项彩票公益金1500万元，整合地方财政、行业部门资金2443.30万元，贷款164.70万元，农户自筹1353.95万元。

9月8日，吴忠市副市长何旭东带领有关部门对盐池县2011年秋冬季农田水利基本建设大会战和宁夏中部干旱带高效节水农业示范区建设情况进行了调研。

9月14日，盐池县四套班子领导集体调研了全县秋冬季农田水利基本建设情况。

9月17日，盐池县水务局在花马池广场成功举办了“和谐水韵”广场文艺晚会。

9月19日，盐池县2011年秋冬季农田水利大会战启动仪式在花马池镇红山沟治理区举行。

9月22日，自治区水利厅副厅长周京梅、移民办主任尚中琳及财政厅有关处室专家组一行对盐池县水库移民规划实施及移民后期扶持工作进行了检查指导。

9月26日，盐池县有关部门组织了城乡供水一体化纪念碑揭碑仪式。

9月27日，自治区人大代表联络与选举工作委员会组织督导组到大水坑镇莎草湾村现场督办自治区人大十届五次会议《关于兴修大水坑镇洪漫坝的建议》。自治区水利厅副厅长郭浩、盐池县委常委蒯文普、县人大副主任代占山、建议提案人和有关部门参加了督办座谈会。

10月14日，盐池县人大常委会组织代表视察了全县人畜饮水工程建设情况。

10月20日，自治区水利厅厅长吴洪相、副厅长毕廷和一行视察了盐池县秋冬季农田水利基本建设情况。

11月11日，吴忠市副市长何旭东、政协副主席买霞一行视察了盐池县秋冬季农田水利基本建设情况。

11月28日，盐池县赵家塘小流域综合治理示范项目实施方案得到自治区发改委批复。项目总投资363.29万元，治理水土流失面积36.63平方千米；开发水地46.8公顷，植树种草805公顷，封山禁牧480公顷；新打、维修机井7眼，建蓄水池、集雨场各46处；修建生产道路12.5千米。

12月19日，北京林业大学盐池定位站申报水利部水土保持科技示范园区评审会在盐池县城召开。水利部水土保持生态工程技术研究中心主任左长清主持评审会。评审组根据水利部评审标准，通过了沙泉湾功能区的项目申报。盐池县副县长王学增，县环保和林业局、水务局等部门参加了评审会。

12月28日，自治区水利厅副厅长周京梅一行调研了盐池县秋冬季农田水利基本建设情况。

是月，盐池县政府获2012年度农田水利基本建设“黄河杯”竞赛特等奖。

是年，王乐井乡完成平阳沟反坡梯田建设工程。

是年，大水坑镇继续推进扬黄二期人饮工程建设，完成了全镇7个行政村45个自然村的通水工程，解决了0.8万人的吃水困难问题。

2012年

2月6日，惠泽宁夏中部干旱带的扶贫开发项目——盐池县旱作农业节水示范基地建设项目正式得到自治区发改委批复，7500亩集雨补灌技术集成示范基地建设将为盐池近万名农民群众带来良好收益。

2月13日，由宁夏水利建设中心副主任周小生主持，质监、监理、施工单位负责人参加的2012年扬黄续建泵站改造工程动员会在盐池县三道井泵站召开。

2月16日，亚行贷款宁夏中部节水特色农业示范项目专家组对宁夏中部节水特色农业示范项目盐池项目区进行中期评审。本项目区位于盐池县冯记沟乡中部，涉及两个行政村560户1938人。项目建设期为5年，规划利用马一支灌区扬黄水，配套蓄水池、引水渠道及滴灌等设施，发展以红枣为主的节水特色农业。项目总投资2742.90万元：其中申请亚行贷款1920.00万元(折合美元300万)，占总投资70%；地方配套与农民自筹822.91万元，占总投资30%。

是月，自治区水利厅副厅长郭浩带领有关处室对盐池县实施盐环定扬黄专用工程、续建工程及水资源管理工作进行了工作检查。

是月，盐池县水务局组织送水车为麻黄山等乡缺水农户抗旱送水。

3月16日，盐池县水务局局长袁书义带领农村水利工作站和工程建设管理站负责人到青山、麻黄山、冯记沟等乡调研工作，研究解决以工代赈工程项目实施前期工作中存在的具体问题。

3月20日，自治区水利普查办公室技术总负责魏礼宁一行对盐池县水利普查工作开展情况进行督导检查。

3月27日，吴忠市人大常委会组织代表对盐池县水资源管理工作进行了视察。

3月31日，自治区水利厅总工程师薛塞光一行对盐池县扬黄泵站改造工程进行了督导检查。

是月，盐池县王吾岔、月儿泉小型农田水利节水灌溉工程建设方案得到自治区发改委正式批复。项目总投资740万元，发展节水灌溉6460亩，铺设PVC管、PE管115千米，滴灌管976千米，维修改造机井4眼，建蓄水池2座，各类阀井等建筑物730座。

4月7日，盐池县水务局组织局属各单位负责人和技术骨干对全县在建水利重点工程项目进行了观摩调研。

4月10日，盐池县春灌工作全面启动。

4月12日，自治区水利厅厅长吴洪相轻车简从来到盐池县冯记沟乡马儿庄村访贫问苦，与基层干部群众探讨农村发展问题。

4月27日，盐池县防汛抗旱指挥部组织召开了全县防汛抗旱工作会议。

5月22日，盐池县水务局组织召开了全县石油开发企业水土保持工作座谈会。

5月29日，自治区党委书记张毅在自治区党委副书记崔波、副主席郝林海，吴忠市委有关领导、市长吴玉才，盐池县委书记刘鹏云、县长赵涛、县人大常委会主任刘继远和有关厅局负责人陪同下，深入到花马池镇杨记圈村、十六堡生态移民新村对盐池县旱作节水农业、生态移民工作进行了调研。

是日，自治区水利厅水土保持局副局长卜崇德一行，在宁夏公路建设管理局和盐池县水务局负责人陪同下，对在建304省道盐池至红井公路工程水土保持方案实施情况进行了督察。

6月2日，王乐井乡王乐井、郑家堡、刘四渠、孙家楼、王吾岔、鸦儿沟6个行政村，青山乡月儿泉、郝记台、方山3个行政村受冰雹、过程强降雨袭击，降雨历时80分钟，降雨量10.7毫米；冰雹历时24分钟，冰雹最大直径达2.5厘米，最大厚度达到10厘米。造成王乐井乡8370人、青山乡898人的2.8万亩粮食及经济作物受灾。

6月11日，在第十六个全国节能宣传周期间，盐池县水务部门围绕“节约能源、从我做起”活动主题，开展了系列节能宣传活动。

6月19日，以水利部水保司司长刘震为组长的农发水保项目验收组对盐池县2009年至2011年国家农业综合开发水土保持柳杨堡项目实施情况进行了检查验收。

6月25日，在盐池县委召开的创先争优活动表彰大会上，盐池县水务局党委被授予创先争优先进基层党委；是日，水务局党委组织党员干部职工募集党内关爱帮扶资金7150元。

6月28日，盐池县水务局党委结合纪念建党91周年活动和“勤廉为民”工程实施，组织党员干部观看了《坚守崇高信仰》专题片。

6月29日，水务局结合庆祝建党91周年和“党内扶贫互助工程”，开展了走访慰问贫困党员和老党员活动。

7月12日，财政部农业司副司长张岩松一行对盐池县王乐井乡高效节水补灌项目、冯记沟乡马儿庄林果间作节水灌溉工程、小型农田水利建设项目进行了调研。

7月23日，自治区水利厅党委委员、纪委书记崔莉，盐环定扬水管理处、吴忠市水务局有关领导在盐池县纪委书记卢晓霞、副县长王学增及水务部门的陪同下，调研了三道井泵站、寇庄子人畜饮水工程、城西滩扬黄灌区、花马池生态水资源综合利用等工程建设管理情况。

8月22日，盐池县委常委、纪委书记卢晓霞带领县直各党委书记对水务局党风廉政建设工作进行了现场观摩。

8月29日，自治区水利厅在银川召开评审会，对盐池县杜窑沟调蓄补灌水库水资源论证报告进行了评审审定。

9月1日，三道井泵站安全输水130天，圆满完成夏秋灌工作任务。

9月7日，盐池县水务局在花马广场成功举办了“水韵盐池”专场文艺晚会。

9月11日，联合国开发计划署、中国国际经济交流中心、宁夏项目办三方联合组织对2012年“全球治理”项目盐池项目区建设任务进行了验收。

9月24日，盐池县委、政府组织在王乐井乡王乐井村旱作高效节水补灌区举行了全县2012年秋冬季农田水利基本建设大会战启动仪式。

是月，自治区国土资源厅厅长刘卉带领调研组对盐池县节水灌溉、占补平衡项目及生态移民土地开发整理项目建设情况进行了调研。

11月5日，盐池县委书记刘鹏云，县委常委、宣传部长王学增，县人大常委会副主任袁书义、副县长张玉进在水务、国土、交通等有关部门的陪同下对冯记沟、惠安堡、麻黄山、大水坑、青山等乡镇农田水利基本建设情况进行了调研检查。

11月22日，盐池水务局党委组织全体干部职工认真学习党的十八大会议精神。

11月27日,自治区水利厅厅长吴洪相带领有关处室视察了盐池县农田水利基本建设情况。

11月29日,自治区副主席郝林海带领有关部门视察了盐池县农田水利基本建设情况。

12月26日,宁夏水利水电勘测设计院副院长胡莲英一行对盐池县扬黄续建人饮专项工程运行情况进行了回访,并在盐池县水务局召开了专题回访会议。

是月,盐池县获2012年度农田水利基本建设"黄河杯"竞赛一等奖、全国农田水利基本建设先进县。

是年,盐池县农牧局、水务局根据盐政办[2012]4号文件《关于印发盐池县2012年扬黄灌区种植结构调整方案的通知》精神,下发了《盐池县2012年扬黄灌区种植结构调整实施方案》。

是年,盐池县隰宁堡生态移民新村一期工程建设新居572套,搬迁以杏树梁、林记口子、麦草掌3个行政村为主的移民户572户2196人;开发节水滴灌农业生产用地1000亩,全部进行土地流转种植黄花;移民新村水、电、路等基础设施全面完工;村部、卫生室、幼儿园、广场等公共设施全面开工建设。

是年,大水坑镇继续推进扬黄二期人饮工程建设,新增通自来水自然村14个。

2013年

3月18日,盐池县水务局党委召开水务系统开展"学党章、守纪律"集中教育活动动员大会。会议传达学习了区、市党委和盐池县委关于开展"学党章、守纪律"集中教育活动实施意见,并就水务局开展"学党章、守纪律"集中教育活动进行动员部署。

4月9日,盐池县水务局组织在花马池镇红山沟花马池湖上池段进行了山洪灾害实战演练。

4月11日,盐池县水务局党委组织系统90余名党员干部参观盐池革命历史纪念馆,全体党员、入党积极分子重温入党誓词,庄严宣誓;全体干部职工参观革命历史展览,体验红色教育。

4月13日,盐池县水务局领导班子和局属各单位负责人主动联系王乐井乡现场办公,对该井乡9项涉水问题逐一答复并解决。

5月15日,盐池县水务局邀请自治区水利厅有关专家及县工业和商务局负责人,对高沙窝集中区和冯记沟、青山工业园区供水工程方案进行实地查看,听取了广西梧州水利勘测设计院对工业园区供水工程方案的设计汇报。

5月27日,盐池县防汛指挥部召开全县防汛工作会议,签发了2013年防汛目标责任书，对全县防汛工作进行了安排部署。

5 月 28 日，自治区党委书记李建华带领有关部门调研了高沙窝镇人畜饮水情况。

是月，自治区财政安排资金 2400 万元，用于盐池县大水坑、高沙窝、王乐井 3 乡镇、12 个村的牧区饲料基地节水灌溉工程建设，计划发展饲料基地灌溉面积 2.07 万亩。

6 月 28 日，国家水利部灌溉发展中心党支部组织调研了盐池县猫头梁、营盘台村高效节水运行情况，并怀营盘台村党支部开展了庆祝七一联谊活动。

6 月 29 日，中国灌溉排水发展中心副主任闫冠宇一行到盐池县调研灌区建设工作，并在盐池革命历史纪念园举行了“七一”党建活动。

7 月 30 日，自治区水利厅厅长吴洪相一行在盐池县委书记刘鹏云、副县长张玉进及有关部门负责人的陪同下，对高沙窝工业集中区供水和杜窑沟水库工程规划设计情况进行了调研；深入基层联系点召开座谈会，与基层农民群众探讨发展问题。

8 月 13 日，自治区水利厅副厅长毕廷和带领有关业务处室对盐池县高校节水补灌工程建设情况进行了调研。盐池县副县长张玉进及有关部门陪同调研。

9 月 17 日，盐池县水务局党委组织全体干部职工学习观看了《走群众路线、促作风转变》警示教育片，以此推动机关作风建设进一步好转。

是日，自治区水利厅纪委书记崔莉一行对盐池县水务局开展群众评议机关和干部活动开展情况进行督导检查。

9 月 29 日，盐池县委、政府召开了 2013 年秋冬季农田水利基本建设动员大会。会议传达了自治区秋冬季农田水利基本建设暨植树造林电视电话会议精神，安排部署了全县 2013 年秋冬季农田水利基本建设各项工作。

10 月 7 日，自治区水利厅副厅长、农建指挥部办公室主任毕廷和带领自治区农田水利基本建设考评组对盐池县 2013 年秋冬季农田水利基本建设情况进行了考核验收。

10 月 20 日，盐池县花马池镇在农田建设中首次采用激光控制技术平整灌区水地 1 万亩。采用激光技术平整土地可节约用水 30%以上，每亩增产 20%至 30%，可使农作物生产成本下降 6.3%至 15.4%。

10 月 21 日，自治区政协副主席张乐琴带领全区生态移民整村推进和农田建设经验交流会与会人员对盐池县生态移民工程进行了观摩。

是月，自治区发改委、水利厅安排专项资金 3421 万元，用于盐池县花马池镇李毛庄村节水灌溉改造工程、上潘圈农田水利供水工程、麻黄山人饮安全工程、孙家沟骨干坝工程、王乐井西沟小流域治理项目的建设。

是月，盐池县 2013 年牧区节水灌溉示范项目获得自治区发改委、水利厅批复。花马池镇为项目建设地点，总投资 625 万元，其中国家投资 500 万元、地方自筹 125 万元。

是年，隰宁堡生态移民新村一期工程移民825户3198人，新建小学1所。

是年，王乐井乡牛头沟水土流失治理工程完成建设任务。流域总面积17.6平方千米，水土流失面积16.8平方米，占流域面积的95.5%。项目总投资177.67万元，其中中央资金131.41万元。

是年，大水坑镇继续进行推进扬黄二期人饮工程建设，完成东风、新桥、李伏渠、王新庄等村人畜安全饮水工程建设。

是年，盐池县水务部门完成三墩子高效节水灌溉工程建设任务。建成高效节水补灌面积1.2万亩；第三批小型农田水利重点县建设项目2012年饲草料地建设工程完成节水灌溉面积2.1万亩。

是年，盐池县水务部门完成花马池镇佟记圈柳扬堡井灌区节水灌溉改造工程建设任务。发展节水灌溉面积0.52万亩；2013年高效节水灌溉工程—王乐井西沟片区工程发展节水灌溉面积0.26万亩；盐池县海子塘综合开发项目发展节水补灌面积0.1万亩；盐池县2012年中央财政小型农田水利专项工程山丘区“五小水利”工程发展节水灌溉面积0.26万亩。

是年，盐池县水务部门完成马儿庄枣树基地二期、马儿庄上陵和鑫泰牧草种植节水灌溉项目建设任务。

是年，盐池县第三批小型农田水利重点县建设项目2012年饲草料基地建设工程在全区节水灌溉工程绩效评价中被评为优秀。

是年，盐池县启动实施麻黄山人饮供水工程，新建泵站3座，建500立方米蓄水池2座，铺设输水管道86.0千米，完成投资960万元。

是年，盐池县实施新区供水工程，铺设PE输水管道10千米，建各类阀井300座，项目总投资1000万元；截至年底，部分工程投入运行。

是年，盐池县水务部门先后组织实施了佟记圈小流域综合治理项目、吴记油房小流综合治理项目、双沟嘴骨干工程、南梁骨干工程、海子塘(姜记坑)片区综合开发项目、荫子沟水库除险加固工程、后台水库除险加固工程、西掌小流域综合治理项目、张记湾小流域综合治理项目、农发兴武营项目，西沟小流域综合治理工程、孙家沟骨干坝工程、杜窑沟调蓄水库建设等。

是年，盐池县水务部门组织专业技术人员完成了《盐池县山洪灾害防御预案》和《盐池县2013年防汛抢险工作预案》编制工作。

是年，盐池县惠安堡姚沟塘灌区应急度汛工程完工，完成投资105万元。

是年，面对严重旱情，盐池县水务部门积极采取措施，联合县民政局下基层送水抗旱，共计为困难群众送水16551立方米，缓解了3488户11687名农村群众饮水困难；同时争取抗旱资金205万元。

是年，盐池县水务部门组织维修三道井干渠压力管道出口、石山子隧洞进口段、王乐井支渠等共计5200千米；抢修王乐井支渠管涌3处，维修各类建筑物28处，干支渠清淤42千米，修筑三道井干渠混凝土道路13千米。

是年，盐池县水务局党委认真开展党组织晋位升级活动。继续对所辖7个党支部进行分类定级，推出2个优秀党支部；党委和支部共计承诺为群众办实事12件、117名党员承诺办实事117件均已完成。

2014年

1月2日，盐池县获2013年度全区农田水利基本建设“黄河杯”竞赛南部山区农田水利综合治理先进县（等同特等奖）称号。

1月7日，盐池县水务局党委召开干部“下基层”活动动员会，传达学习了盐池县委关于“下基层”活动会议精神，安排部署“送政策、送温暖、送安全、送稳定、送文化”相关活动。

2月18日，自治区副主席屈冬玉带领调研组深入盐池县朔牧养殖园区、宏翔养殖园区、鑫海清真食品有限公司、宗源屠宰场、县种子公司、亿嘉甘草生物科技有限公司及王乐井乡佟记山小流域综合治理区等地，实地了解牧草种植、滩羊养殖、肉产品生产加工营销、春耕备耕、甘草产业发展和农田水利基本建设等情况。盐池县委领导和有关部门陪同调研。

4月19日，盐池县水务局召开在编不在岗人员专项整治动员大会。

4月23日，水利部文明委副主任袁建军、新闻宣传中心主任翟平国、中国水利报社记者胡争上一行对盐池县生态建设及水利工程建设情况进行了调研。

5月4日，盐池县水务局邀请全区水务系统劳动模范、盐环定扬黄管理处四泵站站长曹君在三道井水管所作先进事迹报告。

5月28日，盐池县高沙窝工业集中区供水工程破土动工。该工程贯穿惠安堡、冯记沟、王乐井、高沙窝4个乡镇，全长83千米，设计兴建加压泵站3座，高位蓄水池2座，供水管道管径600毫米，日供水能力2.6万立方米，总投资1.3亿元。

7月31日，盐池县水务局成立自查组，对已建成和在建农村饮水安全工程管理运行情况进行自查。

8月2日，入春以来，盐池县累计降水量偏少，7月以后气温持续升高。全县8个乡镇100多万亩旱耕地严重受灾，5.26万人缺水，3.56万人缺粮，50余万头（只）牲畜缺水。盐池县抗旱指挥部根据《盐池县自然灾害救助应急预案》，从即日起启动自然灾害Ⅱ级预案。

8月19日，自治区发改委下达了盐池县杜窑沟水库可行性研究报告批复。

9月25日，盐池县2014年秋冬季农田水利基本建设启动仪式在王乐井乡举行。

9月27日晚，盐池县普降暴雨、冰雹，造成王乐井乡孙家楼、狼子沟、双疙瘩、寇庄子、鸦儿沟村一带发生洪灾，受灾人口 752 人；农作物受灾面积 145.6 公顷，房屋倒塌 23 间，直接经济损失 75.64 万元。

是月，盐池县水务局党委制定下发了《水务局贯彻党的群众路线制度建设计划方案》。

是月，盐池县水务局党委开展群众民主评议机关和干部作风活动，对局机关依法履职、作风建设、政务公开、服务群众、反腐倡廉五个方面工作进行民主测评；对在职和退居二线副科级以上干部进行了量化考评。

10 月 16 日，盐池县委领导及水利、农业部门领导深入全县 8 个乡镇，对秋冬季农田基本建设工作进行督导检查。

10 月 21 日，自治区水利厅厅长吴洪相一行调研了盐池县秋冬季农田水利基本建设及重点水利工程建设情况。盐池县委领导及水务局等相关部门负责人陪同调研。

10 月 28 日，盐池县水务局党委召开了党的群众教育实践活动总结会议。

10 月 29 日，盐池县水务局组织召开杜窑沟水库工程现场启动会，自治区水利水电工程局、宁夏盐池振兴水利开发工程有限公司、宁夏唐徕工程监理有限公司、宁夏秦汉水利工程有限公司等单位负责人及相关技术人员参加启动会。

11 月 6 日，水利部水资源司司长陈明忠带领督查组对盐池县农村饮水安全工作进行了督导检查。自治区水利厅副厅长毕廷和、李永春，盐池县县长滑志敏、副县长吴科及市、县相关部门负责人陪同检查。

是月，根据盐池县委有关文件精神，盐池县水务局对所属事业单位实行竞聘上岗。设置水务局总竞聘岗位 196+1 个，其中管理岗位 14+1 个；专业技术岗位 162+1 个，其中高级岗位 13+1(1 个双肩挑岗位)个、中级岗位 68 个、初级岗位 81 个、工勤技能岗位 20 个。

12 月，盐池县水务局成立盐池县“十三五”水利规划编制工作领导小组，组长张立泽。

是年，盐池县实施了新泉井小流域综合治理、牛头沟水土流失治理、佟记圈小流域综合治理、张记圈骨干坝工程、西沟小流域综合治理、孙家沟骨干坝工程、农发兴武营项目等重点工程。

2015 年

1 月 23 日，水利部副部长胡四一一行在自治区水利厅厅长吴洪相、副厅长毕廷和，盐池县委副书记、县长滑志敏，县委常委、统战部长刘汉卿，副县长吴科及相关部门陪同下，先后到麻黄山乡何新庄幸福院、赵记湾村、谢儿渠村等地，对盐池县 2014 年农村饮水安全工程建设及运行管理情况进行调研。

2 月，春节前夕，结合全县“百日民情大走访”活动，盐池县水务局党委组织 35 名机关干部深入包扶的王乐井乡孙家楼、官滩、双疙瘩3个行政村，为18户贫困户送去慰问金9000元。

3月12日，盐池县水务局党委召开了“守纪律、讲规矩”主题教育活动动员大会。

3月23日，国家水利部水资源司副司长陈明带领督查组在盐池县委副书记、县长滑志敏，副县长吴科及市、县相关部门陪同下，对盐池县农村饮水安全工作进行督导检查。

是月，盐池县萌城管网延伸及城西滩农村饮水改造工程获自治区发改委批复。该项目总投资2503万元，其中中央预算内资金2085万元。项目建成后，将全面解决花马池、惠安堡、大水坑、高沙窝、王乐井、青山6个乡镇131个自然村饮水安全问题，惠及人口10017户32533人。

4月7日，自治区水利厅副巡视员部涌权一行对盐池县水利工程建设项目进行专项督导检查。

4月8日，盐池县水务局党委组织举办了“守纪律、讲规矩”主题教育活动专题讲座。

4月10日上午，为进一步促进“守纪律、讲规矩”活动深入开展，盐池县水务局党委组织40名中层以上党员干部到县看守所开展廉政警示教育活动。

是日，自治区水利厅副厅长毕廷和一行对盐池县高效节水灌溉项目进行检查，吴忠市水务局副局长蒋习忠、盐池县副县长吴科陪同检查。

4月25日，盐池县水务局牵头组织花马池镇、冯记沟乡、惠安堡镇、县农牧局50余名干部群众到宁夏农垦集团黄羊滩农场学习高效节水灌溉技术。

是月，自治区发改委批复宁夏中南部8县（区）农村困难户自来水入户工程实施方案，盐池县麻黄山、萌城等2处饮水工程列入其中，两项工程计划总投资176万元。

是月，自治区发改委批复盐池县牧区水利节水灌溉示范项目建设方案。项目计划总投资750万元，在花马池和大水坑镇建设玉米和优质牧草节水灌溉面积4534亩。

6月2日，盐池县委、政府召开“两大任务”暨重点项目建设促评会。县四套班子领导、各乡镇、部门负责人对抗旱应急水源工程、杜窑沟水库工程等重点项目进展情况进行现场观摩，之后召开了促评大会。

8月11日，盐池县遭强降水天气袭击，全县普降暴雨，局部大暴雨。洪水造成3个乡镇、16个行政村、5003人受灾，249户院落进水，损毁房屋78间，围墙倒塌1290米；倒塌圈棚41座、羊只死亡30只；农作物受灾面积1.7万亩，设施农业大棚进水61座；冲毁渠道2.3千米、管道13.9千米、洪漫坝869条、其他水利设施29座。造成直接经济损失2650万元，其中水利防洪工程损失1150万元。

9月1日，盐池县杜窑沟水库工程提前竣工，开闸蓄水。杜窑沟水库工程于2014年10月21日获自治区水利厅批复建设，工程总投资5674万元，其中国补到位资金5390万元。

2015 年 3 月全面实施建设，8 月 31 日通过自治区水利厅蓄水前期验收。该工程利用当地天然沟道的有利地形和靠近扬黄十二干渠便于取水的地理优势，采取工程措施，修建总库容 332 万立方米水库 1 座。

9 月 17 日，盐池县水务局召开了"解放思想、加快开放、创新驱动、促进发展"大讨论活动动员大会。

11 月 11 日，盐池县水务局邀请青山、花马池、高沙窝、麻黄山等乡镇 20 余名人大代表和政协委员就 2015 年 11 项人大建议和 1 条委员提案办理情况进行通报。

是年，青山乡争取农村饮水安全工程项目资金 230 万元，解决了月儿泉、旺四滩 2 个行政村、12 个自然村人畜饮水困难问题。

是年，盐池县水务部门组织实施了宋新庄胡记圈高效节水灌溉项目、花马池镇高效节水灌溉项目、城西滩高效节水灌溉项目、贾家圈高效节水灌溉项目，西沟高效节水灌溉项目、刘家沟高效节水灌溉项目、姚沟塘高效节水灌溉工程、2014 年度牧区水利节水灌溉示范项目、2015 年度牧区水利节水灌溉示范项目、宋堡子片区综合开发项目、2014 年度巩固退耕还林成果基本口粮田项目、2015 年度巩固退耕还林成果基本口粮田项目等，总投资 11472.75 万元，其中中央投资 6457.75 万元，发展节水灌溉面积 5.76 万亩。

是年，实施萌城管网延伸及城西滩等农村饮水改造工程，总投资 2503 万元，中央投资 2085 万元，主要是对惠安堡、大水坑镇共 50 个自然村供水管网延伸和对 2005 年以前建成的 7 处中小型农村饮水工程管网进行改造。

是年，盐池县水务部门先后组织实施了摆宴井、牛皮沟、石湾沟、向阳、贺庄子、郭记坑、曾记畔、平庄、牛记山、甘沟小流域综合治理项目和吴记疙瘩骨干坝治理工程。

是年，盐池县水务部门组织实施了大水坑、麻黄山、高沙窝、青山四 4 个乡镇抗旱应急水源工程，总投资 1093.46 万元，其中中央投资 1025 万元，新建 3000 立方米蓄水池 3 座、1000 立方蓄水池 2 座、1500 立方米和 200 立方米各 1 座。

是年，盐池县水务部门组织实施了县城西区给水管网扩建工程，总投资 549.63 万元，其中自治区下达资金 500 万元，铺设输水管道 4751.7 米，解决了汽车城、职业中学给水问题；实施县城老城区供水管网扩建一期工程，总投资 2445.93 万元，其中自治区下达资金 1920 万元。

是年，盐池县水务局成立 2 个检查工作组，对全县 74 处水保治沟骨干工程进行了全面安全检查，确保各种水利工程安全度汛。

2016 年

1 月 19 至 21 日，盐池县水务局党委组织机关干部职工为王乐井乡官滩、双圪垯、孙家楼3个包扶村的30户困难群众送去慰问金共计1.5万元。

1月29日，自治区水利厅副厅长李永春带领机关干部深入花马池镇柳杨堡村走访慰问了15户困难群众。

3月3日，在"三八"妇女节来临之际，盐池县水务局工会、妇委会组织举办了以题"把握现在，健康未来"为主题的妇女保健知识讲座。

4月11日，自治区防汛办张林海主任一行对盐池县防汛抗旱工作进行了指导检查。

4月20日，自治区经济局副局长张国军带领自治区防汛办、水利厅安委办、水利厅建设管理处和吴忠市防汛办一行9人对盐池县4个在建项目工程进行了防汛和安全生产检查。

4月22日，盐池县水务局组织开展了以"筑防线、保安全、促进水工程建设平稳开展"为主题的水利安全教育培训。局属各单位、水利施工企业、工程监理共38人参加了培训。

5月12日，在第八个全国"防灾减灾日"到来之际，盐池县水务局组织在县城街心花园、振兴广场等地发放防灾减灾宣传单2000张、防灾减灾宣传知识手册1000本。

5月13日，盐池县机构编制委员会2016年第1次会议研究决定，撤销盐池县花马池生态管理所，设立盐池县水利工程质量监督管理站。

5月18日，盐池县水务局党委组织召开了"学党章党规、学系列讲话、做合格党员"学习教育启动会。

6月1日，吴忠市副市长马玉龙带领调研组在盐池县副县长吴科及相关部门陪同下，先后到惠安堡镇贾记圈灌区高效节水黄花种植示范区、奋林农畜交易中心、猫头梁生态绿化造林区、西夏生态牧场、花马池镇万亩旱作农业覆膜示范区、宝发生态农业人工饲草基地、王乐井乡郭记洼村万亩籽瓜种植基地，实地调研了农业产业结构调整及项目进展、技术引进等情况。

6月7日，吴忠市委书记赵永清带领调研组，在盐池县委书记滑志敏、县长戴培吉、副县长吴科及相关部门陪同下，对四墩子村红山沟蔬菜大棚种植、田记掌覆膜高粱种植、郭记沟特色产业种植、高利乌素井沟库井灌区产业结构调整情况进行了调研。

6月16日，全国第15个"安全生产月"来临之际，盐池县水务部门共计发放各类水资源安全宣传手册5000余份、宣传单1万余份。

6月28日，盐池县水务局党委组织党员在革命历史纪念园开展了"参观红色基地、重温入党誓词"主题党日活动。

7月20日，盐池县防汛抗旱指挥部组织在王乐井乡陈庄子村举行了山洪灾害应急演练。

7月25日，自治区水利厅副厅长郭浩主持召开了全区防汛工作视频会议。盐池县防汛抗旱指挥部成员单位和各乡镇主要负责人参加了会议。

8月19日，惠安堡镇范围内普降中到大雨，导致狼布掌、麦草掌、杜记沟、四股泉、萌城等6个行政村、15个村民小组不同程度受灾。造成2300余亩小杂粮及油料受灾，基本全部绝产，其中狼布掌512亩、杜记沟1418亩、四股泉370亩；冲毁土桥2座（麦草掌1座、四股泉1座）；水窖2眼；洪漫坝24道（狼布掌17道、四股泉4道、萌城3道）；道路33千米。杜记沟村郝记台组受灾最为严重，1200亩小杂粮被淹，道路被洪水淹没，14户50余人被困。9月8日，全区中部干旱带高效节水特色农业综合生产技术示范推广观摩与会人员观摩了盐池县高效节水农业建设情况。自治区副主席曾一春、科技厅厅长马清贵及财政厅、水利厅、农牧厅、林业厅等相关领导参加了现场观摩会。

9月18日，盐池县发展和改革局以盐发改农[2016]331号文批复了管记掌等村农村饮水安全巩固提升改造工程。工程总投资610万元，解决16个行政村、2567户9323人的饮水安全问题，其中建档立卡贫困人口3206人。

9月23日，盐池县水务局组织人员对花马湖、杜窑沟等16处蓄水池及在建青山乡旺四滩高效节水灌溉工程进行安全生产检查；重点严防中假日期间中小学生嬉戏、游泳安全事故发生。

9月26日，盐池县水务局党委代表队参加了全县第五届职工运动会开幕式和广播体操比赛活动。

9月27日，盐环定扬黄工程更新改造项目开工仪式在盐池县举行。自治区副主席曾一春、水利厅厅长吴洪相、盐池县县长戴培吉及区、市、县有关部门和施工单位参加了开工仪式。

11月2日上午，中国水利水电科学研究院在盐池县水务局举办山洪灾害防御知识培训班，邀请西安泽源科技公司曹先龙、宁夏派阳科技公司王兴龙、北京慧图信息科技公司刘奇星等专家进行授课。盐池县乡（镇）村组三级防汛组织负责人及管理人员近100人参加了培训。

11月17日，由自治区水利厅副厅长郭浩主持，全区农村饮水安全工程和小型水利工程维修养护资金使用管理现场观摩会在盐池县召开，盐池县县长戴培吉、常务副县长吴科参加了观摩座谈会。

11月22日—23日，吴忠市人大常委会副主任李焕民、副市长马玉龙带领考核组对盐池县2016年秋冬季农田水利基本建设工作进行考核验收。

11月22日—23日，盐池县水务局举办了水利水保建设管理培训班，各科室技术人员及水利项目施工单位、监理单位负责任人共135人参加了培训。

11月26日 中国香港特区九龙东区扶轮社前社长李钜能率领代表团到盐池县验收并交接援建净水项目工程。国侨办国内司副司长张毅、自治区侨务处处长赫小练、吴忠市副市长王慧仙、盐池县副县长马瑞英及区市县有关部门参加交接仪式。

12月7日，盐池县水务局党委举行换届工作，选举产生了新一届水务局党委委员、书记、副书记和纪委委员、纪委书记。

是年，盐池县水务部门重点实施了黄羊岭、门坎岭、高崾岘等7个水土保持重点工程，全县新增水土流失治理面积260平方千米，其中新增小流域治理水土流失面积116.82平方千米。

是年，盐池县水务部门先后实施了冯记沟乡抗旱应急水源工程、狼子沟防洪工程、2016年度水库移民后期扶持项目、2016年度水库移民后期结余资金项目工程。

是年，盐池县水务部门先后实施了花马湖生态度假房车露营地供水工程、青银高速扩建古窑子至高沙窝段人饮管道改造工程、管记掌等村农村饮水安全巩固提升改造工程。

是年，盐池县出台了《盐池县深化小型水利工程管理体制改革实施方案》，成立了以县长为组长的水利改革工作领导小组，聘请专业公司对全县8548处(座)小型水利工程进行基础数据测绘调查和产权明晰，落实管护主体和责任，落实管护经费。

是年，盐池县认真贯彻区、市农田水利基本建设指挥部决策部署，坚持农建工作与全县脱贫攻坚、产业结构调整相结合，与增加群众收入、建立长效机制相结合，科学谋划、精心组织、强力推进，着力打造独具山区特色的盐池农建模式。全县累计完成农田水利基本建设投资5.8亿元，其中涉水项目投资3.97亿元。新增高效节水灌溉2.7万亩，建设高标准农田4.2万亩，完成激光平地2.5万亩；整修农路594.7千米，清挖沟渠96.04千米，新建水库1座，新增蓄水能力231.65万立方米；治理水土流失面积200.83平方千米，新增水平梯田3.82万亩，修筑洪漫坝367条；人工造林1929.54公顷，完成旱地机深翻12.7万亩，完成测土配方施肥28.2万亩，种植冬小麦种植2.85万亩、柠条平茬10万亩；实施管记掌村等农村饮水安全巩固提升工程；完成农村环境综合整治庄点3个，建设美丽村庄11个，拆除各类废弃建筑物25万平方千米，清理各类垃圾18.92万吨。

2017年

3月15日，盐池县县长戴培吉带领有关部门对石山子水库建设情况暨2017年全县重点水利项目进行调研。

4月13日，自治区水利厅副厅长麦山带领有关处室对石山子水库建设情况进行调研。

5月24日，自治区水利厅党委委员、副巡视员部涌权带领自治区水利厅第二督察分组一行先后到石山子水库、青山乡亚木沟Ⅱ号淤地坝除险加固工程施工现场等地对盐池县2017年水利重点项目、重要工作等方面进行督导检查。

6月2日，盐池县委常委、常务副县长、县防汛抗旱副总指挥吴科主持召开全县防汛抗旱暨河长制工作会议，各乡(镇)和成员单位分管领导、县水务局班子成员等参加会议。

7月24日，盐池县水务局开展“助力脱贫献爱心”捐款活动，助力家庭贫困生上学，共募集善款 6350 元。

9 月 8 日，自治区水利厅党委委员部涌权带领自治区水利厅第二督察分组对盐池县水务局“百日攻坚”重点项目建设情况进行专项督查。重点对高效节灌、农村人饮、水土保持、应急抗旱、中南部水源建设、扬黄灌区改造更新、淤地坝除险加固、水库移民、河长制工作推进、水资源确权登记、小型水利工程管理体制改革、水价改革、节水型社会建设、脱贫销号、农村饮水安全巩固提升工程和 2017 年群众评议机关和党风廉政建设等重点工作进行全面督查。

是月，国家水利部水土保持监测中心张长印副主任在盐池县城主持召开国家水土保持重点工程监测研讨会。水利部水土保持监测中心、各流域机构、自治区水保局、盐池县水务局等单位 20 余名专家参加研讨。

11 月 9 日，县委常委、常务副县长、县级河长、河长办主任吴科主持召开全县河长制工作联席会议，县水务局、环保局、住建局、国土局等 12 个责任单位参加会议。

12 月，自治区水利厅厅长白耀华带领水利厅办公室、建设处、水利工程建设局、盐环定扬水管理处负责人在盐池县县长戴培吉、副县长吴科和水务局有关同志陪同下，先后检查了盐环定更新改造工程五、八泵站，盐池专用工程三道井泵站、渠道改造、石山子水库以及人饮水质检测及自动化控制等重点工程建设和运行管理情况。

第一章　水资源环境

第一节　地质　地貌　土壤　植被　湿地　气候
第二节　水资源
第三节　自然灾害

第一章　水资源环境

第一节　地质　地貌　土壤　植被　湿地　气候

盐池县处于宁夏东部荒漠化地区，地势西北低，辽阔平漫，称为“滩地”；东南高，沟察纵横，称为“山地”。境内无高山大河，平均海拔1600米左右，最高的山是南部的陈家山，海拔1951米，其余脉被许多沟壑所切割。最大的河是西部的苦水河，水量很小，流向西北注入黄河。

一、地质

宁夏在地质构造位置上，位于华北克拉通西部与北祁连造山带的过渡地区，综合地层分布区属华北地层大区。大体以贺兰山三关口向西一线，再由三关口向东南（牛首山以东、青龙山以西）至固原—平凉—陇县一线为界，其北—东部属晋冀鲁豫地层区之华北西缘地层分区和鄂尔多斯地层分区的各一部分；上述一线以南—西则属秦祁昆地层区之祁连—北秦岭地层分区的一部分。

盐池县地处鄂尔多斯台地西缘，在祁（祁连山）—吕（吕梁山）—贺（贺兰山）“山”字形构造的脊柱部位，是布伦庙—镇原白垩系大向斜与贺兰山—青龙山褶皱带的两个互带。

布伦庙—镇原白垩系大向斜　其大向斜又称天池—环县大向斜，轴向自北而南，过双井子、青山等地。岩层倾角小于20°，西翼陡、东翼缓，平均7°至8°。该向斜下由白垩系地层组成，由主轴向西出露，地层渐次变老。断层少，断距小，仅在灵应山一带有张性断裂。

贺兰山一青龙山褶皱带　存在于县境西部，于范庄子、郭庄子、牛记小口子以西，由中生界地层组成的轴向，近南北褶皱群组成。褶皱带中段主体有马记滩—惠安堡褶皱群、石沟驿—隰宁堡向斜、萌城褶皱群等，构造排列紧密，多呈棱状长条分布。

第四纪地质　盐池县分布很广，大体可分两类：

1.上更新统。成因类型属上更新统中期的风积物，呈黄、淡黄、暗黄色。为质匀而细、疏松多孔的黄土类土。主要矿物成分有云母片，柱状节理发育，常见到垂直的边坡。厚度在10

米至20米，分布在麻黄山、后洼、萌城、红井子以南地区，以及王乐井、狼洞沟一带。地貌单元为南部黄土高原区。

2.全新统。县境内分布很广，地层分明，比较完整。主要为黄色的风成沙、坡积、冲积、湖积、含卵石的砂土、砾石层，结构松散的沉积物和内陆湖泊的盐类化学沉积物。早期主要有三种地质现象：一是坡残积物。特征上部为灰白色、棕红色的砾石层，主要成分为石灰岩；下部为黄棕色的砂泥岩碎屑分化物。地貌单元在分水岭梁地和坡面上，一般呈条带状。分布在县境北部的高利乌苏、红沟梁一带，厚度0.5米至3米。二是坡积物。主要是山坡下的堆积物。层次厚，粗细粒同时混合沉积，无分选性。多为浅黄色的粉砂岩，疏松，含少量钙质丝、斑状物和少量的砂浆与原生的风积黄土，无明显分界。在黄土丘陵或黄土分水岭梁地及坡面上。分布在王乐井分水岭梁地、惠安堡镇高新庄、大水坑镇断兔沟一带。厚度10米至50米。三是洪积物。因山洪搬运的碎屑物质在山前平原地区沉积而成，往往呈扇形沉积。所处地貌为梁地、低缓丘陵顶部，县内均有分布，厚度1米左右。

全新统中期主要以洪水冲积为主，因山洪搬运和河流搬运同时沉积而成，上部疏松，下部胶结，分选中等。地貌单元在坳谷、洼地地带。大水坑、侯家河、马儿庄等地均有出露，厚度0.5米至40米。

全新统近期主要以湖积和洪积为主。一为湖积物。湖水在静水状态下沉积而成。所处地貌单元在湖沼盐碱湿地，岩性特征为黑色腐泥，盐碱质淤泥，下部为细砂及粉砂。盐池县境内有零星分布。厚度1米至4米。二为洪积物。山洪搬运的碎屑在前平原地区沉积而成，所处地貌单元在近代河谷与沟谷，分布在苦水河等河床和一些沟谷中。厚度3米左右。

现代主要是风积物，因风而堆积，岩性特征为沙漠，矿物成分为石英、长石、云母碎片。分布在各种地貌单元上。苏步井、高沙窝、柳杨堡、哈巴湖等处有大面积连片分布，其他地区也有大片分布，厚度1米至20米。

前第四纪地质 盐池境内出露地表的岩性，主要以下白垩系为主，其次为第三纪、侏罗纪、三叠纪、奥陶纪和震旦纪。下白垩系分布走向与南北向分水岭平行，分布在县境东侧，其他为零星分布。下白垩系又分为：

1.泾川组。自北部的高家梁向南延伸经李记沟、叶记豁子、田记掌，到王乐井的周庄子、刘窑头尖灭。跨剥蚀出露的罗汉洞组，在侯家河东侧又重新出现，向南伸向大水坑镇狼儿嘴、高窑寺尖灭。又在林家洼子、苏老庄出现，向南过孙嵝崄至甘肃环县境。

2.罗汉洞组。由花马池镇高利乌素，向南经刘家沟、陈记圈、八堡、红山沟、二道湖、方山、后台、二道沟，被第三纪和泾川组覆盖。在大水坑镇的苏记堡子再度出现，向南过麻黄山乡的饶平庄至甘肃环县境。

3.环河组。从柳杨堡的崔记塘起，经东塘、西井滩、夏记墩、县城、北马坊、红庄、马坊、薛堡子、史堡子向南延伸至甘肃环县境。

据国际地质年代考，盐池县地层分布为：

元古界 花马池镇柳杨堡村一带发现元古界石英岩出露地面，属元古界晚期的震旦系。萌城大沟台有零星出露，岩性特征为淡红色石英砂岩，厚度不明，属不整合接触。

古生界 盐池县有奥陶系和二叠系。惠安堡镇沙坡子一带分布有奥陶系的竹叶状、鲕状灰岩，属不整合接触；惠安堡牛圈塘零星露出灰白色、紫红色中粗砂岩为二叠系。与奥陶系接触为不整合。厚度609米至2853米。

中生界 划为三叠系、侏罗系。陕甘宁盆地地层标准剖面分为5个统。第一，三叠系（含纸约统、延长统）。地壳下降成为盆地，河流将大量的植物和岩屑物搬运堆积到湖泊中，形成富含油页岩和较厚的煤层。惠安堡镇牛家圈、马坊沟一带露出的纸约统，厚度312米至645米，岩性特征为黄绿色、灰绿色块状砂岩，夹紫红色泥岩，交错层发，中部为紫红色、紫灰色泥岩、夹同色砂岩，底部为砾岩；惠安堡镇红墩子一带分布延长统，厚度541米至3720米，岩性特征为灰绿、黄绿色砂岩、泥质粉砂岩、页岩及矿质页岩。下部为砂页岩互层。底部为肉红色长石砂岩间夹紫红色页岩、泥岩。中部夹油页岩，上部是灰质泥岩及煤层。第二，侏罗系（含延安统、直罗统、安定统），形成方式有三种，即陆相、火山岩相和海相。盐池县以陆相沉积为主。惠安堡镇赵家窝棚和马坊沟一带有露出的延安统，岩性特征为深灰色砂质泥岩及灰色、灰白色中细砂岩的互层，间夹不规则的煤层，底部为不规则的厚层状含砾石砂岩，厚度579米，与延长统整合接触；直罗统，主要出露在黄土丘陵切割较深的沟谷中，岩性特征为上部以灰绿色泥岩为主，间夹透镜体，长石砂岩，下部为棕黄、灰黄、灰白色块状中粗粒长石砂岩和砾状砂岩。厚度674米至800米，与延安统整合接触。安定统，盐池县境地表尚未出露，据石油钻探资料表明，厚度568米至1368米，岩性特征上部为棕红、红褐色块状砂岩，局部为砾石状砂岩，下部为棕红色、紫红色、棕黄色，局部加蓝色、蓝绿色的泥岩，与直罗系整合接触。第三，下白垩系为干燥气候下盆地陆相沉积而成。盐池县属六盘山群系，而六盘山群系又分为6个组的地质现象。宜君组，高沙窝镇的夹山、党记坑一带有分布，岩性特征以杂色砾石为主，砾石以石英岩为主燧石次之，胶结度好，厚度10米至100米，属不整合接触；洛河组，亦多布在夹山、党记坑一带，以橘红色灰色块状错层砂岩为主，局部夹棕色粉砂岩，矿物以石英为主，厚度190米至340米，与宜君组整合接触；华池组，在高沙窝镇徐庄子、薛庄子和顾家圈一带有出露，岩性上部为浅棕灰色、绿灰色、细粒长石砂岩，间夹暗棕色薄层砂岩，据钻探资料考，在西部和南部渐变为砾状砂岩与砾岩，厚14米至330米；环河组，主要露在花马池镇夏记墩和五堡、青山乡猫头梁、大水坑镇马坊和后洼等地，岩性特征为巧克力色与暗棕红色砂质泥岩、泥岩局部有厚层细砂岩，在西部和南部该层颗粒变粗，渐为砂岩与砾状砂岩，厚度159米至414米，与华池组整合接触；罗汉洞组，高利乌素、刘八庄、二道沟、唐平庄等地有出露，岩性特征为橘红色、厚层至块状交错层长石砂岩，中粗粒疏松，中部夹有不规则薄层砂质泥岩，厚度为158米左右，该层良好的含水岩组、且水质好，与洛河组整合接触；泾川组，花马池镇双井子、大水坑镇周庄子、苏老庄有出露，岩性特征为上部棕红色、中间厚层泥岩夹绿色薄层至中层为细长砂岩，下部为浅棕红色块状细粒砂长石岩、夹砂质泥岩，厚度约250米，与罗汉洞组整合接触。

新生界 盐池县地层出露情况表明其为早第三系的渐新统。主要出露在青山乡以东地带。岩性上部为红色砂质泥岩，夹有灰白色透镜状粉细粒砂岩。中部褐红色块状含结核石砂岩。厚度16米至133米。

二、地貌

盐池县地势南高北低，海拔1295米至1951米，北接毛乌素沙漠，属鄂尔多斯台地，南靠黄土高原，属黄土丘陵沟壑第五副区。南北分为黄土丘陵和鄂尔多斯缓坡两大地貌单元。

盐池南部山区地貌

地理位置上属典型的过渡地带，即自南向北从黄土高原向鄂尔多斯台地过渡。以惠安堡镇的杜记沟、狼布掌和大水坑镇的牛皮沟、谷山塘与李伏渠为界画一条线，以南为黄土高原丘陵区，以北为鄂尔多斯缓坡丘陵区。

南部黄土丘陵区 该区为黄土高原西部边缘部分，也为陇东黄土地貌的北部边缘。包括后洼、麻黄山、惠安堡镇南部全境，大水坑镇红井子村大部，惠安堡镇北部，总面积1400平方公里，占全县总面的20.63%，海拔均在1600米以上，最高为麻黄山蒋家山山顶，海拔为1951.5米。该地区山峦起伏，沟壑纵横，梁峁相间，水土流失严重。该区北缘有一条全县最高的山脊梁，东起大水坑镇张平庄北山梁，顺西南方经观音峁山过陈家大梁、何家大梁、大口子山、钱家山大梁、长沟梁、平梁山到惠安堡镇的北窑子，这条黄土梁由许多东西走向的山梁并列组成，像条舒爪展须的卧龙，绵延45公里，横亘10余公里，海拔1823米至1951.5米，构成东北—西南向分水岭，这道分水岭是南北水系分界线。南属黄河水系的环江流域，北属内河水系。分水岭顶部地势平坦完整，两侧坡度渐大，有的与沟谷边缘形成陡崖，或悬或立。梁坡黄土覆盖30米至50米。水土流失严重，日降水超过15毫米时，便汇泾流而造成水土流失。

冲蚀沟壑分布广，纵贯山梁，水土流失侵蚀地面呈支离破碎状。分水岭西北冲沟短而浅，入北汇向苦水河。分水岭东南，多冲沟，宽而深，多呈“V”字形，流入甘肃环江，入泾河再入黄河。沟深多为20米至50米，宽20米至40米，沟的边坡坡度为10°至40°，大者过70°。有的沟壁垂直下切形成悬崖，经常发生滑坡或崩塌。沟底侵蚀严重，有的形成峡谷或陷穴，不断锯深。

黄土塬主要分布在惠安堡东南的万家塬一带，面积约44公里，海拔1700米左右。黄土峁的面积不大，多分布在黄土梁之间，为黄土梁进一步切割而成，一般高20米至60米，其形状多为残丘、浑圆、窄长或鱼脊式等。涧地（谷地）是梁峁之间的较低部位，地势平坦，表层为冲积、淤积黄土。有些涧地因侵蚀严重而形成冲沟、陷穴。

北部鄂尔多斯缓坡丘陵区 包括高沙窝、花马池、王乐井、青山、冯记沟等乡镇全境，大水坑、惠安堡镇的大部分地区，面积为5588.6平方公里，占全县总面积的79.37%。海拔1400米至1600米，大部分为缓坡滩地。该地区中部有两道梁地，分别构成南北向和东西向分水岭。南北向分水岭：南起大水坑镇的大马鞍山向北过青山乡到刘窑头、花马池镇的聂家梁、叶家壑子、南台、梁台、李华台、双井子梁出县境入内蒙古自治区鄂托克前旗境内，县境内长70公里，宽3公厘至5公里，海拔1500米至1800米。东西向分水岭：东起八岔梁向西过大墩梁、聂家梁、佟家山、牛家山、刘四渠、鸦儿沟到西狼洞沟。长68公里，宽2公厘至8公里，海拔1421米至1652米，是道黄土梁。

侵蚀高坡丘陵分布在东西向分水岭的南端马鞍山、石板梁及其两侧，即王乐井黄土梁和城郊乡红沟梁一带，海拔1450米至1650米。有的丘陵顶部侵蚀严重，基岩裸露，宽阔平坦，但低凹处黄土覆盖较厚，丘陵两翼冲沟发育，尤其南北走向的分水岭东段，切割密度和深度较大。

缓坡丘陵分布面广，主要分布在大水坑东南，青山以西和县城以西以北的广大地域。平均海拔1400米至1550米，相对高差多在50米以下。

平坦地分布在王乐井西南、青山西北以及大水坑至惠安堡公路以北地区。地势极为平坦，低洼处常形成积水盐湖。

河流冲沟 西南部有苦水河的两条支流。南北向分水岭之东，冲沟多为季节性河流，流入平滩或盐湖消失。最大的冲沟是北马坊沟，长25公里，最宽处172米，深20多米。分水岭西侧，河沟很少，仅2公里至3公里长，流入平滩消失。

沙漠 历史上的长期屯垦，不科学的耕种以及超负荷的畜牧和掠夺式的采挖，造成了盐池县沙漠化面积的不断扩大，沙漠已成为鄂尔多斯缓坡丘陵区的主要地貌类型之一。沙化地约387.5万亩，占盐池县总面积的38%。已形成5条较大的流沙带。第一条为兴武营至殷家塘流沙带，西起陶乐县黄河沿岸，经灵武县横城入该县。从毛卜喇开始向东经兴武营城西北，过溴水坑、西大井，向东延伸到边记场、双井子、毛家沙窝到殷家塘东，约5公里处入内蒙古界，宽4公里至10公里，长30公里。第二条是魏庄子至马场流沙带，西由灵武县的猪头岭、磁窑堡、白芨芨滩延伸流入该县界，经西梁、薛井子、胡家圈，东至马场。宽4公里至13公里，长77公里。第三条是余庄子至黄记沙窝流沙带，西起余庄子经毛记墩、八步战台、瞭马墩、喇嘛墩到黄记沙窝。第四条是二道川至骆驼井流沙带，西起内蒙古二道川，达该县的一棵树湾、东沙边子、西沙边子到骆驼井，再向东伸入陕西界。第五条是盐池腹部哈巴湖沙带，西起铁柱泉，向东经哈巴湖、南海子、左记沟台、刘窑头、猫头梁、二道湖，经太平庙东入陕西界。其宽7公里至12公里，长约59公里。除此，近20年南部的沙化面积亦向小型带状发展。

1981年，盐池县北部地区治沙成果初步显现

在流沙带中，除一部分流动沙丘分布较多外，尚有许多是半固定沙丘与一部分固定沙丘和浮沙，其中浮沙和固定沙丘面积较大。覆盖在梁地和缓坡丘陵的沙丘水源缺乏，洼地平滩上的沙丘有较丰富的地下水。因气候干旱，每年冬春多8级至9级大风，甚至屡有沙暴飞扬，浮沙多有移上黄土高原者。这里原本人烟稀少，近20年又多有吊庄移民迁出。

山脉　盐池县境内麻黄山、牛家山、佟家山、灵应山、陈记山、钱家山、大口子山、刘家山等，均属于崛起的丘陵，其中蒋家山为最高。

三、土壤

宁夏土壤形成与气候、地形、河流、地下水、成土母质、植被等自然条件以及灌溉、排水、施肥、耕作等人为因素直接相关。

宁夏土壤分类始于20世纪30年代。1930年年底，中央地质调查所土壤研究室成立，研究室美籍专家梭颇与任研究室主任技师侯光炯在中国北部及西北部土壤概图中，将固原、彭阳一带定为未成熟之栗钙土，盐池、麻黄山、豫旺及海原一带定为未成熟之淡栗钙土，中北部定为灰钙土及黄灰色之漠境土，宁夏平原定为盐质及非盐质冲积土。中华人民共和国成立后，国家和地方有关机构先后组织开展了多次土壤调查，对宁夏土壤分类进行了深入研究，并划分出黑垆土、灰钙土、棕钙土、亚高山草甸土、褐土以及淡灰土、盐土、龟裂土、沼泽土和浅色草甸土、淤灌熟化土等土壤类型。20世纪50年代末期开展的第一次土壤普查，60年代进行的荒地调查，70年代进行的银南山区和固原地区土壤概查，分别积累了大量的土壤资料，汇集出版了《宁夏土壤与改良利用》一书，将宁夏繁多的土壤类型，依土壤发生联系，归纳为地带性土壤、水成盐成土壤、耕种熟化土壤及山地土壤四大系列、16个土类。这也是宁夏历史上第一个全面系统的土壤分类。1990年出版的《宁夏土壤》一书，成为宁夏土壤分类的主要依据。

据1983年盐池县第二次土壤普查资料显示，全县除大沟壑和城镇面积外，土壤总面积1002.33万亩，占全县土地总面积的98.5%，有9个大类(即灰钙土、风沙土、黑垆土、盐土、新积土、草甸土、堆垫土、白僵土和裸岩)、24个亚类、45个土属、146个土种和变种。

灰钙土 灰钙土面积398.1万亩，占全县土壤总面积的39.7%，主要分布在中部、北部的鄂尔多斯缓坡丘陵地带。

风沙土 风沙土即沙丘、浮沙地。全县灰钙土地区土壤普遍沙化。风沙土面积387.5万亩，占全县土壤总面积的38.6%。主要分布在北部、中部灰钙土地区。

黑垆土 黑垆土是盐池县干草原生物气候带条件下形成的地带性土壤，面积189.29万亩，占土壤总面积的18.9%。分布于南部麻黄山、红井子、大水坑、惠安堡等地的黄土丘陵地区，土层深厚，以轻壤土为主。

盐土 盐土面积20.31万亩，占全县土壤总面积的2.1%。除麻黄山、后洼、萌城等黄土丘陵地区外，其他各乡镇均有分布。以花马池、王乐井、惠安堡、青山居多。有盐湖，产盐和硝，地势低洼，地下水位较高。由于风沙不断填入盐湖、洼地，盐湖、碱湖、低洼地不断缩小。1983年与1961年相比，盐湖地减少13万亩。温润的盐土类型地变为干燥盐土类型地，进而变为初育土、沙丘地。

另有新积土5.59万亩、草甸土0.52万亩、堆垫土0.49万亩、白僵土0.36万亩、裸岩0.16万亩。以上5类土合计为7.12万亩，占土壤总面积的0.71%。零星分布，多为放牧草场。盐池县境内的大多数土壤结构松散，肥力较低。黄土丘陵区成土母质为黄土，表层土壤具有黄土特征，容易被暴雨冲蚀。鄂尔多斯缓坡丘陵区土壤含沙量大，易受风蚀而沙化。南部地区土壤有机质含量：草地1%左右，耕地0.8%；水解氮含量：草地49.4PP米(1PP米即万分之一)，耕地45.17PP米；严重缺磷，草地速效磷仅1.85PP米，耕地4.4PP米。中、北地区有机质含量：草地0.66%，耕地0.57%；水解氮含量：草地27.15PP米，耕地29.79PP米；含磷量也很少，但较南部地区为多，速效磷含量草地4.26PP米，耕地7.8PP米左右。

四、植被

宁夏天然草场面积大，分布广，植物种类多，类型复杂，是形成宁夏国土植被的主体。根据宁夏草场资源调查显示：全区天然草场面积为301.41万公顷，占宁夏国土总面积的58.2%。其中可利用草场面积262.53万公顷，可利用折皱草场面积为269.67万公顷，人均草场面积0.53公顷左右。

宁夏天然草场主要分布在中部和南部地区，以银南地区分布面积最大，为191.88万公顷，占宁夏天然草场总面积的63.7%。其中盐池、同心、中卫三县（市）天然草场分布面积为最大，分别为：盐池县55.70万公顷、同心县44.45万公顷、中卫市30.86万公顷。

宁夏大约有520多种木本植物，分属63科、154属，其中乔木117种、灌木384种、藤木19种；野生树种主要分布在贺兰山、罗山、六盘山等天然次生林区，盐池、灵武、陶乐、中卫、固原地区各县均有分布。

盐池县植被在区系上属于亚欧草原区亚洲中部亚区，中国中部草原区过渡地带。共有种子植物331种，分属57科、211属。其中野生植物48科、231种；栽培植物28科、100种。科属组成有禾本科46种，占13.9%；菊科39种，占11.8%；豆科36种，占10.9%；藜科24种，占7.3%。以上4科共145种，占植物总数的43.8%。在野生植物中，菊科34种、禾本科30种。10种以上的科，还有十字花科、蔷薇科、百合科、茄科等。植被类型有灌丛型、草原型、草甸型、沙地植被型和荒漠型。其中灌丛、草原、沙地植被数量较大，分布亦广。由于盐池县地理位置和自然因素的过渡性特点，植被类型也显示出自南而北逐渐演替和互相交错的过渡性特点。境内没有天然森林，只有人工林约14万亩（不包括灌木林），主要分布在花马池、青山、大水坑一带。中、北部地区，特别是哈巴湖和高沙窝、苏步井、柳杨堡的流沙地带有近10万亩的沙柳灌丛。一些丘陵地区有小片野生柠条灌丛。草原植被包括干草原和荒漠草原两个亚型。其界线在东塘、安定堡、鸦儿沟、冯记沟、马儿庄、惠安堡一线。干草原包括南部黄土高原丘陵和中部的广大地区，约占全县总面积的三分之二。自南向北分布了5个植物群系：大针茅群系、百里香群系、长芒草群系、沙芃草群系和赖草群系。这些群系都有较高的饲用价值。在黄土高原丘陵地带，由于土壤、水分条件较好，植物生长茂盛，种类繁多，覆盖度

盐池县北部地区植物资源

为50%至75%。向北到中部缓坡丘陵区,植物生长率逐渐下降,覆盖度30%至50%。荒漠草原分布于北部地区,植被有短花针茅群系和白草群系,也有较好的饲用价值。因受水分条件限制,生长较差,一般覆盖度在35%左右。沙地植被广泛分布于本县北部、中部的沙漠地区。有苦豆子群系、老瓜头群系、黑沙蒿群系和白沙蒿群系等。对保护地表免遭风蚀和固沙有重要作用,也有一定的饲用价值。覆盖度一般在30%左右,最高达50%至60%。

不同植被资源在不同季节会形成不同的自然景观。盐池县境内在3月上旬至4月上旬,禾本科草中的短花针茅、本氏针茅、扁穗冰草,菊科中的冷蒿、米蒿、火蒿,豆科中的锦鸡儿,蔷薇科中的绶飞翻白草、二裂萎陵菜等,开始在上年的枯草丛中萌发出幼苗,地面逐渐变为黄绿色;4月中旬至5月中旬,许多植物已经开花。滩地有开白花的蒙古马康草,开金黄色小花的小叶锦鸡儿(牛筋条),开粉红色小花的华北岩黄芪。坡地梁峁上百里香泛绿,充满春天气息;5月中旬至5月下旬,二裂萎陵菜开出黄色小花,达乌里胡枝子发出了绿色的嫩枝。滩地短花针茅、本氏针茅开出雪白与金黄色的小花,在油绿的坡地上华北岩黄芪开出粉红色小花;6至7月,多数年份会出现旱情,草原呈橘黄色,唯坡地及峁地上耐旱的甘草秧呈深绿色,开淡黄色小花,百里香盛开红色小花,喷吐芬芳;到了8月份,米蒿、冷蒿、火蒿开小黄花,达乌里胡枝子开黄白色小花,点缀草原;9月份,由于秋雨的滋润,阿尔泰紫莞大量开花,短花针茅、本氏针茅及冷蒿返青;9月下旬,气温下降,牧草渐黄,唯冷蒿墨绿茂盛;10月之后,花谢草祜,植被稀疏。

表1-1-1 主要野生植物物候表

名 称	萌发期	分枝分蘖期	抽穗开花期	结籽成熟期
禾氏针茅	四月中上旬	七月底八月初	七月底八月初	八月底九月初
本氏针茅	三月上、中旬	五月上中旬	五月上中旬	六月中下旬
短花针茅	三月上、中旬		五月上中旬	六月中下旬
扁穗冰草	三月上、中旬		五月底六月初	六月上中旬
赖草	三月上、中旬		五月底六月初	七月中下旬
硬质早熟禾	三月上、中旬	四月上中旬	五月底六月初	六月上中旬
火蒿	三月上、中旬	五月中下旬	八月中下旬	九月中下旬
米蒿	三月上、中旬	五月中下旬	七月底八月初	八月上中旬
冷蒿	三月上、中旬	五月中下旬	八月底九月初	九月上中旬
阿尔泰紫莞	三月上、中旬		六月上中旬	七月底八月初
达乌里胡枝子	五月上中旬	五月下旬	七月底八月初	八月中下旬
甘草	五月中下旬		七月上中旬	七月下旬
康青锦鸡儿	三月上中旬		四月底五月初	五月中下旬

续表

康青锦鸡儿	三月上、中旬		四月底五月初	五月中下旬
小叶锦鸡儿	四月上、中旬		四月底五月初	五月上、中旬
华北岩黄芪	三月底四月初		五月上、中旬	六月初
百里香	三月底四月初		五月底六月初	七月上、中旬
二裂委陵菜	三月中下旬		五月上中旬	五月底六月初
绶飞翻白草	三月中下旬		四月底五月初	五月中下旬
细叶鸢尾	三月中下旬		四月中、上旬	五月下旬

五、湿地

湿地与森林、海洋并称为全球三大生态系统，是重要的国土资源和自然资源。与人类生存、繁衍、发展息息相关，是自然界最富生物多样性的生态景观和人类最重要的生存环境之一。

宁夏湿地保护、管理是随着我国加入GITS国际公约，特别是1994年原国家林业部《关于开展全国湿地资源调查的通知》而逐步明确起来的。自治区党委、政府在“十五”计划纲要中进一步明确保护、改善、合理利用湿地资源。

2004年，自治区政府下发了《关于加强湿地保护管理的通知》，成立了自治区湿地保护管理领导小组，提出了一系列保护措施和要求。组织编制完成了《宁夏黄河湿地保护总体规划》上报国家林业局，建立了青铜峡库区湿地、盐池哈巴湖湿地和沙湖湿地3个自治区级自然保护区。同时，编制完成了《宁夏湿地保护工作条例》和7个湿地保护工程的可行性开发报告。宁夏湿地总面积为20.72万公顷，其中自然湿地16.95万公顷，占湿地总面积的81.80%，包括河流湿地、湖泊湿地和沼泽湿地，分别占湿地总面积的47.25%、16.17%、18.38%；人工湿地占湿地总面积的18.20%。根据《全国湿地资源调查技术规程（试行）》要注，宁夏划有37个湿地区，其中单独区划的湿地区15个，零星湿地区（以县为单位区划）22个。根据行政划分，宁夏5市22个县（市、区）湿地资源分布由北向南呈递减趋势，5个地级市湿地面积占宁夏的比例分别为：石嘴山市26.56%、银川市25.64%、吴忠市24.90%、中卫市17.15%、固原市5.75%。22个县（市、区）湿地总面积前三位的是平罗县、盐池县和青铜峡市。

从2010年起，财政部和国家林业局开展湿地保护补助项目。盐池哈巴湖、青铜峡库区自然保护区、黄沙古渡、鹤泉湖、星海湖、吴忠黄河、固原清水河等国家湿地公园都得到了补助资金支持，总计资金1.535亿元。其中哈巴湖国家级自然保护区为湿地生态效益补偿试点区，已补偿资金3000万元。

盐池县的湿地资源主要集中在哈巴湖国家级自然保护区内。哈巴湖国家级自然保护区地处毛乌素沙地南缘，是黄土高原向鄂尔多斯台地的过渡地带，干旱少雨，年降雨量不足300毫米，年蒸发量2727.4毫米，水资源历史以来就是制约这一地区农牧业发展的关键问题，同时也是这一地区未来经济社会可持续发展的首要问题。湿地是自然界重要的生态类型，能够实现调节水源、弹性用水等各方面的功能，因而在恶劣的环境下，有限的湿地资源更显得弥足珍贵。

（一）湿地分类及各类型特征

依据《全国湿地资源调查技术规程（试行）》（2008 年 12 月）湿地分类标准，哈巴湖国家级自然保护区湿地主要划分为四类（河流、湖泊、沼泽、人工）五型（季节性河流、季节性咸水湖、内陆盐沼、季节性咸水沼泽、库塘）。哈巴湖国家级自然保护区湿地面积 10720.88 公顷，占保护区总面积的 12.76%，其中河流湿地 201.99 公顷、湖泊湿地 3124.29 公顷、沼泽湿地 7224.60 公顷、人工湿地 170 公顷。各类湿地主要特征：

河流湿地　保护区该类湿地主要为季节性河流 1 个湿地型，总面积 201.99 公顷，占保护区湿地总面积的 1.88%。水源主要源自周围山洪、降雨地表径流。保护区季节性河流主要有猫头梁沟、佟记圈沟、红山沟、土沟、月儿泉沟、野湖井沟等。

湖泊类湿地　保护区该类湿地主要为季节性咸水湖 1 个湿地型，总面积 3124.29 公顷，占保护区湿地总面积的 29.14%。主要由水面、盐碱滩、湿草甸等地类构成。水源主要为周围山洪、河流与地下水补充。湖泊湿地具有巨大的洪水调蓄功能，对流域防洪减灾具有重要意义。湖泊的季节性变动的水位给野生动植物的保护创造了得天独厚的条件，是鱼类和鸟类重要的繁殖地和栖息地。这类湿地还对调节区域小气候、保障农牧渔业生产、提供人类休闲环境等诸多方面起着重要的作用。

沼泽类湿地　保护区该类湿地包括内陆盐沼和季节性咸水沼泽两个湿地型，总面积 7224.60 公顷，占保护区湿地总面积的 67.39%，其中内陆盐沼 4146.57 公顷，季节性咸水沼泽 3078.03 公顷。该类湿地是由于处在汇水区域由降水和地下水补给而形成。湿地植被主要由芦苇、苔草一类挺水型的湿生、沼生植物组成，地表经常保持浅薄的水层，是重要的野生生物栖息地，也是重要的蓄洪区。

人工湿地　保护区人工湿地较少，以储水库塘为主，面积 170 公顷，占保护区湿地总面积的 1.58%。主要由水面、湿草甸构成。水源主要为山洪、河流地表径流及地下水补给。对拦蓄洪水，控制土壤侵蚀具有十分重要的作用，兼有城市景观作用。

（二）湿地成因

特殊的地质构造。保护区位于宁夏地下水资源区的陶灵盐台地区（Ⅲ）东部波状台地亚区（Ⅲ）中心。台地上部第四系堆积物广泛分布，厚度较小，一般小于 20 米，多为透水不含水的岩层，在坳谷洼地第四系堆积物较厚，是聚集和储存第四系潜水的主要场所。含水层主要为第四系洪积沙砾石层、粘砂土层，潜水主要补给来源为大气降水，天然补给资源量为 0.3856 亿立方米 / 年。它的三个富水地段，即西井滩坳谷洼地、陈记台——铁柱泉坳谷和高沙窝古西天河坳谷，其中心部分分别为八字洼湖湿地、哈巴湖湿地、天池子湿地和英雄堡湿地。水位埋深一般1米至2米，矿化度1克/升至3克/升，在骆驼井和高沙窝北部一带矿化度小于1克/升。部分洼地地下水较丰富，单井涌水量可达100立方米/天至500立方米/天。

在盐池南北走向分水岭及其以西有古近系和新近系覆盖，局部地段分布有砂岩组成的层间承压含水层，单井涌水量150立方米/天至200立方米/天。

白垩系在该区广泛分布，为一套陆相碎屑岩沉积，大致沿盐池南北走向分水岭构成宽缓的向斜，即布伦庙—镇原向斜。岩层沿大向斜轴线及其两侧形成了较丰富的裂隙孔隙水和承压水。在500米深度内，大部分单井涌水量为100立方米/天至500立方米/天，南北走向分水岭以东是向东倾斜的洼地。洼地中心部分即苟池西畔湿地。

由此说明，丰富的地下水和特殊地质构造是哈巴湖湿地形成的主要原因。

多样性的水源补给。保护区内流域面积大于600公顷的河沟有14条，大于300公顷的河沟有19条，其中土沟流域面积较大。土沟总流域面积6100公顷，保护区内流域面积3900公顷，一般流量800立方米/天。

保护区内南北走向分水岭两侧坡度较大处，砂岩含水层直接出露地表，地下水多为东西向发育的冲沟切割，以下降泉的形式出露地表，形成了流量大小不等的泉眼165处，泉眼水流量为0.136立方米/天至200立方米/天，泉流量最大的是月儿泉，流量为200立方米/天。另外，坳谷、洼地周围斜坡上沙漠凝结水和洼地地下承压水溢出也是湿地的重要水源。

（三）主要湿地

哈巴湖国家级自然保护区内面积较大，水鸟等野生动物分布较多的湿地主要有哈巴湖湿地、花马湖湿地、二道湖湿地、苟池西畔湿地、八字洼硝池滩湿地。

哈巴湖湿地 哈巴湖湿地位于保护区哈巴湖管理站境内，西部、北部与王乐井乡郑记堡子村、官滩村相邻，南与冯记沟乡相邻，东到南海子，地理坐标为东经107°10'，北纬37°45'，湿地类型为季节性咸水湖、沼泽，海拔高度1385米至1510米。哈巴湖湿地是保护区境内面积最大的湿地，属季节性咸水湖，湿地由湖面、沼泽、沙丘及湿地草甸构成，周围分布星形沙地。该湿地水源主要来自地下水补给，周围山洪、月儿泉沟（多年平均径流量200立方米/天）、鄯记梁沟地表径流及哈巴湖沙漠地下径流的渗漏补给，降水渗漏补给。哈巴湖湿地位于陈记台——铁柱泉坳谷中心，地势低洼，水面面积92公顷，水深一般0.5米左右，雨季水面可达320公顷，水深1.0米。pH值7.9—8.8，盐结皮pH值达9.5，含盐量0.1%至0.9%，盐结皮含盐量高达19.56%。

哈巴湖湿地湖面较小，主要以沼泽和湿地草甸构成，主要植物群落有沼泽植物、盐生草甸和湿地草甸，主要生长碱蓬、碱地风毛菊、西伯利亚蓼、小芦苇、假尾拂子茅、芨芨草、赖草及盐爪爪和白刺灌丛。该湿地多样化的生物资源为候鸟和留鸟提供了栖息和繁殖的场所，同时也是各类野兽出没的地方，一些池塘中还有泥鳅、鲤鱼、鲫鱼等水生动物。主要湿地鸟类有大鸨、黑鹳、大鵟、猎隼、斑翅山鹑、雉鸡、沙鸡、赤麻鸭、琵嘴鸭等，主要野生兽类有赤狐、沙狐、荒漠猫、兔狲、蒙古兔等。湖泊和沼泽湿地对调节当地的气候和空气都有巨大的作用，同时它又是鸟类和各种野兽的栖息和繁殖地，对维护生态平衡有极其重要的作用。

花马湖湿地 花马湖湿地位于保护区城南管理站境内，东靠盐惠公路，南与盐池火车站相邻，西至曹泥洼，北靠城南管理站。地理坐标为东经107°23'，北纬37°44'。海拔高度1345米至1350米。湿地类型为水库、沼泽，由水面、沼泽及湿地草甸构成。湿地水源主要来自周

花马湖湿地

围山洪及红山沟（多年平均径流量1200立方米/天，）地表径流补给以及降水渗漏补给。该湿地位于盐池南北分水岭东侧洼地，湖面面积160公顷，湖泊水深一般1米至10米，土壤主要有风沙土、盐土和潮土组成。花马湖湿地湖面较大，中间积水较深处以芦苇为代表的禾本科植物密度大，分布广，浅水的洼地上生长海乳草、蒲公英、苦荬菜、西伯利亚蓼等植物，在沼泽地及地势较高盐碱地上的植物主要有芦苇、赖草、草地风毛菊、碱地风毛菊、西伯利亚蓼等。水中具有许多浮游生物和藻类，湖四周分布着星形沙地。该湿地多样的生物资源为候鸟、留鸟提供了栖息和繁殖场所，同时这里也是旅鸟迁徙的重要驿站，主要湿地鸟类有大天鹅 、苍鹭、大白鹭、草鹭、燕鸥、渔鸥、绿头鸭、罗纹鸭、琵嘴鸭、赤嘴潜鸭、骨顶鸡等。

二道湖湿地 二道湖湿地位于保护区二道湖管理站境内，北与青山乡二道湖村、庙湾村、牛记圈村相邻，西到二道湖管理站，东南与陕西省相邻。地理坐标为东经107°22'，北纬37°39'，海拔1320米至1400米。湿地类型为永久性咸水湖、沼泽，由湖面、水库、沼泽及湿地草甸构成，周围分布星形沙地。湿地水源主要来自地下水补给；周围山洪及猫头梁沟（多年平均径流量400立方米/天，）陡沟子、高窑子泉水地表径流补给；降水渗漏补给。该湿地位

二道湖湿地

于盐池南北分水岭东侧洼地，水面面积82公顷，水深一般40厘米左右，雨季水面可达280公顷，水深1.2米，PH值7.8—8.4，含盐量0.04%至0.24%。土壤主要由风沙土、盐土和潮土组成。湿地湖面较大，中间积水较深处以芦苇为代表的禾本科植物密度大，分布广，浅水的湿草甸上主要生长长叶碱毛茛、寸草苔、海乳草、扁杆藨草、蒲公英、西伯利亚蓼等，在沼泽地及地势较高的盐碱地上主要生长碱篷、小芦苇、赖草、碱地风毛菊等。沙地中生长着盐爪爪、白刺、细枝柽柳灌丛，水中具有许多浮游生物和藻类，湖四周分布着星形沙地。该湿地多样的生物资源为候鸟、留鸟提供了栖息和繁殖场所，同时这里也是旅鸟迁徙的重要驿站，主要湿地鸟类有大天鹅、小天鹅、大白鹭、苍鹭、草鹭、蓑羽鹤、灰鹤及赤麻鸭、针尾鸭、罗纹鸭等鸭类。

苟池西畔湿地 苟池西畔湿地位于保护区骆驼井管理站境内，东与陕西省相连，南到长城，西北到得胜墩。地理坐标为东经107°28'，北纬37°47'，海拔1300米至1310米。湿地类型为永久性咸水湖、沼泽，由湖面、沼泽、湿地草甸和沙丘组成。湿地水源主要来自地下水补给；周围山洪及红山沟（多年平均径流量250立方米/天）、严记湾沟地表径流补给；降水渗漏补给。该湿地位于盐池南北分水岭东侧洼地，地势西高东低、湖面面积126公顷，湖泊水深一般1米，雨季水面可达230公顷，水深1.5米左右，pH值8.1—8.8，含盐量0.2%至1.25%。土壤主要由风沙土、盐土和潮土组成。湿地湖面较大，但含盐量较高，水生植被种类较少，以一年生草本植被、盐地潜水落叶灌丛和盐中生草甸植被为主，主要有碱蓬、小芦苇、碱地风毛菊、西伯利亚蓼、盐爪爪、白刺等。主要湿地鸟类有大天鹅、大白鹭、苍鹭、蓑羽鹤、灰鹤、赤麻鸭、翘鼻麻鸭、针尾鸭、罗纹鸭、骨顶鸡、普通燕鸥及反嘴鹬、黑翅长脚鹬、环颈鸻。

八字洼湿地 八字洼湿地位于保护区骆驼井管理站境内，东北与陕西省、内蒙古自治区相邻，西与花马池镇柳杨堡村相邻，南与花马池镇王记圈相邻。地理坐标为东经107°27'，北纬37°54'，海拔1329米至1340米。湿地类型为季节性咸水湖、沼泽，由湖面、沼泽、湿地草甸和沙丘组成。湿地水源主要有地下水补给；周围山洪及土沟（多年平均径流量800立方米/天）、八岔梁沟等河沟地表径流补给；降水渗漏补给。该湿地位于西井滩坳谷洼地中心，

骆驼井八字洼湿地

地势低洼。湖面面积17公顷，水深一般0.1米至0.5米，pH值7.9—8.6，含盐量0.1%至1.45%。土壤主要有风沙土、盐土、潮土。该湿地湖面较小，主要以沼泽和湿地草甸构成，主要植物群落有沼泽植物和盐生植物，主要生长芨芨草、赖草、小芦苇、碱蓬、盐爪爪、碱地风毛菊、白刺、西伯利亚蓼等，主要湿地鸟类有赤麻鸭、翘鼻麻鸭、黑翅长脚鹬、反嘴鹬、环颈鸻和骨顶鸡等。

六、气候

（一）气候特征

宁夏地处中纬度，全年主要受西风环流影响，但在下半年也受夏季风环流边缘影响。由于青藏高原的存在，西风环流经高原时，受到高原地形及共不同季节所产的热力、动力影响，就会发生分支、绕流现象。冬季西风急流过高原时，会分成南北两支。夏季南支急流消失，促使副热带系统夏季风北上，从而使宁夏进入雨季。青藏高原还阻挡了低层冷暖空气的南北交换，使大气环流、温度场、降水分布发生变化，从而促使包括宁夏在内的高原北侧具有冬季干冷、夏季干热的大陆性气候特色。

盐池县位于贺兰山—六盘山以东，按中国气候分区属东部季风区，但它在大陆中北部，距离海洋遥远，同时受秦岭山峦阻隔，由东南风从海上来的暖湿气流不易吹到，而且北面和西北向地势开阔，来自西伯利亚—蒙古的高压冷空气可以畅行而下，寒流易于侵入，故盐池属于典型中温带大陆性气候。又因全年大部分时间受西北环流支配，北方大陆气团控制时间较长。因此，形成冬长夏短、春迟秋早、冬寒夏热、干旱少雨、风大沙多、蒸发强烈、日照充足的特点。年均降水量不足300毫米，但蒸发量却是降水量的6至7倍。年均气温7.7℃，年极端最高值38.1℃，极端最低值–29.6℃。年均风速2.8米/秒。冬春风沙天气较多。日照长，温差大，地方差异明显。

气候区划是根据气候相似理论把气候相似的地区归在一起，把气候相异的地区划分开来。其目的是使国民经济建设能根据各地气候类型，充分利用气候资源克服不利气候条件，

盐池境内明长城沿线冬景

因地制宜搞好生产配置、布局、施工建设、使气候密切地为生产建设服务。参照1978年出版的中华人民共和国气候图集中气候区划所采用的标准,结合宁夏地理特征,将全区分为四个气候区,即中温带六盘高冷(固原南部)半湿润气候区(IA),中温带南华(固原北部)同心、盐池半干旱气候区(IB),中温带银南丘陵半干旱气候区(ⅡB),中温带贺兰山东侧黄灌区干旱气候区(ⅡC)。

中温带南华(固原北部)同心、盐池半干旱气候区,南界至干燥度为1.5线,北界至≥100C积温31000C线,包括西吉县、原州区大部,海原县全部,同心县的南部和盐池县东北部。该区热量资源丰富,干旱也较严重。在水分分区上属半干旱气候区,以干旱为其特征。

(二)气温

年均气温及变化 盐池属典型中温带大陆性气候,光能丰富,热量偏少。年平均气温北部为7.7℃,南部为6.7℃。年日照时数北部为2867.9小时,南部为2789.2小时。年太阳辐射值为140大卡/平方厘米,大于等于10℃积温2944.9℃,无霜期为128天,绝对无霜期为100天。热量的地区分布,北部高于南部。

气温特点冬冷夏热年较差大。最冷是1月份,平均气温 –8.7℃;最热是7月份,平均22.4℃,1月至7月份平均气温呈上升趋势,8月至12月平均气温呈下降趋势。
盐池县日照长、太阳辐射热值高,光能资源丰富,但无霜期短且不稳定。气温和积温在全国比高于东北北部,低于华北;在全区比高于面原地区,低于黄河灌区。能满足县内大部分一年一熟的农作物和牧草的生长需要,且有利于植物生长与改良农作物品质提高产量。

春季,3月至5月,季平均气温9.3℃,随着太阳辐射加强,气温逐渐回升。从3月份起冷空气势力减退,月平均气温由零下上升到零上,大风沙暴天气稍有平缓。4月份平均气温上升到10℃左右,5月份盐池各地气温达到12℃至17℃。

夏季,6月至8月,季平均气温在21.0℃左右,6月份平均气温达20℃以上,逐步进入夏季。7月份平均气温在23℃左右,南北温差2℃,处于夏暑炎热期。8月份平均气温跌落至20℃左右。

秋季,9月至11月,季平均气温8℃,日辐射减弱,日照缩短,受北方冷空气影响,气温下降明显。9月份平均气温在15℃左右。10月份气温下降到8℃至9℃。9月下旬10月上旬出现初霜冻。正是"早穿皮袄午穿纱,晚抱火炉吃西瓜"之季。11月份气温降至零下,冷空气活动较频繁,开始结冰,土壤开始封冻。

冬季,12月至翌年2月,季平均气温 –7℃,受西伯利亚和蒙古冷高压控制,天气晴朗,气温低,开始寒冷。12月份平均气温 –6.9℃,伴有风沙天气出现。1月份平均气温 –6.9℃,大风沙暴天气较多。2月份气温略有回升,但仍寒冷,大风沙暴天气较频繁,月平均气温 –5.2℃。

表 1-1-2　1954 年至 2000 年盐池县城气象站逐月平均气温表（单位:℃）

月份 年份	1	2	3	4	5	6	7	8	9	10	11	12	全年
1954	- 7.4	- 4.6	0.5	10.3	15.1	19.9	22.0	19.5	15.6	7.2	0.8	- 13.8	7.1
1955	- 11.2	- 3.9	3.2	9.5	16.3	21.1	23.5	22.1	15.5	7.0	- 0.8	- 4.0	8.2
1956	- 9.1	- 5.2	2.7	10.8	15.3	18.8	20.5	18.4	15.2	7.4	- 3.2	- 8.2	7.0
1957	- 8.6	- 8.3	2.8	9.2	14.1	20.3	21.9	21.3	12.6	6.5	1.3	- 6.1	7.3
1958	- 11.1	- 4.5	3.1	10.9	15.6	20.4	22.7	18.7	16.0	6.6	- 1.5	- 5.4	7.6
1959	- 9.8	- 3.5	2.6	10.0	15.3	20.8	23.6	19.5	13.9	10.1	- 1.2	- 7.4	7.8
1960	- 7.5	- 1.7	4.1	8.4	14.5	21.6	22.9	20.6	16.2	7.1	- 0.6	- 8.0	8.1
1961	- 9.0	- 5.4	2.7	10.9	16.3	20.4	23.3	20.4	14.2	8.2	1.1	- 6.3	8.1
1962	- 11.2	- 4.0	0.5	7.3	15.6	20.3	22.1	21.1	14.8	8.7	- 2.0	- 4.8	7.4
1963	- 10.2	- 6.3	3.6	8.1	15.9	20.6	21.7	21.4	15.3	7.0	0.5	- 7.1	7.5
1964	- 8.3	- 9.4	3.8	12.4	15.3	18.9	20.1	20.2	13.9	8.8	0.2	- 6.2	7.5
1965	- 6.5	- 5.0	0.3	10.3	16.6	20.4	22.2	20.9	15.1	8.9	1.2	- 7.7	8.1
1966	- 6.1	- 2.1	3.5	9.7	15.9	21.1	22.1	21.9	13.4	7.5	- 0.7	- 8.3	8.2
1967	- 10.3	- 7.6	1.2	8.9	16.8	20.4	22.5	19.8	13.4	7.5	- 1.8	- 12.6	6.5
1968	- 10.1	- 10.2	2.7	8.6	15.3	21.2	21.3	17.7	14.3	7.6	0.3	- 4.8	7.0
1969	- 9.8	- 7.4	2.8	9.8	18.6	19.5	22.1	20.1	14.5	9.4	- 2.7	- 8.0	7.4
1970	- 8.8	- 4.0	- 1.6	8.7	16.5	19.1	23.3	19.8	14.2	7.9	- 1.7	- 6.8	7.2
1971	- 10.6	- 6.2	2.3	11.1	16.2	19.8	24.8	21.8	14.1	7.6	0.2	- 6.7	7.9
1972	- 7.3	- 8.8	3.2	9.1	16.9	21.4	21.6	21.3	14.4	7.4	0.5	- 7.2	7.7
1973	- 8.2	- 2.7	3.3	11.2	15.5	20.6	22.3	21.7	14.6	6.9	0.6	- 7.3	8.2
1974	- 8.5	- 6.5	0.1	11.0	17.0	20.2	22.5	21.2	14.9	7.5	1.7	- 10.0	7.6
1975	- 7.8	- 4.3	2.1	8.7	14.7	21.5	22.5	23.3	16.1	8.8	0.2	- 10.3	8.0
1976	- 9.4	- 2.2	0.4	8.4	14.9	19.5	21.7	18.5	15.4	8.9	- 2.9	- 7.5	7.1
1977	- 12.0	- 5.9	2.6	9.5	15.2	20.0	23.1	20.2	15.3	9.9	0.3	- 4.2	7.8
1978	- 8.3	- 7.3	1.3	11.6	17.9	20.9	22.2	21.1	14.8	7.8	0.6	- 3.5	8.3
1979	- 5.4	- 2.1	1.8	10.1	14.5	20.7	20.2	19.8	14.9	9.4	- 1.0	- 4.3	8.2
1980	- 9.1	- 6.7	1.8	9.2	15.5	21.5	23.0	20.7	15.6	9.1	2.6	- 6.3	8.1
1981	- 8.4	- 4.4	4.4	10.0	15.6	21.1	23.3	21.9	15.7	5.6	- 2.1	- 7.9	7.9
1982	-6.6	-3.7	2.9	9.9	16.8	21.1	23.0	20.7	14.7	10.9	-0.5	-7.1	8.5
1983	-9.1	-5.4	1.2	9.3	16.4	20.6	22.5	20.8	16.1	9.5	1.0	-6.9	8.0
1984	-10.2	- 7.8	1.4	10.8	16.4	20.4	22.1	19.7	14.5	8.3	1.2	-10.5	7.2
1985	-7.7	-4.3	0.2	11.5	16.5	20.7	22.5	21.0	12.9	8.6	-0.5	-7.0	7.9
1986	-7.2	- 6.4	1.0	8 9	17.8	19.9	22.3	20.1	15.4	7.6	-2.2	- 5.0	7 7
1987	-4.8	- 1.5	1.8	11.7	16.8	20.2	24	21	16.8	10.3	1	- 5	9.4
1988	-7.6	- 5.3	-0.4	9.5	16.2	21.0	22.6	19.7	16.1	8.8	0.7	- 5.8	8.0
1989	-10.3	-4.9	1.8	9.9	16.7	20.5	22.9	20.5	16.4	9.7	-1.0	2.0	8.7
1990	-7.2	- 3.4	4.1	6.5	16.2	21.6	23.2	21.0	17.2	9.4	3.1	- 4.6	8.9
1991	-5.1	- 3.5	4.4	9.9	15.2	20.7	24.5	22.7	16.6	8.1	0.3	- 6.0	8.9
1992	-8.3	- 4.2	2.8	11.4	16.4	19.7	22.5	20.5	15.2	6.8	0.4	-4.1	8.3
1993	-12.1	-1.8	4.1	9.6	15.5	21.4	22.4	19.2	15.7	7.9	0.2	-1.4	7.9
1994	-6.1	-3.7	1.6	12.0	17.9	20.4	23.4	21.2	15.0	6.6	5.2	-4.5	9.1
1995	-7.5	- 3.3	2.6	8.7	17.0	21.6	22.7	19.5	15.6	9.4	0.6	- 0.6	8.4
1996	-7.8	-5.3	0.8	8.1	15.7	20.2	22.4	20.9	16.8	9.6	0.3	-3.1	8.2
1997	-6.3	- 2.9	5.4	10.5	17.8	22.0	23.1	22.3	15.0	7.9	0.7	- 5.3	9.2
1998	-8.0	- 0.7	2.7	14.4	15.0	21.9	23.0	21.4	18.3	10.0	4.4	- 2.7	10.0
1999	-5.8	- 2.5	4.2	11.6	17.3	22.4	22.9	22.4	17.7	9.7	1.2	- 4.7	8.9
2000	-9.0	- 4.8	3-7	10.5	18.9	20.7	25.2	21.5	16.6	8.5	0.3	- 2.6	9.1

表 1-1-3　1960 年至 1982 年麻黄山地区气象年表

年份	降水量(毫米)	蒸发量(毫米)	平均温度(℃)	极端最高(℃)	极端最低(℃)	大风日期(日)	无霜期(天)
1960	217.7	2472.4	7.1	32.8	-21.2	85	157
1961	468.2	2070.4	7.1	31.3	-22.4	44	107
1962	321.2		6.7	29.8	-21.3	53	146
1963	360.9	2137.9	6.8	31.3	-22.0	66	166
1964	618.1	1505.6	6.3	31.1	-21.8	21	167
1965	261.7	1952.9	7.3	30.7	-19.7	39	126
1966	332.4	1962.2	7.1	33.9	-21.3	39	147
1967	456.1	1503.7	6.6	30.7	-23.3	16	162
1968	501.7	1700.0	6.2	31.3	-22.0	12	154
1969	391.4	2003.5	6.5	30.6	-21.0	31	188
1970	361.2	1971.1	6.2	30.4	-23.8	19	120
1971	239.6	2072.7	6.9	32.5	-21.4	41	142
1972	223.6	2121.0	6.8	32.7	-19.8	34	131
1973	446.7	2073.8	7.2	33.0	-20.1	37	208
1974	278.7	2111.8	6.4	32.8	-19.4	24	160
1975	287.6	2093.2	6.6	33.3	-22.2	30	152
1976	287.6	2093.2	5.7	34.1	-23.9	34	200
1977	359.7	1992.3	6.6	32.1	-22.6	43	128
1978	401.5	1977.1	7.0	31.8	-20.6	34	150
1979	355.7	2249.4	7.0	25.0	-13.6	58	120
1980	269.0	2353.8	6.3	32.0	-25.4	66	209
1981	421.1	2171.9	6.6	32.2	-20.5	51	173
1982	217.6	2365.1	7.1	31.6	-19.3	38	135

表 1-1-4　1981 年至 2000 年麻黄山气象站逐月平均气温(单位:℃)

年份	1 月	2 月	3 月	4 月	5 月	6 月	7 月	8 月	9 月	10 月	11 月	12 月	年均
1981	-8.3	-4.8	3.6	8.5	13.8	18.6	20.0	18.9	13.5	4.0	-2.0	-7.0	6.6
1982	-5.3	-4.5	1.2	8.1	14.4	18.7	20.8	17.6	12.3	9.4	-11.0	-6.9	6.2
1983	-8.5	-5.9	-0.2	7.0	13.5	17.4	20.1	18.3	13.6	7.5	1.3	-6.1	6.5
1984	9.9	-8.0	1.1	8.2	13.9	17.4	18.9	17.5	12.3	7.5	0.5	-10.3	5.76
1985	-1.5	-4.4	-1.1	9.8	13.8	18.0	19.6	18.7	11.0	6.7	-1.4	-6.9	6.35
1986	-6,7	-6.5	0.2	7.1	15.6	17.2	19.7	17.9	14.3	6.7	-2.2	-4.8	6.5
1987	-4.5	-1.8	0.5	9.9	14	17.5	21.4	19.4	15.2	8.7	0.1	-4.7	8.0
1988	-7.4	-6.3	-2.4	7.9	13.7	18.6	19.8	17.4	13.8	7.1	1.1	-4.8	6.5
1989	-9.3	-6.4	-1	7.6	14.4	17.7	20.0	17.8	14.7	8.5	-1.9	-2.3	6.7
1990	-7.0	-5.6	2.4	6.5	13.8	18.9	20.0	18.7	15.1	7.8	2.5	-4.5	7.3
1991	-6.2	-4.1	2.5	7.6	12.8	18.2	21.8	20.3	14.9	7.1	0.3	-5.8	7.5
1992	-6.7	-4.2	0.6	9.9	14.0	17.1	19.8	17.8	12.7	5.5	-0.2	-4.4	6.8
1993	-10.5	-3.0	2.0	8.3	12.7	18.7	19.8	16.6	14.1	7.1	-0.9	-7.1	6.5
1994	-6.4	-4.8	0.4	9.9	15.8	17.5	20.6	18.9	13.3	5.4	3.7	-5.0	7.4
1995	-7.7	-3.9	1.4	7.2	15.2	19.3	20.1	17.4	13.9	7.6	0.5	-6.0	7.1
1996	-8.0	-6.0	-0.7	6.4	13.5	17.4	19.7	18.8	14.7	7.9	-1.1	-3.7	6.6
1997	-6.2	-4.0	3.9	8.8	15.7	19.9	20.6	20.2	13.4	8.1	-0.1	-5.7	7.9
1998	-8.3	-2.3	0.7	11.7	12.4	19.0	20.5	19.0	16.9	8.5	4.3	-3.0	8.3
1999	-6.1	-2.9	2.5	9.6	14.9	19.6	20.3	19.8	15.7	8.4	0.5	-4.9	8.1
2000	-8.4	-5.0	2.9	8.8	16.8	18.2	22.6	18.9	14.6	6.1	-1.1	-3.0	7.6

第二节　水资源

一、水文

地表水、地下水及其土壤水，是大自然普遍存在的三种水体。对整个宁夏而言，地表水主发是河流水，由大气降水和地下水补给，以河川径流、水面蒸发、土壤入渗的形式排泄。地下水为储存于地下含水层的水量，由降水和地表水的下渗补给，以河川径流、潜水蒸发、地下潜流的形式排泄。土壤水为存在于包气带（潜水位至地表间）的水量，上面随降水和地表水的补给，下面接受地下水的补给，主要消耗于土壤蒸发和植物蒸腾，一般是在土壤含水量超过持水量的情况下才下渗补给地下水或形成壤中流汇入河川，具有供给植物水分并连通地表水和地下水的作用。

宁夏水文按气候区划可分为 3 个区，即半湿润区、半干旱区、干旱区。

表 1-2-1　宁夏水文分区特征表

分区名称	评价面积（万平方公里）	年降水量（毫米）	水面蒸发（毫米）	干旱指数	年径流深（毫米）	年径流系数	年输沙模数（吨/平方公里）	地表水资源（亿立方米）
Ⅰ半湿地区	0.094	800—600	800—900	1—1.5	300—150	0.4—0.2	200—2000	2.08
Ⅱ半干旱区	0.969	600—400	900—130	1.5—3.0	150—15	0.2—0.05	2000—8000	3.97
Ⅲ干旱区	4.117	400—180	1000—1600	3—9	15—2	0.1—0.01	8000—<100	3.44
$Ⅲ_1$ 同盐灵区	3.332	400—180	1300—1600	3—9	15—2	0.05—0.02	800—200	1.57
$Ⅲ_2$ 银川灌区	0.657	200—180	1000—1400	3—8	2	0.01	<100	1.49
$Ⅲ_3$ 贺兰山区	0.128	400—200	1000—1400	3—8	40—5	0.1—0.03	2000—500	0.38
宁夏全区	5.18	800—180	800—1600	1—9	300—2	0.4—0.01	8000—<100	9.49
全区平均		289	1320	4.3	17.3	0.05	1940	

表 1-2-2　宁夏各市县水资源总量计算成果表

市、县	分区面积（平方公里）	多年平均降水量（10^8 立方米）	多年平均地表水资源量（10^8 立方米）	多年平均地下水资源量（10^8 立方米）	重复计算量（10^8 立方米）	水资源总量（10^8 立方米）	多年平均产水模数（10^4 立方米/平方公里）
银川市	1276	2.578	0.252	2.541	2.24	0.526	4.122
永宁县	1011	1.767	0.169	3.544	3.354	0.359	3.551
贺兰县	1208	2.520	0.279	2.792	2.528	0.543	4.495
灵武市	3685	7.251	0.165	1.895	1.779	0.281	0.763
平罗县	2053	4.171	0.482	3.448	3.002	0.928	4.520
惠农县	963	1.723	0.183	0.897	0.743	0.337	3.499
石嘴山市	529	0.961	0.118	0.500	0.414	0.204	3.856
陶乐县	909	1.560	0.064	0.349	0.315	0.098	1.078
利通区	984	1.802	0.131	2.209	2.178	0.162	1.646
青铜峡市	1886	3.027	0.225	3.608	3.549	0.298	1.506

续表

中卫市	4671	9.154	0.226	2.655	2.508	0.373	0.799
中宁县	2169	4.195	0.174	2.726	2.657	0.243	1.120
盐池县	6655	17.678	0.185	0.314	0.073	0.426	0.640
同心县	7019	19.267	0.463	0.193	0.193	0.463	0.660
固原市	3922	18.037	1.729	0.795	0.779	1.754	4.449
海原县	5489	18.567	0.537	0.171	0.163	0.581	1.058
西吉县	3144	13.211	0.812	0.292	0.292	0.812	2.583
隆德县	985	5.192	0.721	0.423	0.423	0.721	7.320
泾源县	751	4.983	1.650	1.027	1.027	1.65	21.971
彭阳县	2491	11.842	0.892	0.382	0.382	0.892	3.581
宁夏合计	51800	149.491	9.493	30.733	28.598	11.628	2.245

表 1-2-3 宁夏地下水天然资源分区及其计算结果(陶灵盐台地)

矿化度(克/升)						矿化度(克/升)			天然资源量(立方米/年)	补给模数(10^4立方米/年·平方公里)
区		亚区				<1	1—3	3—5		
Ⅲ	陶灵盐台地地下水资源区	$Ⅲ_1$	东部波状台地下水资源亚区	$Ⅲ_{1-1}$	地池地下水资源地段	0.0617	0.1674	0.0078	0.2369	2.090
				$Ⅲ_{1-2}$	古西天河地下水资源地段	0.0149	0.0279	0.0023	0.0451	0.312
				$Ⅲ_{1-3}$	马家滩—大水坑地下水资源地段	0.0450	0.0586	0.0405	0.1036	0.493
				$Ⅲ_{1-4}$	王乐井黄土梁地下水资源地段		0.0021	0.0022	0.0043	0.200
		$Ⅲ_2$	西部低山丘陵地下水资源亚区	$Ⅲ_{2-1}$	灵武东山—石沟驿地下水资源地段		0.0386		0.0386	0.219
				$Ⅲ_{2-2}$	灵武东山地下水资源地段		0.0071	0.0107	0.0178	0.219
	$Ⅲ_3$	陶乐高阶地地下水资源亚区					0.0121		0.0121	0.194
小计						0.0811	0.3138	0.0635	0.4584	

盐池县境内地表水、地下水和土壤水分布如下：

地表水 宁夏是全国地表水资源最贫乏的省区之一。河川年径流量 9.49 亿立方米，年径流深 18.3 毫米，只是全国平均值(276 毫米)的 1/15，黄河流域平均值(87.6 毫米)的 1/5。盐池县境内无大河流，南部地面径流有山水河、苦水河、东川、打伙店沟等季节性河流。分属环江流域、苦水河流域和内陆流域。中北部为内陆冲沟水系，南部和西南部为黄河水系的支沟。

山水河 发源于甘肃省环县，流经境内西南边缘萌城乡、惠安堡镇，转入境外同心县、灵武市、吴忠市利通区，从新华桥处入黄河。境内长 45 公里，最宽水面 50 米左右，属环江水系。山洪暴发时，流量较大，平时水小或干涸。山洪倾泻时，流速 3 米 / 秒至 4 米 / 秒，水深 3 米至 4 米，阻隔交通，水土流失严重，洪水含沙量大。

苦水河 发源于大水坑镇贺坊沟，至盐池、同心县交界的小泉村与山水河汇入黄河。苦水河的矿化度高，一般在 4 克 / 升左右，最高可达 7 克 / 升，不宜灌溉与饮用。

打伙店沟 源于后洼乡，东南流人陕西省定边县界，汇入东川河，向南入甘肃省环县环江。中部有 20 余处沟泉水，为季节性河流，流量为 9870 立方米 / 日。

盐池县中北部内陆冲沟，多为雨水或泉水冲刷而成。皆发源于县内南北走向分水岭两侧。自北向南每隔 15 公里至 20 公里就有一条主沟，一般沟长 5 公里至 8 公里，皆流入盐湖或碱滩消失，大部分沟深 4 米至 5 米，最深 20 米，多为细泉长流，春季化冰时，水量较大，水质多为甜水，可供人畜饮水。

盐池县县境内历史上有不少湖泊，绝大多数已干涸。

硝池子 属花马池镇苏步井村，呈不规则圆形，周长 1.5 公里许，水深约 10 厘米，冬季干结有白硝。

八字洼硝湖 位于花马池镇柳杨堡村，呈椭圆形，周长 1.5 公里，水深 15 厘米，进入冬季后结有白硝。

表 1-2-4 沟泉水表系

名称	长度(公里)	流量(立方米 / 日)	名称	长度(公里)	流量(立方米/ 日)
井沟	8	150	二道沟	7.5	250
土沟	15	800	杨成沟	3.2	400
边豁子沟	8.5	240	野狐井沟	6	600
月儿泉沟	5	200	官滩	7.5	800
马坊沟	7.5	200	二道湖		240
贺坊沟	3	450	甜水河		120
红山沟	18.2	1200	马莲河		120
佟家圈沟	8.5	250	井沟		300
猫头梁沟	11	400	大伙店沟	24	2000
营盘台沟	17	500	郝家台沟	17	650
松水沟	24	300	小井沟(陈记洼)	50	300

四儿滩 原周长 5 公里左右，椭圆状，已干涸，变为沼泽地。1996 年春，在花马池镇四儿滩村、北塘村、东郭庄村和青山乡刘窑头村、太平庙村和赵记塘村中间地带形成了东西长约 10.5 公里，总面积约 3 万亩的湖泊，水最深处 5.7 米，平均水深 1 米左右。2000 年 8 月湖面缩到长约 3 公里，宽约 0.5 公里，水最深处约 3 米。

天池子 位于高沙窝乡，呈圆形，周长 1 公里，已干涸为沼泽地。

二道湖 位于青山乡，呈椭圆形，周长 1.5 公里，平均水深 15 厘米。

牛圈坑西湖 位于青山乡，圆形，周长 0.7 公里，水深 10 厘米左右，冬干夏存水，产硝。

园硝湖 位于冯记沟乡马儿庄村，长圆形，周长 2 公里，冬枯夏存水，产硝。

摆宴井碱湖 为椭圆形，周长 1 公里，冬枯夏有水或干涸，产硝。

还有南海子湖、官滩海子湖、青山南湖、古峰庄东湖、老盐池等多属时令性湖沼。

地下水 地下水天然资源是指在一个水文地质单元内，地下水在天然条件下，通过各种途径，直接或间接接受大气降水或地表水的入渗补给，而形成的具有一定水化学特征的可资利用并按水文周期呈现规律变化的多年平均补给量。

1. 盐池县境内蕴含的地下水，主要位于南北分水岭以东地区。面积为 1165.24 平方公里。地形坡度较陡，地表为薄层风积砂覆盖，分布盐池县城周围和柳杨堡洼地。主要为毛乌素沙地第四系地下水、毛乌素沙地基岩地下水以及承压自流水和南部山区地下水。其中毛乌素沙地第四系地下水的含水层的岩性主要是冲积—洪积沙、含砾石沙，少数为风积沙和淤积沙。厚度在梁、石地区仅 1 米至 2 米。山谷洼地最大厚度可达 38 米，日涌水量 100 立方米至 450 立方米，水质较差。总矿化度 3 克 / 升左右，含氟量 3 毫克 / 升至 5 毫克 / 升。水源补给主要是降雨。毛乌素沙地基岩地下水，下白垩系志丹群构成毛乌素沙地基岩，为一套陆相碎屑沉积物，含水层厚度 60 米至 70 米，日涌水量 100 立方米至 600 立方米，水质较好，矿化度 1 克 / 升至 4 克 / 升，含氟量 1.8 毫克 / 升。总体呈现南部山区地下水资源十分贫乏，从南向北埋藏渐浅，水量逐渐增多，水质渐好的特点。

2. 马家滩—大水坑地段。面积 2864029 平方公里。地形起伏不大，相对高差 10 米至 50 米。上部第四系堆积物广泛分布，大部分低缓丘陵、台地不含水，仅在坳谷、洼地中分布有第四系孔隙潜水，厚度一般小于 10 米，水位埋深 1 米至 5 米，矿化席 1 克 / 升至 3 克 / 升。

3. 王乐井黄土梁段。位于王乐井一带，为一条东西向的黄土梁地，面积 366.7 平方公里，两侧冲沟发育，沟深约 20 米至 40 米。岩性为第四系黄土及黄土状黏砂土，具有大孔隙，垂直节理，透水不含水。下伏基岩为古近系砂岩、砂质泥岩夹石膏层，地下水矿化度大于 5 克 / 升。全县饮用水，井水占 72%、泉水占 3%，其余是窖水、沟水。县境内有泉水百余处，日流量 2500 立方米，其中四分之三为甜水。青山、大水坑、惠安堡、城郊等乡镇的泉水多为甜水，后洼、麻黄山等乡的泉水多为苦水。

水资源量 盐池县水资源总量约 3979.2552 万立方米 / 年，其中地表水 1925 万立方米 / 年，地下水开采储量 2054.26 万立方米 / 年。可利用水总量 2252.89 万立方米 / 年，其中可利用地表水 198.63 万立方米 / 年，可利用地下水 2054.26 万立方米 / 年。

表 1-2-5 盐池县各分区水资源量表(1985 年调查成果数据)

分 区	地表水多年平均年径流总量(万立方米)	地下水开采储量(万立方米 / 年)	水资源量(万立方米 / 年)
大水坑—高沙窝水资源贫乏亚区(11)	255.37	724.7552	3979.2552
城郊—柳杨堡水资源弱富亚区(12)	189.63	1329.5	
麻黄山—萌城干旱黄土丘陵沟壑区(2)	1471		
全计	1925	2054.2552	

表 1-2-6 盐池县地下水开采储量表

地 区	开采储量立方米 / 日	地 区	开采储量立方米 / 日
城西灌区	31561.5	西井滩洼地	12000.0
柳杨堡洼地	31000.0	东西沙边子	25000.0
陈记圈—崔家塘	28000.0	红井子洼地	417.0
二道湖—高家圈	23100.0	其他零星地点	10000.0
兴武营—党记坑	21000.0		

盐池县境内水资源贫乏,且水质较差。据《宁夏回族自治区盐池县农业区划报告汇编》(由自治区农业区划办公室和“三北”防护林地区农业区划办公室安排,盐池县于 1983 年 4 月至 1984 年 10 完成调查,1985 年 6 月形成成果报告)相关资料显示,盐池县境内大部分地区水质矿化度高,含氟量超过人畜饮用标准。多数地下水、地表水的含氟量在 1.5 毫克 / 升以上。氟病在盐池县大部分地区均有存在。据县卫生防疫部门和水利部门普查,按水中含氟量的卫生指标衡量,全县氟病重病区 49 个大队、54868 人;中病区 22 个大队、22870 人;轻病区 9 个大队、6272 人, 合计氟病区 80 个大队、84719 人。氟病区人口占全县总人口的 81.5%。

表 1-2-7 盐池县地下水源水质调查表

项目 单位	水井						泉水		
	水井数	水深(米)	饮水量(人或者头数)	地下水位(米)	水质	取水办法	数量	日流量立方米 / 日	水质
城郊乡	152	4—1	98,240 人	4—150	甜	人、机	6	280	甜
	9	25—1	2720 人	30—40	咸	人力			
	7	6—3	2550 头	2—19	苦	人力			
高沙窝乡	129	4—0.5	34,495 人	2—26	甜	人力	4	100	甜
	9	3—0.8	14,800 人	5—1	咸	人力			
	31	4—1	13,830 头	3—15	苦	人力			
王乐井乡	39	4—1	15,450 人	2—10	甜	人力	2	60	咸
	76	3—1	11,490 头	2—30	苦	人、机			

续表

青山乡	60	5—1	9430 人	1—15	甜	人力	20	800	甜
	21	5—1	4790 头	1—6	苦	人力	1	30	咸
大水坑乡	98	4—1	13,060 人	3—15	甜	人力	5	502	甜
	36	4—1	6870 头	4—18	苦	人力	5	52	苦
麻黄山乡	5	2—0.5	650 人	6—21	甜	人力	26	122	苦
	43	3—0.5	5350 头	10—50	苦	人力			
惠安堡乡	33	3—0.6	11,650 人	3—18	咸	人力	16	197	甜
	9	6—0.6	2100 人	4—10	苦	人力	5	6	苦
	20	3—0.6	10,700 头	7—16	苦	人、机			
马儿庄乡	45	3—0.5	15,050 人	2—20	甜	人力	1	60	咸
	9	3—1	1500 人	2—6	咸	人力			
	13	2—0.5	6800 头	2—20	苦	人力			

二、降水

宁夏多年平均年降水量 149.491 亿立方米(1956 年至 2000 年),平均年降水深 289 毫米,比第一次水资源评价(157 亿立方米)减少 4.8%,不足全国平均值的一半。

宁夏各分区降水量分布,以泾河干流最大,多年平均降水量 650 毫米;洪、茹、蒲河次之,为 476 毫米;葫芦河 457 毫米;盐池内流区 250 毫米;甘塘内陆区最小为 171 毫米。行政分区降水量分布由南向北依次递减,固原最大,多年平均降水量 429 毫米,吴忠次之为 230 毫米、银川市 198 毫米、石嘴山市 189 毫米。地区平均降水量最大、最小之比达 2.3 倍。

表 1-2-8 宁夏代表站年降水量最大、最小倍比表

站名	均值	最大年		最小年		极值比
		雨量	年份	雨量	年份	
盐池	292	586.8	1964	145.3	1980	4.0

盐池县由于季风的影响,降水主要集中在夏秋两季,7、8、9 三个月合计占全年总降水量的 62%。降水年际变化大,保证率低。据 1954 年至 2000 年资料表明,1964 年降水最多为 586.8 毫米,1980 年降水最少为 145.3 毫米,相差 3 倍多。年平均降水量 296.4 毫米,年蒸发量 2179.8 毫米,有"三年两头旱,十年一大旱"之说。年季降水变化大。

月降水量变化大,1959 年 8 月份降水量最多,达 244.5 毫米,而 1966 年 8 月份只有 8 毫米,二者相差 30 多倍。日降水量变化更大,1999 年 7 月 13 日一天降水量 121.2 毫米,相当于少雨年份 1980 年全年降水量 145.3 毫米的 83.41%。自然降水是盐池县绝大部分农田和全部草原以及南部山区人畜饮水的主要来源。

表 1-2-9 1954 年至 2018 年盐池县城地区气象年表

年份	降水量（毫米）	蒸发量（毫米）	平均温暖（℃）	极端最高（℃）	极端最低（℃）	大风日数（日）	无霜期（天）
1954	270.9	2039.3	7.1	33.3	－29.6	3	177
1955	248.5	2379.2	8.2	35.0	－28.1	1	175
1956	435.0	2013.8	7.0	33.5	－27.8	7	149
1957	156.7	2215.3	7.3	34.6	－27.2	44	152
1958	346.4	3100.4	7.6	35.2	－29.2	74	150
1959	357.8	2198.4	7.8	33.3	－25.7	47	149
1960	289.6	2251.2	8.1	36.3	－24.7	41	171
1961	420.8	1982.5	8.1	36.1	－25.3	31	181
1962	261.9	2216.5	7.4	34.1	－25.0	18	146
1963	293.9	2105.8	7.5	33.7	－25.4	33	153
1964	586.8	1401.0	7.5	32.8	－24.5	15	142
1965	169.7	2412.3	8.1	34.4	－21.8	30	157
1966	184.7	2430.0	8.2	38.1	－23.3	44	186
1967	487.5	1908.9	6.5	34.1	－25.7	11	158
1968	436.9	1961.6	7.0	34.8	－26.6	18	154
1969	259.1	2065.7	7.4	35.6	－24.6	32	191
1970	251.4	1985.6	7.2	35.8	－27.5	10	119
1971	286.7	2394.7	7.9	36.3	－27.6	24	201
1972	256.0	2481.8	7.7	36.6	－22.1	15	201
1973	302.7	2145.9	8.2	35.5	－24.3	10	172
1974	190.1	2252.4	7.6	36.0	－23.2	11	141
1975	222.7	2220.7	8.0	36.6	－28.5	9	155
1976	257.4	1925.4	7.1	36.1	－26.4	17	171
1977	283.3	2055.8	7.8	34.4	－26.4	9	129
1978	344.9	2008.0	8.3	35.1	－23.0	8	149
1979	257.7	2006.6	8.2	33.5	－19.3	20	156
1980	145.3	2307.3	8.1	36.1	－26.5	15	190
1981	276.9	2131.1	7.9	35.7	－22.2	16	173
1982	171.1	2227.0	8.5	34.1	–22.5	18	173
1983	227.6	2039.9	8.0	35.1	–23.6	11	186
1984	316.6	1920.2	7.2	34.5	–25.8	9	179

续表

1985	399.0	1798.5	7.9	35.4	−22.5	17	195
1986	236.8	1938.9	7.7	35.3	−20.9	5	186
1987	192.2	2301.9	9.4	36.4	−20.2	16	169
1988	276.2	1757.3	8.3	35.7	−24.3	10	186
1989	296.6	1824.3	8.4	33.2	−27.0	2	149
1990	332.2	2080.5	8.9	34.9	−21.1	5	179
1991	276.8	2176.6	8.9	36.4	− 26.7	5	167
1992	299.3	1940.5	8.3	34.2	− 21.5	–	194
1993	230.1	2006.9	7.9	34.7	−26.7	13	162
1994	392.4	1886.4	9.1	34.0	− 20.0	16	148
1995	303.4	1880.3	8.4	34.7	− 17.9	–	211
1996	348.5	1780.0	8.2	35.0	−21.8	20	175
1997	256.4	1987.4	9.2	36.7	−19.0	8	148
1998	365.1	1873.0	10.0	35.8	−22.9	8	149
1999	294.2	2015.2	9.7	35.2	−20.6	9	222
2000	160.8	2003.8	9.1	37.5	−23.9	10	181
2001	387.7	1928.7	9.6	36.7	−18.9	14	178
2002	399.1	1936.9	9.7	36.5	−26.6	9	155
2003	293.9	1465.9	8.1	34.2	−27.5	13	165
2004	262.0	1513.3	8.1	34.4	−26.7	23	203
2005	182.0	1543.2	8.0	36.8	−26.2	11	150
2006	212.1	1491.0	9.1	30.3	−22.7	18	193
2007	284.1	1344.0	8.7	34.7	−22.9	6	203
2008	266.7	1355.7	7.8	34.6	−29.4	12	166
2009	280.7	1316.6	8.6	35.1	−25.2	11	170
2010	246.9	1349.5	8.8	36.3	−23.1	17	155
2011	402.8	1222.8	8.1	34.9	−23.5	8	194
2012	308.0	1222.1	8.1	33.9	−23.7	4	166
2013	290.0	1407.9	9.5	35.1	−24.2	3	187
2014	346.9	1024.3	9.3	35.3	−22.1	3	109
2015	365.6	1241.4	9.4	36.9	−20.5	8	177
2016	347.7	1205.6	9.4	36.0	−25.1	3	214
2017	393.3	1140.6	9.5	38.7	−21.9	5	172

表 1-2-10 1954 年至 2000 年历年各月降水量(单位:毫米)

月年	1	2	3	4	5	6	7	8	9	10	11	12	全年
1954	0.5	6.6	5.4	1.8	29.6	52.3	57.7	64.8	13.0	2.3	4.5	11.4	270.9
1955	6.7	0.0	4.1	9.3	3.3	6.9	56.1	43.6	114.3	10.0	0.0	0.2	248.5
1956	6.2	0.0	15.8	31.0	15.4	109.9	70.5	143.6	8.2	28.5	5.5	0.4	435.0
1957	3.0	4.1	2.9	17.4	15.6	15.0	50.0	23.8	24.8	0.0	0.1	0.0	156.7
1958	3.4	0.0	1.4	10.9	58.1	20.3	90.7	83.3	41.3	31.6	2.8	2.6	346.4
1959	1.2	9.8	3.1	5.0	5.2	18.6	38.6	244.5	19.5	10.2	0.0	2.1	357.8
1960	0.1	0.0	11.6	25.8	25.9	8.6	32.9	86.3	65.7	30.0	2.5	0.2	289.6
1961	0.5	0.2	1.7	31.9	14.8	80.6	19.6	117.7	94.4	42.9	15.8	0.2	420.8
1962	2.2	0.0	3.2	0.7	0.3	9.5	58.4	65.1	83.0	10.4	29.1	0.0	261.9
1963	0.0	2.2	1.2	11.9	40.0	25.0	89.0	59.3	31.9	21.5	10.3	1.6	293.9
1964	0.9	5.9	18.7	82.9	44.7	32.9	202.9	103.7	60.2	29.3	2.5	2.2	586.8
1965	0.1	0.7	4.9	38.0	23.3	5.5	13.6	13.9	31.9	30.4	7.4	0.0	169.0
1966	0.9	1.8	5.1	8.0	32.6	7.9	43.1	8.0	51.4	9.0	16.8	0.0	184.6
1967	0.9	0.3	3.4	22.2	69.4	42.2	88.5	172.5	56.0	20.3	11.7	0.1	478.5
1968	4.0	1.7	20.0	11.7	5.9	11.7	64.8	233.7	24.7	38.1	20.2	0.4	436.9
1969	1.8	9.0	0.7	16.0	31.9	13.7	58.1	33.0	64.8	23.7	6.3	0.1	259.1
1970	0.0	9.5	3.8	15.0	22.5	24.1	30.1	114.6	14.2	17.6	0.0	0.0	251.4
1971	5.2	1.8	2.7	1.2	19.8	12.1	46.5	92.1	55.0	22.0	27.2	1.1	286.7
1972	1.1	10.5	4.1	15.3	18.5	41.6	34.4	100.1	11.0	7.8	9.3	1.9	256.0
1973	1.8	0.1	6.3	21.8	4.9	23.9	45.8	79.5	85.2	33.4	0.0	0.0	302.7
1974	2.4	4.8	1.2	13.5	29.8	11.6	65.8	18.2	32.4	2.0	3.5	4.9	190.1
1975	0.5	0.0	13.1	16.1	17.8	10.1	35.6	37.4	36.3	29.5	21.4	4.9	222.7
1976	0.0	6.8	5.7	12.3	26.9	26.8	28.2	95.5	37.9	15.4	0.0	1.9	257.4
1977	1.4	1.4	0.5	32.3	17.2	22.5	48.2	94.8	45.6	13.8	1.8	3.8	283.3
1978	0.0	5.7	15.5	0.0	39.4	57.0	66.1	59.4	60.3	34.5	7.0	0.0	344.9
1979	0.3	1.6	12.1	3.9	16.2	38.5	110.3	23.9	34.0	13.1	3.8	0.0	257.7
1980	0.0	0.1	12.6	3.2	5.8	18.4	23.6	38.0	22.4	21.2	0.0	0.0	145.3
1981	2.8	0.5	2.2	26.0	5.8	45.6	60.8	62.4	50.5	19.5	0.8	0.0	276.9
1982	0.0	5.5	9.1	1.8	25.4	18.6	34.8	18.1	41.3	12.0	5.1	0.0	171.7
1983	5.5	0.7	11.2	20.3	41.1	40.4	29.2	25.0	33.6	18.3	0.6	1.7	227.6
1984	3.2	2.3	0.6	5.0	60.3	52.7	26.0	145.3	12.5	3.4	—	5.3	316.6
1985	0.1	0.0	7.6	11.4	73.4	50.1	20.0	112.1	79.9	48.5	0.6	0.3	404
1986	0.0	0.4	19.6	14.2	16.3	66.0	51.7	44.9	6.6	8.7	3.7	4.7	236.8
1987	0.0	1.9	6.5	6	8.7	47.6	31	58.8	21.3	13.5	3.8	0.1	199.2
1988	0.5	4.7	3.6	0.0	55.8	56.8	47.1	86.4	8.7	8.5	0.0	3.8	275.9
1989	9.9	12.5	9.4	57.8	5.1	21 ,9	75.6	26.6	50.1	8.1	19.4	—	296.4
1990	4.3	10.3	55.8	11.4	32.9	23.5	74.1	72.6	19.9	26.4	1.0	1.0	333.2
1991	2.3	7.5	23.2	23.9	89.0	57.0	26.9	27.8	6.8	9.9	—	7.5	281.8
1992	0.0	0.6	22.7	3.0	22.5	70.7	90.8	26.2	12.8	32.7	16.1	1.2	299.3
1993	5.3	5.3	0.5	6.2	15.1	18.8	27.7	117.9	16.2	5.9	11.2	—	230.1
1994	—	3.2	3.3	9.5	11.6	37.4	106.8	174.4	34.3	11.3	0.2	0.4	292.4
1995	0.0	1.2	0.1	2.3	4.0	23.9	113.8	106.2	46.2	5.2	0.3	0.0	303.2
1996	0.2	0.2	2.2	15.8	16.3	47.2	106.4	74.3	45.7	28.4	11.8	—	348.5
1997	1.1	7.0	15.7	11.9	11.2	10.8	141.4	21.4	26.0	0.2	9.7	—	256.4
1998	2.8	0.4	27.3	40.1	95.7	8.2	98.8	37.9	40.2	13.6	0.0	0.1	365.1
1999	0.1	0.0	11.7	15.9	20.4	14.1	138.1	66.4	19.7	7.8	0.0	0.0	294.2
2000	4.9	0.7	2.5	5.4	1.4	50.5	28.2	22.3	29.4	12.3	3.5	0.2	161.3

表 1-2-11 1954 年至 1982 年历年逐月蒸发量(单位:毫米)

年\月	1	2	3	4	5	6	7	8	9	10	11	12	全年
1954	43.9	65.1	131.6	249.8	321.5	296.5	286.5	183.4	197.6	143.6	89.9	30.5	2039.3
1955	49.0	94.6	160.0	234.4	352.0	367.3	389.8	283.0	174.7	110.0	94.7	69.5	2379.2
1956	60.4	85.1	136.8	240.3	328.8	264.6	239.2	169.1	211.9	140.3	83.9	53.4	2013.8
1957	35.8	56.0	168.9	227.2	281.3	351.3	315.2	323.3	145.9	180.1	103.0	48.3	2215.3
1958	42.8	94.1	179.3	277.7	302.8	326.0	292.7	180.3	187.7	110.2	64.7	52.1	2100.4
1959	56.7	50.0	147.0	299.4	302.4	356.3	334.1	188.9	169.5	175.2	73.1	45.8	2198.4
1960	74.2	107.6	161.4	210.0	139.0	363.0	331.3	245.0	221.5	93.1	77.3	53.8	2251.2
1961	51.2	71.3	120.5	243.4	338.5	287.8	316.0	213.9	149.9	78.6	56.6	54.8	1982.5
1962	38.5	84.7	155.0	233.5	305.5	399.1	286.4	281.7	172.0	109.5	42.9	47.7	2216.5
1963	60.9	56.4	178.4	185.9	266.7	347.3	286.4	271.9	172.5	154.3	85.3	39.8	2150.8
1964	29.8	33.3	141.3	174.1	190.8	241.5	176.3	190.9	108.3	82.1	67.0	55.6	1491.0
1965	58.1	56.9	127.1	216.7	322.0	366.6	328.2	305.6	265.0	143.2	90.7	72.2	2412.3
1966	73.7	102.2	170.4	270.5	359.7	389.6	302.2	299.9	162.0	137.6	107.2	54.6	2430.0
1967	50.0	63.4	165.1	252.9	275.3	334.8	298.6	154.7	138.5	119.6	52.6	23.4	1908.9
1968	38.1	40.6	124.8	212.6	325.7	405.8	270.2	160.0	160.3	102.9	73.9	46.8	1961.6
1969	47.1	44.1	147.6	343.7	347.2	352.8	237.9	230.7	163.6	129.2	71.7	50.1	2035.7
1970	47.8	56.9	97.9	199.0	253.3	302.5	342.6	201.9	181.2	148.6	96.9	57.0	1985.6
1971	45.2	53.2	141.7	274.0	309.5	349.5	445.4	327.9	129.0	128.5	70.9	59.9	2394.7
1972	49.0	38.6	162.0	251.7	352.5	409.7	300.1	303.7	244.1	203.7	114.9	51.1	2481.1
1973	42.8	87.0	131.2	264.2	309.9	322.2	306.4	272.9	137.4	93.8	88.1	50.0	2145.9
1974	33.9	54.9	131.1	266.7	312.3	388.1	324.5	270.0	188.4	164.3	93.6	24.5	2252.4
1975	43.0	83.5	125.4	213.0	295.3	392.0	359.2	345.2	161.6	114.7	58.8	29.0	2220.7
1976	48.3	68.6	119.1	204.4	308.9	300.5	273.0	165.9	158.5	130.9	86.5	60.8	1925.4
1977	27.6	86.6	175.3	192.4	304.1	327.5	316.8	194.4	156.1	162.1	56. 6	56.3	2055.8
1978	58.9	49.2	101.0	268.0	358.9	305.7	268.2	238.5	139.6	106.4	61.4	52.2	2008.8
1979	72.2	95.8	127.7	236.3	298.2	324.9	189.5	205.3	171.6	154.0	80.7	50.4	2006.6
1980	50.2	58.7	114.2	246.9	325.9	356.5	341.3	263.9	208.9	158.4	112.8	69.6	2307.3
1981	40.5	73.6	186.0	210.3	262.3	340.8	282.6	255.9	146.4	118.9	66.0	47.2	2131.1
1982	56.5	44.5	131.9	248.6	344.6	375.0	346.4	273.7	148.6	145.5	60.6	51.1	2227.0

表 1-2-12 1981 年至 2000 年麻黄山气象站逐月降水量和年降水量表(单位:毫米)

年份	1 月	2 月	3 月	4 月	5 月	6 月	7 月	8 月	9 月	10 月	11 月	12 月	全年
1981	2.4	0.0	8.4	18.5	12.3	131.1	102.3	89.9	35.9	18.4	1.6	0.3	421.1
1982	0.0	7.2	15.5	5.0	22.1	18.6	42.0	30.0	60.1	13.5	3.6	0.0	217.6
1983	3.2	1.0	7.9	25.8	97.3	38.5	11.7	34.1	63.1	20.2	–	2.7	305.5
1984	2.0	1.7	–	12.3	74.1	76.6	83.4	187.0	37.6	7	0.2	6.4	488.3
1985	0.4	0.1	4.6	10.6	106.1	64.5	56.7	159.4	133.5	73.4	0.1	0.2	609.6
1986	0.0	1.2	9.5	10.8	26.5	113.0	54.8	58.8	17.3	24.4	2.3	4.1	322.7
1987	0.2	3	4.9	7.7	28.1	47.3	29.6	8.0	25.4	25.2	24.6	0.2	204.2
1988	1.3	7.4	11.6	2.1	57.1	47.1	71.1	95.2	48.7	28.5	0.0	4.6	374.7
1989	11.8	12.8	3.7	66.5	7.7	38.8	60.9	57.7	35.4	26.6	11.9	0.5	334.3
1990	2.3	19.2	69.8	21 3	49.5	23.6	73.2	79.4	39.2	44.6	4.9	0.5	427.5
1991	5.3	3.7	17.0	22.5	82.3	85.1	24.0	12.9	14.6	19.5	0.1	4.1	291.1
1992	0.0	0.5	19.0	8.9	32.8	65.3	43.5	87.5	16.8	26.2	7.1	1.2	308.8
1993	8.2	4.3	3.5	7.3	18.4	19.3	69.8	128.5	20.1	3.6	8.4	0.0	291.4
1994	0.0	9.1	4.9	22.1	4.3	52.2	66.5	137.5	24.5	22.1	19	0.3	362.5
1995	2.0	3.5	1.5	2.8	2.8	42.7	118.5	121.6	39.5	20.7	0.5	0.7	356.8
1996	0.4	2.9	6.0	13.8	14.6	70.5	174.2	92.0	50.8	26.3	10.8		462.3
1997	5.8	5.4	5.8	19.9	8.5	5.2	85.7	38.6	42.8	0.0	4.9	1.4	224.0
1998	15	0.8	34.0	46.6	96.9	4.5	116.3	59.3	18.4	25.1		0.0	416.9
1999	0.0	0.0	7.1	22.4	18.5	30.1	87.1	37.3	23.2	16.8	13	0.5	256
2000	64	18	1.6	5.0	1.3	80.1	23.2	44.9	27.2	18.3	5.5	0.1	289.2

第三节 自然灾害

一、风沙

风速≥17 米 / 秒,8 级以上称大风或沙暴,主要风向为西北风。据盐池县县城气象站观测,1980 年至 2000 年年均大风 12 天左右,扬沙日数 57.5 天、沙暴日数 24.6 天。20 世纪 80 年代初同 20 世纪 90 年代末相比,大风扬沙和沙暴天数均有减少,而 2000 年,扬沙为 53 天、沙暴达 16 天。风沙为盐池县自然灾害之首,危害农牧业生产最为严重。冬春季节风起沙流,摧打禾苗,吹蚀地表,造成农田草原沙漠化。遇此情况,播种数次而不能保苗,常常因此一再推迟播种,贻误农时和影响农作物生长。由于积沙覆盖,致使草原退化,沙化面积每年约以 18 万亩的速度递增。灾情北部严重,中部次之,南部较轻。沙漠化程度可分五个等级;沙丘和厚的浮沙地占 10%至 30%者为二级沙化,有 69 万亩;沙丘和厚的浮沙地占 30%

至50%者为三级沙化，有22万亩；沙丘和厚的浮沙地占50%以上者为四级沙化，有394万亩；五级沙化又称农田沙化，有73万亩，并经常出现沙暴，最小能见度仅14米。

二、干旱

降水少，且年际变化大，季节分配不均，加之大风沙暴，是盐池县气候特点之一。对农牧业影响表现为：促使沙化，农田、草原经常被流沙压埋；加速土壤水分蒸发，促使农作物枯死；表土吹蚀，颗粒变大，散失养分，土壤肥力下降；阻延种子萌生和牧草返青。据县城1954年至2000年气象观测，46年间不同程度的干旱达39年。降水少，年际变化大，季节分配极不均，对农牧业生产危害大。

2003年春，沙尘暴袭击花马池镇长城村北园子自然村

三、霜冻

盐池县霜冻灾害仅次于风沙干旱。虽然有一定的光热资源，由于沙害、干旱的影响，农作物播种期被延迟，限制了光热条件的充分利用，致使农作物尚未成熟便遭霜冻危害。严重霜冻的年份，受害面积达20万亩。平均初霜日在9月23日，即秋分前后，终霜日5月14日，无霜期132天，绝对无霜期年均110天至120天。

四、冰雹、暴雨及山洪

冰雹不是盐池县普遍性灾害，仅在局部地区发生，又以南部山区发生次数居多。暴雨山洪在黄土高原地区及其边沿时有发生，平均两年一次，造成水土流失。据县城气象站和麻黄山气象站观测，冰雹日平均出现0.3次至1次，每年出现0.3次至1次。最多时麻黄山站1年出现3次(1984年)。历年冰雹最早出现在4月，最晚10月。虽然每年降雹次数不多，但集中在农作物生长季节，不但危害农作物的生长、收割，而且伤害人畜。盐池县一日内降水量≥50毫米为暴雨。县城47年来气象观测，仅出现50余次，集中在7月至8月。局部地区暴雨每年都出现。特别是南部山地每遇暴雨毁田毁苗，水土流失严重。

五、病虫害

盐池境内传统植物病虫害主要有洋芋(马铃薯)坏腐病，小麦黑穗病、红矮病，糜谷黑穗病等。虫害主要是地蝼蛄、黏虫、蚜虫，历史上还曾发生过鼠灾和蝗虫灾害。

2000年后，经过有关部门普查发现，盐池境内生物病虫害有这些特点：病害少，虫害多，种类较单一，专食性害虫较多且累加性强，生物特性偏于耐旱耐饥饿型。按林业有害生物危害程度及严重性依次描述如下：

柠条豆象　别名跳豆象、锦鸡儿豆象、豆象科。危害柠条、甘草。幼虫蛀食种子，仅剩种皮，严重影响种子收获与繁殖。

榆尺蠖　别名春尺蠖、沙枣尺蠖、桑尺蠖，尺蠖蛾科。主要危害榆、杨、柠条、毛条、沙枣等，为害症状为食叶，严重时只剩茎干，林区呈现暗褐色。

榆木蠹蛾　别名柳干木蠹蛾、蠹蛾科。主要危害榆、苹果。幼虫钻蛀树干，破坏输导组织，树皮上留下由红色虫粪堵塞的粗大蛀孔，从孔中流出树液，使树势衰弱以至死亡。

花棒古毒蛾　毒蛾科，主要危害花棒、柠条、榆、杨等。幼虫取食叶片及嫩枝皮层，常将叶全吃光，造成大量落果，树势减弱，影响沙荒地林木生长。

杨枝天牛　别名山杨天牛、青杨天牛、天牛科。主要危害杨树类，多为害直径2厘米以下(二年生)的枝条，被害处膨大呈球形虫瘿，在一个枝条上常两三个相连，造成枝梢萎焉而干枯。

光肩星天牛　天牛科，主要危害杨、柳、榆、沙枣等树种。以幼虫蛀食木质部形成隧道，被害树木常遭风折或枯死。

槐花球蚧　蜡蚧科，主要危害国槐、刺槐、杨、柳、榆、沙枣等枝条。

沙枣木虱　木虱科，主要危害沙枣。

榆叶蝉　叶蝉科，主要危害榆树及杂草等，以成虫和若虫吸食枝叶汁液，被害叶片失绿，造成枝叶干枯，受害严重的幼苗，由于养分不足，不能抗御严冬，出现整株枯死。

柳瘿蚊　瘿蚊科，主要危害柳树。以幼虫危害芽、新梢及枝干，造成新枝、梢干枯，影响树木正常生长，长期危害，使树势衰弱，易感染腐烂病而整株死亡。

黑绒金龟子　腮角金龟子科，主要危害苹果、沙枣、梨、桃、葡萄、玉米、小麦、苜蓿等。

六、地震

盐池县地震烈度为6度，只有西南部惠安堡一带为7度。据记载，自唐大中三年(公元849年)至1921年，共发生8次，多系外地发生地震波及本县。其中破坏震5次，尤以1920年12月16日海原大地震波及本县，震灾最严重，死40余人，压毙牲口750头，倒塌房舍十分之一。1921年2月20日地震，惠安堡等地窑洞全毁，房屋仅存三分之一。兰州地球物理所地震分析组1970年编绘的《西北地震震中分布图》载，1921年1月7日高沙窝地区发生6级8度地震。中华人民共和国成立以后，县内未发生过破坏性地震。

七、异象

1996年春至5月中下旬，在盐池县城东南方向花马池镇的四儿滩、北塘、东郭庄村和青山乡刘窑头、太平庙和赵记塘等村的中间地带，由于地下水位上升，形成一片东西长约10.5公里，总面积约3万亩的湖泊，湖水最深处达5.7米，平均水深1米左右。连续5年干旱后，突然出现一个大湖泊，实为自然奇观。城郊乡东郭庄村在春节过后，井水上涨，水质由咸变甜，到2月底，全村27口水井几乎三分之一向外溢水。就连平时干燥的打粮场，人走上去也开始往下陷。住了8年多的房子，墙壁向外渗水，睡觉的土炕也十分潮湿。四儿滩村被偌大的湖泊分割成两半。高处放眼望去，鸭子在湖面上嬉水，原来连接全村的道路已不复存在，架设的高压电杆经不住浸泡，斜倒在湖水中。坡沟之间，汩汩细水仍不断从沙岩中流出汇入湖泊。不少房屋裂缝、倒塌。

大湖究竟是怎样形成的呢？当地人议论纷纷。

自治区科委及地质、地震、水利等部门专家及时奔赴现场，会同盐池县有关部门临湖调查研究，密切监测水位变化。

后经宁夏有关专家经过实地考察、监测，断定大湖的形成与地壳活动没有直接关系，不属于地震前兆异常。自治区科委、民政厅、地震局三家单位联合向自治区政府呈送的实地勘察分析报告对大湖的形成作出如下解释：调查中未发现深部水上涌情况，在四儿滩附近，见到水从饱含水分的白垩系砂岩地层中渗出，说明盐沼区积水是下降型水所致。从遥感资料分析发现，盐池县城及其附近有一条南北方向延伸的古河道，该古河道地势低洼，是良好的储水场所，而此次湖泊形成地区就位于古河道上。1995年秋季，该区域雨水集中，较往年丰

1996年5月，城郊乡四尔滩村周围地区由于地下水位上升形成湖泊

富，使得古河道内白垩系砂岩中的水分逐渐增多，趋于饱和。加上春寒，与往年相比春潮期来得晚、迅猛，导致岩石中水分大量外流，汇于低洼地，地下潜水面上升，部分地段出现积水。从地质构造上分析，该地区处于“陕北斜坡”的下段。近年在陕西省靖边、定边以及盐池县境内大规模开采石油，需要往地下大量注水，部分注水也会沿西倾碎屑岩地层流入古河道，形成湖泊。

四儿滩、东郭庄、北塘、太平庙和赵记塘等自然村，由于受到地下水位上升侵害，有27户群众的108间住房倒塌，64户217间住房成为危房，约有5万亩天然草原变成沼泽地，2600亩耕地被水淹没，溺死羊126只，大牲畜1头。高压电杆倾倒，道路中断，给群众的生产和生活造成严重困难。盐池县民政、水电、城建、科委等有关部门会同乡村干部一起帮助群众恢复生产。1996年5月31日，《宁夏日报·西部周末》头版头条载文《旱漠冒出个神秘湖》，对这种自然变异现象作过详细报道。1996年4月20日后，湖水每天下降2厘米左右。2000年8月，湖泊水面长约3公里，宽约0.5公里，水最深处有3米。

表1-3-1 盐池县历代自然灾害年表（截至1947年）

公历纪年	中国历史纪年	摘记	灾名	资料来源
849	大中三年	灵武、盐、夏等州地震，坏庐舍，压死数千人。	震	《宁夏府志》
996	至道二年	灵夏等州地震，城郭庐舍多坏。	震	《宁夏府志》
1295	元贞元年	六月巩昌、环州、庆阳、延安、安西旱，闰四月兰州黄河清三日，上下三百余里。	旱	《甘肃新通志》
1609	万历三十七年	灵州旱，野无蒿草，花马池岁欠，谷价腾涌。	大旱	《花马池志》
1724	雍正二年	花马池山堡人多外逃。	大旱	《花马池志》
1733	雍正十一年	十月花马池霜花雪绺四十余日。	冻	《花马池志》
1735	雍正十三年	甘肃全省旱，入夏以来雨泽愆期，致成灾患，麦歉收，民饥，宁夏秋雨四十天。	旱涝	
1779	乾隆四十四年	甘肃、宁夏等十七方州县，旱水霜灾，赈，盘蜀缓额赋，下马关水灾，赈，并免额赋。	霜	《甘肃新通志》
1797	嘉庆二年	甘肃皋兰、武威等八州县及花马池州同所属旱灾，缓征额赋。	旱	《甘肃新通志》
1920	民国九年	海源大地震波及本县。	震	《甘肃新通志》
1921	民国十年	盐池县高沙窝发生6.8级地震。	震	《甘肃新通志》
1930	民国十九年	灵武大旱，盐池鼠害成灾	旱鼠	民国《盐池县志》
1935	民国廿四年	灵武，盐池麻黄山大旱、黑霜、洪水相继为害，禾无收，民饥。	旱等	民国《盐池县志》
1936	民国廿五年	灵武、盐池大旱。	旱	盐池气象调查材料
1938	民国廿七年	盐池、灵武大旱。	旱	区水文总站供
1946	民国卅五年	盐池秋旱，灵武山区大旱。	旱	区水文总站供
1947	民国卅六年	盐池大旱。	旱	气象调查材料

表 1-3-2 1951 年至 2016 年盐池县自然灾害年表

年份	灾害摘要说明	灾名
1951	盐池春夏大旱。	旱
1955	盐池春夏大旱。	旱
1957	盐池秋夏作物旱,受灾 54 万亩。	旱
1964	6 月 22 日麻黄山降雹最大,直径 4 厘米,受灾五成,8 月 23 日降雹受灾面积 10000 余亩。	
1965	大旱,惠安堡等地草不生。	旱
1966	8 月 9 日局部地方有冰雹,麻黄山公社冰雹打坏庄秣,死羊 159 只,大水坑之新泉井、向阳等大队洪水成灾。	冰雹
1970	6 月 1 日霜冻,受灾农田数万亩,仅麻黄山公社 7922 亩。	霜冻
1973	7 月 18 日,全县局部雹灾,麻黄山受灾面积 5 成,小庄子一带暴雨成灾, 淹死人畜。	冰雹
1975	麻黄山 9 月 18 日降雹,持续 2 小时,地面积雹 2 寸。	
1977	5 月 26 日—28 日连续 3 天降雹,成面积 10342 亩。	冰雹
1979	9 月 1 日全县秋霜,减产 2000 万斤。	霜冻
1980	7 月 5 日降雹,麻黄山公社受灾 400 亩。	冰雹
1981	2 月 19 日,全县风沙灾害,麻黄山风速 37 米 / 秒,大于 12 级。	风
1982	盐池大旱,年降雨量 171.7 毫米,麻黄山年降雨量 217.6 毫米,全县平均收获 2 成。	大旱
1983	4 月 27 日午后 4 时许,全县出现历史少见的大风沙暴,天空突然昏暗,浓密沙尘从西北方向辅天而来。天空始呈灰黄色,续显橘红色,大风狂作对面不见人影。室内如黑夜,人感呼吸困难,小儿惧啼。约 3 小时后,沙尘渐失,但狂风终夜未停,晚 9 点后又有阵雪。全县在这场沙暴中死亡 4 人,受伤 8 人,丢失、死亡羊畜 20000 多只。28 日大风继续 1 天。	沙暴
1985	前期大旱,45 天无透雨。8 月至 9 月出现连阴雨天气,使农作物大幅度减产。	涝 干旱
1987	全县干旱,县城全年降水 197.2 毫米,全县大面积减产。	干旱
1988	全县干旱,南部山区受雹灾、洪灾,农作物和人畜均受到大损失。	干旱 冰雹
1990	7 月 9 日,王乐井、惠安堡乡遭罕见的雹灾,降雹时间长,冰雹直径 10 毫米至 30 毫米,最大直径 40 毫米,冰雹暴雨来势凶猛,强度大,形成洪水,损失严重。	冰雹 山洪
1991	5 月 1 日,低温冻害,最低气温 -3.8℃、地面最低达 -7.9℃,全县经济损失百万元。	低温 冻害
1992	7 月下旬,部分乡镇受暴雨和冰雹袭击,冲毁房屋、公路、桥梁及庄稼,经济损失过百万元。	山洪 冰雹
1993	5 月 6 日,大风,370 亩果树受灾,8 月局部出现暴雨和山洪,冲走羊只,冲倒民房。	大风 山洪

续表

1994	8月5日，县城普降大到暴雨，使盐池遭受百年不遇的特大洪涝灾害。全县受灾人口2.9万人，死13人，重伤10人，倒塌损坏房屋5466间，使385户1648人无家可归，直接经济损失3200万元，重点灾区在县城北门外及其以西地区。	暴雨 山洪
1995	5月16日，全县遭大风、强沙暴袭击，极大风速25米/秒。8月21日，县城北部降雹，持续30分钟，冰雹最大直径40毫米左右。	大风 冰雹
1996	7月，多次出现冰雹，尤其是大水坑镇受灾最严重，降雹持续时间长，冰雹最大直径40毫米。	冰雹
1997	7月27日，青山、惠安堡、冯记沟降冰雹，持续15分钟左右，直接经济损失555.7万元。当年晚霜迟，早霜早，霜冻严重。	冰雹 霜冻
1998	5月20日、7月4日—5日、7月12日—15日3次降雹，造成10多个乡镇受灾，农作物灾情严重，乡级公路和国道多处被洪水冲毁，房屋倒塌多间，1人失踪。6月24日，麻黄山雹灾。8月1日，柳杨堡、城郊、冯记沟等乡受雹灾。直接经济损失1000万元。	冰雹 洪水
1999	冬春干旱，158天内无有效降水，因干旱春播无法进行。7月12日至13日，全县普降中到大雨，县城一天降雨121.2毫米，创历史最高，城周围乡镇遭暴雨。灾害造成9个乡镇28个村委168个村民小组1.2万余人受灾，死亡3人，倒塌房屋32户98间，有800多人无家可归。洪水淹没农田7880余亩。直接经济损失达3277.9万元。	干旱 洪水
2000	全年降水160.80毫米，仅为历年降水量的50%左右，使全县农作物播种计划无法完成，即使播种的庄稼，旱地作物绝大部分绝产。风多沙大，植被大量旱死，自然环境不断恶化。气温持续偏高，流行性感冒严重。沙尘暴致使肺病哮喘人数增多。	干旱 沙暴
2001	7月26日，凌晨6时至18时25分，盐池县持续中到大雨，局部地区大到暴雨，平均降雨63.7毫米，局部地区降雨80.7毫米。惠安堡、大水坑、马儿庄、冯记沟、红井子、青山、鸦儿沟、王乐井、城郊9个乡镇的21个村、94个组、18800余人受灾。羊只死亡701只，洪水冲毁农田42201.4亩，农作物受灾40201.4亩，扬黄工程、公路、农房、圈棚等均受到不同程度的损毁，造成直接经济损失1600余万元。8月17日至18日(17日8时10分至18日20时25分)，盐池县持续降雨76.6毫米，局部地区达到89毫米，形成洪涝灾害。全县除高沙窝、鸦儿沟外的其余14乡镇45个村198个组3万余人受灾。农作物受灾面积8245亩，倒塌房屋277户659间，造成危房549户1797间，伤2人，羊只死亡177只，畜圈棚、道路、井窑等受到毁损，造成直接经济损失1037.5万元。	暴雨
2002	2002年，盐池县先后遭受了干旱、沙尘暴、冰雹、洪水等多种自然灾害，造成13个乡镇46个村45897人受灾。因灾死亡1人，羊只死亡1985只；农作物受灾7.45万亩，成灾9.15万亩，绝产3.1万亩；有1623间危房倒塌或出现裂缝，共造成直接损失1485万元。	干旱 冰雹 洪灾 沙尘暴
2003	7月22日15时30分，盐池县大水坑、惠安堡、麻黄山、花马池、王乐井等乡镇遭受暴雨和冰雹袭击，19个村77个村民小组14800余人受灾。农作物受灾面积94818亩，其中扬黄灌区成灾56818亩，绝产13530亩；洪水冲毁防洪坝79道，乡村道路47处72公里；冲走正在打碾的小麦4850千克；溺死2人，其中学生1名。造成直接经济损失564.7万元。	暴雨 冰雹 洪水

续表

2004	9月11日，盐池县局部地区遭受暴雨、冰雹袭击，花马池、王乐井、高沙窝等乡镇的10个行政村、30个自然村17000多亩农作物、6万亩草原受灾；数十间民房倒塌或淹没，受灾人口6000多人，造成直接经济损失460多万元。灾情发生后，自治区民政厅副厅长蒋志平及盐池县领导带领有关部门分赴受灾地区察看灾情，安排部署救灾工作。9月13日，王乐井乡又一次遭受冰雹袭击，致使狼子沟、孙家楼两个行政村13265亩农作物受灾，7995亩农作物绝产。	暴雨 冰雹
2005	5月30日，盐池县部分地区遭受大风和冰雹袭击，灾情较重的冯记沟乡降雹时间持续10分钟，冰雹直径20毫米。风雹灾害造成全县5个乡镇、29个行政村、152个村民小组、6535户、29340人受灾。受灾农作物面积70853亩，其中绝产51426亩；大风造成8120只滩鸡丢失；损坏蔬菜大棚8座，移动式养鸡棚23座；民房倒塌5间，损坏44间，围墙倒塌1300米；刮倒高压电线杆2根；全世达镁业公司36米高的烟囱被风刮倒；大风还造成2人轻伤。此次大风和冰雹灾害全县共造成直接经济损失达660万元。	大风 冰雹
2006	7月6日—12日，6日、8日、11日，盐池县惠安堡镇、大水坑镇多次遭受暴雨和冰雹袭击，造成14个行政村59个自然村2617户9884人受灾。农作物受灾面积46471亩，绝产12251亩，其中水地受灾面积30500亩，旱耕地受灾面积15972亩；冲毁堤坝59处，道路4处约15公里，桥梁两座；造成直接经济损失1030多万元。8月12日—14日，盐池县惠安堡镇的萌城、麦草掌、杏树梁3个村连降阵雨，引发山洪。洪灾造成千余亩农作物受灾，8条村庄便道被冲毁，17个村民小组群众生产生活受到影响	暴雨 冰雹
2008	12月4日—9日，盐池县遭受近50年不遇的大风袭击，最高风速达9级至10级，风向为盐池一带秋冬季罕见的西南风。大风造成全县8150亩秋覆膜受损，637座1911亩日光温室棚膜破损，其中187座561亩日光温室棚膜完全破损，274座832亩蔬菜幼苗受冻，直接经济损失达300万元以上。灾情发生后，盐池县委、政府及时组织有关部门紧急调运压膜线3000千克、棚膜1000千克，动员群众积极采取加固措施，将大风造成的损失降到最低程度。12月10日，自治区农牧厅、财政厅等有关部门联合视察了盐池县设施农业秋覆膜遭受风灾损失情况。	大风
2009	4月23日，盐池县部分乡镇遭受沙尘暴袭击，最大风力8级，造成78座大拱棚棚膜撕裂，5座大拱棚棚架倒塌；1户农户羊圈墙被大风吹倒，造成羊只死亡5只，直接经济损失20余万元。8月8日，16时左右，盐池县大水坑镇红井子、马坊、二道沟、新桥、李伏渠、王新庄、莎草湾、新建8个村突降大雨，降雨量达60.2毫米，山洪导致4570亩农作物不同程度受损，冲毁洪漫坝71道、村道23处，冲毁输油管线1处，污染草原面积1000亩，二道沟桥桥基受损，倒塌房屋2间。大水坑到红井子公路有多处路面被冲毁，致使车辆、行人无法通行。针对大水坑镇遭受"8.8"洪灾情况，盐池县委、政府及时组织民政、交通、水务、农业、环林、畜牧、扶贫、石油办等部门到大水坑镇现场办公，抢险救灾。	大雨 沙尘暴

续表

2010	4 月 24 日夜间至 25 日，受蒙古东移南压强冷空气影响，盐池县出现 5级至 6 级大风，瞬间最大风力达到 9 级，气温下降 8℃左右，并伴有扬沙及沙尘暴天气。此次风冻天气过后，全县大拱棚棚体倒塌 702 座，棚膜破损 842 张；种苗受冻 962 亩，其中大田苗受冻 500 亩；秋覆膜损失 3330 亩，覆膜玉米损失 100 亩，造成直接经济损失 259.66 万元。灾情发生后，盐池县委、政府高度重视，组织干部深入抗灾一线调查受灾情况，帮助指导抗灾自救。7 月 18 日，盐池县高沙窝镇突降暴雨和冰雹，致使贺庄子、郭记沟等 2 个自然村受灾。农作物受灾面积 2000 亩，其中玉米 600 亩、马铃薯 800 亩、小杂粮 600 亩，造成直接经济损失 20 余万元。8 月 10 日，盐池县境内出现大范围降雨，花马池、大水坑、王乐井、青山、冯记沟等乡镇遭强雷阵雨袭击，致使农牧业、道路交通、水利工程及部分群众不同程度受灾。8 月 11 日，盐池县普降大到暴雨，平均降雨量 49.9 毫米，最大降雨量 148.8 毫米，部分区域受灾严重，直接经济损失达 1500 万元。灾情发生后，自治区水利厅、吴忠市有关部门及盐池县委、政府迅速行动，组织人员赶赴受灾地区指导抗灾自救。	大风 暴雨
2011	8 月 21 日，盐池县王乐井乡两次遭受特大暴雨袭击。全乡受灾荞麦 2300 亩、甘草 220 亩；冲毁郑家堡农渠 1000 米、斗渠 15 米，王吾岔平阳沟新农村 3 户农户被淹。8 月 22 日，盐池县大水坑镇发生特大冰雹灾害，造成莎草湾、向阳、王兴庄、新泉井、宋堡子、新建 6 个行政村、16 个自然村、1280 户 5120 人受灾，直接经济损失达 670 多万元。8 月 22 日，盐池县麻黄山乡局部地区遭受强降雨和冰雹灾害，降雨持续 30 分钟，造成该乡井滩子、何新庄、下高窑 3 个村荞麦等 1.82 万亩农作物不同程度受损。其中荞麦绝产 6400 亩、马铃薯绝产 1600 亩、葵花绝产 1200 亩、玉米绝产 100 亩。下高窑村养殖园区 30 座养殖暖棚和何新庄村两道淤地坝受损严重，直接经济损失达 623 万元。	暴雨 冰雹
2012	6 月 2 日，下午 4 时，盐池县王乐井乡和青山乡部分村组遭受持续约半个小时左右的冰雹、暴雨袭击，受灾地区部分玉米、油葵、西甜瓜等农作物以及枣树、育苗松树等遭受了不同程度的损害。	冰雹
2014	8 月 2 日，入春以来，盐池县累计降水量偏少，7 月份以后气温持续升高。旱情造成全县 8 个乡镇 100 多万亩旱耕地严重受灾，5.26 万人缺水，3.56 万人缺粮，50 余万头（只）牲畜缺水。根据《盐池县自然灾害救助应急预案》，从即日起正式启动自然灾害Ⅱ级预案。9 月 27 日晚，盐池县普降暴雨、冰雹，造成王乐井乡孙家楼、狼子沟、双疙瘩、寇庄子、鸦儿沟村一带发生洪灾，受灾人口 752 人；农作物受灾面积 145.6 公顷，房屋倒塌 23 间，直接经济损失 75.64 万元。	干旱 暴雨 冰雹
2016	8 月 19 日，盐池县惠安堡镇范围内普降中到大雨，导致狼布掌、麦草掌、杜记沟、四股泉、萌城等 6 个行政村、15 个村民小组不同程度受灾。共造成 2300 余亩小杂粮及油料受灾，基本全部绝产，其中狼布掌 512 亩、杜记沟 1418 亩、四股泉 370 亩；冲毁土桥 2 座（麦草掌 1 座，四股泉 1 座）；水窖 2 眼；洪漫坝 24 道（狼布掌 17 道、四股泉 4 道、萌城 3 道）；道路 33 公里。在受灾的村组中，杜记沟村郝记台组受灾最为严重，共造成郝记台 1200 亩小杂粮被淹，道路被洪水淹没，14 户 50 余人被困庄点。	大雨

第二章　农田水利建设

第一节　中小型水利建设

第二节　机井灌区建设

第三节　机井经营管理

第四节　微灌农业

第五节　秋冬季农田水利基本建设

第二章 农田水利建设

盐池县水资源贫乏、生态环境脆弱，尤其是年降水量偏少，县境内无大的河流、湖泊。中华人民共和国成立以前，全县无任何水利工程设施，水浇地只有10余亩，多在红山沟一带，主要为农户自产菜地，另有自然洪漫地5000亩。1952年后，历届县委、政府十分重视水利建设，投入大量人力物力，引导群众采取“打、挖、截、引、蓄”等方式开发水浇地，进行农田水利基本建设。盐池县农田水利建设经历了从无到有、从小到大，由浅及深的发展过程，并且在探索、利用好“四水”方面，取得了实际效果：在中北部地区筑塘坝、截引沟泉地表水；打带子井、土圆井、塑料井和深机井等开发地下水；在缺乏地下水资源的南部山区建集雨场、打窖蓄存天上水；建设扬黄灌区引入黄河水。形成了以扬黄灌区为主，机井灌区、窖灌为辅的三大农田水利体系。截至2017年年底，全县发展水浇地累计保存面积32.0557万亩，其中扬黄灌溉区19.6万亩，机井灌溉区7.0841万亩，小高抽、塘坝、窖灌5.3716万亩。

第一节 中小型水利建设

中华人民共和国成立初期，盐池县为了从根本上解决靠天吃饭的被动局面，在地表水和浅层水较为丰富的地方搞小型水利工程建设，通过打土圆井、截引沟泉水的办法开发水浇地，同时大搞农田水利大会战。受当时条件限制，所有水利工程全部为人力修筑的土坝和土渠，工程质量不高，水毁严重，先后多数废弃。但在当时，对抗旱救灾、人畜饮水、提高粮食产量等方面发挥了积极作用。

一、打井筑坝（1950—1957年）

1950年至1951年，盐池县连续遭受了两年严重旱灾，特别是1951年旱情特别严重，降雨量只有156毫米，为历年来最低。粮食亩产平均只有4公斤，也为历年来最低。群众生产生活十分艰难。为了抗旱救灾，1952年盐池县委提出了“打井筑坝，利用一切水源浇地”的抗旱思路。当年抽调194名机关干部、66名企业员工投入打井抗旱工作，全县各区都分配了打井任务。全年计划打井 147 眼、水车井 52 眼、发展水浇地 1206 亩。实际打井 200 眼、可浇地井 145 眼、水车井 34 眼；利用沟泉水筑坝 4 处，打洪漫坝 60 座。由于对地质、水文情况掌握不清，且盲目追求数量，在一些不宜打井的地方进行打井，致使有的井打出的是苦水，无法浇地，而有的井不出水。200 眼井中，只有余庄子区西大井的一眼水井能够成功浇地。造成人力财力的浪费，影响了群众的积极性。1953 年至 1954 年，全县再没有安排打井，各区对地下水和沟泉水分布情况进行了勘测，为以后开发利用做准备。在红山沟、五堡泉、柳杨堡、北马坊、猫头梁 5 个地表水丰富的地方筑坝引沟泉水发展水浇地 69 亩（原有 160 亩，五处沟泉共有水浇地 229 亩）。

从 1955 年开始，全县以"堵挡洪水，截挖潜水"为目的，组织开展大规模的农田水利工程建设，并实行"民办公助"的方针。有些工程用工量太大，就采取"联社 + 联社"的方式，其他社采取互借互还劳动力的办法解决。开挖土井，截引沟泉水，修渠引水发展水浇地。是年，全县开发利用沟泉水 4 处（五堡泉、二道湖、红山沟、郝家台），发展水浇地 2400 亩，修灌溉渠 5 条，筑坝 5 座，进出口 10 个，跌水 17 个。完成流沙井 3 眼、水车井 2 眼，改善水浇地 6 处 75 亩。对盐碱地进行改良，五堡泉和二道湖采用沙压地面排碱的办法，当年种植小麦亩产 200 多公斤。

五堡泉截水工程 修灌溉渠 2 条，长 2200 米，涝坝 2 座，进出水口 4 个，完成土方 7261 立方米，石方 619 立方米，投入费用 434.47 元，开发水浇地 100 亩。

二道湖截水工程 修灌溉渠 1 条，长 150 米，完成土方 8096 立方米，石方 1264 立方米，涝坝 1 座，进出水口 2 个，投入费用 2772.36 元，开发水浇地 100 亩。

红山沟截水工程 修灌溉渠 1 条，长 2125 米，跌水 9 座，涝坝 1 座，进出水口 2 个，完成土方 20761.86 立方米，石方 1707.45 立方米，投入费用 10856.4 元，发展水浇地 1000 亩。

郝家台截水工程 修灌溉渠 1 条，长 2700 米，跌水 9 座，涝坝 9 座，进出水口 2 个，完成土方 40612.5 立方米，石方 197.96 立方米，投入费用 18152.55 元，发展水浇地 1200 亩。

受 1952 年打井失败的影响，1956 年群众对发展农田水利积极性不高，加之气候干燥、交通不便、缺乏经验等因素影响，红山沟、五堡泉、二道湖开发的水浇地无人种植，造成闲置。为改变社员观念，提高群众利用水利发展生产的积极性，县政府有关部门组织 300 余名村干部、社员参观学习了北园子打井平畦和木制提水工具、五堡泉沙压碱改良土壤种植小麦并采取多种措施节省打井费用的经验做法；城关区东塘乡利用井中挖出的石头箍井，每眼井可节省 500 块砖；和平社的李惠泽发明的拉泥板，可提高工作效率 30%。县有关部门还组织培训农民技术员 193 名，以工地为学校，以教带干，扩大技术员队伍。余庄子区采用小孔试挖的办法勘探地下水，这种办法可以发现打出百眼井的地方，节省人力财力。通过以上措施，群众参与水利事业建设的积极性逐步恢复提高，是年完成沟泉水工程 23 处，发展水浇地1143亩。

截至1957年年底，全县共发展全水地5437亩，保灌面积1000亩，半水地11434亩。打井607眼，安装水车172部，挖蓄水涝池17座、修引水渠25条、输水渠19条、截水沟4条、掏泉2个。修草石跌水17座、木闸1座、渡槽1条。侯家河区二道湖乡发展水地1958亩，其中全水地453亩，亩产麦子62公斤，城关区柳杨堡乡水地亩产小麦200公斤，二区万寿社种植蔬菜亩产收入180元。

这一时期，盐池县在水利工程建设中也存在一些问题：高沙窝区动员500人打井102眼，打井成功32眼。浪费工日3000个；全县打成的500眼成品井中，有400眼没有安装提水工具，没有产生实际效益；猫头梁、红庄、太平庙、野湖井等工程没有按时完工，浪费了人力财力；沙质盐碱地较多，利用率不高。

1957年，盐池县有关部门在城关区和平社进行打深管井实验。1957年8月15日开工，11月5日结束，历时95天，用工时582个。井深24米，一天可浇灌8小时，灌地50亩，比一般土井效率高出10倍。

二、农田水利“田园化”建设(1958—1966年)

1958年农村实行公社化后，盐池县农田水利建设实行“小型为主、蓄水为主、社办为主”的“三主”方针。盐池县委提出“苦干三年改变盐池面貌，奋斗五年实现四十条，提前两年实现水利化，人均水地达2亩”的目标。开展了以“大兵团作战，主攻重点，实行组织军事化”的农田水利运动。盐池县委召开了“防旱抗汛，又抓水利利用”的广播誓师大会和电话会议。全年不同时节，全县有分别有8%至40%的强劳力投入到水利水保工程建设之中。各工地在施工之初都举行了誓师大会，开展了红旗竞赛和评比活动，工地每10天开展一次比出勤、比质量、比数量、比思想活动。具体施工过程中，改变过去先勘测、后设计、再施工的程序，实行边勘测、边设计、边施工的做法，同时边修边灌，加快工程进度和利用效率；实行“包工、包任务、包质量”的三包制度。充分调动和发挥群众的积极性、创造性；开展了“五化”为中心的技术改革和工具改革。按照“土洋并举，先土后洋，因陋就

1958年，惠安堡公社白疙瘩大队社员自制的水车

简，因地制宜，就地取材”的要求，以高效的生产减轻劳动强度，实现“三化”，即“车子化、高速运土化、陆地兵舰化”，发明了两轮车、三轮车。提倡节约用水，提高水的利用率。余庄子区苏步井乡穿沙引水渠采用砖石砌护；大水坑麻莲河用胶泥砌护渠道；官滩截水渠道和陈家台引水工程采用草皮护渠，修跌水防渗透冲刷；李家海子、英雄堡等村采取修井代沟，修井代涝池，扩大灌溉面积，节约了水源。截至1959年年底，全县新修和整修中小型水利工程130处，完工26处；开辟干渠99条20.55千米，小型渠道1041条889千米；新修中小型水库33座，库容44万立方米，其中塘坝23座，库容2.4万立方米；打水井454眼，安装水车301部(其中风力水车2部)，抽水机1台(10马力)；修截水沟渠19条282千米。累计发展灌溉面积13810亩，其中保灌面积6164亩，改善提高505.5亩。重点修筑太平庙工程、营盘台水库、杨圈沟水库、陈家台水库、官滩截水工程、汪家河沿工程、红井子截水沟工程、芨芨滩营井工程。出现了铁柱泉、高利乌苏、井沟、官滩、贺家庄、猫头梁、陈家台、红井子等高标准田园化灌区，高标准田园化1950亩，一般田园化718.5亩。

盐池县政府还制定出台了《灌溉管理办法》，总的要求是：“兴修与管理并重”，做到“渠成地产，水到苗长。”一是要大力提倡经济用水，节约用水，改变大水漫灌，采取小畦灌，树立“爱水省水灌好水”风尚。二是加强和改善渠道养护，减少渗漏，采取黄土胶泥和草皮砌护渠道。三是有计划进行灌溉，先保证粮食用水。四是开辟水源，掘挖沟流，采取“长藤结瓜，节节蓄水，小聚大放”的办法。五是健全灌溉管理机构，县、公社、乡成立相应组织机构，生产队成立专业浇水队，负责用水安全和工程质量。同时还制定出台了《盐池县水利标准》，总体要求是：打埂平畦，地平水通，土松墒饱，苗肥籽壮，亩产千斤。具体要实现“五化”：排水网格化、耕地田园化、坡地水平梯田化、沟壑川台化、渠沟两旁和荒山荒坡要绿化。

1960年，盐池县集中力量修建了李家大湾水库，并对营盘台水库、杨圈沟水库、太平庙水库、哈巴湖和红井子截沟工程进行修整。完成灌溉面积4680亩，保灌面积2385亩，改善提高495亩，达到田园化标准的1425亩，简易田园化的825亩。新修干渠4条长8.5千米、毛渠176条长38千米，打水井35眼，安装水

1962年，盐池县城郊公社长城大队小型农田水利建设

车25部、风力水车5部，维修干渠10条19千米、毛渠506条636千米，修截水沟21条35.8千米、蓄水涝池19座。一次性投入劳力4677人，完成土方603168立方米、石方54399立方米，投工305661个。截至1960年年底，全县有效水地面积9988亩，保灌面积2416亩（其中利用地下水灌溉390亩），达到田园化标准的1421亩，基本田园化823亩。中小型水库6座（李家大湾、陈家台、营盘台、太平庙、杨圈沟、井沟），其中塘坝3座。水井333眼，安装水车163部，风力水车5部，安抽水机28台，使用9台139马力。其中蒸汽机6台110马力、柴油机3台30马力。共计投资149万元，其中国家拨款29万元、自筹资金120万元。

1961年，全县没有进行新的工程建设，抽调456人修建了李家大湾水库配套工程，维修了杨圈沟、太平庙水库坝渠工程。李家大湾水库完成干渠收尾工程，修支渠1条、斗渠3条，整地1000亩。由于水质不好，只灌溉了200亩（其中60亩菜地死苗），以后再未灌溉。

1961年以后，已打成的土圆井、塘坝沙压泥淤，水地变成旱地。截至1963年，全县水地面积下降到1410亩，水地利用率大幅下降。为进一步鼓励群众发展小型水利的积极性，盐池县制定出台了《小型农田水利工程补助费使用规定》：一是应当根据“社队自办为主，国家支援为辅”的原则，开发建设水利工程。二是贯彻“勤俭办一切事情”的方针，精打细算，讲求实效，集中力量打歼灭战，做到花钱少、办事多、效益大，群众欢迎。三是使用范围为社队办的小型农田水利工程和人畜饮水措施。

1964年，中央提出“以小型为主、配套为主、社队自办为主”的水利建设方针。1965年，在“农业学大寨”的号召下，盐池县开展了大规模的草原建设和水利水保大会战。县上成立了“草原建设水土保持委员会”，县委书记魏建华亲自挂帅，全县8个公社根据地理条件，划分为4个战场，以王乐井、大水坑公社为中心的两个水土保持战场，以城郊，侯家河公社为中心的两个小型水利战场。每个战场都成立了政治部，由一名县委常委挂帅。县委制订“十四个必须”“十四个不得”纪律要求，召开了两次电话会议和广播动员会，向全县提出“一条战线、四个战场、万人大军，大战一百天”的战斗口号。每个战场又召开了千人誓师大会，占全县总劳力的35%、近9000名劳力出动。佟家圈生产队70%的劳力上了水利工地，一个月发展水浇地153亩，人均1亩。县委书记魏建华在郝家台发动群众截堵沟泉水，一个半月完成水库1座，发展水浇地520亩。大会战自1965年10月开始，至1966年1月结束，共完成土方80万立方米，新打浇地井483眼，草原井48眼，发展水浇地4000亩，冬灌3290亩，挖人畜饮水窖244眼，蓄水涝池51个，全县水浇地面积达到8000亩。

表 2-1-1 1966 年盐池县农田水利情况统计表

序号	项 目	单 位	年内新增加数	年末达到数
一	有效灌溉面积	亩	1372	10290
二	旱涝保收面积	亩	1372	4222
三	排灌机械	台 / 马力	21309.5	22354.5
	电动机	台 / 马力	225	225
四	水井	眼	531	1074
	机井	眼	3	9
五	水窖	个	244	244
六	涝池	个	51	51

表 2-1-2 1966 年盐池县各公社农用动力机械统计表

地 址		动力机		水 泵		用 途
公 社	大 队	机 种	台 / 马力	型 号	数 量	
城 郊	长 城	柴油机	110 千瓦	6k-18a	1	灌 溉
城 郊	长 城	电动机	111 千瓦	6k-18a	1	灌 溉
城 郊	沟 沿	锅锥机	110 千瓦	6k-18a	1	灌 溉
城 郊	沟 沿	电动机	114 千瓦	6k-18a	1	灌 溉
城 郊	李家沟	柴油机	120 千瓦		1	人畜饮水
高沙窝	高沙窝	锅锥机	110 千瓦	6k-18a	1	灌 溉
高沙窝	大疙瘩	锅锥机	110 千瓦	6k-18a	1	灌 溉
高沙窝	苏步井	锅锥机	110 千瓦	6k-18a	1	灌 溉
高沙窝	营 西	锅锥机	110 千瓦	6k-18a	1	灌 溉
高沙窝	芨芨沟	锅锥机	110 千瓦	6k-18a	1	灌 溉
王乐井	石山子	柴油机	120 千瓦			人畜饮水
侯家河	郝家台	柴油机	110 千瓦	6k-18a	1	灌 溉
大水坑	向 阳	锅锥机	110 千瓦	6k-18a	1	灌 溉
大水坑	马 坊	柴油机	120 千瓦	8k-25	1	灌 溉
大水坑	马 坊			6k-18a	1	灌 溉
隰宁堡	浪步掌		110 千瓦			人畜饮水
隰宁堡	摆宴井		110 千瓦			人畜饮水
麻黄山	麻黄山		220 千瓦			人畜饮水
马儿庄	马儿庄	汽油机	14.5 千瓦		1	灌 溉
县 存		锅锥机	660 千瓦	6k-18a	4	
县 存		柴油机	145 千瓦	8k-25	1	
县 存		柴油机	110 千瓦	4k-25	1	
县 存		柴油机	120 千瓦			
县 存		汽油机	125 千瓦			

三、小型农田水利建设（1967—1990年）

1967年后，盐池县农田水利建设在不断推进中有了新的提高。1975年，盐池县掀起了农田水利建设新高潮，城郊、王乐井两个公社广大干部群众经过8个月大干，建成了城西万亩喷灌区。

随着钻机技术的不断成熟，盐池县农田水利建设的主战场以打机井、建设机井灌区为主。20世纪70年代，对已建成使用的土井全部进行配套，提高生产使用效率，发挥土井在抗旱救灾中的作用。同时因地制宜，全面规划，在土壤条件好、地势平坦、地下水资源好的地方发动群众，自力更生，打带子井和大口井，发展水浇地。1974年至1975年，全县共打大口井155眼，发展水浇地80公顷。1980年，柳杨堡、城郊、高沙窝、苏步井等公社部分地区，发展一户一井的小土井灌溉，每眼井配发水车一部，发展水地3亩至5亩，经济又方便，增效显著。柳杨堡公社配发水车50部，发展水地199.5亩，亩产小麦157公斤，最高亩产265公斤。1988年完成官滩截潜流工程，投资20万元，开挖潜流沟1.07千米，安装塑料管道2.5千米，建涝池2个，铺设输水管道2.4千米，动用土方10.63万立方米，改善灌溉面积525亩。投资12万元建设了井沟小扬水工程，修筑塘坝1座，防渗渠6千米；架设农电线路3.5千米；发展水地90亩。

20世纪70年代盐池县农村提水灌溉

截至1990年，全县共建小高抽32处，带子井165条，大口井189眼，发展水浇地6750亩。

青山乡北马坊东队共有农户26户156人。从六七十年代开始，村里利用当地沟泉水开发水浇地，全村人均有水地1.05亩。由于水源不足、坝渠管理不善，村民群众经常因为淌水发生纠纷，既耽误了生产，也影响团结。村干部和村民商量后，决定依靠集体力量再打一道坝，解决水源不足问题，同时扩大水地面积。1988年春，上游邻村的水坝发生水毁，洪水涌进了北马坊东队新修的水坝，眼看着大坝就要被冲毁，村干部、党员带头冲向坝头，站在刺骨的冰水里加固大坝，村民群众闻讯而至，男女老少一齐出动，推车拉土，背柴送草，不停地穿梭在坝头上，经过8个多小时的抢修，大坝终于保住了。1989年秋后，村里原来的水坝由于使用年久，泥沙淤积严重，且坝堤出现几道裂痕。村干部召集村民商量，决定在旧坝上游再打一道新坝，算计着大概需要4万多元钱；工程进行了一半，土方变成了石方，需要花的钱更多了。村干部积极一方面积极寻求县水电部门支持，另一方面，党员干部带头卖猪卖羊，筹措资金，不到3天，就凑集打坝款4700元。就在这样艰难的条件下，北马坊东队依靠政府、依靠集体、依靠群众力量，先后打坝3道，动用土方3.5万立方米，发展水浇地286亩，开挖洪水渠120米，为夺取农业丰收奠定了基础。

1989年深秋的一天，苏步井乡高记梁村同年同月同日生的老党员高清和王占泰老哥俩刚刚过完他们70岁的生日。他们都是中华人民共和国前就参加革命的老同志，按说到了这个年龄，该抱孙子、重孙享清福了，可是老哥俩却有一件共同的心愿还未完成，那就是想利用当地浅层水资源，为村里开挖两条带子井。周围的一些村子前些年就陆陆续续开发带子井了，粮食产量逐年增加，可本村老百姓由于缺资金，至今还在“靠天吃饭”。两位老人看在眼里，急在心里，谋划着一定要打两条带子井，为乡亲们找个出路。大伙看两位老人年龄大了，就劝他们算了，别干了。可是老哥俩既然拿定了主意，就不打算放弃。他俩自掏腰包，垫资金、请技术人员，亲自参与选址，组织推土机施工。两条带子井终于挖成，清澈的地下水泛了出来。次年春，老哥俩挨门挨户动员乡亲们平田整地，还请来县上农业技术人员指导种植，当年小麦亩产超过了150公斤。这样的产量听起来很平常，但在自然条件极其恶劣的高记梁村来说，仍然是一个奇迹。

表2-1-3 1982年盐池县塘坝水库效益统计表

项目\地名	工程数(处)	效益面积(亩)	备注
城　郊	4	76	
鸦儿沟	1	550	
王乐井	2	377	
青　山	8	335	
大湾水库	1		
合　计	16	1368	

表2-1-4 1982年盐池县部分沟泉状况调查表

序号	沟系名称	发源地	沟长(千米)	流域面积(平方千米)	目前灌地情况(亩)	今后可发展水地(亩)	备　注
1	柳杨堡沟	聂家梁	15	20.6	708		
2	边堡子沟		8.5	14.6	200		这些沟泉共灌水浇地10663亩
3	红山沟	左家台	18.2	30	337	1600	
4	佟记圈沟	左家台	8.5	6.1	144	85	
5	猫头梁沟	左家台	11	29	245	105	
6	雷家沟	雷家沟梁	17	66.5	770	1780	
7	营盘台沟	灵塔山	7.5	23.8	42	1450	
8	井　沟	灵塔山	2.3	10.5	150	50	

续表

9	杨成沟		5	3.5	185	130	
10	月儿泉沟		7.5	10.1	60	110	
11	马坊后沟	灵塔山	8	10.3	35	55	
12	贺坊沟		3.5	5.1	136	70	
13	东野湖井		2.5	4	75	98	
14	西野湖井			4.4	110	90	
15	观滩截饮水工程				560	450	
16	二道湖斗沟子沟泉				230		
17	甜水河				55	48	
	合　计				4592	8071	

主要水利工程有汪家河沿工程、李家大湾水库、太平庙工程、官滩截流工程、红井子截流工程。

汪家河沿工程　为当时全县最大的水利工程，1957 年 12 月 11 日开工，次年 1 月 15 日春节期间，第一期工程结束；1958 年 2 月 23 日开始二期工程。当时调集全县 4 个区的农民工 1000 名，实际到位民工最多达到 927 名。为了能够在 1958 年实现通水，又于 2 月 28 日在全县各区增加民工 2000 名，抽调民工总数 3000 名，实际到位民工最多达 2720 名。该工程原计划用 25 天突击施工，于 4 月 25 日竣工。施工过程中，工程定额按各区分配民工数进行包工，包工任务完成后先通春水，结尾工程留 1000 人，边通水边施工。结果因隧洞土层出现问题，加之各区民工未能全部到岗，直到 5 月 5 日左右，各区才陆续完成任务。共修干渠全长 12.6 千米，斗渠 4 条总长 6 千米，进水闸 1 座，平整土地 16000 亩。总用工量 351553 个，1 个工按 1 元计算，工程总投资 35 万余元。干渠打隧洞 1535 米，其中 332 米可永久保留，790 米为试验过水。

附：

汪家河沿水利工程建设纪实

汪家河沿，一个美丽动听的村名，1957 年 12 月 11 日，这里由盐池县委和盐池县人民委员会调集全县 1000 多名民工新建了一处巨大的水利工程，叫汪家河沿水利工程。该水利工程由吴忠回族自治州人民委员会批准。盐池县人民委员会上报工期为 6 个月，吴忠回族自治州人民委员会认为工期太长，原因是兴建 6 个月后，就超过了来年春天冰水融化期，造成化冰水浪费，直接影响收益。所以让盐池县人民委员会动员水库所在地的六区（今惠安堡镇)要多投入劳动力,争取在1957年春节前将大干渠建成,要用来年春化冰水浇灌5000亩以上的土地。

当时盐池县人民委员会同时向吴忠回族自治州人民委员会上报汪家河沿和太平庙(在今青山乡)两处水利工程,汪家河沿水利工程需要建筑经费40万元,太平庙水利工程需要建筑经费11万元,共计51万元,吴忠回族自治州人民委员会只批准拨付30万元,还有21万元由群众自筹负担。吴忠回族自治州人民委员会指示盐池县人民委员会要千方百计地动员群众自筹经费,建议从以下两个方面挖掘潜力,节约开支:一是坚持8小时半的劳动时间,按片按段包工;二是受益群众要全部自筹经费或减少补助,非受益群众也要降低工资。防止出现投资款使用前松后紧,中途因缺款而停工现象。

施工地点选在河沿边。在约7丈高的悬崖下劈崖修渠,极易造成工伤。吴忠回族自治州人民委员会随批文同时下达安全条例,要求在近沟一丈的范围内禁止劈崖;劈崖挖土要保持足够的宽度,按层削皮开挖,不能挖成深窄台阶式巷道,以免塌方造成伤害;不能在沟崖下行走,老人要照顾到离沟崖远的地方挖土,风雪天不许在离沟边一丈范围内走人,崖边一公尺内不许推土,严禁民工在崖下休息。安全条例要求不可谓不周到。但开工不久,即有民工在沟崖边挖神仙洞(用来住人、休息),结果神仙洞土方坍塌,将2人埋在3丈深的沟底,1人受重伤,1人受轻伤。

开工时期,正值天寒地冻,尤其早晨,民工出工困难,工程委员会决定将早晨8点上工改为8点半上工;下午5点收工改为5点半收工。开工初期,根据民工体力状况,日工资分为0.9元、0.7元、0.5元。为了调动民工积极性,提高劳动效率,又将工资标准做了适当调整提高。同时实行以组包工的小包工制和流动红旗竞赛评比奖励制。

工程在极其艰苦的条件下进行。吃住困难、衣服单薄、工资低,民工思想波动很大,有74名民工不打招呼擅自离开了工地,追回了15名。又有143名民工病倒,工地上只有两名医生,亟需加紧治疗却又缺乏药品,其中51人因无药治疗不能出工而回了家。应到达工地民工1430人,实际出工1223人。工期在急,许多民工手脚冻伤,要求换人。为了保证按期完工,工程委员会决定小换人,大稳定。个别确有实际困难的民工可在说明情况,办完交接手续后回家,绝大多数民工必须坚守工地。又动员党、团员发挥模范带头作用,要求领导干部以坚决、大胆、彻底的精神完成汪家河沿水利工程。到1957年12月31日,汪家河沿水利工程用工64688个,完成石方98306立方米、土方184716立方米、石子胶泥38584立方米。

1958年1月13日,气温突然下降,冻土层加深至60厘米至70厘米。工地土质为胶土,本来就坚硬,再加封冻,更是坚硬如铁,使用铁镐挖掘无济于事,改用铁榔头加铁镄,通过打撬完成土石方。榔头和铁镄数量少,工程进度受限。工地喊出口号:“冻土胶泥硬如铁,我们的意志坚如钢。”民工坚守工地,六区民工一直干到腊月二十七放假,其他各区民工提前一天于腊月二十六放假。

1958年2月23日,二期工程开工。开工前,工程委员会向县人民委员会打报告,要求紧急调运1000斤麦草用于民工居住时铺地。六区已经调运了一部分,但远远不够。请求五区(今大水坑镇)和四区(今青山乡)再协助调运。工地住房少,管理和技术力量薄弱,工程委员会打算只用700名民工到6月完工,但县人民委员会要求必须按原定时期竣工,要求民工数量为4000人。督促各区(今乡镇)乡(今村)社(今村民小组)干部积极配合,动员民工按时进入工地。五区武家塘乡给民工写来了慰问信,鼓励民工安心施工。武家塘乡有3个社,每个社给派来的民工每人送肉1斤4两。城区(原城郊公社)新华社不仅给派来的民工写了慰问信,又每人赠送香烟1盒、羊肉3斤、羊油半斤。六区的狼布掌乡摆宴井社给派来的民工送来了锅灶和铺地麦草。各区乡积极动员回家的民工返回工地。经过动员,七区(今麻黄山乡)已回家的5名民工返回了4名。

二期工程开工时,实到民工最多为927名。为了1958年通水见效,又于2月28日在全县各区增加民工2000名,民工总数达3000名,实到民工最多为2720名。原计划4月25日竣工,用25天时间进行突击。打算在突击期实行包工制,包工任务完成后先通春水,结尾工程留1000人,边通水边施工。结果因隧洞层出现问题,加之各区民工未能全部到岗,直到5月5日左右各区才陆续完成任务。

汪家河沿水利工程干渠全长12.6公里,4条斗渠全长6公里,进水闸1座,平整土地16000亩。总用工量351553个,一个工按1元计算,工程总投资35万多元。

干渠打隧洞1535米,其中332米可以永久保留,790米为试验过水。施工中不断出现问题。为了灌春水,曾在渠首筑了两座坝拦水,因上游多处已进行过拦截,所以此处水量不大。尽管蓄春水仅10万立方米,又因渠道工程延期,水被蒸发、渗漏,春水灌溉计划落空。汪家河沿水利工程因突击上马,边施工、边测量,缺乏建设经验,漏洞百出,工程没有收到预期效益。

1970年,惠安堡李家大湾水库建设工地

1963年,汪家河沿为惠安堡公社的一个大队。1965年与李家大湾合并为李家大湾大队。1976年,萌城从惠安堡公社分出,成立萌城公社,李家大湾大队仍为惠安堡公社的一个大队。1984年体制改革为李家大湾村,1998年改为大湾村,汪家河沿自然仍在大湾村。2000年实行新的区划,汪家河沿自然村归潘河村管辖。2006年,经自治区党委、政府和吴忠市委、政府批准将潘河村整体划归太阳山代管，汪家河沿不再属于盐池县管辖。

汪家河沿，虽然不再属于盐池县管辖，但汪家河沿水利工程将永远留在在盐池人民的记忆深处。

李家大湾水库 1960年，盐池县集中3000余名劳动力投入由自治区主持的李家大湾水库工程建设，历时一年，用工186653个，总投资58.7万元。该工程又于1971年、1974年、1975年分别投入8万元、23.8万元、21万元进行修复。1961年，李家大湾水库建成后，管理工作交李家大湾农场（后改林场）管理。1975年从李家大湾林场分出，称李家大湾水库管理所。1980年直属盐池县水电局，曾有职工12名，拖拉机1台，农用排灌动力机械5台。李家大湾水库总库容量1000万立方米，在当时，为拦洪、蓄水、淤地，减少下游黄灌区免受洪灾发挥了重要作用。后水库逐渐淤平，库容减少。

太平庙工程 太平庙工程分两期施工，第一期于1958年11月13日开工，是年12月14日结束；第二期于1959年4月15日开工，是年6月13日结束。建土坝1座，坝高9米，坝底宽10米，顶宽5米，修引水干渠一条，长800米，进口渠首低于坝5米。修清水渠一条，长1200米，建取水建筑物1座。共用工时13891个，完成土方42377立方米；用石头268立方米，水泥800千克，材料费3.1109万元。大坝可蓄水148000立方米。发展洪漫地3969亩，发展水浇地990亩。

官滩截流工程 从1958年开始，王乐井公社举全社之力，共用3年时间完成哈巴湖引水灌溉工程，在上游距水源地2000米处修筑截潜流大涝坝一座。春季水源充足时，蓄水量在1万方左右；夏秋干旱少雨时，水量减少。下游开通75千米灌溉渠道，压防渗漏管，在官滩生产队发展水浇地562亩，人均1亩，种植小麦亩产达到200公斤以上。经过10余年精心打理，坝区内渠道纵横，绿树成荫，防护林高达丈余，一派生机盎然。1970年以后，坝区水量逐步减少，仅能灌溉100余亩左右。1973年，王乐井公社贯彻“小型为主、配套为主、社办为主”水利方针，在官滩生产队大搞水利建设，续建哈巴湖引水灌溉二期工程。全乡抽调劳力投入13045个工日，大涝坝南口建闸门1座，在涝坝南2000米处五里坡新开挖面积约2亩的涝坝一座。从哈巴湖老井坑起，至林场后石沙窝边，开挖截潜流渠道2900米，动用土方12800立方米，铺砌渠道1930米，使用无砂混凝土暗管输水，管内径0.3米、外径0.4米，埋深1.2米至2米，输水落差高度22米，新开发水浇地300亩，形成官滩新灌区。1988年，国家再次投资20万元修建官滩至哈巴湖水利工程，发展水浇地500亩，改变了“水地旱种”局面，使全村726人的“吃饭”问题得到根本性保障。1991年，官滩引水灌区有效灌溉面积445亩，实行“计时计分，按人灌水”制度，有序实施灌溉生产。

红井子截流工程 1958年6月开工建设，是年9月结束，历时3个月。共完成截洪沟3000米，修引水渠一条1200米，挖涝池1个，容水量3600立方米，修支渠6条，修农渠68

条。动用土方64407立方米,用工29950个,开发水浇地1000亩。该涝池所在地四面环山,中间低洼,系一小型盆地,面积约50平方公里,地下水位较浅,地表部分碱化。红井子截流工程的主要目的是降低地下水位,消除土壤盐碱化,发展水浇地。

附:

红井子截流工程建设纪实

红井子山梁南北的平塘,土地平阔而肥沃,雨季多积水,地力可利用价值较大。

1958年,县上组织在这里兴修水利工程一处,当时叫红井子截流工程。工程于1958年6月开工,9月结束,历时3个月,主要靠人工完成。共完成截洪沟3000米,修筑引水渠一条1200米,挖涝池1个,容水量3600立方米,修支渠6条、农渠68条。动用土方64407立方米,用工29950个,开发水浇地990亩。

1958年,红井子公社组织社员开挖潜水截流工程

红井子截流工程,是盐池县当时的一项重大工程,即是政治任务,也是生产需求。工程决定从聂家伙场向南开挖1条3000米长的截流沟,再开挖1条1200米长的过山渠引水浇灌傅地坑和涝坝沟平塘里的土地。所谓过山渠,就是从红井子山梁北穿过山梁南,开挖一条引水渠。红井子山梁为红石山梁,在开挖工具十分落后的条件下,全靠镐挖,其艰难程度可想而知。开挖水渠底部时,曾挖出一些鱼类化石,说明此处的红石极有可能是古河道淤积层。

经过艰苦的3个月施工,投入了大量人力、物力,运走了大量的土石方,却没有找到水。

早在1955年,吴忠自治州人民委员会就派了个小型水利工作组到当地会同干部群众进行勘察设计,决定在聂家伙场开挖一条潜截流沟,引出地下水浇灌西部3000多亩耕地,同时降低地下水,计划改良盐碱地2000多亩。这样,水浇地和改良耕地可达6000亩左右。就在该项工程已经批准,即将开工时,吴忠自治州又派了一个水利工程检查组,检查组的工程师经过详细勘察,认为在这里打出水的可能性较小,为此,工程停了下来。决定先在聂家伙场开挖了1条500米长的引水渠,计划引出聂家伙场庄前一个大坑里的水来浇地,结果没有成功。又在红井子庄前打井10多眼,或坍塌、或被水毁,都没有得到利用,群众对兴修水利一度失去了信心。当年,聂家伙场一位贺姓老头在五区政府帮助下,利用洪水沟下一个水泉子的水种了2亩蔬菜，每亩收益200多元。区乡领导以此为范例，引导群众提高兴修水利的信心。于是红井子村民在芨芨滩（柳毛冲）开挖潜截流沟找水泉，在马莲河、冯家场、甜水河挖了几个小水泉，开挖潜截流沟截出泉水，在下方做个蓄水池，平整水地500亩。农民群众边学边干，越干经验越多。到1958年6月，红井子截流工程再次上马。

当时，盐池县农田水利建设实行“小型为主、蓄水为主、社办为主”的“三主”方针，并提出“苦干三年，改变盐池面貌；奋斗五年，实现四十化，提前两年实现水利化，人均水地达2亩”的目标。开展了以“大兵团作战，主攻重点，实行组织军事化”的农田水利运动。全县强劳力大部分投入到水利水保工程建设中。红井子截流工程在施工之初，举行了誓师大会，开展了红旗竞赛和评比活动，工地每10天开展一次“比出勤、比质量、比数量、比思想”活动。施工过程中，改变过去先勘测、后设计、再施工的程序，实行边勘测、边设计、边施工的做法，同时边修边灌，加快工程进度和利用效率；实行“包工、包任务、包质量”三包制度；组织开展以“五化”为中心的技术改革和工具改革。按照“土洋并举，先土后洋，因陋就简，因地制宜，就地取材”的要求，以高效生产减轻劳动强度，实现“三化”，即“车子化、高速运土化、陆地兵舰化”，发明了两轮车、三轮车等便捷施工工具。但是受当时勘测设计、施工技术等因素影响，工程没有取得预期效果。

红井子截流工程虽未成功，却成为那个时代农村求变革、求发展最为深刻的记忆。

野湖井沟泉水灌溉工程　1956年6月，王乐井区公所投入劳力3135个（其中5个受益社出工2197个、其他社支援出工938个）完成蓄水池修筑工程，蓄水容量2400立方米。动用土方量3500立方米，平整土地1000亩，发展水浇地542亩。1957年3月冰融后，灌地1000亩，当年种植水浇地600亩。1979年，国家投资260.6383万元再次修复野湖井水利工程。王乐井公社组织劳力于7月开工，9月底结束。挖掘出一条长940米、宽45米、深3米的出水沟，动用沙土76919立方米、泥土92769立方米，安装直径30厘米的滤芯水泥管450米，做观测孔2个，测水量为每昼夜流量1209立方米。修复工程完成后，灌区水浇地面积比原来增加了100余亩。

二道湖截流工程　二道湖地下水主要有两个来源，一是地下有泉眼，二是雨季发洪水，从南北西三面山梁上流下的积水。1955年，县上组织在二道湖兴建截水工程，开挖涝坝1座，开水口2处，修灌溉渠150米，开发水浇地100亩，总投资2772.36元。这座涝坝蓄水量不大，但持续发挥了一定的效益。一到1965年，二道湖生产队还种植了42亩水地玉米。1966年，猫头梁大队调集全大队劳动力分别到猫头梁、太平庙、二道湖3个生产队平田整地，将二道湖原有的70亩水浇地发展到150亩，仍然利用地下水浇地。青山公社又给二道湖生产队投资修建了防渗蓄水池，再投资2000元建起喷灌一处，新发展水浇地50亩。20世纪80年代，二道湖林场在盐大公路东边的梁坡下又开挖了一个带子井，地下水源较为丰沛。

第二节 机井灌区建设

盐池县境内沟泉水，多为季节性，普遍水量较小。遇有较长时间的干旱，水量下降，甚至干涸。20 世纪 60 年以后，随着钻采技术的成熟发展，水利部门开始利用钻机打井，充分利用地下深层水资源。截至 2017 年，全县先后共打机井 3300 余眼，发展水浇地 4000 公顷。井灌区成为全县粮食生产主要依靠和重要产区。

一、开发利用深层水(1966—1973 年)

从 1966 年开始，盐池县委积极响应“水利是农业命脉”的号召，一方面对失修的水源地加以修复利用，另一方面引泉截流，挖塘修坝，充分利用地表水。同时克服“等靠要”思想，以利己用为主，积极引进和仿制打井机械。1968 年引进两台锅锥打井机，试用后效果良好。1969 年即安排盐池县东方红农具厂进行仿制，1970 年开始小批量生产。1971 年派人到定边县学习延河打井技术，向地下深层要水。1972 年进行试造延河钻设备，1973 年批量生产。1966 年至 1970 年，全县共用火箭锥打井 31 眼；1971 年打井 39 眼(其中锅锥井 35 眼、延河钻打深井 4 眼)；1972 年打井 48 眼(其中锅锥井 37 眼、延河钻打深井 11 眼)；1973 年打井 115 眼、带子井 38 眼。此外还完成土圆井 152 眼，修建了 18 个小型水库，1312 个水窖。全县水地面积逐步扩大，1969 年 700 亩、1970 年 4484 亩、1971 年 9242 亩。发展到 1973 年，全县水地面积达到 10899 亩(其中井灌 6206 亩，约占水地面积的 57%)，水地产量比旱地增产 2 至 3 倍。城郊公社四墩子大队水地小麦亩产达到 150 公斤(旱地一般为 30 公斤至 40 公斤)，北园子小麦亩产达到 160 公斤(旱地一般为 40 公斤)。

打井队伍 1970 年，盐池县成立了专门打井机构，统一组织打井队员到河北省衡水县、陕西省定边县学习先进经验；邀请自治区水利专家讲授水文地质知识；同时还积极组织培养群众打井技术员。全队共有打井专业人员 110 人，钻机 15 台，汽车 2 辆，供水车 8 台，并设有专门的维修车间。

工程管理 建立以机核算制、“四定”(定人员、定设备、定任务、定材料)为内容的岗位责任制，通过队员考勤、维修间工作制度等加强管理，降低了成本费用。开始每台延河钻井打一口井需国家补助 1590.16 元，到 1973 年降低到 1100 元。

机井配套 按照“当年打井当年见效”的任务要求，1973 年为 36 眼带子井，14 座塘坝(水库)和 69 眼机井配备了动力抽水机械，配套改善面积 6905 亩。王乐井公社在田庄子生产队实施设备配套后，水浇地种植达到 160 亩(没有配套前只种植 30 亩)；惠安堡公社芨芨滩生产队在前两次打井时，均因配套不及时无法种植，1973 年新打 6 眼井当年全部配套，当年种植水浇地 100 亩。

20世纪70年代盐池县农村带子井灌溉

水浇地的逐步发展，粮食大面积增收，使群众逐步认识到，只有发展水浇地，才能改变靠天吃饭的落后面貌。许多生产队开始自力更生打土井、挖带子井。城郊公社五堡、北园子、东塘小队，高沙窝公社全胜队、蔡家梁小队发动村民开挖了许多带子井和土井，开发小面积水浇地。东塘小队打了一个长200米，深7米的大带子井，可灌溉水浇地100亩。

1971年8月，盐池县召开了全县农林水利工作现场会。1973年春，自治区主持在在盐池县召开“延河打井和技术推广现场会”，推广盐池经验。盐池县自行制造的23台锅锥打井机、20台延河打井机，除少部分自用外，其余全部分配给固原、同心、灵武、海原、内蒙古左旗和农五师使用，支援兄弟县市发展水利事业。

这一时期，盐池县在发展机井过程中也存在一些问题：如缺乏打井技术和打井设备；配套不及时，城郊公社的62眼机井有20眼没有抽水设备，全县128眼机井中没有配套的占到一半；施工技术水平低，机械故障频发，影响打井进度；废井无法修理，造成浪费。

二、实施机井群（1974—1980年）

1974年，国务院北方地区17省、市抗旱会议和自治区党委关于山区、牧区抗旱会议提出了实行“全面规划、综合治理、因地制宜、分类指导”的水利方针，要求搞好“机井群”建设，盐池县对适宜搞“机井群”的地区和可能发展“机井群”的地方进行规划和建设。

（一）机井群规划

1.规划西起曙光公社的岔岱、井沟小队，经过王乐井公社的郭庄子、官滩、康庄子、郑家堡子、丁家井、王乐井、石山子、南滩、周庄子到城郊公社的四墩子、王庄子、李毛庄，北靠黄土梁，南临河溪，长约50公里，宽2.5公里的富形凹地，发展水浇地37500亩。

1974年，城郊公社四墩子大队喷灌试验

2. 规划西起城郊公社的聂家梁分水岭，经过上下红沟梁、张家寨子、土沟、柳杨堡、冒寨子、南北王家圈、李家寨子、西井滩、杨家寨子到敖包湾上，长约 25 公里，宽 3 公里的缓坡沙漠互侵地带，发展水浇地 11250 亩。

3.规划北起城郊公社的高家场、东西陈家圈、红井坑、东塘、左家湾、崔家塘、张家场、杨家圈上，长约 20 公里，宽 7.5 公里的丘陵地带，发展水浇地 11500 亩。

4.规划青山公社分水岭以东，北起城郊公社的黄蒿梁、佟家圈、泗尔滩，经过青山公社牛家圈、猫头梁、太平庙、海子滩、南梁、营盘台、红庄、东湾到大水坑公社的井沟、马坊、红沟洼、三道沟、南洼、金盆湾，长约 35 公里，宽 2 公里的起伏山丘地区，发展水浇地 10500 亩。

5.规划马鞍山以西，从大水坑公社的甜水河经红井子、青石峁上，长约 4 公里，宽 2 公里的缓坡丘陵地区，发展水浇地 3600 亩。

6.规划从惠安堡的芨芨滩，经过武新庄到杨儿庄，长 6 公里，宽 2 公里的槽型凹地，发展水浇地 3600 亩。

(二)点状分布的浅水地区规划

1.高沙窝公社：宝塔、徐庄子、东庄子、郭家坑、石家场、闵庄子、兴武营、天池子、马场、砖井、余庄子、苏步井等地，发展水浇地 5400 亩；

2.王乐井公社：安定堡地区；

3.大水坑公社：沙窝子、柳条井、宋儿庄、薛良子、烂腰坑、硝池子等地，发展水浇地 3000 亩；

4.惠安堡公社：东岳庙滩，发展水浇地 1800 亩；

5.曙光公社：马儿庄、尚家圈、雨强、张大井地区，发展水浇地 1350 亩。

(三)打机井及重点水利工程完成情况

为完成打井任务，盐池县专门成立了抗旱打井队，人员编制 170 人，落实打井经费和野外打井补助，提高打井工人的积极性。1974 年共打井 200 眼(机井 132 眼、大口井 68 眼)，新增水地 5025 亩；修筑抗洪沟蓄水坝 14 座；完成了柳杨堡暗河截流工程、猫头梁渠道防渗工程、马坊水库、红井子水库、野湖井水库、官滩防渗工程、范家圈截流工程等 10 处重点工程，改善旧水地 2970 亩。1975 年春节，盐池县召开全县四级干部大会，对全县打井工作进行安排部署，要求从 2 月份开始，出动钻井 20 台(延河钻 15 台、锅锥钻 2 台、300 型 2 台、汽车钻 1 台)进行打井作业。6 月份又组织在高沙窝公社召开抗旱打井现场会。截止是年 11 月底，全县共打井 298 眼(苦水井 6 眼、干井 30 眼、废井 17 眼、成井 142 眼)，修补上年坍塌和水量不足的井 16 眼，打带子井 87 眼，共计成井 229 眼，配套 209 眼(机井 109 眼、大口井 87 眼、电配警 4 眼)，新增灌溉面积 15253 亩，平均井灌面积 76 亩，全县水浇地面积发展到 31400 亩，初步形成了城西滩、高沙窝万亩灌区的雏形和青山 5000 亩井灌区。入冬以后，又组织了大规模的水利运动，上工人数达 3219 人，改善旧水地 7115 亩，新修防渗渠道 25 千米，平整旱地基本农田 4666 亩，冬灌 4600 亩。

表 2-2-1 1975 年 12 月盐池县机井每亩投资经济分析

	每亩投资	机井 小高档配套数(眼、处)	单井投资(元 / 眼、处)	总投资(万元)	灌溉效益(万亩)
盐池县	110.5	616	5900	363.5	3.29

表 2-2-2 1975 年 12 月盐池县机井配套资金投入情况统计表

	两年累计(万元)		1973 年				1974 年			1975 年			备注
	机泵配套补助费	大型机局购置费	小计	机泵配套补助费	抗旱汽车购置费	大型机具购置费	小计	机泵配套补助费	大型机具购置费	小计	机泵配套补助费	大型机具购置费	
盐池县	363.5	121.7	104.9	55	10.8	39.1	235.3	163.5	71.8		145		

表 2-2-3 1975 年 12 月盐池县机电井、小高抽配套累计统计表

	历年机井配套、小高抽累计			水土流失治理面积							效益分析		备注
	小计	机井配套(眼)	小高抽(处)	灌溉效益(亩)					解决吃水人数(人)	解决缺水头数(头、只)	单井效益(亩 / 眼)	每处小高抽效益(亩 / 处)	
				小计		机电井		小高抽					
				新增	改善	新增	改善						
盐池	616	610	6	27121	5750	25028	5750	2093	15225	29220	50.4	34.8	

2-2-4 1975 年 12 月盐池县机电井配套计划执行情况统计表

	1972 年	1973 年			1974 年			1975 年			备注
	实有配套数	计划数	当年配套数	占计划的百分比	计划数	当年配套数	占计划的百分比	计划数	当年配套数	占计划的百分比	
盐池县	54	150	157	104.7	400	190	47.5	400	209	52.3	

“五五”期间(1976—1980 年),根据水利资源不足,分布不均的特点,依据内蒙古自治区水文大队提供的资料以及几年来的打井实践,盐池县开始在地下水埋藏较深(600 米)以及较丰富的城郊、柳杨堡、高沙窝、苏步井、王乐井公社开发利用深层水。计划累计成井 1000 眼,每年打井 150 眼。1976 年在柳杨堡公社崔家塘生产队试打了一口深机井,在 516 米深处就见到了地下深水层,日出水量 3 立方米以上。由于打深井成本费用太高,为了提高成井质量,从 1976 年开始,借鉴外地经验,利用电测找水,并先在缺水的刘相庄队进行试验。1974 年,自治区水文地质队在庄南打了 2 个 300 米的深井,均为苦水。通过电测曲线波测定:60 米以上为浅层苦水,60 米至 150 米为好水,150 米以下为深层苦水。打井过程中,60 米以上用胶泥球封水,只取 60 米至 150 米的好水,经测试,该井日产水 7.2 立方米,水质

好，宜人饮。

全县通过电测确定水点272个，选定井位49个，打井39个，成井34眼。盐池县水电局成立了电测井小组，提高了成井率，降低了费用成本。制定了《岗位责任制》《交接班制》《成本核算制》《钻井请假制》等规章制度，加强了钻机管理。举办相关业务培训班，组织钻井人员学习《农田机井安全操作规程》。积极开展流动红旗评比、年终评选标兵钻机和先锋钻机，提高工人打井技能和生产积极性。同时根据水文地质条件的不同，采取"土洋结合、深浅结合、专业与群众运动结合"的办法，因地制宜，采用不同的方式，在北部地区打深井，在南部山区零星分布的可饮用水打浅井。

"五五"期间，盐池县共打各类井540眼，其中深井436眼、带子井104眼。高沙窝公社营西大队水利专业连在缺技术、缺粮、缺资金、缺车辆的情况下，1976年打井5眼，当年种植粮食作物，产粮6万公斤。

表2-2-5 1978年机电井统计表

	机电井（眼）	已配套机电井					电配井					已配套牧区供水基本井(眼)
		眼	万亩	纯井灌（万亩）	台	万马力	眼	万亩	纯井灌（万亩）	台	万千瓦	
盐池	1065	844	2.45	2.45	844	1.34	75	0.35	0.35	25	0.12	91

表2-2-6 1978年灌溉面积统计表（单位:万亩）

有效灌溉面积			机、电、水轮泵提灌面积		保证灌溉面积		本年改善灌溉面积	本年实灌面积
本年新增	累计达到	农业人口平均每人占有(亩)	本年新增	累计达到	本年新增	累计达到		
	1.81	0.18	0.15	1.17		1.45		1.47

表2-2-7 1978年排灌机械保有量及排灌面积统计表

	合计					电动机						
	新增		累计达到			水量(吨/处)			累计达到			
	万马力	万亩	台	万马力	万亩	万马力	万千瓦	万亩	台	万马力	万千瓦	万亩
	0.10	0.31	925	1.37	2.66	0.02	0.01	0.04	25	0.18	0.12	0.25

表2-2-8 1950—1978年水浇地面积发展情况统计表（单位:万亩）

	1950年	1956年	1965年	1970年	1974年	1975年	1976年	1977年	1978年	备注
盐池		0.1	0.8	0.4	1.5	2.3	2.3	1.8	1.5	

表 2-2-9 1978 年建成水库统计表

	合 计			小(一)型				小(二)型			
	座	总库容（亿立方米）	有效灌溉(万亩）	座	总库容（亿立方米）	有效库容(亿立方米）	有效灌溉(万亩）	座	总库容（亿立方米）	有效库容(亿立方米）	有效灌溉(万亩）
盐池	2	0.042	0.03	1	0.04	0.03	0.02	1	0.002	0.001	0.01

表 2-2-10 1980 年水利情况统计表

项目\单位	机 井			带子井			机土井	
	原有数	已配套	当年利用	原有数	已配套	当年利用	共有数	使用数
城 郊	170	90	70	17	17	17		
柳杨堡	109	54	16	67	57	57	75	5
高沙窝	112	33	17	20	20	20	8	8
苏步井	9	6		23	18	18	6	6
王乐井	31	10	23	9	6	6	58	58
鸦儿沟	3	3	2	4	3	3	12	8
青 山	10	8	4	9	4	4		
大水坑	8	8	4				12	2
红井子	18	16	16				20	20
惠安堡	30	28	13				44	44
萌 城	3	3	2				33	33
麻黄山	8	2	2				57	54
后 洼							11	11
马儿庄	8	7	3	10	4	5	40	40
冯家沟	6	6		9	7	6	55	49
合 计	525	254	192	168	136	136	431	338

三、机井配套与管理（1981—1985 年）

“六五”期间，盐池县认真贯彻执行“把工作重点调整到管理上来”的水利方针，改变过去“重建设、轻管理，不注重经济效益”的做法。1981 年至 1982 年分两个阶段开展“三查三定”工作，对全县水利工程，特别是机井类工程进行普查，分项登记，统一编号，建立档案。盐池县历年共打机土井 1000 多眼，报废和不利用的 553 眼。盐池县水电局设立了机井管理站，专门负责对全县各类井进行管理。组建了机泵维修组，对已配套的机泵进行维修，不使用的全部收回。对机泵进行提升改造，将长泵换成了先进的潜水泵。对城郊和柳杨堡 2 个公社所有运转的机井全部改造成电配，架设输电线路 45.52 千米，其中高压线 32.92 千米，低压线 12.6 千米。对渠道进行改造，采用“U”型混凝土板改造渠道 40.3 千米，钢管压力输水管道 0.258 千米。机井管理实行责任制，按照群众协商自愿原则，全部将机井的管理权划归生产队、生产小组或个人，国家给予一定的管理补助费，并固定由泵长专门负责维护和运行。举办 4 次机泵使用管理维修学习班，为小高抽工程建设楼板管理房 15 间。配套和管理上的改进，促进了水地经济效益不断提升。平均年井灌溉面积由以前的 40.6 亩提高到 70.5 亩。城郊乡机井亩产小麦 351 公斤，比原来高出 75 公斤至 100 公斤，柳杨堡乡机井小麦亩产 260 公斤。这一时期，注重打井的质量和效益，因而打井数量不多。1981 年打机井 16 眼，1982 年打机井 9 眼，1983 年全县共有配套机井 333 眼。1984 年，全县有效运转机井 176 眼，机井水浇地灌溉面积 10655 亩，比 1981 年 258 眼机井灌溉面积增加了 3497 亩。实现了当年打井、当年配套、当年种植、当年见效。1984 年，全国劳模、柳杨堡乡沙边子村农民李玉芬带头开挖带子井，开发水浇地，夺得粮食高产。县委、政府及时抓住这一典型在全县进行推广，并在政策、资金、技术等方面对农民进行扶持，使农民利用地下水发展水浇地的积极性日趋高涨。

表 2-2-11　1982 年机井水量效益

项目＼地名	出水量深度（米）					水量（吨 / 处）				备注
	50 米以内	50 米 100 米以内	100 米 150 米以内	150 米 300 米以内	大于 300 米	30 处	31—50 处	50—80 处	80 以上	
城　郊	117	50				167				
柳杨堡	23	3		1		27				
苏步井			1			1				
高沙窝	23	4				23	4			
鸦儿沟	1	1				2				
王乐井	4	14	1			19				
冯家沟	1					1				
马儿庄	3	1				4				
惠安堡	2					2				
萌　城		2	1			3				
麻黄山			1			1				
后　洼										
红井子	1	7				8				
大水坑		2	1			3				
青　山	6	4				10				
机　关	19	12				31				

表 2-2-12　1982 年机井配套效益表

项目 地名	机井总数(眼)	已配套数			井站分类			效益					备注
		电配	柴配 马力/眼	合计	农灌井(眼)	草灌井(眼)	草供井(眼)	农田(亩)	草灌(亩)	人饮水(口)	大畜饮水(头)	解决羊只(只)	
城　郊	167	934.5/104	590/23	127	141	15	11	3718	237	1645	557	7746	
柳杨堡	27	103/8	296/13	21	5		6	100		1182	426	428	
苏步井	1		20/1	1			1			300	70	400	
高沙窝	27		470/19	19	5	3		300	180				
鸦儿沟	2	30/2		2			2			976	68	898	
王乐井	19	88/3	240/11	17	10	2	7	208		1300	530		
冯家沟	1												未配套
马儿庄	4		110/4	4				30					
惠安堡	2		40/2	2	2			25					
萌　城	3		60/3	3			3			300	50	400	
麻黄山	1		20/1	1			1			100			
后　洼													
红井子	8	7.5/1	92/5	6	1		7	50		300	40		
大水坑	3		60/3								258	4032	
青　山	10	58/4	60/3	7	6	2	2	118		1200	40		
机　关	31	300.5/27	100/4	31	31			426		240	50	860	
合　计	306	1521.2/52	2158/92	244	201	22	40	4975	417	7543	2089	14818	

2-2-13　1980—1986 年打井情况统计表

项目\年份	打井数(眼)	打井经费(万元)		
		小　计	区财政	乡(村民)自筹
1980	28	65.6	60	5.6
1981	14	41.75	33.95	2.8
1982	11	64.93	62.73	2.2
1983	25	50.47	45.47	5
1984	39	95.96	38.13	7.3
1985	62	86.4	74.6	12.4
1986	81	118.8	102.6	16.2
合计	260	523.91	471.91	52.6

四、机井灌区发展（1986—1990 年）

“七五”期间，盐池县实行农田水利小型工程建设先贷后补政策，提高了农民打井、修建渠道的积极性。县政府成立了水资源管理领导小组，水电局设立了水利管理站，制定了《关于农田水利基本建设的决定》《关于加强机井管理的暂行规定》《关于水浇地种植的暂行规定》等政策性文件，对机井管理、水浇地种植、增加投入、建立劳动积累工作制度都做了明确规定。机井建设实行“三定一包”责任制，边打井、边修渠、边平地，做到“井成地平，水到渠成”。探索打井新技术，深机井下铸管和混凝土滤水管 180 米实验成功，能够进行取岩芯实验。引进了鄂托克前旗塑料真空井技术，推广种植地膜玉米和复种。及时进行机井配套，成井一眼，配套一眼，对旧机泵加强维护和修理，保证正常运转，渠道砌护由专业技术人员统一规划测量，统一施工。完成了高沙窝、魏庄子、马家场、李渠子、二步坑、李家圈、胡家圈、余庄子、康庄子、石山子、郭家沟、周庄子、潘庄子、柳树梁、崔家塘、李家场、红庄等灌区开发任务。5 年间共打井 187 眼，修复旧井 24 眼，配套 245 眼，发展水地 17444 亩。塑料真空井 15 眼，土圆井 1000 多眼，完成混凝土防渗渠道 177.197 千米，补修渠道 150 千米。涌现出一批水利建设典型，沙边子村李玉凤科学种田，创造了亩产 1092 公斤的记录。截至 1990 年年底，全县有效运转农灌机井 602 眼，小高抽 32 处，带子井 165 条，大口井 189 眼，水地面积 40119 亩。1990 年，全县粮食总产量 3534 万公斤，水地产量 822 公斤，占全县粮食总产量的 23%。基本形成了以沟泉水、浅层水、深层水结合开发利用的提水灌溉系统，建成了城郊、柳杨堡、高沙窝、青山、王乐井 5 个机井灌区。

1990 年 7 月，盐池县农业科研人员深入机井灌区指导农民发展高效节水农业

表 2-2-14　机电井数量汇总表

		按成井时间分				按井深(米)分						按井口井管内径(毫米)分			
		1980 年前	1981—1990年	1991—2000 年	2001 年后	<50	50—100	100—200	200—500	500—1000	≥1000	<200	200—300	300—500	≥500
	眼	眼	眼	眼	眼	眼	眼	眼	眼	眼	眼	眼	眼	眼	眼
	A1	A2	A3	A4	A5	A6	A7	A8	A9	A10	A11	A12	A13	A14	A15
合　计	1556	155	320	331	750	79	276	420	773	8			650	903	3
花马池镇	1139	128	239	275	497	75	149	292	623				373	763	3
大水坑镇	93	7		6	80		22	48	22	1			83	10	
惠安堡镇															
高沙窝镇	88	4	34	7	43		2	10	76				88		
王乐井乡	37	7	29		1			19	18					37	
冯记沟乡	1				1				1					1	
青山乡	191	9	18	43	121	4	103	51	33				106	85	
麻黄山乡	7				7					7				7	

表 2-2-15　1959 年至 1991 年各公社(乡镇)打机井情况统计

年份\社名	1958年以前	1959	1960	1961	1962	1963	1964	1965	1966	1967	1968	1969	1970	1971	1972	1973	1974	1975	1976	1977	1978	1979	1980	1981	合计
城　郊					1		1	1		1		1	1	2	6	16	11	21	21	23	21	15	18	0	107
柳杨堡														1	3		3	2	1	1	7	4	2	3	27
苏步井																							1		1
高沙窝																		21	5				1		27
鸦儿沟																			1	1					2
王乐井															5	2	1	3		3	2	2	1		19
冯家沟																								1	1
马儿庄																					2		2		4
惠安堡																			1	1					2
萌　城																					2	1			3
麻黄山																				1					1
后　洼																									
红井子																	1		1	1	5				8
大水坑																					3				3
青　山																	2				5			3	10
机　关																1	6	6	7	2	3	3	2	1	31
合　计					1		1	1		1		1	1	3	14	19	24	53	37	32	50	25	28	8	246

五、机井、带子井和水窖建设(1990—2000年)

“八五”“九五”期间，由于全力支持扬黄灌区建设，盐池县小型农田水利建设资金大幅压缩，主要采取以工代赈灾、以粮代赈打井，注重开发浅层水，科学节水灌溉。其间，共打机井65眼，塑料井30眼，修建小高抽4处，挖带子沟33条，更新机井35眼，配套机泵132台，铺设低压节水管道45.8千米，修筑砼防渗渠道38.66千米。完成了苏步井、双井子、西大井、长城—青羊井、海子塘、甘洼山、牛家圈、杨成沟、沙边子、东塘、兴武营等小范围灌区，发展水浇地3680亩，巩固改善灌溉面积8944亩，全县累计灌溉面积达到41431亩。探索地下水合理利用的科学经验，参与了“四墩子地下水可开采评估”课题的实施以及农科院承担的膜上灌实验项目。

这一时期，盐池县利用地下水发展高效农业，加快农村群众脱贫步伐。截至1996年年底，全县共打机井593眼，建小高抽33处，开挖带子井258条，建塑料井22眼，打土圆井555眼，发展水浇地42173亩。通过几年来的扶持开发，一部分农民实现率先脱贫。城郊乡潘记圈村村民王登礼自筹资金打土圆井1眼，1996年自建0.6亩蔬菜温棚一座，加上5亩小杂粮种植，全年家庭经济收入达到1.2万元。青山乡甘洼山村张泽等11户村民自发搬迁到地下水位较浅地区，开挖带子沟10条，建涝池1座，发展水浇地162.5亩，1996年种植地膜玉米亩产达500公斤，18亩地膜洋芋亩产达3200公斤。1997年，盐池县为实现年内基本脱贫目标，规划打带子井170条，打各类小型浅水井1380眼、机井30眼，新发展水浇地8115亩，如期完成。地处明长城脚下、沙漠边沿的高沙窝镇兴武营村有着丰富的地下水资源。1996年在国家政策扶持下，兴武营村大力开发地下浅层水，发展水浇地。截至1997年9月，该村共挖土圆井36眼，开发水浇地146亩，实现了户均一眼井、人均一亩水浇地的目标。村民霍木爱东挪西借筹措资金5000元，组织全家人打了一眼直径8米、深12米的土圆井，发展水浇地6亩，当年就解决了温饱问题。1997年全县遭受严重旱灾，但兴武营村大部分农户种植的玉米、蔬菜、地膜西瓜、葵花等经济作物均获得丰收，人均纯收入达到1500元。1997年3月，在县扶贫工作队和乡干部的动员下，常年靠在外打工谋生的苏步井乡官记台村村民孙堂一家搬离家里宽敞的房子，在一处山沟

1995年，盐池县发展小高抽水利建设

沟边临时搭起一间草棚子，开始了艰苦创业。孙堂雇来一台推土机，在沟里打坝截水，然后每天带着妻子王满香、女儿孙旭梅将下游土地平整成自流灌溉的水浇地。远在银川工作的小舅子十分支持姐夫的想法，特意从川区为他家购来各种果树苗和种子。到 1998 年，孙堂一家已在沟边发展水浇地 30 亩，平整旱地 100 多亩，建果园 10 亩，养羊 100 余只，生活一下子有了盼头。1998 年，青山乡牛记圈村在县水利部门的大力支持下，发动群众自筹资金 8000 元、投入劳力 2000 个、调动农用车 120 辆次、动用土石方 8 万立方米，修筑长 1500 米、高 4.5 米、蓄水量 90 万立方米大坝一座，截留沟泉水，发展高效农业。全村利用沟泉水发展水浇地 500 亩，人均 2.5 亩，当年仅夏粮一项人均创收 1000 元。

“九五”期间，盐池县把发展窖灌农业作为一项重要脱贫措施常抓不懈。1996 年，县水电部门专门印制了《盐池县节水灌溉生产窖指标卡》，卡上标明持卡人基本情况登记、生产窖切面比例图、工程量、材料明细表、窖址、施工日常管理等内容，并对农户实行“一窑一卡”管理，即谁持卡、谁打窑、谁受益。按照指标卡指导打窑生产，有效提高了质量效率。1996 年全县打成生产窖 6271 眼，经区、地、县验收合格率达到 92.3%。1997 年继续以“一窑一卡”进行打窑，截至 5 月份就落实生产窖 4000 余眼。

表 2-2-16　1995 年盐池县小型农田水利工程及灌溉面积表

年度	机井（眼）	其中				小高抽		带子井		塑料井		塘填自流		土圆井（眼）	其中			水窖（眼）	其中		
		农灌井		人饮井	草原井	数量（处）	灌溉面积	数量（条）	灌溉面积	数量（眼）	灌溉面积	数量（处）	灌溉面积		农灌井		人饮井		农灌窖		人饮窖
		数量	面积												数量	面积			数量	面积	
1990	596	547	31800	19	30	21	2831	155	2653			3	1211	518	98	662	420	15424			15424
1991	19	17	750	1	1			12	105												
1992	38	18	802	1	19	2	97			22	170										
1993	6	5	250		1																
1994	3	1	50	2																	
1995	4	1	60	3				91	440					147	147	534.1		2469	557		1912
八五小计	70	42	1912	7	21	2	97	103	545	22	170			147	147	534.1		2726	557		3283
1995	666	589	33712	26	51	33	2928	258	3198	22	170	3	1211	665	245	1196	420	12698	557		

说明：1.水窖总数“七五”末为 15424 眼，实际到 1994 年年底实有数已变（衰减）为 10229（人饮）。因此，累积达到数量以 10229 为基数再加上“八五”新增数量统计而得。2.表中所列面积单位均以亩计。

表 2-2-17 2000 年盐池县提灌工程普查汇总表

项目 乡名	机井		浅机井		带子井		塑料井		塘坝		土圆井		面积合计
	数量	灌溉面积	数量	灌溉面积	数量	灌溉面积	数量	灌溉面积	数量	灌溉面积	数量	灌溉面积	
城郊	318	16490	150	420	59	153.5	2	20	5	190	357	661	17937.5
柳杨堡	136	7316	26	893	145	1655			6	295	288	702.1	10861.1
苏步井	22	810	1	6	45	484	80	686	13	431	323	1038.6	3455.6
高沙窝	71	1299	1	1	27	448.5					195	762.1	5513.6
王乐井	41	3220									101	243.6	3403.6
鸦儿沟			9		3	28			1	472	60	35	535
冯家沟					57	89.1	1	15			111	458	1367
大水坑									2	422	100	187	609
青山	48	3076	36	172	142	1526.5	1	10	69	4841	374	997	10622.5
红井子	18	355			16	436			13	289	17	30	1115
合计	654	35566	223	1495	494	5625.5	93	731	109	6940	1834	5123.4	55480.9

2-2-18 农田水利机具现状(1993 年)

型号与名称	动力(马力)	数量	总动力(马力)	用途
黄河钻机	135	1	135	打井
135 型柴油机	80	3	240	打井
推土机	75	5	375	甘沟骨干工程、三田建设推土
195 型四轮手扶	15	10	150	拔井泵、抗旱拉水
28 型拖拉机	28	1	28	大湾防汛
总计			928	

六、机井节灌(2001—2017 年)

2001 年以后，盐池县打机井资金全部为群众自筹，以打浅机井为主，其间共打机井 1000 余眼，主要分布在花马池镇、高沙窝镇、青山乡。开发完成了范家圈、郭家坑—徐庄子、马场西、东门—沟沿、冒寨子—李家场、柳杨堡—小洞湾、马坊 7 片罐区，架设高压输电线路 23.6 千米、低压输电线路 17.7 千米，铺设低压输水管线 44.5 千米，发展节水灌溉 440 公顷。完成了哈巴湖南沿线、一棵树—柳树梁、苏步井—西大井、方山等浅井灌区。开发了大水坑贺坊塘坝灌区，挖带子井 220 眼，打塑料井 30 眼、浅机井 50 眼，修塘坝 3 座。架设高压线路 32.5 千米，架设低压线路 27 千米，铺设低压输水管线 34.5 千米，发展水浇地 6000 亩。同时更新机井 42 眼，巩固水浇地 2505 亩，扩灌 1995 亩。

农田水利不断更新完善，农业生产稳定发展，成为盐池县抵御旱灾的重要法宝。只占全县总耕地面积4%的水浇地在抗旱救灾中发挥了巨大作用。平常年份，水浇地年产粮占全县粮食总产量的25%左右，干旱年份达到30%以上。1994年，全县遭遇持续干旱和洪灾，但因为有稳定的水浇地支撑，粮食总产量达到3993万公斤，油料产量433.4万公斤，是中华人民共和国成立以来的最高水平，农业总产值1亿多元。

表2-2-19　2011年机电井主要指标汇总表

行政区划	总井数	乡村实际供水人口	控制灌溉面积	实际灌溉面积	2011年取水量	年许可取水量
	眼	万人	万亩	万亩	立方米	万立方米
	A1	A2	A3	A4	A5	A6
合计	1556	1.8052	6.4503	5.3372	1904.13460	110.20
花马池镇	1139	0.0000	4.3510	3.7159	1385.47134	110.20
大水坑镇	93	0.3138	0.4669	0.2551	54.59574	
惠安堡镇						
高沙窝镇	88	1.0244	0.4853	0.4793	230.71520	
王乐井乡	37		0.2794	0.2790	83.70000	
冯记沟乡	1	0.4670			3.09000	
青山乡	191		0.8027	0.6079	146.56232	
麻黄山乡	7		0.0650	0.0000	0.00000	

第三节　机井经营管理

20世纪70年代，盐池县打机井存在只讲工程不求实效的问题。机井经营管理吃大锅饭，配套措施跟不上，种水地花钱多、效益低。水地亩产量一直徘徊在100公斤至150公斤。截至1979年年底，全县有自流灌溉工程11处、小高抽32处、投入使用的各类机井、土井648眼。其中，农用机井155眼、农用带子井186眼、农用土圆井120眼(包括配水车的土井)、人畜饮水机井94眼、草灌机井15眼，已打成各类水窖8480眼，水浇地达到1.36万亩，解决了3.5万人、7.96万头大家畜、18.57万只羊的饮水问题。

1981年，农村实行家庭联产承包责任制后，盐池县认真贯彻中央[1981]76号文件精神，有机井的生产队基本上实行了大包干或“包干到户”生产责任制，全县水利设备的使用及水地种植面积向好的方向发展。城郊公社四墩子大队下王庄3个小队水地面积增加了225亩，夏粮平均亩产超过400公斤，最高达462公斤。全县一般水地亩产夏粮200公斤。

盐池县实施家庭联产责任制后，水地经营管理方式主要为：

水地包干到户　专人统一管水，逐户轮流灌水，产量收获归己，由大队制定轮灌计划，逐户轮流灌水。如王乐井乡官滩大队114户704人有水地550亩,人均水地0.78亩,分成7个小队,每队确定一名淌水员,淌水一天工资1.5元,均按人分摊;亩产小麦235公斤。

联户承包单井,专人管理井泵 生产队根据每眼机井出水量核定水地面积,由几户联合承包一眼单井。大家共同推选一名机泵手专门管理机泵和记录各户用水时间。实行"以井定地、以地定人、包干到户、专人管理、轮流淌水、费用均摊"的经营管理办法。机泵手每日工资1.5元,连同每月电费一次性分摊到各户。

机泵承包到人,水地包干到户 将机泵承包给社员管理,水地承包各户种植,淌水每亩一次收水费1元,机泵维修、燃电及管理人员的工资费用均在水费中开支。如柳杨堡公社沙边子生产队采用这种管理模式,水地全部种植山芋,亩产达800公斤至1000公斤。

集体经营,按劳分配 采取生产队划组统一经营,一切费用由生产队开支,所有水地投工及管理人员报酬,一律平记工分,收获按劳分配。城郊公社长城大队五堡生产队、四墩子大队李毛生产队采取这种管理模式;亩产小麦247公斤。

人畜饮水机井承包到人,按畜收费 大水坑公社向阳大队、马儿沟生产队将人畜饮水机井提水机械作价960元承包给本村农户高明远,除管理机井提水供水外,还代办本队米面加工,每月每头大家畜收费1元、羊0.2元、人0.2元,队上不再负担燃油、修理及人员工资。柳杨堡公社李家沟生产队、黄沙窝生产队雇佣专人专门管理人畜饮水机井和米面加工机械,月工资60元。每人每月收水费1元、大家畜1元,另以米面加工收入(每加工百斤小麦1.7元、糜子0.6元、玉米2元、荞面1.5元)维持机井开支。

1984年,全县有效运转机井176眼,发展水地710.3公顷;带子井297眼,发展水地192.5公顷;小高抽26处,发展水地128公顷。政府按照"近挖远开、开挖并举"的水利建设方针,抓好机井配套和管理责任制的落实,改变过去重数量建设、轻效益管理的观念,提高了机井的利用率,调动了农民种植水地的积极性。建立完善各项机井管理规章制度和奖惩办法。对机井和渠道进行修复配套,将1980年以前配发的长泵全部换发成潜水泵,80%以上的机井架通了农电。对输水土渠进行改造,更换为"U"型混凝土防渗板和钢管压力输水管道,实行科学、节约用水。全县机井水地小麦亩产355公斤以上,比1980年提高了65.5%,单井水地面积4.2公顷,比1980年单井水地面积2.9公顷提高了43.7%。

1986年,盐池县对机井经营管理方面进一步放宽政策,实行"井养田"和"分井到户"的方式,确保机井的正常运转和有效利用。

1989年,《盐池县机井管理暂行办法》出台,至此,机井管理走上了规范化道路。1997年自治区政府制定了《宁南山区机井管理办法》,盐池县于1998年制定了《盐池县农用机井拍卖实施办法》,对属于集体所有的机井全部拍卖给个人所有,实行"自主经营、自我管理、自负盈亏"的机井经营管理新模式。

第四节　微灌农业

一、窖灌农业

1994年3月，自治区在固原召开窑窖蓄水节水灌溉研讨会，将“抗旱节水坐水种灌溉”作为一项新技术在干旱山区推广试点。盐池县根据试点要求，制定了实验大纲，落实项目负责人，结合多年来挖窖蓄水发展微灌的类型和经验，选择后洼乡沙崾岘、麻黄山乡何新庄分别进行经果林和农作物微灌实验，取得成功，该技术投资小、见效快，群众便于接受。

1995年，盐池县贯彻自治区固原扶贫工作会议精神，组织乡村干部及部分群众到西海固学习挖窖蓄水技术，开始在南部山区适宜打窖的地区全面推广窖灌技术。县政府把打窖作为一项主要工作，与有关部门签订目标责任书，由水电局负责规划设计，农业局负责指导种植，农建办、计委、财政局负责资金兑现。水电局成立了窖灌工作组，抽调10名技术人员实地蹲点，现场规划布局，督促指导农民保质保量完成打窖任务。水电局制订了《盐池县集雨生产窖技术要求》，举办打窖技术培训班，培训人员150人；对窖址、规格、质量标准、验收等都做了统一规定，把验收井窖作为重点环节，严格把关，做到“五个统一”（统一规划、统一质量标准、统一验收程序、统一编号、统一建档立卡）和“五个不验收”（质量不合格不验收、达不到设计窖量不验收、无集水蓄水条件不验收、无配套灌溉农田不验收、改变用途不验收），并在井口上喷印标签，保证了窖的质量。同时发动群众积极参与，集雨微灌农业快速发展。全县当年打窖合格557眼，发展水浇地1600亩，有1207亩当年种植作物获得成效。麻黄山乡武家湾村最大一眼水窖容积达到90立方米。1996年，县政府将“窖水灌溉”列入是年政府工作20件实事之一，做好服务和配套工作，并按照“有偿服务，保本微利”的原则，为打窖户统一购置了提水输水设备，采取租赁、流动上门服务的方式配套机泵，使已经打成的水窖得到有效利用。

1995年后，盐池县积极鼓励群众打水窖，发展窑灌农业

1996年，全县共打窖1220眼，超额完成任务720眼。截至1996年年底，全县共打窖1777眼，种植西瓜、地膜玉米3200余亩，完成投资134.16万元，其中国补资金67.08万元。

1997 年,对 1997 年至 2000 年打窖发展蓄流节灌进行规划,4 年内发展生产窖 23844 眼,户均 3 眼,窖灌区人均水浇地达到 1 亩。

1998 年,盐池县实施集雨节灌示范工程,制订出台了《集雨节灌示范工程实施方案》,选择一批水窖相对集中,农户种植积极性高的区域兴建节灌示范工程,运用科技成果和服务手段促使示范点在种植利用方面率先达到科学规范和高效益,辐射带动周围农户提高种植利用效率,推动全县集雨工程利用。示范点全部采取穴灌 + 田地地膜,水窖至地面提水配套手压泵或单相电泵,窖口装配 0.3 立方米活动橡皮储水罐一个,橡皮罐至田间配套 20 个输水软管,由 2 人移动进行膜上膜下沟灌和穴灌。示范点共选择 610 眼窖,种植利用面积 1300 亩,亩均投资 213 元,年投资 425.15 元,管理上实行一窖一卡制,将种植任务写在卡上,再照卡上要求进行施工检查验收。截至 1998 年年底,全县共建成生产窖 11729 眼,完成水窖配套 3000 眼,发展节灌 347 公顷,完成示范节灌点 2 处。

1999 年,全县共打各类生产窖 2355 眼,新增灌溉面积 4857 亩,生产窖累计达 14084 眼,水窖灌溉面积 21000 亩,完成打窖配套 4500 套,发展节灌面积 13980 亩。

二、雨水集蓄利用工程建设

(一)雨水集蓄利用项目建设

盐池县是宁夏唯一的牧区县,农业和牧业是当地国民经济的两大支柱产业。盐池县自然条件较为薄弱,多年平均降水量为 296.4355 毫米,时空分布不均,62%集中在 7、8、9 三个月。由于南部黄土高原黄土层垂直裂隙多,竖向透性强,雨水降到地面之后,迅速被充满垂直裂隙的黄土层所吸收,而后又在干燥空气中蒸发,降水很难形成径流。即使有部分降雨入渗转化为径流,也因含盐量高,而不适合利用。盐池县南部地区几乎没有可用的地表水,地下水资源十分缺乏,既无地表水,也无地下水,极度缺水是该地区的基本特征。北部含沙层较厚,有少量降雨渗入,可以利用。盐池县水资源量只有 2100 万立方米,是全区人均水资源量最低的地区。

“三年二头旱,十种九不收”是盐池县干旱缺水状况的真实写照,干旱使粮食产量低且不稳定。“十五”期间,盐池县连续干旱,旱地农作物大幅度减产甚至绝收。干旱缺水也使得农业种植结构十分单一,经济作物少,商品经济不发达。解决“水”的问题,是盐池县广大干部群众苦苦思索和不懈追求的难点,也是社会各界关注的焦点。20 世纪 90 年代后,水利科技人员努力探索解决本地区缺水的有效办法,在对本地区地表水、地下水及降水总体情况进行综合分析后,认为盐池县在降水方面仍有潜力可挖。盐池县年均降水约为 300 毫米左右,人均耕地 8 亩至 20 亩。如果把降雨大部分蓄积起来,人均拥有水量就可以达到 200 立方米左右。在水利部、自治区水利厅专家的精心研究指导下,盐池县水务局反复实践,在认真总结广大群众与干旱抗争,求生存、求发展的实践经验基础上,实施雨水集蓄利用项目,取得显著成效，为当地老百姓生存和发展找到了一条新的出路。“十五”期间，盐池县利用雨水集蓄项目共投入资金139.08万元，完成节水灌溉面积1773亩，其中新增灌溉面积753亩，改造灌溉面积1020亩；建塘坝7座，蓄水容积为5.984万平方米；建80立方米砖砼蓄水池2座；打水窖80眼，建砼集雨场8300平方米；架设低压输电3371千米；配套机泵84台套，铺设ψ125毫米×2.6毫米PVC塑管1.5千米，铺设110毫米×2.2毫米PVC塑管11.05千米，铺设ψ90毫米×2.0毫米PVC塑管6.02千米，安装ψ110出水252个、ψ90出水口116个，安装塘坝浮托连接装置7台，首部装置26台套，主要分布在中北部及南部区域，包括花马池镇的曹泥连、红山沟、沙边子、冒寨子、张家梁、王家梁、下滩，青山乡的赵家塘、杨成沟、太平庙、灵应山，惠安堡镇的杏树梁，麻黄山乡的石葱湾、包塬；涉及14个自然村、421户1856人。中北部地区主要利用塘坝、带子井、机井多管井，发展节水灌溉；南部打窖，建集水场解决人畜饮水困难。

(二)雨水集蓄利用工程建设效益

发展雨水集蓄利用工程，解决了干旱缺水地区群众生产、生活中诸多问题，促进了农村经济发展和农民生活状况的改善，稳定了农村社会秩序，对促进盐池县农业持续健康发展具有重要的现实意义。

经济效益

1.增产。项目区新增水地753亩，粮食单产(以玉米为例)由旱改水前的150公斤提高到500公斤左右，经济作物产值每亩增加值400元，麻黄等药材每亩增值450元。项目区粮经、药材等按1∶1∶1计算，粮食增加产值13.18万元，经济作物增加产值10.04万元，药材增加产值11.30万元，累计增加产值可达34.52万元。

2.节水。项目区实施节水改造1020亩，每年可节省水量8.3万立方米，相当于在项目区内修建1座中型塘坝，节省下来的水可以扩大灌溉面积300亩，每亩按500公斤玉米计算，年增加收入22.5万元。

3.省工。项目区实施管灌后，开闸放水，启闭自如，灌溉土渠、开沟、清淤、维修等省工省时。经测算，每亩每年节省2个工日，每个工日按25元计算，年节省工时费用13.29万元。节地:实施管灌不占耕地。经测算，实施管灌比明渠节地3%，项目区内共节地53亩，按每亩产玉米500公斤计算，年增收入3.9万元。根据效益分析计算，年净现值72.75万元，效费比为1.83，内部收益率为13.9%，投入与产出效益显著，提高了农民节水的积极性。

社会效益 有效地解决了农村人畜饮水困难。大旱之年，常有水荒发生。人畜饮水曾长期困扰着盐池县各级政府和人民群众，一遇干旱，必须远距离运水、解决人畜饮水。水价不但昂贵，而且用水纠纷不断。实施集雨工程后，群众修水窖，建集雨场，将降水引至水窖中储蓄起来，方便平日生活之用，即使在大旱之年，心里也不用太过荒忙。

1.较好地解决了温饱问题。盐池县人均耕地8亩至20亩不等,大多靠天吃饭,作物产量低且极不稳定,粮食亩产一般在50公斤左右,收成好时也只有80多公斤。雨水集蓄利用工程既解决了农作物"卡脖子旱"的问题,也使粮食亩产达到了300公斤,增收效果十分明显且改善了群众的饮食结构。随着雨水集蓄利用的发展,水源有了保证,更多的农民利用水地种上新鲜蔬菜,基本能够实现蔬菜自给。当地农民群众从一年四季吃土豆变成一年四季有多种蔬菜换着吃,营养调配结构有了明显改善。

2.带动了农村民风建设。为了提高蓄积雨水的水质,大多数农户改掉了不良生产生活习惯,主动将猪、牛、羊实行圈养,院落打扫得干干净净,柴草堆放整齐,大部分农村脏、乱、差的落后状况得到改善。

生态效益

1.有效保持了水土流失。雨水积蓄利用工程配合小流域综合治理工程,有效拦蓄了当地地表径流,水土流失明显减少,许多地方也已出现郁郁葱葱的良好生态景象。

2.为控制乱开乱垦,退耕还林还草创造了条件。雨水集蓄利用工程的建设,使粮食单产出现大幅度的提高,有效遏制了越贫越垦,越垦越贫等乱开乱伐现象,农民不再广种薄收,为再造"山川秀美"的盐池提供了一条可行之路。盐池县发展雨水集蓄利用项目,许多村民在政府的支持下将部分坡地退耕还林还草。

表 2-4-1 1998 年盐池县集雨节灌示范点建设总表

乡名	示范点数量（个）	示范点户数（户）	种植面积(亩)	配套设施								水窖投资(万元)	总投资（万元）	亩均投资（元/亩）	备注
				泵(台)	泵投资（万元）	管道（千米）	管道投资(万元)	变压器（台）	高压线（千米）	低压线（千米）	投资（万元）				
麻黄山	14	226	480	50	1.25	12	6	—	—	—	—	325	10.5	219	
王乐井	6	87	180	18	0.45	4.5	0.6	—	—	—	—	1.02	3.72	207	
后洼	12	197	440	47	1.175	11	5.5	—	—	—	—	2.46	9.135	208	
红井子	4	30	60	7	0.175	1.5	0.75	—	—	—	—	0.31	1.235	206	
萌城	5	70	140	15	0.375	3.5	1.75	—	—	—	—	0.92	3.045	218	
小计	41	610	1300	137	3.425	32.5	16.25	—	—	—	—	7.96	27.635	213	
青山	8	221	1100	115	15.95	9.99	15.02	3	0.5	2.85	10.8	—	52.58	472.07	含牛家圈塘坝水源工程费用 10.81 万元
高沙窝	5	140	910	62	5.575	8.39	13.9345	1	0.5	2	6.05	—	25.5595	280.87	
红井子	1	15	100	1	0.5	0.8	0.96	—	—	—	—	—	1.46	146	
柳杨堡	4	120	800	72	10.46	3.1	10.78	2	1	3	10.3	—	31.54	394.25	
苏步井	3	80	300	80	8.25	3	1.05	1	0.3	2.5	6.45	—	15.75	525	
城郊	5	149	650	61	8.425	3.45	9.7654	1	0.5	1.5	5.15	—	23.2804	358.16	
冯家沟	1	150	1100	2	—	—	—	—	—	—	—	—	91.7638	834.22	冯家沟矿水利用工程
小计	27	857	4960	393	49.16	28.73	51.4499	8	2.8	11.85	38.75	—	241.933	487.76	
合计	68	1485	6260	530	52.585	61.23	67.699	8	2.8	11.85	38.75	—	269.57	430.62	

第五节 秋冬季农田水利基本建设

1952 年,盐池县开始秋冬季农田水利建设。主要是利用秋冬季农闲时节,打井筑坝,平田整地,修路护渠,改善农田水利生产条件,为来年春耕做准备。此后,秋冬季农田水利建设时续时断,持续多年。

1997 年,盐池县被自治区列为宁南山区率先实现基本温饱县。县委、政府把抓农田水利基本建设作为实现脱贫致富、解决温饱问题的重要举措来抓。在扬黄灌区,按照“地平如镜,埂直如线”的要求,发动群众平地、整渠、修路,先后共计完成平地 1.1 万亩,砌护农渠 200 条 680 千米,维修加固水毁工程完成土方量 6 万立方米,累计投入工日 6 万个。在井灌区开发浅层水,以水抗旱,打土井、带子井 641 眼,平田整地 4000 亩,机井灌区平田整地 1.5 万亩,渠道维修 500 条 200 千米,完成土方 30 万立方米,累计投入工日 20 万个。在南部山区打生产窖 6271 眼,开发水地 1 万亩,修水平梯田 500 亩,完成土方量 20 万立方米,累计投入工日 15 万个;打人畜饮水窖 6498 眼,解决 300 户群众人畜饮水问题。维修人饮工程 12 处,机泵 10 台(套),供水房 50 间,蓄水池 30 座,填埋输水管线 100 处 10 千米,完成土方量 10 万立方米,累计投入劳动工日 5 万个。

1995 年,惠安堡南梁扬黄灌区发动群众开展农田水利基本建设

从 2008 年开始,自治区开展“黄河杯”秋季农田水利建设竞赛,自治区、吴忠市在盐池县分别举行了秋季农田水利建设动员大会。盐池县委、政府成立了秋季农田水利建设领导小组,水务局成立了秋季农田水利建设技术服务小组,同时采取县领导包乡、部门包村、群众投工投劳的办法,掀起了全民参与的秋季农田水利大会战。2008 年,盐池县秋农田水利基本建设重点围绕盐中高速、古王高速、明长城及盐环定扬黄干渠沿线两侧四条主线,突出抓好大水坑和王乐井高效节水补灌、大拱棚和日光温室建设、小畦田建设、秋覆膜、小流域综合治理工程五大片区建设,全面实施花马池生态水资源综合利用工程、城北水系工程、太阳山人畜饮水安全工程、城西滩设施农业和王乐井旱作节水补灌项目水源工程、旱三田建设工程、秋季造林工程等。农田水利大会战取得了突出成果:一是以盐兴公路为轴线,以王乐井灌区为中心,向北延伸至 307 国道以南,集中连片建设小畦田示范区 1 万亩,深翻并秋

2008 年 11 月，麻黄山乡农田水利基本建设成果

覆膜旱耕地 1 万亩；二是以国道 211 线为轴线，以隰宁堡灌区为中心进行田、林、路、渠、畦田及秋深翻综合整治，共清淤维护渠道 47 千米，砌护渠道 11 千米，修整道路 62 千米，建设小畦田 5.5 万亩，秋深翻腹膜 3.5 万亩；三是以大马公路为轴线，以向阳村为中心，辐射草原站，东至麻黄山乡，集中建设秋深翻、秋覆膜示范区 5 万亩，开挖鱼鳞坑 20 万个；四是全面完成花马池生态水资源综合利用工程，开挖土方 220 万立方米；五是抓好冯记沟乡马儿庄浅层水综合利用工程建设，开发水面 200 亩，发展经果林 800 亩，建设设施农业示范区 2000 亩；六是建成城西滩 20 万立方设施农业供水工程，为城西滩新建 2000 亩设施日光温室提供水源保证；七是抓好了王乐井 2.1 万亩高效节水补灌工程建设，建成 3 万立方米高位蓄水池 1 座，铺设输水管道 69 千米。

2009 年 9 月 29 日，吴忠市秋冬季农田水利基本建设大会战在盐池启动后，盐池县委、政府决定在 11 月前完成投资 3.6 亿元，建设南部山区秋覆膜、北部旱作区高效节水补灌、扬黄灌区小畦田等 19 项重点工程，对南部生态农业旱作区、中部扬黄灌区、北部旱作高效节水补灌区进行综合治理。改善改造中低产田 1.42 万亩，改善灌溉面积 5.62 万亩，新增水地面积 0.51

2009 年 11 月 4 日，高沙窝镇组织开展万亩草方格治沙会战

万亩。会战后，全县秋冬季农田水利基本建设累计投入资金3.02亿元，其中县级整合投入1.48亿元，较上年增长77%。县财政投入1350万元，较上年增长20%。水利工程建设投入4521万元，较上年增长39%。投入各类机械2.93万台次、投入劳力55.8万人次，完成日光温室、大拱棚建设0.9万亩，占任务100%；发展高效节水补灌2.57万亩；建设小畦田23.96万亩，其中高标准完成小畦田建设9.65万亩，占重点畦田建设任务的120.6%；改造中低产田2.24万亩，占任务的224%，改善灌溉面积8.04万亩，占任务的574%，新增节水面积0.9万亩，占任务的100%；实施旱地秋深翻23.86万亩、秋覆膜5.31万亩，分别占任务的159%和143.5%；实施秋季造林及抚育、草方格治沙1.2万亩，完成任务的150%；实施人工甘草秋移栽1万亩、封育补植5万亩，占任务的100%；冬小麦种植6.32万亩；渠道清淤311.1千米，新增防渗渠道312千米，分别占任务的189%和182%；完成配套建筑物482座，占任务的104.3%；修整农路547千米，占任务的161%；新建淤地坝工程10座；加固改造洪漫坝52道27千米；开挖扬黄续建人饮工程主管线28千米；建成太阳山一期供水工程惠安堡镇区人饮工程11处，解决0.45万人饮水困难问题；整治村庄339个。

2010年，盐池县围绕“生态、资源、特色”三篇文章，依托南部生态农业旱作区、中部扬黄灌区、北部旱作高效节水补灌区，全面完成2010年农田水利基本建设任务，取得全市第一名的好成绩。全县累计投入资金3.7亿元，投入各类机械6.5万台次、劳力62.6万人次，

2010年10月19日，盐池县秋季农田水利建设现场

是历年来建设规模最大、资金投入量最大、成果效益最为明显的一年。

2011 年，盐池县秋冬季农田水利基本建设按照“3592”工作思路，坚持“因地制宜、务求实效，高点定位、彰显特色，规范管理、创新突破”的总体原则，强化三项措施、建设五大片区、实施九项重点工程、建立两个长效机制，全面完成秋冬季农田水利基本建设各项任务。累计完成投资 4.69 亿元（县财政投入 1.37 亿元），其中水利工程投入 4892 万元，同比增长 206.8%；累计投入工日 69.6 万人次，机械 7.27 万台次，动用土石方 2560 万立方米。改善灌溉面积 9.05 万亩，新增灌溉面积 1.5 万亩，新增节灌面积 7.97 万亩，新增节水补灌面积 5.56 万亩，新增基本农田 2.42 万亩，改造中低产田 0.5 万亩；新增防渗渠道 516.5 千米，清淤沟道 129 千米，清淤渠道 363 千米；整修农路 1018 千米；加固淤地坝 5 座，洪漫坝 151 道，打井打窖 380 眼；治理水土流失面积 29.4 平方千米，建设小畦田 19.5 万亩；组织实施扬黄续建二期人饮工程，解决了 380 个村庄 13.5 万人饮水安全问题。

2012 年，盐池县以新编制的《2012 年农田水利基本建设实施方案》为指导，以“建设节水型社会”为统揽，以“改善农业基础设施条件、提高农业生产能力、构筑宁夏东部生态屏障”为目标，按照“措施增效，分片推进，项目支撑，机制保障”的工作思路，坚持“因地制宜、统筹规划，重点突出、分工协作，集中投入、连片推进”的总体原则，以高效节水补（扩）灌、小流域综合治理、农村饮水安全、畦田建设、秋覆膜、秋深翻、植树造林、特色种植和环境综合

2012 年，麻黄山乡秋农田水利建设现场

整治为重点，精心周密组织，精细安排部署；强化五项措施、建设四大片区、实施八项重点工程、建立三个长效机制，全面完成秋冬季农田水利基本建设各项任务。累计投入资金4.8亿元（县财政投入7400万元用于水利工程建设），投入各类机械10.66万台次，劳力62.6万人次。实施高效节水补灌15.09万亩；改善灌溉面积6.48万亩，完成任务的108%；新增节灌溉面积0.66万亩，完成任务的110%；改造中低产田0.61万亩，完成任务的199%；秋深翻51.76万亩，秋覆膜14.17万亩，分别完成任务的369%和102%；实施测土配方施肥39.62万亩；清淤渠道沟道370.4千米，完成任务的178%；新增防渗渠道487.5千米，完成任务的300%；整修农路1089.4千米，完成任务的359%；加固淤地坝3座、洪漫坝340道，打井打窖574眼，治理水土流失面积144.4平方千米；建设梯田1.2万亩；种植甘草20.2万亩、冬小麦6.95万亩、黄花3.18万亩；抚育造林1.98万亩；组织实施了南部山区人饮等工程，实现了全县人口安全饮水全覆盖。获得全国农田水利基本建设先进县。

2013年，盐池县合理编制《2013年农田水利基本建设实施方案》，按照"措施增效，分片推进，项目支撑，机制保障"的工作思路，以提高水资源利用效率和效益、保障粮食安全、饮水安全、生态安全、防洪安全为核心；以加快建设高标准农田、发展现代节水农业、促进农民增收为目标；以改善农业基础设施条件、发展高效节水灌溉、建立长效机制为重点，精心组织，大规模、高标准、高质量完成秋冬季农田水利建设大会战各项指标任务。累计投入资金3.25亿元，投入工日48.93万人次、机械5.2万台班，动用土石方518万立方米。改善灌溉面

2013年，大水坑镇秋季农田水利建设成果

积 2.5 万亩，新增灌溉面积 5.93 万亩，节水灌溉面积 6.4 万亩，建设高标准农田 12.5 万亩，改造中低产田 1.3 万亩；新建防渗渠 180 千米，清淤沟道 60 千米、渠道 205 千米；整修农路 697 千米；加固淤地坝 48 座、洪漫坝 349 座；修梯田 1.5 万亩，开挖水平沟 0.1 万亩，治理水土流失面积 81 平方千米；覆膜 13.4 万亩，秋深翻 43.86 万亩；测土配方施肥 37.5 万亩，建设小畦田 15 万亩，激光平地 4.4 万亩；种植冬小麦 6.1 万亩、甘草 18.2 万亩；造林抚育 3.4 万亩。获得 2013 年度全区农田水利基本建设“黄河杯”特等奖。

2014 年，按照习近平总书记“节水优先、空间均衡、系统治理、两手发力”的新时期治水思路，坚持高起点、高标准、高质量，超前谋划，统筹规划好秋冬季农田水利基本建设方案，做到因地制宜，突出重点、合理布局、注重实效。主要以完善配套现有水利设施为重点，突出扬黄灌区和机井配套、渠道整修、灌区清淤、节水灌溉，提高工程效益；以小流域为单元，突出坡耕地改造、治山整地、造林种草；以解决干旱缺水为重点，突出饮水安全工程建设；以水毁修复、防洪工程建设为重点，突出河堤加固、险工治理、水库除险、水毁工程修复，为防汛工作奠定良好基础。共计完成投资 37019.88 万元，其中涉水项目投资 33299.88 万元，农业投资 3720 万元。共动用土石方 157 万立方米，投入劳动力 27 万工日，投入机械 2.36 万台班。建设高标准基本农田 3 万亩，激光平地 3.7 万亩，新增节水灌溉面积 4.8 万亩，改善和恢复灌溉面积 1 万亩；新建水库 1 座，新增蓄水能力 149.5 万立方米；新增衬砌渠道 62 千米，清挖沟道 18.5 千米，清淤渠道 118.6 千米；治理小流域 5 条，治理水土流失面积 52.46 平方千米；新建塘坝 2 座，新增梯田 0.2 万亩，维修洪漫坝 150 余条；机深翻 11 万亩，春秋覆膜 18 万亩，整修生产路 202 千米，实施测土配方施肥 55 万亩，冬小麦种植 3.2 万亩，完成草方格治沙 1000 亩。

2014 年，盐池县农田水利基本建设成果

2015 年，盐池县从 5 月初开始着手制定秋冬季农田水利建设实施方案，整体工作从 9 月初全面启动，10 月份掀起高潮。按照“在南部黄土丘陵区重点开展小流域综合治理、中部扬黄库井灌区重点开展高标准农田建设和高效节水建设、北部沙区重点开展防沙治沙”的发展思路，因地制宜，全面实施。秋冬季农田水利建设累计完成投资 5.7 亿元，新增高效节水灌溉 4.2 万亩，建设高标准农田 6.4 万亩。通过几年的实践，打造了农田水利建建设“盐池模式”。

2017 年，盐池县秋季农田建设的总要求是“农建大会战，誓把荒山变良田”。全县共计在大水坑镇柳叶洼、惠安堡镇小口子、孙记洼子、红土桥及麻黄山乡沙坡子、史记湾 6 个水土流失严重的小流域新增治理水土流失面积 67.55 公里。其中发展反坡梯田近 3 万亩。具体施工过程中，主要采取三项措施：一是通过定任务、定标准、定时限的“三定”责任制度和“政府引导、项目支撑、群众参与”的工作机制，举全县之力高标准、高质量完成农田水利建设任务，杜绝“豆腐渣”工程；二是加快小流域综合治理项目建设进度，建设反坡梯田、整修洪漫坝、开挖鱼鳞坑，保持水土、防洪蓄水，提高土地生产能力，为农民群众切实解决耕作难、出行难的问题；三是按照内容要新、方法要活、层面要广、力度要大的要求，强化宣传，使群众不断认识到小流域综合治理工程能有效促进农田生态系统的良性循环，改善土壤理化性质，实现农业增产增收，农村经济繁荣。

大水坑镇秋季农田水利建设成果

第三章　水土保持

第三章　水土保持

盐池县地处鄂尔多斯台地向黄土高原过渡地带，水土流失面积 5868.3 平方公里，占全县总面积的 82.3%。东南部黄土丘陵区水位较深，土质疏松，容易被雨水侵蚀，每年约有 538 万公斤泥沙流入黄河。中北部多为草原沙地，由于在 20 世纪 90 年代以前盲目发展农牧业，加之老百姓私自开荒、打柴放牧、采挖甘草等破坏性行为，使草原植被遭到严重破坏，沙漠化极为严重，蓄水能力日趋变差；又因气候干燥，雨水稀少，水土流失面积不断扩大。恶劣的自然环境，严重威胁着人民群众的生产生活。“三年两头旱、十年九不收”“一年一场风，从春刮到冬”成为当地老百姓迫于无奈的口头禅。严重的水土流失是造成盐池县生态环境恶化、旱涝灾害频发、人民生活贫困的主要原因。中华人民共和国成立后，盐池县委、政府带领广大人民群众通过长期与干旱和水土流失作斗争，总结积累了大量成功经验。主要开展以工程措施和生物措施相结合的办法，以“旱三田”建设为重点，以小流域治理为中心，大力开展水土保持和生态修复工作。如修建水平梯田、引洪漫地、沟坝地、歇地保墒、沟垄种植，植树造林、种植牧草、绿肥牧草，粮草（油、肥）间轮作以及打水窖、修涝池，取得了显著成效。截至 2017 年，全县共治理水土流失面积 2763 平方公里。

20 世纪 80 年代，盐池县北部地区土地沙漠化程度日益严重

第一节　水土流失治理

一 、沟坡兼治（1957—1973 年）

中华人民共和国成立之后至 1955 年以前，盐池县共筑土坝 326 处，发展洪漫地 3512

公顷(包括自然洪漫地)。1955 年开始采取工程措施和生物措施相结合的办法,按照“由小到大,自上而下,沟坡兼治,综合治理”的水保方针,开展大规模的探索实践。是年修筑洪漫坝 15 座,投资 0.76 万元,开发漫地 467 公顷,全县洪漫地发展到 1588 公顷;修涝池 23 个,打水窖 357 眼,培地埂 12 公顷。种植牧草 268 公顷,植树造林 144 公顷。五区(大水坑区)四乡苏家堡子农业社发动全社劳力修筑洪漫坝 2 座,打洪漫埂 23 道,发展洪漫地 133 公顷,成为全县水土流失的治理典范。

1956 年,盐池县组织开展大规模群众性水土保持工作,本着就地取材、就地推广、技术与群众相结合的办法,统一规划劳动力,实行定额管理,根据水土流失严重程度分批次进行治理。是年培地埂 1676 公顷,打洪漫坝 46 座,修沟头防护 26 道,打旱井 800 眼,挖涝池 52 个,修水簸箕 2543 个,挖水平沟 9.6 千米,发展洪漫地 3154 公顷。打中型坝 2 座,动用土方 28650 立方米,用工 80531 个,投资 12079.65 元。种草 1979 公顷,植树造林 943 公顷,封山育林 2223 公顷,育苗 275 公顷。治理水土流失面积 255 平方千米。一区(城郊区)东塘乡土沟农业社群众自筹 3 万元修筑一座高 15 米的大坝,发展洪漫地 666 公顷。五区史万沟社洪漫地亩产糜子 120 公斤,是一般旱地的两倍。六区(惠安堡区)前进社地埂田亩产粮食比一般旱地高出 20 公斤。但由于缺乏技术指导,工作带有盲目性,工程质量不高,水毁严重,预期效益并不突出。

1957 年,中央第一次水保会议提出“全面规划,综合开发,沟坡兼治,集中治理”的治理方针,盐池县制定了水土保持工作规划。根据规划在重点区域进行治理,达到“治一山成一山,治一沟成一沟”的效果,克服到处开发但无一处成功的盲目性。截至 1957 年年底,全县控制水土流失面积 323.6 平方千米,发展洪漫地 7997 公顷,修筑土坝 62 座,修沟头防护 42 处,修水平沟 127 千米,修水簸箕 9347 个,拍地埂 1953 公顷,修谷坊 2 个,打水窖 3515 个,挖涝坝 128 个,打小型坝 11 座、中型坝 2 座。种植牧草 4301 公顷,植树造林 5980 公顷,封山育林 2792 公顷,育苗 31 公顷,幼苗抚育 250 公顷。国家补贴投资 4.3678 万元,群众自筹 22.6757 万元,完成土方 66.3538 万立方米。治理区域初步达到了“地地有埂,埂埂相连,山坡植树,沟底打坝,水不下山,泥不出沟”的要求。洪漫地比一般旱地粮食产量高出一倍。
1958 年至 1960 年,盐池县继续实施“一山一沟”治理方案,开展大规模的水土保持会战,控制水土流失面积 43.99 平方千米,修谷坊 796 座,修梯田 593 公顷,打地埂 512 公顷,沟头防护 73 道,修水平沟 7.4 千米,打淤堤坝 1 座,挖鱼鳞坑 605 个,造林 13900 公顷,封山育林 235 公顷。

1959 年,在麻黄山设立何新庄水保试验站,采取沟坡兼治、林草粮并重的方式,使过去贫瘠荒芜的山沟展现出粮草丰茂的新景,为全县开展水土保持提供了可资借鉴的经验。

表 3-1-1　1959 年水土保持措施统计表（单位：亩）

项目\年度	控制面积(平方公里)	农业措施				林业措施		水利措施			
		培地埂	改良牧场	荒坡种草	田间种草	造　林	封山育林	淤地坝(座)	旱井(个)	沟头防护(个)	涝地(个)
合　计	822.7	29100	870.8	53.847	49900	181701	689796	32	840	1400	250
1958 年	466.79	29100	433.5	27.6	49900	116221	8796	32	840	1400	250
1957 年	187.95		221.3	35.155		35480					
1956年以前	167.96		206000	1593.2		30000					

1960 年至 1962 年后，国家处于三年困难时期，大部分水保工程中断或毁弃。1965 年，根据中央第二次水土保持会议和自治区水土保持工作会议精神，盐池县开展了冬季水土保持大会战。大会战从是年 10 月下旬开始，12 月 10 日结束，历时 70 天。县委、政府专门成立了草原建设水土保持委员会，以王乐井、大水坑两个公社为中心，共完成土方 80 万立方米，打洪洪坝 248 道，发展洪漫地 1900 公顷、坝地 667 公顷，修简易梯田 620 公顷，是中华人民共和国成立以来全县水土治理总面积的一倍。挖人畜饮水窖 244 眼、蓄水涝池 51 个，植树造林 393 公顷，育苗 40 公顷。

1971 年 8 月 6 日，盐池县召开全县林业水利现场会，明确南部山区以水土保持为主，生物措施和工程措施相结合，自上而下，坡沟兼治，大力发展洪漫地，改良山间润地。要求到 1972 年农村每人要有 1 亩旱涝保收的基本农田，每个生产队治理水土流失面积 1 平方公里。

表 3-1-2　1966 年水土保持工作统计

项　目		单　位	年内新增数	年末达到数
初步治理面积		平方公里	198	325
一	基本农田	亩	32566	32549
	水浇地	亩	4266	12849
	洪涝地	亩	28500	26500
	林网条田	亩	800	3900
二	农田建设	亩	19300	24322
	梯　田	亩	9300	14323
	地边埂	亩	10000	10000
三	沿山治沟	亩	132000	318000
	封山育林育草	亩	132000	318000
四	水土保持林	亩	39133	109779
五	种草	亩	206000	465626
六	育树苗	亩	1822	3190

二、土水林综合治理(1973—1982 年)

1973 年后,盐池县认真贯彻延安水土保持工作会议提出“以土为首,土水林综合治理,为发展农业生产服务”的方针,在南部山区水土流失严重地区着重进行打拦洪坝、修水平梯田、培地埂、开挖引洪渠道、发展洪漫地、开展基本农田建设等重点工程建设。同时开展植树造林、种草等生物工程建设。南部山区各公社生产队把治山治沟、控制水土流失作为重点工作,实行统一规划,综合治理,坚持艰苦奋斗、自力更生。坚持群众运动和专业队建设相结合,治沟治坡与农田建设相结合,生物措施和工程措施相结合。从 1973 年开始,每年冬春季农闲时节,全县抽调约 2 万人开展小流域治理,同时组建 354 个农田建设专业队共 3022 人,坚持常年治理,打洪漫坝 28 道,把过去的“三跑田”变成“三保田”。

1973 年,盐池县农田基本建设工地

1975 年,王乐井大队成立了农田建设专业队,共 70 余名专业队员建成了 600 亩高标准的沟台地,1976 年种植糜子,平均亩产 110 公斤,最高达 180 公斤。农田水土保持工程给老百姓带来了实实在在的好处,各公社生产队积极性普遍提高,出现了许多治理典型。青山公社营盘台生产小队用 3 年时间修建库容 45 万立方米的水库 1 座,治理山沟 1 条,控制水土流失 18 平方公里。同时开渠 45 条 11 千米,修防渗渠 1.4 千米,发展水地 29 公顷,人均 0.12 公顷。红井子公社新桥生产大队地处黄土丘陵地带,水土流失严重。1973 年至 1977 年,该生产大队沟坡兼治、改土平地,先后打洪漫坝 4 座,挖引洪渠 4 条 6.2 千米,打地埂 99 道 40.63 千米,打防风墙 1.19 千米,动用土方 26 万立方米,建成条田 273 公顷、洪漫地 87 公顷。1973 年产粮 13.5 万公斤,1974 年达到 32 万公斤。1976 年,在连续 14 个月没有下雨的情况下,粮食亩产 62.5 公斤,粮食总产量达到 30 万公斤,人均 350 公斤,当年向国家交售公粮 3.3627 万公斤。

同一时期,根据中共中央指示精神,盐池县还组织了 1000 个劳力,历时 2 个月时间对李家大湾水库水段进行工程整修,发展洪漫地 667 公顷,挖引洪渠 4 条 6.2 千米,打地埂条田 99 道 40.63 千米,打防风护林墙 1.19 千米。完成土方 26 万立方米,发展机耕条田 273 公顷、洪漫地 87 公顷。

截至 1977 年,全县共打拦洪坝 441 座,打引洪渠坝 350 条,打地埂 125 千米,发展梯田、洪漫地、淤坝田近 7000 公顷。建设旱地基本农田 8667 公顷,植树成活 10000 公顷,其中水土保持林 333 公顷、种草 1667 公顷,初步控制水土流失面积 458 平方千米。

1977 年，自治区党委批准盐池县实行“以牧为主，农林牧结合，因地制宜，全面发展”的农业方针，盐池县开展草原、林业、农田三大建设，在中北部地区采取封沙育草、补播牧草、种树种草等措施，控制沙化，恢复植被，提高草原生产能力；中部丘陵地带和南部山区以控制水土流失为重点，实行山、水、田、林、路综合治理，种草种树，固定农田，建设洪漫地、沟坝地、涧地，改革耕作制度，提高单位面积产量。压缩山坡耕地面积，洼地进行种草种树，实行绿化，沟坡和梁地恢复多年生植被，种植优良牧草和树木，以防护林和水土保持林为主。王乐井大队修梯田 23 公顷，发展洪漫地 200 公顷，造防护林 80 公顷，实现了“沟沟地平筑起坝，滩地条田林网化”。1979 年，37 公顷沟坝地亩产糜子 107 公斤，比一般的旱地高出 40%。

表 3-1-3　1978 年盐池县水土流失治理面积及盐碱地改良面积统计表

	水土流失面积（平方公里）	现有坡耕地面积（万亩）	水土流失治理面积			其中			盐碱地面积（万亩）	盐碱地改良面积	
			平方公里	万亩	占流失面积（%）	水平梯田（万亩）	沟坝地（万亩）	水保林（万亩）		本年新增（万亩）	累计达到（万亩）
盐池	4710	167	485	72.8	9.7	0.32	4.2	1.08			

表 3-1-4　1980 年盐池县水土保持情况统计表

项目\单位	洪漫坝（米 / 条）			洪漫地（亩）		涧地（亩）		水保林（亩）		累计
	总数	其中 新增	其中 修补	总数	其中新增	总数	新增	已造	秋造	
城　郊	10000	150	500	1600						
柳杨堡										
高沙窝	870		70	690						
苏步井				3100				185		1095
王乐井	37100			1015				100		
鸦儿沟										
青　山	71965	25		11000		1500		500		
大水坑	23500			1100				1500	1500	4300
红井子	24311			8035		110		2500		
惠安堡	61280			2100		1000		450		
萌　城	58750	5100		8540	700	8540	700	2570		
麻黄山								2948	2000	
后　洼										
马儿庄										
冯家沟	287776	531519	57011	37180	700	11150	700	10753	3500	
合　计	10000	150	500	1600						

三、防治与管理(1982—1991年)

1982年,国务院发布实施《水土保持工作条例》,召开了第四次全国水土保持工作会议,确定了“防治并重,治管结合,因地制宜,全面规划,综合治理,除害兴利”的水土保持方针,水土流失治理由过去单一措施和分散治理走向以小流域为单元,山水林草路统一规划、综合治理的轨道。随着农业生产责任制的变革,农民生产积极性空前高涨,迫切要求改变生产条件,加之“三西”建设开始全面实施,国家以工业品、粮棉布代赈项目逐步增多,水土保持投入持续加大。自治区党委、政府制定了“大力种树种草,兴牧促农,因地制宜,农林牧副渔全面发展”的山区建设指导思想,确定了盐池县为黄土高原水土流失综合治理试验基地之一。盐池县认真贯彻中央及自治区水土保持工作指示和要求,转变治理方式,水土保持工作由“一山一沟”向“小流域综合治理”全面转变。

1983年,何新庄、麻黄山大队开始分别确定了7个小流域进行规划并实施治理,麻黄山大队还确定了一个大涧作为治理对象。1984年对麻黄山、何新庄大队的14条小流域进行续建,新确定马儿沟小流域治理点,由马儿沟经何新庄到麻黄山连成一片治理区,起到示范带动作用。

1983年至1984年,盐池县完成全县农业区划和规划工作,对何新庄小流域治理和全县水土保持工作进行规划,提出“南保水土,北防沙,中间川含沙丘林网化”的水保治理目标。县水电局成立了水保工作队,专门负责技术指导和规划工作,同时调动广大群众的积极性,实行小流域治理包户的方式,重点在环江的东西川流域和苦水河上游地区进行水土保持。

截至1985年年底,全县完成小流域综合治理面积41.34平方公里,新增洪漫地面积0.95余万亩,整修恢复洪漫坝0.84亩,新增旱条田0.72万亩,修建塘坝涝池32座,水窖1609眼,沟头防护105处,人畜饮水蓄水池24座,反坡带面田0.0772万亩,营造水土保持林2.14万亩,人工种草1.38万亩,砌砖石612立方米,完成土方量730189立方米,对防止水土流失、保护农田起到了较好的作用,粮食产量成倍增加。年亩产粮食由治理前的40公斤提高到75公斤至100公斤,涌现出了麻黄山及西川流域、毛沟西岸的井滩子村、下高窑村涧地等治理示范点和一批承包治理的典型。主要典型示范村有麻黄山、何新庄、下高窑、杏树梁、新桥以及施天池等;单户承包先进典型有李万福、吴保善、贺国英、王汉文等专业户。一大批农户通过工程蓄水、栽种果树增加了收入。在专业户的带动下,很多群众自愿参与到包户小流域治理队伍中来。

1986年,盐池县委、政府提出“南治土,中治水,北治沙”(南部山区以水土保持为主,北部沙地以植树种草防风固沙为主,中间以开发扬黄水浇地为主)的建设方针,召开了全县农田基本建设会议,确定1986年为治水年。抽调100名县直机关干部分赴15个公社协助抓好基本农田建设。县委制定了《关于沙荒滩和小流域承包治理几个问题的规定》，以小流域治理和旱三田建设为中心，实行“进一步扩大自留地，划分责任山，把适宜种草种树的‘五荒地’按群众意愿和经营能力承包下去，长期不变，子女有继承权”的政策，将大部分水土保持工程承包给群众，提高群众参与小流域治理的积极性，工程质量、速度和效益有了很大提高。当年完成水土流失治理面积 43.46 平方千米，全县累计治理面积 193.93 平方千米，为重点流失区的 12.44%，占全县总面积的 2.86%。新增洪漫地 896 公顷、大埂田 603 公顷，修涝池 166 座、土谷坊 555 座、沟头防护 181 处、淤地坝 10 座，治坡工程（水平沟、鱼鳞坑）27 公顷，修建反坡带子田 668 公顷。种草 345 公顷，植树造林 492 公顷，投资 86.9 万元。开展小流域治理 16 条，新建井滩子小流域，治理面积 10.33 平方千米。包户小流域治理 568 户，治理面积累计 25 平方千米。

1987 年至 1990 年，盐池县委、政府坚持以包户小流域治理和“旱三田”建设为中心的水土保持方针，何新庄、施天池、杏树梁、西沟、红沟洼、新桥、刘四渠、南阳沟、下高窑、北河、天池墉、双叉渠 10 多条小流域治理通过自治区验收，开展实施了八岔梁沙地小流域治理试点；建设了花鸨沟、荫子沟治沟骨干工程。

八岔梁小流域位于盐池县北部毛乌素沙漠边缘，是自治区黄河中游地区第三批水土保持试点流域。流域面积 37.55 平方公里，水土流失面积 30.4 平方公里，由缓坡丘陵和坳谷低洼地组成，沙质土壤，气候干旱，风多雨少，旱季干燥，遇雨水土流失严重。草原退化，耕地瘠薄，沙化面积占土地总面积的 80%，当地有“一年一场风，从春刮到冬”的俗语。多年来，流沙侵占房舍，压没农田，淤塞道路，给当地农业生产和群众生活带来严重危害。流域内 5 个自然村、183 户农户，人均耕地 8 亩，农作物以秋粮为主，水地小麦单产 200 公斤左右，旱地糜、谷亩产仅在 35 公斤上下。人均草原面积 43 亩，但因草场严重沙化，限制了畜牧业发展。1988 年年初，自治区水利厅批准八岔梁列入全区第三批小流域流治理试点。盐池县组织农林水牧等部门对八岔梁流域进行全面规划，以土地沙化治理为重点，实行综合治理与封育改良并重措施；以草原防护林带建设为重点、试行轮牧轮休；以开发下水资源、发展灌溉农业、改善农业生产条件为重点，解决当地群众温饱问题；发展以庭院经济为主的多种经营，形成生态农业相互促

城郊乡八岔梁小流域治理区农作物种植（摄于 1993 年 6 月）

进的水土保持综合防护体系。具体治理过程中,首先通过调整土地利用结构,发展水地,压缩旱地,使一部分旱地退耕还草;接着以生物措施为主,草、灌、乔结合,网、带、片合理布局,建立生物防风固沙体系,累计造林3017亩,封育林草8800亩,治理面积占总土地面积的37%,使1万多亩流动沙丘基本固定。同时开发地下水资源,共打机井8眼,改造维修机井1眼,水地发展到1742.7亩,人均有水地1.72亩。畜牧业发展推行"以草定畜"和"三高一快"(成活率高、出栏率高、商品率高、周转快)技术,使适龄母羊比例占总饲养量的65%以上,出栏率由30%提高到50%左右。积极推行试验、示范、推广相结合,大面积推广干旱风沙区造林、种草、小麦丰产栽培技术及地膜覆盖等新技术。经过3年治理,治理区粮食总产量由1987年的45.2万公斤提高到1990年的54.4万公斤,人均有粮507公斤;总产值由1987年的54.5万元提高到1990年的61.5万元,人均纯收入达到230元。1990年当地农业总产值比原来净增22.9万元;燃料、饲料、肥料问题基本得到解决,40%的农户有1至2年余粮,50%的农户有半年余粮。水地农田林网初具规模,草原产草量由原来的亩产160.9公斤提高到292.4公斤,植被覆盖率由原来的7%提高到33.7%,土地沙化趋势基本得到控制。

1990年年底,盐池县形成了以"旱三田"建设为中心,包户小流域治理为重点,种草植树相结合的水保治理体系。共建成拦洪水库1处,治沟骨干工程2处,各种水保工程3384座,建设"旱三田"10446公顷。其中"七五"期间建设8513公顷,是"六五"的4.4倍。先后治理小流域19处300平方千米,初步治理面积76平方千米。包户治理小流域800户,治理面积1.92平方千米。全县累计治理水土流失面积227平方千米;造林66667公顷,种草、补播封育66667公顷。水土保持工作为农业增产、农民增收打下了良好的基础。根据当年实地调查:洪漫地亩产豌豆150公斤、胡麻100公斤、糜子200公斤。大部分治理小流域承包户存粮上万公斤。农业生产和生态环境实现了"两个转变":农村经济发展形式由原来单一抓粮食生产向多种经营转变,由乱垦乱伐破坏生态向植树造林、恢复植被保持水土流失转变。

四、预防与综合治理(1991—1999年)

1991年,国务院召开第五次全国水土保持工作会议,确立了"预防为主,全面规划,综合防治,因地制宜,加强管理,注重效益"的水土保持工作方针,标志着水土保持工作由"防治并重"转为"预防为主",水土保持走上了依法防治的轨道。盐池县水土保持以小流域治理为单元,山水田林草路统一规划,综合治理水土流失的技术路线逐步走向成熟。

1991年,盐池县委成立了水土保持委员会。1994年县水电局成立了水土保持工作队,全县水土保持工作走上了规范化、制度化轨道。水土保持由分片治理向区域化集中连片治理转变,由包户小流域治理方式向专业技术团队治理转变。"八五"期间,全县有811户农户承包治理24条小流域,治理面积82.8平方千米,全县形成了千家万户治理千沟万壑的局面。争取"三西"建设资金、黄河中游专项资金、水保专项资金进行重点小流域治理,先后完

1991年,全国劳模李玉芬以户为单位,承包治理荒滩

成八岔梁、沙崾岘,桑家沟(甘沟、凉风掌、窝风掌)、石葱湾、谢儿渠、荫子沟等小流域治理,完成花鸨沟、荫子沟、甘沟、窝风掌4处重点骨干沟工程。全县累计完成旱三田建设1.2847万公顷,人工造林13.07万公顷,飞播造林0.8333万公顷,补播草原10.6333万公顷,封育划管4.2267万公顷,人工种草1.6万公顷,工程围栏草场0.4867万公顷,使南部山区287平方千米水土得以治理。北部1.33万余公顷沙化得到初步治理,50万亩沙丘得以治理,人均收入由1980年44元提高到1995年506元上来。1994年,盐池县被列为全国第二批水土保持预防监督执法试点县,并逐步建立健全了执法监督体系。专门成立了盐池县水土保持预防监督站,先后出台了《盐池县水土保持预防监督暂行办法》《盐池县生产建设项目水土保持方案报批管理规定》等地方配套法规,有效遏止了人为水土流失现象发生。组织对全县人为水土流失现状进行全面普查,划分出重点治理区、预防保护区和重点监督区,配备专职管护人员,实行专职管护与群众管护相结合的办法,加强水土流失监督执法力度。

"九五"期间,盐池县大力推进以小流域综合治理为单元的水保生态修复工程建设,综合运用工程措施、生物措施、农业措施进行山、水、林、路、梁、峁、沟、坡综合治理,林果、草、种全面发展。1998年被列入沙棘资源建设试点县,1999年被列入全国水土保持"十百县""示范工程县"。

1996年,完成凉风掌、窝风掌、甘沟、石葱湾4条小流域治理,续建了谢儿渠、荫子沟2条小流域。修梯田26公顷、造林33.5公顷、种草20.3公顷,完成水保工程21座,打水窖137眼,完成治理面积0.93平方千米,完成林洼子治沟骨干工程。谢儿渠小流域在治理前植被稀疏,水土流失严重,群众生活困难。1995年,全村人均收入只有308元,是全县重点帮扶的特困村。1996年,宁夏水利厅水保局下达谢儿渠小流域蓄流微灌综合治理开发项目,由宁夏水利科学研究所和盐池县水利局联合实施。两年中,共治理水土流失面积119.67公顷,其中建设基本农田24.46公顷、造林57.53公顷、种草13.34公顷;建设生产用水窖124眼,发展高产坝地12公顷,使流域治理程度达到59.93%,控制程度达到100%。水利科技人员指导当地群众以"化零为整,化整为零"的水土保持措施,将雨水径流拦蓄储存,在农作物受旱缺水时用于补偿性灌溉,提高了天然降水利用率。流域内人均水平梯田面积由治理前的 1.65 亩增加到治理后 5.25 亩，梯田内作物产量提高了近一倍；流域内营造人工沙棘林 53.33 公顷，长势良好；营造“两杏一果”经果林 14.2 公顷，人均经果林面积由治理前的 0.75 亩增加到 2.85 亩，成为当地农民的摇钱树。1997 年流域内人均纯收入达到 1196 元，是治理前的 4 倍，脱贫达到了 77%。

1997 年，新建松家水、包塬 2 条小流域。完成水平梯田 33.3 公顷、坝地 5.3 公顷、造林 44 公顷、种草 80 公顷，修涝池 2 座，建塘坝 5 处，沟头防护 2 处，修谷坊 5 座，打水窖 752 眼，当年窖灌 25 亩。

1998 年，盐池县水利水保局还组织完成青山乡刘窑头小流域、红井子乡后台治沟骨干工程。

1999 年，开工建设了郝家台、野湖井、井沟 3 条小流域，完成水土流失治理面积 15.7 平方千米，建造基本农田 37.7 公顷，造林 1498.3 公顷，种草 35 公顷，封山育林 133.3 公顷，种植沙棘 523 公顷；完成水保工程 15 座，开挖带子井 4 条，土圆井 9 眼，打塑料井 17 眼，全县水土流失面积累计达 1524.2 平方千米，治理率达 25.9%。完成“旱三田”建设 1113.3 公顷。

表 3-1-5　1995 年底盐池县水土保持各项治理措施实际保存面积统计表

项目 年份	治理措施面积(平方公里)	基本农田(公顷)					造林(公顷)							种草(公顷)	封育(公顷)
		合计	梯田	坝地	压砂地	小片水地	合计	灌木林			乔木林				
								小计	沙棘	其他	小计	经济林	其他		
截至1990年	累计面积	10607.47	311.6	5658.8		4637.07	87267.4	68520.2			18747.2	1989.5	16757.7	10000	6666.67
	保存面积	10607.47	311.6	5658.8		4637.07	73941.9	59098.7			14843.2	1185.7	13637.5	2000	5333.33
1991年	当年新增	655.73	107.53	491.2		57	8993	8203.2			789.8	142.3	647.5	598.8	1078.67
	上年减少	3345.97		1343.4		2002.57	3894.8	3210			684.8	168.1	516.5	320	
	保存面积	7971.23	419.13	4806.6		2691.5	79040.1	64091.9			14948.2	1159.9	13788.3	2278.8	
1992年	当年新增	1232.23	152.2	408.73		671.3	6162.7	6004.7			158	5.7	152.3	1933.33	1716.07
	上年减少						4594.1	4224.8			369.3	50.2	319.1	866.67	
	保存面积	9149.46	571.33	5215.33		3362.8	80608.7	65871.8			14736.9	1115.4	13121.5	3345.46	
1993年	当年新增	1361.5	225.6	385.87		750.03	5893.1	5421.9			471.2	93.9	377.3	1266.67	5400
	上年减少						1061.5	1066.7			+5.2	+29.5	24.3	733.33	
	保存面积	10510.96	796.93	5601.2		4112.83	85440.3	70227			15213.3	1238.8	13974.5	3878.8	
1994年	当年新增	1159.57	31.87	324.4		803.3	325.3	8451.8			873.5	186.9	686.6	382.93	153.33
	上年减少						1354.9	1269.2			85.7	+31.8	117.5	213.33	
	保存面积	11670.53	828.8	5925.6		4916.13	93410.7	77409.6			16001.1	1457.5	14543.6	4048.4	
1995年	当年新增	1178.23	42.53			1135.7	6504.2	6091.3			412.9	93.1	311.8	353.33	536.67
	上年减少						918.1	595.6			322.5	87.5	235	200	
	保存面积	12848.76	871.33	5925.6		6051.83	98996.8	82905.3			16091.5	1463.1	14628.4	4201.73	14218.07
“八五”期间	新增面积	5587.26	599.73	1610.2		3417.33	36878.3	34172.9			2705.4	521.9	2163.5	4535.06	8884.74
	减少面积						11946	10366.3			1579.7	367.1	1212.6	2120	
	保存面积	5587.26	599.73	1610.2		3417.33	24932.3	23806.6			1125.7	154.8	970.9	2415.06	8884.74

表 3-1-6 “八五”期间盐池县水土保持综合治理任务统计表

项目	完成治理面积（平方公里）			基本农田						工程措施					工程量			生物措施		
	合计	其中小流域		合计	洪漫坝地	梯田	水地	草条田	其他	骨干工程		谷坊	沟头防护	漫地坝	混凝土		土方	水保林	人工草	草场封育
		条数	面积																	
单位	平方公里	条	平方公里	亩	亩	亩	亩	亩	亩	座	座	座	处	座	平方米	平方米	万平方米	亩	亩	亩
“七五”末	236.08	16	70.65	159112	84882	4674	1737	58781	9038	2	484	1493	832	11				39037	16647	1753
1991 年	10.62	4	5.11	9721	7368	1613	160	580			3	42	3				57	4100	2100	5000
1992 年	9.15	4	4.2	8744	6131	2283	240	90			5	65	3	2	162	4	61	2290	2580	4200
1993 年	7.21	3	2.07	9172	5788	3384				1	15	90	3		195	4	82.2	806	837	747
1994 年	4	3	0.77	5344	4866	478				1	2						30.3	465	190	
1995 年	0.83	3	0.83	638		638					1	5	4				13.5	400	200	
“八五”期间	31.81	7	12.98	33619	24153	8396	400	670		2	26	202	13	2	357	8	244	8061	5907	9947
累计完成	267.89	23	83.63	192731	109035	13070	2137	59451	9038	4	510	1695	845	13	357	8	244	47098	22554	11700

五、科学治理(2000—2005 年)

2000 年,自治区党委、政府提出加快全区生态建设的部署,确立了“以科技为先,以西部大开发为契机,全面规划、统筹安排”的水土保持指导原则。“十五”期间,盐池县水土保持工作以生态建设为重点,着力改善生态农业环境,流域治理步伐加快。2000 年,是西部大开发的第一年,也是盐池县水土保持项目和资金较多的一年,新建了狼布掌、芨芨沟、西沟、摆宴井、红山沟、亚木沟、张家沟、北河八条流域,完成水土流失治理面积 34.49 平方千米,建造基本农田 1406.5 公顷。修建水保工程 148 处,修建了亚木沟 1、2 号治沟骨干工程,西台塘坝 1 座,郝家台淤地坝 1 座,红山沟重力坝 1 座,完成土石方 395.3 万立方米;完成了张家沟、北河坡改梯工程,建造基本农田 380.2 公顷。完成“旱三田”建设 100 公顷。

2000 年,青山乡郝记台淤地坝工程建设工地

2001 年,续建了刘记窑头、郝家台、芨芨沟、井沟、野湖井、狼布掌 6 条小流域,新建贺坊沟、王吾岔 2 条小流域,完成水土流失治理面积 43.79 平方千米,建造基本农田 306.5 公顷,造林 7484.6 公顷,种草 732.3 公顷,封山育林 857.9 公顷;修建水保工程 6 座打井 65 眼,完成了郝家台治沟骨干工程。

表 3-1-7 2001 年年底盐池县水土保持综合治理现状表

所在乡镇	工程措施					生物措施				
	骨干工程	塘坝涝池	谷坊	沟头防护	淤地坝	水保林	人工草	草原封育	面上造林	面上种草
单位	座	座	座	处	座	公顷	公顷	公顷	公顷	公顷
城郊乡										
柳杨堡乡										
苏步井乡										
高沙窝乡										
王乐井乡		18	—	8						
鸦儿沟乡		10	—	9						
青山乡										
大水坑镇		29	—	52						
红井子乡		51	—	71						
惠安堡镇		31	—	51						

续表

马儿庄乡										
冯记沟乡										
萌城乡		66	—	124						
麻黄山乡		223	—	343						
后洼乡		112	—	191						
合　计		540	1708	849	18	145265	14715	135093	144163	12767

2002年续建了刘记窑头、郝家台、贺坊沟3条小流域，新建方山、沙边子、扬黄八干渠和城西滩4条小流域工程，治理水土流失面积30.98平方公里，建设基本农田110.6公顷，植树造林1801.1公顷，种草59.6公顷，封育禁牧71807公顷，修建水保工程8处，打机井9眼、水窖34眼，动用土方29104万立方米；完成北马坊、营盘台、尚家圈3处水保治沟骨干工程，动用土方7.2万立方米，砌石850立方米，建成库容133.5万立方米，发展提水灌溉53.3公顷。完成“旱三田”建设1087公顷，“旱三田”建设向规模化方向发展。在鸦儿沟孙家楼首次集中连片修建梯田70公顷，为“旱三田”建设树立了典型。

刘窑头村地处青山乡北端，全村30余户人家祖祖辈辈守在风多沙大、土地薄瘠的恶劣环境中艰难生活，1996年人均收入不足300元。1997年刘窑头小流域综合治理工程列入黄河上中游局水土保持综合治理重点攻关项目后，先后有数十位治沙专家和农业、水利科技人员驻村入户实施综合治理。当地群众在科技人员指导下，以开浅水层为突破口，以防治风沙为重点，进行大规模草原封育补播改良；在黄沙丘陵地带种植沙柳，营造乔木、灌木和经济林带治沙保水；在治理成功地带建蔬菜大棚、羊舍温棚，开挖鱼塘。经过5年时间，到2002年，共计治理沙化土地面积19平方公里，占项目区总面积24.55平方公里的77%，治理水土流失面积17.4平方公里；村里防风固沙林带基本成型，人工种植的油松、樟子松、侧柏、山杏等经济林绿树成荫；温棚、鱼塘、羊舍超过10余座；人均有粮超过700公斤，人均纯收入超过1500元。村支书刘毅一家治理沙地90亩，种植蔬菜10余种，养羊50只，家庭人均收入超过6000元。

2003年，续建了方山、扬黄八干渠小流域治理工程，新建四儿滩、北梁小流域，完成水土流失治理面积38.7平方千米，建造基本农田193.8公顷、造林876.2公顷、种沙棘92公顷、经果林3.3公顷，封育治理2330公顷，修建水保工程5处。开工建设尚圈、东沟、井沟3座治沟骨干工程。“旱三田”建设1200公顷。

2004年至2005年、完成方山、扬黄八干渠、北梁、王家沟、北马坊小流域治理工程，治理水土流失面积56.48平方千米，建造基本农田424.2公顷，造林1189.8公顷，种草155.4公顷，封山育林620.9公顷。修建水保工程13座、谷坊20座、简易公路10公里，动用土石方 271061 万立方米。完成尚圈、井沟、海子塘、吴家油房、花鸨沟、西掌和花马寺 7 处骨干沟治理工程。完成荫子沟淤地坝坝系建设 25 座，动用土石方 1227.78 万立方米；完成石山子淤地坝工程建设 4 座。完成“旱三田”建设 2245.6 公顷。全县累计治理水土流失面积 2705 平方千米，治理率达 46%。建成旱三田 22200 公顷，人均 0.17 公顷，完成以生态环境建设和治沙为主的小流域治理工程 47 条，完成骨干沟和淤地坝工程 35 座，建造塘坝涝池 3570 座，流域内造林 15257.2 公顷，种草 3707 公顷，封育治理 6529.9 公顷，补播种草 20480.6 公顷。

北马坊，位于青山乡东北 20 公里处，是青山乡郝家台行政村所属的一个自然村，村南有两条东西流向的冲沟穿过，沟泉水较为丰富。新中国成立后，当地党委、政府和村委会一直特别重视沟泉水利用，打坝截流，开辟小畦水地种植。村民在沟里打坝截流，一遇较大山洪，坝体即被冲毁。多年来，沿沟村民们顽强地与灾害作斗争，修了毁，毁了修，持续且艰难地利用沟泉水种植蔬菜等经济作物。慢慢地，北马坊的韭菜、水萝卜就在当地出了名。村民还在沟台上种杏树、果树，效益也好。北马坊的杏子、大果子（海红果）不但卖到附近的村子，还卖到了盐池县城、定边县城和大水坑街上。1974 年秋开始，青山公社组织旺四滩、古峰庄、月儿泉、青山 4 个大队社员援助北马坊队搞打坝平地会战。1975 年由郝家台大队组织所属生产队自己修渠整地。以雷记沟起向东沿山脉贯穿赵记塘、郝家台、北马坊西、北马坊东再到太平庙队一条沟为主线，采取藤蔓结瓜的办法，利用雷记沟源头水，再加上这条沟自身溢出大小不等的泉水眼，沿途队队打坝蓄水。北马坊西队修筑 1.5 公里长的盘山渠引水，种植效益好。北马坊沟南沟北都种有水地，沟南水地多于沟北。1986 年，大坝再次被洪水冲垮，青山乡政府申请县水电科投资重新修筑，并改用电力提灌，效益倍增。2004 年，青山乡党委、政府加大力度治理东部小流域，北马坊两条沟都打起了大坝，并在大坝坡面砌筑石块、种植柠条，防止洪水冲毁。后此，大坝蓄水量稳定增加，大约能灌溉上千亩水地，年年丰收。当地农户利用大坝水养鱼、养鸡、养鸭、养鹅，开农家乐，吸引盐池、定边，乃至更远地方的垂钓爱好者到这里钓鱼，又吸引县城和周边县区的游人到农家乐玩乐、消费，生意红火。夜晚，北马坊坝头灯头通明，灯光照亮了坝水；深碧的坝水，掩映着洁白鸭群，浮动在碧绿水面之上；旷野中的山梁，沟台上的玉米地，地边的柳树、杨树、果树、枣树、梨树，静静地享受着清风的抚慰。在这寂静的氛围中，喧闹着食客的兴奋。2017 年，青山乡把北马坊确定为旅游开发区，帮助村民建起了新房，为家家户户修通了柏油路，架上了路灯，又以亭台廊桥美化了沟坝环境，干净整洁的北马坊，扮靓了青山乡的东部。

六、水土保持与利用（2006—2016 年）

“十一五”期间，盐池县重视水土保持在农业开发中的作用，更加注重水土保持效益，既要防止水土流失和沙化，又要带来实实在在的经济效益。2006 年，盐池县启动实施国家农业综合开发水土保持项目——青山小流域综合治理工程。4年内，项目区共治理小流域4条，治理水土流失面积69.67平方公里，建设水地73.3公顷，造林2333.3公顷，种草273公顷，封禁治理6667公顷；修建水保工程12座，修筑生产路16.6千米。完成总投资1008.11万元，其中国补投资551万元。完成桑家沟、杏树梁、萌子沟53条淤地坝。完成"旱三田"建设3073.3公顷，其中梯田1573.3公顷，洪漫地1500公顷。

表3-1-8 青山项目区东沟等4条小流域综合治理汇总表

序号	名称	单位	小流域名称				合计
			东沟	红庄	侯家河	雷家沟	
一	项目区面积	平方公里	41.6	49.8	48.3	45.8	185.5
二	水土流失面积	平方公里	36.2	43.3	41.1	38.8	161.34
三	水土流失类型区		干旱草原	干旱草原	干旱草原	干旱草原	
四	现状治理面积	平方公里	7.82	12.3	7.43	7.02	34.07
五	现状治理程度	%	21.6	28.3	18.1	18.1	
六	累计治理程度	%	71	79.9	50.4	86.9	
七	新增治理面积	平方公里	17.87	22.3	13.30	26.7	80.07
1	小片水地	亩	68.84	98.5	32.9		200
2	乔木林	亩	36.1	30.77	13.8	6	86.67
3	灌木林	亩	581.72	815.93	153.32	726.7	2277.67
4	经济林	亩	17.43	36.73	22.3		76.44
5	人工种草	亩	86.1	147.5	133.1	133.3	500
6	围栏封禁	亩	402.5	556.47	573.5	800.8	2333.27
7	补播补植	亩	594.4	536.2	400	1002.8	2533.4
八	小型水保工程						
11	塘坝	座	4	5	3		12
14	生产道路	千米	8	10	4		22
九	项目总投资	万元	359.63	571.69	276.69	142.53	1350.54
1	中央财政投资	万元	169.81	282.44	134.24	64.18	650.57
2	地方财政投资	万元	68.49	114.58	50.59	26.61	260.27
3	群众自筹	万元	121.32	174.68	91.86	51.74	439.6
十	建设期限	年	2006—2008	2006—2008	2006—2008	2006—2008	2006—2008
十一	年拦蓄泥沙	万吨	3.2	7.74	0.85	4	15.79
十二	林草覆盖率	%	58.2	64.6	40.6	73.6	

2009年，盐池县实施国家农业综合开发水土保持项目——柳杨堡项目区建设，该项目实施年限为3年(2009年至2011年)。2009年批复国补资金200万元，全年共完成基本农田建设1900亩，封禁治理13000亩，造林种草9000亩，修生产道路5.5公里，治理水土流失面积15.93平方公里。

2010年，完成国家农业综合开发柳杨堡项目区柳杨堡、官家圈2条小流域和郭家沟小流域综合治理续建工程，新增治理水土流失面积14.73平方公里，兴建小型水保工程13座，完成投资200万元。郭家沟小流域新打机井5眼，维修改造机井20眼，低压管灌2000亩，发展水浇地400亩，架设农电线路2公里，建集雨场220座，打蓄水窖220眼，完成投资350.2万元。完成淤地坝建设骨干工程4座，中型淤地坝2座，完成土方41.79万立方米，其中桑家沟流域骨干坝2座，中型2座，完成总土方20.67万立方米，完成投资193.0万元，杏树梁流域骨干工程2座，完成总土方21.12万立方米，完成投资190万元。

2011年，完成国家农业综合开发水土保持项目柳杨堡项目区东塘、官家圈2条小流域综合治理面16.33平方公里，投资383.76万元；完成杨儿庄小流域治理2.54平方公里，维修机井3眼，发展低压管灌300亩，膜下滴灌300亩，架设农电线路1.3公里，完成国补投资123万元；实施建设后台3座淤地坝加固改造工程，完成国补投资132万元。

2012年，实施国家农业综合开发水保项目兴武营项目区二步坑小流域综合治理，完成治理面积9.95平方公里；完成赵家塘小流域综合治理任务，治理水土流失面积5.74平方公里。完成大水坑镇新泉井村等7个行政村200道洪漫坝的维修工程，新建洪漫坝50道，完

2013年11月，麻黄山乡小流域沟头治理成果

成土方36.3万立方米。协同麻黄山乡、大水坑镇完成秋季农田建设任务，共发展梯田500公顷。

2013年，新建佟家圈小流域综合治理项目、吴家油房小流综合治理项目、海子塘(姜家坑)片区综合开发项目、西掌小流域综合治理项目、张家湾小流域综合治理项目、西沟小流域综合治理工程。新建双沟嘴骨干工程、南梁骨干工程、荫子沟水库除险加固工程、后台水库除险加固工程、孙家沟骨干坝工程。

2014年，实施水土保持项目7个:新泉井小流域综合治理项目，完成水土流失治理面积15.8平方公里，总投资657.16万元;牛头沟水土流失治理工程，新建小型淤地坝10座，硬化作业路2条计3.24千米，总投资177.67万元;佟家圈小流域综合治理项目，完成治理水土流失面积16.9平方公里，总投资404万元;西沟小流域综合治理项目，完成治理水土流失面积0.76平方公里，总投资242万元;农发兴武营项目区治理项目，完成水土流失面积14.16平方公里，总投资360万元;张家圈骨干坝工程，控制面积4.03平方公里，总库容50.6万立方米，总投资101.45万元;孙家沟骨干坝工程，控制面积4.59平方公里，总库容57.64万立方米，总投资230万元。

2015年共实施水保项目11个，总投资4772.69万元，其中中央投资3481万元，完成治理水土流失面积93.93平方千米。

(1)摆宴井小流域综合治理工程，总投资625.52万元，其中中央投资435万元，完成治理水土流失面积15平方公里平方公里。

(2)牛皮沟小流域综合治理工程，总投资623.53万元，其中中央投资435万元，完成治理水土流失面积13.67平方公里。

(3)石湾沟小流域综合治理工程，总投资194.64万元，其中中央投资125万元，完成治理水土流失面积7.88平方公里。

(4)向阳小流域综合治理项目，总投资675.1万元，其中中央投资460万元，完成治理水土流失面积15.76平方公里。

(5)贺庄子小流域综合治理工程，总投资742.5万元，其中中央投资495万元，完成治理水土流失面积16.47平方公里。

(6)郭家坑小流域综合治理项目，总投资787.5万元，其中中央投资525万元，完成治理水土流失面积15.3平方公里。

(7)曾家畔小流域综合治理项目，总投资88万元，中央投资65万元，建洪漫坝10座。

(8)平庄小流域综合治理项目，总投资175.9万元，其中中央投资126万元，治理水土流失面积6.88平方公里。

(9)牛家山小流域综合治理工程，总投资505万元，其中中央投资485万元，完成治理水土流失面积 2.15 平方公里。

（10）甘沟小流域综合治理项目，总投资 198 万元，其中中央投资 185 万元，完成治理水土流失面积 0.82 平方公里。

（11）吴家疙瘩骨干坝治理工程，总投资 157 万元，其中中央投资 145 万元，建设完成骨干坝 1 座。

2015 年全县共完成水土流失治理面积 200 平方公里。

2016 年，实施黄羊岭、门坎岭、高崾岘等 7 个水土保持重点建设工程，全县新增治理水土流失面积 260 平方公里，其中小流域新增治理水土流失面积 116.82 平方公里。

2017 年累计完成水土流失治理面积 167.87 平方公里，占治理任务 100 平方公里的 167.87%，全年建成旱作三田 4.2 万亩，全县“旱三田”总量达到 36.82 万亩，彻底结束了项目区人、畜配合的原始耕作方式，基本实现全面机械化耕作。

表 3-1-9　2012 年盐池县农业综合开发水土保持项目

所在乡镇	完成治理面积			基本农田				
	合　计	其中：小流域		合计	洪漫坝地	梯田	水浇地	旱地
		条数	面　积					
单　位	平方公里	条数	平方公里	亩	亩	亩	亩	亩
城郊乡		—		—	9913	2879		
柳杨堡乡		—		—	8543			
苏步井乡		—		—	3911	800		
高沙窝乡								
王乐井乡					23559	993		
鸦儿沟乡		—		—	6280	201		
青山乡		—		—	1240			
大水坑镇		—		—	42024	409		
红井子乡		—		—	18755	979	—	2
惠安堡镇		—		—	14245	1192		
马儿庄乡								
冯记沟乡		—		—		494		
萌城乡		—		—	10154	3334		
麻黄山乡		—		—	12191	8502	—	4
后洼乡		—		—	2048	2990		

第二节 水土保持治理模式

从1955年开始，盐池县采取生物措施和工程措施相结合的办法开展水土保持。生物措施主要是植树造林、人工种草、封山养育和育苗；工程措施主要是修建沟头防护、水平沟、水簸箕、谷坊、打坝、打水窖、挖涝池、打防风墙、挖鱼鳞坑、拍地埂、修引水渠等。经过1959年成立的何新庄水保试验站多年实验，证明这些措施针对治理水土流失是行之有效的手段，取得了很大的成果效益。但受当时条件限制，没有机械工具，国家投资较少，局限于一山一沟的治理，治理规模较小。1982年以前，盐池县水土流失治理主要依靠群众投工。

2002年10月，萌城乡水土保持鱼鳞坑造林成果

1982年后，水土保持专项经费、“三西”资金等国补资金逐渐增加，特别是1985年以后，国家大幅度增加了水土流失治理投入，先后启动实施了国债水土保持、黄河水土保持生态工程、黄土高原淤地坝试点、农业综合开发水土保持等大项目，加快了水土流失治理速度，对促进区域经济健康、协调、可持续发展，建设生态文明，改善贫困地区农民生产生活条件起到了重要作用。盐池县水土流失治理措施内容丰富，各时期治理的重点和方法也不尽相同。按照水土流失治理的特点、功能和效果，可将改革开放以来水土流失防治重点工程归纳为小流域综合治理、旱作基本农田建设、淤地坝建设和生态修复四大类。其中旱作基本农田建设、淤地坝建设既是小流域综合治理的重要工程措施，也分别是治理坡面和沟道的两大骨干措施，在投资和计划上也通常单独安排。

1998年后，随着国家西部大开发战略的实施，盐池县水土保持迎来了新的发展时期，先后启动了国债水土保持、黄河水土保持生态工程、农业综合开发水土保持等大型小流域综合治理项目，每年国家水土保持补助投资超过500万元，年均治理水土流失面积超过200平方公里。

一、旱作基本农田建设

旱作基本农田，包括水平梯田、洪漫地、沟坝地、大埂田、条田，是治理水土流失的根本措施，也是增强山区抗御自然灾害、提高农业生产水平的基础工程，具有显著的保水、保土、保肥和增产效益。盐池县旱作基本农田建设主要经历了两个大的发展阶段：一是20世纪70年代掀起的农业学大寨时期，由公社和村队组织农民工“大会战”，以坡改梯和洪漫地为主修建旱作基本农田。截至1982年年底，盐池县共有旱作基本农田3333.3公顷。二是从“三西”建设开始，盐池县将旱作基本农田建设列为水土保持建设的重要内容，加大力度，常抓不懈，并由过去单一的人工修建向人工和推土机结合修建转变，旱作基本农田建设进入快速发展时期。1991年，盐池县贯彻执行自治区水利厅制定出台的《旱作基本农田建设技术标准》，旱作基本农田逐步走向了正规化建设。2004年，自治区政府下发了《关于进一步加快南部山区高标准基本农田建设的意见》，明确提出了山区人均要达到0.2公顷基本农田的目标。截至2016年年底，盐池县共有旱三田26666.7公顷，人均0.33公顷。

表3-2-1　1981年至2000年旱作基本农田建设及水保工程统计表

年份	建设重点乡村	基本农田（亩）			工程措施				户包小流域		生活窖（眼）
		洪漫坝地	梯田	旱条田	塘坝涝池	谷坊	沟头防护	淤地坝	数量（户）	面积（亩）	
1981	南部山区麻黄山、后洼、中部王乐井、鸦儿沟		1000								
1982	南部山区麻黄山、后洼、中部王乐井、鸦儿沟	900	518								2400
1983	南部山区麻黄山、后洼、中部王乐井、鸦儿沟	1815	3800	4769							15966
1984	南部山区麻黄山、后洼、中部王乐井、鸦儿沟	1402	1386	2154							1500
1985	南部山区麻黄山、后洼、中部王乐井、鸦儿沟	2766	2872	5000							15066
1986	南部山区麻黄山、后洼、中部王乐井、鸦儿沟	3143	2250	6097	168	748	248	33	568	16413	
1987	南部山区麻黄山、后洼、中部王乐井、鸦儿沟	2572	2500	2612					67		
1988	南部山区麻黄山、后洼、中部王乐井、鸦儿沟	4000	3800	3481	67	178	82				200
1989	南部山区麻黄山、后洼、中部王乐井、鸦儿沟	5000	6000	2643	31	173	10				1000
1990	南部山区麻黄山、后洼、中部王乐井、鸦儿沟	6708	470	1549					10	90	
1991	南部山区麻黄山、后洼、中部王乐井、鸦儿沟	7368	1613	580	3	42	3				
1992	南部山区麻黄山、后洼、中部王乐井、鸦儿沟	6131	2283	96	5	65	3	2			
1993	南部山区麻黄山、后洼、中部王乐井、鸦儿沟	5788	3384		15	90	3				15424
1994	大水坑摆宴井	4866	478		2						
1995	各乡镇		638		1	5	4				

续表

1996	各乡镇	5567	1777		22						
1997	各乡镇	80	241	5952	6						
1998	各乡镇	5310	715		2	7	4				
1999	王乐井石山子、北湾	8500									
2000	大水坑	1500									
全县累计		73416	35725	34933					645	16503	51556

二、淤地坝建设

淤地坝是建设在沟道滞洪拦泥、淤地造田的工程，形成的坝地作物产量高，群众有“宁种一备坝，不种十亩田坡”之说。盐池县淤地坝建设主要是在20世纪90年代以后，主要集中在麻黄山乡的荫子沟、桑家沟；大水坑镇的后台、马坊；惠安堡镇的杏树梁、郝家台；王乐井乡的石山子。全县淤地坝74座。

三、生态修复工程

生态修复工程是指对天然林、草植被进行保护、封育，减少各种经济活动对植被的破坏、干扰，利用植被的自我修复功能增加植被覆盖度，改善生态环境、减少水土流失的一项重要措施。20世纪90年代末，盐池县在刘窑头、方山实施了一批以生态修复为主要建设内容的小流域综合治理项目，初步探索了由单纯依靠人工治理到人工治理与自然修复相结合的转变。2002年，盐池县根据水利部的治水思路，在水土保持生态建设中加强封育保护，充分发挥大自然的自我修复能力，加快水土流失防治步伐。先后启动实施了水利部生态修复试点工程、黄河水土保持生态工程生态修复等项目，开展了水土保持生态修复试点工作，共完成封禁治理面积200万平方公里。

2000年，盐池县被自治区确定为全面封山禁牧试点县。2002年8月，自治区党委、政府在盐池县召开会议，做出了自2003年5月1日起全区全面实行禁牧封育的重大战略决策。全县封山禁牧后，天然草原植被和荒山植被迅速恢复，草原出现了多年来少有的绿草如茵的景象，使退化草原得到了有效恢复。生态修复实现了生态环境和农牧业发展的良性互动，盐池县生态建设揭开了全新的一页。

四、小流域综合治理

小流域综合治理，是以集水面积小于100平方公里的流域为单元进行综合规划，山、水、田、林、路综合治理。根据流域特点使用不同的水土保持措施。坡面上修水平梯田，造林种草；沟道内建大小淤地坝，使工程措施、生物措施和耕作措施各尽其能，相互补充，相互促进。小流域综合治理可以使不同的水土保持措施形成一个完整的体系，能全面而有效地制止不同部位和不同形式的水土流失。同时，可以充分有效地提高天然降水的利用率，减少地表径流，从而使水不出沟、泥不下山。实践证明，以小流域为单元进行综合、集中、连续的治理，是治理水土流失的一条成功经验。小流域治理的目的在于防治水土流失，保护、改良与合理利用水土资源，充分发挥小流域水土资源的经济效益和社会效益。以小流域为单元进行综合治理，有利于集中力量按照各个小流域的特点逐步实施，由点到面，推动整个水土流失地区水土保持工作，使水土保持工作的综合性得以充分体现。根据水利部的规定，小流域治理的标准是：一是治理程度达到70%以上，林草面积达到宜林宜草面积的80%以上。二是建设好基本农田，改广种薄收为少种高产多收，做到粮食自给有余。三是农民人均纯收入比治理前增加30%至50%。四是缓洪拦沙效益达70%以上。五是工程设施拦蓄雨量标准，各地自行规定，做到汛期安全。

1983年，盐池县在南部山区的麻黄山乡确定何新庄大队和麻黄山大队实施小流域综合治理试点，实行包户治理。包户治理小流域模式为盐池县水土保持工作积累了经验。1988年，黄河中游局在八岔梁流域开展了黄河流域小流域沙地综合治理试点。盐池县在南部山区和北部沙地找到了适合当地自然和社会经济发展的水土流失治理道路，即以小流域为单元，以改善农业生产条件、合理利用水土资源为中心，以大力建设“三田”（条田、水平梯田、洪漫地）、充分利用“三水”（天上水、地表水、地下水）为重点，工程措施与造林种草相结合，山、水、田、林、草、路综合治理，近期效益和远期效益结合，生态效益、经济效益、社会效益兼顾的技术路线，并在不同类型区建立了一大批治理典型和示范样板。小流域治理的技术路线作为水土流失地区生态建设和农业发展的最佳途径，也被各级政府、相关部门和社会有关人士所认识和广泛推广应用。

截至2016年年底，盐池县先后累计开展小流域综合治理80余条，经过水土保持综合治理的小流域，人均基本农田达到3亩以上，人均粮食由不到300公斤增加到500公斤以上，人均收入比当地平均水平高30%左右，植被覆盖率大幅度提高，水土流失治理程度达到60%以上，减沙率达到40%以上，有效地提高了农业生产抗御自然灾害能力，明显改善了治理区人民群众的生产生活和生存环境，加快了农村产业结构调整和优化，促进了小流域内水土资源的可持续利用和生态环境内持续维护。八岔梁和刘窑头小流域治理被水利部和财政部命名为全国示范工程，盐池县被水利部和财政部命名为全国水土保持生态环境建设示范县。

表 3-2-2　盐池县小流域综合治理工程统计表(2001 年统计数)

流域名称			麻黄山	下高窑	天池塘	南河	下滩	杜家沟	狼儿沟	马儿沟	红沟洼	东沟
			1	2	3	4	5	6	7	8	9	10
所属乡镇			麻黄山	麻黄山	后洼	萌城	惠安堡	惠安堡	大水坑	大水坑	红井子	王乐井
流域总面积(平方公里)			31.3	10.8	5.1	2.5	25.2	10	14.8	22.8	2.73	4.5
水土流失总面积(平方公里)			27.86	9.72	4.71	2.23	22.43	8.9	13.17	20.29	2.43	4.01
起止治理年份			1984—1988	1984—1988	1984—1988	1984—1988	1984—1988	1984—1988	1984—1988	1984—1988	1984—1988	1984—1988
完成治理面积(平方公里)			5.727	6.32	0.514	0.575	6.708	2.91	2.417	2.229	1.7	1.256
项目投资来源			三西	三西	三西	三西	三西	三西	三西	三西	三西	三西
完成国补投资(万元)			9.11	19.94	1.37	0.83	5.33	3.28	1.88	3.99	2.95	2.29
综合治理成果	基本农田(公顷)	水地										
		梯田		12.5	5.6				57.3	62		
		堤坝	387.8	118.1	10	17.3	432.2	136.6	116.1	104.3	53.3	65.9
	生物措施(公顷)	造林	66.2	391.5	25.9	37.1	167.5	99.6	28.3	30.5	102.4	59.7
		种草	118.7	103.9	9.9	3.1	71.1	54.8	40	26.1	14.3	
		封育										
	小型水保工程(座、处)		63	67	37	38	160	83	35	46	34	81
	水窖		609	693	120	170	263	337	330	470	80	120

续表

流域名称			井滩子	凉风掌	甘沟	石葱湾	谢儿渠	松家水	双叉渠	沙嵝	包源	施天池
序号			11	12	13	14	15	16	17	18	19	20
所属乡镇			麻黄山	麻黄山	麻黄山	麻黄山	麻黄山	麻黄山	后洼	后洼	后洼	萌城
流域总面积(平方公里)			15	8.96	5.51	16.5	2.67	14.9	1.33	22.1	9.5	3.6
水土流失总面积(平方公里)			13.65	7.29	5.24	15.5	2.45	127	1.1	20.8	8.1	3
起止治理年份			1985—1986	1991—1995	1991—1996	1993—1995	1996—1998	1997—1998	1984—1988	1987—1991	1997—1998	1984—1985
完成治理面积(平方公里)			2.298	1.241	0.591	1.622	1.617	0.34	0.62	3.205	0.738	1.173
项目投资来源			水保	水保	水保	水保	水保	水保	水保	水保	水保	水保
完成国补投资(万元)			5.62	8.17	8.13	11.96	11.6	4.94	7.92	9.6	1.47	3.59
综合治理成果	基本农田(公顷)	水地					20			67		
		梯田	20	36.8	27.9	27.5	14.7	16.7		84.9	11	
		堤坝	98.4	4	14.3	2.7	2.3		15.7	287	2	63.7
	生物措施(公顷)	造林	80.1	54.7	12.9	105.3	74.7	5.3	36.2	180.7	51.3	44.3
		种草	31.3	28.6	4	26.7	50	12	10.1	19.5	9.5	9.3
		封育										
	小型水保工程(座、处)			14	15		29	40	23	44	11	20
	水窖		370	269	146	218	194	380	50	410	301	99

续表

流域名称			杏树梁	窝风掌	新桥	八岔梁	荫子沟	刘窑头	郝家台	野湖井	井沟	狼布掌
序号			21	22	23	24	25	26	27	28	29	30
所属乡镇			萌城	萌城	红井子	城郊	麻黄山	青山	青山	王乐井	红井子	惠安堡
流域总面积(平方公里)			18.2	8.67	6.7	37.55	20.3	24.55	38.75	12	18.65	10.09
水土流失总面(平方公里)			15.5	7.33	5.6	30.4	18.5	22.21	35.12	10.94	15.37	9.08
起止治理年份			1984—1985	1991—1995	1984—1985	1988—1992	1993—1998	1997—2001	1998—2001	1998—2001	1998—2001	2000—2001
完成治理面积(平方公里)			4.379	3.306	2.959	16.5	4.765	19.41	23.58	11	12.1	4.391
项目投资来源			水保	水保	水保	中游局	中游局	中游局	中游局	国债	国债	国债
完成国补投资(万元)			9.73	10.32	5.2	71.9	17.5	64.5	90	43.2	55	25
综合治理成果	基本农田(公顷)	水地				72.4	43.3	44.1	173	16.7	30	
		梯田	2.7	13.4		25.3	39.5					45.5
		堤坝	164.1	53.1	128.7	5.7	43.3			17.3		141.9
	生物措施(公顷)	造林	195.3	239.6	146.1	860	254.7	1647	1377	845.3	709.1	141.7
		种草	75.8	24.5	21.1	686.7	95.7	50	498	57	23.8	103.3
		封育						200	310	163.3	447.5	6.7
	小型水保工程(座、处)		60	60		47	53			1		
	水窖		280	78	220	68	325		6			25

续表

流域名称			芨芨沟	西沟	摆宴井	红山沟	亚木沟	张家沟	北河	贺坊沟	王吾岔	31
序号			32	33	34	35	36	37	38	39	苏步井	王乐井
所属乡镇			大水坑	城郊	青山	王乐井	萌城	大水坑	鸦儿沟	12.4	11.18	18.5
流域总面积(平方公里)			9.6	12.3	8.25	11.55	17.6	11.17	9.32	10.28	16.7	8.2
水土流失总面积(平方公里)			9.8	7.7	110.4	11.84	10.28	2000—2001	2000—2001	2000—2001	2000—2001	2000—2001
起止治理年份			2000—2001	2000—2001	2000—2001	2000—2001	9.409	0.862	7.036	2.667	0.334	2.252
完成治理面积(平方公里)			1.55	15.59	3.913	国债	生态	生态	生态	坡改梯	坡改梯	国债
项目投资来源			生态	国债	36	50	62.93	45	50	36.07	67.93	39
完成国补投资(万元)			50							17.6	42.2	
综合治理成果	基本农田(公顷)	水地		14.4				51.8	135.8		14	
		梯田	62.5	690.3			173.4	19.2	53	48	613	
		堤坝		266.7	14.7			953	280	126.6	9.3	13.3
	生物措施(公顷)	造林		18.7			56.2	49.3	183.7			
		种草				454.8						
		封育			4			43	30			
	小型水保工程(座、处)				65	芨芨沟	西沟	摆宴井	红山沟	亚木沟	张家沟	北河
	水窖		贺坊沟	王吾岔	31	32	33	34	35	36	37	38

第三节 水土保持重点工程

盐池县水土保持工程主要有小流域治理、治沟骨干工程，重点工程有20余处。

八岔梁小流域综合治理工程 位于花马池镇，流域辖八岔梁、郭家沟2个行政村5个自然村23户1095人。总面积37.55平方公里，其中水土流失面积30.4平方公里，占总面积的80%。黄河上中游管理局第二批试点流域工程，实施时间为1988年至1992年，总投资80.44万元。5年建成机井14眼，发展水地1086亩，种植水保林及农田防护林7500亩、经果林590亩；种草42000亩，补播封育11500亩；建水平梯田沟坝地465田，建小型水保工程72座；治理水土流失面积16.33平方公里，累计治理程度占62.7%。流域内人均产粮由治理前的430公斤提高到557公斤，人均收入由213元增加到478元，净增2.2倍。1992年项目结束后，流域内群众继续坚持生态治理。截至1998年年底，又打机井1眼，发展水地75亩，种植放牧林2595亩，种草315亩，围栏封育1260亩，新增治理面积2.83平方公里，共计治理面积21.88平方公里，治理程度达72%。1998年年底人均产粮690公斤，人均纯收入935元，较全县人均纯收入平均水平高31.9%和32.8%。1999年确定为全国水土保持生态环境建设“十百千”示范小流域工程。

八岔梁小流域流治理区生态建设成果(摄于1999年)

刘窑头小流域治理 位于青山乡，涉及刘窑头、赵家塘2个自然村60户322人，流域面积24.55平方公里，其中水土流失面积22.21平方公里，占90%。1997年经黄河上中游管理局批复实施。治理以开发浅层水发展水浇地、建立稳定的农业基础为突破口，以防治风沙危害、建立综合防护体系为重点，以改善生态环境、实现流域经济可持续发展为目的。四年治理水土流失面积19.65平方公里，治理8.5%。其中乔木林918亩、灌木林18668亩、经济林230亩，封育补播5025亩，种草735亩；打机井2眼、土圆井18眼、带子井8条、塘坝1座，开发水地5亩；建"四位一体"温棚3座，鱼塘2座，修砾石路10公里。总投资83.1万元。治理后流域区内人均粮食产量由304.9公斤提高到708.6公斤。人均收入由629元增加到1512元，仅柳编一项，每户年收入3000元至4000元，社会、经济、生态效益明显。2001年被确定为全国水土保持生态建设"十百千"示范小流域工程。

花鸨沟骨干打坝工程　位于麻黄山乡，是麻黄山乡两川流域治理的一部分，属于拦洪蓄水淤地，控制水土流失6.13平方公里，淤地面积104亩，提水灌溉300亩，1986年6月开工建设，1987年10月竣工，总投资233.3万元，动用土方22.2298万立方米。

井滩子小流域治理　位于麻黄山乡西部，地处两川流域，1985年被列入重点小流域治理范围，1990年工程完工。共建成农田1037亩，修建塘坝1座、涝池8座、谷坊18座、沟头防护2处，发展经济林47亩，种草75亩，完成治理面积2.75平方公里，共投入治理费13.7万元。流域内人均收入由1985年的178.19元增加到1989年的306.5元。

方山小流域治理　位于青山乡，为2002年至2004年实施的中央财政预算内专项资金水土保持项目。项目区治理水土流失面积23.1平方公里，累计治理26.1平方公里，治理程度达78.4%，发展水浇地1395亩、农田防护林1317亩、水保灌木林17488.8亩、经果林687.2亩，人工种草4538亩，围栏封育治理13500亩，建小型塘坝9座，水窖28眼，蓄水池10个，建养殖温棚40座，修简易公路4.5公里，架设农田线路2公里，打浅机井20眼，总投资126万元。

王吾岔生态小流域治理　位于王乐井乡，总流域面积11.17平方公里，水土流失面积10.28平方公里，占总面积的92%。2000年列为第二批生态环境建设项目开始实施，完成治理面积3.91平方公里，打坝86道，发展洪漫地48平方公里，修建梯田14平方公里、灌木林280平方公里、人工种草49.3平方公里、经果林21平方公里、打人畜饮水窖65眼，完成治理程度达38%，总投资55万元。

雷家沟坝系工程　位于青山乡，总面积55平方公里。属内陆闭流区，地形由低山丘陵和各级沟道分割成为相互独立的川台平地和缓坡地，该地主沟道开阔平缓，沟深10米至20米，沟道有丰富的地表水，水质较好，沟两岸可发展大面积水地。2000年起，按照"先支沟后主沟，先上游后下游"的治理原则，采取坡面与沟头治理同步，治理与开发并举的措施，总投资298万元，建成了郝家台淤地坝、马坊水源工程、北马坊治沟骨干工程、东沟治沟骨干工程、郝家甘沟治沟骨干工程、雷家沟小型淤地坝6座水保工程。控制水土流失面积52.48平方公里，拦洪库容233.9万立方米，拦泥库容78.84万立方米，淤地面积546亩，灌溉面积

2000亩。郝家甘沟工程可自流灌溉,整个工程防汛、抗旱、增收效果良好。

东沟小流域治理工程　位于王乐井乡,流域总面积4.5平方公里,水土流失总面积4.01平方公里。1984年列入计划治理,国家投入"三西"资金229万元,由盐池县水保队负责施工,1988年完成治理任务,完成治理面积1.256平方公里,治理程度为27.91%;修沟头防护、土谷坊等81座,打水窖120眼,发展洪漫地988.5亩,造林面积8955亩。

西沟小流域治理工程　位于王井乐乡,流域总面积5.6平方公里,水土流失面积4.76平方公里,涉及西沟、南阳沟2个自然村,流域内有1条主沟道,沟深为10米至20米。2000年列入计划治理,项目总投资242万元,其中国补资金230万元,地方配套资金12万元,由盐池县水保队负责施工。2000年完成治理面积0.862平方公里,治理程度为8.39%,打水窖43眼,修梯田216亩、沟坝地9375亩,种草面积1395亩。2013年在秋冬季农田水利建设中,对西沟小流域再次进行综合整治,维修洪漫坝30座,修建溢流堰出水口30座,修建生产道路2.6千米,改造农田0.1万亩。

王乐井西沟小流域治理示范区

张家沟小流域治理工程　位于王乐井乡,流域总面积8.25平方公里,水土流失面积7.7平方公里。1999年列入全县小流域治理范围,国家投入坡改梯建设资金36.07万元,由盐池县水保队负责施工。2000年完成治理任务,完成治理面积2.252平方公里,治理程度为27.29%,修梯田777亩、沟坝地2601亩。

野湖井小流域治理工程　位于王乐井乡,流域总面积12平方公里,水土流失面积10.94平方公里,1998年列入治理计划,国家投入以工代赈资金43.2万元,由盐池县水保队负责施工。2001年完成治理任务,完成治理面积9.996平方公里,治理程度为91.63%,新建小型水利工程1处,发展水浇地244亩,沟坝地2595亩、种草855亩、造林12679.5亩、封育管护2449.5亩。

刘四渠小流域治理工程　位于王乐井乡,流域总面积10.2平方公里,水土流失面积9.6平方公里。1984年列入治理计划,国家投入21.03万元,其中"三西"资金19.94万元,由盐池县水保队负责施工。1990年完成治理6.3平方公里,治理程度为65%,发展水平梯田188亩、洪漫地1771亩、造林59627亩、种草留床面积1559亩。

平阳沟反坡梯田建设工程　位于王乐井乡王吾岔村平阳沟自然村,涉及有农户93户388人,耕地面积3600亩,其中扬黄水地386亩。2011年扩大刘四渠流域旱作节水综合治理项目辐射该区域，在孙家楼西平阳沟东新建平阳沟旱作节水综合治理区，对平阳沟3000亩反坡梯田进行精加工，沿途造林1万株，沿山坡挖鱼鳞坑2万个，栽植刺槐2万株，沿途深翻0.5万亩。

东沟水保治沟骨干工程　位于青山乡郝家台村北马坊自然村，涉及76户305人，沟泉水资源丰富。该项目是自治区计委2001年批复的以工代赈(国债)项目，按五等水保工程兴建，设计洪水标准20年，校核洪水标准200年，淤积年限10年。总库容25.71万立方米，设计坝高9.52米，坝顶宽5米。输水建筑物泄洪流量20.6立方米/秒。控制汇流面积3.2平方公里。工程总投资50万元，其中国家补助40万元、群众自筹10万元。该工程严格按照“三制”(招标制、投标制、监理制)要求实施。2003年4月25日开工，6月9日竣工，总工期44天。完成总土方量35万立方米、浆砌石80.7立方米、钢筋混凝土104.3立方米。工程的兴建有效控制了水土流失，解决了当地群众的饮水问题，方便了交通运输；发展水浇地500亩，促进养渔业和当地经济的发展，具有良好的社会效益、生态效益和经济效益。

林家洼子骨干大坝工程　位于大水坑镇新桥村，20世纪80年代中期，由自然村自筹资金新建土坝1座，拦蓄流水。1996年大水坑镇争取项目加固续建林家洼子骨干大坝，当年竣工。投入使用10余年之后，该坝已经淤平。2008年第二次加固该大坝，11月竣工。该坝控制面积8.64平方公里，骨干坝采用“两大件”（土坝、放水建筑物），按五等水保工程兴建，即设计洪水标准20年，校核洪水标准200年，设计淤积年限15年，采用碾压法施工，总库容131万立方米，其中拦泥库容55万立方米，最大坝高40米、坝顶宽5米、坝顶长140米。工程动用总土方42万立方米，其中，坝体填筑土方394立方米、浆砌石249立方米、砼及钢筋砼66立方米。放水竖件高3米，每台高0.3米，放水孔直径0.25米。输水洞长66米，直径0.5米。该工程可淤地165亩，拦泥沙55万立方米，同时解决当地交通困难问题。工程总投资27万元，其中，国家补贴22万元、群众自筹5万元。

后台大坝骨干工程　位于盐池县大水坑镇二道沟行政村，控制面积9平方公里，1998年开工建设。该骨干坝采用“两大件”（土坝、放水建筑物），按五等水保工程兴建，即设计洪水标准30年，校核洪水标准300年，设计淤积年限20年，采用碾压法施工。总库容125.6万立方米，其中拦泥库容46.3万立方米，最大坝高30米，坝顶宽5米，坝顶长60米。工程总土方418万立方米，其中坝体填筑土方408立方米、

红井子乡后台淤地坝工程(摄于2001年7月)

浆砌石45立方米、砼及钢筋砼836立方米。是年3月该工程项目批复,4月开工,7月竣工。该工程可淤地457亩,拦泥沙97.7万立方米,同时解决当地交通困难问题。工程总投资170万元,其中国家补贴114万元、群众自筹56万元。

井沟骨干坝工程 位于盐池县大水坑镇马坊行政村,控制面积3.97平方公里。该骨干坝采用"两大件"(土坝、放水建筑物),按五等水保工程兴建,即设计洪水标准20年,校核洪水标准200年,设计淤积年限15年,采用碾压法施工。总库容45万立方米,其中拦泥库容13万立方米,最大坝高20米、坝顶宽5米、坝顶长118米。工程总土方6.32万立方米,其中坝体填筑土方5.18立方米、浆砌石108立方米、砼及钢筋砼80立方米。放水卧管长41.2米、高9.9米,卧管每台高0.3米,放水孔直径0.25米。输水洞长65米,直径0.6米。该工程可淤地42亩,拦泥沙13万立方米,同时,解决交通困难问题。工程总投资60万元,其中国家补贴52万元、群众自筹8万元。2003年11月开工,2004年6月竣工。

莎草湾旱"三田"建设工程 涉及大水坑镇莎草湾、观音峁两个村民小组,涉及82户377人,187个劳力。流域地形南高北低,由于严重的水土流失,水患频繁发生。20世纪80年代初在此修建引洪漫地,工程建成后曾发挥了特别好的经济效益。经过20年余年的运行,大部分工程损坏。为了使该工程能够继续发挥昔日作用,2003年,盐池县水务局组织工程技术人员依据《宁夏回族自治区旱作基本农田建设技术标准》,按十年一遇洪水进行设计,根据汇流区的不同进行分区控制利用,将该区划分为三个区间,其中:第一间控制面积为6.37平方公里,建洪漫坝29道,洪漫面积1389.3亩、第二区间控制面积为2.9平方公里,建洪漫坝5道,洪漫面积315.3亩;第三区间控制面积为6.7平方公里,建洪漫坝15道,洪漫面积795.4亩。又依据地形条件设置了不同的砼进出水口。工程国补投资25万元,完成洪漫坝地2500亩,道路1.0千米,土方13.8万立方米、石方120立方米。工程建成后每年可创经济效益55万元。

红井子乡井沟淤地坝工程

孙家楼"旱三田"建设工程 位于王乐井乡西北部,涉及孙家楼村东西两个自然村404户835人,其中贫困户305户1529人,贫困人口占全村总人口的83%。2001年,该村被列为人均纯收入在581元至850元之间的扶贫开发工作重点村。2002年分配孙家楼旱作"三田"建设任务1000亩。是年10月,施工单位选派2名业务骨干,组织推土机15辆,奋战40天,动用土方209186方，建成高标准的反坡梯田238条1117.3亩。成为“八七”扶贫攻坚计划以来，盐池县反坡梯田建设最上规模的工程之一。特别是集中连片打破地界，统一规划，为其他村“旱三田”建设做出了样板。孙家楼东队农民人均3亩“旱三田”(反坡梯田)，实现了千村扶贫开发工程人均3亩基本农田的目标任务，有力地改善了当地群众的生产生活条件。

田家掌洪漫坝系工程 位于王乐井乡与花马池镇交界处，涉及石山子、田家掌两个行政村的6个自然村，总面积21.111平方公里，受益人口1068人。为解决当地困难群众贫困问题，同时保护下游城西滩灌区生产设施安全，县政府决定把该坝系工程作为旱作基本农田重点建设区，遵循“科学布局，集中连片，主副坝结合”的规划原则，严格按照《宁夏回治区旱作农田建设标准》组织实施。工程按二十年一遇洪水标准设计，共兴建拦洪坝11道，洪漫坝285道，发展洪漫坝地4764亩，完成土方24.08万立方米，总投资42.43万元。工程自2003年7月1日开工，8月15日完工，动用推土机20台。

红山沟塘坝工程 位于花马池镇四墩子行政村红山沟自然村，为盐池县生态环境建设和水土保持重点项目，控制面积为11.36平方公里。红山沟是盐池县最早利用沟泉水发展水浇地的村队。多年来当地群众曾多次组织建坝，但都因建设标准低，洪峰流量大，屡建屡垮。为充分利用沟泉水资源，发展灌溉农业，增加当地农民收入，县水利部门经过多次实地勘测论证，积极争取批复立项。工程于2000年5月8日开工，7月20日竣工。塘坝按四等水保工程兴建，设计洪水标准为20年，校核洪水标准为200年，总库容12.5万立方米。完成砼753立方米，浆砌石24立方米，上石方1.42万立方米，坝高6.5米，坝长17米；工程总投资45万元，其中财政补贴40万元，群众自筹5万元。该工程建成后改善了当地交通条件，保证了下游300亩灌区的生产安全。

李万福户包小流城治理 20世纪80年代，由麻黄山乡李新庄村民李万福承包的治理小流域。李万福用铁锹和独轮车苦干18年，移动土方1万余立方米。治理过程中采取了“先近后远连成一片，由上到下治沟打坝，先易后难受益当年”的有效办法，在荒坡沟岔上挖出水平梯田73亩。生物措施上采取“梨树果树花椒树，杏树桃树木瓜树，榆杨椿柳核桃树”的搭配方法，使生物措施与工程措施同步进行。栽培经果林3000株左右，创造出小流域综合治理的奇迹，李万福被誉为“当代活愚公”。为了提高果树产量，除深翻地、多施肥、勤修剪外，李万福还创造出“铁丝交叉树上拉，每隔10米把铃挂，铁丝一头拉在家，手摇铁丝把鸟吓”的土办法，防止飞禽捕食花果。1987年4月，盐池县委书家吴学廷到李新庄村调研，决定在何新庄村召开为期5天的南部山区6乡包户小流域治理现场总结交流会，肯定了李万福的户包小流域治理模式。

贺国英联户承包小流域治理 1980年，麻黄山公社凉风掌生产队村民贺国英、贺国栋、贺国雄、贺国智、贺新礼、贺新茂6户联产承包治理凉风掌阳洼210亩荒坡。几户村民依靠人工苦干4年,修筑梯田37亩。治理过程中,他们采取边干工程边上生物措施的办法,开春挖树坑,每坑施农家肥20公斤、油饼2.5公斤、化肥1公斤,每下一场雨,垫熟湿沃混合肥料土10厘米厚,秋后填平,第二年栽树,功效肥力好。4年后,显现出良好生态和经济效益。从1985年开始,几户村民先后投资7万余元购置推土机2台,用机械修筑反坡梯田173亩。修建水平带子田100余条,每条长200多米,宽7米至10米,长宽有致,梯埂整齐。果园上方修建涝池1座,四周打土围墙670米,动用总土方量60余万立方米,政府每方补助0.5元。控制水土保持面积1000余亩。园内种植果木树6000余株,主要树种有苹果(秦冠、元帅、研风、国光、富士)、梨(香蕉梨、鸭梨、苹果梨、长把梨)、李子、大接杏等。5年后大面积挂果,10年进入盛产期,年产水果6万公斤,年收入7万余元。1990年11月24日全区果品鉴定会上,所产秦冠苹果以总分952分获得一等奖。

吴宝善户包小流域治理　1983年,沙崾岘村主任吴宝善与妻子尚斌慧承包余洼子生产队荒山1座,利用早晚和农闲时间,常年坚持靠人工平整梯田,4年共平整人工梯田20多条,每条梯田宽2米,动力土方5000多立方米,治理流域面积70余亩。全部采取生物措施,栽植杨树、柳树2000余棵。种植果木树500余棵,主要品种有秦冠、国光、元帅、苹果梨等。果园全部打土围墙。三年后开始挂果。在吴宝善的影响和带动下,全村80%的村民以户承包治理小流域,涌现出苗文香、徐润芝、郭治献、潘献等一批典型户。从1984年开始,银南地区水保处进入沙崾岘村,连续开展5年小流域治理,共修涝池、打沟头防护坝180余座。

何仲庆治土造林　2001年,何仲庆下派到管家掌村任支部书记,在广泛征求群众意见的基础上,制定出本村生态建设规划,提出在40°以上的荒坡挖鱼鳞坑种植柠条,25°至40°荒坡种植柠条,荒沟点播柠条或杏枣,分步封山封育,逐步连片治理的方案,带领群众共挖鱼鳞坑10万个,种植柠条验收合格5593亩、紫花苜蓿2000余亩、山杏300亩,5年后生态效果显现,当地群众草畜产业良性发展。

第四节　水土保持工程效益

盐池县水土保持综合治理从过去单一的治理发展到以小流域为单元、多元化综合治理,尤其是2000年以来主要以水土保持生态建设为重点的小流域综合治理模式逐步形成,使小流域治理工作迈上了一个新的台阶。全县共完成小流域综合治理面积2876.4平方公里。随着综合治理措施进一步更新和提高,管护措施的加强,使小流域综合治理效益得到充分发挥,有效地控制了区域内水土流失。预防监督工作的进一步加强和深入,使人为造成新的水上流失不再发生,小流域综合治理的基础效益、经济效益、生态效益显著提高,农业基础设施更加趋于完善,农作物单位面积产量稳步增长,生态环境得到明显改善。有效拦蓄了地表径流，增强了蓄水保土功能，流域经济得到了快速健康发展，同时起到了以点带面的辐射作用，为同类地区开展水土保持综合治理树立了样板。

一、水土保持典型小流域综合治理效益

盐池县水土保持典型小流域综合治理效益，主要体现在以下几个方面：

粮食产量大幅度提高 经过综合治理，流域内农耕地在减少一半的情况下，粮食单位面积产量和总产值稳步增长，从根本上解决了当地农民群众温饱问题。通过调整土地利用结构和产业结构，增加经济作物种植面积等措施，以高标准基本农田建设为龙头，带动和促进了流域经济持续向前发展。八岔梁小流域治理前各项治理措施面积2.52平方公里，治理前有基本农田70公顷，由于严重的水土流失及风沙危害，造成50%的农田弃耕，50%的基本农田单产仅有150公斤，旱耕地单产仅有30公斤至40公斤，生物措施只有乔木林1710亩，人工种草977.3亩，经济林40亩。治理前流域农业总产值54.5万元，人均有粮430公斤，人均纯收入仅有215元。自1988年被列为综合治理试点流域以来，5年治理水土流失面积19.05平方公里，开发水浇地142公顷、水平梯田25.3公顷、沟坝地6公顷。1992年粮食产量从治理前的46.8万公斤增加到61万公斤，净增30%；人均粮食由430公斤增加到557.3公斤；总产值从治理前的54.5万元增加到66.4万元，人均纯收入由治理前的215元增加到398元，达到了稳定解决温饱的目标。经过10多年的运行，粮食单产由治理期末的300公斤增加到2005年的400公斤以上，小麦套种玉米单产达到600公斤以上；农业总产值由治理期末的66.4万元增加到390.14万元，人均粮食收入由治理期末的557.3公斤增加到695公斤，人均纯收入由治理期末的398元增加到1936.6元。

促进了畜牧业发展 畜牧业优势得到保障和发挥，羊只在稳定中得到发展，原始粗放的牧养习惯逐步向舍饲圈养方向发展，提高了畜牧业商品率，畜牧业收入占总收入的60%以上。八岔梁小流域人工种草345.1公顷，草原围栏封育766.7公顷，人工种草保存率达到90%，草原围栏及人工改良草场保存率达到75%。刘窑头小流域人工种草49公顷，草原围栏封育335公顷，人工种草率达到82%，围栏封育治理保存率达到90%。方山小流域人工种草322.8公顷，草原围栏封育治理900公顷，人工种草保存率100%，草原围栏封育治理保存率90%。

生态环境得到改善 水土保持防护林体系的建立，使水土流失得到了有效控制。天然草场平均亩产草量由原来的85公斤增加到治理后的520公斤；植被覆盖度由原来的12%增加到治理后的60%，个别区间高达80%，有效地增强了蓄水保土功能。刘窑头小流域植造农田防护林7107公顷、水保灌木林1459.8公顷、经果林15.4公顷、水保林保存率为83%，经济林保存率为85%。八岔梁小流域造林620公顷亩(其中经果林42公顷)，小型水保工程72座，水平梯田保存率达到95%，沟坝地保持率达到50%，造林保存率为80%。方山小流域植造农田防护林 87.8 公顷、水保灌木林 1161.5 公顷、经果林 45.8 公顷，水保林保存率达到 83%，经济林保存率达到 75%。

社会效益显著提高 流域综合治理效益的综合发挥，带动了其他产业的发展。柳编业、加工业、运输业、劳务输出等行业逐步兴起，使流域经济取得了快速健康发展。流域综合治理不仅获得了明显的经济效益，综合治理的社会效益、基础效益也有明显提高。进一步完善了农业基础设施，提高了土地生产利用率，增强了防御自然灾害能力，有效地控制了土地荒漠化，增加了土壤入渗速度和拦蓄地表径流能力，蓄水效率达到 70%，保土效益达到 80%，水土流失得到了有效控制。水土资源得到合理利用，农、林、牧、副各业经济逐步发展。群众生活水平有了明显提高和改善。与非治理区相比，流域综合治理效益的发挥为当地经济社会发展奠定了良好的基础，使人口、资源、环境与经济发展步入良性循环。

表 3-4-1 典型小流域经济效益统计表

流域名称	总面积平方公里	对比	治理措施平方公里	增加产值（万元）	总产值（万元）	人均有粮（千克）	人均产值（元）	人均纯收入（元）	人均消费水平（元）	单位面积产量	
										基本农田	旱地
八岔梁流域	37.55	治理前	2.52		54.5	430	497.7	215	138.8	150	30
		治理后	19.05	358.75	390.14	695	3521	1936.6	1365.7	423	45
刘窖头流域	24.55	治理前	2.34		36.86	274.5	1144.7	631	426.4	160	35
		治理后	19.75	119.92	127.4	648.4	3849	2112	1122	430	50
方山流域	37.1	治理前	3.01		81.86	430	1018.2	633	572	156	38
		治理后	26.11	247.7	265.21	662.5	3013	1791	943.5	380	56
平均		治理前	2.62		57.74	378	886.8	493	379	155	34
		治理后	21.6	242	260.8	668.6	3471	1946	1143.7	411	50

二、治沟骨干工程效益

盐池县南部属于黄土丘陵区，水土流失类型以水力侵蚀为主，侵蚀模数在 5000 T / 千米—8000T/ 千米.a 之间。严重的水土流失，使该区域内沟壑纵横，主沟两岸的支毛沟发育活跃，呈羽状排列。一般主沟道较深，呈“V”型，沟道内无常流水，属泾河水系；中北部属于鄂尔多斯台地和干旱草原风沙区，水土流失以风力侵蚀为主，侵蚀模数在 2000T/ 千米至 5000T/ 千米.a 之间，该区域内共有主沟 3 条、大小支沟 32 条。其中控制面积大于 3 平方公里的一级支沟 16 条，沟壑密度为 0.61 千米 / 平方公里，地形相对较完整。沟道内一年四季流水不断，沟道较为完整平缓，呈“U”型，适宜建设骨干工程，属内陆河流域。

(一)工程建设现状

盐池县治沟骨干工程建设从 1987 年开始。由于南部黄土丘陵区水土流失严重，水力侵蚀造成该区域内沟壑纵横，地形破碎，沟岸扩张，沟头延伸速度相当快。为加快南部黄土丘

沟塘坝综合治理成果

陵沟壑区水土流失治理步伐，达到有效保护耕地、拦泥、淤地的效果，在1987年至2000年期间，县水利部门经过积极争取，先后建成荫子沟、甘沟、花鸨沟、林家洼子、后台5座治沟骨干工程。工程总控制面积63.87平方公里，设计总库容997.86万立方米，拦泥库容424.3万立方米，淤地面积1293亩。这些工程的建设有效地控制了当地水土流失的发生，延缓了沟头延仰速度，防止了沟岸下切，保护了沟岸台地，解决了交通道路，拦泥淤地效果良好。2000年后，经过调整，将建设治沟骨干工程总体移至中北部鄂尔多斯台地闭流区。该区域内沟道密度较小且沟道平缓完整，沟道内有丰富的浅层水分布，有利于建设治沟骨干工程。2000年至2005年期间，在该区兴建了亚木沟1号、亚木沟2号、郝家甘台、营盘台、东沟、北马坊、尚圈、海子塘、井沟及吴家油坊等10座治沟骨干工程。工程总控制面积69.32平方公里，设计总库容563.6万立方米，拦泥库容174万米3，淤地面积957亩，发展灌溉面积3800亩左右。充分现了治沟骨干工程在水土保持工作中的地位，有效发挥其拦泥、淤地、发展灌溉的效益，同时也带动了其他产业的进一步发展。

2006年至2017年，盐池县加大中、北部闭流区骨干工程的建设力度，力争使县境内沟泉水全部得到利用。治沟骨干工程的选址放在有利于发展综合农业的地区，重点修建了北梁、郝家台、石葱湾、孙家洼子、田家掌、西掌、杏树梁、赵家湾、杨沙沟、牛家圈等骨干工程。全县治沟骨干工程30余处。

（二）工程效益

盐池县属中温带大陆性季风气候，降雨量少，地下水资源相对缺乏，加之降雨多以暴雨形式出现，极易形成水土流失。治沟骨干工程的建设，不但可以有效进行拦泥、蓄水，保护下游生态环境，还可以解决当地的人畜饮水和交通运输问题，充分发挥了水土保持工程效益，为区域经济可持续发展夯实了基础

经济效益　通过对全县28座治沟骨干工程的调查分析，这些工程建设在蓄水发展灌既和解决交通运输方面发挥了十分重要的作用，其经济效益也十分显著。南部黄土丘陵沟整区在建设治沟骨干工程之前，由于交通不便，近20个自然村（组）无法将土豆、葵花等经济作物运出销售，每年直接经济损失达25万元。荫子沟、甘沟等5座骨干工程建设不仅解决了当地交通运输困难，加快也农副产品的流通速度，也使工程所在地群众平均每人每年净增收入120元。中、北部治沟骨干工程建设，为两岸川台地提供了稳定的水源，起到了灌

溉、调蓄地表水和地下水的作用。通过测算,亚木沟1号、亚木沟2号、郝家甘沟等10座治沟骨干工程,平均每年可以蓄水80万立方米至150万立方米,并且在两岸川台地发展水浇地3800亩。通过对亚木沟1号治沟骨干工程建设前后进行对比分析:工程建设前,沟两岸台地均为旱地,粮食亩产量大致为50公斤左右;工程建成后均发展为水浇地,粮食亩产量达500公斤,平均每亩增产450公斤。亩增加经济收入按玉米计算为360元。营盘台洪漫地在工程建设前,粮食亩均产为200公斤左右,遇洪水则颗粒无收,治沟骨干工程建成后不但可以旱涝保收,粮食亩产增加至300公斤,净增加100公斤,亩增加经济收入80元。通过调查测算,治沟骨干工程的建设每年可以增加粮食产量403万公斤,合计增加经济收入360.8万元,人均增加经济收入600元左右。

根据有关部门测算,盐池中、北部建有治沟骨干工程的地方,农村群众年均纯收入比未建工程的地方高出300元至500元。这些工程还有效地解决了所在地8300人、830头大牲畜、5.36万只羊的饮水问题。

生态效益 水保治沟骨干工程的建设为当地生态建设和退耕还林还草补充了水源,提高了林木成活率和保存率,有治沟骨干工程的地方林木成活率达到80%以上。水浇地的发展使耕地单位面积产量提高了,退耕还林草的地多了,群众造林种草的积极性高了。区域内林草覆盖度逐步提高,舍饲圈养有了比较充分的饲草料保障,天然草场得到恢复,生态环境得到明显改善。

社会效益 治沟骨干工程的建设有效控制了水土流失,为农业生产创造了基本条件,奠定了坚实基础。基本农田数量不断增加,使区域内粮食产量大幅度提高,农民收入也有所增加。同时这些工程建设有效解决了当地群众的交通问题,带动了种植业、养殖业等进一步发展,加快了农副产品流通速度,逐步将自给自足的农村经济模式推向市场经济模式。由于群众经济收入不断增加,手机、电脑、网络微信等一些现代信息产品和手段逐步进入农家,最大程度丰富了当地群众的文化和精神生活,进一步促进了社会文明和人与自然和谐发展。

三、治沟骨干工程的运行管理

治沟骨干工程一般由国家投资建设 工程竣工验收合格后,与当地乡(镇)政府签定管护合同,交付受益村(组)指定专人或设立管护组织,全面负责管理。

县级主管部门每年在汛期前都要专门组织进行全面检查 发现问题隐患及时维修完善;汛期要求各工程都要成立防汛抢险队,实行行政首长负责制,确保工程安全渡汛和正常运行。

表 3-4-2 治沟骨干工程效益统计表

序号	工程名称	控制面积（平方公里）	设计总库容（万立方米）	设计拦泥库容(万立方米)	效益										管护方式	备注
					蓄水（万立方米）	拦泥（万立方米）	灌溉农田		解决人畜饮水			淤地（亩）	提供给水副业用水量（立方米）	解决交通		
							面积(亩)	亩均产量（kg/亩）	人	大家畜(头)	羊只(只)					
1	花狍沟	6.13	78.06	35.4		60						90		无	集体	
2	荫子沟	20.1	271	72		70						120		无	集体	
3	甘　沟	20	392.2	215.6		200						150		有	集体	
4	林洼子	8.64	131	55		110						210		有	集体	
5	后　台	9	125.6	46.3		48						80		有	集体	
6	亚木沟Ⅱ号	6.17	54.7	11.1	17	1.1	650	450						无	集体	
7	亚木沟	6.2	62.5	19.5	15	0.9	200	400		27	1300			无	集体	
8	郝家甘沟	16.9	85.2	35.5	16	0.8	540	480		35	1400		2000	有	集体	
9	营盘台	7.53	42.5	15.4	15	0.5	470	500		30	1300			有	集体	
10	北马坊	3.18	35	12	12	0.4	480	500		36	800		1800	有	集体	
11	上　圈	5.4	56	18	10	0.3	100	450						有	集体	
12	东　沟	3.2	25.7	6.7	14	0.3	960	500		21	400			有	集体	
13	井　沟	3.91	45	13	8	0.2	300	400		28	850			有	集体	
14	海子塘	6.9	78	22	12	0.2	100	450		40	1500			有	集体	
15	吴家油房	9.8	79	21										无	集体	
16	赵家湾	5.16	50.04	15.63										有	集体	
17	西　掌	5.1	75.26	41.25										有	集体	
18	上甘沟	20	70.29	31.95										无	集体	

第五节 水土保持预防监督与执法

1991年6月29日，全国人大正式颁布了《中华人民共和国水土法》，同年国务院召开第五次全国水土保持工作会议，确立了“预防为主，全面规划，综合防治，因地制宜，加强管理，注重效益”的水土保持工作方针。1994年，自治区人大颁布了《宁夏回族自治区实施〈中华人民共和国水土保持法〉办法》，自治区政府印发了《宁夏回族自治区生产建设项目水土保持方案报批管理规定》，标志着水土保持工作由“防治并重”转为“预防为主”，水土保持走上了依法防治的轨道。

一、完善制度

1994年，盐池县被列入全国第一批100个水土保持预防监督执法试点县，盐池县委制订了《盐池县水土保持预防监督执法试点县工作实施方案》，成立了领导小组，设立了水土保持预防监督站，配备了6名专业人员。各乡镇分别配备了12名专兼职水土保持监督员，行政村配备了97名水保管理员；聘请了土地、林业、畜牧、法治、矿管、公安部门专业人员6名为兼治水保预防监督员，并在区、地两级监督站进行培训；配备了专门的交通工具和办案仪器。盐池县委、政府和人大先后制订了《盐池县实施〈水土保持法〉实施办法》《盐池县生产开发建设项目水土保持方案审批管理办法》《盐池县水土保持监督人员管理办法》《盐池县水土保持违法行为举报及查处办法》，转发了《宁夏回族自治区水土保持设施补偿费、水土流失防治费管理办法和使用管理规定》，这些规范性文件对水土保持预防监督工作起到了很好的指导作用。

表3-5-1 1994年盐池县水土保持监督执法体系基本情况统计表

监督机构	机构全称	盐池县水土保持预防监督站
	编制性质	全额事业单位，与水保队合署办公
	成立时间、批准文号	1994年2月，盐编委[1994]11号
	级别	副科级单位
	执法主体资格是否政府公告明确	1994年2月2日，盐政发[1994]18号
人员构成（名）	专职人员	6人
	兼治人员	6人
	乡镇级监督人员	12人
	企业兼治人员	97人
	着装人员及着装类别、颜色	
	持水保监督检查证人员	6人
执法装备	交通工具（车辆类型、型号、是否与其他单位合用）	231吉普车1辆，与水保队合用
	取证设备（摄像机、录像机、录音机、照相机）	摄像机1台、照相机1台

二、加强宣传

有关部门采取多种形式进行《水土保持法》宣传。宣传对象上，注重"三个面向"，即面向领导、面向生产建设单位、面向广大干部群众。宣传形式上，结合《水土保持法》宣传日、宣传周、宣传月活动的开展，每年安排专项资金，利用广播、有线电视、公益广告、手机短信、刷写永久性标语、出动宣传车、散发宣传资料、张贴宣传画等进行广泛宣传；大力宣传推广水土保持新技术，选派专业人员下乡举办培训班，讲水法、授技术。共举办各类培训班30余场次，培训各类人员1500人次。

三、严格执法

全面落实生产建设项目与水土保持设施同时设计、同时施工、同时使用"三同时"制度，认真履行"三权"（审批权、监督权、收费权）制度规定。1995年至2005年，盐池县共审批水保方案合格证121个，收缴"两费"155万元，方案申报、审批率达100%。依法对违规在建项目进行执法监督，先后对盐环定扬水工程、大水坑石油开发、长宁天然气管道、后洼乡群众私自开荒进行处罚。2007年至2008年，组织开展了开发项目水土保持监督执法专项行动，成立专项领导小组，抽调人员，落实经费，明确任务，强化责任，对在建项目逐一进行摸底抽查，分类汇总。开展普查的同时，对违规企业和项目进行处罚和整改。对县城周边11座砖窑进行拆除，完成整改面积330亩，土方28万立方米，清理垃圾16万立方米，清理里程845千米，投入装机230台班；对冯家沟砂砾石采矿区等50个采矿点进行弃土弃渣回填，完成回填40万平方米，整治面积100公顷；对尚未办理水土保持方案合格证的21眼油井限期

2015年6月16日，盐池县水务局组织召开淤地坝管护培训班

办理，对工业园区内20家企业送达《关于开展开发建设项目水土监督执法专项行动的通知》,使普查和专项行动实现了经常化。

2011年,新的《水土保持法》颁布实施后,盐池县加大了宣传和执法力度,当年收缴水土保持补偿费198.84万元。2012年至2013年,盐池县水务局对63家开发建设项目水土保持方案落实情况进行检查,对风电、煤矿开采、铁路建设项目存在的问题下发了整改通知书,两年收缴水土保持补偿费275万元。2014年,盐池县委制定了《关于进一步健全水土保持工作联动机制》,全县形成了人大监督、政府领导、各部门分工负责、全社会共同参与、水行政部门统一监管的执法体制。充实执法人员,对所有在建道路、煤矿、取土、挖沙、采石、电力等生产活动全程监督。加强对乱开滥垦等违法行为的查处，严格执行政策和规费收缴。2015年至2016年,对盐池县辖区内的国网能源、宁夏煤电有限公司、李家坝煤矿、铁路专用工程、国电盐池苏步井200千兆风电厂工程水土保持方案落实情况进行督查;配合黄河委员会、自治区水利厅对银星2号煤矿、银西高铁水土保持方案落实情况进行督查,共督查在建项目25个,对违规在建项目下发了整改意见书,共收取水土保持补偿费211.4万元。

第四章
人畜饮水及供水工程建设

第四章　人畜饮水及供水工程建设

盐池县地处干旱地带，地下水资源贫乏且水质较差，历史以来人畜饮水非常困难。从20世纪80年代开始，盐池县开始对人畜饮水特别困难地区和高氟病区进行人畜饮水改造，通过“供、改、蓄、引”等措施，逐步缓解了部分地区人畜饮水困难的问题。2009年批复建设陕甘宁盐环定扬黄续建宁夏专用工程，以黄河水替换了以前建设的人饮集中供水工程水源，从根本上解决了全县人民的饮水困难。2010年至2012年，“百村千户”自来水入户工程建成，2015年麻黄山地区农村安全饮水工程建成。截至2016年年底，盐池县农村集中供水工程有2处，即盐环定扬黄续建宁夏专用工程和麻黄山地区农村饮水安全工程。已建成水处理厂4座、加压泵站30座、蓄水池83座，输水主管线1950公里，城乡年供水量达859万吨，全县集中供水率达100%，农村饮水实现全覆盖。实现全县农村自来水普及率99.73%，常住户自来水入户率100%，供水水质达标率100%。

2000年以后，盐池县委、政府提出“工业强县”“生态立县”战略，盐池县水务部门积极创造条件，多方筹措资金，为工业园区、重点生态工程建设以及设施农业和节水农业项目供水，保证了工业、企业的正常运行，各项生态绿化工程和节水项目顺利开展，取得了显著实效。

第一节　农村人畜饮水

20世纪80年代以前，盐池县农村人畜饮水大多因地制宜，就地取水。北部地区地下水位较浅，主要以土圆井为水源；中部地区部分有地表水的地方，以沟泉水为水源；南部山区地下水位深，主要以打窖蓄积天上水为水源。1980年以后，盐池县持续加大投入，建设了一批人畜饮水工程，有效解决了农村人畜饮水

20世纪90年代以前，盐池县农村生活用水大部分靠远距离拉运井水解决

困难。

一、20世纪80年代以前农村人畜饮水状况

盐池县东南部地区为黄土高原区，占全县总面积的19.5%，地下水深且少，是人畜饮水困难的重点区域。中北部为鄂尔多斯台地，占全县总面积的80.5%，丘陵起伏，沙漠广布，盐碱地较多，属于高氟地区。1969年以前，全县年均降雨量为321毫米，1969年以后，10年内降水量减少24%，可供人饮的沟泉水只有17条，且含氟量高。随着人口增加，牲畜养殖量扩大，加之农业用水逐年提高，降雨量逐年减少，人畜饮水问题进一步凸显。

1980年，盐池县组织有关部门对全县农村人畜饮水进行检验，检验指标包括感官性状、一般化学、毒理、有机物污染及卫生细菌学指标共37项。据初步统计分析，全县生活饮用水的水质主要存在两个方面的问题：一是因地质条件引起的问题，苦咸水、高氟水、低碘水、六价铬检出并超标；二是生活用水污染，耗氧量合格率为84%，氨氮合格率为85%，亚硝酸盐氮合格率仅为41%，硝酸盐氮合格率为99.8%，细菌总数合格率仅为25.6%，大肠菌群合格率仅为19%。

1983年盐池县农村饮羊井

造成浸染的因素，主要有四个方面：一是水源为人畜共用和近距离有多种生活污染源；二是无井台、井盖；三是窖水无圈、无台居多，无盖者占有一定比例；四是泉水、河沟水、坝水无任何卫生防护措施。

全县564个生产队17091户101081人中，饮用井水的282个生产队11744户68897人，占总人口68.61%；饮用窖水的280个生产队5118户30640人，占总人口30.31%；饮用沟泉水的有30户209人，占总人口0.02%；饮用长庆石油引黄水的有4个生产队的1335人，占总人口1.51%。其中，饮用含氟量符合标准的有288个生产队5037户30470人，占30.15%，饮用水含氟量超标的占69.85%。患有氟骨病的960人，占1.15%，患氟蛀牙病的43642人，占54.43%。全县有人畜饮水窖11184眼，机井、土井1400眼。由于天旱少雨，有16个生产大队水窖设有蓄水池，成为严重缺水区。对254眼机井进行水质化验显示，250眼机井水质含氟超标，只有柳树梁3眼、双滩子1眼机井水质达标，可供人饮。水资源不足且水质又较差，严重影响了人民群众的生产生活和身心健康。

二、农村人畜供水工程建设

根据全县人畜饮水困难的实际状况，1980年以后，盐池县委、政府将水利建设的重点

1982年9月10日，马儿庄乡改水工程建成，铺设供水管线58公里

放在解决人畜饮水困难的问题上，在资金投入上主要向人畜饮水工程倾斜。从1980年开始，在严重缺水地区和高氟病高发区集中改供水。在本区内解决人畜饮水问题主要是打井抗旱，建设了一批人畜饮水机井和水源工程。

1980年，完成了大水坑、惠安堡和城郊公社供水工程。1982年，由长庆油田采三厂设计院设计，利用采三厂输水管线在马儿庄建成了第一个改水降氟工程，解决了马儿庄、冯家沟两个公社的部分群众饮水问题。1983年，完成南海子供水工程。1984年完成回六庄供水工程。1985年完成四墩子供水工程。1985年后，国家每年投入大量以工代赈资金和财政扶贫资金建设饮水工程。1986年，盐池县解放50周年，国家投资408万元完成了南部山区供水工程，解决了麻黄山、后洼、红井子3个公社长期缺水问题。1987年完成杨儿庄供水工程。1988年完成宝塔供水工程和南部山区续建工程，1990年完成暴家春供水工程。

到1990年年底，盐池县基本形成了以打水窖、挖土圆井和修建人畜饮水工程相结合的饮水、改水、蓄水工程体系，建成人畜饮水工程13处，铺设输水管线471.2千米，其中“七五”期间铺设输水管线286.5千米，是“六五”的155%。打水窖13014眼、土圆井1125眼、旱涝池107个，总投资1100万元，解决了4.5万人1万头大家畜、14万只羊的饮水困难。1991年，完成青山西部和高沙窝乡镇供水工程。1992年，完成高利乌苏、柳树梁、平台供水工程，总投资155.7万元，铺设输水管线80.55千米，建扬水泵站2处，150立方米蓄水池2座，80立方米蓄水池2座，30立方米蓄水池5座，20立方米蓄水池3座，供水房34间。解决了4个乡10个村委会32个村民小组7836人2287头大家畜、3.76万只羊的饮水困难。1993年，完成二道沟、青山东部、鸦儿沟供水工程，总投资127万元，铺设输水管线67.25千米，解决了红井子新乡址23个村民小组6468人1531头大家畜17382只羊的饮水困难。1994年，完成隰宁堡供水工程，新建潘儿庄供水工程，铺设输水管线13.3千米，建供水房6间，解决了2353人、335头大家畜、6270只羊的饮水困难。

从1995年开始，重点维修和改造已建成的饮水工程，巩固和提高饮水工程效益，实施了农村饮水解困、氟砷病改水和农村饮水安全等一系列农村饮水工程。1995年完成了李庄子和潘儿庄供水工程，1997年完成了杜窖沟和萌城供水工程，1998年完成了烟墩山、摆宴井、南场、李家沟、大水坑东学良子、红井子新乡地供水工程和冯家沟乡供水工程改造。铺设输水管线27千米，建蓄水池3座，打水源井1眼。解决了13个村民小组3291人、480头大家畜、1.8万只羊的饮水困难。

1999年，《盐池县实施生命工程规划》编制完成。组织对已建成的柳树梁、南海子、南部山区、青山、暴家春等供水工程进行维修改造，打水源井1眼，更新泵7台，建青山桃胡台加压站1座，架设高低压输电线路2.5千米，铺设输水管线15.2千米，更新输水管线4.71千米。

2000年12月，柳杨堡、马坊供水工程竣工验收

进入21世纪，县委、政府把保障饮水安全作为水利建设的第一要务，由解决人畜饮水困难向饮水安全转变。启动了干旱带人畜饮水项目，全面完成了农村人饮解困一期、二期和氟砷病改水工程。实施农村人饮解困第一期项目中，共完成投资1985.3万元，建设工程16个，安装苦碱水蒸馏淡化棚100座，巩固和解决全县48728人、75961只羊、4300头大家畜的饮水困难。

2000年盐池县开始实施“生命工程”，进一步加快了人畜饮水工程建设步伐。是年，完成生命工程项目5个：马坊、柳杨堡、惠安堡灌区、营盘台、黄蒿梁饮水工程，共打水源井3眼、带子井2眼，建泵站3座，建蓄水池7座，供水房32间，铺设输水管线70.53千米，架设输电线路7.4千米，解决了8个行政村37个村民小组11500人、25万只羊、1500头大畜的饮水困难。截至2000年年底，全县共完成“人饮工程”37处，铺设主管线282.274千米，支管线597.448千米，建泵站12个，打机井18眼，建蓄水池255个，蓄水量10570方立方米，共投资2583.93万元，解决了86个行政村322个自然村85766人、19806头大家畜、276979只羊的饮水困难。

2001年10月16日，高沙窝镇大疙瘩供水工程招标会现场

2001年，按照“先易后难，先近后远”的建设原则，完成5个“生命工程”项目：南部山区供水工程维修改造、高沙窝大疙瘩供水工程、城西滩扬黄吊庄供水工程、红井子石峁供水工程、青山甘洼上供水工程，并实施了杨儿庄水源开发项目，打机井2眼，日出水量1200立方米。

表 4-1-1 2001 年年底盐池县人畜饮水工程现状表

序号	工程名称	所在乡镇	建设时间	建设规模					
				小计	其中		泵站（千米/座）	机井（眼）	蓄水池（方/座）
					主管（千米）	支管（千米）			
1	大水坑供水工程	大水坑	1980	13.51		13.51			
2	城郊供水工程	城 郊	1980	14		14		1	
3	马儿庄供水工程	马儿庄	1982	63.4	15.2	48.2			390/17
4	南海子供水工程	王乐井、鸦儿沟	1983	82.01	25.54	56.47	88/2		590/25
5	回六庄供水工程	冯记沟	1984	36.96	14.75	22.21			360/11
6	四墩子供水工程	城 郊	1985	4.07	2.63	1.44		1	20/1
7	南部山区供水工程	红井子、麻黄山、后洼	1986	121.6	27.6	94	110/2	4	1480/40
8	苏步井供水工程	苏步井	1986	1.95	1.23	0.72		2	30/1
9	杨儿庄供水工程	惠安堡	1987	26.76	0.74	26.02			530/11
10	宝塔供水工程	高沙窝	1988	29.7	17	12.79		1	160/1
11	南部山区续建工程		1988	30.4		30.4			460/7
12	暴记春供水工程	冯记沟	1990	35.5	4.15	31.35			410/13
13	青山供水工程	青 山	1991	81.43	26.8	54.63	17/1		740/15
14	高沙窝供水工程	高沙窝	1991	2.26	1.5	0.76		1	60/1
15	高利乌苏供水工程	苏步井	1992	37.54	4.54	33	15/1		210/4
16	柳树梁供水工程	城郊	1992	17.84	4.9	12.94	11/1	1	260/5
17	平台供水工程	马儿庄	1992	27.02	5.8	21.22			190/3
18	青山续建工程	青 山	1993	25.87	14.73	11.14	15/1		175/5
19	二道沟供水工程	红井子	1993	9.55	4.35	5.2			30/1
20	隰宁堡供水工程	惠安堡	1994	32.98	19.75	13.23		2	210/3
21	黑土坑供水工程	马儿庄	1995	6.2	6.2				50/2
22	李庄子供水工程	高沙窝、鸦儿沟	1995	42.47	11.56	30.91			310/5
23	潘儿庄供水工程	惠安堡	1997	27	1.95	22.02			160/1
24	杜窑沟供水工程	马儿庄	1997	1.6	0.3	1.3			105/15
25	萌城供水工程	萌 城	1998	5.78	3.7	2.08			1560/4
26	烟墩山供水工程	红井子	1998	10.55	10.55				30/1
27	摆宴井供水工程	大水坑	1998	4.99	4.99				
28	南场供水工程	鸦儿沟	1998	9.89	9.85				
29	李记沟供水工程	柳杨堡	1998	7.5	7.5				30/1
30	大水坑东学良子供水工程	大水坑	1998	2.95	2.95				
31	红井子新乡地供水工程	红井子	1998	3.5	3.5				
32	冯记沟乡供水工程改造	冯记沟	1998	3.1	3.1				
33	柳杨堡供水工程	柳杨堡	1998	27.15	9.34	17.81	/2	2	290/5
34	马坊供水工程	青山、红井子	2000	25.09	6.95	18.14	/1	2	1680/53
35	惠安堡供水工程（麻黄山后洼吊庄续建）	惠安堡	2000	3.97	2.6	1.37			
36	营盘台供水工程	青 山		2.1	1.8	0.3	/1		30/1

表 4-1-2　2001 年解决人畜饮水情况统计表

序号	工程名称	所在乡镇	建设时间	解决人畜饮水情况				
				村	队	人	畜(头)	羊(只)
1	大水坑供水工程	大水坑	1980	3	17	3721	1000	10000
2	城郊供水工程	城　郊	1980	2	6	1481	361	3056
3	马儿庄供水工程	马儿庄	1982	3	17	3000	1000	2100
4	南海子供水工程	王乐井、鸦儿沟	1983	11	24	8138	1810	22576
5	回六庄供水工程	冯记沟	1984	3	10	3700	795	16000
6	四墩子供水工程	城　郊	1985	1	2	800	150	2130
7	南部山区供水工程	红井子、麻黄山、后洼	1986	11	35	10000	3000	30000
8	苏步井供水工程	苏步井	1986	1	1	600	50	1700
9	杨儿庄供水工程	惠安堡	1987	3	12	2516	624	7523
10	宝塔供水工程	高沙窝	1988	2	12	2043	585	7034
11	南部山区续建工程		1988	3	9	1691	733	6800
12	暴记春供水工程	冯记沟	1990	3	13	2011	573	16248
13	青山供水工程	青　山	1991	6	28	9039	1866	33248
14	高沙窝供水工程	高沙窝	1991	1	1	1800		
15	高利乌苏供水工程	苏步井	1992	5	19	3344	861	5976
16	柳树梁供水工程	城　郊	1992	2	7	1784	455	4269
17	平台供水工程	马儿庄	1992	3	8	2712	432	27000
18	青山续建供水工程	青　山	1993	3	7	1866	392	2530
19	二道沟供水工程	红井子	1993	3	7	2147	506	4029
20	隰宁堡供水工程	惠安堡	1994	3	9	2401	509	4020
21	黑土坑供水工程	马儿庄	1995	3	4	1340	200	6110
22	李庄子供水工程	高沙窝、鸦儿沟	1995	1	9	2435	429	11510
23	潘儿庄供水工程	惠安堡	1997	2	2	2866	565	7760
24	杜窑沟供水工程	马儿庄	1997	1	1	93		
25	萌城供水工程	萌　城	1998	1	4	1689		
26	烟墩山供水工程	红井子	1998	1	3	600	60	5056
27	摆宴井供水工程	大水坑	1998		2	420	62	1000
28	南场供水工程	鸦儿沟	1998		3	597	105	6000
29	李记沟供水工程	柳杨堡	1998		4	740	177	4464
30	大水坑东学良子供水工程	大水坑	1998		1	125	29	2800
31	红井子新乡地供水工程	红井子	1998		1	550	94	2200
32	冯记沟乡供水改造工程	冯记沟	1998		1			
33	柳杨堡乡供水工程	柳杨堡	1998	5	14	4773	1348	10125
34	马坊供水工程	青山、红井子	2000	3	12	3508	946	9015
35	惠安堡供水工程(麻黄山后洼吊庄续建)	惠安堡	2000		6	1777		
36	营盘台供水工程	青　山	2000		1	356	40	1320
37	黄蒿渠供水工程	城　郊	2000		1	95	19	3820
38	南部山区供水工程改造维修	麻黄山、后洼、红井子	2001			10000	3000	30000
	合计			86	322	95758	22806	306979

2002年,相继完成了月儿泉、冒寨子、佟家圈、余庄子、吴家圈、杨成沟饮水工程,续建了甘洼山、柳杨堡、城西滩人饮工程。共打机井1眼、浅机井9眼、带子井4眼、多管井72眼,建泵站6个,建各类蓄水池14座,建泵房254平方米,安装压力罐1台,铺设输水管线163千米。解决了30个扬黄吊庄300个自然村23664人、31908只羊的饮水困难。

截至2002年,全县共完成人畜供水工程44处,铺设供水主管线332.5千米,支管道651.3千米,建泵站18座,蓄水池264座,蓄水总量11190立方米,使91个行政村351个自然村94226人(占全县总人口的61%)受益,解决了20930头大家畜、305593只羊的饮水问题。

2003年,全面完成了城西滩人畜饮水工程。稳定解决了城西滩吊庄中心村、泾源吊庄村、刘八庄、八堡、深井、田家掌、王家圈村的15606人、526头畜、3365只羊、540头大家畜的饮水困难。2004年,完成了李毛庄、官滩、雷家沟3处饮水工程,安装变频泵2台,铺设输水管道21.3千米,建泵房3间,架设输电线路4.49千米,建过路桥1座。解决了城西滩和官滩村1928人、8650只羊、540头大家畜的饮水困难。2005年,完成了红沟梁、北塘、高沙窝镇、南梁、苏步井、铁柱泉、杨儿庄水源一期和太阳山工业园区、扬黄扩灌移民吊庄9处人饮工程。共打机井3眼、辐射井1眼,建泵站5座,大小蓄水池38座,输水管线252千米,并在王乐井乡苦壕沟等4个村民小组安装苦碱水蒸馏淡化棚200座。解决1.4万人、6.3万只羊、0.23万只大家畜的饮水困难。对红井子、柳树梁、胶泥湾等12处饮水工程进行了维修改造,更新机井5眼,配套机泵1台,维修输水管道10千米。

2008年,盐池县水利部门组织实施了太阳山盐池受水区供水工程

2006年,续建完成2005年人饮工程。新建二步坑新农村供水工程,铺设管道5.2千米,解决了二步坑、杨家梁350人的饮水困难。对南海子、马儿庄、南部山区供水工程进行维修,维修管线8 000米,建泵房1间,改造水源井1眼。2007年,完成王乐井平阳沟新农村供水工程,铺设输水管道4.2千米,解决了平杨沟新农村47户190人的饮水问题。对李毛庄、柳杨堡等5处供水工程进行维修,铺设输水管道34.53千米,总投资136万元,恢复改善了22个村民小组5154人的供水设施。2008年,实施了太阳山供水盐池受水区工程,建泵站1座、1000立方米蓄水池1座、500立方米蓄水池1座,铺设输水管线11千米,总投资1321万元,其中国补资金1080万元;完成千户村供水工程,总投资210万元,铺设输水管线43.5千米;疏通南海子至孙家楼输水管线,维修管线8处1.2千米;实施了麻黄山应急水源井配套工程,投资78.6万元,解决了乡政府机关和周边5个村3000人、1.3万只羊的饮水困难,实现了该地区没有水源井的历史性突破。2009年,投资180万元,在冯记沟乡务工移民新村建泵房1间,50立方米蓄水池1座,安装变频泵1台套,铺设UPVC管道31.326千米,建

阀井 98 座，安装 Φ90 出水口 40 个，安装 20 千伏安变压器 1 台，架设高压输电线路 0.21 千米；在惠安堡新村铺设各类输水主支管线 5.24 千米，巷道管和入户管线 40.7 千米，建阀井 140 座。解决了冯记沟、惠安堡 2 个移民新村 3000 人的饮水问题。全县共完成供水工程 52 处，累计解决 10.9 万人的饮水困难。

2010 年至 2012 年，盐池县组织实施了“百村千户”自来水入户工程。2015 年完成了麻黄山地区农村安全饮水工程，用黄河水替换了以前建设的小人饮水工程，实现了集中供水。2017 年，为全面解决全县农村饮水安全问题，整合资金 3190 万元，实施了农村人饮安全巩固提升改造项目 5 个，解决了 244 个自然村 6215 户（其中建档立卡户 3715 户）饮水安全问题。

三、水窖、土圆井、集雨场

历史上，盐池县广大农村用水主要是通过打土圆井和打窖蓄集雨雪来解决。1980 年以前，县委、政府号召群众自力更生打窖，截至 1980 年，全县共有蓄水窖约 8115 眼。

表 4-1-3　1980 年盐池县水窖情况统计表

单位\项目	现有水窖总数	其中				人畜缺水总数		已经解决数	
		当年新增		已验收		人数	大小畜数	人数	大小畜数
		长	园	长	园				
城　郊	305							3188	11853
柳杨堡									
高沙窝									
苏步井						1700			
王乐井	537	124		124		6600	22534	3600	7883
鸦儿沟	294	87		87		3287	18910	2566	
青　山	8		8		8	1800	2000		
大水坑	361	7	66	7	37				
红井子	1275	10	255	10	255	2980	30000	1800	
惠安堡	821	105	58	105	58	2415	9110	4463	21081
萌城	1071	115	135	115	135	4802	2425	3547	1110
麻黄山	1972	40	206	43	206	3290	13332	2500	11700
后　洼	1471	173	201	173	201	4109	18849	4025	
马儿庄						3556	21511	500	5100
冯家沟						2000	18000		
合　计	8115	664	929	664	900	36539	156.67	27189	58727

1981 年，盐池县政府拨付专款，补助打长窖、圆窖和土圆井，圆窑每眼补助 50 元，蓄水量不小于 10 立方米，长窖每眼补助 100 元，蓄水量不少于 30 立方米，土圆井每眼补助 1500 元。从 1983 年开始，圆窖每眼补助 30 元，长窖每眼补助 60 元（长窖每眼顶 2 眼圆窖），每眼窖补助材料费 3000 元。1987 年实行“以工代赈”，打窖 1000 眼。截至 1993 年年底，全县共有

人饮土圆井 420 眼、水窖 15425 眼。

土圆井灌溉

1994 年，自治区推广海原冯川经验，开始修建圆形直立封闭式水泥薄壳水窖。1995 年自治区水利厅下发了《干旱、半干旱地区水窖蓄浇节水灌溉技术指南(试用)》，规范了水窖工程和建造技术。从 1995 年开始，自治区每年下达各县打窖任务，每眼水窖补助 300 元。2004 年，盐池到开始计划大规模实施集雨水窖工程，2005 年先在惠安堡、麻黄山开展集雨场试点建设，2006 年麻黄山乡达到一户一场；截至 2007 年年底，全县共完成多功能集雨场 1868 处，合计蓄水量达到 35 万立方米左右，有效维持了 61 个行政村、253 个自然村 39362 人的正常生活用水，节约拉水资金 1225 万元。

水窖建设实行分级目标管理责任制和技术人员承包制，采取自下而上分级核查验收。经乡镇技术干部对全乡水窖实际眼数和质量标准检测验收后，登记造册，报县水保局进行抽样检查。工程结束后，由县水保部门组织全面验收，统一兑现补助。乡水管站按照建立水窖档案、卡片，绘制水窖建设实施现状图，水保局统一建档立卡。

截至 2008 年，全县共打土圆井 1092 眼，打人饮窖 19200 眼，建设集雨场 8800 处 105 万平方米，南部山区户均 2 眼水窖。水窖实行“谁建设、谁管理、谁使用、谁拥有”的管理体制。

表 4-1-4　2001 年年底盐池县水窖情况统计表

乡　镇	水窖(眼)	其　中		
		生产窖		人饮窖
		数量	灌溉面积(亩)	
城郊乡	492	183	90	309
柳杨堡乡	19	1	2	18
苏步井乡	25	–		25
窝　乡	61	9	18	52
王乐井乡	2487	2252	4096	235
鸦儿沟乡	2120	1215	1970	869
青山乡	48	47	46	1
大水坑镇	1116	512	862	604
红井子乡	2189	859	1710	1330
惠安堡镇	2880	724	854	2156
马儿庄乡	46	41	82	5
冯家沟乡				
萌城乡	4484	2441	4247	2043
麻黄山乡	7218	3988	6948	3230
后洼乡	5059	2692	4366	2367
合　计	28244	14964	25290	13244

第二节 城区供水

盐池县城市供水系统始建于1968年，水源为五堡井泉水，日供水量100吨。当时盐池县城只有一个“丁”字型街道，人口不足2000人。之后于1972年完成了五堡供水工程，打井抽水，日供水300吨，主管道8.5千米、支管道40.5千米，主要解决县城万余人生活用水问题。

1988年，由于城市人口不断增多，五堡井出水量达到极限，突然不够用了，县城出现第一次断水，并且引发群众恐慌。县委、政府立即决策，寻找新的水源，稳定解决城市供水问题。当年实施县城一期供水工程，水源地位于骆驼井，距县城38千米，建设水源井4眼，铺设DN150毫米—DIV200毫米铸钢管22.4千米，建设中途加压站1处，日产水量2000吨。

2000年左右，盐池县城又出现供水不足问题。其直接原因是城市人口增加和小城镇建设力度加大，大批新住宅楼建成，居民原有用水习惯发生改变，加上农民“洗脚进城”带来的人口压力和环城绿化带建设，大大增加了城市供水负担。到2000年左右，骆驼井水源经过十几年的持续开采利用，地下水位已经下降很多。过去打井只需打到30米左右就可见水，现在要打到60米才可见水。

2001年，由自治区计委批准投资2900万元，实施了县城二期供水扩建工程，新建水源井18眼，井距1千米，井深100米至110米，建设水源地至中途加压泵站输水管线DN300球墨铸铁管线1.6千米，DN400钢筋砼输水管线11.2千米；新建加压泵房1座，内设水泵4台，铺设DN400钢筋砼输水管线7.3千米，DN500钢筋砼输水管线5.56千米；建成3000吨水厂1座，新建1500平方米清水池2座，新建杆式变压器18处，没处庄1台S9-10/30千伏安变压器扩建了加压站，调试安装了三遥控监测和调度系统，对水源地井群、加压泵站、水厂、清水池、泵房进行监测；建成了水质化验监测站。二期工程建成后，每天新增供水量8000吨。一般达到10000吨，可以稳定解决县城(当时县城人口约3万人)和城西滩吊庄群众生活用水问题。

2007年，投资350万元(中央预算内资金200万元，地方自筹150万元)，用于水厂及管网建设，新增日供水5000立方米，铺设供水管线21千米。

2009年，实施县城供水扩建三期工程，在骆驼井水源地建成生产井6眼，架设10千伏专线供电线路4.8千米，建成深井泵房6间，建加压泵站1处400立方米、1500立方米清水池各1座，铺设输水主管线20.1千米，更换安装机泵设备1套，完成国补投资2000多万元。截至2010年，县城供水区覆盖县城及周边35个自然村，供水1.8万户4.6万人，供水管道总长120千米，自来水普及率达90%以上。

2012年，盐环定扬黄二期盐池专用饮水工程建设完成，盐池县城接通了扬黄水，县城供水形成了以扬黄水为主、骆驼井水源为辅的供水体系。

2015年,实施了盐池县老城区供水管网扩建一期工程,总投资2445.93万元,自治区下达项目资金1920万元。

第三节 供水管理

一、管理机构

盐池县城供水主要由南洋的自来水供水单位负责管理。自来水供水单位系科级事业单位,隶属于城建局,2001年划归水务局管理。2011年,盐池县政府批准成立了城乡供水总公司,负责全县城乡供水工程建设运行管理、水费缴纳、管道维护、管线巡视等工作。截至2016年,城乡供水公司承担全县8个乡镇16.7万人城乡居民的生产、生活的供水工作,日供水能力达到1.8万吨。

二、水质管理

盐池县城乡供水总公司结合《城市供水质量标准》和《生活饮用水卫生标准》,制订了《化验监测操作规范程序》《化验员岗位责任制度》《水污染事件报告制度》《洪水安全管理制度》《供水卫生管理制度》《盐池县城乡供水水质检查监督管理制度》《水质管理制度》等质量标准和规章制度,强化安全管理意识,规范操作规程。2005年设立了水质化验监测站,建立了自检水质管理化和微生物检验室,配备了先进设备,供水规模和水质监测项目及检验合格率按卫生部《生活饮用水机制供水单位卫生规范》实施,内部建有完整清晰、真实可靠的监测实录,水质资料档案齐全完整。

三、安全管理

水资源管理部门持续加大水源地保护力度,在水厂、加压站周边布设围栏、警示牌、标志桩等,非工作人员严禁入内;保证水源地每眼井盖板上锁,并修建井房;水厂、加压站蓄水池通风孔改为“v”型,露天管口加钢网,防止鸟类筑巢和异物坠入;蓄水池观察口安装钢制盖板上锁,由专人管护,形成了取水、储水、输水全封闭式运行体系。在水厂周边绿化植树,形成绿色防风带,防止土壤沙化。配备三遥系统,对各个水源井运行情况、机泵运转状况,水厂、加压站、蓄水池水位进行监测,通过计算机操作完成生产指令,降低意外爆管等安全事故率。全年不定期维修维护输水设备,分析机泵运行状态,及时查找问题。

四、节约用水

有关部门不断加强宣传,营造节水氛围。通过发放宣传单、制作宣传栏,在取水处张贴节水宣传标语,向广大市民宣传节水知识、节水方法,树立节水意识;制作宣传片,讲授水资源保护意义和国家的方针、政策、法规,努力营造惜水、节水、护水的良好社会风尚。推广使用节水器具，对新建、扩建、改建的房屋工程，竣工验收时严格把关，不符合国家节水要求的一律不予验收。

五、工程管理

盐池县从1980年开始，实施农村集中供水工程。截至2009年，全县共完成农村供水工程52处。1990年双前由县水电局统一管理。1992年，盐池县制订出台了《人畜供(改)水工程管理办法》，实行“统一领导，分级管理，合理利用，齐抓共管”和“谁受益，谁管理”的管理体制，由县水电局统一负责供水工程管理，不属于跨乡的供(改)水工程，由所在乡(村)按照受益范围建立管理所(组)进行管理。管理人员由乡(村)确定，工资在水费或其他收入中列支。跨乡供水工程涉及范围小的由受益乡(村)牵头管理，跨乡供水工程涉及范围大的，设立专门的管理机构，人员工资由县人事劳动局、财政局核定拨付。2009年扬黄续建配套人饮工程实施以后，县政府成立了城乡供水总公司，负责对全县城乡供水工程的管理。

第四节　典型人畜饮水工程

五堡供水工程　1972年建成，打井抽水，日产水量300立方米，铺设主管道8.5千米、支管道40.5千米，除供县城万人生活用水外，还辐射城郊二堡、五堡、北园子、东门、德胜墩等自然村1236人、2952只羊、233头大家畜的供水。

大水坑供水工程　1979年开工建设，1981年完成，建供水点15处，铺设管道14.17千米，由长庆油田引进的黄河输水管线供水，解决了大水坑周边3721人、15383只羊、1202头大家畜饮水困难。

孔雀塘人饮工程　位于盐兴公路边家洼村南侧，始建于1980年，水源地为带子井2眼，建有水塔，铺设主管线6.5千米，主要承担周边陈庄子、东沟、西沟等村和王乐井乡政府驻地机关供水。因年久失修，设备老化，于1999年废弃。

惠安堡供水工程：1980年建供水点2处，铺设管道205千米，由长庆油田引进的黄河输水管道供水，解决了588人、892只羊、92头大家畜饮水困难。

马儿庄供水工程　1982年建成，铺设管道58千米，设供水点17个，由长庆油田引进的黄河输水管道供水，日供水量200立方米，解决了3000人、20000只羊、1000头大家畜的饮水困难。

南海子供水工程　1983年5月开工，1984年9月竣工。水源地位于王乐井乡西南7000米处一个凹型淡水区，静储量160万立方米，存储量12万立方米至25万立方米，水质基本符合国家人用水卫生标准。打机井4眼、大口井1眼，日产淡水400立方米，年取水量10万立方。新建10千伏输电线路11.2千米，380伏配电线路2.6千米，装机总容量109

千瓦。建泵站2座，泵站相距11.42千米，总扬程187米，蓄水池24座，供水房23间，管水房24间，各种阀井66个，铺设DG150铸铁管32.46千米、钢管47.26千米、塑料管6.6千米。工程总投资223万元，用工14.6万个，解决了王乐井乡14个自然村和鸦儿沟乡11自然村8138人、22567只羊、1810头大家畜的饮水困难。

1992年4月，盐池县水电部门对麻黄山、后洼人蓄饮水供水工程进行维修改造

南部山区供水工程 1986年11月建成，该工程为盐池县解放50周年大庆重点建设项目之一。完成水源机井3眼，输电线路20千米，建泵站2座，高位蓄水池一处，跨越管桥2座，20立方米至30立方米蓄水池36座，管水房35间，阀门、水表井98座，供水点38处，铺设管线121.6千米。解决了周边地区1000人、30000只羊、3000头大家畜的饮水困难。1988年进行了续建，铺设输水管线23.17千米，解决了后洼乡曾家畔、沙崾岘、唐平庄3个行政村1691人、6800只羊、733头大家畜的饮水困难。2001年对该工程再次进行了维修改造，投资195万元，更新机井2眼，新建加压泵站1处，蓄水池2座，改造主管线10千米，支管线5.52千米，铺设输水管道5.9千米，维修泵站3座配套，架设低压线路0.6千米，恢复巩固了麻黄山、后洼、红井子3个乡机关、学校及沿途24个自然村4000多人的饮水问题，同时可保证周边7000余人在大旱之年能够就近拉水救急。

杨儿庄供水工程 1987年建成，建蓄水池11座(160立方米2座、30立方米3座、20立方6座)，铺设管线26.76千米，建管水房188.4平方公里，阀井33座，解决了惠安堡、隰宁堡、杨儿庄3个村及乡政府机关学校的2516人、7523只羊、624头大家畜的饮水困难。

朱家窑、徐光滩人畜饮水工程 1989年国家投资2.2万元，群众集资1.5万元，积累工2080个，完成狼洞沟村朱家窑、徐光滩2个自然村人畜饮水工程，完成输水管线3.6千米。

暴家春供水工程 1990年建成，位于冯记沟乡东部，总投资63.5万元，其中自筹7万元，完成输水管道35.5千米，动用混凝土137立方米，土方12.07立方米，积累工3.5万个，解决了暴家春行政村及周边部分自然村的人畜饮水困难。

青山西部供水工程 1991年建成，投资161.3万元，建泵站1处，160立方高位蓄水池4座、30立方蓄水池2座、20立方米蓄水池9座，建供水房26间230平方米、管理房64平方米、井阀42个，铺设输水管线81.48千米。解决了青山等4个乡、232个自然村、1个乡机关、6所学校、8039人及33248只羊、1666头大家畜的饮水困难。

李庄子人畜饮水供水工程 1995年11月建成，水源地为高沙窝镇马场，打机井2眼，输水管线全长4247千米，其中主管线11.56千米、支管线30.91千米，建310立方米端水池5座，总动土方量21280立方。通水后，解决高沙窝、鸦儿沟两乡镇2个行政村9个自然村2435人、429头大牲畜、11510只羊的饮水问题。其中鸦儿沟乡解决了李庄子、黄家台、禹家圈、长流墩、刘范坡5个村庄315户、1298人、190头大家畜、4623只羊的饮水问题。

萌城供水工程 1997年建成，是盐池县第一处以黄河水为水源的供水工程。总投资80万元，建泵房1间、1200立方蓄水池1座、80立方米过滤池2座、200立方米沉淀池1座、跨沟桥1座，铺设输水管道5.77千米。解决了该乡机关、学校和4个自然村2500人、224头大家畜、2840只羊的饮水困难，结束了萌城乡群众远距离拉水的历史。

柳杨堡供水工程 建水源泵站2座、加压泵站1座，建80立方蓄水池3座、30立方米蓄水池3座，铺设输水管线56.99千米。解决了5个行政村、16个村民小组、1个乡机关、学校5938人及546头大家畜、16461只羊的饮水困难。柳杨堡供水工程的建设和投入使用使盐池县在2000年以前实现了乡镇所在地全部通水的目标，是盐池县人畜饮水工程建设史上的里程碑。

高沙窝大疙瘩供水工程 2001年建成，总投资190.15万元，打机井1眼，建泵站2座配套机泵2台套，铺设输水管道38.3千米，建成30立方米至160立方米蓄水池5座，架设输电线路1.3千米，安装变压器2个。解决了高沙窝、苏步井2个乡、3个自然村、3634人及428头大家畜、1.5万只羊的饮水困难。

城西滩供水工程 2002年9月1日开工建设，11月20日试运水，2003年5月1日竣工验收。总投资495.8万元，其中国补资金440万元。工程以县城供水管道为水源，共铺设管道58.85千米，建加压泵站2座、蓄水池4座（1000立方米2座、80立方米2座），架设输电线路4.6千米，属于二级扬程，日供水能力648立方米。解决了城西滩吊庄中心村、泾源吊庄村、刘八庄、八堡、深井、田家掌、王家圈15606人、526头大家畜、3365只羊的饮水问题。成立了城西滩供水管理所，配备管理人员5名。

月儿泉供水工程 位于青山乡东部，是农村人畜饮水解困一期项目，2002年9月动工，11月25日试运水。总投资152.59万元 。工程以地下水为水源，铺设输水管道464千米，建带子井1眼，加压泵站2座、蓄水池4座（150立方米1座、80立方米2座、30立方米1座），配套电路1.1千米，属于二级扬水，日供水122立方米。解决了2个行政村、15个自然村430户、2327人及155头大家畜、4910只羊的饮水困难。成立了供水管理所，配备管理人员3名。

张步井供水工程 2004年建成，工程总投资70万元，其中国家补助50万元，自筹20万元，由盐池县水务局组织实施。打机井1眼、建泵站1座，铺设输水管道16千米。解决王乐井乡张步井、小窝、马家圈、赵家圈352户1045人的饮水问题。

扬黄续建配套盐池人饮专项工程 该工程于2009年3月由国家发改委批复立项,总投资2.89亿元。2009年投入建设资金1.08亿元,建设人畜饮水工程和扬黄灌区渠道维修和四座泵站改造项目。输水主管道铺设工程于2009年10月份开工建设,分三期实施。2010年共完成铺设输水总干管91.365千米,建设加压泵站3座、水处理厂1座、蓄水池5座,完成大水坑、青山、高沙窝三个片区输水管道550.7千米,朱新庄和寇庄子2座二级加压泵站,黑山墩、青山、鸦儿沟3座蓄水池,建各类阀井1002座,完成7个乡镇14个行政村83个自然村的3070户的自来水入户工程,解决了17175人的安全饮水问题,完成投资1.13亿元。2011年启动了高沙窝、花马池、王乐井、大水坑、青山和冯家沟6个乡、镇38个行政村、170个自然村的8716户44143人的自来水入户工程,铺设配水管道646.27千米,投资2018.76万元。2011年8月开工,是年底完成工程任务的36%,受益1.5万人。2012年完成工程任务的62%,主要实施地点在花马池镇和王乐井乡。共铺设输水管道315千米,建阀井2286座,穿路23处,自来水入户5894户,完成工程总投资1292万元,其中国补资金172.2万元,自治区配套610.6万元,自筹509.4万元。解决了105个自然村2.84万人的饮水安全问题。

东宝供水工程 2010年建成,工程水源替换灵武市古窑子、回民巷供水工程水源,铺设压力管道27.5千米,配水支管26.447千米,完成总投资778万元。解决盐池县宝塔等7个村1587人的饮水安全问题。

王乐井人饮供水工程 该工程为陕甘宁盐环定扬黄续建宁夏专用人饮工程,2010年年初建成,通水4个村组,受益人口2200人。2014年续建扬黄人饮工程,覆盖全乡13个行政村65个自然村,解决18万人的饮水问题,实现自来水工程“村村通”。水价为每立方米4元、6元、8元。2012年开展建设节水型社会,乡政府规划农村居民生活用水定额控制在每人每天50升以内。2013年4月1日成立王乐井水管所,正式介入管制,共接管5个自然村2362户用水户,全年供水量11.808万立方米,回收量7.382万立方米,水资回收率62.51%,经济总收入4336万元,其中水费33.388万元、维修费0.688万元、安装费9.284万元。总支出66.3382万元。是年,完成马家圈、赵家湖、小沙窝、安定堡4个自然村的管网改造工程,新铺设主线5PVC管道2.164千米、40PE管线7.1千米、支线25PP管2.15千米,新增用户77户。完成孙家楼新农村上水工程,安装主线40PE管3.111千米、主线90PVC管1.59千米、25PP管1.3679千米。

生态移民人饮工程 2011年建成,工程建设包括十六堡、北塘两个移民安置区人畜饮水工程。铺设各类输水管道74.2千米,自来水入户854户,养殖温棚供水615栋,完成投资171万元。

惠安堡隰宁堡生态移民新村供水工程 2012年10月建成,共铺设输水管道33.84千米,入户管29千米,建阀井87座,完成自来水入户572户,总投资137万元,全部为国补资金。

麻黄山地区农村饮水安全工程 2013年10月开工,2015年竣工,总投资2760万元。共完成各类输水管道295.5千米,蓄水池6座,扬水泵站3座,各类阀井320座,架设输电线路6千米,安装变压器3台套,完成巷道灌5.3千米,入户水表井41座,入户144户,解决了麻黄山乡农村地区安全饮水问题。

青山乡尖山湾农村饮水安全工程 2014年建成,总投资117.35万元,解决了杨成沟、尖山湾、苦生湾、北王场4个自然村、241户、1081人饮水安全问题。

农村饮水安全改造工程 2015年完成,总投资2503万元,其中中央投资2085万元,主要对惠安堡、大水坑镇共50个自然村供水管网延伸和2005年以前建成的7处中小型农村饮水工程管网进行改造。共改善6个乡镇、131个自然村、32533人的饮水安全问题。该项目运行后全县饮水集中供水率达96%,自来水普及率达94%,水质达标率97%。

管家掌农村饮水安全巩固提升改造工程 工程于2016年建设完工,解决了大水坑镇、惠安堡镇、麻黄山乡等边界地区的6个行政村、2567户、9323人(其中建档立卡贫困人口3206人)饮水安全问题。

第五节 生态、农业和工业园区建设供水

一、生态、农业水源工程建设

20世纪90年代后,盐池县加大对北部沙化地区的治理力度,开始了大规模沙漠化土地综合整治,并被列入自治区科技攻关重点项目。为确保这些生态建设项目的顺利实施并取得成效,盐池县水务部门多方筹措资金,积极为生态工程建设提供水源,共打草原井50余眼,保证了生态水保林的成活率。同时建设20多处生态造林和节水农业水源工程。

2002年,水务部门结合城北围城造林工程,打机井3眼,配套输电线路2000米,为城北防护林提供了充足的水源;结合生态旅游节,在无量殿打机井1眼,为15公顷林田提供水源。2006年完成2处红色旅游生态供水工程:在县城南建成蓄水53立方米的清水池1座;为盐池革命历史纪念园打机井3眼,铺设输水管道11.4千米,为周边12公顷林网提供水源。2007年完成了大水坑高效节水农业水源工程建设,建成3万立方米蓄水池1座,300立方米高位蓄水池1座,铺设输水管线21千米,总投资185万元,为4万亩节水补灌农业提供水源;建成城西滩设施农业水源工程,砌护引水渠0.65千米,建20立方米蓄水池1座,铺设输水管线42.65千米,安装给水装置2000套,总投资380.92万元,为1380栋温棚提供水源。

2008年，投资762万元，在城西滩新建了设施农业供水工程，铺设输水管线39.42千米，建20立方米蓄水池1座，配套机井3眼，为130公顷日光温室提供水源；完成王乐井节水补灌供水工程，建3万立方米蓄水池1座，300立方米减压蓄水池4座，600立方米蓄水池1座，铺设输水管线65.8千米，架设高压输电线路1000米，总投资340万元。

2008年新建城西滩20万立方米蓄水池施工现场

2009年，实施完成了花马池、盐惠线、环城路沿线绿化供水工程。花马池生态绿化项目新建取水建筑物1座，500立方米高位蓄水池1座，铺设扬水管道2.42千米，供水管道27.3千米，建阀井14座，安装机泵1台套，125千伏安变压器1台套，架设高压输电线路0.5千米，给水口483套。盐惠线绿化供水工程安装深井泵2台，铺设0.32米pa、φ90PVC输水管道3.72千米，设出水口78个，建阀井3座，井口联接装置2套，基本上保证了绿化区用水；新建花马池高效节水补灌供水工程，建泵站1座，安装铺设Φ400PVC管道4千米、Φ200PVC管道5.9千米、Φ90PVC管道6千米，建阀井6座，工程辐射万亩生态园区面积130公顷。完成了盐池县宝塔工业园区、惠安堡镇工业园区供水工程建设；完成盐池县宏翔和深井两个养殖园区供水工程建设任务，确保了新建工业园区及养殖园区的供水需求。

2009年完成花马池生态水资源综合利用工程，总投资8000万元，该工程于2009年9月25日全面竣工，主体工程完成土方开挖326万立方米，铺设引水管道10.21千米，建溢流堰、泄洪渠各1处，完成钢丝网片及砾石护坡2000米，浇筑截渗墙4.38千米，实现了在2010年6月1日全面蓄水的既定目标。2010年，对花马池生态水资源综合利用工程进行扩建，实施了二次开挖，通过降低下池东西部位高差增加蓄水量，确保工程发挥更大效益。该扩建工程共完成土方开挖96万立方米，铺设反滤体砂石料9784立方米，完成投资1036万元。花马池生态水资源工程的建成，主要发挥以下功能作用：一是拦洪防洪功能。红山沟产生的洪水通过花马池工程拦截蓄积，变洪水为水资源进行利用，保障当地群众及县城防洪安全；二是蓄水节灌功能。花马池工程蓄积大量水资源可以为周围的千户村、李毛庄等2万多亩设施农业及万亩生态园提供水源，也可以为县城工业园区长远发展提供备用水源；三是涵养功能。花马池蓄水后可为花马寺国家森林公园提供涵养水源，对周边生态环境改善起到积极作用；四是景观功能。花马池水资源综合利用工程建成后，形成了站（火车站）、路（环池公路）、林（森林公园）、寺（花马寺）、水、城和谐相宜的新的自然景观。2009年9月成立花马池生态水资源综合利用工程管理所。主要职责是负责花马池生态水资源综合利用工程水利设施管理；负责花马池工程公园设施、雕塑、楼阁、凉亭、景观石等公用设施日常管理；负责花马池工程上下池水域部分的安全巡视和管理工作；负责花马池工程水量调配和汛期泄洪等工作。

2010年，盐池县委、政府提出打造“绿色盐池、生态盐池”的号召。县水务部门多方筹措资金，启动生态园区供水工程建设。以花马池生态水资源综合利用工程蓄水及新打机井为水源，共新打机井6眼，建供水泵站1座，铺设各类输水管道42.5千米，安装出水口678个，砌筑阀井33座，架设高压输电线路650米，完成总投资560万元。

花马池生态水资源综合利用工程（摄于2010年9月）

2011 年，完成马儿庄林果间作基地水源工程，铺设输水支管 89 千米，修建集水塘 1 座，总投资 896 万元；继续实施县城绿化供水工程，为 324 公顷绿化提供水源，共铺设输水管道 50.8 千米，辅助管 37.8 千米，滴灌管 1398 千米，完成总投资 570.97 万元。其中县城西环、北环路绿化段供水工程控制绿化面积 97 公顷，铺设低压输水管道 19.72 千米，辅助管 9.4 千米，滴灌管 376 千米，工程投资 131.70 万元；南二环路绿化供水工程控制绿化区面积 31 公顷，铺设输水管道 6.984 千米、辅助管 3.5 千米、滴灌管 140 千米，工程投资 69.39 万元；古王高速公路收费站至 307 国道绿化段供水工程控制绿化面积 30 公顷，共铺设低压输水管 6.35 千米。利用盐环定续建人饮工程县城主管为水源，新铺设输水管 7.9 千米、辅助管 3.175 千米、滴灌管 127 千米，投资 60 万元；城北生态林绿化供水工程控制绿化面积 185 公顷，铺设各类输水管道 7.1 千米、辅助管 18.6 千米、滴灌管 628 千米，投资 310 万元。

马儿庄人工湖（摄于 2011 年 11 月）

2013 年，完成冯记沟造林绿化、城北大墩梁绿化供水工程；维修改造围城、城北、田家掌、孙家楼、马儿庄、盐兴路两侧共 1533 公顷绿化供水工程。

2014 年，完成城北三期及王圈梁 520 公顷防护林绿化供水任务，水源为县城供水杨寨子泵站取水，工程分两个供水系统、三个灌溉单元。总体工程共铺设管道 74.59 千米，其中 φ315 毫米输水管道 0.3 千米、φ200 毫米输水管道 13.75 千米、φ160 毫米输水管道 3.35

千米、ϕ90 毫米输水管道 57.19 千米；安装出水口 600 套，建泵站 1 座，配套 250QJ（R）100–54/3 潜水泵 1 台套，变频控制柜 1 套，建截止阀井及分水阀井 120 座，排气排水井 60 座，工程预算总投资 417.64 万元。至此，全县植树区全部通水。

二、工业园区水源工程建设

2010 年，完成全县 3 个工业园区供水工程建设任务，实现了年底通水的总体目标，完成总投资 903.31 万元。高沙窝工业园区供水工程采用从宁东加压泵站处开口，通过输水管道送水至工业园区，共安装管道 20.5 千米，建泵站 2 座，砌筑阀井 18 座，解决了管线沿途宝塔等村组 1581 人饮水安全和宝塔工业园区工业用水，完成投资 778 万元。惠安堡镇开泰煤业供水工程铺设输水管道 4.0 千米，砌筑阀井 3 座，完成投资 96 万元。青山功能区供水工程位于冯青公路两侧，共安装管道 4.89 千米，建 150 立方米高位蓄水池 1 座，砌筑阀井 15 座，完成投资 29.31 万元。

2014 年，完成了高沙窝工业集中区供水工程，建扬水泵站 3 座，1 万立方米、0.2 万立方米蓄水池各一座。

第五章　抗旱防汛

第五章　抗旱防汛

干旱少雨是盐池县最主要的自然灾害，严重制约了全县经济社会、生态环境建设发展。中华人民共和国成立以来，历届盐池县委、政府高度重视抗旱救灾工作，建立健全组织，强化任务措施，加大投入力度；积极动员全民参与，努力提高服务质量，切实完善基础设施建设。全县形成了以农田水利、水土保持、人畜饮水工程三大抗旱服务体系。在长期抗旱斗争中，盐池人民群众积累了丰富的经验。

防汛工作常抓不懈，建立健全防汛组织，落实各级首长负责制，形成一级抓一级，一级对一级负责的责任体系；修订完善各项防汛预案，组建抢险队伍，落实抢险物资，加大防洪工程建设力度和日常巡查力度，确保人民群众财产和生命安全得到保障。

第一节　抗　旱

盐池县坚持“安全第一、常备不懈、以防为主、防抗结合”的抗旱方针，因地制宜，城乡统筹，突出重点，实行“公众参与、军民结合、专群结合、平战结合”的抗旱体制。

一、旱情的形成及特点

盐池县地处温带大陆性季风气候区间，春、夏、冬三季受西北高压冷空气控制，气候干燥，少雨雪，年均降水量在200毫米左右，干旱天数250天以上。1月、2月、3月、4月、11月、12月共计6个月降水量不足50毫米。由于受地形和气候影响，一年四季都有可能发生旱灾，但以春夏旱最为普遍。干旱造成空气干燥，土壤缺水，影响农作物的播种和正常生长发育，导致草木凋敝，河流干涸，粮食减产，人畜饮水困难。

盐池地区的旱灾，具有持续时间长、发生频率高、危害面广等特点，当地老百姓素有“十年九旱”“三年两头旱”“三年一小旱、五年一大旱”等无奈感叹。干旱常常伴随沙尘暴等灾害天气的发生。据统计，1949年至2016年，全县范围内的大旱、中旱有60余次，局部旱情几乎年年都有，大中旱出现频率高达85%。

二、旱灾年份记录

盐池县的旱灾，史书时有记载。1951 年至 2014 年主要旱灾情况记录如下：

表 5-1-1 盐池县旱灾记录表

年份	灾害摘要说明	灾名
1951	春夏大旱	旱
1955	春夏大旱	旱
1957	秋夏作物旱，受灾 54 万亩	旱
1965	大旱，惠安堡等地寸草不生	旱
1982	全县大旱，年降雨量 171.7 毫米，麻黄山年降雨量 217.6 毫米，全县精伤平均收获只有两成	大旱
1985	前期干旱，45 天无透雨	干旱
1987	全县干旱，县城年降水 197.2 毫米，全县大面积减产	干旱
1988	全县干旱	干旱
1999	冬春干旱，158 天内无有效降水，因干旱春播无法进行	干旱
2000	全年降水 160.8 毫米，仅为历年降水量的 50%左右，使全县农作物播种计划无法完成，旱地作物绝产	干旱
2001	持续干旱 18 个月，18 个月累计降雨 299 毫米，同比减少 212.3 毫米	大旱
2004	全县 240 天未见有效降雨，井窖断水，人畜饮水困难	大旱
2006	气温持续偏高，降水量偏少，全县 2.39 万眼水窖干涸，大部分水井水位下降，夏粮作物几乎绝产	干旱
2007	部分乡镇出现旱情，南部山区人畜饮水困难	旱
2008	全县干旱	干旱
2009	出现持续旱情，造成旱作区土壤失墒严重，农作物大面积受旱干枯，部分地区出现人畜饮水困难	大旱
2010	全县干旱少雨，年降水量只有 244.2 毫米，农作物受旱面积 1.4 万亩	干旱
2011	1 至 6 月，全县累计降水量 55.8 毫米，为无效降雨	旱
2014	全县干旱	旱

三、抗旱措施

(一)抗旱基础设施建设

中华人民共和国成立以来，面对日益加重的旱情，盐池县十分重视水利基础设施建设，逐步提高抗旱和生产自救能力，改变"靠天吃饭"的被动局面。通过实施农田水利、水土保持、人畜饮水、高效节水"四大工程"建设，发展水浇地 2 万公顷，治理水土流失面积 2700 平方公里，建设小人畜饮水工程 52 处。引黄河水解决全县人畜饮水困难，发展节水灌溉 2 万公顷，实现了大旱之年保丰收的目标。同时大力实施退耕还林、退耕还草项目，加强生态保护与建设力度，合理调整农作物和畜牧业发展结构，为抗旱减灾打下基础。

(二)新技术、新产品的推广与运用

旱地龙 旱地龙是一种多功能抗旱生长营养剂，具有有旱抗旱保墒、无旱节水增产的

双重作用。可以用来拌种、浸种,也可以随水灌溉、叶面喷洒,不同使用方法使用量有所不同。1996年引进,在全县各乡镇推广。重点在机井灌区、窖灌区等水地使用。多年来共推广使用旱地龙4万千米,累计面积26667公顷,一般增产达到20%左右。

节水剂 节水剂的作用主要是防止农作物病害和中和土壤盐分,是用于农作物和树木园艺等作物蓄水和提高营养的一种抗旱产品。主要用于韭菜等草本植物。药与水按1:9稀释喷洒。1999年引进,在全县各乡镇推广,共使用约0.5万千米,喷洒面积3333.3公顷,可增产40%左右。

(二)抗旱服务

切实加强同气象部门联系,及时了解天气变化,做好抗旱监测预报工作,密切监视雨情、水情及土壤墒情变化情况。遇有旱情,积极组织发动群众参与抗旱,尽可能减少干旱损失。组织抗旱服务队深入田间地头搞好工程设施的维护和配套、物资设备的供应及技术指导等服务工作。利用工程节水和田间节水提高现有水资源利用率。选用优质耐寒农作物种植,推广地膜覆盖、移栽等技术。应用旱作农业技术,通过深耕、深松、耙轧和秸秆还田等提高土壤保墒能力。

四、抗旱组织

盐池县委、政府十分重视抗旱组织建设。20世纪50年代,盐池县委成立了抗旱救灾委员会,80年代成立了防汛抗旱指挥部,在水电局下设指挥部办公室,具体负责抗旱防汛日常工作。1995年8月,盐池县被列为全国100个抗旱服务组织建设试点县,根据服务组织的任务和要求,盐池县决定撤销打井队,与水利管理站合并,成立盐池县抗旱服务队。服务队主要承担科技推广、打抗旱井、小型水利机械设备配套、机泵维修等抗旱服务。抗旱服务队第一任队长由吴德兼任,抗旱服务队编制设定为6人。

五、重灾年份抗旱

1952年,全县共抽调干部194人(占全县干部的70%)、企业职工66人参与抗旱救灾。盐池县委提出"生产自救,厉行节约"的救灾方针。抢墒播种夏秋作物,利用水源打井筑坝,小麦播种面积增加6057亩。及时发放各种贷款,解决春耕中籽种、农具等困难;完成了浇田土井145眼、水车井34眼;利用沟泉水筑坝4个,打洪漫坝66处,土井发展水浇地90公顷、沟泉水浇地5公顷,66处洪漫坝发展水漫地360.5公顷。教育干部群众认识发展水浇地的重要意义,克服防旱抗旱时松时紧的麻痹思想,树立长期防旱抗旱的思想准备。

1955年,盐池县发生严重春旱,全县70%的耕地没有按季节播种。县委、政府发动群众在有水源的地方用人工浇水、滴水的办法抢救青苗。同时挖掘浅水资源发展水浇地。共建截引沟渠水工程4处,修灌溉渠5条,筑坝5座,发展水浇地160公顷。打流沙井3眼,发展水浇地3.5公顷。在原有水利条件基础上,改造水浇地6处5公顷。打洪漫坝16处,发展洪漫地 500.3 公顷，修涝坝 23 座，水窖 257 眼，尽最大努力解决受灾区乡人畜饮水困难。

1957 年，全县出现夏秋旱，农作物受灾面积 54 万亩。面对旱情，盐池县认真贯彻《中共中央、国务院关于今冬明春大规模地开展兴修农田水利和积肥运动的决定》及全省第二次水利水保工作会议精神，大规模开展群众性兴修水利运动。全县 50%以上的劳力都投入到兴修水利运动之中，共打水井 169 眼，修浅井 148 眼，安装水车 215 部，新修水坝 19 个，整修水坝 12 个，兴建涝池 5 个，整修涝池 9 个，完成小型沟泉水利工程 6 处，有效地缓解了旱情。

1958 年盐池县农田水利建设工地

1982 年，盐池县大旱，年降雨量 171.7 毫米，全县粮食收获只有 2 成左右，人畜饮水困难。县水电局采取应急措施，对严重缺水的地方拉水供应。同时积极查找水源，建设一批多样小型引水工程。在南部山区麻黄山、后洼、萌城、红井子、大水坑等公社打水窖 3000 余眼，全县累计打窖 14000 眼，每户 2 窖，缓解了 3 万余人的饮水困难。投资 160 万元完成了马儿庄公社高氟水区供水工程，解决了 3 个大队、19 个小队及公社机关共 3000 余人、2 万只羊、1000 多头大家畜的饮水困难。

1987 年，盐池县发生严重春旱，自 1986 年 7 月至 1987 年 3 月全县降雨量只有 129.5 毫米，比历年平均降雨量低 103 毫米，3 月份降雨仅 9.2 毫米，气温比常年偏高 2.2℃至 4.1℃，干土层达 60 厘米至 70 厘米。盐池县政府及时成立了抗旱救灾领导小组，水务局积极组织打井抗旱。共出动钻机 3 台，先后在高沙窝、城郊、柳杨堡 3 个乡打抗旱机井 10 眼，修复机井 8 眼，发展可利用水浇地 1500 亩；维修机泵 43(台)次，更换离心泵 20 台；给高沙窝、青山乡未通电的机井通了电；扩大水地种植面积，以水补旱，全县共发展水地 3 万亩，种植粮食作物 2.6 万亩；安排资金 7 万元，为南部山区缺水群众拉运生活水。

1988 年，盐池县发生大旱，旱情持续 12 个月。全县 3.6 万人、1.5 万头大家畜、20 万只羊严重缺水。县水电局积极组织技术人员维修水井、修复塘坝，筹备设备打土圆井，使全县有效运转机井增加到 492 眼，蓄水坝 20 处，带子井、土圆井为 15765 眼，种植水浇地 3.5 万亩，没有因缺油少电等问题影响灌溉。砌护防渗渠道，提高水利用率。筹措资金 26.5 万元，为南部山区缺水群众拉运生活水，解决饮水困难。

1992 年，盐池县遭受四季连旱，春耕无法下种，牧草返青推迟、农业、畜牧业生产面临极大困难。盐池县委、政府积极应对，制定了“抗旱保畜、以牧补农、以牧增收”的抗旱措施，有计划地开放封育划管草原70万亩，重点确保全县45万只羊和大家畜渡过难关。各乡镇农民养殖户分别采取加草加料、杀子保母、分群饲养、外省外县寄养、加强疫病防治等措施渡过难关。为确保全县羊只饮水困难，县水电部门及时对全县13处饮水工程进行检查维修，及时供水，并新建高利乌苏、平台两处人畜饮水工程，于5月下旬提前竣工，及时供水。经过积极补救应对。到6月份，全县共计育肥出栏肉羊3万只，宰杀羔羊4万只。因为长期干旱少雨，农作物收成无望，部分群众无事可做，纷纷扑向草原采挖甘草。县政府及时发出了《坚决禁止采挖甘草》的通知，严厉打击采挖、贩运甘草突出案件。

1993年，盐池县遭受有史以来少有的四季连旱。1至5月，全县降水量仅为32.4毫米。风沙灾害频发，仅5月交替出现大风8次、沙暴19次，扬沙天气30次，土壤水分过度蒸发，干土层厚达30厘米，土地龟裂；林草死苗，草原干枯；地下水位下降，塘坝水量减少，机井断流，北部地区地下水位下降50厘米至80厘米。全县3000多亩水浇地受旱，7个乡26个行政村151个自然村的20000人、100000只羊、7500头大家畜严重缺水，部分群众要到10公里以外的地方拉水。县水电局按照“抢墒播种，以水补旱，以秋补夏，以晚秋补大秋，以草补粮”的抗旱思路，筹措抗旱经费40万元，打抗旱井6眼，新增水地240亩，维修南部山区、南海子、高沙窝、苏步井、青山、马儿庄人畜饮水工程6处，更新水泵7台、闸阀50个、水龙头10个、水表21块，维修管线5000米。建蓄水池1座，维修蓄水池4座，维修水泵100台次。拉水205车，缓解了鸦儿沟学校1000多名学生和南部山区部分群众饮水困难；扩建了二道沟人饮工程，新建红井子乡镇供水工程，解决了3476人、97头大家畜、459只羊的饮水困难；新打土圆井34眼，有效缓解了部分乡镇人畜饮水困难的问题。

1994年，盐池县出现历史上罕见的干旱、风沙灾害性气候，农作物无法适时播种，地下水位下降，南部山区部分水窖枯竭。全县一度有13个乡、54个行政村、217个自然村的41632人、11528头大家畜、180000只羊严重缺水。县委、政府积极组织应对，提出“以水补旱，以秋补夏”的抗旱措施，重点抓好井灌区、扬黄灌区水地种植，压夏增收，扩大小杂粮、山芋、油料及中药村种植面积；抽调各部门干部100余名组成7个工作组包乡、包村抗旱；调运良种15.8万公斤、化肥3640标吨，组织农户调运饲草100万公斤，购买饲草料20万公斤；协调农

20世纪90年代盐池县抗旱打井队施工现场

业银行投放农业贷款580万元投入抗旱救灾。县水电局组建抗旱服务队，组织专业技术人员对全县所有供水工程进行检查维修；筹措资金12万元，对19处人饮工程进行维护更新；支持群众抗旱打井，组织群众抢修涝池，共生产混凝土水管667节，挖土圆井96眼、带子井75条；新打机井5眼，更新机井6眼，打塑管井4眼，安装维修水泵376台，制作防渗渠5.3千米，发展水地22.5公顷。全县粮食总产量达到3993万公斤，其中水地产量952万公斤，做到了大旱之年不减收。

1996年春节前夕，盐池县水电部门组织检查高沙窝乡人畜饮水工程通水情况

1995年，从1993年开始，全县连续3年遭受大旱。县水电局抗旱服务队持续抓好水利设施的巩固完善，充分发挥其抗旱效益。新打机井4眼，配套5眼，发展水地4公顷；安装机泵229台，对全县23处人饮工程进行了维修；使受灾区75000人、260000只羊的缺水问题得到初步缓解。发动群众打人饮窖1912眼、生产窖557眼，发展水地43.5公顷，在城郊、柳杨堡、青山3个乡打土圆井248眼，发展水地68公顷。

1997年，全县上半年降雨量仅为52.4毫米，多为无效降水，土壤含水量平均只有4.5%，干土层厚超过20厘米。4至6月出现扬沙天气18次、大风天气5次、沙尘暴2次，且伴随低温、冷冻等自然灾害。全县夏粮减产591.3万公斤，秋粮及经济作物尚有28万亩耕地因为墒情差无法下种，已播种的大秋作物全部受灾，直接经济损失达1504.4万元；农村上万只羊因缺少饲草导致乏困死亡。盐池县委、政府及时应对，制定了“以水治旱、以牧补农”等抗旱措施。充分利用黄河水、地下水、沟泉水扩大水浇地种植面积；各乡镇动员群众采取多种措施，切实解决羊只饲草料不足问题；畜牧兽医人员及时深入村队，为羊只防病治病，最大限度减少羊只死亡；县劳动就业服务局通过各种渠道输出劳务10893人(次)，累计增加收入980万元。

1998年，盐池县确定为“优质抗旱服务活动年”。水电部门组织对全县24处人饮工程进行检查维护，对南海子、南部山区等重点供水工程进行修复。填埋水毁管线17.05千米，动用土方18300立方米，修复泵房、管理房32间，更新闸阀148个，更换水表26块，清淤水源井3眼，新打水源井5眼，保证人畜饮水工程正常供水；配备拨泵设备2台，更新水泵11

台，改造低压电网 4.06 千米，保证灌区当年见效；为群众抽水浇地累计 32 天 40 班次，解决了机井、塘坝设备配套问题，保证 200 户农户种植 66.6 公顷水地的灌溉问题；新增水地 666.7 公顷；打勘探水井 8 眼。发放技水利术资料 2000 余份，举办培训班 4 期，培训人员 800 余人。水电局还选派技术人员在旱情严重的地区蹲点服务，力争提高井灌区种植效益。

1999 年，全县气温持续偏高，干旱、风沙等灾害天气频发。1 至 6 月降雨仅为 62.2 毫米。县水利水保局会同农业局、农建办对全县水利工程运行现状进行了普查，制定发放了《盐池县 1999 年至 2003 年浅层水开发规范》《盐池县 1999 年至 2003 年井窖配套利用开发规划》等政策性文件。组织为严重缺水地区、学校拉水 300 车次 1500 立方米。组织开展流动给水服务，先后为高沙窝乡、青山乡抽水浇地 37 台次，浇地 14 公顷。购置抗旱设备 50 套，按照“有偿使用，保本微利、滚动发展”的原则租赁给群众使用，共租赁各类机泵 34 台(套)，使 800 亩新开发水地及时配套，当年发挥效益。

2000 年，从 1999 年冬天到 2000 年下半年，全县持续干旱达 14 个月之久。1 至 11 月全县累计降雨量仅为 160.6 毫米，同比减少 134.7 毫米；出现扬沙天气 48 次，沙尘暴天气 15 次。7 月经历了持续 23 天高温，0 厘米至 50 厘米土壤含水量不足 5%，全县农牧业生产严重受挫，粮食减产 43.6%，油料减产 41%，经济作物减产 81.2%。有 9 万人缺粮，1.6 万头大家畜、32 万只羊缺饲料，5 万人、0.5 万头大家畜、24 万只羊缺水。全县 300 余眼浅井、800 眼水窖干枯。南部山区个别村庄用水要到三四十公里以外的地方拉水，水价高达 30 元 / 立方米至 40 元 / 立方米。针对历史以来罕见的旱情，县水利水保部门制定了详细的抗旱计划。筹措资金 175.2 万元，保证抗旱经费和物资供应。为群众流动抽水浇地 30 公顷，提供水泵设备 150 套，租赁 98 台(套)，更换水泵 30 台(套)，保证大旱之年按季节适时种植，以水补旱；在全县 13 个乡镇推广旱地龙 3 吨，保水剂 13 桶；对 32 处人饮工程进行全面检查，更换机井 1 眼，更换输水管道 38 千米，更换机泵 6 台(套)，初步解决了严重缺水的麻黄山、后洼两乡人畜饮水困难。发动群众兴修水利工程，清淤塘坝 13 座，铺设输水管线 2.3 千米，修复水毁工程 68 处，启动机电井 578 眼，开动各类浅井、塘坝配套设备 2300 余台(套)，保障农田水利工程最大限度发挥效益。为严重缺水的 12 所农村学校送水 160 立方米，新打机井 4 眼，发展水地 20 公顷，安装风力抽水机 6 台，开展了小面积提水浇灌种植实验观测。

2001 年，继 2000 年持续干旱 18 个月之久，18 个月累计降雨 299 毫米，同比减少 212.3 毫米，其间，出现扬沙天年 119 次，沙尘暴天气 12 次。加之气温偏高，蒸发量大，致使全县大面积农田无法播种，苗木死亡严重，人口缺粮，牲畜缺草料，人畜饮水极度困难。县政府及时下拨救灾款，对 1400 余户、3500 余名无劳动能力、无生活来源的特困群众实行最低生活救助；对部分严重缺粮户采取粮款结合、以粮为主的救助办法；对一般缺粮户采取鼓励邻里、亲朋互助，国家适当补助的办法妥善安置。县委、政府派出 15 个工作组下乡包村抗旱救灾，通过重点抓好水地种植、农业基础设施建设、劳务输出等办法措施，实现以水补旱、以秋补夏、以副补农、以养补种，力争达到农业总产值不减少、农民收入不减少的目标。水务部门投入资金5万元应急解决了麻黄山乡、萌城乡等缺水严重乡镇机关、学校和农户的吃水困难。投入资金5万元对李庄子等8处水保工程进行了修复；对带病运行的供水工程进行了维修，更换输水管线12千米，更新机泵4台，新打水源井2眼；完成骆驼井水源地电网和机泵配套任务，架设高压线14千米，配套水泵6台；在井灌区推广旱地龙5吨，保水剂200公斤。举办技术培训班22场次，培训人员1500余人，发放资料9000余份；水地实播面积1000公顷。对井灌区实施流动给水服务，提供提水设备700套，适时抽水浇地1000公顷。

2004年，全县240天未见有效降雨，井窖断水，人畜饮水困难，农牧业生产严重受挫。县水务局成立抗旱工作组，争取资金86万元，自筹资金26万元，确保全县95%的井窖灌区水浇地全部种植；对南部山区供水工程进行维护，新建泵站1座，铺设管道4000米，新增供水点20处，维修机井3眼、蓄水池2座，更新机泵站5处，保证缺水地区4.8万人、11万只羊的饮水问题；对东塘、南梁2个村民小组的20眼机井、塘坝进行配套；清理扬黄灌区渠道压沙，确保9266.7公顷扬黄水地大旱之年全部种植；在花马池镇改良水地53.3公顷，以水补旱。

2005年，盐池县自上年10月份以来，连续16个月累计降水仅为270毫米，其中生活用水主要靠窖水的南部山区降水量只有168毫米，且多数为无效降雨，相当一部分村庄的水窖连续3年没有蓄上水。截至2005年2月底，全县有2.3万眼水窖干枯，致使4个乡镇22个村124个自然村的2.1万人、12万只羊畜饮水告急。靠石油供水管线取用生活水的一部分村庄，由于石油供水管线停用，造成18个村83个自然村的1.8万人、12万只羊畜断水。部分村庄拉水往返距离达五六十公里，每方水成本高达30元至60元。盐池县政府及时启动抗旱应急预案，利用南部山区供水工程管网增设临时供水点；组织开挖临时水源，扩大供水水源；动员群众相互调剂余缺；帮助部分特困群众解决拉水费用；对一般缺水户采取发放水票和补助消费相结合的办法，发动群众自行拉水自救；对重点缺水村、缺水户组织拉水车送水上门。

2006年，全县气温持续偏高，降水量减少，大风扬尘天气频繁，全县2.39万眼水窖干涸，大部分水井水位下降。夏粮作物几乎绝产，秋粮作物减少种植13333.3公顷。县水务局争取抗旱资金139.5万元，组织对南部山区供水工程进行了维修，改造供水管线1.8千米，安装变压器1台，配备低压输电线路1.1千米，保证了麻黄山乡、大水坑镇群众的饮水安全。水利、民政部门投入86万元抗旱补水资金，组织拉水补窖7万立方米；给群众补助水票、燃油票，增设供水点，应急解决群众的饮水困难。

2007年，全县部分乡镇出现旱情，南部山区人畜饮水困难。县水务局筹措资金75万元改造水源井1眼，维修泵房1处，更换变压器1台，维修管道8000米。为麻黄山乡等缺水地区送水4018立方米；发放水票、燃油票为群众补水12万立方米，6000多贫困人口的饮水问题得到解决。发放旱地龙6吨，水泵10套，混凝土管145个。

2008年，全县持续大旱，截至6月累计降水量仅为26.02毫米，较上年同期减少76.9毫米。全县20%的深机井出现“吊泵”现象，30%的浅机井彻底干涸，16个行政村34个自然村近1.1万人、2000万头大家畜、40万只羊饮水困难，3.7万眼水窖中有0.85万眼干涸；已播种的24.4万亩旱地作物不同程度受灾，尚未播种的63.9万亩农田难以下种。盐池县委、政府紧急召开抗旱救灾动员大会，制定抗旱减灾措施：农资部门积极做好秋季作物种植农资储备工作，一旦出现有效降雨立即组织抢墒播种；农口部门组织科技人员采取对应措施，确保灌区特色优势产业渡过旱期；筹措60万元资金，对灾情最严重地区发放抗旱救灾粮款；组织400多名机关干部下乡包村，组织农民抗旱救灾。水务局积极争取两批特大抗旱资金200万元，维修改造了冯家沟东部供水工程、南部山区供水工程、南海子供水工程等5处农村人畜饮水工程；为窖水区学校、医院、贫困户送水、补水30万立方米，缓解了窖水区5万人、30万只羊畜的饮水困难。

2009年，全县出现持续旱情，造成旱作区土壤失墒严重，农作物大面积干枯，造成全县4.3万人、0.3万头大家畜、67万只羊饮水困难。县水务局先后争取三批特大抗旱经费706万元，维修人畜饮水工程4处，清淤沟道45座，清淤各类井窖、塘坝244眼(座)；给各乡镇发放流动机泵14台套、抗旱补水器205台；联系驻宁部队为缺水群众送水2万余立方米，确保大旱之年群众生活用水有保障。新打30立方米以上蓄水池240座，打机井26眼，建集雨场416处。水利、农技部门积极组织在旱作区进行秋季覆膜种植推广，抗旱效果明显。通过对比，没有覆膜的耕地干土层达到13厘米，而覆膜的耕地干土层只有5厘米；大部分没有覆膜的耕地绝产，而经过覆膜的耕种玉米亩产可以达到100公斤。

2010年，全县干旱少雨，全年降水量244.2毫米，年内造成农作物受旱面积933.3公顷，缺水人口6500人，牧畜130万头。为有效缓解旱情，县水务局筹措资金108万元，投入抗旱34万人次，新打机井56眼、水窖1920眼，建集雨场640处，配套水泵8台套，组织机动运水车辆560辆。

2011年，1至6月份，全县累计降水量仅为55.8毫米，全部为无效降雨，农作物受旱面积1.06万公顷。全县1.25万人、0.14万头大牲畜、42万只羊缺水。机井出水不足265眼。为有效解决旱情，县水务局投入抗旱机泵246台，拉水车辆296辆，新打抗旱机井7眼，为群众拉水0.65万立方米。

2014年，全县旱情较为严重。水务局投入资金137万元，完成花马池镇佟家圈、青山乡青山村抗旱水源工程。对县内32个扬黄灌区蓄水池蓄水700立方米。新增潜水泵10台，拉水桶90个，解决了部分群众的饮水困难问题。

六、抗旱水源工程建设

杜窑沟水库工程 位于盐池县冯记沟乡雨强村，主要承担防洪抗旱、蓄水保灌作用。设计库容332万立方米。该工程建设方案由自治区水利厅批准实施，2014年3月中旬开工建设，被盐池县委、政府确定为2014年重点工程之一，2015年竣工。总投资5674万元，其中中央投资5390万元，建成库容320万立方米。为全区第一个防汛抗旱应急水源工程。2015年底蓄水100万立方米。该工程项目的建成提高了盐池县扬黄灌区灌水保证率，有效缓解了供、用水矛盾，其生态、经济和社会效益逐年显现。

大水坑镇、麻黄山乡、高沙窝镇、青山乡四个抗旱应急水源工程 盐池县大水坑镇、高沙窝镇、青山乡、麻黄山乡抗旱应急水源工程于2015年4月18日开工建设，2015年11月27日全面竣工。完成1500立方米蓄水池1座，3000立方米蓄水池3座、1000立方米蓄水池2座、200立方米蓄水池1座。新建各类闸阀井21座，配套自动化设备7台套等。总投资1093.46万元，其中中央投资1025万元。

花马池镇抗旱应急水源工程 2015年建成，总投资1393.4万元，其中中央投资1197万元，建20万立方米蓄水池1座、300立方米清水池1座。

七、抗旱预案

中华人民共和国成立以来，盐池县委、政府号召全县人民树立“抗大旱、长期抗旱”的思想意识，每年制定抗旱计划，根据旱灾情况，适时制定抗旱救灾方案。依据多年的旱情特点和抗旱经验，2014年制定了《盐池县抗旱应急预案》，深入分析了盐池县自然地理条件、经济社会发展情况、旱灾的特点，分别从抗旱救灾组织建设、建立预测和预警机制、后期处置、保障措施等方面进行详细规划。

第二节 防 汛

盐池县防汛工作坚持“安全第一，常备不懈，以防为主，全力抢救”和“特险特防，大险大防，小险小防，无险预防”的方针。全面落实责任制，建立健全防汛组织，形成一级抓一级的责任体系。

一、汛情及洪灾纪实

盐池县降水量一般集中在7至9月，有时短时间内集中降水量达50毫米以上，迅速形成山洪，堤坝冲毁，淹没庄家及建筑物，造成水土流失，给人民群众生命财产安全带来严重损失。

表 5-2-1 盐池县部分年份山洪灾害损失表

受灾年份	受灾面积(平方公里)	受灾耕地(亩)	受灾人口(人)	死亡人数(人)	受灾损失(万元)		
					农村	城镇	合计
1956	563	61000	7800		97		97
1959	1200	82130	9135		131		131
1964	520	42100	2010		13		13
1967	623	53102	4213		71.2		71.2
1968	586	78101	6180		93		93
1979	383	38121	18131		70		70
1984	298	11000	12131		134.2		134.2
1993	356	49011	3181		36		36
1994	3760	120100	13100	13		2913	2913
1998	5560	151120	9021		402		402
1999	1620	73180	8154	3		600	600

二、防汛组织机构

(一)组织机构

1956 年 7 月 11 日,盐池县人民委员会成立防洪办公室,牛万宾副县长任办公室主任,民政科长王志良、农业科长闫成玉、水利科副科长杨治勇、水土保持科杨万为委员,后更名为防汛指挥部。各区、乡、社指定专人负责,不设机构。

1960 年,各公社成立了消雹组织,各生产队都确定了消雹点,利用土火箭进行防雹。1984 年,盐池县人民政府调整了防汛指挥部成员,庞富贵任指挥,赵元兰任副指挥、兼任办公室主任,苏明昌任办公室副主任。

1988 年,盐池县调整防汛指挥部成员,单新强任指挥,张官民、石岗任副指挥;成员为段鹏华、李学孝、张顺琪。指挥部下办公室于水电科,负责日常工作。此后,县政府适时调整防汛指挥部成员。姬学红、齐光泽、马吉、石瑞林、韩向春、王学增先后担任防汛指挥部指挥。2010 年以后,为进一步落实防汛救灾责任,开始由县政府主要负责人担任防汛救灾指挥部总指挥;2016 年由时任盐池县县长滑志敏担任总指挥。

(二)抢险队伍

1956 年,盐池县各区、乡、社成立了以基干民兵为基础的防汛抢险队伍,共成立抢险队 50 余支。县抢险队由人武部、公安局、水务局、建设局部门抽调人员组成,抢险队员有 120 人至 150 人,适时进行调整。2010 年,为深入贯彻落实《突发事件应对法》(国办发[2009]59 号)《自治区人民政府办公厅关于加强基层应急队伍建设的意见》(宁政办发[2010]56 号)文件精神，盐池县按照防汛抗旱工作的需要，组建了由县人武部、公安局、水务局、建设局及8个乡镇的水利技术人员、民兵、预备役人员、农技人员、村民和相关人员985人的防汛抗旱抢险队伍。

三、抗洪救灾

1956年，盐池县人民委员会作出防汛指示，根据指示精神，各区、乡对已建成的水利工程进行全面抢修，对不合标准的工程进行修补加固，对可能发生洪灾的地方做好各项准备工作；对广大群众进行宣传教育，充分认识洪灾的危害性，依靠群众力量进行防洪抢险。

1960年，盐池县人民委员会作出防汛消雹指示，根据指示精神，集中力量抓水库的防汛，对水库存水偏多，腾出库容，在保证灌溉防旱的前提下将多余水量全部泻除，并及时加固堤坝，防止冲毁。没有竣工的水库，在坝前进行泄洪截流。对防汛队伍进行培训和防洪抢险演练，同时准备好防洪物资。气象部门加强防汛预防和相关部门沟通联系，密切协作。

1984年6月30日17时30分至19时30分，李家大湾水库发生暴雨山洪，在5至6个小时内水库蓄洪水达200万立方米，水库的泄洪道开始泄洪。县委书记王振宇指示县委副书记赵国英带领水电科长赵元兰等人到李家大湾水库进行防汛抢险，制订了渡汛预案，水库人员昼夜值班，加强巡护，水库安全渡汛。

1990年，盐池县水电部门认真贯彻“安全第一，预防为主，防患杜绝，有备无患”的防汛方针，落实防汛问责制，实行分工负责，制定了应急措施方案，加强了防汛值班。组织技术人员对水利水保工程逐一进行检查、加固和维修，排除障碍。重点针对李家大湾水库进行防洪部署，召开专门会议，成立水库应急抢险小组，购置草袋1万条，将主坝加高3层50厘米；备用草袋3000条、草1万公斤、汽油1吨、柴油5吨、应急用车1辆，落实应急抢险分队150人，投资2万元架设通讯线路17公里。7月10日，王乐井、惠安堡乡部分地区遭受暴雨及冰雹袭击，灾害发生后，县委、政府及时部署救灾工作，解决荞麦种子3万公斤，柴油13吨，救灾款1.5万元，粮食2.5万公斤；水电局组织技术人员对水毁的水井和堤坝进行了修复。

1991年，盐池县水电部门认真贯彻全国防汛工作会议精神，落实“安全第一，常备不懈，以防为主，全力抢险”的方针，实行县长、局长、乡（镇）长三级负责制，做到组织、机构、人员三落实，汛期昼夜值班，局领导轮流值班。讯前清理引洪障，整修加固防洪工程。把李家大湾水库确定为防汛重点，筹备防汛物资，储备草袋1700条、柴草1万公斤、汽油1吨、柴油5吨，抽调120人组成防汛抢险应急队伍。6月17日，惠安堡和萌城地区出现一次暴雨过程，2小时内降水量达51.8毫米，李家大湾水库3小时内来洪300万立方米，在三孔泄洪闸坡与打坝结合处冲开一个缺口。水电部门现场抢险队员经过及时抢修，缺口没有继续扩展。吴忠市水电局和秦汉渠管理处支援草袋1700条，经过一夜加固抢修，避免了一场严重毁坝事故。

1992年8月8日下午4时，惠安堡和青山地区突降暴雨，造成山洪暴发。李家大湾水库溢洪量达90立方米/秒,刘石咀过沟交通工程被冲毁。在区、地防汛指挥部专家的指导下,县水电局组织人力及时抢修,防止了一场毁坝事故。同一时期,青山乡雷家沟流域暴发特大山洪,赵家场、郝家台、北马坊四道塘坝被冲毁,造成400多农亩田无法灌溉,经济损失10多万元,水电部门及时组织人员对水毁工程进行了抢修。

1994年8月5日凌晨,盐池县遭受百年不遇的特大洪涝灾害。灾害发生后,县委、政府及时应对,组织各单位部门和社会各界全力以赴投入抢险救灾之中。水电部门成立了通讯联络、水情监测、泄洪排水、抢险救灾5个工作组,参加人员658人;出动抢险救灾车辆50台,转运灾民及财物254车次;组织抽水机泵14台套,抽水44台次;动用库存商品物资4万元,动员职工捐款1.2万元,用于救灾应急;拓宽泄洪道20米,挖排水沟800米;抽调技术人员分赴各乡镇检查核实灾情;维修水毁机井43眼,修复防渗渠道11.5千米,修复洪水工程5处,管线20千米,修复农电线路6千米,修复变压器12台,修复小高抽、塘坝37座,土圆井80眼。灾情发生后,自治区政府副主席周生贤带领有关部门、金融单位及时赶赴盐池县城视察灾情,落实救灾资金、物资问题:自治区政府从预备基金拿出100万元,其中70万元用于灾民建房,30万元用于县城二小建设;自治区民政厅、水利厅各拨付救灾款30万元;自治区粮食厅拨付100万公斤回销粮,以一市斤0.35元的低价销给农民;自治区农行提供300万元农村贷款。

1994年盐池县城"8.5"洪灾现场(县城北门电机厂门前)

1999年7月13日,盐池县城局部降大暴雨,刘八庄、五堡、二堡、北园子及北关居民、机关、学校被淹,直接经济损失超过3200万元。县委、政府及时组织各单位和社会各界全力以赴投入抢险救灾之中。水电部门组织抗洪抢险队,出动车辆50车次,人力160人次,投入机泵60台次,用沙袋6000条,转移灾民200余人,排水保护受灾群众60多户,打坝2座,挽回经济损失1390万元。

2000年以后,由于防讯工程设施进一完善,盐池县没有遭受大的洪涝灾害。但水利部门始终高度警惕,严格落实"以防为主"的方针。根据《防洪法》,认真落实行政首长负责制,层层签订目标责任书,使防汛工作责任到人。严格组织汛前检查,对工程隐患及时妥善处理。落实重点工程防范措施,以水库、骨干沟工程为重点,突出抓好两个工程、六片灌区、四个泵站、一段干渠、三十六处水保工程的防汛工作,做到人员、物资、措施到位。2014年组织进行了防洪演练。截至2016年，储备防汛编织袋5.1万条，石沙、石料2500立方米，纤丝2.5万吨，抽水机泵80台套，发电机组4台，救灾帐篷40顶，铁锹、雨衣、防汛灯3000余件（把），落实大型机械75台，各类防汛车30辆，做到随要、随到、随用，为应急抢险奠定了良好的物质基础。

四、抗洪抢险预案

2014年以前，为安全度汛，做到有备无患，盐池县防汛指挥部每年根据实际情况制定防汛抗旱方案，并不断进行补充、完善和修订。2014年，依据多年防汛抗旱方案和防汛经验，制定了《盐池县山洪灾害防御预案》。

第六章　节水农业

第六章　节水农业

盐池县水资源总量为1.169亿立方米。自治区分配盐池县的扬黄初始水指标为6100万立方米。2014年，盐池县总用水量6554.23万立方米，地下水1836万立方米；其中农业灌溉用水量为5522.21万立方米，城镇生活用水424.78万立方米，农村人畜饮水223.47万立方米，工业用水33.77万立方米，生态用水量为350万立方米。农业耗水量496.99万立方米，灌溉水利用系数为0.90。2015年，盐池县总的可利用水资源为7300万立方米，其中可利用扬黄水资源总量为5100万立方米，可开采地表水资源总量为200万立方米，可开采地下水资源总量为2000万立方米。盐池县是宁夏人均水资源最少的县，节约用水至关重要。节水农业随着农田水利建设应运而生，节水技术随着农田水利的发展而不断提高。盐池县节水农业实现了从零散、单一分散、小规模、传统方式发展到规模化、集中统一、现代智能化的突破。构建了高效节水农业的"五化"体系：即措施多样化、技术高新化、建设标准化、工程精品化、管理智能化。推动了农业转型发展的四项变革：即农业灌溉方式变革、农业生产方式变革、农业经营方式变革、农业管理方式变革。促进了经济效益、社会效益、生态效益同步增长。纵观盐池县节水农业的发展历史，大致经历了三个阶段，即节水农业探索实验阶段、常规节水灌溉技术成熟阶段和高效节水项目实施阶段。截至2017年年底，盐池县农业灌溉总面积52万亩，节水灌溉面积46.8万亩，高效节水面积达到90%以上。其中低压管灌和滴灌面积31.38万亩、喷灌面积8.36万亩，其他节水面积7.06万亩。通过节水农业的进一步发展，农民人均纯收入达到5521元。

第一节　节水农业的探索试验
（1958—1995年）

1958年，盐池县出台《盐池县灌溉管理办法》，制定了节约用水规定：小畦灌溉，注重渠道防渗，水地种植耐旱作物等。1970年以前，盐池县各农村小面积灌区地都采取草皮和胶泥砌护渠道。随着经济社会水利技术的发展，开始运用砖和“U”型混凝土板砌护渠道。防渗渠道和土渠相比具有节能、省地、省工等功效，输水效率提高25%至40%。防渗渠道在20世纪80年代有了很大发展，所有农田建设全部以“U”型混凝土板砌护。截至2016年年底，全县防渗渠道260余千米，节灌面积3733公顷（不含扬黄灌区）。

盐池县水电部门在上级业务部门的指导下，多次进行节水技术实验。1974年，盐池县在城郊乡四墩子大队利用两眼机井对3公顷水地进行喷灌实验。糜子亩产115公斤，比一般渠道灌溉增产20%至30%。是年冬季，盐池县决定建立“万亩喷灌区”，计划面积13600亩。1975年实际建成1万亩，包括城郊乡及王乐井乡的长城、田记掌、沟沿、四墩子、李记沟、石山子等6个大队、27个生产队。因成本高、效益低、水量不足、技术落后等原因，没有成功，导致人力、财力上造成一定的浪费。但盐池县发展节水农业的决心和信心始终没有改变。

1978年，盐池县在城郊公社八堡生产队利用一眼机井4公顷水地进行喷灌实验，建蓄水池324立方米一座，以开展畦灌和喷灌比较实验为主，并成立了以丁生兰、赵继泽为正副组长的实验小组。实验水地亩产小麦200公斤，比一般渠道灌溉增产50公斤，节水30%。

1990年前后，盐池县农业部门在南部山区推广“山地水平开沟种植”和“平地起垄种植”旱地栽植技术（简称“两法”种植），取得了显著效果。萌城乡赵窝棚村位于盐池县南部山区，这里风大沙多，十年九旱。每到春播时节，村民扛着犁满山转，看到哪块地墒情好就在那块地下犁播种，广种薄收，一般亩产只有四五十公斤，遇天年大旱，连种子都收不回来。本村青年赵俊喜中学毕业回村后，认真钻研农业科学技术，甘当一名新时代农民。县农业部门在萌城乡举办“两法”种植培训班时，赵俊喜积极参加学习，之后开始在自家承包地里大胆实验。经过几年摸索实践，农作物产量不断提高，小麦和谷子亩产比传统种植方法高出1至3倍。赵俊喜将“两法”种植经验归纳总结为：“开沟起垄，沟内播种，集中施肥，以肥调水，抗旱保苗，堆土保肥”。1990年，赵窝棚村人均产小麦750公斤。1991年6月7日，自治区农业厅组织在赵窝棚村召开了“两法”种植现场会，向全区推广。

1991年，盐池县水电部门投资20万元，在城西实施低压管灌节水项目，对29眼机井进行改造，铺设管道16千米，节水灌溉面积133.3公顷，项目的实施为后来节水灌溉探索了新路子。1992年，水利部门在城郊、青山、柳杨堡3个乡示范推广节水灌溉766.7公顷，试验种植比传统种植省工50%、省地8%、节水40%、增产20%，每亩提高效益45元。1993年，水电部门提出了《盐池县1993年低压灌溉工程规划设计报告》，就工程任务、基本资料调整、灌溉用水量及供需平衡进行了详细的规划设计。是年，盐池县进行抗旱节水灌溉坐水种试点，确定中北部机井灌区、浅井灌区边缘和部分塘坝水库周围选定6个实验示范点，集中发展坐水种3000亩，在6个试点区各建田头蓄水池12个，配套机具12台（套），投资26.4万元。机井灌区建设地点为青山、城郊、柳杨堡3个乡，发展坐水种面积100公顷，浅井灌区建设地点为青山、苏步井、鸦儿沟3个乡,发展坐水种面积100公顷。1994年,水利部门拟定了《盐池县贷款建设低压管灌工程可行性报告》,对全县节水农业发展进行了规划,为节水农业发展奠定了基础。

第二节 节水技术的成熟与运用

（1996—2008年）

1996年,水利部、财政部等四部委联合出台了《关于"九五"期间在全国建立300个节水增产重点县和建设节水井灌区的通知》,盐池县被列为全国节水增产试点县之一。自治区水利厅批准了《盐池县节水增产重点县节水发展规划》,同意"九五"期间盐池县发展节水灌溉面积10万亩,总投资2700万元。规定了灌溉水利用系数:扬黄灌区达0.65以上,井灌区达0.85以上;渠道水利用系数:扬黄灌区0.75以上,井灌区0.9以上。工程标准达到:扬黄灌区砌护支斗渠,砌护率达70%以上,井灌区达100%,管道输水每亩占有管道不低于6米,旱作区每块小畦面积控制在0.02公顷以内。盐池县根据当地社会经济条件和水资源及农田灌溉现状,选择适宜全县推行的节灌技术:机井塘坝以管灌为主,辅以喷灌、滴管;扬黄灌区采取农渠砌护防渗和小畦灌溉;南部山区采取点、穴灌溉。截至2000年年底,全县共完成各类节水灌溉面积11.58万亩。其中低压管灌2.37万亩,主要分布在城郊、青山、柳杨堡机井灌区;喷灌0.56万亩,主要分布在城郊、柳杨堡机井灌区;微灌1.43万亩(井灌区微喷、滴灌0.02万亩,窖灌区1.14万亩),窖水微灌主要分布在麻黄山、后洼、萌城、王乐井、红井子等乡;扬黄砼农渠加小畦田灌溉面积7.22万亩,主要在惠安堡、马儿庄灌区。

截至2000年年底,全县累计打机井601眼、各类浅井1936眼、带子井485条,修塘坝、小高抽37处,发展提蓄灌溉面积5.4万亩,开发扬黄灌区22片、7.8万亩,累计发展水浇地13.2万亩。这些水利工程设施极大改善了当地农牧业生产条件,在促进农村经济发展,加快群众脱贫致富步伐方面发挥了巨大作用。但是随着产业结构调整和经济社会快速发展,各方面用水量不断增加,农田灌溉用水日趋紧缺。一方面,农业灌溉用水资源严重不足,另一方面灌溉方式还非常落后,大水漫灌现象普遍存在,水资源利用率较低。因此,全面推广节水灌溉技术,改善生产灌溉条件,提高灌溉效益和灌区综合生产能力,显得十分迫切和必要。

一、示范点试验

五堡渗灌实验 1996年,盐池县在城郊乡长城村五堡自然村进行渗灌试验。项目由自治区计划办主持,盐池县计划委员会和城郊乡政府负责协调,水电局和农业局组织实施。试验区种植农作物3.3公顷,其中地膜玉米0.8公顷、裸地玉米1.7公顷、油葵0.8公顷,各种作物分别设 0.03 公顷的对照试验点。渗灌区与常规区相比，土地利用率提高了 5%，节水 67%、节电 67%、省工 57%、亩均增产 8.5%。

谢儿渠小流域窖灌综合治理实验 该项目由自治区水利厅水科所和盐池县水电局共同主持实施，项目实施为 4 年。1996 年投资 4.2 万元，修建梯田 10 公顷，修坝 21 条，种草 6.3 公顷，造林 24.3 公顷，打窖 64 眼，种植地膜玉米 0.8 公顷，亩产 411 公斤，最高产 600 公斤，建温棚 2 座，年收入 1000 元。

扬黄灌区小畦灌溉试验 1996 年，盐池县把贾记圈灌区作为全县扬黄灌区的样板，按照“地平如镜、埂直如线”的要求搞好平田整地和渠道整修，推广农渠砌护 + 田间小畦化灌溉。全年完成 17 条农渠的衬砌和 70%的小畦化平整，实现当年种植增加效益 7 万元。

二 、节水灌溉技术的运用及成效

低压管灌 低压管灌具有节地、节水、节点、方便管理等优点，提高了水的利用率，水的有效利用系数达到 0.95 至 0.97，比一般土渠输水节水 30%。通过提高水的利用率减少了能耗，一般可节能 20%至 25%。管道输水速度快，可以缩短轮灌期，且使用寿命长，无需经常维修养护，节省劳力。1979 年，低压管灌技术被列入水利部科技重点项目，1986 年又被列为国家“七五”重点科技攻关计划。盐池县低压管灌技术从 1997 年正式开始运用。1997 年在四墩子和下王庄实施低压管灌 267 公顷，安装低压管道 32 千米，投资 17.5 万元，当年收入 30 万元；全村 4000 多亩水浇地粮食产量由 320 公斤提高到 360 公斤。柳杨堡乡上土沟村张汉斌家的一眼机井原来灌溉面积不到 80 亩，1998 年发展低压管灌后，灌溉面积番了一番，达到 160 亩，新增水浇地全部种植麻黄，年收入达到 7 万元。在这些典型村、典型户的带动下，为全面推广低压管灌节水技术起到了良好的示范作用。1998 年至 2000 年，盐池县共发展低压管灌 23700 亩。2001 年在县城西二环、三道井扬黄灌区、城南林场发展低压管灌 2820 亩。2003 年完成亚木沟、史庄子、四墩子、铁柱泉、武记疙瘩、西井滩、双堆子、无量殿、柳树梁、北马坊、东门队低压管灌 3585 亩。2004 年完成北马坊和东门队低压管灌 1306 亩。2005 年发展低压管灌面积 4729.5 亩，其中北马坊农业综合治理项目 3200 亩，雨水集蓄利用项目低压管灌 910 亩，灌木园低压管灌 500 亩，花马池东塘村低压管灌 120 亩。2006 年发展低压管灌 3727 亩，其中花马池镇土沟村 430 亩，青山乡赵记塘村 120

1994 年盐池县开始在城郊乡五堡队进行低压管灌种植试验

1998 年 9 月，盐池引进美国辛普劳公司大型喷灌设备建设土豆种植基地

亩，猫头梁村 150 亩，高沙窝兴武营村 280 亩，灌木园 860 亩，农业综合开发项目 887 亩。2008 年对高沙窝大疙瘩、范记圈机井灌区进行改造扩建，新打机井 6 眼，发展低压管灌 1055 亩。

扬黄小畦灌溉　扬黄小畦灌溉是对扬黄灌区实施 0.3 亩以下小畦田节灌改造，灌水定额由原来每畦每年 400 立方米降至 280 立方米，节水 25%，粮食单产由 300 公斤提高到 340 公斤，增产 15%。自 1996 年开始对扬黄灌区逐年进行小畦田改造，截至 2008 年共改造小畦田 20 万亩。贾记圈灌区采取 3 分以下小畔田灌溉方法，避免了因灌溉不均匀而造成的土壤盐渍化问题，每亩地降低生产成本 15 元，增收 65 元。

喷灌　是一种高标准节水工程，具有节水、节点、省工、增产的优点，土壤渗透性强，不受地形限制。与畦灌相比，每亩节水 50%至 70%，省工 1 至 5 个，省点 8 度至 13 度，省地 11%至 37%，增产 10%至 30%。盐池县喷灌建设始于 1974 年，1996 年被列入节水增产试点县后，发展速度明显加快。截至 2008 年，盐池县共发展喷灌 10500 亩。

设施农业　设施农业是采用人工技术手段改变自然光温条件，创造优化动植物生长的环境因子，使之能够全天候生长的设施工程。盐池县设施农业从塑料大棚和拱棚开始，逐渐发展为日光温室和连栋温室，其优点是使用寿命长、稳定性好，具有防雨、抗风等功能，自动化程度高，具有采光性和保温性能好、取材方便、造价适中、节能效果明显、适合小型机械作业的特点。缺点是一次性投资大，对技术和管理水平要求高。1998 年，盐池县在城郊乡北园子村建设温棚滴管95亩。2003年实施高沙窝温棚节水项目88座77亩,周庄子节水温棚36座93亩。2007年建设城西滩设施农业水源工程:砌护渠道0.65千米,建成20万立方米蓄水池1座,铺设管道42.65千米,安装4.5千瓦泵机2套,发展温棚1380座2100亩。实施大水坑高效节水补灌项目:铺设管道21千米,建3万立方水池1座,300立方米高位蓄水池1座,泵站68平方米,发展节水补灌面积4万亩。2008年在麻黄山乡杨沙沟村集中连片建设大型集雨场30处5640平方米,配套水窖30眼,建设大拱棚30座。2008年,盐池县开始大规模发展设施农业,并制定出台了一系列促进设施农业发展的优惠政策措施:政府给建温棚的农户每延长米/100元的资金补助,建一个大棚提供0.9万元至1.5万元的银行贷款;邀请自治区农科院、科技厅专家长驻盐池县,进行现场技术指导;抽调50名技术人员设立设施农业服务站;组织农业部门干部分赴全国各地以年薪3万元至6万元引进技术人员和"土专家"近百名。当年,盐池县当年发展设施农业1.2万亩,实现产值3500万元。来自宁夏中卫的投资商姬国军,2007年秋季在花马池镇城西滩租地400多亩,投资200多万元建了115座日光温棚,政府不但为其提供了16名技术人员,还补贴资金70多万。花马池镇城西滩村民孙海在技术人员郭建华的帮助下,2007年租了一个大棚种西红柿和油菜,年纯收入1.3万元。

2013年5月,冯记沟雨强村小拱棚种植

第三节　高效节水灌溉项目实施

（2009—2017 年）

从 2009 年开始，盐池县节水农业进入快速发展时期，项目多，投资大，节灌技术得到广泛运用，有效促进了农业增产和农民增收。

一、高效节水项目实施情况

（一）中央财政小农水项目

完成节水灌溉面积 10192 公顷，其中滴灌 9613 公顷、喷灌 579 公顷。总投资 22458.93 万元，其中中央财政资金 11671 万元、自治区财政资金 8185 万元、县级财政资金 272 万元、自筹资金 2330.93 万元。

1.2011 年中央财政小型农田水利重点县（第三批）建设补助项目盐池县花马池镇牧区灌溉饲草地高效节水灌溉工程。完成滴灌面积 1340.7 公顷，投资 1855.59 万元。铺设 PVC 管道 142.54 千米，地面农管 118.4 千米、滴灌带 9763.9 千米，配套闸阀井 523 座、排水井 194 座、给水栓 1737 个，新建机井管理房 194 座 2328 平方米，新建井灌区管理房 1 座 160 平方米，配套潜水泵 102 台，网式过滤器 194 套，整修田间生产路 10 千米。

2.2012 年中央财政小型农田水利重点县（第三批）建设盐池县青山饲草料基地高效节水灌溉工程。建设地点为青山乡郝记台、方山、青山、古峰庄、猫头梁、营盘台 6 个村。完成滴灌面积 1337.9 公顷，投资 2506.83 万元。在机井灌区，新建机井管理房 102 座 1940 平方米，塘坝管理房 12 座 216 平方米，更新机井 4 眼，更换潜水泵 101 台，新配潜水泵 12 台，配套过滤器 113 台，埋设 PVC106.08 千米，铺设 Φ63PE 管 145.85 千米，Φ16 滴灌带 11795.58 千米。在杨黄水灌区，新建 2 万立方米蓄水沉砂池 1 座，6000 立方米蓄水沉砂池 1 座，取水竖井 3 座，配套潜水泵、过滤器、施肥装置 3 台套，安装 100 千伏安变压器 1 台套，50 千伏安变压器 1 台，架设高压输电线路 2.0 千米，铺设 Φ250PVC 管 1.2 千米、Φ140PVC 管 0.45 千米、Φ16 滴灌带 1764 千米。

3.2012 年中央财政追加小型农田水利设施建设补助专项资金项目盐池县三墩子高效节水灌溉工程。建设地点为冯记沟乡冯记沟村。完成滴灌 266.7 公顷，喷灌 205.7 公顷、项目投资 126.7 万元。新建 10 万立方米沉沙蓄水池 1 座、加压泵站 2 座，安装首部枢纽过滤器系统 9 套，安装离心泵 5 台套，安装变压器 2 台，架设输电线路 2.5 千米，铺设地埋 PVC 管道 177.91 千米、地面 PE 管 90.757 千米、滴灌带 3950.275 千米、滴灌管 637.997 千米，新建闸阀井 351 座，新建泵房及管理房 565 平方米，自动控制系统 1 套。

4.盐池县平阳沟小型农田水利节水灌溉工程建设地点为王乐井乡郑记堡子村，完成滴灌220公顷，投资415万元。建15000立方米蓄水池1座，管理房2间，各类阀井77座，排水井70座，铺设Φ400毫米玻璃钢管0.1千米、输水干管7.506千米、Φ110毫米PVC输水支管23.56千米、Φ75毫米输水立管0.544千米、Φ75毫米PE管25.6千米、Φ16毫米内镶式滴灌带2275.56千米，安装Φ75毫米调压阀10个，过滤器2台，地面保护井320座，架设低压输电线路0.5千米，安装50千伏安变压器1台。

5.盐池县海子塘、姜记坑片区综合开发项目。建设地点为青山乡海子塘村，项目完成滴灌66.7公顷，投资197万元。建设泵站2座，1000立方米蓄水池1座，铺设PVC管13千米、PE管9.5千米、滴灌带774千米，新建闸阀井、排水井、地面控制阀井153座，架设高压输电线路1.2千米，整修田间道路2.5千米。

6.第三批小型农田水利重点县2013年度盐池县牧区灌溉饲草料地节水改造工程。建设地点为高沙窝、大水坑镇和王乐井乡，完成滴灌1380公顷，投资2640万元。更换潜水泵166台，布置首部枢纽166套，配套离心和网式组合过滤器166套，配置50升施肥罐166套，新建机井管理房166座1992平方米，新建阀门井166座、排水井166座、保护井2244座。更换变压器84台，架设高压输电线3.9千米，低压输电线15.4千米，铺设地埋管道257.36千米，铺设地面支管163.2千米、滴灌带13807.3千米、新建高沙窝管理站1座100平方米。

7.盐池县第五批高效节水灌溉重点县2013年城西滩、三墩子高效节水灌溉项目。建设地点为花马池镇惠德、赢泽、田记掌村，完成滴灌666.7公顷，投资1532.3万元。城西滩片区：新建取水口1座，引水渠20米，新建10万立方米蓄水池1座，加压泵站1座，泵房143.88平方米，配套离心泵4台，安装变压器1台，配置4套砂石+叠片组合过滤器及施肥增压泵，铺设地埋管道53.27千米、地面辅管49.1千米、滴灌带3967千米；喷灌区铺设地埋管101.37千米，铺设出地竖管8.9千米，安装喷头4044个，配套闸阀井175座。三墩子片区：新建取水口1座，引水渠20米，新建4万立方米蓄水池1座，加压泵站1座，泵房88.51平方米，配套离心泵1台，安装变压器1台，配置1套砂石+叠片。

8.盐池县2014年中央财政小型农田水利项目西沟、刘家沟、姚沟塘高效节水灌溉工程.建设地点惠安堡镇西沟、刘家沟、姚沟塘三个村。完成滴灌533.3公顷、喷灌373.3公顷，投资2197万元。姚沟塘片区：新建引水闸4座，2万立方米蓄水池2座，加压泵站2座，面积120平方米；安装离心泵2台套，配套变压器2台，砂石和叠片组合过滤器2套；铺设地埋管道22.95千米、辅管18.56千米、滴灌管1856千米，建筑物190座。

西沟片区 新建取水泵站1座，泵房面积100平方米；铺设输水管道1.91千米，新建2.6万立方米蓄水池1座，加压泵站1座，泵房面积120平方米；安装离心泵6台套，配套变压器2台，安装砂石和叠片组合过滤器4套；铺设地埋管道29.9千米、辅管22.32千米、滴灌管2315.3千米，建筑物222座。刘家沟片区：新建加压泵站1座，泵房面积120米2，安装离心泵3台套，配套变压器1台，砂石和叠片组合过滤器1套；铺设地埋管道0.5千米、地埋管139.2千米、辅管9.48千米、滴灌管355.7千米，建筑物133座。

9.2014年度第六批小型农田水利重点县建设项目。建设地点为冯记沟乡宋新庄、胡家圈村。完成滴灌393.3公顷，投资1036万元。

宋新庄片区　新建3万立方米蓄水池1座；新建加压泵站1座，首部过滤器系统1座；铺设PVC管道26千米，PE管道23.4千米，滴灌带2930千米。

胡记圈片区　新建3.1万立方米蓄水池1座；新建加压泵站1座，首部过滤器系统1座；铺设PVC管道18.3千米、PE管道13.1千米、滴灌带1635千米。新建大水坑镇水利工作站及农民用水协会管理房1座。

10.中央和自治区财政第五、第六批小型农田重点县2015年度第一批建设项目。建设地点为花马池镇东塘、八岔梁、冒寨子三个村。完成滴灌540公顷，投资1151万元。配套机井管理房97座，更换和配套潜水泵97台套，安装过滤器97套，铺设干管、分干管113.36千米，PE支管63.64千米，滴灌带4924千米，配套管道建筑物1181座。

11.中央和自治区财政第六批小型农田水利重点县2015年度第四批建设项目。建设地点为花马池镇惠德、盈泽村，惠安堡镇大坝、杨二庄、惠安堡、杜记沟、隰宁堡村。完成滴灌1466.7公顷，投资3837万元。

城西滩片区　新建5万立方米蓄水池1座，10万立方米蓄水池1座，加压泵站2座，总面积238平方米；配套水泵8台，砂石+叠片过滤器8套；铺设干管9.93千米，分干管9.5千米，支管75.27千米，铺设辅管76.28千米，滴灌带6064千米，配套各类闸阀井133座。

贾家圈片区　新建5万立方米蓄水池1座，7万立方米蓄水池1座，配套水泵8台，砂石+叠片过滤器8套；铺设干管、分干管116.36千米，支管94.5千米，辅管99.78千米，滴灌带7282千米，配套各类闸阀井190座。

12.盐池县青山乡旺四滩高效节水灌溉项目。建设地点为青山乡旺四滩村，投资707万元，2017年5月完工。改建滴灌280公顷，新打机井4眼，配套水泵11套，配套首部11套（离心+筛网过滤器、施肥罐等）。建管理房11处（每个18米2）；铺设Φ110毫米UPVC干管1.1千米、Φ90毫米UPVC支管5.2千米、Φ75毫米UPVC竖管150米、Φ16内镶片式滴管带435.2千米；新建各类阀井22座，镇墩10座；安装变压器7台（S11–30/10型号6台，S11–80/10型号1台），架设10千伏高压输电线路2.87千米，低压输电线路1.05千米、防水电缆1.2千米。

13.盐池县2016年王乐井乡陈庄子高效节水灌溉工程。建设地点王乐井乡陈庄子村，投资 932 万元,2017 年 5 月完工。改建滴灌 373.3 公顷。5+950 段改线:将 5+950–6+895 段管线向北移动，工程增加 DN300 球墨铸铁管线 65 米，镇墩 1 座;12+395 段改线:将 12+395–12+595 段管线走向调整,工程增加 DN300 球墨铸铁管线 216.3 米,闸阀井 2 座,排气补气阀井 1 座;6+665 段套管工程：将 6+665 段增加穿高速公路匝道套管工程，增加 DN315PE 输水管道 220 米,核减 DN300 墨铸铁管线 200 米 I ,新增闸阀井 2 座。

14.盐池县花马池镇史庄子村高效节水灌溉工程。建设地点为花马池镇史庄子村,完成滴灌 373.3 公顷,投资 842 万元。新建泵站 1 座,泵站及过滤器操作间面积 290.4 米 2.6 万立方米蓄水池 1 座,防洪提 1 座 767 米;配套潜水泵 4 台,砂石 + 叠片过滤器及施肥系统 4 套;铺设输水干管 1059 千米、分干管 1.96 千米、支管 24.98 千米、辅管 45.91 千米、竖管 1.35 千米、滴管带 3481.6 千米;新建闸阀井 77 座,镇墩 55 座,管路防护 5 处;穿渠工程 5 处,穿土路工程 248 处,穿农渠工程 371 处。

15.2016 年度第二批中央财政农田水利设施建设项目盐池县狼布掌高效节水灌溉工程。建设地点为惠安堡镇狼布掌村,投资 939 万元,2017 年 5 月完工。改建滴灌 362.7 公顷。新建泵站 1 座;泵站及过滤器操作间面积 290.4 平方米,6 万立方米蓄水池 1 座,防洪提 1 座 767 米;配套潜水泵 4 台,砂石 + 叠片过滤器及施肥系统 4 套;铺设输水干管 1059 千米、分干管 1.96 千米、支管 24.98 千米、辅管 45.91 千米、竖管 1.35 千米、滴管带 3481.6 千米;新建闸阀井 77 座,镇墩 55 座,管路防护 5 处,穿渠工程 5 处,穿土路工程 248 处,穿农渠工程 371 处。

(二)牧区水利项目

完成节水灌溉面积 1472.2 公顷,其中管灌 286.7 公顷、滴灌 1018.9 公顷、喷灌 166.6 公顷;完成总投资 2634.4 万元,其中中央财政资金 1850 万元、县级财政 200 万元、自筹资金 584.4 万元。

(三)中央财政统筹资金项目(土地出让金)

完成高效节水灌溉面积 80 公顷,其中滴灌 80 公顷;项目批复总投资 320 万元,其中中央财政资金 280 万元、自筹资金 40 万元。

(四)中部干旱带高效节水补灌项目

完成高效节水灌溉面积 2110.7 公顷,其中管灌 1980 公顷、滴灌 130.7 公顷;完成总投资 5537.62 万元,其中中央财政资金 5507.62 万元、自筹资金 30 万元。

1.花马池南洼节水灌溉补灌工程。建设地点为花马池镇南洼村,完成滴灌 130.7 公顷,投资 314 万元。新打机井 6 眼,配套潜水泵、配电柜及网式过滤器设备 6 台套;架设高、低压输变电线路 5 千米;铺设 UPVC φ90 管 14.6 千米、φ63 管 15.4 千米、φ16PE 管 16.4 千米、φ16 滴灌带 105 千米;泵房及管理房 70 平方米;栽植防护林 200 亩,建设村庄道路、生产路 18.8 千米。

2. 宁夏中部干旱带高效节水补灌工程盐池县城西滩项目。建设地点为花马池镇长城村，完成管灌面积 286.7 公顷，总投资 1830.62 万元，全部为中央财政资金。建泵站 1 座、21 万立方米和 19 万立方米蓄水池各 1 座；铺设 UPVC 管道 132.69 千米；建 5 立方米升温池 1905 座，安装日光温室滴灌系统 1905 套。修建引水渠道 0.68 千米，新建渡槽 1 座，节制闸 2 座，进水闸 2 座，生产桥 1 座，各类阀井 123 座，给水栓 1544 个；建泵房及管理房 169.7 平方米，架设高压输电线路 1.39 千米、低压输电线路 0.2 千米，安装 50 千伏安变压器 1 台。

3. 中部干旱带高效节水补灌工程盐池县王乐井项目。建设地点为王乐井乡刘四渠村，完成管灌 1693.3 公顷，总投资 3393 万元。

王乐井乡刘四渠高效节水滴灌项目

泵站工程 平阳沟一级泵站新建泵站 2 座，节制闸、分水闸、600 立方米取水前池各一座；安装离心泵 2 台，建泵房 43.2 平方米、管理房 43.2 平方米；架设 10 千伏安高压输电线路 0.6 千米、低压输电线路 0.2 千米，配备 250 千伏安变压器 1 台。平阳沟二级泵站建 1000 立方米取水池 1 座，安装离心泵 2 台，建泵房 43.2 平方米、管理房 43.2 平方米；架设 10 千伏安高压输电线路 0.2 千米、低压输电线路 0.2 千米，配备 200 千伏安变压器 1 台。

蓄水池工程 新建 5 万立方米蓄水池 1 座。

首部枢纽 配套首部枢纽 22 套，彩钢过滤器管理房 22 间。

管道工程 地埋管道 244.44 千米，出地桩 1874 个，田间农管 172.54 千米、滴灌管 2131.91 千米，镶式滴灌带 17056 千米。

管道建筑物 新建 600 立方减压池 1 座，布置各类阀井 401 座，排水井 391 座，管道穿路防护 8 处。

道路工程 新建田间生产路 9.19 千米。

渠道工程 建设支渠 1 条 1.55 千米，斗渠 4 条 0.93 千米，砌护农渠 32 条 9.65 千米，配套生产桥、节制闸、斗和农口等建筑物 76 座。

（五）退耕还林基本口粮田项目

完成高效节水灌溉面积 1558.7 公顷，其中管灌 992.1 公顷、滴灌 573.3 公顷；投入项目资金 3036.31 万元,其中中央财政资金 2586 万元、县级财政配套资金 71.61 万元、自筹资金 378.7 万元。

1.盐池县 2008 年巩固退耕还林成果基本口粮田建设项目。建设地点为惠安堡镇、王乐井乡、花马池镇、青山乡。完成管灌 688.7 公顷,总投资 615.98 万元。潘儿庄砌护支渠 10.98 千米,农渠 12.1 千米;野湖井砌护农渠 6.9 千米;花马池铺设主管道 53.9 千米,支管道 21.26 千米;青山乡新建 300 立方米和 100 立方米泵站前池各 1 座,1000 立方米和 300 立方米高位蓄水池各 1 座;铺设干支管道 34.08 千米;新建各类阀井 82 座,安装给水栓 363 个,安装水泵 4 套,安装变压器 2 套。

2.2009 年度巩固退耕还林成果基本口粮田建设及盐池县 2009 年巩固退耕还林成果基本口粮田建设项目变更。建设地点为王乐井乡和花马池、大水坑镇。完成管灌 296.7 公顷、滴灌 60 公顷,总投资 644.17 万元。铺设 Φ90PVC 管 51.714 千米、Φ75PVC 管 7.436 千米,安装给水栓 1689 个。李家坝灌区改造支渠、分支渠各 1 条,长 6.31 千米,引渠 0.560 千米;改造渠系建筑物生产桥 13 座、量水堰 3 座、跌水 7 座、斗口及节制闸 15 座。石井坑灌区维修支渠 0.32 千米、斗渠 1.2132 千米、农渠 2.47 千米,田间配套建筑物斗口及节制闸 2 座,农口及节制闸 38 座。青马圈灌区维修斗渠 0.5024 千米,农渠 2.2544 千米,改造渠系建筑物农口及节制闸 11 座。三道井子灌区更换输水管道 9.07 千米(其中 Φ200PVC 干管 0.85 千米、Φ160PVC 干管 1.81 千米、Φ110PVC 干管 6.24 千米、Φ75PVC 立管 0.168 千米),Φ75PE 管 7.42 千米、deΦ16 内镶式滴灌带 742 千米。新建 1 万立方米蓄水池 1 座,进水陡坡 1 座;管理房 1 间 20 平方米;砂式 + 网式过滤器 1 台套,250QJ125-48/3 潜水泵 1 台套、施肥罐 1 台套、逆止阀 1 台套;电器控制柜 1 台套、50 千伏安变压器 1 台套,高压输电线路 1.5 千米;阀井 14 座,排水井 12 座,地面保护井 84 座。

(六)国土整治项目

完成喷灌面积 2511.3 公顷,总投资 8939.73 万元,其中中央财政资金 5735.7 万元、自筹资金 3204.03 万元。

(七)生态移民项目

完成节水灌溉面积 810.1 公顷,其中管灌 310.8 公顷、滴灌 496.7 公顷、喷灌 2.7 公顷、总投资 3390.63 万元,其中中央财政资金 3327.63 万元、自治区财政资金 43 万元、自筹资金 20 万元。

(八)农业综合开发项目

完成节灌面积 3913.3 公顷,其中滴灌 1373.3 公顷、喷灌 2540 公顷,总投资 8542 万元,其中中央财政资金 5574 万元、自治区财政资金 2006 万元、县级财政配套资金 222 万元、自筹资金 740 万元。

(九)以工代赈项目

完成节灌面积 900.8 公顷、其中管灌 33.3 公顷、滴灌 867.5 公顷，总投资 1790 万元，其中中央财政资金 1290 万元、自治区财政资金 366 万元、县级财政配套资金 44 万元、自筹资金 90 万元。

2013 年，花马池镇季记梁井灌区采用滴灌种植的向日葵

(十)高效节水灌溉

2017 年，高效节水灌溉发展及运行管理取得新突破，全县共完成高效节水面积 4.8 万亩，占全年任务 2.1 万亩的 228.6%。2017 年年底，19.6 万亩扬黄灌区节水改造达到 12.2 万亩，8 万亩井灌区全部完成改造，具备申报全国节水示范县条件。

二、高效节水灌溉项目的技术模式

(一)扬黄灌区发展高效节水灌溉技术模式

扬黄灌区选择部分渠系破损严重、撂荒面积偏大、具备可以进行高效节水改造的片区直接进行微灌节水改造；渠系相对完好的进行维修改造，配套末级渠道防渗砌护、相应建筑物、排水设施，维持渠系灌溉，时机成熟时再进行高效节水改造。

扬黄灌区高效节水改造模式为：支渠引水—调蓄池—首部工程—骨干管网—田间输水支管(代替斗渠)—出地给水口—PE 地面输水管—地面分水口—滴灌带进行滴灌。如盐池县三墩子高效节水灌溉工程模式，2014 年种植马铃薯 133.3 公顷、玉米 100 公顷。根据作物的需水灌溉、施肥，马铃薯 3500 公斤 / 亩、玉米 700 公斤 / 亩、达到了预期效益。

(二)库井灌区高效节水改造模式

盐池县库井灌区比较分散，灌溉规模面积小，一般以水源井为一独立灌溉单元。针对机井运行多年、机泵老化、返修率高、灌区内灌溉设施简陋的状况，从 2011 年开始通过各种项目，特别是小型农田水利第三批重点县改造项目，全县井灌区改造滴管 5720 公顷。改造区主要作物种植以玉米为主，按照作物的需水要求灌溉，施肥需要种植。西井滩井灌区玉米亩产达 750 公斤 / 亩，其他机井灌区亩产也达到了 650 公斤 / 亩，井灌区玉米种植模式比较成功。

井灌区节水改造模式为：水源井(塘坝)—潜水泵加压—首部工程—管道输水—出地给水口—PE 地面输水管—地面分水口—滴灌带进行滴灌。如青山饲草料基地高效节水灌溉工程模式，种植作物主要以玉米为主。

马儿庄大型喷灌种植基地

（三）大型时针式喷灌机技术模式

利用扬黄水，通过建设调蓄工程提高供水保证率，应用时针式大型喷灌机，辅以农业配套节水措施和管理措施进行灌溉管理。喷灌系统机械化程度高，对地形条件适应性强。

主要技术模式 扬黄支渠引水—调蓄池—压力管道—喷灌机组中心支轴。如马儿庄万亩甘草基地工程、胡家圈甘草基地节水灌溉工程、马儿庄黑土坑苜蓿种植模式都比较成功。

（四）固定管道式喷灌技术模式

通过招商引资，引进宁夏天朗现代农业有限公司、盐池绿海公司等企业对农民的土地进行流转，采用固定式喷灌技术，统一种植，统一经营，生产高品质的牧草在市场销售。主要技术模式为：扬黄渠引水—蓄水池—加压泵站—干管—分干管—支管—毛管—出地栓—喷头，种植作物以苜蓿为主，采用公司化管理体制。

三、高效节水项目服务体系

盐池县基层水利服务体系分为三级。

第一级是在盐池县水务局成立农村水利工作站、扬黄工程管理所。农村水利工作站主要负责宣传贯彻落实水利工作方针、政策；负责编制全县农村水利建设总体规划、中长期规划、年度规划并组织实施；负责各项水利工程的勘测设计，及时申报申请水利工程建设项目；负责各项水利工程的施工技术指导及技术服务，完善、管理水利工程技术资料；负责全县节水灌溉工作，编制节水灌溉工程建设规划设计并组织实施。扬黄工程管理所主要负责宣传落实扬黄灌溉工作的方针政策；负责扬黄灌区的灌溉管理工作，制定扬黄灌区灌溉管理办法并组织实施，维护灌溉运行秩序；负责扬黄灌区的灌溉运行，承担灌溉期间的调水、配水和送水工作；编制全县扬黄灌区的年度用水计划并组织实施。2012 年 3 月，水利部门成立了盐池县抗旱服务队，职能是以抗旱服务为中心，以机动、灵活、快捷、方便的服务形式服务于抗旱工作。

第二级是成立了 4 个乡镇水利工作站。花马池水利工作站(管理花马池、高沙窝两镇)、王乐井水利工作站（管理王乐井、青山两乡）、惠安堡水利工作站（管理惠安堡、冯记沟两乡镇）、麻黄山水利工作站（管理麻黄山、大水坑 2 乡镇），并从乡镇划拨编制，选拔专业技术人员进入水利工作站。在经费保障体系上，将水利工作站人员及办公经费全部纳入县级财政预算。以前，基层水利站是水利部门的延伸，工作偏重于行政管理。新成立的水利工作站主要任务是服务三农。凡与水相关的基层业务全部移交乡镇水利工作站办理。各乡镇水利工作站主要职责是：制定相关乡镇用水计划，负责用水测量监测；指导农民用水协会工作；开展水利工程管理、维护技术性劳动服务；小型农田水利建设技术指导和质量监督；协调乡镇与水利行政主管部门工作。

第三级是成立农民用水协会。在全县节水灌溉项目区内，以工程项目区为单位成立农民用水协会，负责灌区田间水利工作的运行管理、水费收缴等工作。截至 2017 年，全县已成立农民用水协会 11 个（在民政部门注册 2 个），涉及花马池、惠安堡、冯记沟、青山 4 个乡镇 25 个行政村。

四、高效节水项目管理体制

（一）组织保障

1.成立项目领导小组。由主管副县长任组长，水务局、财政局、发改局等为成员单位，项目领导小组为项目法人。领导小组下设办公室于水务局。领导小组对项目实施中重大问题作出决定，对工程进展情况、工程质量、资金使用等进行检查。水务局具体负责项目的实施，建设项目的规划设计、申报立项等前期工作；项目实施中的协调工作；项目实施中的合同签订与管理，技术指导及工程竣工后组织初步验收等。财政局负责资金筹措。领导小组办公室负责贯彻领导小组的决定及日常项目建设管理工作。

2.建立部门协作机制。工程建设领导小组不定期对规划项目建设情况进行督查，实现县级领导干部督查、部门技术干部指导、县级党政干部包片、乡村基层干部抓点的四级干部负责制。发改局、财政局、水务局、农牧局、环林局等部门之间、乡镇与部门之间形成了紧密配合、合作联动的协作机制。

3.建立和落实工程质量领导责任制 。工程质量监督实行行政领导责任制、法人责任制、参建单位工程质量领导责任制。水务局与设施工管理站签定责任清单、强化管理措施，确保工程质量和安全责任同步到位；施工单位与供货商签定供货合同，保证材料质量安全。针对工程建设管理中遇到的问题或相关建议，及时提供政策依据，提出指导意见；配合有关部门开展稽查、审计和专项检查；根据责任书，组织考核责任单位工作，兑现奖惩措施。

（二）制定激励政策，推动节水农业发展环境

盐池县制定出台了高效节水灌溉发展激励政策，为节水农业发展创造了良好的环境。建立政府、社会投入相结合的农业节水投入机制。县级财政每年安排一定资金用于膜下滴灌节水技术的推广，调动各乡镇、农村发展节水技术的积极性，促进高效节水灌溉技术的推广应用。

（三）资金保障

做好项目前期规划，按时申报项目，争取国家补助和自治区配套资金。落实从土地出让收益中计提的农田水利建设资金和其他可以用于农田水利建设的县级财政资金。充分调动农民群众和农村基层组织的积极性，鼓励农民专业合作、农民群众参与项目建设，积极筹工筹劳。

（四）严格管理

推行最严格的水资源管理制度，做到以水定需，量水而行，因水制宜，保证灌溉用水不超过水资源可利用量，防止地下水超采现象。合理规划项目布局，科学确定发展规模，优化选择技术模式，在稳步提升特色产业经济效益和粮食综合生产能力的同时，保证水资源的可持续利用。

建立监督检查和考评奖惩制度。把发展高效节水灌溉工作纳入各级干部考核目标和农田水利建设“黄河杯”竞赛评比内容，落实工作责任，层层签订责任书。完善奖惩办法，形成了县级领导包乡镇、乡镇领导包户、技术干部包质量，一级抓一级，层层落实的工作机制。

规范水产品市场准入制度。将高效节水灌溉产品的质量监督抽查列入质量监督行政部门的年度计划，水利部门与质量监督部门联合实施质量督查抽查。高诳节水灌溉工程所需的材料设备在自治区推荐的企业名录中，通过公开招标的方式选择供货企业。

落实管护机制，保障长效运行。坚持建管并重，推行“先建机制、再建工程”模式，落实管理主体和责任主体。全面推行农村水利工程专业化和规范化管理，鼓励受益群众全过程参与工程建设和运行管理。

（五）技术服务保障

加强对节水灌溉技术人员的培训，提高管理人员素质，充实技术力量，完善全县节水灌溉服务体系。

五、高效节水工程管理模式

乡镇水利工作站管理模式 对主体工程以国补资金为主建设的小型灌溉工程，以乡镇水利工作站为主，组建灌溉管理站直接进行管理。

农民用水协会＋专管人员管理模式 鼓励群众主动参与工程维护、维修、运行管理等工作。增强工程运行、水费收支等方面的透明度。参与群众或群众代表主要承担管理单位和一般群众之间的沟通责任，上下反馈信息，使管理办法得到进一步完善和修正。井灌区成立了农民用水协会，由专门人员统一管理，农户参与监督管理。管理费用为6元/亩，用水协会的成立，节省了人工，提高了种植效益。

村组＋专管人员管理模式 工程建成后归村委会管理。村委会召开村民大会，民主决策、统一种植结构；组织群众民主推荐专人负责工程的运行管理。一般按照一个灌溉系统控制面积500亩至5000亩不等，推选2至8人进行管理，管理费用按6元/亩至12元/亩的标准由农民均摊。管理费用由村委会向村民统一收取，统一发放给专管人员。专管人员服从村上统一管理，接受水利部门业务指导和监督，负责首部设备运行、设施维修养护和作物全生育期的滴水、施肥工作。青山乡东湾村共有人口164人，机井5眼，灌溉面积650亩，人均3.96亩，种植作物以玉米为主。2012年之前实施大水漫灌，村民以井为单元，以轮灌的方式，各自灌溉自家的水地，以12天为一个灌溉周期，每个灌溉周期需投入40个劳力，平均每亩地需投入3.3个工日，亩均管理费为26元，且灌溉效益差。2012年后，该村实施滴管灌溉，村民推选3人进行统一灌溉管理，每人月工资1500元，负责首部设备运行、设施维修养护和作物全生育期的滴水、施肥工作，亩均管理费仅为7元。城郊乡四墩子村是盐池县的老井灌区，由于机井年久失修，水资源不能有效利用。1996年该村采用低压管灌节水措施，全村4000多亩水浇地粮食产量每亩提高了50公斤。该村曹学岐等8户农民采用联井灌溉新技术，在同等水量条件下灌溉面积由原来的140亩增加到1999年的250亩，粮食产量翻了近一番，而电费仅为过去的四分之一。

公司+专管人员管理模式 由企业与农户签订土地(包括高效节水工程)租赁协议，建设原料生产基地，实现土地流转。高效节水工程由国家投资建设，企业安排专业技术人员对建成的高效节水工程实行统一管理。冯记沟乡三敦子村流转土地3500亩，由宁夏天朗现代农业有限公司承包种植，公司配备了3个专门管理人员进行技术。

农民自行管理模式 农户自己打的机井，建成后产权归农户所有，由农户自行管理，不产生管理费用。农户可以按照自己意愿，自行安排作物种植品种，农业水利部门安排技术人员进行技术服务指导。柳杨堡乡柳杨堡村村民刘治全一家在10多年前曾是当地的贫困户，为了改变贫困现状，刘治全看中了本村一口沙埋严重的水井，就用自己的别处肥田换了别人家井边的两亩薄地，利用这口井建成一个小型水库，在水库上架起了人力水车，修了一条简易防渗渠，试种了一亩小麦、一亩西瓜，当年产小麦亩产350公斤、西瓜亩产3500公斤。初尝甜头的刘治全觉得这是一条出路，于是带着刚刚初中毕业回家务农的儿子刘玫，父子俩起早贪黑，用一个多月时间平出水浇地13亩，再把人力水车换成小型柴油机浅水泵，在县、乡农业科技人员的指导下尝试地膜西瓜、辣椒、麦套玉米、玉米垄沟种植技术。经过几年实践，到1998年，刘家的小麦亩产由原来350公斤提高到420公斤，玉米由原来亩产400公斤提高到480公斤，西瓜亩产达到4000公斤。1997年，刘玫在父亲的支持下自筹资金6000多元建成一座节能日光温棚，特别聘请了宁夏回族自治区农科所蔬菜研究专家做技术顾问，开始科学种植管理，收益显著。黄瓜摘一茬就能收入2000多元，一年仅蔬菜、西瓜、辣椒收入就达上万元。刘治全一家也被评为县、乡“科技示范户”。

“户建、户管、户用”管理模式 对土圆井、水窖等分散工程，全部采用“户建、户管、户用”的原则进行建设和管理，产权明晰、自我使用、自我管理、自我发展。

六、高效节水项目实施效益

节水效益 实施高效节水灌溉项目后，综合灌溉定额为190立方米/亩，比现状250立方米/亩的灌溉定额节水60立方米。以灌区内发展1万亩高效节水灌溉面积计算，年节水60万立方米。

节地效益 项目实施后，减少了渠道占地，节省土地约8%。以发展扬黄1万亩高效节水灌溉面积计算，可节省土地0.08万亩。

增收效益 规划高效节水灌溉区域主要发展玉米、饲草、蔬菜，在项目实施滴灌后，产量增加了35公斤/亩，高效节水灌溉面积按1万亩计算，年增产粮食350吨。

扩灌效益 实施高效节水灌溉项目后，既保障了现有高效节水灌溉用水，还可以用于扩大灌溉面积，为全县水资源的可持续利用奠定了良好的基础。

七、重点节水项目运行及效益

三墩子高效节水灌溉工程 该项目实施后，三墩子片区土地整体流转给宁夏天朗现代农业有限公司种植经营。由扬黄管理所负责泵站、蓄水池、干管管理，田间灌溉由承包公司自行管理。刘家沟片区为新增节水灌溉面积，由惠安堡水管所负责泵站、蓄水池、干管管理，田间灌溉由受益农户自行管理。工程共改善三墩子扬黄老灌区面积473.3公顷，发展刘家沟新增节水灌溉面积3326.7公顷，其中三墩子片区种植青贮玉米266.7公顷、马铃薯206.7公顷。青贮玉米按亩均增产1000公斤、平均单价0.4元/公斤计算，亩均收入400元，年增加牧草生产能力400万公斤，总计增加收入160万元；马铃薯按亩均增产883公斤、平均单

三墩子节水灌区（摄于2012年）

价 1.2 元 / 公斤计算，亩均增收 1060 元，总计增加收入 328.6 万元，即公司一年可增加纯收入 488.6 万元。刘家沟片区种植苜蓿 326.7 公顷，按亩均增产 2000 公斤、平均单价 0.6 元 / 公斤计算，亩均收入 1200 元，总计增加收入 588 万元。刘家沟项目区涉及人口 1960 人，人均增加收入 3000 元。

青山乡牧区灌溉饲草地高效节水灌溉工程　项目实施滴灌后，按照"谁受益、谁管理"方式，单井维护、田间管道、阀井、地面农管及保护井都由受益农户自行管理，工程运行良好。项目改造和扩大灌溉面积 1340 公顷，全部采用节水滴灌种植玉米，按亩均增产 175 公斤、平均单价 2 元 / 公斤计算，亩均收入 350 元，年增粮食生产能力 352 万公斤，总计增加收入 704 万元。项目区涉及 4709 人，人均增加收入 1494 元。

高沙窝牧区灌溉饲草料地节水改造工程　工程建成后，产权归农户所有，机井、支管、田间管道、阀井均由农户自行管理，水利部门安排技术人员进行灌溉技术服务指导，不产生管理费用。农户可以自行安排多样性作物种植，积极性较高。项目改善灌溉面积 1380 公顷，工程实施前主要种植玉米，工程实施后全部采用节水滴灌种植玉米。按亩均增产 175 公斤、平均单价 2 元 / 公斤计算，亩均收入 350 元，年增粮食生产能力 362 万公斤，总计增加收入 725 万元。项目区涉及 8280 人，人均增加收入 875 元。

城西滩、三墩子高效节水灌溉项目　工程管理主体为县水利局，城西水管所负责泵站、蓄水池、干管管理。各农民用水协会负责管理本区域内各支管和田间蓄水池管理等。工程实施前项目区内有扬黄灌区城西滩片区 520 公顷，主要种植玉米、苜蓿；三墩子片区 146.7 公顷，主要种植马铃薯。工程实施后发展改善节水灌溉面积 666.7 公顷，种植玉米 389.1 公顷、马铃薯 146.7 公顷、苜蓿 130.9 公顷。玉米按亩均增产 100 公斤、平均单价 2 元 / 公斤计算，亩均收入 200 元，年增粮食生产能力 58.37 万公斤，共计增加收入 116.74 万元；按马铃薯亩均增产 400 公斤、平均单价 1.2 元 / 公斤计算，亩均增收 480 元，增加经济作物产量 88 万公斤，共计增加经济收入 105.6 万元；苜蓿按亩均增产 300 公斤、平均单价 0.6 元 / 公斤计算，亩均收入 180 元，共计增加收入 35.33 万元。项目区总计增收 257.67 万元，涉及 4000 人，人均增加收入 644 元。

西沟、刘家沟、姚沟塘高效节水灌溉项目　工程管理主体为县水利局，惠安堡水管所负责泵站、蓄水池、干管管理；土地经营户负责管理本区域内各支管和田间蓄水池管理等。项目灌溉面积 906.7 公顷，其中新增灌溉面积西沟片区 333.3 公顷，刘家沟片区 373.3 公顷，改善灌溉面积姚沟塘片区 200 公顷。工程实施前，西沟片区、刘家沟片区主要种植小杂粮，姚沟塘片区主要种植玉米。工程实施后西沟片区主要种植蓖麻，姚沟塘片区主要种植玉米，刘家沟片区种植枸杞 106.7 公顷，种植牧草 266.7 公顷。西沟片区亩均增产 172 公斤，按平均单价 6 元 / 公斤计算，亩均收入 1030 元，年增经济作物生产能力 86 万公斤，共计增加收入515万元。姚沟塘片区亩均增产175公斤，按平均单价2元/公斤计算，亩均收入350元,年增粮食生产能力53万公斤,共计增加收入105万元。刘家沟片区亩均增产78公斤,按平均单价70元/公斤计算,亩均收入5436元,年增经济作物生产能力44万公斤,共计增加收入3044万元。项目区总计增收3664万元,涉及5440人,人均增加收入6735元。

宋新庄、胡记圈高效节水灌溉工程项目 工程管理主体为县水务局,城西水管所负责泵站、蓄水池、干管管理;土地经营户负责管理本区域内各支管和田间蓄水池及灌溉管理等。项目滴灌面积390.8公顷,其中新增灌溉面积胡记圈片区147.3公顷,改善灌溉面积宋新庄片区243.5公顷。工程实施前胡记圈片区主要种植小杂粮,宋新庄片区主要种植玉米,工程实施后全部采用节水滴灌,主要种植玉米。胡记圈片区按亩均增产600公斤,平均单价2元/公斤计算,亩均收入1200元,年增粮食生产能力133万公斤,共计增加收入265.20万元。宋新庄片区按亩均增产175公斤,平均单价2元/公斤计算,亩均收入350元,年增粮食生产能力64万公斤,共计增加收入127.82万元;项目区总计增收393.02万元,涉及2345人,人均增加收入1676元。

花马池镇高效节水灌溉工程 工程实施后,工程运行管理移交土地流转公司或农民用水协会使用管理。项目区新增节水灌溉特色种植(玉米)540公顷,增加产值80.19万元。经济评价指标内部收益率为11.7%,经济净现值856万元,经济效益费用比1.39。项目区采用高效节水灌溉技术,达到了节水、节能、增产和高效目的,有效改善了农田水土状况和作物生长环境,不仅提高了水分利用率和水分生产率,同时使区域内小环境得到有效改善,自然灾害程度和频率逐渐减小。

城西滩、贾家圈高效节水灌溉工程 工程实施后,工程运行管理移交土地流转公司或农民用水协会使用管理。管理单位在确保工程安全运行的前提下,依托当地土地资源优势和技术开展生产性经营活动,增加管理站收入;政府无偿给水管理单位划拨“养站田”,经营收入用于补贴工程运行成本。项目区实施高效节水灌溉后,农艺与水利措施紧密结合,实现节水目的,水利用率达0.9,单方水产出率达到29元以上。区域内群众生活水平明显提高,社会效益明显。

第七章　扬黄灌区建设

第七章　扬黄灌区建设

陕甘宁盐环定扬黄工程是党和人民政府为解决宁夏回族自治区盐池县、甘肃省环县和陕西省定边县部分地区人畜饮水、地方病防治，结合发展灌溉、改变生态环境、造福人民的一项大型电力扬水工程。盐池县扬黄灌区是该工程的重要组成部分，工程开发建设对当地生态环境改善和社会经济发展起到了巨大的推动作用。

陕甘宁盐环定扬黄工程于 1987 年由陕甘宁三省（区）党委、政府报请国务院，1987 年 12 月经国家计委批准建设。1988 年 8 月动工，1996 年 9 月共用工程竣工。盐池县灌区配套工程自 1992 年 3 月动工，截至 1999 年完成惠安堡、马儿庄、青山、冯记沟灌区建设，国家投入资金 5306 万元，群众自筹 2250 万元。开发大小灌区 25 片，开发土地 5200 公顷，安置吊庄群众 5699 户 25611 人。2000 年开始建设城西滩、王乐井灌区，2000 年 10 月 25 日城西滩

盐环定扬黄工程中的渡槽（摄于 1994 年 7 月）

通水，2002年完成两处灌区建设，共开发土地4533.3公顷。2003年至2005年完成扬黄灌区二期开发任务，开发灌区8片3266.7公顷。至此，盐池县扬黄灌区共开发建设土地36片13000公顷。2009年开始扬黄续建工程建设，主要解决盐池县人畜饮水问题，2012年完成全县7个乡镇通水工程建设，2015年完成麻黄山乡通水工程建设。截至2016年，全县17万人全部用上了黄河水。

第一节　工程立项

盐池县地处鄂尔多斯台地向黄土丘陵过渡地带，毛乌素沙漠边缘，干旱少雨，风大沙多，水土流失严重，生态环境恶化严重；地下水资源贫乏，且含氟量高，不宜人饮，部分地区人畜饮水十分困难。中华人民共和国成立后，盐池县大力发展农田水利，加强水土保持力度，自然环境得到较大改善，但仍然处于靠天吃饭、靠天蓄水的被动局面。粮食平均亩产长期徘徊在20公斤至35公斤，最高年份亩产53公斤（1954年），最低年份亩产只有4公斤（1951年）。畜牧业产量也随着雨水的多寡而时高时低。由于连续七八年的自然灾害，全到羊只存栏量由1967年的66万只降至1974年的48万只。人畜饮水不达标，长期处于困难状况：北部沙地以打土圆井取水为主，含氟量极高，全县有70%左右的人群患有高氟病；南部山区以打窖蓄水为主，由于多数年份干旱少雨，无法及时蓄水。残酷的现实，使县委、政府深深认识到，只有解决好水的问题，才能改变全县贫困落后的不利局面。

1975年，同心扬黄水工程开工建设，开创了宁夏高扬远送黄河水先例，使盐池县看到引黄入盐的希望，坚定了引黄入盐的信心。1975年9月，盐池县委成立了盐池扬黄工程筹备委员会，县委书记张敏任主任，下设办公组、规划设计组。是月，形成了中共盐池县委《关于引黄灌溉工程初步设想的报告》，提出了“北部引黄工程”和“南部引黄工程”两个方案。1975年11月，县委书记张敏在北京开会期间，向水利部领导当面汇报了引黄入盐的要求与设想。1975年12月，自治区计委正式向国家计委、水利部上报《盐池县扬黄工程立项报告》。1976年年初，银南地委成立了“盐池县扬水工程测量队”，桑德印为测量队队长，盐池县水电局局长郝智为副队长。测量队13人经过长达3年的勘测设计，先后测出5条线路，经过反复比较，初步确定了从东干渠29公里处取水，经马家滩到盐池县西南部引水的线路方案。1977年，甘肃省加入该工程项目中。1978年盐环扬水工程初步规划设计方案上报国家水利部。1979年5月，水利部对盐环扬水工程初步设计方案进行审定，提出了修改意见。1981年，陕西省也加入到该工程项目，工程更名为“陕甘宁盐环定扬黄工程”。陕甘宁三省(区)经过3年的勘测设计论证，于1984年3月向国家水利部提出立项报告。1984年4月14日，国家计委同意建设“盐环定扬黄工程”，原则同意设计流量为16立方米/秒。

1984年8月，水利部专家在银川主持召开陕甘宁扬黄工程初步设计审查会议，确定盐环定扬黄工程设计流量为15立方米/秒，骨干工程投入资金3.48亿元；1986年开工建设，1992年竣工，并将审定方案上报水利部。

1985年，水利部部长钱正英到盐池、定边两县考察水利工程建设和人畜饮水工作。1986年1月，由水利部牵头，成立了陕甘宁三省（区）扬黄工程协调小组，水利部副部长杨振怀出任三省(自治区)扬黄工程协调小组组长，并在北京主持召开盐环定扬黄工程建设专家会议，决定盐环定扬黄工程设计流量为11立方米/秒，其中宁夏7立方米/秒，陕西、甘肃各2立方米/秒，其中，盐池县分配5立方米/秒，同心县分配2立方米/秒。共用工程费用由三省(区)共同分摊。

1986年2月18日，水利部将工程名称正式确定为“陕甘宁盐环定扬黄工程”，主要解决宁夏回族自治区盐池、同心县，甘肃省环县、陕西省定边四县部分地区27万人79万头牲畜的饮水问题，防治地方病，发展灌溉，改善生态环境。1987年12月8日，陕甘宁三省（区）党委、政府申报国务院，是年12月15日国家计委批准建设陕甘宁盐环定扬黄工程。

1986年，自治区政府决定给盐池灌区分水5立方米/秒，其中马儿庄乡2立方米/秒，惠安堡乡3立方米/秒，灌溉面积14.7万亩。盐池县委在县委书记吴学庭的主持下，提出将马儿庄和惠安堡乡的分水各减少1立方米/秒，将水引至盐池县城的意见，并编写了《陕甘宁盐环定扬黄工程盐池灌区调整可行性研究汇报提纲》，报送自治区人民政府审定。在自治区水利厅和水利勘测设计院的积极支持并做了大量工作的基础上。1990年，自治区政府同意将原分配给惠安堡乡的3立方米/秒水减为1.5立方米/秒，分配给马儿庄乡的2立方米/秒水减为1立方米/秒，剩余的2.5立方米/秒水引入城西滩，形成了横贯县境南北的水利命脉。

第二节　共用工程建设

盐环定扬黄工程共用工程主要由泵站、干渠、隧道、渡槽、涵洞、节水闸、农田、电路90多个建筑物组成。共用工程部分总投资30343万元，其中中央补助8200万元，宁夏分摊15383.5万元，陕西分摊3980万元，甘肃分摊2779.5万元。

泵站建设　共用工程设泵站12个，其中盐池县境外8个：渠首泵站、五里坡泵站、沙蒿圈泵站、红柳坑泵站、邵记圈泵站、胡家小井子泵站、谢漫子沟泵站、白塔水泵站，总扬程361立方米/小时，装机容量6.13万千瓦。1988年开工建设，1993年5月建成。盐池县境内4个：隰宁堡泵站、贾记圈泵站、龚儿庄泵站、黎明泵站。

干渠建设　盐环定扬黄工程干渠在青铜峡河东灌区东干渠31千米+15米处提水，然后干渠先后一分为三，第一条由1号分水闸（红墩子洞出口）后向西开口，给同心县韦州十干渠分水；第二条由 2 号分水闸（苏家场渡槽后）向南经惠安堡再向上扬两级到李家大庄子泵站，给甘肃环县供水；第三条由 2 号分水闸向东经龚儿庄、黎明泵站扬水到牛家口子后，水分两路，一路向东给定边县供水，一路向北给盐池县城西滩供水。

共用工程干渠总长 142.1 千米，其中渠首至 2 号分水口 47.8 千米，从二号分水口至贾记圈泵站全长 57.4 千米，从二号分水口至牛记口子全长 36.9 千米。

红墩子隧道 位于马儿庄乡红墩子与梁台村交界处，全长 13.1 千米，其中隧洞长 1.25 千米。1991 年 10 月 15 日开工，由宁夏军区承担建设，经过 1000 多名官兵 246 天苦干，于 1992 年 8 月 4 日完成打通隧道任务。挖掘土石方 66 万立方米，总投资 1300 万元。

供电工程 有 220 千伏至 35 千伏变电所 17 座，220 千伏至 6 千伏输电线路 161.1 千米。

第三节 专用工程

一、渠道建设

干渠 牛记口子至城西滩盐兴公路分水口干渠，全长 43.88 千米，1999 年建成，设计流量为 2.5 立方米 / 秒。

支渠 47 条，总长 142.2 千米。

斗渠 277 条，总长 301.1 千米。

农渠 3804 条，总长 1454.5 千米；农渠配套各类建筑物 5780 座。

二、建筑物

共建各类建筑物 910 个，骨干建筑物主要有隧洞 2 个、渡槽 2 个。

龙记湾隧 洞位于青山乡龙记湾村。1998 年 7 月开工，1999 年 1 月建成，全长 0.28 千米，流量 2.48 立方米 / 小时，总投资 190 万元。由盐池县水利建筑承包公司承建。

石山子隧洞 位于王乐井乡石山子行政村东南。洞高 1.9 米，全长 4.16 千米，总投资 2650 元，是自治区内最长的一条输水隧道，过水流量为 2.5 立方米 / 小时。1998 年 6 月开工修建，2000 年 7 月 26 日全线贯通，历时 2 年 1 个月，被誉为宁夏水利工程史上的又一个里程碑。

甘洼山渡槽 位于青山乡甘洼山村，全长 0.4 千米，1999 年建成。

红井坑渡槽 位于青山乡路红庄西北，全长 0.89 千米，1999 年建成。

三、泵站

三道井泵站 位于冯记沟乡三道井自然村，1997 年 11 月开工，1999 年 8 月建成，总投资 1120 万元。输水流量 2.48 立方米 / 秒，扬程 82.95 米，装机总容量 5200 千瓦，泵站、变电所合二为一。变电所主变总容量 8000 千伏安，由惠安堡变电所 35 千伏线路供电，输出 10 千伏供给泵站。泵站安装离心泵机组 4 组，输水流量 1.06 立方米 / 小时。主要灌溉青山、王乐井、城西滩灌区，控制灌溉面积 4667 公顷。

李记坝泵站　位于冯记沟乡老盐池行政村，1993 年建成，输水量 0.4 立方米 / 秒，扬程 42 米，装机容量 357 千瓦，主要灌溉李记坝灌区和老盐池灌区，控制灌溉面积 467 公顷。

第四节　灌区建设

盐池县扬黄灌区骨干工程建设由自治区水利工程建设管理局直接主管，从 1991 年开始，采取招投标制逐年建成。盐池县灌区的配套工程在自治区水利工程建设管理局的指导下，由盐池县扬黄工程建设管理局具体负责实施。

扬黄灌区开发建设过程中，历届盐池县委、政府对工程建设高度关注，主要领导经常深入实际调查研究，安排部署工程施工，结合实际讨论制定灌区建设中相关政策、规定和办法，确保了工程建设的顺利进行。

一、灌区规划设计

盐环定扬黄灌区开发建设是“宁夏黄河经济带”的组成部分，为自治区“八五”期间重点工程，也是盐池县农业建设的主战场。要将 10267 公顷荒漠、半荒漠草原和贫瘠的旱耕地变成粮油生产基地、林果生产基地、蔬菜生产基地、饲草料生产基地、商品羊育肥基地和防风固沙生态屏障，使之成为盐池县的“塞上河套”，同时解决和改善全县南、中、北部地区 7.4 万人、35 万只羊畜的缺水和高氟水危害问题。工程建成后每年给盐池县提供水资源总量 6217 立方米，其中灌溉用水 5847 立方米、人畜饮水 370 立方米。

（一）灌区建设遵循的原则

1.实行农牧结合农、林、牧、副、工多种经营、全面发展，把灌区建设成具有山区特色的生态经济和社会效益显著的富裕文明的社会主义新农村，成为新型农业生产基地。一是粮油生产基地。种植粮油作物 4667 公顷，占灌区面积的 47.6%，达到水平生产年后，每年可生产粮食 2000 万公斤、油料 180 万公斤。二是林果生产基地。植树造林 2400 公顷，占灌区面积的 24.5%，其中农田防护林 1867 公顷，植树 302 万株，发展经果林 533.3 公顷，达到水平生产年后，每年可生产水果 528 万公斤。沿干渠两侧建成宽幅乔灌草混合防护林带，形成绿色屏障，控制风沙，改善生态环境。三是蔬菜基地。种植瓜、菜 333.3 公顷，占灌区面积 3.4%。四是饲草料基地。种植人工饲草 2400 公顷，占灌区面积的 24.5%。五是商品羊育肥基地。每年提供饲草料 1000 万公斤。作物秸秆、树叶等可产草 1 亿公斤，可育肥滩羊 10 万至 20 万只。

2.贯彻优化开发、科技兴农方针，发挥水土资源综合效益。一是把灌区建成科学试验和科技成果推广应用的典范。培养一批科技示范乡、村、户。提高劳动建设者综合素质，逐步使其成为有文化、有技术、会管理的新型农民。二是灌区吊庄移民。优先安排家庭劳力充裕，有投入能力、积极性较高的农户到灌区带头搞开发，形成一批以回乡知识青年、复员转业军人、科技知识分子为主体，具有坚决开发意识、艰苦创业精神、立志开拓的农民为骨干的建设大军，达到“一年起步打基础，二年迈上新路子，三年建成有效益，四年达标上台阶”的建设要求。

3.灌区建设贯彻节水、高产、高效原则。扬黄灌区高扬程、远距离供水，成本高、费用大，把节约用水、科学用水、合理用水放在首位。从渠道施工、田畦建设、种植结构等方面都要立足于节约用水，受秧合理搭配，以水定植，让有限的水资源发挥最大效益。

4.重点解决人畜饮水困难问题。在缺水和高氟病危害严重地区，做好人畜饮水和氟病区的供改水工程。

5.灌区发展发扬自力更生、艰苦创业的精神。争取各方面支持的同时，依靠自己的力量投入建设。国家主要投资较大型骨干工程建设，支、斗、农渠等田间工程全部由盐池县扬黄工程指挥部统一组织施工，在国家适当补助的基础上，由集体和农户投资投劳，谁建设，谁受益。

6.灌区实行以家庭联产承包责任制为主，以集体经济为依托的双层经营体制。灌区农户承包土地人均 2.5 亩至 3 亩。县、乡、村发展一批有示范带动作用的小农场、小牧场、小林场，以壮大集体经济。

7.实行全面规划、分年实施的原则。打破原行政界线，实行山、水、田、林、路、电、村全面规划、统一实施。土地使用单位（含农户承包）所使用的土地四址清楚，手续齐全。

“八五”期间，建成惠安堡、马儿庄、冯记沟、青山四片灌区，发展灌区面积 7 万亩至 10 万亩，力争王乐井灌区初具规模，“九五”期间建成城西滩灌区。

（二）灌区建设规划内容

1.灌区土地利用。土壤普查类别，化学、物理性质测定，土地适用性评估，土壤改良和次生盐碱化的防治。

2.灌区水利。灌溉系统、制度、灌水定额、平田整地、田间道路、排水系统和防汛工程。

3.农业。农作物种植结构、轮作制度、栽培技术和病虫害防治。

4.林业。带片网结合的防护林体系，庭院为主的经济林体系，房前屋后村庄周围的造林体系。

5.畜牧业。放牧与育肥相结合，建立饲草料基地与加工转化相结合、以草定畜与舍饲养殖育肥相结合的灌区畜牧业。

6.吊庄移民。村庄居民点建设，交通道路供水、供电、通讯，移民政策、吊庄计划、管理服务、机构设置、村镇企业、庭院、房屋设计。

7.人畜饮水。灌区内外人畜饮水及氟病区改水工程。

8.环境保护。环境影响综合评价,环境保护报告书。

9.灌区监测和科研。土壤碱化、沙化、肥力、地下水、生态、产量动态监测和节水、培育新品种实验。

(三)灌区建设的要求

1.水利配套力求科学、合理、省水,提高水利用率,利用灌区内沟泉水进行苦淡搭配,扩大灌溉面积。

2.充分利用土地资源。通过土壤普查,选择地形平坦、地质疏松、土层厚度大于0.6米,矿化小于0.3%,地下水层深度超过2米的耕地或宜农菜地,田块一般控制在0.3亩左右。

3.有利于开展植树造林。在灌区四周渠道、道路两旁,居民点四周及空闲散地都要植树造林。防护林以材林为主,配合一定的经济林。

4.灌区道路建设本着有利于生产、方便生活、节约用地的原则。

5.灌区建设充分体现盐池县畜牧业优势,采取山区养羊、灌区育肥、外围放牧、灌区舍饲等多种途径发展畜牧业。

6.灌区村庄居民点建设体现现代农村特色。每户占地统一标准,居民点规模一般50户(250人)为宜。

7.实现科技兴农。建立健全科技实验示范区,推广服务体系,使灌区成为"231"工程典范。

8.坚持质量第一。建立严格的工程质量监督、检测和验收程序,制订完善奖惩、考核制度。

二、灌区建设保障机制

(一)组织机构保障

盐池县委成立了工程建设决策机构——扬黄工程领导小组;指挥机构——扬黄建设指挥部;办公机构——扬黄工程建设管理局。1975年至1978年,盐池县委先后成立了盐池扬黄工程筹备委员会、盐池县扬黄工程规划领导小组,历任县委书记张敏、王振宇分别担任主任、组长。

1985年6月,盐池县委组建盐池县扬黄工程建设指挥部,赵国英任指挥,王珍、刘汉治、赵元兰任副指挥。1986年4月,盐池县委成立了盐环定扬黄工程盐池县工程领导小组,县委书记吴学庭任组长,王珍、庞富贵、赵元兰任副组长。1988年6月,盐池县委成立盐池县扬黄工程办公室,冯儒雄任办公室主任。1991年2月,盐池县委成立扬黄工程建设管理局,高玉任局长,惠万金、李存山继任局长;冯儒雄、董祥、张文良、李峰、李春华先后任副局长;石文秀、马广等先后任党支部书记。

为加强工程管理和工作协调,1993年,盐池县委成立扬黄灌区建设指挥部,单新强、高玉先后任指挥,石岗、冯需雄、惠万金先后任副指挥。

1995年,盐池县委成立灌区建设委员会,蔡明任主任,徐安、单新强、姬学仁任副主任。

盐池县扬黄灌区建设指挥部和扬黄工程建设管理局是县委、政府主管扬黄工程开发建设、移民安置、灌溉管理的专职机构。内设机构主要有:办公室、规划设计室、施工管理办公室、移民开发办公室、计划财务室、土壤普查利用办公室、灌溉管理办公室、惠安堡中心水管所(含李家坝泵站)、城西滩水管所、三道井泵站、水利承包公司、扬黄工程开发公司。

工程施工期间,根据灌区开发建设和灌溉管理工作需要,又先后在有关乡镇设立了扬黄灌区开发建设(或移民吊庄)办公室和水管机构,并在各灌区成立了群管组织,建立健全了各项管理制度,明确了人员岗位职责,保证灌区建设和灌溉管理工作的顺利进行。

(二)政策保障

盐池县委、政府根据灌区开发实际需要,制定相关政策和规章。1992 年 2 月 12 日,县政府制定出台了《盐池扬黄灌区土地开发和建设用地暂行规定》。4 月 17 日,自治区、银南地委、盐池县相关领导在吴忠召开专门会议,讨论工程建设问题,明确专用工程和配套工程的投资渠道和建设要求。1992 年 4 月 8 日和 8 月 17 日,县委常委会两次专题研究工程建设问题,进一步明确了相关政策:吊庄农民人均水地 2.5 亩至 3 亩,人均补助 50 元的建房费,经济林每户 1.8 亩,当地旱改水农民人均水地 3 亩。1992 年 10 月 4 日,盐池县委修订了《关于加强扬黄灌区开发建设工作的决定》。1993 年 3 月 4 日,自治区副主席任启兴主持召开盐环定扬黄工程建设协调会,会议决定:田建配套工程补助费由原定 100 元 / 亩提高到 130 元 / 亩;平田整地费每亩提高 50 元,达到 180 元 / 亩;水费执行固海扬水价格。

1995 年 7 月 12 日,自治区政府主席白立忱、副主席周生贤带领有关部门在盐池县召开现场办公会,再一次明确了惠安堡灌区开发建设的有关政策:扶持贫困农户到灌区移民开发,每亩补助 180 元的政策不变;灌区农电建设列入全区村村通电计划;贫困户在灌区移民开发,人均补助 200 元的安家费;允许拍卖多余的土地使用权,引导县内有开发能力的经营大户进入灌区开发建设;灌区学校建设由自治区相关部门协调解决。

1996 年 2 月 1 日,自治区政府副主席周生贤视察盐池扬黄灌区建设工作,决定给予林业建设补助费 30 万元,主要用于公路林网和灌区林网建设。

1997 年 3 月 3 日,自治区党委书记黄璜视察盐池县扬黄工程建设工作,并主持召开了盐池县脱贫现场办公会,决定再投资 2000 万元,加快盐池专用工程和灌区配套工程建设。

(三)技术保障

扬黄建设期间,盐池县邀请自治区科研设计单位进行规划和技术把关,聘请 2 至 3 名专家,抽调相关技术人员具体负责技术指导。

土壤普查 1989 年 5 月至 1990 年 12 月,由盐池县扬黄办公室主持,抽调农业、水利等科技人员和有关乡镇干部参加,对马儿庄、惠安堡、大水坑、青山、冯记沟 5 个乡镇拟设灌区的 20 万亩土地在 1983 年全县土壤普查的基础上进行补充调查。以 300 米 × 400 米的网格，挖土壤剖面探坑1470个，取土样8273个，由盐池县科委化验室进行pH值、全盐、阴离子、阳离子化验。在此基础上绘制了1∶20000灌区《土层厚度对比图》《盐分含量对比图》《土壤综合评价图》，编制了《灌区土壤补充普查报告》。

技术培训 自1993年扬黄灌区通水种植到2000年，灌区管理单位和县直农、林、水、牧等部门针对当地农民不熟悉水地种植的实际情况，始终把针对农民的技术培训放在重要位置，常抓不懈。坚持利用冬春季农闲时间举办各类学习班，组织基层干部、农民技术员讲授水、土、肥使用管理以及各种农作物栽培、畜禽养殖及秸杆利用等实用技术；大量印发通俗易懂种植、养殖资料。在平田淌水、种植期间，科技人员坚持深入田间地头现场指导、示范。

技术研究 1995年11月，自治区科委、农科院等单位组织科研人员到惠安堡等地调查灌区开发与土地种植利用情况。12月，根据老盐池、南梁、苦水井等灌区土地出现土壤盐渍化问题，自治区水利厅、盐池县扬黄指挥部负责人专题会议研究决定：由自治区水利工程建设专用办牵头，自治区水利科研所在技术上负责指导，盐池县扬黄局负责配合，对出现盐渍化灌区进行调查，对开发灌区进行土壤详查。水科所经过详细调研，于1996年1月编印了《盐池扬黄灌区开发现状及存在问题的对策研究》。1996年年底，盐池县扬黄局上报自治区水利厅关于盐池县扬黄灌区的排水治碱方案。同年9月，自治区水利厅同意先在苦水井、潘儿庄灌区做排水试验。排水工程先后于1997年10月中、下旬开挖。1998年4月，潘儿庄灌区东部修排水沟2.64千米，桥涵7座；苦水井灌区修排水沟2.4千米，桥涵6座。

1996年2月，自治区农林科学院、科委、林业厅、水利厅、农建委、畜牧局及盐池县政府、扬黄指挥部等部门负责人在银川召开专题会议，决定在惠安堡镇贾记圈灌区建立扬黄新灌区农业综合开发技术研究试验示范区。是月，自治区农科院土肥所、园艺所、作物所、林科所8名研究人员进驻贾记圈试验区开展工作。3月19日，由自治区相关部门和盐池县有关领导参加的示范区领导小组成立。5月召开专题会议，确定项目区1996年开发内容要求和具体措施。7月，自治区科委领导到示范区检查指导工作，提出灌区"农业快速起步"问题。

1997年2月，盐池县扬黄指挥部在贾记圈灌区确定并安排了"农业快速起步"项目。由县扬黄指挥部派分管领导负责，组织区、县蹲点科技人员10余人深人田间地头，定地块、定农户、搞培训，灌区"农业快速起步"项目全面启动。截至当年4月底，有558家农户种植作物3209亩。6月份有关部门组织对项目区农业生产进行效益统计，项目区小麦种植有70%的面积达到预定目标，玉米、豆类等株苗齐全。当年因气候反常，项目区遭受两次冰雹灾害，损失严重。1998年2月，区、县蹲点科技人员继续开展项目实验。9月，盐池县扬黄指挥部组织在项目区召开"农业快速起步"技术项目现场观摩总结会，以合理增施化肥、提高生物产出量为亮点的"农业快速起步项目"取得了成功。1998年示范各种作物1000亩，效果显著。该项目作为一项新技术成果在宁夏扬黄灌区全面推广。

样板区建设　1996年2月和1997年3月，自治区政府副主席周生贤先后两次视察惠安堡灌区，指示"要把贾记圈灌区建成样板灌区""把贾记圈灌区建成盐环定宁夏的'窗口'，给予特殊政策"。按照这一指示精神，扬黄指挥部领导和工程技术人员在汲取前几片灌区设计经验与不足的基础上，对贾记圈灌区的村庄、道路、渠系、田块、林网等进行了合理规划布局。

灌区林网化建设　灌区林网建设实行农渠以上渠道两旁林网化，灌区外围种植以防风沙为主的乔灌木，田间裁植以经果林为主的杏树、枣树、苹果树。1994年灌区造林785亩，其中经果林180亩。1994年至2000年，灌区共造林12696亩，其中经果林3501亩。

表7-4-1 1994年至2000年灌区林业建设基本情况表

年份	1994	1995	1996	1997	1998	1999	2000	合计
防护林	605	2655	1090	1980	310	1094	1461	9195
经果林	180	1410	540	365	329	292	385	3501

（四）资金保障

扬黄灌区建设初步预算资金为8241.12万元，其中，灌区配套4730.4万元、吊庄移民1207.78万元、供水工程734.94万元、供电工程1468万元、其他100万元。资金来源有国家投资、"三西"建设资金、"以工代赈"、农行贷款等，以及各有关部门争取的专项资金、地方政策性配套，受益乡、村和农户自筹投入等。

（五）灌区建设

盐池县扬黄灌区位于盐池县中部，渠道由南到北流经惠安堡、马儿庄、冯记沟、青山、王乐井、鸦儿沟、城郊7个乡镇，全长那个150千米。灌区控制高程在1380千米至1480千米之间，1992年开工建设，至2002年先后建成了惠安堡灌区、马儿庄灌区、冯记沟—青山灌区、王乐井灌区、城西滩灌区，共5大片28小片，总面积14.6万亩。

龚尔庄(宋新庄)灌区　1997年开工建设，开发面积5400亩，其中龚儿庄3100亩，主要安排龚儿庄、陈水塘、汪水塘、黄米沟等村249户1126人受益，自治区滩羊场征地1700亩用于安置下岗职工400人。宋新庄开发2300亩，主要安排宋新庄、陈大梁等村163户737人受益。

马儿庄灌区　主要由老盐池(苏家场、梁台)、李家坝、龚尔庄、宋新庄、马儿庄、杜窖沟灌区组成，受益村庄26个，开发12片，面积2.8万亩。

李记坝灌区　是盐池扬黄灌区开发的第一个灌区，1992年开工建设，开发面积6000亩，主要由李家坝、烟墩山、张儿庄、梁台、深井、邱儿庄、平台等村341户1674人受益。

马儿庄灌区　分马一支和马二支两片灌区，分别与1997年9月和1998年4月1开工建设。马一支开发面积6000亩，主要由叶儿庄、黎明、马儿庄等村226户1063人受益。马二

盐池县扬黄灌区第一批开发的马儿庄乡老盐池灌区(摄于1994年6月)

支开发面积5360亩,安排当地76户343人受益。青山乡吊庄130户530人,红井子乡吊庄63户177人,冯记沟煤矿办农场征地560亩。

惠安堡灌区 由潘儿庄灌区、隰宁堡灌区、贾记圈灌区、大小庄灌区组成,受益村庄28个,开发面积4.7万亩。

1.潘儿庄灌区。1993年开工建设,开发面积8800亩。主要由潘儿庄、白疙瘩、汪家河沿、林小庄、牛圈、小泉等村298户1340人受益。

2.隰宁堡灌区。1994年开工建设,分南北两片灌区。南片开发面积8500亩,主要由隰宁堡、回民队、刘石嘴、杨儿庄行政村的上台子等4个村、230户1039人受益。后洼乡吊庄192户788人。北片开发面积1700亩,由县畜牧局、盐环定扬黄管理处九泵站征用办农场。

3.贾记圈灌区。1995年7月1日开工,开发面积16000亩。主要由李记大湾、曹记圈、红

惠安堡镇贾记圈灌区开发第一年大面积种植芸芥,在开花时期进行耕翻,培肥地力(摄于1994年7月)

土沟、郝家台、郭东洼、关家台等自然村500户2240人受益。麻黄山吊庄317户1356人。农业、农机、水利、林场等部门征地办农场2660亩。

4.大、小庄灌区。1997年4月开工建设，当年竣工，开发面积8000亩。主要安排宋家沟、小庄子、大庄子、黄圈、姚沟塘等村367户1652人受益。萌城乡吊庄84户222人，大水坑镇吊庄99户348人。

城西滩灌区 城西滩扬黄灌区于2000年开工建设，总投资10649.64万元，其中国家投资8846.04万元，地方和群众自筹1803.6万元。2000年10月25日通水。灌区涉及长城、四墩子、田家掌等行政村，6条分支渠40余千米。灌区位于县城西郊，土层厚，土质好，地势平坦，面积大，古王高速公路、307国道和盐兴公路穿越灌区，在盐池县28片灌区中基础条件最好。盐池县委、政府提出要把城西滩扬黄灌区建设成为全区一流的吊庄移民示范区。

2001年7月，城西滩扬黄灌区国家异地移民扶贫开发试点项目立项。建设总体目标是：把移民区建成高效、节水及新品种、新技术推广应用的农业示范区，农业产业化样板区，农民致富奔小康典型区和农村城镇发展先进区。项目建设主要内容包括：中心集镇公共设施，供水、供电和通信建设，村镇道路、骨干林带、农户农房建设，移民搬迁。

盐池县委、政府多次强调提出，城西滩灌区是全县灌区的核心，在规划建设上要高起点、高标准，建成西北乃至全国一流的农业科技综合示范园区。县四套班子领导多次集体参与了规划设计和建设过程的具体指导工作。工程施工期间，自治区计委有关领导、专家也多次进行了现场调研指导。

2001年，自治区计委根据全国扶贫工作会议提出要在西部地区开展异地扶贫移民安置试点工作要求，决定把城西滩列为国家异地扶贫移民试点项目区，并委托自治区农业勘查设计院进行了项目规划设计。该项目的实施对于从根本上解决盐池县毛乌素沙漠边缘地带群众温饱问题、封沙育林(草)，促进经济、社会和生态环境协调发展具有重大现实意义。根据项目要求，自治区计委组织农、林、水、牧等部门专家对建设方案进行了审查论证，以宁计地区[2001]570号文件批复了试点项目建设方案。

为了将项目区建成高标准、高起点的样板示范区，盐池县成立了“国家异地扶贫多试点项目盐池城西滩项目领导小组”，县长何国攀任组长，自治区计委马明处长和县政府分管农业副县长齐光泽、马吉任副组长。下设一室四组，分别负责基础设施建设、农业产业化、水利工程和移民搬迁等方面工作。领导小组多次召开专题会议，安排布署各项建设任务，研究解决开发建设中的具体问题，制定项目建设有关政策和计划，组织协调各项工程的具体实施。在工程规划开发建设运作过程中，强化政府行为，打破现有的行政区域界限，坚持统一规划设计，统一施工建设，统一分配土地，统一种植经营，加快了建设步伐，提高了建设质量。项目于2001年开始建设，2002年建成，实现了一年建设、两年搬迁、三年初见成效的目标。灌区共开发水地 3533.3 公顷；移民 1112 户 4688 人(包括固原、泾源 126 户 500 人)，建房 3102 间；建成科技综合服务楼 1295 平方米；建成小学综合教学楼两幢 1189.12 平方米，附属设施平房 258 平方米；完成中心村油路 4.8 千米、砾石路 1 千米，乡村油路 15.3 千米、砾石路 6.7 千米；完成灌区农田防护林 613.3 公顷；铺设供水管线 50 千米，设供水点 14 个；架设供电线路 20 千米；架设光缆 9.3 千米，接光节点 5 个；开发养殖区 8.26 公顷，打机井两眼，建暖棚 236 座；新建日光温室 184 栋，占地 3.9 公顷。

项目的实施使移民区产业结构得到优化调整，项目区农民人均纯收入达到 1460 元，人均产粮 850 公斤，分别比项目实施前提高 620 元和 500 公斤。通过移民搬迁，使移民迁出区退耕地近 26666.7 公顷，约 1200 平方公里的风沙区实行封育，通过种树种草恢复植被，使这一地区的生态环境从根本上得到治理。

2003 年，在进一步建设完善各类项目的同时，加大项目区和迁出区生态建设力度。花马池、高沙窝两镇及其周边地区完成退耕还林 29 万亩，营造各种防风固沙林 11 万余亩。

王乐井灌区 王乐井灌区属于盐环定扬水工程盐池灌区的一部分，位于县城西 23 千米，距王乐井乡政府驻地西南 1000 米，分布于盐兴公路两侧，东起陈庄子自然村，西至王吾岔自然村。东西长 15 千米、南北宽 2000 米，地里位置属鄂尔多斯缓坡丘陵区。东西有花马池镇八岔梁至王乐井乡西狼洞沟分水岭，南北有王乐井乡牛家山至大水坑镇甜瓜水分水岭，灌区地处两条分水岭的结合部狭长地带。土壤主要为沙壤土和壤土，土层薄厚不均，一般在 0.6 米至 22.5 米之间。地形东高西低，北高南低。灌区内有陈庄子、郭家洼、丁家井、牛头沟、郑家堡、康庄子、王吾岔 7 个自然村。分丁家井、郑家堡和王吾岔三个片灌区。灌区引水由盐环定扬水工程盖木庄隧洞进口前分水，经王乐井支渠进行灌溉。支渠设计流量为 1.07 立方米 / 秒，高程控制在 1518 米至 1449 米之间，沿当地地形北高南低，坡度在 1/50 至 1/500 之间，设支、斗、农三级固定渠道，共设支渠、分支渠 3 条、24.911 千米；斗渠 42 条、35.274 千米；农渠 536 条、154.7 千米；渠系建筑物 957 座。支渠全部采用 T 型断面，分支、斗、农渠采用 U 型断面，支渠与等高线平行，斗渠垂直等高线，农渠平行等高线。斗渠与斗渠间距一般在 200 米至 400 米之间。农渠间距在 40 米至 80 米之间。灌区辐射面积 30 多平方公里。规划灌溉毛面积为 19105 亩，净面积为 17645 亩。年供水时间 96 天，供水量 522.34 万立方米 / 年，实际灌一轮水最大用水量为 80 万立方米，实际灌溉用水量为 480 立方米 / 年，富余水量为 42.34 万立方米 / 年。

王乐井扬黄灌区于 2001 年 3 月完成勘测设计，4 月开工建设，2002 年 10 月 20 日竣工。共完成支渠 21.233 千米，一、二分支渠 3.626 千米(一分支渠 1.3 千米、二分支渠 2.326 千米)；斗渠 42 条、长 36.027 千米；农渠 423 条、长 108.52 千米。渠系建筑物 921 座，受益灌溉净面积 1092.7 公顷(耕地 1041 公顷、林地 51.7 公顷)。解决了王乐井乡 5 个行政村 14 个自然村、1548 户 7096 人的生产生活用水问题，极大地改善了当地自然环境和生态环境。在王乐井灌区施工中，同时安排修建渠道引洪管渡 6 座，每座宽 20 米。

王乐井扬黄灌区全面推行小畦灌溉，灌区初建每块畦田为 0.4 亩左右。2009 年农田水利建设中，畦田建设标准改为 36 米 × 4 米，面积 0.22 亩，达到地平、畦小的标准，改以往大水漫灌、串灌为节水灌溉，水损率减少 14%，节水率可达 20%以上。农田灌溉用水实行定额控制，每亩灌溉水量控制在 415 立方米 / 年，使有限的水能够浇灌更多的田。

2011 年盐池县秋冬季农田水利基本建设中，结合宁夏北部土地开发整理项目，在王乐井、刘四渠、郑家堡三片灌区实施综合整治，新增灌溉面积 66.6 公顷；改造斗渠 2.8 千米、农渠 91.8 千米；砌护农渠 12.5 千米；配套量水堰、生产桥、涵洞、节制闸、斗农口等建筑 3823 座；整修田间道路 49 条 41 千米，生产路 76 条 14 千米，新修田间砾石路 9.7 千米；建设小畦田 1000 公顷；栽植农田防护林 4.48 万株。灌区发展高效节水补灌项目，截至 2012 年，建成以王乐井村为核心的重力滴灌大弓棚 300 座、333.3 公顷，全部采用“211”模式，即 2 个大弓棚、1 眼水窖、1 套重力滴灌。主要特点：一是用黄河水经二次沉淀后实现滴灌；二是节水突出，扬黄灌区漫灌一般每亩每次用水 80 立方米左右，灌水 6 次，灌溉定额 480 立方米，重力滴灌每亩每次用水 4 立方米至 5 立方米，滴灌水 12 次（平均每 6 天一次），灌溉定额 48 立方米至 60 立方米，是大水漫灌的 1/10；三是瓜菜可多茬口种植，在种植结构上以西甜瓜、越夏西红柿为主，采取春提早、秋延后种植模式，一年可收获 2 茬至 3 茬，西甜瓜间作油葵，西红柿收获后种植胡萝卜等作物；西甜瓜每棚产量 2000 公斤，大弓棚每亩收入 4000 元以上。

1.丁家井片灌区。位于王乐井乡政府西南 3000 米处，2002 年 10 月建成，一期工程开发 64 公顷。2011 年结合土地整理项目，实施旱改水工程，新增灌溉面积 66.7 公顷，改以往大水漫灌、串灌为畦田节水灌溉，水损率减少 14%，节水 20%。改造斗渠 2.8 千米、农渠 91.8 千米，砌护农渠 12.5 千米，配套量水堰、产桥、涵洞、节制闸、斗农口等设施 3823 座；整修田间路 49 条 41 千米，生产路 76 条 14 千米，新修田间砾石道路 9.7 千米；秋深翻 1333.3 公顷，建设小畦田 1000 公顷；栽植农田防护林 4.84 万株。灌区受益人口包括丁家井、东沟、西沟、何家墩、陈庄子 5 个自然村 977 户 3779 人。2012 年继续实施灌区综合整治项目，维修渠道 10 条 6 千米，清淤渠道 74 条 36 千米，整修农路 23 条 35 千米，秋深翻 1.2 万亩，树木圈红涂白 20 万株。

2.郑家堡片灌区。位于王乐井乡政府驻地西 3000 米处，2002 年 10 月 20 日建成，属王乐井扬黄一期工程，包括郑家堡、康庄子、丁家井、刘四渠、王乐井、牛头沟 6 个自然村，灌区总灌溉面积 375 公顷。

3.王吾岔片灌区。位于王乐井乡政府驻地以西郑马公路南侧 11 千米处，2002 年 10 月建成，属王乐井扬黄一期工程，包括王吾岔、平阳沟、刘家窑 3 个自然村，灌区总面积 218 公顷。

4.官滩片灌区。位于王乐井乡政府驻地以西13千米处,属王乐井扬黄二期工程。2004年10月8日,盐池县政府召开专题会议,研究解决灌区建设中存在的问题,决定灌区开发占用土地补偿纳入扬黄二期易地移民建设项目中解决。旱地、林地、草原、坟墓补偿标准按照盐政发[2003]64号文件执行,水窖每眼补助400元。

5.边家洼片灌区。位于王乐井乡政府驻地以东盐兴公路南侧2000米处,2003年建成,属扬黄二期工程,包括李渠子、野湖井2个自然村,灌区面积19.7公顷。

6.石山子片灌区。位于王乐井乡政府驻地以东盐兴公路南4500米处,2002年10月建成,属王乐井扬黄一期工程,包括石山子东南队和西北队2个自然村,分石山子南滩和东滩2片,灌区面积33公顷,2004年10月16日竣工。开发水浇地1564亩,设支、斗、农三级固定渠道,新修支渠3350米、斗渠2.988米、农渠17282米。2008年新建官滩灌区分支渠4700米。2012年结合扬黄灌区改造和彩票公益金项目的实施,对村南土地进行综合改造,完成土地整治面积166.7公顷,衬砌渠道10500米,改造日光温室30座、大弓棚28座,植树48亩,修筑砾石路2000米。改造后,官滩片区扬黄灌溉面积增加到166.7公顷,有效解决了当地群众稳定增收问题。

7.野湖井片灌区。位于王乐井乡政府驻地以南3000米处,2003年8月建成,属王乐井扬黄二期工程,包括野湖井、石山子、李渠子3个自然村,开发水浇地92公顷,设斗、农两级固定渠道,斗渠长2498米、农渠长16147米。安置野湖井村94户434人。

表7-4-2 盐池县扬黄灌区基本建设情况

年份	灌区名称	计划灌溉面积(亩)	设计流量(平方米/秒)	支渠		安置人口(人)
				条	长度(千米)	
1993	李家坝	6000	0.2	1	6.834	1674
	老盐池南	1811	0.09	1	1.65	
	老盐池北	739	0.05	1	1.65	651
	苏家场	525	0.05	1	1.072	
	南梁	2613	0.09	1	1.869	860
	薛园子	580	0.07	1	0.301	182
	潘儿庄	8787	0.3	1	15.599	2640
	龚儿庄	3100	0.1	2	3.991	1526
1994	苦水井	1121	0.06	1	1.25	374
1995	隰宁堡南	8483	0.55	13	8.06	1827
	隰宁堡北	1700	0.1	2	1.43	
1997	贾家圈	16086	1.17	4	10.487	3596
	大小庄子	8066	1.22	1	4.25	2222
	宋新庄	2300	0.16	1	2.332	737
	龚儿庄右岸	1407	0.12	1	1.916	389

续表

1998	马儿庄一支	5994	0.41	1	6.251	1063
	马儿庄二支	5364	0.31	1	4.93	1053
	杜窑沟	615	0.11	1	0.132	303
	牛记口子	613	0.1	1	0.875	220
1999	王记疙瘩	356	0.05			185
	石井坑	1078	0.1	1	0.804	376
	龙记湾	523	0.07			224
	常山子	1345	0.12	1	2.592	418
	甘洼山	352	0.05			390
2000	城西滩一分支	7429	0.63	1	5.15	1735
	城西滩五分支	9087	0.75	1	4.11	2313
2001	城西滩四分支	8878	0.73	1	4.807	1790
	城西滩三分支	7423	0.63	1	5.62	1442
合计		110993		42	97.962	27486

第五节　吊庄移民

解决盐池老区人民吃水问题和扶持极贫农户移民开发，是扬黄工程的两大任务。在配套工程施工过程中，盐池县坚持“边开发，边受益”原则，建好一片，分配利用一片，及时组织贫困农户在灌区安家落户。随着灌区开发面积的逐步扩大，采取工程扶贫与开发相结合，先后安排进入灌区的受益人口 11150 户 50185 人，约占全县农业人口的三分之一，其中当地旱改水 6443 户 31357 人、生态移民 4707 户 18828 人。

一、盐池县灌区移民政策和要求

1.苏步井、麻黄山、后洼等贫困乡村为灌区移民重点，要加强组织领导，坚持自愿原则。

2.允许移民三年内两头有家。

3.灌区移民承包水地一律无偿划拨，并在前五年内免征农业税。

4.灌区移民承包水地人均 2.5 亩至 3 亩，户均宅基地 1.5 亩至 1.8 亩。

5.水地平整、建房安家和生产经营实行项目倾斜，国家给予贷款扶持和适当的支持。

二、移民搬迁

1993 年，苏步井乡 247 户 1300 人搬迁到惠安堡乡潘儿庄灌区，定名为苏河村，成为灌区第一批新移民。1994 年，盐池县政府安排吊庄搬迁 433 户 1827 人，其中搬迁 113 户 570 人。修建安置房 225 间，国家补助救济资金 40.4 万元。

1995 年 8 月，盐池县政府抽调科级干部 18 人组成 6 个工作组，深入 6 个乡镇 6 个吊庄点动员群众搬迁。是年，安排吊庄517户2240人，其中搬迁281户1523人。修建安置房605间，国家补助救济资金41.58万元。

1996年至1999年，盐池县安排吊庄搬迁2033户9422人，从麻黄山、后洼、大水坑、青山、红井子、冯记沟等乡镇继续搬迁1033户5274人，修建安置房2413间，国家共计扶持贷款100.8万元，发放救济款10.2万元。

截至1999年年底，全县共计安排吊庄点76个，安置5699户25611人。2000年3月，盐池县委、政府决定苏步井乡整乡整村搬迁，2001年国家异地移民城西滩项目实施。截至2003年，城西滩灌区共安置异地移民1051户4269人，其中从固原移民126户500人，苏步井乡290户1293人，城郊乡120户478人；王乐井灌区安置鸦儿沟乡移民1957人。

1997年8月，盐池县委决定苏步井、后洼、麻黄山3个乡吊庄群众按现管区分别成立村民委员会，于1997年10月底将其行政管理、生产经营与社会服务等全部移交惠安堡镇管理。

1998年1月，盐池县政府批准成立了3个吊庄村民委员会，即苏步井吊庄点命名为苏河村(辖5个村民小组1068人)，麻黄山吊庄点命名为富山村(辖5个村民小组1337人)，后洼乡吊庄点命名为新民村(辖5个村民小组790人)。3个村移民群众共承包土地8491亩。同月3个吊庄乡分别与惠安堡镇履行了移交签字仪式，至此3个吊庄乡移民实行属地管理。

表7-5-1　1992—2000年盐池县扬黄灌区开发人口安置情况汇总表

开发时间	灌区名称	开发面积（亩）	安置人口（户 / 人）	其中移民吊庄（户 / 人）	已搬迁建房（户 / 人 / 间）
1992—1999	惠安堡马儿庄等	75000	4505/20270	2887/12645	1427/7357/3243
2000	城西滩	18000	1194/5341	448/1922	80/245/240
合计		93000	5699/25611	3335/14567	1507/7602/3483

第六节　水库移民后期扶持

2006年后，盐池县认真落实国务院《关于完善大中型水库移民后期扶持政策》（国发[2006]17号）和自治区《宁夏回族自治区大中型水库移民后期扶持政策实施方案》（宁政发[2007]19号）文件精神，在自治区水库移民领导小组和移民办的指导下，积极开展大中型水库移民后期扶持工作。在县水务部门、县直有关部门和有关乡（镇）、村的共同努力，各项工作有续开展，取得了阶段性成效。

一、基本情况

自治区水库移民领导小组核定批复盐池县水库移民330户1307人，其中郝家台水库库区涉及惠安堡镇杜记沟、萌城、四股泉、大坝4个行政村7个自然村，共搬迁320户1279人，确定扶持方式为“项目扶持”。青铜峡水库移民涉及花马池镇、王乐井乡15户33人，确定扶持方式为“资金直补”。

二、政策落实情况

（一）资金直补

2006年至2007年实施资金直补10户28人，直补资金2.52万元。

2008年实施资金直补10户28人，直补资金1.68万元。

2009年至2010年实施资金直补5.04万元

2012年完成大中型水库移民后期扶持人口资金直补1.98万元

2013年完成15户、33人资金直补1.98万元。

2014年，大中型水库移民直补资金32人1.92万元，通过一卡通进行发放。大中型水库移民后期扶持政策实施工作专项补助经费5万元。

（二）项目实施

2006年至2007年度，项目全部为入户项目，在郝家台移民区实施完成111座“一池三改”和320座大弓棚建设，共计投资115.11万元，受益111户440人，其中三岔河25座，25户100人；郝家台35座，35户118人；林泉25座，25户115人；新庄26座，26户107人。单座“一池三改”投资2250.08元，工程总投资24.98万元。蔬菜大拱棚320座，受益320户1279人，其中三岔河25座，25户100人；郝家台35座，35户118人；林泉25座，25户115人；新庄26座，26户107人；刘石嘴79座，79户348人；大湾54座，54户205人；红土沟76座，76户286人。单座蔬菜大拱棚投资2816.62元，工程总投资90.13万元。

2008年，修建乡村道路5.94千米，其中三岔河、郝家台、林泉、新庄四个村修建砂砾石路一条4.8千米，路面宽4米，砂砾石厚15厘米；刘石嘴、大湾两个村修建C20砼硬化道路一条0.67千米；红土沟村修建C20砼硬化道路一条0.47千米，路面宽4米；刘石嘴村道路桥涵洞下游修护坡一座，坡长30米，宽10米，高8米。举办劳动技能培训，每户培训一人，共320人，其中电焊技术培训60人，种植技术培训70人，刺绣技术培训60人，养殖技术培训70人。项目总投资76.74万元，其中工程费63.94万元；培训费9.6万元；其他3.2万元。

2009年，按照《2009年度盐池县移民后期扶持项目实施方案》，在2008年项目建设的基础山延长硬化道路3条7.02千米，其中采用砾石硬化道路1条5.5千米，为郝家台、林泉、新庄、三岔河村共用道路，在4+800（地面高程1434.21米）处延长至10+300（地面高程1485.45米）处，设计硬化路面宽4.0米。采用C20砼硬化道路2条，一条通往红土沟村，在0+470（地面高程1423.92米）处延长至1+150（地面高程1442.5米）处，长0.68千米；另一条通往大湾和刘石嘴村，在0+670（地面高程1448.1米）处延长至1+510（地面高程1418.0米）处，长0.84千米，设计硬化路面宽4.0米，总投资76.74万元。

2010年，按照大中型水库移民后期扶持项目实施方案要求，硬化道路7条，长13.91千米（砾石路10.3千米、砼路面硬化3.61千米）、桥涵护坡1处，劳动技能培训320人，完成总投资187.48万元。

2011年，根据大中型水库移民后期扶持项目实施方案，按照《盐池县2010—2011年大中型水库移民后期扶持项目》方案，购置农资572750千米，其中磷酸二铵199320千米、尿素373430千米，扶持320户1279人，完成投资153.48万元。按照《盐池县2009年度大中型水库移民后期扶持结余资金项目》要求，在项目区完成斗渠道路硬化7条，总长11.0千米，完成投资46万元。

2012年，完成大中型水库移民后期扶持项目资金76.74万元，用于购买农资。

2013年，大中型水库移民后期扶持项目经过多次召开移民工作会议，按照移民及乡村干部意愿，实施项目农资购置肥料251650公斤，总投资76.74万元。在水库移民区利用结余资金项目修建砼路2条，长5.2千米，总投资165万元。

2014年，大中型水库移民后期扶持项目（农资购置项目）扶持资金76.74万元（磷酸二铵0.974万公斤、尿素7.9412万公斤、复合肥10万公斤）。大中型水库移民后期扶持结余资金项目（贾记圈农村道路硬化工程）硬化道路3条6750米，投资206万元。应急结余资金项目（杜记沟农村道路硬化工程）硬化道路3730米，投资150万元。

2015年，大中型水库移民后期扶持项目总投资76.8万元,购置化肥27.496万公斤。

2016年，大中型水库移民后期扶持项目实施农资购置30.77万公斤，总投资76.8万元，其中磷酸二铵16万公斤，投资52.8万元；尿素14.77万公斤，投资24.0万元。

三、主要做法

（一）规范操作，严格把关，全面完成大中型水库移民人口年度核定登记工作

为切实做好大中型水库移民后期扶持工作，盐池县政府成立了盐池县大中型水库移民后期扶持工作领导小组，各乡、村也相应成立了大中型水库移民后期扶持工作组，切实加强了项目实施组织领导。修订完善了《盐池县大中型水库移民后期扶持2006年—2010年规划》，并经自治区移民办批准实施，为全县大中型水库后期扶持工作全面实施奠定了基础。在移民人口核定中，认真做好调查摸底，详细查找档案资料，收集整理了所有与水库移民相关的原始资料，摸清底子，为准确核定移民人口提供了科学依据。在移民人口年度核定登记工作中，坚持按照规定程序，阳光操作，认真审查把关，防止错登漏登，确保人口登记工作科学严谨，符合实际。

（二）严谨细致，专款专用，积极稳妥做好大中型水库移民资金发放工作

为做好移民后期扶持直补资金的发放工作，盐池县从三个方面严格把关：一是在农村信用社设立基金专户，实行专款专用；二是在资金发放前，将移民人口登记名单在相关移民村组进行公示，接受移民群众监督，避免错发、漏发；三是制定下发基金发放文件，对通过

“一卡通”发放的手续、注意事项等进行明确规定。

(三)以人为本,把握政策,切实做好涉及库区移民稳定工作

盐池县委、政府高度重视库区稳定工作,成立了“盐池县维护库区稳定工作领导小组”。同时为确保库区稳定采取了一系列有力措施。

一是强化责任,各有关乡镇以创建“平安盐池”为平台,增强了各级干部做好移民稳定工作的责任感。二是先后召开专题工作会、座谈会、协调会、户代表会议等 10 余场次,发放宣传单 500 余份,广泛宣传移民后期扶持政策。三是认真对待移民信访和问题诉求,依据政策帮助移民释疑解惑,通过宣传政策规定、落实移民身份、编制后扶项目等措施,切实解决移民群众具体困难和实际问题。2008 年 7 月,编制完成了《盐池县大中型水库移民上访应急预案》。四是严格把政策界限,在整个大中型水库移民后期扶持项目中,县、乡、村三级组织,均严格按照规定程序办事,注重公开透明,确保后期扶持工作的平稳实施。通过争取上级项目扶持,着力改善库区和移民安置区基础设施和移民群众生产、生活条件,提高移民的收入和生活水平。

四、主要成效

(一)移民收入增加

采取资金直补和扶持到户方式,主要解决了移民生活上的困难。移民通过资金扶持,每人每年可增加收入 600 元。多数移民利用后期扶持补助资金投入生产经营,扩大生产规模,增加了收入。

(二)基础设施改善

盐池县经自治区移民办核准的大中型水库各年度实施项目,对于改善大中型水库移民生产生活条件、促进库区经济发展起到积极的推动作用,受到广大水库移民和移民村群众的普遍欢迎。

(三)移民安定稳定

大中型水库移民后期扶持政策实施前,移民群众与当地非移民群众间的收入差距较大,且由于风俗习惯、情感认知等方面的差异,容易发生矛盾纠纷,社会不稳定因素增加。实施大中型水库移民后期扶持政策后,国家加大移民安置区项目资金投入,积极改善库区移民生产生活条件,努力营造和谐社会氛围,稳定移民群众情绪,有力促进了库区和移民安置区社会经济协调发展。

第七节　工程效益

扬黄灌区的开发建设,日益发挥着社会、经济和生态三大效益,盐池老区的社会面貌焕然一新,发生了日新月异的变化。

一、社会效益

宝贵的黄河水,经过远距离、高扬程徐徐流进老区黄土大地,20万亩荒漠、半荒漠贫瘠的土地从此变成了水地良田、新野沃土;从根本上改变了当地老百姓祖祖辈辈靠天吃饭、广种薄收的困顿局面;农业生产由单一的种粮食“填饱肚皮”向多种经营、高效益转变,由粗放经营向集约经营、现货农业发展。5万贫困农民稳定地解决了温饱,逐步走上勤劳致富的康庄大道。

二、经济效益

扬黄灌区的开发建设,给盐池县农村、农业经济的发展带来了无限生机和活力。县委、政府在灌区新一轮产业结构调整中,积极引导农民群众坚持“四个扩大”,努力实现“三个提高”:扩大经济作物、饲草作物、新品种和新技术的推广面积,使粮、经、饲草种植比例日趋合理(粮食占60%、经济作物占10%、林草占30%)。种植经营中,增加了资金和科技投入,努力提高单产、提高品质、提高经济效益。

惠安堡、马儿庄灌区开发较早,亩产粮食普遍达到500公斤以上,以老灌区确定的“双千”(粮食亩产千斤、经济作物亩产值千元)目标来衡量,有50%的灌区基本可以实现“双千”目标。城西滩、王乐井新开发灌区重视发展林草和多种经营,起点高。2003年城西滩灌区发展蔬菜温棚500多座,有60%的温棚收入在5000元至6000元。全县所有灌区从南到北,共建养殖暖棚5000余座,大部分利用较好,每座棚收入都在2000元至3000元。随着农牧业服务功能的进一步健全完善、新技术广泛应运、项目资金投入持续加大,灌区种植、养殖业经济效益将会不断攀升。

扬黄灌区开发建设以来，截至2003年，累计粮食产量过亿公斤，灌区农户人均产粮500公斤以上,人均纯收入1300元以上。

三、生态效益

扬黄灌区的开发建设,有效促进了盐池县生态环境恢复和治理。惠安堡、马儿两片开发较早的4666多公顷灌区,全部布设在沙化严重的风蚀地区,开发初期沙尘、沙暴灾害频繁。灌区建成之初,即全面实施造林种草,营造防护林800公顷,发展庭院经济林363.3公顷,林木覆盖率达到23%,80%的水地农田林网基本成型。潘儿庄灌区所在地为惠安堡镇西南部最大的风口,贾家圈灌区所在地为惠安堡镇东南部最大的平铺浮沙地,加之过去乱采滥牧和过度垦荒,成为沙化严重的不毛之地。灌区开发后,持续营造防护林,实施围村、围镇、沿公路绿化工程。211国道两侧的绿化带和新居民点绿化工程,层层绿意尽显,生态效益初现。

2000年后开发的城西滩灌区,防护林和经济林营造面积达613.3公顷,覆盖率为17%。盐兴公路、307国道和古王高速公路两侧与城西、城北防护林建设初具规模。城西滩、王乐井灌区以及围城造林、沿公路绿化工程支撑了盐池县西北部沙化区的生态屏障和小气候涵养功能。

城西干渠担负着王乐井、城西滩等灌区5333.3公顷水地的供水任务，渠道在穿越冯记沟和青山局部地区时，风蚀沙压严重，致使道不通、渠不畅、水难流。2000年首次冬灌通水至2002年春灌，三年间清理渠道和道路淤积沙土3次，费用达60余万元。2002年，扬黄工程建设管理局对牛家口至三道井干渠风沙危害严重的8000米段作为生态治理区，实施围栏封育、补播草籽、播种柠条和营造灌木林共计333.3公顷，渠道两侧的明沙丘和裸露沙地的植被迅速得到恢复，流动沙丘基本得到稳固。此后，干渠运行多年来再未进行清淤，保证了灌区的正常供水。

随着灌区农业产业格局的全面调整，防护林、经济林建设的全面推进，对盐池县中北部地区的生态环境建设起到更加积极的促进作用。灌区农作物秸秆、树枝落叶和以玉米、苏丹草为主的饲料粮种植，为封山禁牧、舍饲养殖提供了充足的饲料，也为生态建设作出了重要贡献。南起惠安堡灌区、途经哈巴湖国家级森林公园、北至明长城南侧，在近150公里的扬黄水渠两侧，层层林网、行行绿树，风动枝摇、烟宠远村，营造了塞上盐州、长城岸边最为亮丽的生态美景。

表 7-7-1 1993—2000 年盐池县扬黄区受益情况统计表(单位:亩、千克、万千克)

项目	1993			1994			1995			1996			1997			1998			1999			2000		
	面积	单产	总产	面积	单产	总产	面积	单产	总产	面积	单产	总产	面积	单产	总产	面积	单产	总产	面积	单产	总产	面积	单产	总产
总播种	5234			15547.7			18589			28943			35431			33447			46480			58248		
一、粮食	5119	64.5	33	13297	199	264.6	16773	194.2	325.7	20645	221.3	456.9	28189	192.1	541.4	27911	221.2	818.1	36220	263	952.3	38996	283.6	1106
春小麦				2211	223.4	49.4	4058	215	87.2	5230	218	114.4	9961	187	186.3	11059	237.9	263.9	12080	163	196.9	7550	226	170.6
玉米	1422	100	14.2	5831	261	152.1	8678	238.4	206.9	10987	278.4	278.4	12952	240	310.8	11066	275.4	304.8	19769	361	681.7	21450	377.2	809.2
谷子	977	68	6.7	2791	95	26.5	1003	68.8	6.9	1139	55.8	55.8	607	50	3	509	43.2	2.2	666	45	3			
糜子	2620	45	11.8	1517	113	17.1	1522	74.2	11.3	424	63.9	63.9	339	44.2	1.5	1156	47.8	5.5	290	41.4	1.2	35	28.6	0.1
山芋				122	50	6.1	831	119.1	9.9	1606	134.5	134.5	1186	200	23.7	2009	162.3	32.6	1644	268	43.3	9821	128.2	125.9
大豆	100	30	0.3	825	162	13.4	253	67.2	1.7	329	67.2	67.2	2239	60	13.4	874	65.2	5.7	304	66	2.06			
其他							428	39.7	1.7	930	40.2	40.2	905	30	2.74	1238	1642	203.4	1467	164	24.14	140	21.4	0.3
二、油料	50			1604	43	6.9	1581	85.5	14	2778	71.7	71.7	2440	48.4	11.8	3245	70	22.7	6732	93	63	12815	96.3	123.4
胡麻	50			1021	35	3.6	1119	71.2	7.8	755	58.9	58.9	594	404	2.4	233	51.5	1.3	673	38.2	2.57	90	55.6	05
向日葵				283	81	2.3	405	123.5	5	1108	80.1	80.1	1808	50	9	3013	65.6	20.3	5873	101	59.3	12495	97	121.2
其他				300	33	1.0	57	22.8	0.1	915	72	72	38	52.6	0.2				186		1.13	230	73.9	17
三、瓜菜类	65			646.7			235			5520			4802			2290	1713	33.4	3528			6437		
菜				4.5			90			93			526			193	1889	316	304	520	15.8	33	151.5	0.5
瓜				23.2			35			348			474			1673			2444	2111	516	3317	1690.7	560.8
其他				619			110			5079			3802			424			780			3087		
四、人均收入				386			854			896			946			980			1140			907		
五、总产值(万元)				193.1			264.71			415.6			786.3			1168.96			1868.4			2932.79		

第八节 扬黄扩灌项目实施

1986年，盐环定扬黄工程立项之初，分配盐池县黄河水流量5立方米/秒。

1998年，宁夏红寺堡灌区建设项目开始实施，原来从盐环定引水工程分配同心县的2立方米/秒黄河水改从红寺堡灌区干渠供水。盐池县在扬黄工程建设之初，就提出了积极争取同心、定边和环县没有利用的水指标来扩大本县扬黄灌溉面积的设想。并多次组织实地勘探，安排有关部门进行前期准备工作。在盐池县委、政府的积极争取和自治区计委、水利厅的大力支持下，自治区政府批准将原分配同心县2立方米/小时的黄河水调整盐池县使用。

2002年6月到2003年3月，盐池县扬黄工程建设指挥部、扬黄工程建设管理局组织区、县有关部门领导、专家对盐池县扬黄扩灌工程(以下简称盐池县扬黄二期工程)规划方案进行了多次考察论证。2003年3月到5月，盐池县扬黄工程建设管理局组织工程技术人员对扩灌区进行勘测设计，并将设计方案报自治区水利厅和自治区计委审批。2003年6月底，自治区水利厅、计委对扬黄二期工程设计方案进行了批复。自治区水利厅、计委原则同意设计方案提出的工程布置和主要建设内容。

一、工程规模

（一）盐池县扬黄二期工程国家投资3888.83万元

主要建设内容有：一是开发净灌面积8片3266.7公顷，其中狼布掌灌区733.3公顷、姚沟塘灌区733.3公顷、旺四滩灌区333.3公顷、三墩子灌区800公顷、李毛庄灌区400公顷、李家坝扩灌区66.7公顷、陈家圈灌区100公顷、野湖井灌区100公顷。二是新建狼布掌、旺四滩泵站各1座，净扬程分别为34.83米，31.06米，设计流量分别为0.67立方米/秒、0.54立方米/秒。三是新建支渠8条，总长41千米；分支渠5条，总长6.85千米。四是新建导洪堤5千米，防洪标准为十年一遇。五是田间配套斗渠69条，总长93.54千米；农渠1286条，总长58.5千米。

（二）三墩子灌区

冯记沟乡三墩子灌区于2004年开发建设，开发面积800公顷。冯记沟村分配水浇地358公顷，安置人口1400余人；回六庄村分配水浇地3000亩，安置人口500余人。三墩子扬黄灌区的开发建设，奠定了冯记沟乡农业生产发展基础，全乡粮食产量由开发前1991年的127.2万公斤增加到2006年的1409.3万公斤，增长10倍。

（三）汪四滩灌区

2003年开发建设，开发面积400公顷，安置汪四滩行政村三个村民小组70户386人。

二、工程实施

根据自治区水利厅的统一安排，盐池县扬黄二期工程中的主支渠、泵站、防洪等骨干工程由自治区水利厅工程建设管理局负责组织实施，田间配套工程由盐池县扬黄工程建设管理局负责组织实施。整个工程于 2003 年 8 月 1 日正式动工，工期 1 年。盐池县委、政府高度重视扬黄二期工程建设，县委书记何国攀强多次对确保工程质量、加快工程进度提出具体要求。县委成立了以县委副书记、县长张柏森为组长，县委常委李耀强、人大副主任许昌翊、副县长马吉、政协副主席刘振山、扬黄指挥部指挥高玉为副组长的扬黄二期工程开发建设领导小组，明确了各有关单位的职责要求。扬黄指挥部和扬黄工程建设管理局抽调主要领导分片包干，协调组织施工。截至 2003 年 11 月初，支、斗渠框架工程基本形成，平田整地 4 万亩，实现冬灌 5000 亩。2004 年年底，扬黄二期工程设任务全部完成，安置吊庄移民 4000 户 16000 人。同时，移民开发被国家列入生态移民项目。

第九节　工程改造维修及灌区运行

盐池县扬黄工程自 1991 年开工建设，灌区面积逐年增加，经济效益、生态效益、社会效益十分显著。经过 10 余年的运行，部分泵站机组老化，不能正常运转，渠道和建筑物毁坏严重，影响正常灌溉。盐池县扬黄工程建设管理局和水务局积极争取专项经费，县财政配套资金投入，分批对骨干工程和田建配套工程进行改造维修。

盐池县扬黄工程建设初期，工程维护主要任务是清理渠道淤沙和杂草，维修被盐碱腐蚀的毁坏渠道。其时，灌区土地植被稀疏，冬春季风大沙多，干渠和部分支渠常被积沙掩埋。每年春灌之前，首先要清理渠道淤沙、杂草，每年清沙费用都在 10 万元以上。部分渠道建在盐碱地上，渠道受到盐碱腐蚀，下陷或损坏严重，每年渠道维护费在 10 万元左右。2004 年，扬黄灌区建设任务全部结束，工作重点由工程建设转为工程管理。此时，早期建设的部分扬黄骨干工程由于运行时间较长，老化严重，亟待维修改造。县扬黄部门积极争取自治区级财政资金或专项投资，加以县财政配套，逐步解决。

2005 年，维修干渠 3800 米，支、斗渠 4900 米，农渠 3240 米。全年灌水量 3564 万立方米，完成灌溉面积 1.3 万公顷。

2006 年，维修更新了龙记湾一甘洼山干渠 6000 米，对三道井泵站机组进行了两次检修，更换 10 米压力管道。全年灌水量 4200 万立方米，完成灌溉面积 1.35 万公顷。

2007 年，维修龙记湾隧道出口干渠 280 米，维修红井坑渡槽 270 米。抢修三道井—甘洼山干渠决口和王乐井支渠决口 2 处，清淤干渠 6500 米，扎草方格固沙 7865 平方米。全年灌水量 4200 万立方米，完成灌溉面积 1.35 万公顷。

2008年,维修改造渠道4800米,对三道井、李记坝、狼布掌、汪四滩四个泵站的机组、泵房和红井坑渡槽进行了维修。全年灌水量4200万立方米。

2009年,实施扬黄盐池专用干渠两侧生态水资源高效综合利用工程。该项目为盐池县委、政府确定2009年度重点工程,铺设输水管道8850米,维修砌护干渠7000米,建蓄水池4座,打浅机井12眼,建集雨场100处,打蓄水窖1000眼。同时维修各类输水渠道40千米;抢修王乐井支渠3号渡槽及马一支渠道缺口2处,清淤各类渠道165000米,维修干渠道路43千米,对四座扬黄泵站机电、机组进行彻底维护。全年灌水量4000多万立方米,确保1万公顷灌区正常灌溉。

2010年,维修三道井干渠520米,其他各类支渠、分支渠1190米,各类建筑物20余处;干渠清淤10千米;整修干渠道路26千米;对四座扬黄泵站机组及电气设备进行彻底维护。累计灌水量4769.66万立方米,完成灌溉面积了1.33公顷。

2011年,实施改造三道井泵站、李家坝泵站及干渠任务,总投资3201.79万元。受总水量指标限制,灌区按照"以供定需、总量控制、定额管理"原则,结合各乡镇灌区种植面积及种植结构,将用水指标分解到各乡镇。引导农民合理调整种植结构,做到科学调配和利用水资源,确保灌区充分发挥效益。全年累计向灌区输灌水5398万立方米。

2012年,维修三道井干渠泵站上段、冯青公路下段,及抢修王乐井支渠等共计4800千米;抢修三道井干渠城西高流速段1处,维修各类建筑物16处;渠道清淤8000米;完成扬黄续建三道井、李家坝泵站机电设备改造、三道井干渠6800米防腐处理、红井坑渡槽和石山子隧洞维修工程、三道井泵站防洪、泄洪槽维护、三道井泵站站围防腐、管养房改造等,累计完成投资3200万元。对存有隐患的三道井应急拦洪坝、导洪渠等多处地段进行全面加固疏通,对未改造的旺四滩、狼布掌两个泵站进行了彻底维护。按照"总量控制、指标管理"原则,紧扣年度用水指标,严格控制用水量,逐渐理顺水量调配矛盾。全年累计灌水量4453万立方米,其中农业灌溉用水4055万立方米,生态用水170万立方米,冬灌上水228万立方米。

2013年,完成平台扬黄渠道改造工程,维修及处理三道井干渠压力管道出口、石山子隧洞进口段及抢修王乐井支渠等共计5200米,抢修王乐井支渠管涌3处,维修各类建筑物28处,干支渠清淤42000米,修筑三道井干渠混凝土道路13000米。严格按照"总量控制、指标管理"原则,实行指标供水。分水指标到户,凭卡购水。按照"以水定植""以水定产业"和"以水定发展"的可持续发展方向,引导农民调整种植结构,做到科学合理调配利用水资源。3月份,按照自治区水利厅分配用水指标,将水量指标分配各乡镇,指导乡镇分配到村、到户。

2014年,维修处理三道井干渠张记圈管涌段及三墩子、上王庄支渠等共计6000米,抢修王乐井支渠管涌3处,维修各类建筑物18处,渠道清淤7600米。全年灌水量5860万立方米。其中农业大田灌溉面积12333.3公顷,用水4221万立方米(含冬灌131万立方米);

设施农业 10460 公顷，用水 1249 万立方米（含冬灌 241 万立方米）；生态湖用水 350 万立方米（含冬灌 100 立方米）；生态移民 413.3 公顷（隰宁堡 313.3 公顷、十六堡 100 公顷）用水 40 万立方米。

2015 年，实施 2014 年中央财政统筹土地出让收益计提农田水利建设资金，投资 30 万元维修及处理三道井干渠泵站出口段共计 3400 米，维修各类建筑物 22 处，渠道清淤 7.6 千米。全年灌水量 7240 万立方米。其中夏秋灌 6350 万立方米；冬灌 890 万立方米。夏秋灌中：农业大田灌溉面积 12333.3 公顷，用水 4420 万立方米；设施农业 10460 公顷，用水 1600 万立方米；花马湖生态用水 250 万立方米；生态移民（隰宁堡 313.3 公顷、十六堡 100 公顷）用水 80 万立方米。冬灌中：农业大田灌溉用水 300 万立方米；设施农业用水 490 万立方米；花马湖生态用水 100 万立方米。

2016 年，全年累计灌水量 5533 万立方米，其中农业灌溉用水 5223 万立方米、生态用水 310 万立方米。随着全县农业生产和生态建设任务总量增加，全县用水形势日益严峻。各级政府、有关部门主动施策，鼓励发展节水农业，广泛宣传节约用水。一是利用手机微信、网络、新闻等媒体，积极宣传全县水利状况，引导广大群众主动调整作物种植结构，从思想上提前做好应对准备。二是以节水改造项目为依托，加大作物结构调整力度。在扬黄灌区大面积推广种植黄花等高效节水作物，保证广大农民群众收入不减，保证灌区发展持续推进。

2017 年，扬黄渠道改造工程完成干渠改造 26.5 公里，并移址重建了三道井泵站和李家坝泵站。

第十节 灌区灌溉管理

盐池县扬黄灌区自 1991 年开工建设，到 2005 年全面完成建设任务。在此期间，灌区灌溉管理一直由县扬黄工程建设管理局负责，扬黄管理局设立灌溉调度管理科，下设两所一泵站：即惠安堡水管所、城西水管所、三道井泵站。2005 年，盐池县扬黄工程建设管理局与县水务局合并，灌区管理职能转由县水务局负责。

一、管理机构及职责

盐池县扬黄灌区灌溉管理实行“分级管理”和“专管与群管”相结合的管理体制。县水务局全面负责灌区管理工作；各乡镇成立由分管领导为组长，水利站、受益村负责人为成员的灌溉管理领导小组，分别行使管理责任。县水务局设立扬黄灌溉管理所，下设惠安堡、三道井和城西滩三个水管所。各所主要职责为：贯彻执行上级水利部门的政策制度与决定；落实扬黄水利工程设施管理责任；负责新增灌溉用水项目水资源合理性审核、用水指标核定；做好干、支渠和泵站的运行维护，确保渠道、泵站安全运行；编制配水计划，做好分水到户工作监督指导，加大对用水单位和用水户节水意识的宣传；开展灌溉实验；积极推广科技成果，总结供水经验；负责水费收缴监督管理；组织对支渠长业务管理工作进行考核，搞好职工岗位技能培训；配合乡镇做好灌溉管理矛盾纠纷调解。

乡镇灌溉管理领导小组负责相关法律和政策规定的贯彻落实；支、斗渠长选定及管理；指导分水到户、严格按分水指标购水，落实水费收缴和辖区内灌溉管理工作；对扬黄灌溉管理所及其下设机构的工作进行监督；负责支、斗渠清淤和斗、农渠维修；灌溉管理矛盾纠纷调解。

支渠长、斗渠长负责对支、斗渠基层水管人员进行管理；渠道运行巡查安全，督促检查渠道清淤，发现问题及时上报相关主管单位；负责支、斗渠水指标调配到位工作。

二、灌溉管理

节水管理 全县各有关乡镇、农业局、水务局根据发展节水农业和节约用水原则，规划农业种植结构和布局，压缩高耗水、低产出农作物面积。因地制宜地发展旱作节水农业，培育和推广耐旱优质高效作物。通过多年不断调整，到 2016 年年底，扬黄灌区农作物种植以玉米、苜蓿、苏丹草、马铃薯等耐旱作物为主。农业科技部门在灌区推广渠道防渗、管灌、微灌、滴灌等先进高效节水灌溉技术，防止大水漫灌、串灌、深灌，提高用水效率，确保粮食稳产高产，经济效益和社会效益双赢。

调度管理 科学制定配水计划，实行统一调度管理。按照各灌区渠道输水能力、控制面积和用水量合理安排轮灌，配水到农、计量到斗。实行先下游后上游、先难后易、先多后少的灌水原则。各级渠道配水坚持上接下送、现场交水，力争做到公正合理，力求水量准确无误。

巡查制度 水管理单位及水管人员在灌溉前和灌溉期间，认真做好渠道及渠系建筑物安全巡检，特别在汛期、强降雨时，组织人员严密防护，做好应急抢险工作。

三、设施管理

为保障灌区设施、运行安全，水务主管部门组织对渠道、建筑物以及观测、通讯、交通等附属设施进行常态化监测管理，防止人为损毁。禁止在渠堤上挖砂、取土、铲草，禁止滥伐渠林及向渠道内倾倒垃圾、灰渣；禁止在渠道内设障堵截。对故意损坏或无意损毁灌区工程设施的，依法、依规追究其责任；对在渠道上增修建筑物进行严格进行审批，对未经审批随意搭建的建筑物依法、依规予以拆除。

四、水费征缴管理

盐池县扬黄灌区水费征收标准及征收办法，严格按照国家、自治区政府及上级相关部门的有关规定执行。1993 年至 2008 年，水费执行标准为 0.1265 元 / 立方米。2008 年后，水费标准调整为 0.157 元 / 立方米。消费收缴执行一费制，严禁擅自增加收费项目和搭车收费。

扬黄灌区用水实行凭卡购水、先购后供原则。各用水村在水管所指定的购水时间段，按照用水户→村民小组→行政村→水管所核准→水务局逐级购水，购水指标公开公示。行政村指定的水费收缴人员在向县水务局专户缴纳水费前，需经水管所复核用水指标，持银行缴费回执单到水管所确认缴费成功，并填写购水卡。水管部门严格执行分水到户制度，严控超指标购水。水费收缴实行收支两条线管理。

五、人员管理

县水务主管部门对各级水管人员负有行政管理责任，制定落实各项管理制度，加强对新任水管人员业务、素质培训。水务局扬黄水管所定期对下级水管人员进行业务指导和工作督导，严禁水管人员工作期间玩忽职守或利用职务之便谋取不正当利益。对以水谋私，放关系水、人情水的水管人员，视其情节后果、危害程度作出行政处理；情节严重或危害巨大的，移交司法部门追究其法律责任。

第八章　水资源管理

第八章　水资源管理

依法治水是水利事业可持续发展的基础保证。加强水资源管理对增强全民水患意识，提高全民水法制观念，推动水利事业发展有着十分重要意义。20 世纪 90 年代以前，盐池县水资源管理工作比较薄弱，水资源浪费现象较为普遍。1990 年盐池县成立了水资源管理领导小组，1991 年盐池县水电局成立了水政水资源管理办公室，水电局局长兼任办公室主任，同时配备了专职水政监察员。水政水资源管理办公室职责为：负责地下水取水许可证审核、报批和年审工作；地下水检测、开采量统计、用水量设备监督管理及地下水资源费征收；负责全县用水单位水平衡测试督促和实施；打井审核与报批，成井验收、报废鉴定；供水工程立项、监督管理等。

第一节　水资源调查

1992 年，盐池县水资源领导小组办公室对全县水资源开发利用现状进行调查，形成《盐池县水资源开发利用现状调查分析报告》。报告从自然地理及社会经济发展状况、水资源形成分布的自然条件及水资源量、水资源评价、用水现状、现状用水水平分析、分区水资源开发利用程度综合评述等方面进行调查，对下阶段计划用水、节约用水、水资源开发利用提供依据。

表 8-1-1　1992 年盐池县可利用水资源量表（单位：亿立方米）

保证率	河(区)名	计算面积(平方公里)	当地水资源			山丘地表外来水资源	黄河过境水资源			合计		
			地上表水	地下水	小计		地表水	地下水	小计	地表表水	地下水	小计
平均(50%)	盐池内陆	4608	0	0.16	0.16					0	0.16	0.16
	苦水河	1202	0	0	0					0	0	0
	黄河右岸	70	0	0	0					0	0	0
	泾河	775	0	0	0					0	0	0
	合计	6655	0	0.16	0.16					0	0.16	0.16

续表

（75%）	盐池内陆	4608	0	0.122	0.122					0	0.122	0.122
	苦水河	1202	0	0	0					0	0	0
	黄河右岸	70	0	0	0					0	0	0
	泾河	775	0	0	0					0	0	0
	合计	6655	0	0.122	0.122					0	0.122	0.122
（95%）	盐池内陆	4608	0	0.104	0.104					0	0.104	0.104
	苦水河	1202	0	0	0					0	0	0
	黄河右岸	70	0	0	0					0	0	0
	泾河	775	0	0	0					0	0	0
	合计	6655	0	0.104	0.104					0	0.104	0.104

第二节　取水许可管理

一、水资源管理法规

1993 年 8 月 1 日，国务院发布《取水许可制度实施办法》，自治区出台了《宁夏取水许可制度实施细则》，1994 年 6 月 9 日，水利部发布《取水许可申请审批程序规定》。根据国务院、水利部和自治区相关文件精神，盐池县政府出台了《关于实施取水许可制度的通知》。要求：凡是在盐池县境内直接从地表（沟泉、涝池）、地下（机井、带子井、土圆井、塑管井）取水的一切单位和个人，都要依照《取水许可制度实施办法》规定，实行取水登记，领取取水许可证，并明确水资源管理、取水登记、发放取水许可证工作由政府水行政部门负责。

哈巴湖浅层水资源（摄于 2009 年 7 月）

1996 年 7 月 29 日，水利部发布了《取水许可监督管理办法》。2006 年 1 月 24 日，国务院常务会议通过了《取水许可和水资源费征收管理条例》，并于 2006 年 4 月 15 日起正式施行。国务院颁布的《取水许可制度实施办法》同时废止。2008 年 11 月 3 日，水利部发布施行了《取水许可管理办法》，1994 年发布的《取水许可申请审批程序规定》和 1996 年发布的《取水许可监督管理办法》同时废止。取水许可制度的逐步完善和实施，加强了水资源统一管理，有效促进了各地计划用水、节约用水、科学用水制度的形成，水利用率进一步提高，水资源管理工作逐步走向规范化、有序化。

二、水资源管理执法

1993 年实施国务院《取水许可制度实施办法》后，盐池县严格执行取水许可制度。水电局会同公安局、土地局查处违法取水案件 3 起。1994 年，水电局对 35 个取水单位进行了取水许可登记。1995 年，盐池县政府制定出台了《盐池县水资源管理办法》和《盐池县取水登记发证暂行办法》，全面完成了县域内厂矿企业取水许可登记发证工作，共颁发取水许可证 50 本，同时完成了 1 个乡镇农村取水许可证的发放工作。

1996 年，盐池县水务局为水政执法人员配备了行业正装，实行持证上岗，是年查处违法打井案件 2 起。1997 年，共查处违法取水案件 4 起。1998 年，全县实行取水许可申报审批制度。1999 年组织执法上岗证培训，30 名水政执法人员全部取得执法证件。2000 年，县政府成立了取水许可工作领导小组，颁发取水许可证 47 本，水资源浪费现象得到有效遏制。

2001 年，中国北方出现大面积干旱情况，盐池县城市供水严重不足。盐池县政府于 5 月 23 日紧急制定了“供水应急方案”，把盐池县城供水区分成三大区块，每区每天分早、午、晚 3 个阶段供水 2.5 小时，同时停止了一切基建用水。是年，盐池县政府制定出台了《盐池县取水许可实施办法》，配备执法专职人员 5 名，颁发取水许可证 86 本，审核批准打机井 75 眼。

2002 年，盐池县水利部门选派 12 名执法人员参加了水利部、自治区水利厅相关部门组织的执法培训。是年，盐池县全面公开执法程序和收费标准，审查取水许可证 150 本，批准开采机井 356 眼，查处违法取水案件 12 起。2003 年，盐池县委、政府提出建设节水型社会的目标。2004 年，盐池县水务局围绕建设节水型社会，积极开展水利工程建设，加大对水资源统一管理力度。全面开展对开采地下水资源进行依法审批，并于 4 月 1 日起开始征收水资源费。是年，水政部门依法查处违法打井案件 5 起，罚没收入 2720 元；依法审查、签发取水许可证 27 本，批准打井 47 眼，征收水资源费 4.3 万元。进一步加大水资源保护宣传力度，通过法律和经济制约手段，营造节约用

小畦田节水灌溉

水和保护水资源的社会氛围。2005年,盐池县根据自治区政府2005年第63次常务会议精神,重新明确征收水资源费的项目及标准。

1.盐池县境内所有工业企业(含火力发电企业)水资源费征收标准为:取地表水0.05元/立方米;取地下水资源按其取水井井深征收,井深小于70米的(含70米)收取0.08元/立方米,井深大于70米的收取0.10元/立方米,火力发电企业的征收标准为0.001元/千瓦时。

2.城镇居民用水水资源征收标准为:取用地表水0.02元/立方米;取用地下水0.05元/立方米,取用超采区地下水0.07元/立方米。是年,水政部门共查处各类乱开发水资源的生产、在建项目219个,审批核准开采机井85眼,发放取水许可证72本,征收水资源费3.172万元,违章用水罚款5200元。

2006年,国务院《取水许可和水资源征收管理条例》实施后,盐池县水务局进一步充实了水政执法人员,持续加大水政执法工作力度,严格审批手续。是年审核批准开采机井17眼,核发取水许可证17本,征收水资源费3.5万元,罚款1200元。2007年,盐池县实施取水计量管理,开展取水计量安装工作。共对自备井安装水表24户,县城用水户一户一表达90%以上。划定盐池县地下水资源限采区和禁采区,并向社会进行了公告。共换发新的取水许可证50本,征收水资源费19.1万元。盐池县政府制定出台了《盐池县饮用水水源地保护区污染防治管理办法》,建立了全县突发性水污染事件月报制度,划定了保护范围,树立了标志牌,明确专人管护。2008年,水政部门加大对擅自取水、凿井、拖欠拒交水资源费、不安装取水计量设施、超计划用水、污染水资源等违法行为的查处力度,共查处较大非法案件4起,征收水资源费23.59万元;核准新打机井21眼,换发取水许可证10本。县水务局下发了《关于安装取水计量设施的通知》,对符合要求的用水单位限期安装质量合格的取水计量设施,对不符合要求的用水单位进行强行关闭,对县城及工业园区内自备井实行"一井一卡"管理制度。2009年至2010年,水政部门进一步严格取水用水审批制度,加强水资源监管,制止各种水事违法行为。共查处水事违法案件4起,办理取水许可证8本,审核批准新打机井97眼,验收56眼;收缴水资源费80.37万元。

2011年,水务部门为落实最严格水资源管理制度,有效破解全县水资源紧缺瓶颈,采取多项有效措施,切实规范用水行为,并实行"四个必须"严格用水管理:即必须计划用水、必须凭证用水、必须安装计量设施、必须足额缴纳水资源费。进一步严格取水许可审批制度,规范取水许可审批程序,落实水资源论证制度,从源头上把好水资源开发利用关。在县城周边、饮用水源保护区内严禁开采地下水;督促未安装或未按规定安装计量设施的用水企业按要求安装;严厉打击非法取水行为。严格按照《水法》等法律法规和中央一号文件精神,对未经批准擅自取水、未按批准约定条件取水等行为依法进行严厉打击。是年,共办理取水许可证9本，审核批准新打机井25眼，共处理各类非法取水案件5起。征收水资源费124.52万元。2012年，针对全县水资源供需矛盾突出的实际，对取用水条件不符合要求、退水水质不达标以及在地下水超采区域取水的坚决不予审批。全面推行用水计量收费制度，全年征收水资源费101.3万元。2013年至2014年，盐池县认真贯彻国发[2012]3号文件精神，落实最严格的水资源管理制度，提高水利用率。组织对2013年46家取水户进行年检，征收水资源费150万元。2015年至2016年，全县共受理农业灌溉新打机井申请175件，审批工业取水水资源论证报告2个，查处私自打井等违法案件10余起；关闭了县城范围内公共供水主干网覆盖区内的全部自备井。

第三节 节约用水

节约用水，是指通过行政、技术、经济等管理手段加强用水资源管理，调整用水结构，改进用水方式，科学、合理、有计划、有重点的用水，提高水利用率，避免水资源浪费。特别是要通过广泛宣传教育，使社会公众在日常生活中自觉节水、科学用水，达到“节约用水、人人有责”的目的，在全社会形成水资源可持续利用的良好环境和氛围。

一、节水宣传

节水工作的开展，需要全社会共同参与。为了提高全民节水意识，营造“节约用水、从我做起”的良好社会风气，多年来，盐池县水务部门组织持续开展了形式多样、内容丰富的节

2001年11月，在庆祝盐池解放65周年之际，水务部门制作的宣传彩车

水宣传活动。截至 2016 年年底，水务局累计投入宣传资金 120 余万元，接受宣传群众 20 余万人次。

节日宣传 组织在“世界水日”“中国水周”“科技宣传周”“12·4 法制宣传日”等重要节日节点，开展多层次、多形式的节水宣传活动。一是开展开展水资源阵地宣传。在重要节日节点活动期间，组织在广场、集市等人口密集地方设立节水宣传服务咨询台，现场向群众解答法律法规和水事疑难问题。截至 2016 年年底，累计接受宣传群众 5 万人次，发放各种节水宣传材料 30 余万份，发放节水宣传品 2 万余件，开展节水观摩 20 余场次。二是开展巡回宣传。利用流动宣传车在全县重要水源地、用水区域开展宣传，通过制作节水宣传片巡回播放，使节水知识家喻户晓。三是多途径、多载体开展节水宣传。编制《水法》及相关节水法律法规《知识读本》1 万余册，制作发放印有节水标志和简明标语的水杯、手提袋、围裙 2 万余件，节水奖牌 1000 块，悬挂宣传标语 500 幅，彩旗 200 面。

媒体宣传 水务部门注重节约用水长效宣传机制，切实营造全社会节约用水氛围。在盐池县广播电视台长期开设《节水园地》栏目，定期播放节水知识和公益广告，录制节水工作先进人物和先进事迹；组织编发节水简报，宣传节水法规政策，推广节水器具；利用短信、微信等新型媒体作用，不定期编发节水小常识；制作“盐池水务”网站，设置节水知识、节水器具应用、水法律法规等栏目。通过大力宣传，使全社会充分认识节约水资源的必要性，增强全社会节约用水意识，树立“节水光荣，浪费可耻”的社会风尚。

联合宣传 县水务和司法部门每年联合举办一次“节水杯”水利知识竞赛活动，组织全县机关干部进行节水知识考试；与教育部门共同举办“节约用水，从我做起”有奖征文活动，征集主题作文 600 余篇，编辑成册；结合中小学“六个一”节水宣传教育活动、幼儿园“节约用水主题周”宣传教育活动及机关干部“下基层送政策促发展”活动的开展，组织干部进校园、走基层，向社会各界广泛宣传节约用水和水情状况，突出宣传“践行绿色发展，建设生态家园”“切实加强水资源节约保护，大力推进水生态文明建设”“加强依法治水，促进人水和谐”等内容；组织开展以“落实五大发展理念，推进最严格水资源管理”为主题的公益宣传活动；与县委宣传部联合制作节水提示牌 3000 个，在各节水点张贴提示。

文艺宣传 在中小学校开展了“节约用水，从我做起”万人签名活动，邀请全国节水形象大使、王乐井乡李涛涛同学参加；组织举办“人、水、法”主题游行活动，李涛涛与全县 2000 余名干部群众一同参加。邀请宁夏秦腔剧团、青铜峡话剧团赴盐池进行主题演出；组织开展了全县有关单位节水歌咏比赛；利用全县广场文化节，水务部门每年举办 1 场以水为主题的文艺晚会。

二、节水型社会建设

节水型社会就是水资源集约高效利用、经济社会快速发展、人与自然和谐相处的社会，它体现了人类社会发展的现代理念，代表着高度社会文明。节水型社会建设就是人们在生产生活过程中，在水资源开发利用的各个环节，加强对水资源的节约和保护意识，以完备的管理体制、运行机制和法制体系为保障，在政府、用水单位和公众的共同参与下，通过法律、行政、经济、技术和工程等措施，结合社会经济结构调整，实现全社会在生产和消费上高效合理用水，保持经济可持续发展。盐池县节水型社会建设从2012年开始，县政府制定了《盐池县节水型社会建设实施方案》，指导全县节水型社会建设，取得了显著成效。

（一）节水型社会建设总体思路

盐池县围绕水资源开发利用方式转变，不断完善分区治水方式，重点突出“引黄灌区农业节水、扬黄灌区高效节水、干旱山区调水和雨水集蓄利用”三个方面，在扬黄灌区以推进高效节水改造为重点，大力推广高效节水灌溉技术，确保不超过自治区下达的用水指标；库井灌区以开展高效节水查漏补缺为重点，确保实现高效节水全覆盖；旱作区以覆膜保墒和雨水蓄集利用为重点，发展小杂粮等经济作物。建立健全以水权、水市场理论为基础的水资源管理体制和以经济手段为主的节水机制，不断提高水资源利用效率及效益，基本实现“节约用水、水资源配置、水生态保护、水防灾减灾、水管理服务”的治水体系。

（二）节水型社会建设目标

控制用水量　通过最严格水资源管理制度和节水型社会建设，在巩固和提升全民节水意识，保障经济社会稳定发展的同时，实现用水总量“零增长”。截至2016年年底，全县取水总量控制在8000万立方米以内，扬黄灌区用水量控制在5100万立方米以内。新建项目水资源论证率、新建项目取水许可办证率达100%；建立健全取水许可和水资源有偿使用、水资源论证和节水设施“三同时”制度，加强用水定额监管。

提高用水效率　按照“节水引领”思路，积极调整经济结构、产业结构和农业种植结构，大力推广节约用水新技术、新模式，组织实施节水技术改造，发展节水型农业、工业和服务业。万元GDP用水量降低到101立方米以下，万元工业增加值用水量降低到20立方米以下，农田灌溉水有效利用系数达到0.653，工业用水重复利用率达到78%以上，城市供水管网漏失率控制在11.6%以下。

水功能区限制纳污　围绕生态环境建设，在提高用水效率的同时切实加大环境治理力度，减少污水排放，确保治污能力增长速度快于供水能力增长速度。县城污水集中处理率提高到87%，再生水回用率提高到22%；集中式饮用水水源地水质达标率、重要水功能区水质达标率皆达到100%；同时治理水土流失，不断提高森林覆盖率，增加人均公共绿地面积。推进示范作用。政府各级机关切实履行推进节水型社会建设责任，把节约用水贯穿于经济社会发展和群众生活生产全过程，建立起高效协调、最严格水资源管理制度和节水型社会建设工作机制；保障全县最严格水资源管理制度和节水型社会建设资金投入并加强监管。

严格按照《宁夏回族自治区建设项目节水设施“三同时”管理办法》规定，凡新建、扩建和改建工程项目，同步配套建设节水设施，节水设施与主体工程同时设计、同时施工、同时投产或投入使用。未经节约用水管理部门审核的建设项目不得投产或投入使用。以节水型社会建设带动水利现代化，以水利现代化支撑最严格水资源管理制度和节水型社会建设，通过建立现代化的水资源供给、保护、管理和服务体系，建立和完善全县水资源管理信息系统。全县机关节水型机构覆盖率达到68%，事业单位节水型公共机构覆盖率达到45%。规模以上节水型企业覆盖率达到11%。

（三）节水型社会建设取得的成效

制度建设 坚持把节水体制机制建设作为节水型社会建设的核心内容，各乡镇、有关部门结合实际编制了节水型社会建设规划、年度工作计划、实施方案等。成立了管理机构，建立了节水管理网络，配备专职节水管理人员负责，做到岗位责任明确；进一步完善节水型社会建设制度体系，建立起高效协调的节水型社会建设工作机制；制定了用水统计制度，全面实行总量控制与定额管理，严格实行取水、用水、排水全过程管理；强化取水许可、水资源有偿使用和水功能区管理；全面推进计划用水，加强用水计量与监督管理。水务部门对全县水资源进行调查评价，在确定水资源总量的基础上，依据生态保护目标和生态需水，计算出水资源可开发利用量。结合水资源开发利用水平以及经济社会发展规划，分析计算出本地区水资源承载能力，探索提高水资源承载能力的新途径。根据水环境保护目标，计算出不同频率下水环境容量，确定本地区水体纳污能力和允许排污总量。科学制定水资源合理配置方案，合理配置生活、生产和生态用水。建立节水鼓励、超计划超定额加价和惩罚等相关制度，制定了超标超量排放惩罚制度。

节水技术推广 组织对现有水资源利用设施进行配套和节水改造，推广使用高效用水设施和技术，完善水资源高效利用工程技术体系。推广节约用水新技术，农业上发展节水灌溉，推进农村小型水源工程建设；盐环定扬黄干渠改造工程完成后，农田灌溉水有效利用系数达到0.65，农业用水综合效益大幅提升。生活上推广节水器具；工业上注重开发使用促进清洁生产、符合循环经济的工艺和设备，发展节水产业。通过以上工程措施的科学配置，合理调配地表水与地下水、本地水与外地水、新鲜水与再生水，有效发挥水资源的综合效益。

水资源管理 加强对地下水资源的动态监测，实行地下水取用水总量控制和水位控制。核定公布全县地下水禁采和限采范围。在地下水超采区，禁止农业、工业建设项目和服务业新增项目取用地下水，并逐步削减超采量，实现地下水采补平衡。依法规范机井建设审批管理，严格规范取水许可审批，限制审批建设项目新增取水。城市公共供水管网能够满足用水需要的，严禁打自备井取水。严格按照规定征收范围、对象、标准和程序征收水资源费，尽量做到应收尽收。水资源费主要用于水资源节约、保护和管理，严格依法查处挤占挪用水资源费行为。

市场机制　遵循市场规律，引导经济结构调整。在制定水权及计划水量流转和交易规则的基础上，合理搭建水权和计划水量交易平台，开展取水许可权及计划水量交易工作。在城市供水设施改造和污水处理回用中引入市场机制，加大对供用水设施改造、污水回用和相关节水产业市场化运作力度，提高城市供水效率。对农村小型水源工程产权制度进行改革。对水价形成机制进行改革，充分发挥水价对于节约用水的杠杆作用。

提高公众节水意识。拓宽公众参与途径，实行重大水事活动（如重大耗水项目上马、水价调整等）听证和公示制度。建立节水监督机制，鼓励用水户和公众参与节水型社会建设，促进全社会共同节水。通过各种媒介、采用多种形式对最严格水资源管理制度和节水型社会建设进行深入持久宣传，实施了一批公众参项目。将节水型社会教育纳入全民素质教育、义务教育体系当中，充分调动相关社会团体和组织在节水型社会建设中的作用。培育、宣传与节水型社会建设相符合的节水文化，倡导文明的生产和消费方式，全社会基本形成了“浪费水可耻、节约水光荣”的社会新风尚。

节水型公共机构创建　按照自治区关于“制度健全、设施先进、管理到位、用水高效”的创建要求，制定了《盐池县公共机构节水型单位建设方案》，扎实推进节水型公共机构建设。累计完成节水型公共机构215家，建成节水企业5家，覆盖率分别为89.2%和11.4%，节水型单位创建工作取得显著成效。2017年行政单位节水型单位申报51家，达标37家，完成率达70%；事业单位节水型单位申报128家，达标78家，完成率达到46%。

（四）节水型社会建设主要措施

盐池县开展节水型社会建设，主要措施体现在农业节水科学化、工业节水工艺化、生活节水常态化等“七化”方面。

农业节水科技化　盐池县开展节水农业，主要采用工程节水和农艺节水的方法，坚持因地制宜，注重实效，选择适宜的节水模式加大产业调整力度，使农业生产和林、牧业用水结构日趋合理。基本完成水权确权工作，调动广大群众的节水积极性。限制并压缩耗水量大、效益低的作物种植面积和养殖规模。改进地面灌溉制度，加强节水工程建设，认真组织实施小型农田水利、灌区续建配套与节水改造、农业综合开发、土地整理、秋季农田水利等项目建设。加快扬黄主干渠改造，提高灌溉水有效利用系数。在适宜区域加大滴灌、喷灌、管灌等灌溉技术的推广；加快干旱带设施农业与高效节水补灌建设。采用农业耕作、覆盖保墒、科学施肥、化学调控保墒、地面畦灌、改变种植结构等农业节水技术。完善灌排体系；加快排水骨干沟系建设。改良土壤盐渍化，提高农业综合生产能力。截至2017年年底，全县共发展高效节水农业34.72万亩。

节水农业种植基地(摄于2012年7月)

工业用水工艺化 按照《国家鼓励的工业节水工艺、技术和装备目录》要求,采用先进用水工艺和水处理技术、工艺和设备,增加循环用水次数,提高水重复利用率,减少水资源损耗。要求、鼓励并扶持老企业进行节水改造,严格控制耗水多且污染大的项目上马;结合水资源论证和审批制度,加大对新上企业的准入管理力度,使新上企业一律采取先进节水工艺,开展水平衡测试,提高工业水重复利用率;加强再生水回用和用水计量管理。深层地下水保护本着"疏堵结合"的原则,一方面,建立健全严格的地下水资源管理制度,建设完善地下水开采和地下水水情监测体系;另一方面,通过配置工程建设,实施水源替代措施,利用地表水或浅层地下水替代超采区一部分深层地下水,保护地下水资源。工业和安监部门负责协调1家节水企业开展试点,推动节水型企业建设。

生活节水常态化 水务部门、城乡供水公司采取有效措施,加快城镇供水管网改造,推广先进检漏技术,提高检测手段,降低管网漏损率。建设大型污水处理厂,积极开展中水回用;抓好新建建筑物节水型用水器具的安装使用及推广,对原来浪费严重的用水器具进行更换。积极开发利用再生水、矿井水、微咸水、雨水等非常规水源,增加可供水量,缓解水资源"瓶颈"问题。新建宾馆、公寓综合服务楼、高层住宅建筑、机关、大型综合性文化体育设施符合设置中水、雨水条件的,配套建设中水或雨水回用设施,提高污水、雨水利用率。

资源环境生态化 在推广以节水和循环利用为主要内容的清洁生产基础上,建立点源、面源控制与末端治理相结合的水环境保护体系。哈巴湖管理局、水务、环林等相关部门

青山乡北马坊生态水系工程(摄于2011年10月)

建立和完善了骆驼井水源地、哈巴湖自然保护区管理制度,保护和修复水生态系统,对水生态和重点天然湖泊湿地加大保护力度。住建部门完善了城市污水、工业废水处理回用相关制度、有偿排污制度、排污权分配与管理制度等。进一步完善了水环境质量与排污监测管理设施体系,实现了水功能区达标。在扬黄灌区、机井灌区和部分有条件的旱作区,结合雨洪水、中水、排水等非常规水资源利用,改善了城市人居环境;以小流域治理为单元,以治水固沙为重点,水土流失治理与农业结构调整、农业综合开发、生态修复相结合,改善了生态环境。

管理体系制度化 结合水利工作改革,水务部门进一步强化水资源管理体系建设。一是加大管理体制改革。在完善水资源管理体制的基础上,进一步深化水务一体化管理体制改革,建立起统一管理与分工协作相结合的节水管理体制。二是强化管理制度建设。以总量控制为核心,健全水权制度和计划用水制度。其中水权制度包括水资源有偿使用制度、初始用水权分配制度、用水权有偿转让制度等;计划用水制度包括取水许可制度、建设项目水资源论证制度、用水计量和统计制度、定额管理制度等。三是提升管理能力水平。加强管理设施建设和管理队伍建设,完善地表水、地下水水情信息监测网络、水环境信息监测、各行业用水与排水信息监控设施和水管理信息化平台建设等;进一步加强政府和各级水管单位管理能力建设。四是建立健全技术标准。进一步修订工业、生活用水定额标准,制定农业用水定额标准;调整水价、水资源费、排污费等经济调控标准。通过编制农村人畜饮水安全、水资源保护、农业节水、工业节水和非常规水资源利用等专题规划,加强规划体系建设。

运行环境社会化 一是营造社会环境。各乡镇和相关部门完善和推广了以用水者协会为主要形式的农业用水公众参与管理平台；深入开展节水型灌区、节水型企业、节水型机关、节水型学校、节水型社区等不同层次社会载体建设；开展节水型社会宣传教育，提高公众节水意识和参与意识。二是营造法制环境。加强节水型社会建设地方性法规建设，加强行政执法队伍建设，规范执法程序，严格实行依法节水。三是营造政策环境。加强节水鼓励与激励政策环境建设。将节水型社会建设成效与政绩考核挂钩，对成绩突出的单位和个人给予表彰，营造良好的节水型社会政策环境。四是营造科技文化环境。加大专业队伍建设和科学技术推广应用力度。同时围绕人水和谐，培育具有盐池特色的现代水文化。

保障措施系统化　一是加强领导，狠抓落实。落实最严格水资源管理制度和建设节水型社会是一项全社会参与的系统工程，涉及面广、意义重大。盐池县把节水型社会建设工作纳入全县年度效能考核之中，实行目标管理。各乡镇和相关部门对节水型社会建设工作实行专人负责制，明确责任，密切协作，形成齐抓共管、整体推进的工作格局。二是强化宣传，全民参与。落实最严格水资源管理制度和建设节水型社会覆盖工业、农业、服务业和人民群众生活各个领域，是全社会共同的任务和责任，提高广大人民群众的参与意识是完成各项目标任务的根本保证。县节水办充分利用各种媒体手段，持续开展深入持久的宣传活动，使节水型社会建设深入人心，成为广大人民群众的自觉行动。组织在“世界水日”“中国水周”等主题日开展水文化宣传，使广大人民群众树立正确的水观念，掌握科学的水知识。加强舆论监督，对不良水行为公开曝光，形成全社会共同参与、群策群力建设节水型社会的局面。三是建立机制，保障投入。充分运用经济和法律手段，依靠全社会力量，建立多元化投入机制。积极争取国家和自治区项目资金、通过招商引资等多种形式，吸引社会资金参与节水型社会建设；参与公用事业项目特别是节水型社会重点工程项目建设，建立多元化投资渠道。四是夯实基础，搞好指导。水务部门对全县水资源进行统一管理和监督，加强水资源管理的各项基础性工作。认真做好骨干工程项目前期工作，加强与发改、住建、环林、国土、农牧、物价等部门工作协作，开展水价、用水定额和水资源承载能力、水环境承载能力等专题研究，为县委、政府制定最严格水资源管理制度和节水型社会建设决策提供科学依据。及时向上级部门报告盐池县节水型社会建设工作进展、存在问题，争取上级部门对盐池县节水型社会建设工作进行指导。五是制定标准，加强监督。结合盐池县实际，探索制定了行业用水定额和节水标准，对企业用水按总量控制，实行计划用水、定额管理、目标管理和考核，促进了企业技术升级和节水改造。提倡清洁生产，淘汰了一批耗水量大、技术落后的工业生产和设备，提高了工业用水重复利用率，减少单位产品取水、耗水量。加大污水处理力度，提高用水效率，降低供水及配水管网的漏损率，部分企业建立了中水回用系统。加强实施用水总量控制、用水效率和水功能区限制纳污制度，并实行有效监督和管理，因地制宜地推行各种节水措施，通过节水实现用水增产、增效、增收目的。六是科技创新，推动发展。县科技部门将重大节水科技创新推广项目列入科技发展计划，在基础理论和实用技术等方面开展节水技术攻关，解决了节水型社会建设中的突出问题。开展节水先进技术推广应用，聘请相关专家为盐池县节水型社会建设政策措施和重大技术问题进行专业指导。七是严格奖惩，持续发展。将最严格水资源管理制度和节水型社会建设责任和效果纳入各部门年度目标考核，对节水工作扎实、任务完成好的部门、企业和个人给予表彰，对浪费水资源、破坏水环境的违法行为给予惩罚。政府督查室、节水办定期不定期地对各节水型载体建设进行督查，通报有关情况，确保各项措施落实到位。

三、水资源使用确权

根据水利部批复宁夏回族自治区政府关于《宁夏水权试点方案的批复》（水资源[2015]121 号）文件精神，结合方案明确的试点目标、任务、工作重点和有关要求，盐池县主要开展以黄河水为主的水资源使用权确权登记工作。水务局结合盐池县灌区实际情况，依托确权工作的总体思路及原则，实施开展水权确权工作。

（一）基本情况

盐池扬黄灌区自 1992 年开工建设，2005 年全面竣工，累计开发灌溉面积 13066.7 公顷。2009 年后，盐池县通过国土整治、农业综合开发等项目，在扬黄灌区灌域外，新开发以扬黄水为水源的喷、滴灌节水灌溉面积 12706.7 公顷，总灌溉面积达 25773.3 公顷。自治区政府分配盐池县黄河直开口用水总量为 5100 万立方米。盐池县从 2012 年开始实行分水到户制度，扬黄灌区亩均年分水 210 立方米，新增滴灌亩均年分水 30 立方米，新增喷灌亩均年分水 45 立方米，低于作物生长的基本需求。根据测算，盐池县年需扬黄水供给 11400 万立方米，其中农业灌溉和生态用水 8900 万立方米，人畜饮水 1000 万立方米，工业用水 1500 万立方米。全县每年缺水 6300 万立方米。水资源短缺始终是制约盐池县社会经济发展的首要因素。2017 年，盐池县水权确权工作全面完成，确权灌溉面积 32.05 万亩。

（二）总体思路及原则

工作目标 盐池县按照“节水优先、空间均衡、系统治理、两手发力”的治水思路，立足县情，结合实际，以取黄河水为主的农业、生态水资源使用权确权登记为重点，利用一年半时间，完成了全县水资源使用权确权登记到乡（镇）工作，建立完善了水资源使用权确权登记及水权分配制度，探索开展了多种形式的水权交易流转。

基本原则 政府主导，群众参与原则。充分发挥政府在水资源使用权确权登记中的主导作用，做好方案设计与政策引导，实行水务局牵头、各乡镇及相关部门配合，用水户参与的确权工作模式，引导社会公众和取用水户树立节水、惜水意识，积极参与水资源使用权确权登记工作。

1.老扬黄灌区和保障性用水优先原则。按照尊重历史、照顾现状、维护稳定、保障民生、促进节水的原则，综合考虑老扬黄灌区的种植效益和生态建设需要，优先保障老扬黄灌区灌溉用水和经济社会发展需求的生态建设、抗旱应急用水。

2.总量控制和灌溉定额相结合原则。以自治区政府分配盐池县每年5100万立方米的干渠直开口黄河水量为总量，充分考虑小畦灌溉、滴管、喷灌等灌溉方式的灌溉定额，综合分析，合理确定各种灌溉方式的亩均配给水量。

3.水权使用服从全县扬黄灌溉调度运行原则。水权使用时，遵循计划用水、先购后用原则。全县扬黄灌溉调度运行进行统一安排、分轮次使用，确保扬黄灌区灌溉系统正常运行，灌区灌溉水资源公平、均衡受益。

4.水权交易促进节水、实现均衡受益原则。逐步推行水权交易制度，加大对老扬黄灌区节水改造力度，通过水权交易缓解新增节水灌溉种植户灌溉水量严重短缺的矛盾，通过市场调节，实现水资源优化配置，达到均衡受益目的。

（三）确权步骤及措施

调查摸底，制定方案 水务局对全县扬黄灌区及以扬黄水为水源的高效节水灌溉面积、种植利用情况进行调查，统计各乡镇、干渠直开口（支斗渠）、行政村、种植大户和企业等近三年分水及实际灌水情况等，广泛征求各方意见，制定出台了全县水权确权实施方案。

现场核实，确定面积 由县水务局牵头，农经站和灌区乡镇配合，聘请各乡镇承担土地确权的作业单位为技术依托单位，组成面积核查组，以乡镇为单位、项目开发灌区片区为单元，逐片逐支渠调查灌区开发建设、土地权属及确权面积、灌溉方式等情况。区分新老扬黄灌区，分类统计每片地的土地确权信息（包括位置、面积、农户信息），对没有完成土地确权的地块，现场测量面积，确定位置，并与村组核实土地权属（组、村、乡镇明确到最末级）。

统计汇总，提出确权意见 县水务局对各乡镇报来的面积进行汇总，审核确定全县扬黄灌溉面积共计21364.6公顷，其中老扬黄灌区11025公顷，土地整理新增畦灌面积10954.5公顷，灌域外滴灌5830.3公顷、喷灌3413.6公顷。经各乡镇和部门议定，形成最终确权分水意见：按照5100万立方米的总水量控制，预留生态用水250万立方米，抗旱应急用水120万立方米，老扬黄灌区畦灌分水定额215立方米/亩·年，土地整理新增畦灌分水定额130立方米/亩·年，灌域外新增滴灌分水定额55立方米/亩·年，新增喷灌分水定额60立方米/亩·年，花马池和王乐井两乡镇输水距离远，亩均分水定额按其他乡镇的1.10倍考虑渠系水利用系数。同时为鼓励老扬黄灌区实施高效节灌，分配水量按老灌区定额分配，不扣减指标。

复核审定，确权发证 初步拟定的分水方案报自治区水利厅复核同意后，经县政府常务会议审定，向乡镇及用水户予以公告，后按自治区水利厅统一要求，由县级水行政主管部门颁发水资源使用权证。

建立数据库,验收评估 县水务局建立水权确权明细台账,并按照自治区水利厅统一标准建立信息数据库,实现水权确权管理信息化,完成数据的登记、查询。数据库系统预留水权交易接口,为后期水权交易做好延伸工作。完成县级自验和接受区、市验收。

投入运行,探索水权交易 盐池县水权确权完成后,按照确权到乡(镇)、分水指标到户的方式投入灌溉运行。乡村及相关部门加快节水改造的力度和进度,鼓励群众开展水权交易。普通农户可将结余的水量报村或乡镇统计汇总,经水管单位调度,实现水权交易。参考红寺堡区新庄集乡杨柳村西川组的做法,盐池县灌区的水权交易暂定指导价格为:农业内部水权交易总计价格不突破 1.0 元 / 立方米, 农业对工业用水交易总计价格不突破 3 元 / 立方米,交易总计价格含基本水价 0.157 元 / 立方米,维管费 0.0165 元 / 立方米。

(四)水权确权工作成效

全社会节水意识明显提高 通过开展水权确权工作,进一步明晰了水权,老百姓对自家全年拥有水量心中有数,从而能够做到谋划得当。主动按照“以水定植、以水定产业、以水定发展”的要求,主动调整种植结构,改变灌溉方式,提高了配合节水项目实施的积极性。大多数农户主动愿意采用激光平地仪进行平地,老灌区大水漫灌的落后方式逐步得到改变。

促进了农业种植结构调整 通过明晰水权,开展水权确权工作,灌区农民自觉调整产业结构,开始种植苏丹草、黄花等耐旱低水耗作物。“想用多少水就有多少水”的用水观念得到根本转变,无序用水现象得到有效遏制。将原来高耗水的部分玉米地改植经济类、特色类作物,水地利用率提到提高,经济效益有增无减,用水环境也得到进一步改善。灌区效益模式逐渐由亩产效益最大化向经济效益、用水效益最大化转变。

良好的用水秩序得以确立 在水权确立之前,农村用水户对全县总水量不清楚、不关心。因受总水量限制,用水户购买水量时,定额、标准不一致,用水户之间用水有失公平,受益不均。通过水权确权工作的开展,群众水权意识明显加强,乡镇、村、组、用水户逐步建立了计划用水和总量控制用水的新秩序,改变了过去无序、无计划、无定额、无标准的用水习惯,水事纠纷也大为减少。

第四节 队伍建设

一、水政执法机构与人员概况

(一)水政执法机构

盐池县水务局水政执法机构有两所一室:

(二)人员概况

盐池县花马池生态管理所,核定编制 7 人,实有 7 人,其中执法人员 4 人,主要执法依据为《中华人民共和国水法》。

盐池县水土保持工作站，核定编39人，实有人数20人，其中执法人员5人，主要执法依据为《中华人民共和国水土保持法》。

盐池县防汛抗旱指挥部办公室，核定编制33人，实有28人，其中执法人员2人，主要执法依据为《中华人民共和国防洪法》。

（三）两所一站职责

1.水资源管理。主要负责地下水取水审批、水资源费征收和涉水违法事件查处、水事纠纷协调工作。

2.水土保持预防监督。主要负责开发建设项目水土保持方案审批、监督管理。

3.防汛抗旱指挥部办公室。主要负责防汛、抗旱、防治洪水，防御、减轻洪涝灾害，维护人民群众生命财产安全。

二、水政执法工作开展情况

加强宣传，提高全民水法制意识。采取政府倡导、舆论导向、教育介入、媒体宣传等多种形式方法，广泛开展涉水法律宣传，向社会各界宣传水资源的重要性；通过“世界水日”“中国水周”等主题日活动，组织编写简明科普教材，开展征文、发动倡议活动，向广大群众普及节水知识，树立水法观念。向社会公布举报电话，发挥新闻媒体和公众监督作用，提高社会参与度。通过广泛宣传、水法教育以及节约用水意识的培养，使社会公众对全县水资源状况、节水重要性认识自觉提高，“节水光荣、浪费可耻”的社会风尚逐步形成，更多公民群众自觉自愿参与到节水型社会建设中来。

依法行政，执法检查工作制度化　水务部门认真履行职责，强化管理机构的政府职能，确立执法主体地位，将水政执法纳入综合执法体系，推行政务公开，使监督执法工作规范化。加大对修路、采矿、取土、挖沙、采石等生产活动的监督管理；加强对乱开滥垦、私自打井取水等违法行为的查处；抓好各类生产建设项目水土保持方案“三同时”制度落实。严格执行政策，加强规费征收。在水规费征收中，以服务为先导，竭力帮助用户解决实际困难，严格执行征收办法，全面推行计量收费制度，按标准、按要求及时足额收取规费。规费由入纳入县级财政预算，实行收支两条线管理，专款专用，专项用于水资源节约保护、管理及合理开发方面。

加强队伍建设，提高执法水平和业务素质　通过举办培训、开展业务考核等形式提高执法人员业务素质和办事效率，建立稳定、高效、廉洁的执法队伍。为执法队伍配备了必要办公设备设备和取证工具。切实增强水行政执法人员责任感和使命感，倡导做到“五心”服务，即本职工作有信心、查处案件要公心，说服教育要耐心、业务工作要细心、长效管理要恒心。

第九章　水利规划与科技

第一节　水资规划与设计

第二节　水利普查

第三节　水利科技

第九章 水利规划与科技

水利规划、水利堪探设计、水利普查、水利科技与新技术推广运用等工作是水利、水务部门的基础性工作，也是水利、水务部门的重要职责。中华人民共和国成立以来，盐池县水利水务部门先后制订了一系列水利规划和措施，完成水利设计数百项。这些规划措施为全县水利工程建设和经济社会发展奠定了坚实基础。探索开展了打井实验、节水灌溉技术推广、抗旱增效节水等新技术推广运用，有效推进了水利工程效益提高和加快了人民群众脱贫致富步伐。2011 年组织开展全国水利普查（盐池县）工作，进一步完善了全县水利建设基础信息和统计调查标准，建立健全了水信息等级和台账管理系统，形成了规范统一、准确权威的基础水利信息平台。

第一节 水利规划与设计

一、水利规划

盐池县委、政府历来重视水利规划工作，早在 1955 年就编制完成了《盐池县第一个五年水利规划》。20 世纪 70 年代后，从“五五”规划开始，每五年一个水利建设规划，水利规划工作日趋成熟完善、科学有序，有多项规划成果付诸指导工作实践，为全县水利事业发展提供了科学依据和技术支撑。

表 9-1-1　盐池县重要年份水利规划一览表

年份	项目名称	备注
1955	盐池县第一个水利五年规划	
1956	盐池县农、林、水、牧全面规划的意见	
1973	沟泉水规划报告	
1974	“五五”水利发展规划	
1974	“五五”打井规划	
1978	“六五”水利规划	
1980	农业区划调查报告	
1980	高氟水地区人畜供水规划	
1982	全县水利概况及规划	
1983	“三西”项目治理规划	
1985	“七五”人畜饮水规划	
1989	“八五”水利规划	
1990	“八五”人畜饮水和乡镇供水规划报告	
1991	县城供水规划报告	
1991	扬黄灌区开发建设规划	
1991	盐池县牧区水利规划	
1993	抗旱节水试点规划	
1994	1994—2000 年人畜饮水规划报告	
1997	节水重点县发展规划	
1997	打窖规划报告	
1998	沟泉水调查规划报告	
1999	环记流域治理可行性报告	
2000	沙棘资源建设规划报告	
2000	饮水项目可行性研究报告	
2000	“十五”防汛规划报告	
2000	水保生态工程可行性报告	
2001	“十五”农村水利建设规划	
2001	“母亲河工程”规划说明	
2010	盐池县农田水利工程建设规划	

二、水利设计

盐池县在水利工程建设中，将工程设计作为保证工程质量的首要前置。20 世纪 50 年代实行边设计边施工的办法。1970 年后，更加重视水利工程设计。20 世纪 80 年代水电局成立了技术设计室，专门负责水利工程设计工作。

表 9-1-2 盐池县历年水利设计一览表(部分)

序号	规划名称	规划时间
1	“五四”小型水利勘察报告	1954 年
2	四区(今青山乡)水利勘察报告	1956 年
3	五区(今大水坑镇)水利勘察报告	1956 年
4	六区(今惠安堡镇)水利勘察报告	1956 年
5	四区二道湖乡水利化调查报告	1958 年
6	今冬明春新修农田水利安排编制说明	1959 年
7	红山沟工程初步设计	1974 年
8	马儿庄供水工程设计	1981 年
9	井沟扬水工程设计	1988 年
10	八岔梁小流域治理设计	1988 年
11	冯记沟、青山人畜饮水工程设计	1990 年
12	高利乌苏人畜饮水工程设计	1990 年
13	高沙窝井灌区规划设计	1990 年
14	四墩子井灌区节水灌溉设计报告	1990 年
15	扬黄灌区:马儿庄、惠安堡灌区配套设计	1991 年
16	长城青年井灌区设计	1991 年
17	大水坑供水设计报告	1991 年
18	青山续建供水工程设计报告	1992 年
19	柳树梁供水工程设计报告	1992 年
20	隰宁堡供水工程设计报告	1992 年
21	桑记沟、甘沟骨干工程设计报告	1992 年
22	桑记沟、窝风掌工程规划报告	1992 年
23	1993 年低压灌溉工程设计报告	1993 年
24	二道沟人畜饮水工程设计报告	1993 年
25	高沙窝范围井灌区可行性报告	1994 年
26	潘儿庄供水工程设计报告	1994 年
27	沙窝子人畜饮水设计	1994 年
28	营盘台水库扩大初步设计报告	1972 年
29	城南大涝池工程设计	1976 年
30	盐环扬水工程设计报告	1978 年
31	南海子供水工程设计	1983 年
32	南部山区人畜饮水设计报告	1985 年
33	曾记畔人畜饮水工程设计	1988 年
34	杨儿庄人畜饮水工程设计	1988 年
35	花抱沟水保工程设计	1988 年
36	高沙窝魏庄子井灌设计	1989 年
37	井滩子小流域治理设计	1990 年
38	平台人畜饮水工程设计报告	1992 年

续表

39	李庄子人畜饮水工程设计	1992 年
40	海子塘灌区设计	1996 年
41	甘洼山人畜饮水工程设计	1996 年
42	富风掌骨干工程设计	1999 年
43	郝记台地坝工程设计报告	2000 年
44	柳杨堡供水工程设计方案	1999 年
45	沙渠洼治沟骨干工程设计报告	1999 年
46	芨芨沟治理设计报告	1999 年
47	马坊供水工程设计	2000 年
48	扬黄干渠生态项目设计报告	2001 年
49	南部山区供水工程改造设计报告	2001 年
50	鸦儿沟流域治理设计	2001 年
51	王记沟流域治理设计	2001 年
52	雷记沟流域治理设计	2001 年
53	贺坊沟流域治理设计	2001 年
54	方山流域治理设计	2001 年
55	刘记沟流域治理设计	2001 年
56	正吾岔流域治理设计	2001 年
57	高放节水设计	2008 年
58	城西滩防洪工程设计	2002 年
59	县城供水扩散工程设计	2004 年
60	潘儿庄灌区渠道改造工程初步设计报告	
61	林家洼子水保骨干坝加固工程初步设计报告	
62	青山东沟四条山小流域治理工程设计	2006 年
63	杨儿庄流域治理实施方案	2010 年
64	2010 年“百村千户”自来水第一批入户工程实施方案	2010 年
65	王乐井灌区防洪工程设计	2010 年
66	后台坝改造工程初步设计	2010 年
67	红山沟整治工程初步设计	2011 年
68	刘记窖头小流域治理设计报告	2011 年
69	兴武营两条小流域治理初步设计报告	2012 年
70	青马圈高效节水补灌工程设计报告	2012 年
71	刘四渠高效节水补灌工程设计报告	2011 年
72	十六堡高效节水工程设计报告	2011 年
73	三墩子、苦水井扬黄灌区节水灌溉设计	2012 年
74	杜窖沟水库设计报告	2012 年
75	新庄洼水库可行性报告	2012 年
76	绿化供水工程设计报告	2012 年
77	新泉井小流域治理设计报告	2013 年
78	牛头沟小流域治理实施方案	2013 年

第二节　水利普查

按照国务院印发《关于开展第一次全国水利普查的通知》要求，盐池县于2010年至2012年组织开展了全县水利普查。从2010年开始，水利部门按照“全县统一领导、部门分工协作、地方分级负责、各方共同参与”的水利普查实施原则，采取一系列切合实际的工作措施，全面推动水利普查工作有序进行。各有关部门、乡镇统一思想、加强领导，健全机构、周密部署，水利部门统一调度，精心组织，扎实推进，全县水利普查工作全面展开。先后完成普查组织机构建立、办公场所选定、办公设备和普查经费落实、普查实施方案编制、普查队伍选聘与培训等先期工作。具体普查工作中，以保质量、保进度、保安全、保密为要求，高效完成初始名录编制、清查登记、清查录入、审核汇总、空间数据采集、清查成果复核修订和重报工作。同时围绕关键环节求突破，使水利普查取得了阶段性成果。

一、安排部署

（一）普查目标

水利普查是一项重大的国情国力调查，是国家环境资源调查的重要组成部分，也是国家基础水信息基准性调查。根据国务院开展第一次全国水利普查相关工作部署，盐池县认真组织开展全县水利普查工作，全面查清县域内河流湖泊和水利工程基本情况，系统掌握全县水资源开发治理状况，摸清经济社会用水现状，了解水利行业能力建设，建立盐池县基础水信息平台，为全县经济社会发展提供可靠的基础水信息支撑。开展全县水利普查，有利于科学制定全县水利事业长远发展规划，加强水利基础设施建设与管理，实行最严格水资源管理，推进水资源合理配置和高效利用，有利于深化水务体制改革，增强水务公共服务能力，提高全社会水患意识，推进资源节约型、环境友好型建设。

（二）组织实施

建立机构　盐池县政府组织成立了第一次水利普查领导小组，由主管副县长任组长，县水务局长、统计局长、政府办公室副主任任副组长，县委宣传部、发改局、财政局等12个部门、8个乡镇为成员单位。领导小组在水务局下设办公室，另设河湖基本情况普查及河湖开发治理保护普查专项组、经济社会用水情况调查专项组、水利工程基本情况普查专项组、地下水取水井普查专项组、水利行业能力建设情况普查专项组、灌区专项普查工作组、水土保持情况普查工作组、数据管理工作组8个工作组。各组配置了必需的办公设备，制定了水利普查相关责任制度，设置了专职主任，建立了岗位责任制。普查办公室从水务局及相关部门抽调12名素质好、能力强的专业技术人员进行业务普查协调，落实38名普查指导员、101名普查员开展普查工作。设立专门的保密机房，配置专职保密人员，制定保密管理办法,加强资料信息保密工作。各工作组全力抓好普查实施方案编制、经费预算、清查普查以及成果汇总上报等工作。2011 年 2 月 19 日,领导小组召开了全县第一次全国水利普查工作启动会议。

核查整改 为确保水利普查对象清查数据质量，水利普查办公室于 2011 年 6 月下旬和 8 月上旬分别开展了清查数据质量抽查复核和全面检查工作,对发现问题提出了整改意见和措施。按照国务院水利普查办下发的各专业组审核意见和自治区普查办要求,盐池县水利普查办及时安排清查数据复核修改工作,要求各普查区严格按照国务院水利普查办审核意见,结合区、市质量抽查及审核意见,对清查数据进行复核、修改完善。

通过查阅资料、寻访巡查、现场调查等方式,分专项对存在问题进行复核、界定、排查、纠错,对需要修改的名录在原始清查表上逐条进行标注,填写清查数据修改内容明细表,按照明细表在基层登记台账管理系统中进行修改。区、市水利普查机构根据修改内容明细表及各级审核意见对修改数据进行详细审核,并加强了清查数据的跨专业联审,确保清查数据的准确性与合理性。

截至 2011 年 8 月份,盐池县全面完成了水利工程、经济社会用水、河湖开发治理保护、水利行业能力建设、灌区、地下水取水井普查任务对象清查数据的复核修改、审核汇总等工作。按时上报了《盐池县第一次全国水利普查对象清查数据复核报告》《盐池县第一次全国水利普查对象清查数据汇总表》和盐池县第一次全国水利普查对象清查数据。通过对清查对象进行补充、删减、去重、改错等,确保普查数据的准确性。

总体要求 加强组织领导,建立健全工作机制,形成完整工作体系,扎实做好普查队伍组建培训、开展宣传动员等工作。准确把握普查工作内容、步骤、表式、指标、时间节点等普查重点内容,全面了解水利普查的目的与任务。本着全面系统、规范统一、真实可靠、突出重点、内业与外业相结合的普查原则,各成员单位各司其职、各负其责、通力协作、密切配合,确保按时高质量完成水利普查办部署的各项工作任务。

普查对象 盐池县水利普查办公室按照国家、自治区水利普查办统一要求,采取针对性措施办法,严格按照《第一次全国水利普查实施方案》《第一次全国水利普查数据处理工作细则》和《第一次全国水利普查质量控制工作细则》要求,组织对全县水利工程、河湖开发治理保护、经济社会用水、水利行业能力、灌区、地下水、水土保持措施和治沟骨干工程等内容、数据进行全面普查。盐池县将此次水利普查区域划分为四级:即 8 个乡镇、97 个行政村、11 个居委会、807 个自然村各为一级。其中花马池镇行政村 19 个、居委会 6 个、自然村 157 个;大水坑镇行政村 15 个、自然村 124 个、居委会 3 个;青山乡行政村 8 个、自然村 56 个;麻黄山乡行政村 13 个、自然村 112 个;惠安堡镇行政村 12 个、居委会 1 个、自然村 106 个;王乐井乡行政村 13 个、自然村 113 个;高沙窝镇行政村 9 个、居委会 1 个、自然村 66 个;冯记沟乡行政村 8 个、自然村 73 个。确定全县普查对象总数 27481 个。

表 9-2-1 盐池县水利普查对象汇总表

序号	专项名称	工程名称	清查对象(个)	普查对象(个)
1	水利工程	1.水库工程	4	4
		2.水闸工程	10	
		3.泵站工程	18	18
		4.农村供水工程	11	11
		5.塘坝工程	32	32
		6.窖池工程	22236	22236
2	经济社会用水	1.居民生活典型用水调查	100	100
		2.灌区调查	21	21
		3.规模化畜禽养殖	16	16
		4.公共供水企业调查	1	1
		5.工业企业调查	48	46
		6.建筑业与第三产业调查	104	104
		7.河道外生态用水调查		1
3	河湖开发治理保护	1.规模以下河湖取水口	34	34
		2.地表水水源地	1	1
		3.河流治理保护	28	28
4	水土保持	1.水土保持措施	1	1
		2.水土保持治沟骨干工程	28	28
5	水利行业能力	1.水利单位	23	20
6	灌区专项普查	1.灌区	27	27
7	地下水取水井	1.规模以上地下水取水井	1554	1556
		2.规模以下地下水取水井	3195	3195
		3.规模以上地下水水源地	1	1

二、普查结果

(一)河流湖泊基本情况

盐池县 50 平方公里以上的河流有 45 个,分布在全县 8 个乡镇,其中大于 100 平方公里的河流有 28 条。

(二)水利工程基本情况

水库工程 盐池县境内有郝家台水库、刘家沟水库、后台水库、荫子沟水库四处属于普查对象。

郝家台水库 位于惠安堡镇郝家台村,坝体属于均质土坝结构,防洪库容为 2090 万立方米,设计防洪标准为 50 年。

刘家沟水库 位于惠安堡镇老盐池村,坝体属于均质结构土坝,兴利库容为 956.8 万立方米，设计年供水量 1825.00 万立方米，2011 年供水量 651 万立方米。

后台水库 位于大水坑镇二道沟村，坝体属于均质结构土坝，防洪库容为 32 万立方米，设计防洪标准为 30 年。

荫子沟水库 位于麻黄山乡何新庄村，坝体属于均质结构土坝，防洪库容为 154.37 万立方米。

表 9-2-2 盐池县水库工程主要指标汇总表

行政区划	工程数量（座）	水库类型		主坝结构	总库容（万立方米）	防洪库容（万立方米）	2011 年供水量（万立方米）
		山丘水库	平原水库				
合　计	4	3	1		6365.67	2276.37	651
大水坑镇	1	1		均质土坝	129.7	32	
惠安堡镇	2	1	1	均质土坝	5865	2090	651
麻黄山乡	1	1		均质土坝	370.97	154.37	

（三）泵站工程基本情况

通过对泵站工程进行清查，根据在地原则，确定全县境内装机流量大于等于 1 立方米/小时或装机功率大于等于 50 千瓦的泵站工程有 18 座：三道井泵站、盐环定扬水灌区第十泵站、狼布掌泵站、盐环定扬水灌区第 12 泵站、牛记口子泵站、王家场泵站、甘肃扬黄 11 泵站、宋家堡泵站、旺四滩泵站、盐环定扬水灌区第 11 泵站、盐环定扬水灌区第 9 泵站、李家坝泵站、刘家沟水库 1 泵站、尚记圈 2 泵站、丁家掌 3 泵站、工业水厂泵站、郭记洼泵站、平阳沟泵站。

王家场、宋家堡泵站位于大水坑镇 王家场泵站装机流量 2.5 立方米/小时，装机功率 1575 千瓦；宋家堡泵站装机流量 2.5 立方米/小时，装机功率 970 千瓦。

惠安堡镇境内有盐环定扬水灌区第 10 泵站、狼布掌泵站、甘肃扬黄 11 泵站、盐环定扬水灌区第 9 泵站、李家坝泵站、刘家沟水库 1 泵站和工业水厂泵站共 7 座。盐环定扬水灌区第 10 泵站装机流量 4.12 立方米/小时，装机功率 3030 千瓦；狼布掌泵站装机流量 1.2 立方米/小时，装机功率 640 千瓦；甘肃扬黄 11 泵站装机流量 1.8 立方米/小时，装机功率 1980 千瓦。盐环定扬水灌区第 9 泵站装机流量 3.36 立方米/小时，装机功率 2280 千瓦；李家坝泵站装机流量 0.67 立方米/小时，装机功率 357 千瓦；刘家沟水库 1 泵站装机流量 0.439 立方米/小时，装机功率 1000 千瓦；工业水厂泵站装机流量 1.0111 立方米/小时，装机功率 1460 千瓦。

郭记洼、平阳沟泵站位于王乐井乡 郭记洼泵站装机流量 0.542 立方米/小时，装机功率 160 千瓦；平阳沟泵站装机流量 0.1389 立方米/小时，装机功率 200 千瓦。

位于冯记沟乡泵站有 6 座：三道井泵站、盐环定扬水灌区 12 泵站、牛家口子泵站、盐环定扬水灌区 11 泵站、尚记圈 2 泵站、丁记掌 3 泵站。三道井泵站装机流量 4.5 立方米/小时，装机功率 5200 千瓦；盐环定扬水灌区 12 泵站装机流量 4.6 立方米 / 小时，装机功率 4260 千瓦；牛家口子泵站装机流量 2.5 立方米 / 小时，装机功率 1575 千瓦；盐环定扬水灌区 11 泵站装机流量 5 立方米 / 小时，装机功率 4550 千瓦；尚记圈 2 泵站装机流量 0.47 立方米 / 小时，装机功率 850 千瓦；丁家掌 3 泵站装机流量 0.4 立方米 / 小时，装机功率 600 千瓦。

旺四滩泵站位于青山乡，装机流量 0.9 立方米 / 小时、装机功率 480 千瓦。

表 9-2-3 盐池县泵站工程主要指标汇总表

行政区划	工程数量（座）	泵站类型			装机流量（立方米 / 秒）	装机功率（千瓦）	水泵数量（台）
		排水（座）	供水（座）	供排结合（座）			
合　计	18		18		36.1632	32167	81
大水坑镇	2		2		5.0000	3545	10
惠安堡镇	7		7		12.6001	10747	29
王乐井乡	2		2		0.1931	360	6
冯记沟乡	6		6		17.4700	17035	32
青山乡	1		1		0.9000	480	4

（四）农村供水工程基本情况

普查全县农村供水工程共 9200 处，其中集中式供水工程 11 处(设计供水规模 200 立方米 / 日 及以上或 2000 人及以上)，设计供水规模 19942 立方米 / 日，设计供水人口 213995 人，2011 年实际供水总人口 115991 人，2011 年实际供水总量 87.22 万立方米；分散式供水工程 9189 处，供水总人口 17600 人。

集中供水工程 分布在花马池镇、大水坑镇、惠安堡镇的各 2 处，分布在高沙窝镇的 4 处，冯记沟乡的 1 处。

分散式供水工程 分布在大水坑镇 2856 处，供水总人口 6104 人；分布在麻黄山乡 6333 处，供水总人口 11496 人。

表 9-2-4 盐池县农村供水工程主要指标汇总表

行政区划	工程数量（座）	设计供水规模立方米 / 日	设计供水人口（万人）	2011 年实际供水总人口（万人）	2011 年实际供水总量（万立方米）	集中式供水工程 设计供水规模 200 立方米 / 日及以上或 2000 人及以上		分散式供水工程	
						处	万人	处	万人
合计	9200	19942	21.3995	13.3591	87.22	11	11.5991	9189	1.76
花马池镇	2	767	1.7198	1.4152	20.96	2	1.4152		
大水坑镇	2858	304	0.7628	0.9242	3.46	2	0.3138	2856	0.6104
惠安堡镇	2	17805	15.9804	8.3787	44.85	2	8.3787		
高沙窝镇	4	706	1.4776	1.0244	14.86	4	1.0244		
王乐井乡									
冯记沟乡	1	360	1.4589	0.467	3.09	1	0.467		
青山乡									
麻黄山乡	6333			1.1496				6333	1.1496

（五）塘坝工程基本情况

普查塘坝工程共32处（总容积125.30万立方米，发展灌溉面积2941.7公顷）：分布在花马池镇4处，其中规模500立方米至1万立方米的2处（含扬黄引水蓄水池1处，容积0.1万立方米），总容积0.15万立方米，灌溉面积580公顷；规模1万至5万立方米的1处（为扬黄引水蓄水池），容积1.7万立方米，灌溉面积20公顷；规模10万立方米以上的1处（为扬黄引水蓄水池），容积20万立方米，灌溉面积286.7公顷。分布在青山乡25处，其中规模500至1万立方米的5处，总容积1.92万立方米，灌溉面积39.3公顷；规模1万至5万立方米的12处，总容积27.23万立方米，灌溉面积194.7公顷；规模5万至10万立方米的7处，总容积48.6万立方米，灌溉面积90.7公顷；规模10万立方米以上的1处，容积18.2万立方米，灌溉面积24.7公顷。分布在大水坑镇2处，规模为1万至5万立方米，总容积4.5万立方米，灌溉面积12.4公顷。分布在王乐井乡1处（为扬黄引水蓄水池），规模为1万至5万立方米，容积3.0万立方米，灌溉面积1693.3公顷。

表9-2-5 盐池县塘坝灌溉汇总表

序号	灌区名称	是否跨县	总灌溉面积合计（亩）	耕地有效灌溉面积（亩）	灌溉水源工程类型	灌区管理单位名称
1	北马坊东2号坝灌区	否	370	370	塘坝	青山乡郝记台村民委员会
2	北马坊西1号坝灌区	否	360	360	塘坝	青山乡郝记台村民委员会
3	斗沟子水地灌区	否	270	270	塘坝	青山乡猫头梁村民委员会
4	方山自然村1#坝灌区	否	80	80	塘坝	青山乡方山村民委员会
5	方山自然村2#坝灌区	否	60	60	塘坝	青山乡方山村民委员会
6	方山自然村3#坝灌区	否	60	60	塘坝	青山乡方山村民委员会
7	海子塘1#坝灌区	否	220	220	塘坝	青山乡方山村民委员会
8	郝记干沟灌区	否	440	440	塘坝	青山乡郝记台村民委员会
9	郝记台水泥坝灌区	否	550	550	塘坝	青山乡郝记台村民委员会
10	红山沟坝灌区	否	300	300	塘坝	花马池镇四墩子村民委员会
11	猫头梁2#坝地灌区	否	80	80	塘坝	青山乡猫头梁村民委员会
12	猫头梁3#坝地灌区	否	50	50	塘坝	青山乡猫头梁村民委员会
13	猫头梁4#坝地灌区	否	160	160	塘坝	青山乡猫头梁村民委员会
14	猫头梁西坝地灌区	否	180	180	塘坝	青山乡猫头梁村民委员会
15	南梁吴增山灌区	否	50	50	塘坝	青山乡方山村民委员会
16	上圈1号坝灌区	否	240	240	塘坝	青山乡方山村民委员会
17	上圈2#坝灌区	否	70	70	塘坝	青山乡方山村民委员会
18	王台塘坝灌区	否	350	350	塘坝	青山乡营盘台村民委员会
19	西台1#坝灌区	否	100	100	塘坝	青山乡方山村民委员会
20	西台2#坝灌区	否	250	250	塘坝	青山乡方山村民委员会
21	西台3#坝灌区	否	200	200	塘坝	青山乡方山村民委员会
22	西台4#坝灌区	否	60	60	塘坝	青山乡方山村民委员会
23	西台5#坝灌区	否	150	150	塘坝	青山乡方山村民委员会
24	向阳贺坊沟灌区	否	186	186	塘坝	大水坑镇向阳村民委员会

（六）水闸

过闸流量1立方米/秒及以上水闸20座。其中过闸流量5立方米/秒及以上水闸3座，刘家沟分（泄）洪闸1座过闸流量10.8立方米/秒，刘家沟节制闸1座过闸流量10立方米/秒，军区退（排）水闸1座过闸流量6.3立方米/秒。

（七）窖（池）工程

窖池分布在全县8个乡镇，共有22257处，总容积63.7038万立方米，总供水人口17600人（其中大水坑镇6104人、麻黄山乡11496人）。窖池规模为10立方米至100立方米的22255处，容积63.6688万立方米；规模为100立方米至500立方米的2处，容积0.035万立方米。

（八）河湖开发治理保护情况

河湖取水口　全县共有规模以下取水口数量为34个，分布在青山乡、大水坑镇、花马池镇。2011年取水量103.83万立方米，灌溉面积为370.4公顷。

地表水水源地　水源地数量只有1个，分布在惠安堡镇的刘家沟水库，供着同心、红寺堡、太阳山开发区、盐池四个县的饮用水。2011年供水量651立方米、供水人口190000人。

河湖治理保护情况　治理河段数量为28段、河段长度733.03千米、有防洪任务的河段长度为22.10千米、大于10年小于20年防洪标准的河段长度为22.10千米、已治理河段长度14.23千米、全部达标、未治理河段长度7.87千米。

（九）入河湖排污口

全县规模以上排污口数量为零。

（十）经济社会用水情况

居民生活用水户

1.城镇居民用水。抽样调查20户，常住人口57人，家庭生活年用水量795立方米，人均日用水量38.21立方米/人·日，用水水源为盐池县骆驼井水源地机井水。

2.农村居民用水。抽样调查80户，常住人口287人，家庭生活年用水量3104.03立方米，家庭非生活年用水量3417.63立方米，人均日用水量29.63立方米/人·日，用水水源为农村集中供水工程水源。

灌区及规模化畜禽养殖场　灌区抽样调查21个：跨县及规模以上灌区1处，灌溉面积19.514万亩，取水量5201.9585万立方米，用水量4471.3155万立方米，亩均毛用水量266.58立方米，亩均净用水量229.13立方米；规模以下灌区20处，灌溉面积1897.7公顷，取水量877.4267万立方米，用水量877.4267万立方米，亩均用水量308.2367立方米。

规模化畜禽养殖场16处。小家畜（猪、羊）22774头（只），年总用水量6.4305万立方米，日均用水量7.74升/头（只）·日；家禽3817只，年总用水量0.2301万立方米，日均用水量

1.65 升 / 只·日。

公共供水企业 公共供水企业 1 个，抽样调查 1 个，供水厂 2 个，供水人口 107600 人，取水量 270.9313 万立方米，供水量 266.3474 万立方米，水源为骆驼井水源地机井水和刘家沟水厂扬黄水。

工业用水户 以工业企业典型用水户作为选择样本，全县共确定工业企业典型用水户调查 46 个：其中用水大户 2 个，工业总产值 3.7154 亿元，从业人员 244 人，年用水量 26.8014 万立方米，万元总产值用水量 7.21 立方米 / 万元；高用水工业企业 6 个，工业总产值 13.4438 亿元，从业人员 1192 人，年用水量 3.8946 万立方米，万元总产值用水量 0.29 立方米 / 万元；一般用水工业企业 38 个，工业总产值 6.4044 亿元，从业人员 1076 人，年用水量 9.6349 万立方米，万元总产值用水量 1.50 立方米 / 万元。

建筑业和第三产业用水户

1.建筑业用水户。全县共确定调查典型建筑业 3 个，完成施工面积 9.5998 万平方米，用水量 0.7369 万立方米（主要指维修、粉刷工程用水），单位施工面积用水量 0.08 立方米 / 平方米。

2.第三产业用水户。根据选样要求，全县确定第三产业企事业单位典型用水户用水调查对象 101 个，其中城市绿化公司为用水大户，从业人员 60 人，用水量 5.0522 万立方米（含绿化用水），从业人员人均用水量 2306.94 升 / 人·日；住宿和餐饮业典型用水户调查单位 50 个，从业人员 455 人，用水量 6.2978 万立方米，从业人员人均用水量 379.21 升 / 人·日；其他第三产业典型用水户用水调查单位 50 个，从业人员 3467 人，用水量 16.9307 万立方米，从业人员人均用水量 133.79 升 / 人·日。

（十一）水土保持情况

土壤侵蚀普查 水力侵蚀野外调查计划调查单元数 15 个，风力侵蚀野外调查计划调查单元数 15 个，实际调查单元数 30 个；调查成果图、野外调查成果表册、名录、数量情况。

表 9-2-6 盐池县骨干沟工程汇总表

序号	治沟骨干工程名称	控制面积（平方公里）	总库容（万立方米）	已淤库容（万立方米）	坝顶长度（米）	坝高（米）
1	北梁	10.7	74	5.6	740	8.1
2	大井沟	5.3	79.1	7.5	223	30.7
3	甘沟	20	392.2	36.1	192	54.2
4	谷子梁	4.1	61.5	1.6	333	21
5	郭家井沟	3.5	52.7	7.8	323	11.7
6	海子塘	6.9	78	5.7	286	19
7	郝家甘沟	16.9	85.2	14.1	240	14
8	郝家台	16.5	140.7	28.6	613	20

续表

9	花孢沟	6.1	78.1	26.4	254	41.5
10	凉风掌	4.2	63.2	9.8	466	35
11	林家洼子	8.2	98.6	5.6	170	8
12	刘家口子	4.1	61.2	1.3	548	9.6
13	刘家窝	3.7	55.6	0.5	318	13
14	牛家圈	29.4	233.7	15.6	1400	7
15	上甘沟	5.8	70.3	8.1	477	9
16	上圈	5.4	56	5.8	218	16
17	石葱湾	6.2	92.7	0.4	287	10.6
18	孙家洼子	3.5	53.1	0.5	171	28.2
19	田家掌	9.2	92	5.2	900	9.2
20	窝风掌	4.3	64.7	1.1	505	8.6
21	吴家油房	9.8	79	3.6	390	13
22	西掌	5.1	75.3	33.2	540	11
23	杏树梁	4.1	61.7	1.4	384	9.6
24	亚木沟	6.2	62.5	7.1	90	22
25	亚木沟Ⅱ号	6.2	54.7	5.8	56	19.5
26	杨沙沟	13.8	254.5	1.1	705	9
27	张家洼子	4.9	73.7	2.1	513	11.1
28	赵家湾	5.2	50.4	3.6	546	8.1

水土保持措施普查　全县已治理水土流失面积2593.95平方公里，各种治理措施状况为：梯田4381.3平方米／小时，坝地4381.3平方米／小时，乔木林37666.7平方米／小时，灌木林80550.2平方米／小时，经济林林1417小时／平方米，种草38000.0小时／平方米，封禁治理83000.0小时／平方米，淤地坝74座，淤地面积614.2平方米／小时，小型蓄水保土工程22344个。

表9-2-7　盐池县水土保持措施汇总表

治理面积										淤地坝		坡面水系工程		小型蓄水保土工程	
合计	基本农田			水土保持林		经济林	种草	封禁治理	其他						
	梯田	坝地	其他	乔木林	灌木林					数量	淤地面积	控制面积	长度	点状	线状
公顷	公顷	公顷	公顷	公顷	公顷	公顷	公顷	公顷	公顷	座	公顷	公顷	千米	个	千米
A1	A2	A3	A4	A5	A6	A7	A8	A9	A10	A11	A12	A13	A14	A15	A16
259687.8	4381.3	14379.9	0.0	37666.7	80550.2	1417.0	38017.4	83275.3	0.0	74	614.2	0.0	0.0	22344	0.0

（十二）水利行业能力建设情况

水利行业能力普查名录单位20个，年末从业人员476人，年末有用计算机单位10个，其中水利行政机关1个，年末从业人员17人，年末有用计算机单位1个，资产合计10159.6万元，本年收入合计13275万元，本年支出合计9747.3万元；水利事业单位5个，年末从业人员127人，年末有用计算机单位5个；水利企业8个，年末从业人员279人，多年平均供水量2532万立方米，资产10861.6万元，营业收入14485.6万元，利润总额-104.8万元；水利社会团体2个，年末从业人员31人；乡镇水利管理单位4个，年末从业人员22人，年末有用计算机单位4个。

（十三）灌区情况

全县总灌溉面积21370.5公顷，其中高效节水灌溉面积（低压管道输水灌溉、喷灌、微灌面积）4744.7公顷，2011年实际灌溉面积16782.4公顷。

按地区、灌区规模分类　全县灌区716处，总灌溉面积20018.3公顷，其中未归并完全跨县灌区1处，灌溉面积16206.7公顷；规模3.3公顷至133.3公顷26处，灌溉面积379.1公顷；纯井灌区689处，灌溉面积3432.5公顷。

按不同水源工程分类　总灌溉面积21370.5公顷，其中水库工程16206.7公顷、塘坝灌区灌溉面积440.9公顷、井灌区灌溉面积4722.7公顷。

表 9-2-8 盐池县各乡镇水地灌溉面积汇总表

行政区划	总灌溉面积	不同水源工程的灌溉面积								井渠结合灌溉面积
		水库	塘坝	河湖引水闸（坝、堰）	河湖泵站	固定站	流动机	机电井	其他	
	万亩	万亩	万亩	万亩	万亩	万亩	万亩	万亩	万亩	万亩
花马池镇	11.3341	6.3113	0.0380	0.0000	0.0000	0.0000	0.0000	4.9848	0.0000	0.0000
大水坑镇	0.4875	0.0000	0.0206	0.0000	0.0000	0.0000	0.0000	0.4669	0.0000	0.0000
惠安堡镇	6.7844	6.7844	0.0000	0.0000	0.0000	0.0000	0.0000	0.0000	0.0000	0.0000
高沙窝镇	0.4853	0.0000	0.0000	0.0000	0.0000	0.0000	0.0000	0.4853	0.0000	0.0000
王乐井乡	4.3539	4.0745	0.0000	0.0000	0.0000	0.0000	0.0000	0.2794	0.0000	0.0000
冯记沟乡	4.1039	4.1039	0.0000	0.0000	0.0000	0.0000	0.0000	0.0000	0.0000	0.0000
青山乡	2.2371	0.8316	0.6028	0.0000	0.0000	0.0000	0.0000	0.8027	0.0000	0.0000
麻黄山乡	0.0650	0.0000	0.0000	0.0000	0.0000	0.0000	0.0000	0.0650	0.0000	0.0000
合　计	29.8512	22.1057	0.6614	0.0000	0.0000	0.0000	0.0000	7.0841	0.0000	0.0000

表 9-2-9 盐池县各乡镇水地利用面积汇总表

行政区划	行政村总数		总灌溉面积小计					其中耕地上	高效节水灌溉方式小计						2011 年实际灌溉面积小计		
									其中耕地上		其中耕地上		其中耕地上			其中，粮田实际灌溉面积	
	个	个	万亩	万亩	万亩	万亩	万亩	万亩	万亩	万亩	万亩	万亩	万亩	万亩	万亩	万亩	万亩
	A1	A2	A3	A4	A5	A6	A7	A8	A9	A10	A11	A12	A13	A14	A15	A16	A17
花马池镇	28	19	11.3341	11.3341	0.0000	3.0635	3.0635	2.7635	2.7635	0.0000	0.0000	0.3000	0.3000	9.5998	9.5998	7.9333	0.0000
大水坑镇	18	8	0.4875	0.4875	0.0000	0.0000	0.0000	0.0000	0.0000	0.0000	0.0000	0.0000	0.0000	0.2757	0.2757	0.2757	0.0000
惠安堡镇	12	7	6.7844	6.7844	0.0000	0.0000	0.0000	0.0000	0.0000	0.0000	0.0000	0.0000	0.0000	6.5547	6.5547	6.2144	0.0000
高沙窝镇	10	6	0.4853	0.4853	0.0000	0.2710	0.2710	0.2710	0.2710	0.0000	0.0000	0.0000	0.0000	0.4793	0.4793	0.4793	0.0000
王乐井乡	13	8	4.3539	4.3539	0.0000	2.5401	2.5401	0.0000	0.0000	0.0000	0.0000	2.5401	2.5401	3.9334	3.9334	2.2015	0.0000
冯记沟乡	8	8	4.1039	4.1039	0.0000	1.0000	1.0000	0.0000	0.0000	1.0000	1.0000	0.0000	0.0000	3.4803	3.4803	3.3920	0.0000
青山乡	8	8	2.2371	2.2371	0.0000	0.1924	0.1924	0.1924	0.1924	0.0000	0.0000	0.0000	0.0000	1.6108	1.6108	1.4538	0.0000
麻黄山乡	13	4	0.0650	0.0650	0.0000	0.0000	0.0000	0.0000	0.0000	0.0000	0.0000	0.0000	0.0000	0.0000	0.0000	0.0000	0.0000
合　计	110	68	29.8512	29.8512	0.0000	7.0670	7.0670	3.2269	3.2269	1.0000	1.0000	2.8401	2.8401	25.9340	25.9340	21.9500	0.0000

表 9-2-10　灌区专项指标汇总表

总灌溉面积	高效节水灌溉面积	小计		2000 亩以上灌区				2000 亩以下灌区		纯井灌区	
		数量	总灌溉面积	数量	总灌溉面积	其中:未归并完全跨县灌区		数量	总灌溉面积	数量	总灌溉面积
						数量	总灌溉面积				
万亩	万亩	处	万亩	处	万亩	处	万亩	处	万亩	处	万亩
A1	A2	A4	A5	A6	A7	A8	A9	A10	A11	A12	A13
29.8512	7.0670	716	27.8231	1	22.1057	1	22.1057	26	0.5686	689	5.1488

(十四)地下水取水井情况

机电井和人力井　规模以上机电井数量 1556 眼,2011 年取水总量 1905.63 万立方米,乡村实际供水人口 19600 人,灌溉面积 3553.3 公顷;规模以下机电井数 1841 眼,2011 年取水总量 95.88 万立方米,乡村实际供水人口 1100 人,灌溉面积 420 公顷;人力井数量 1354 眼,乡村实际供水人口 3000 人。

地下水水源地　规模以上水源地数量 1 个, 位于花马池镇,2011 年取水量 218.3 万立方米,全部为城镇生活用水。

表 9-2-11　2011 年各乡镇取水指标汇总表

行政区划	地下水取水井		规模以上机电井		规模以下机电井		人力井	
	井数	2011 年取水量	井数	2011 年取水量	井数	2011 年取水量	井数	2011 年取水量
	眼	万立方米	眼	万立方米	眼	万立方米	眼	万立方米
	A1	A2	A3	A4	A5	A6	A7	A8
合计	4751	2008.48760	1556	1904.13460	1841	94.2118	1354	10.1412
花马池镇	3150	1480.66414	1139	1385.47134	1694	93.8968	317	1.2960
大水坑镇	512	54.69574	93	54.59574	3	0.0000	416	0.1000
惠安堡镇	43	1.18000				0.0000	43	1.1800
高沙窝镇	88	230.71520	88	230.71520				
王乐井乡	459	89.48140	37	83.70000	21	0.3150	401	5.4664
冯记沟乡	59	4.94660	1	3.09000		0.0000	58	1.8566
青山乡	433	146.80452	191	146.56232	123	0.0000	119	0.2422
麻黄山乡	7	0.00000	7	0.00000				

三、普查成果质量

(一)质量控制措施

对象清查过程质量控制措施　严格按照水利普查区域划分,以“在地原则”做好普查对象的名录清点,通过与初始名录底册资料比对和逐级上报认定验收,确保清查对象不重不漏,通过对象清查内业审核、现场抽查的方法,发现清查有误,及时补充清查。

取用水台账建设质量控制措施 对典型居民家庭用水、灌区用水、规模化畜禽养殖厂用水、公共供水企业用水、工业企业用水、建筑业与第三产业用水、河道外生态环境用水这七类用水调查建立台账记录,对有水表的按水表读数记录,无水表的按计量设施和测量法记录,台账数据质量检查用经验判断法、资料对比法、现场复核法、抽样推断法等进行抽查,分析其合理性,被抽查对象台账登记99%合格。

现场调查阶段质量控制措施 主要通过对各专项随机抽样现场调查，对数据的合理性、规范性、一致性、真实性和相关性等方面进行审核。搜集整理分析各阶段工作质量状况问题,及时向上级普查机构反映,提出对策、措施和建议。

数据处理过程质量控制措施 通过国家普查机构下发的水利普查审核辅助系统,对各专项进行普查数据表间、表内、关联关系、一致性进行审核。对审核出现的各类质量问题及时审订并修正。

(二)总体质量评估

数据录入质量评估 严格按照上级普查机构下发的数据质量控制标准,盐池县水利普查数据指标的漏报率、录入差错率均控制在1%以下。

数据填报质量评估 各类普查对象的漏错报率、主要指标漏填率、错填率等通过对基础数据进行全面性检查,数据错漏报率、主要指标漏填率、错填率均控制在1%以下。

数据质量总体评估 对各专项调查对象数据进行合理性、规范性、关联性、准确性、一致性审核。经检查,各类普查对象的漏错报率、主要指标漏填率、错填率均在1%以下。

(三)对比分析情况

与已有统计、规划等资料对比分析情况 通过与全县相关部门五年内统计资料进行对比分析,判断基础数据的可靠性。组织熟悉普查业务、水利专业、数据分析和水利情况的技术骨干及专家,采取基础数据审核和汇总数据相结合的方式,分专业对各类普查对象进行数据审核。编列审核出错数据和质疑数据清单,提出处置意见。

与同类或毗邻地区普查数据对比分析情况 对于反映盐池县各类普查对象数量、结构、分布及其规模、能力的主要指标,借助毗邻地区普查数据有关资料和专家经验,分专业对各类普查对象的分类汇总数据(尤其是按地区分组的汇总数据)进行合理性分析,并通过计算机查询、过滤和排序等手段,对基础性数据进一步审核。分析基础数据的可靠性和合理性。

第三节 水利科技

盐池县水利部门在农村水利科技运用推广中,始终以改革创新精神为指导,积极探索多元化的新途径和新方法,通过开展重点示范、技术承包、课题研究、培育特色,为全县水利事业健康持续发展注入了活力，取得了显著成效。

一、打井设备制造及运用

20世纪70年代初，在全国北方会议推动下，盐池县加强了对抗旱打井的领导，成立了抗旱打井领导小组，县委书记张敏任组长。组织县农具厂工人和水利技术人员到定边、延安学习机械打井及打井机的制造工艺，并成立了打井机制造专业团队，研制了出猴爬杆打井机。在此基础上发明动力锅锥机，之后又仿制研造了延河钻机。1970年，成功制造出12眼锅锥钻机。截至1975年，自治锅锥钻机6台、延河钻机7台；打延河井221眼、锅锥井96眼、带子井80眼、深井5眼，共计402眼；发展水浇地7000亩，亩产小麦100公斤，玉米150公斤，糜子110公斤。随着钻机质量不断提高，打井质量和成井率也更加稳定，成井率由最初的60%提高到85%，打井深度由过去的平均50米至200米发展到500米至1000米，最深机井达1560米，费用降低30%。同一时期，县农具厂和水利部门技术人员研制出水泥搅拌机和振动台，提高了水泥制管功效，减轻了劳动强度。盐池县还为灵武、同心、左旗等周边县市免费提供自制钻机20台，支援兄弟市县发展水利事业。

二、何新庄水保实验站

1956年何新庄水保实验站成立，采用沟坡兼治、林粮并重的方式，探索出一条小流域综合治理的成功经验，并在全区推广。

农业方面 采取边试验边生产的方式。粮食作物种植面积21.3公顷，蔬菜种植1.7公顷，平均年产粮食5000千克，油料250千克，主要种植洋芋、玉米、荞麦。通过不同品种对土壤、水分、阳光、除草、施肥等需求实验，使洋芋亩产350公斤、玉米亩产50公斤、荞麦亩产55千克，比实验区以外一般地区同品种亩产提高20%。成功培育并推广了荞麦和碧玉麦2个新品种。荞麦耐旱抗病性强，碧玉麦抗病性强，出粉率高。

水利方面 完成水平沟12413个、鱼鳞坑13150个、土谷坊194个、沟头防护5道，完成土方171710立方米，用工4万多个。开展土壤含水量观测工作，通过观测，证实实验区比非实验区的土壤水分含量增加30%以上。

林业方面 主要是种植水土保持林、农田防护林，培育经国林。成功培育了枣树、杏树、沙果树等适宜山区种植的果树种类，而核桃、桑树、山定子(山荆子)因对水份要求高，未获成功。

治理创新方面

1.林粮间作，套种苜蓿。在幼林地，因地制宜种植粮食作物和蔬菜，有利于幼苗抚育和林木生长，劳动力和土地综合效益提升，降低劳动成本，实现了“林粮双丰收”。同时在粮食作物行间种植苜蓿，既改良了土壤，也有利于水土保持。

2.水平沟、鱼鳞坑种植油料作物。在山坡和沟底的水平沟和鱼鳞坑种植油料作物，油料作物的根系保持地表不被雨水冲刷，控制了水土的流失。

3.坡面工程间隔治理。即在坡顶挖水平沟或鱼鳞坑，水平沟和鱼鳞坑中间间隔 30 米至 50 米，种植灌木和乔木，既有利于蓄积雨水，防止雨水冲刷，也节约了人力、财力。

通过几年治理，实现了试验区“四化”：坡地梯田化、大地田园化、沟底川台化、荒山绿化。

三、节水灌溉实验

1974 年，水利部门组织在城郊乡四墩子大队对 2.8 公顷农田实施喷灌实验，1978 年在城郊公社八堡生产队进行喷灌实验，1998 年在冯记沟乡利用排水进行喷灌实验，在青山乡猫头梁村利用塘坝进行渗灌实验，在北园子村进行滴管实验，1998 年在青山乡牛记圈村利用塘坝进行低压渗灌实验，为节水农业大面积推广积累了经验。

四、抗旱剂实验与推广

1996 年，水利部门在全县推广旱地龙抗旱生长营养剂，累计推广面积 20000 公顷，全县累计施用抗旱剂 80000 公斤。1999 年引进节水剂，全县累计使用 20000 公斤，为农作物抗旱起到一定作用。

五、电测井技术运用

盐池县从 20 世纪 70 年代开始打深井实验。由于地质结构复杂，对地下水资源分布情况掌握不清，往往打不出水或出水甚少，造成人力、财力浪费。在自治区水利局的帮助下，盐池县于 1976 年成立了电测找水技术小组，通过超声波技术准确掌握地下水储藏情况，减少了废井。采用点测井技术测井后，打井成功率达到 95%以上。

六、课题研究

1992 年，盐池县水利部门在四墩子开展地下水资源评价课题研究。

1993 年至 1996 年，盐池扬黄灌区先后完成各类植树造林 1.1 万亩，占开发总面积的 18.3%，有 4.8 万亩水地基本形成农田防护林体系。1996 年，惠安堡贾记圈灌区被自治区农科院确定为农业综合开发项目区，主要研究任务是进行林业栽培新技术上运用实践，为同等或相似条件下造林提供依据。1997 年是项目区实施植树造林新品格、新技术推广第一年，全年营造农田防护林 2000 亩，成活率达 85%以上，合格率达 91.8%。灌区首次引进樟子松针阔混交林栽植试验取得成功，成活率达到 91%。另外试验区还建立了庭院经济、枣粮间作、果树示范园等多种科技示范点，特别是枸杞示范园、苹果无毒栽培、葡萄园建设等几项试验课题取得显著成效。

1999 年，县水利水保局参与的《宁南山区水窖（土圆井）集雨水灌溉技术示范推广及标准化研究》课题获自治区科技进步二等奖；由宁夏水科所和盐池县水利水保局共同承担的《宁夏盐池县谢儿渠水流域蓄流微灌综合治理开发研究》课题获自治区科技进步三等奖；盐池县水利水保局参与的《宁夏干旱地区渠沟田全防渗灌水技术研究》获自治区科技进步三等奖。2001 年，盐池县水务局参与的《节水增产重点县建设与节水增产体系示范推广》课题获自治区水利科技进步一等奖。

哈巴湖

第十章　水利投资

第十章 水利投资

水利是农业发展的命脉,关系到国家粮食安全、人民群众生命财产安全和农业现代化发展进程。水利投资是水利事业健康有序发展的根本保证,关系到全面建成小康社会目标的实现。中华人民共和国成立60多年来,随着国家、自治区对水利建设投资的不断提高,盐池县各项水利工程建设项目纷纷落地,水利投资持续增加,水利事业取得了长足发展。

第一节 水利投资概况

20世纪50年代,盐池县为了发展农业生产,抗旱应急救灾,开始新修水利工程。主要通过打土圆井、修建水库、截引沟泉水发展水浇地。从1955年开始,盐池县开始实施水土保持工程建设,采取种草植树、挖鱼鳞坑、打防风墙、打洪漫坝等措施进行防风固沙,控制水土流失。这些工程施工标准低,用材少,投资少,大部分以采取社队投工投劳的方式完成。1958年盐池县开展了大规模的水利建设运动,新建10多个较大的水利工程,国家在几个较大的水库建设上给予了一定的资金支持。20世纪60年代,国家只在水利建设工程上栽种水土保持树苗。

表10-1-1 1949—1971年盐池县农林水牧经费指标(单位:万元)

年份	自治区核定					盐池县自定				
	合计	农业	牧业	林业	水利	合计	农业	牧业	林业	水利
1971	435					449	183.881		104	161.119
1970	428					549.12	223.112		70	
1969	313					313				
1968	509.69					576.481	178		45.8	
1967	583.02					761.389	247.926		169.979	343.484
1966	771.57	203.87		158.6	409.1	941.963	273.37		231.375	437.218

续表

1965	425.569	200.599		105.97	119	500.941			115.676	170.742
1964	722.712	435.637		146.575	140.5	731.733			146.575	140.55
1963	444.441	20.594	270.847	53	100	444.441	20.574	270.847	53	100
1962	501.5	48.31	245.39	102.8	105	504.5	46.7	250	102.8	105
1961	699.508	52.93	273.075	118.703	254.8	699.508	52.93	273.075	118.703	254.8
1960	726	100	30	160	436	921.394	126.803	222	210	362.591
补充说明:1.1949—1957 年投资 80 万元;2.1958—1959 年投资 90 万元(建水库);3.1972 年投资 90.5 万元。										

20 世纪 70 年代,国家对水利建设日趋重视,水利投资力度逐步加大。盐池县抢抓机遇,积极开发建设机井灌区。在此期间,盐池县水利建设的重点是在中北部地下水资源相对丰富的地区打机井,在南部山区大力开展水土保持工程建设。国家对每眼机井补助 110 元,并对水土保持工作核拨专项资金。1973 年,自治区投入盐池县水利建设资金 30 万元,打井补助 17.25 万元,1974 年自治区投入盐池县水利建设资金 227.33 万元, 水土保持资金 81.63 万元,此后逐年增加。1979 年自治区投入盐池县水利建设资金达到 300 万元。

20 世纪 80 年代开始,国家水利建设项目逐年较多。盐池县争取国家水利投资主要有农田水利费、水保费、防汛费、抗旱费、"以工代赈"资金、"三西"资金、老区建设费、黄河中游局专项费、低产县资金、支农资金、农电费、地方病防治费、救灾资金、南部山区资金、水利事业费等。1981 年至 2000 年,盐池县共争取各项水利建设资金 10075.5 万元。

2000 年以后,国家实施西部大开发战略,对宁夏水利建设投入持续加大,水利事业发展进入快车道,一大批水利、水保建设项目落户盐池县,特别是水土保持、农田建设、节水农业、生态建设和饮水安全建设方面,投入巨大。

2001 年,盐池县共争取国家水利建设资金 775 万元,其中水土保持基本建设费 170 万元、人畜饮水基本建设资金 452 万元、农水费 40 万元、水保费 19 万元、防汛费 4 万元、抗旱费 68 万元、节水贴息贷款 22 万元。

2002 年,盐池县共争取国家水利建设资金 1449.1 万元。其中小型农田和水土保持补助费 99.6 万元、支援农村合作组织资金 8 万元、财政扶贫资金 388.5 万元、水利基础建设资金 923 万元、小型农村公益设施建设资金 30 万元。

2003 年,盐池县共争取国家水利建设资金 1223.44 万元。其中防汛抗旱费 31 万元、水资源管理费 22 万元、财政扶贫资金 239.19 万元、水利基础建设资金 793 万元、小型公益设施建设资金 54.32 万元。

2004 年,盐池县共争取国家水利建设资金 1554 万元。其中井窖建设资金 60 万元、抗旱救灾资金 86 万元、淤地坝项目资金 865 万元、"旱三田"建设资金 216 万元、小流域建设资金 100

表 10-1-2 1981—2000 年水利投资情况表（单位:万元）

项 目	1981	1982	1983	1984	1985	1986	1987	1988	1989	1990	1991	1992	1993	1994	1995	1996	1997	1998	1999	2000	累计
合 计	121	276	283	414	358	774	323.7	399.8	247.6	398.3	532.3	435.8	489.6	415	425.9	269.5	340.5	583.5	1609.1	1378.9	10075.5
农田水利	94	136	65	151	110	183.3	223.7	183.7	139.6	98.3	32	26.5	28.5	20	21.9	41	41	93	41	40	1769.5
水保费					28			15	15	15	18	17.3	22.5	16	10	16	21	25	24	20	269.5
防讯费										2	3	4	6	18	17	11	6	25	363	120	575
工业品								46.8	23	30	113	45	86		97	106	97		433	103.5	1180.3
粮棉布				137	83.5						175.3	167.5	107	206							876.2
抗旱费	27	20	22			17.4		73.5			54	31	40	75	111	30	18	24	115	117.5	775.4
“三西资金”			18	103	6				63	216	82	40	80	40	115	20.2	100	6.5	82.3	41.5	1013.5
老区建设费		90	178		117			80.8		30	45	40			25	35.3		309	252		1202.1
中游局						183	100		7	7	7						12	11	58		385
低产县											3	30									33
支农资金														40							40
区农电												30	43.6			10		10		12	105.6
区地病办													31				40.5		49		120.5
救灾															29				1.8		30.8
南部山区						283.3															283.3
高沙窝变电所						107															107
支援公社费		30		23	13.5																66.5
水利事业费																				924.4	924.4
其他													4.5	45				5	80	190	324.5

万元、治沟骨干建设资金 227 万元。

2005 年,盐池县共争取国家水利建设资金 2242 万元。其中人畜饮水工程资金 1036 万元、水土保持建设资金 615 万元、集雨节灌工程资金 229 万元、特大抗旱资金 164 万元、节水灌溉示范项目资金 25 万元、农业综合项目资金 133 万元、地方水利建设基金 40 万元。

2006 年,盐池县共争取国家水利建设资金 2499.7 万元。其中水土保持建设费 1364.2 万元、集雨工程建设资金 921 万元、特大防汛抗旱资金 164.5 万元、小型农田水利建设资金 50 万元。

2007 年,盐池县共争取国家水利建设资金 2300 万元。其中中央财政资金 2035 万元、地方配套资金 265 万元。

2008 年,盐池县共完成水利建设投资 4824.4 万元。其中国补资金 3141.1 万元、地方财政配套资金 1683.3 万元。

2009 年,盐池县共国家争取到水利建设资金 6588 万元。

2010 年,盐池县共争取国家水利建设资金 21045.5 万元。

2011 年,盐池县共争取国家水利建设资金 16100 万元。

2012 年,盐池县共争取国家水利建设资金 20386.25 万元。

2013 年,盐池县共争取国家水利建设资金 26000 万元。

2014 年,盐池县共争取国家水利建设资金 26100 万元。

2015 年,盐池县共争取国家水利建设资金 30930.86 万元。

2016 年,盐池县共争取国家水利建设资金 29000 万元。

第二节　专项水利建设资金使用情况

水利建设是农牧业生产发展的基础。中华人民共和国成立以来,盐池县在国家、自治区的大力支持下,水利建设取得了重要突破和发展,农牧业生产条件得到根本改善,人民群众生活显著提高。20 世纪 80 年代初,国家实行“以工代赈”投入水利建设,突出解决贫困地区人畜饮水困难,促进粮食增产,解决温饱问题。党的十一届三中全会以后,盐池县被国家列为“三西”贫困地区扶持县,水利专项建设资金持续增加。各项水利投资为改善盐池县落后农业生产面貌、加快人民群众脱贫致富奠定了坚实基础。

一、“三西”资金的投入使用情况(1983—1992 年)

1983 年至 1992 年,“三西”建设项目投入盐池县水利建设资金 852.3 万元,主要用于水利、电力和人畜饮水基础建设。

(一)主要水利工程建设

人畜饮水工程　1985 年建设了回六庄饮水工程,总投资 82.9 万元,其中“三西”资金 80 万元,解决了冯记沟乡所在地机关、矿区、学习和12个村庄3700人、800头大家畜、16000只羊的饮水困难,结束了6个回民聚集村庄长期饮用高氟水的历史。

机井灌区建设 1987年,盐池县争取“三西”建设资金130万元,开发建设了魏庄子、崔家塘、李庄子、高沙窝、双井子—红庄、苏步井机井灌区,完成了官滩截潜流工程和苏步井乡井沟小扬水站工程,共打机井37眼,修涝池2座,挖带子井3条,打塑料真空井4眼,建设引水管道4.8千米,衬砌混凝土防渗渠道21.11千米,架设输电线路30.75千米。新增水浇地190.9公顷,解决了442人、160头大家畜、4927只羊和6个自然村180户的饮水困难。

送变电工程建设 1990年,盐池县争取“三西”建设资金350万元,建设谢儿渠35千瓦变电所一座,架设35千伏输电线路33千米、10千伏输电线路40千米。完成后洼、麻黄山两个乡政府所在地和周边6个行政村的通电任务,为全县率先实现乡乡通电起到了先导作用。

农田基本建设 1984年,盐池县争取“三西”建设资金45.8万元,在南部山区6个乡建立小流域治理示范点,完成治理面积14.4平方公里,其中基本农田676.6公顷、水保林471.9公顷、种草243.4公顷,修建各种水保工程407个,打水窖671眼。累计投资89.5万元,完成“旱三田”建设6943.2公顷。

扬黄灌区建设 “三西”建设资金投入18万元,完成600公顷田间渠道铺设和6000亩平田整地任务。

(二)“三西”资金使用效益

粮食增产 新发展水浇地190.9公顷,亩产250公斤,年产粮食71.5万公斤,可解决3000人温饱问题。南部山区经过水土保持工程的实施,人均基本农田达到0.377公顷,人均粮食产量由治理前的244公斤增加到435公斤,人均年收入由229.8元提高到414.2元,提高了80.5%。

控制了水土流失 共治理水土流失面积14.7平方公里,绿化面积715.3公顷,使治理区的生产条件得到了一定改善,促进了农业经济的发展。

二、“以工代赈”项目资金投入使用情况(1984—2000年)

(一)国家先后投入盐池县的“以工代赈”建设主要水利工程

1984年至1994年,国家先后投入盐池县“以工代赈”资金993.73万元(其中工业品434.83万元、粮面布558.90万元)。建设的主要水利工程有:

人畜饮水工程 先后完成南部山区供水工程、南部山区续建供水工程、宝塔供水工程、暴记春供水工程、青山西部供水工程、平台供水工程、柳树梁供水工程、高利乌素供水工程、东学良子供水工程、青山续建供水工程、二道沟供水工程、马儿庄黑土坑供水工程、沙窝子供水工程等13处人畜饮水工程。共打水源机井6眼,铺设输水管道470千米,建蓄水池97座,加压泵站6座,供水房170间,挖水窖3280眼,打土圆井650眼。累计完成资金1102.25万元,其中“以工代赈”资金425.23万元(工业品270.83万元、粮棉布154.40万元),其他配套资金614.87万元。

共解决 167 个自然村 46548 人、0417 头大家畜、164499 只羊的饮水困难。

农田水利建设 共打机井 35 眼，配套机泵 35 台套，铺设低压节水管道 45.8 千米，砌护防渗渠道 50 千米，完成投资 350 万元，其中"以工代赈"资金 171.7 万元(工业品 40 万元、粮棉布 131.7 万元)，其他资金 38.3 万元，地方自筹 106 万元，发展水地 7150 亩，改善灌溉面积 7130 亩。

水土保持工程建设 共完成投资 454.4 万元，其中"以工代赈"资金 346.8 万元(工业品 87 万元、粮棉布 259.8 万元)，其他资金 102.6 万元、自筹 5 万元。水土保持方面，完成小流域治理面积 54.73 平方公里，植树种草 1.8 万亩，建水保工程 541 处，完成投资 173.6 万元，其中"以工代赈"资金 141.8 万元(工业品 37 万元、粮棉布 104.8 万元)；先后完成花鸨沟、荫子沟、甘沟、窝风掌 4 个骨干沟治理工程，总库容 954 万立方米，控制流域面积 61 平方公里，淤地 54.6 公顷。完成投资 140.8 万元，其中"以工代赈"资金 65 万元(工业品 8 万元、粮棉布 57 万元)；建设"旱三田"3066.7 公顷，完成"以工代赈"资金 140 万元(工业品 41 万元、粮棉布 99 万元)。

惠安堡郝家台水库建设 在李家大湾水库上游 5 千米处修建了郝家台水库，以防洪为主，兼顾灌溉。总库容 4781 万立方米，发展水地 466.7 公顷，完成投资 406.43 万元。

(二)盐池县争取"以工代赈"建设主要水利工程

1996 年至 2000 年，盐池县争取"以工代赈"及配套资金 9200.19 万元，其中"以工代赈"资金 4075 万元，自筹 5125.19 万元，群众投劳 237 万个工日。建设主要水利工程有：

农田水利建设 5 年间共争取"以工代赈"资金 272 万元，打井窖 16274 眼，铺设节水管道 47.4 千米，增加节水灌溉面积 461.3 公顷，配套机泵 24 台套，架设高低压输电线路 12.5 千米，安装变压器 5 台。

人畜饮水工程建设 5 年间共争取"以工代赈"资金 715 万元，完成萌城、柳杨堡 2 处人畜饮水工程；完成青山、烟墩山、摆宴井、南场、刘范坡等 8 处饮水工程。铺设输水管道 107 千米，建蓄水池 82 座，供水房 132 间，解决了 14 个行政村 28 个自然村 10244 人、1073 头大家畜、31477 只羊的饮水困难。

生态建设 5 年间共争取"以工代赈"资金 940 万元，实施围栏草原 20 万亩，人工种草 8 万亩；投入"以工代赈"资金 105 万元，营造县城防护林 4.3 万亩，完成灌木园苗木繁育及基础设施建设。

水土保持工程建设 5 年间共争取"以工代赈"资金 232 万元，治理小流域 4 条，修建小型水保工程 49 处，治沟骨干工程 3 处，总库容 254 万立方米，治理面积 47 平方公里，控制面积 81.48 平方公里，种草 98 公顷；安排"以工代赈"资金 110 万元，修建了县城防洪工程。

第三节　资金管理

随着国家对农村水利建设的进一步重视，水利投资不断加大，水利项目持续增多，水利资金使用监管机制也越来健全和完善。为适应水利事业对财务管理的要求，盐池县水利部门不断规范资金使用程序，强化管理和监督机制，促进财务管理由核算监督向经营管理型转变。逐步建立以适应社会主义市场经济体制要求的新型财务管理体系，健全以确保国有资产保本增值为目标的资本金制度、以预算管理为主体的全面预算管理制度、以成本控制为主要手段的成本管理制度、以资本运筹为重点的资金管理制度，水利财务管理步入规范化、科学化轨道。

建立健全财务管理制度　为切实加强财务管理，提高财务工作水平，盐池县水利部门始终以制度建设促进管理水平和质量。1964 年，为加快农田水利、水土保持建设发展，进一步贯彻“依靠群众、自力更生、勤俭办水利”的方针，使农田水利和水土保持补助费发挥最大效益，县农林水牧科制定了《水利水保资金审批办法》，从建设原则、补助范围、申报程序、使用要求四个方面对资金管理使用规范。1978 年，县水电局根据国家有关财经制度规定，制定了《盐池县水电科财务管理制度》。1988 年，县水电科、计划委员会联合制定下发了《关于做好“以工代赈”资金管理的通知》，就“以工代赈”工业品和粮棉布的采购、质量要求进行了规定。1989 年，县水电科制定了《盐池县水电科廉政建设制度》，重点对财务管理及财务公开进行了具体规定。1990 年以后，水电部门先后修订完善了《材料管理制度》《岗位责任制度》《农用机井建设及配套制度》《会计核算制度》《售货资金管理制度》《收入管理制度》《人员变动经济手续移交制度》《财务管理档案制度》《盐池县水务局专项资金管理办法》等相关制度办法。2016 年，根据节约型社会建设要求，县水务局制订出台了《关于盐池县水务局内部控制工作实施方案》。

审计监督　从 20 世纪 80 年代开始，盐池县审计部门开始按年度、有计划地组织对水电科各厂、队、站及其负责人进行经济审计。20 世纪 90 年代末，审计部门开始对县直各部门主要负责人进行离任审计，同时对专项资金使用情况进行专项审计。水利部门作为审定重点，确保了水利建设资金安全，有效促进了投资效益最大化。

内部自查　2000 年后，盐池县水务局每年组织对水利建设投资使用情况进行自查，严格做好统计工作。进一步健全资金申请拨付制度，严格按规定程序办理资金拨付手续。确保项目投资按批复项目及用途使用。每一个项目建设，严格做到事前有预算、拨付有依据、事中有监督、事后有验收，强化了水利资金安全使用。

第十一章　农电建设

第一节　农电建设起步
第二节　农电建设成就

第十一章　农电建设

盐池县工业起步较晚，尤其是城乡电力发展，相对滞后。

光绪二十年(1894 年)，英国人将一辆小轿车和一台发电机(美国西屋电工公司制造)送给慈禧太后作为其 60 大寿贺礼。辛亥革命后，这台发电机于 1934 年辗转流落到天津“碎铁局”。当年由宁夏商会带头，银川士绅和晋商八大家入股，计划成立宁夏电灯股份有限公司，并集资 5 万元从天津购来慈禧太后用过的这台发电机。随这台发电机一同到宁夏的还有赵兴武、彭德昌、田金典等 13 名原故宫电机技师。国民党宁夏省主席马鸿逵对开办电灯公司非常重视，亲自担任了公司董事长。1935 年 10 月，宁夏电灯股份公司成立，并开业送电，结束了宁夏无电灯的历史。当时，整个宁夏乡村，大多数人尚不知电灯为何物。

盐池县博物馆馆藏慈禧太后使用过的发电机

从 1977 年开始，盐池县农电建设开始以较快速度发展。1991 年全县实现乡乡通电，1994 年实现行政村村村通电，2000 年基本实现自然村村村通电，2016 年实现村村通电全覆盖。

第一节　农电建设起步

盐池县农村电力建设起步较晚，1976 年以前，全县 8 个公社只有 2 个公社通电；90 个生产大队只有 5 个通电，482 个生产队只有 17 个通电。全县农电线路拥有量：6 千伏至 10 千伏线路 48 千米，其中三类线路 5 千米；500 伏线路 39 千米，其中三类线路 20 千米。

表 11-1-1　1976 年盐池县电力通电情况表

未通电公社名称	未通电大队名称	未通电生产队
城郊公社	郭记沟大队	7 个生产队
	八岔梁大队	5 个生产队
	碗记沟大队	5 个生产队
	柳杨堡大队	8 个生产队
	田记掌大队	6 个生产队
	佟记圈大队	4 个生产队
	沟沿大队	2 个生产队
	冒记寨大队	7 个生产队
	东记沟大队	9 个生产队
	东塘大队	5 个生产队
高沙窝公社	岌岌沟大队	4 个生产队
	苏不井大队	5 个生产队
	硝池子大队	6 个生产队
	大疙瘩大队	4 个生产队
	英雄坑大队	5 个生产队
	二步坑大队	4 个生产队
	南梁大队	5 个生产队
王乐井公社	石山子大队	3 个生产队
	王乐井大队	3 个生产队
	官滩大队	4 个生产队
	边记洼大队	5 个生产队
	郑记堡大队	4 个生产队
	曾记畔大队	6 个生产队
	双疙瘩大队	4 个生产队
	鸦儿沟大队	4 个生产队
	百记井大队	7 个生产队
	头山子大队	6 个生产队
	刘四洰大队	6 个生产队
	李庄子大队	4 个生产队
	狼东沟大队	5 个生产队

续表

青山公社	青山大队	5个生产队
	猫头梁大队	5个生产队
	郝记台大队	5个生产队
	方山大队	6个生产队
	月儿泉大队	7个生产队
	古峰庄大队	5个生产队
	汪四滩大队	6个生产队
麻黄山公社	麻黄山大队	7个生产队
	何新庄大队	5个生产队
	杏树梁大队	8个生产队
	井滩	3个生产队
	后洼大队	7个生产队
	孙水大队	8个生产队
	李原畔大队	8个生产队
	严庄大队	6个生产队
大水坑公社	向阳大队	5个生产队
	红井子大队	4个生产队
	东风大队	5个生产队
	二道沟大队	5个生产队
	马坊大队	5个生产队
	大水坑大队	5个生产队
	柳条井大队	6个生产队
	莎草弯大队	5个生产队
	新泉井大队	4个生产队
	新建大队	5个生产队

20世纪70年代后，根据社会经济发展需要，盐池县农电事业艰难起步。

1976年，盐池县成立了“送变电工筹备组”：庞三保任组长，董侠任副组长，赵清光、姚建章、王宝山、任从芝、孙进善、刘景秀、李寅、余志佩等为成员，领导小组下设办公室，姚建章任主任，具体负责灵武马家滩至盐池县城送变电工程。

1977年，改建县城至城郊公社沟沿大队6千伏线路5000米，新建城郊公社至深井、史庄子生产队10千伏线路3千米，新建王乐井公社周庄子生产队至良繁场灌区10千伏线路1.5千米，新建县城至“五·七”大学10千伏线路0.5千米。

1978年10月22日，盐池县110千伏变电所建成，当年新建35千伏线路90千米：县城至陈家圈28千米，县城至郑家堡子30千米，马家滩至高沙窝32千米。新建10千伏农电线路110千米：县城至城郊公社郭记沟大队45千米，红井子至青山公社22千米，大水坑公社30千米，城西13千米。

第二节 农电建设成就

一、农电建设快速发展

1979年，盐池县委、政府做出了《关于加快电力建设的决定》。

1979年至1980年，先后架通县城至柳杨堡乡、王乐井乡、青山石膏厂高压线77.47千米，低压线23.22千米，使25个行政村、111个自然村通电。

1981年，由于农村联产承包责任制的建立，农村经济快速发展，居民生活水平有所提高，农村用电十分迫切。为解决农村用电问题，尤其电杆不足问题，盐池县委、政府号召各乡镇充分发挥协调作用，通过地驻国家企业、区属驻盐单位联系解决电杆短缺问题。协调利用县境内长庆油田变电所优势，就近疏通电源。水电部门积极扩大电杆生产能力，加上自治区设立老区建设专项资金的投入，全县农村电力建设步伐逐步推开。

1981年至1984年，盐池县累计筹措各项资金65万元，架设高压线71.71千米。其中为柳杨堡乡南王圈、张家场、东塘、东陈家圈、西陈家圈、卢家塘、蔡家塘、冒寨子、左家湾、张家圈、红沟梁11个生产队通电，架设线路28.71千米；为城郊乡黄嵩梁、田家掌、北梁生产队通电，架设线路4.5千米；为王乐井乡人畜饮水工程及丁家井、马家掌生产队通电，架设线路6.2千米；为鸦儿沟乡朱家窖、徐广滩生产队通电，架设线路4.5千米；为青山乡斗沟子、牛家圈、二道湖、青山、刘庄滩5个生产队通电，架设线路8.5千米；为红井子乡红井子、二道沟、红沟湾3个生产队通电，架设线路7千米；为大水坑乡余家圈、张步良2个生产队通电，架设线路3千米；为惠安堡乡薛园子生产队通电，架设线路6千

20世纪80年代中期盐池县农电维护

米;为冯记沟乡岔岱生产队通电,架设线路 1.2 米;为麻黄山乡机关通电,架设线路 2 千米。大水坑等乡镇与长庆油田采三厂联系,利用其 110 千伏、35 千伏变电所电源,架通了该乡及变电所周围村庄线路。

1985 年架通了灵武县马家滩—鸦儿沟、大水坑北联站—红井子、甘肃省环县甜水堡—萌城、马家滩—冯记沟、惠安堡—马儿庄等主干线，共架设高压线 212.35 千米，低压线 106.6 千米,全县有 141 个自然村通了电。

1986 年,国家投资 106 万元建成高沙窝 35 千伏变电所,架通了高沙窝、苏步井乡主干线。架设农村居民通电高压线 123.94 千米,低压线 62.08 千米;架设高压输电线路 9.57 千米,低压输电线路 30.594 千米,配套机井 101 眼;架设高压输电线路 17.93 千米、低压输电线路 6.79 千米,为 2 处供水工程通了电。共架设高压输电线路 151.44 千米、低压输电线路 99.464 千米,组装和更换变压器 73 台,解决了 11 个乡 32 个自然村的通电问题。

1987 年,完成高低压输电线路 251580 千米,其中架设高压输电线路 23.11 千米,低压输电线路 30.63 千米,配套机井 98 眼,带子井 13 条;农村通电架设高压输电线路 98.1 千米,低压输电线路 99.74 千米,安装变压器 72 台,更换 16 台。

1988 年,盐池县农电建设主要任务是机井配套和乡镇企业用电。共架设高压输电线路 74.43 千米,低压输电线路 24.17 千米,完成 25 眼机井和井沟小高抽配套任务。

1989 年,架设高低压线 28.574 千米,配套机井 38 眼,完成了高沙窝灌区 \ 崔家塘灌区、李家坝井灌区的配套任务。

1990 年,盐池县政府投资 37.6 万元,群众自筹 18 万元,为 5 个乡 6 个行政村 13 个自然村通电,架设高低压线路 53.67 千米,机井配套线路 11.89 千米,改造农电线路 12 千米。是年底,全县已建成农用电和照明电相配合的输电体系。共建成 35 千伏高沙窝变电所 1 处,架设高压输电线路 985 千米、低压输电线路 724.67 千米。通电行政村 74 个,占全县行政村总数的 72%;自然村通电 470 个,占全县自然村总数的 52.7%;入户 14981 户,占全县农户总数的 63%。

1991 年,盐池县综合各项投资 270 万元,建成 35 千伏谢儿渠变电站;投资 62.9 万元,架通了麻黄山、后洼两乡主干线,共架设高压输电线路 28 千米、低压输电线路 14 千米,2 个乡 5 个行政村 7 个自然村的 312 户 1780 人受益;架通了谢儿渠—大水坑 35 千伏输电线路;投资 21 万元,增加 2000 千伏安变压器 1 台,解决了高沙窝供电所变压器超负荷问题。是年,盐池县实现了乡乡通电。

二、农电建设实现"村村通"

1992 年,盐池县筹措各类农电建设项目资金 253.04 万元("三西"建设资金 70 万元、县政府配套 72.06 万元、资金 110.98 万元)架设农电线路 138.33 千米,其中供电局架设高压线 41.7 千米,水电局架设高压输电线路 61.694 千米、低压输电线路 34.93 千米,解决 8 个乡 12 个村 44 个村民小组 1523 户的照明用电问题。全县通电行政村达到 82 个，占全到所有行政村的 83.3%，村民小组 411 个，占全县所有村民小组的 67.9%，入户 18570 户，占全县总户数的 76.8%，同时完成机井线路 20.092 千米。

1993 年，为进一步改善农村生产生活条件，加速困难群众脱贫致富步伐，实现自治区关于“八五”末所有行政村村村通电目标，盐池县筹措各类项目资金 412.9 万元，架设高压线 132.5 千米、低压输电线路 63 千米，安装变压器 52 台，总容量 1090 千伏安，完成 16 个行政村 52 个自然村 1476 户群众通电。

1994 年，盐池县各类农电建设项目投资 288.3 万元。其中国补资金 77 万元、自筹 111.3 万元）架设高压输电线路 90 千米，低压输电线路 50 千米，9 个行政村 31 个自然村 800 户（4600 人）群众受益。至此，全县 98 个行政村全部通电，提前一年实现了自治区政府提出的“村村通电”目标。

1995 年，盐池县投资 60 多万元架设高压输电线路 23.3 千米，安装变压器 11 台，解决了 11 个村 834 户 4070 人的生产生活用电问题。

表 11-2-1　“八五”期间盐池县农电建设情况统计一览表

年份	高压千米	低压千米	变压器千伏安/台	变电所（座）	通电效益						备注
					行政村	通电率%	自然村	通电率%	户	人	
1990 年	883	679	20895510	35 千伏一座	55	56%	307	51%	15688	80020	高压中含 35 千伏线路 39 千米
1991 年	28	14	2407	35 千伏一座	5		7		312	1780	
1992 年	105	94	111047		12		48		1800	9600	高压中含 35 千伏线路 35 千米
1993 年	133	68	109052		17		57		1600	8000	
1994 年	90	50	71031		9		31		800	4600	
1995 年	23.3	6.8	29011				11		834	4070	
“八五”小计	379.3	232.8	3440148	一座	43		154		5346	28050	
1995 年累计	1262.3	911.8	24335658	2	98	100%	461	76%	21034	108070	

1996 年，在没有国家投资的情况下，盐池县投资 100 万元（各种补助 30 万元、群众自筹 70 万元）架设高压输电线路 31 千米、低压输电线路 11 千米，解决了高沙窝、苏步井、马儿庄、麻黄山、青山 5 个乡镇 13 个自然村的通电问题。

1997 年，筹措资金 9 万元，为麻黄山乡松家水等行政村的 10 个自然村通电；架设高压输电线路 6.7 千米、低压输电线路 13 千米，安装 20 千伏安变压器 4 台，实现了松家水行政村所有自然村全部通电；投资 2 万元为大水坑镇莎草湾行政村麦地渠自然村通电；水电局自筹资金为后洼乡李源畔行政村 4 个自然村通电。是年，全县仍有 12 个乡镇 166 个自然村 2665 户（13432 人）群众没有通电。

1998年，盐池县确定为“通电年”，县委、政府提出年内要实现所有自然村“村村通电”目标。1998年至2000年，全县共架设高压线路276.7千米，其中35千伏高压输电线路73.5千米，10千伏高压输电线路203.2千米、低压输电线路159千米，安装变压器750台26130千伏。

2000年，全县已建成110千伏变电所3座（县城、惠安堡、大水坑），35千伏变电所5座（青山、王乐井、萌城、高沙窝、谢儿渠），架设农电输电线路3205.77千米，其中10千伏高压输电线路1308.91千米、低压输电线路1896.86千米，安装变压器966台。99个行政村、640个自然村、28145户农村群众（125045人）受益。

2000年年底，除萌城乡个别自然村外，全县其余各自然村村村通电，通电率达93.8%。

2001年，根据自治区关于行业调整有关要求，盐池县政府将一直以来由水电部门负责的农电建设职能移交盐池县供电局。水电部门农电建设的历史使命圆满完成。

表11-2-2　截至2001年盐池县农电建设情况

所在乡镇	小计（千米）	35千伏高（千米）	10千伏（千米）	低压（千米）	变压器（千伏安/台）	变电所（座）
城郊乡	317		167.7	148.8	5995/114	
柳杨堡乡	298		163.8	134.2	2925/84	
苏步井乡	136		79.9	55.9	1170/38	
高沙窝乡	204	40.5	88.3	74.9	1710/49	35千伏/1座
王乐井乡	175		100.0	75.0	2040/53	
鸦儿沟乡	181		108.0	72.6	1150/39	
青山乡	183		132.1	50.7	2355/77	
大水坑镇	160		91.7	68.4	2860/68	
红井子乡	153		95.2	58.0	1460/68	
惠安堡镇	133		78.1	55.1	1460/37	
马儿庄乡	108		70.7	37.2	1070/45	
冯记沟乡	126		69.7	55.8	940/27	
萌城乡	84.8		62.8	22.0	910/34	
麻黄山乡	210	32.4	120.9	56.8	470/24	
后洼乡	140		90.2	49.5	845/45	35千伏/1座
南环新村	0.3			0.3	615/38	
合计	2607	72.9	1519.1	1015.3		2

表 11-2-3 截至 2001 年盐池县农电受益情况统计表

所在乡镇	通电受益情况	应通行政村	已通行政村	应通自然村	已通自然村	户	人
城郊乡	7	7	43	44	2448	12566	
柳杨堡乡	7	7	40	40	1724	8708	
苏步井乡	6	6	28	28	1417	7131	
高沙窝乡	8	8	36	36	1684	8139	
王乐井乡	7	7	40	37	2138	10890	
鸦儿沟乡	7	7	30	26	1539	8088	
青山乡	8	8	50	48	2061	10479	
大水坑镇	8	8	59	59	2249	11368	
红井子乡	6	6	40	37	1320	7517	
惠安堡镇	6	6	42	48	1887	8462	
马儿庄乡	5	5	30	23	879	4400	
冯记沟乡	4	4	28	28	1063	5511	
萌城乡	5	5	52	30	993	5740	
麻黄山乡	7	7	56	56	1407	7970	
后洼乡	7	7	36	36	1277	6256	
合 计	98		610	576	24086	123225	

第十二章　组织机构

第十二章　组织机构

盐池县于20世纪50年代初就开始发动群众开展小型水利建设，指导工作由县、公社两级党委、政府直接管理。1956年，盐池县政府了成立水利科。后经历次机构改革，延续至今，为盐池县水务局。

第一节　盐池县水务局

（水利科、水土保持科、水利电力局、水利水保局、水务局）

盐池县于1956年设立县水利科，1959年并入县农林水牧部，1963年再改为农林水牧科。"文化大革命"初期，农林水牧科撤销，成立了水利水土保持工作站，后与林业站合并，称水保林业站，先后归县生产指挥部、农牧局管辖。1973年设立水利电力局，1984年改称水利电力科，1990年4月改水利电力科为水利电力局。1997年9月改为水利水保局。2001年11月，组建成立了盐池县水务局。2005年1月，盐池县扬黄灌溉管理局与水务局合并，组建盐池县水务局，为正科级行政单位。

一、机构沿革

1956年成立的县水利科，先后经过农林水牧部、农林水牧科、水利水土保持工作站、水保林业站等机构的延续变化，自身作为一个独立科室没有内设机构。1973年6月盐池县水利电力局成立后，开始内设机构。

（一）水利电力局时期内设机构

1973年6月，盐池县政府设立水利电力局（简称水电局、下同），下设业务组、后勤组、电力组、打井队、物管组。各公社相应配备了水利干事。

1976年，水电局下设了打井队、水利机械修理队、水泥制品厂、电厂。5月5日，恢复何新庄水土保持试验站，以总结群众经验为主，重点研究水土流失治理和建设基本农田。

1977年12月5日，自治区革委会批复同意恢复盐池县麻黄山水土保持试验站。

1979年，盐池县水电局下设打井队、机修厂、水泥制品厂、汽车队、李家大湾水库管理所，后增设水工队、水利管理站、水土保持工作队、农电队、水利施工队、计财室等机构。

1980年1月14日，盐池县水电局研究决定，局属水泥制品厂等7个企业一律实行独立经营、单独核算、自负盈亏，改变过去吃“大锅饭”现象。

（二）水利电力科时期内设机构

1984年，盐池县水利电力局更名为盐池县水利电力科（简称“水电科”）。1986年实行机构改革时，撤销水工队和水利管理站，成立技术室；保持原来的水土保持工作队、农电队、打井队、计财室、水利施工队、水泥制品厂、汽车运输队，后增设水电科办公室。水电局下设企业实行独立核算。

1988年，盐池县水电科对县盐环定扬黄工程领导小组办公室（简称“扬黄办”）、县水利工程建筑承包公司、县水土保持工作队单独设置会计机构，实行独立核算。

1989年8月1日，自治区编委、劳人厅、水利厅下达乡镇水利水保管理站机构设置和编制定员通知，盐池县15个乡镇（惠安堡镇除外）和狼皮梁吊庄办公室分别设立了水利水保站。

（三）水利电力局时期内设机构

1990年4月，盐池县水利电力科更名为盐池县水利电力局（简称“水电局”），下设机构8个，分别更名为盐池县水利电力局汽车队、水利施工队、水泥制品厂、打井队、技术室、计财室、农电队、水保队；4月9日，成立了盐池县水资源管理办公室。

1991年2月，盐池县委、政府决定成立盐池县扬黄工程建设管理局。4月，县水电局请示县政府同意，成立了盐池县水利管理站，为局属股级事业单位；同一时期，县水电局请示劳人局成立了水电物资经销部，为全民所有制单位，实行独立核算。城郊乡等16个乡镇全部设立水利水保站。10月，县水电局成立了水电系统劳动就业服务站。

1992年8月，经县政府批准，县水电局成立了水利综合经营公司，属水电局下属集体所有制企业，实行独立核算。12月，根据自治区水利厅要求，县编办下文将水电局下属水土保持工作队改为水土保持工作站，为局属副科级事业单位。

1993年4月，盐池县灌区中心水管所成立。

1994年，县水电局下设水利站、技术室、水保队、农电队、打井队、计财室、水政办、办公室、赵家湾水保实验站、大湾水库管理所、综合经营公司、水泥制品厂12个局属单位。是年2月，经县政府同意，水电局成立了县、乡两级水土保持预防监督站，县水土保持预防监督站设在县水电局，乡级水土保持预防监督站设在各乡水利水保站。

1995年9月13日，县政府批准成立了盐池县抗旱服务队，原水电局打井队、水管站同时撤销。是年，盐池县水电局下设技术室、计财室、水保队、抗旱队、农电队、李家大湾水库、水保站、高沙窝变电所、谢儿渠变电所、施工队、水泥制品厂、汽车队、经销部、南部山区供水工程管理所14个局属单位。

（四）水利水保局时期内设机构

1997年3月7日，县水电局将盐池县水电物资经销部改制为水电物资供销公司；12日，将盐池县水利机械队改制为水利机械施工公司；同日成立了盐池县水利机械施工队。9月，盐池县水利电力局更名为水利水保局。

1998年，县水利水保局将所属水泥制品厂列为全县企业改制范围，在县改制领导小组统一指导下，对水泥制品厂资产进行评估，改制为股份合作制企业。局属水利综合经营部、水利机械施工队、水泥制品厂、水电汽车运输队、水电物资经销部、水利承包公司、水利机械队统一组建为盐池县振兴水利开发工程有限公司，

2000年，县水利水保局批准成立了盐池县水务工程有限公司。

（五）水务局时期内设机构

2001年11月，盐池县水务局成立。3月，盐池县水电物资经销部更名为盐池县水利抗旱物资供应站。

2002年8月，盐池县政府下发了《盐池县水务局职能配置和人员编制规定》，水务局内设机构：办公室、水利水保工程项目办公室；内设事业单位：行政办公室、党委办公室、财务室、规划办、水土保持工作站、抗旱服务队、水政水资源办、农电队、何新庄水保实验站、大湾水库管理所、城镇防洪工程管理所、南部山区供水工程管理所；内设企业：宁夏盐池县振兴水利开发工程有限公司、宁夏振盐水务工程有限公司、盐池县城乡供水总公司。

2003年7月16日，盐池县水务局和供电局签订了《理顺盐池县农电管理体制协议书》，协议将高沙窝、谢儿渠变电所等全部农电固定资产无偿移交县供电局，原有40名合同制工人由供电局与水务局签订集体劳务合同，工资由供电局支付，人员由水务局管理。

2004年，经县机构编制委员会研究决定，将县供水公司由自收自支事业单位转制为企业，转制后实行公司化管理经营。是年，县水务局下设办公室、财务室、水政资源管理办、水保队、技术室、抗旱服务队、农电队、赵家湾水保实验站、李家大湾水库管理所等事业单位；下属盐池县振兴水利开发工程有限公司、宁夏振盐水务工程有限公司、盐池县城市供水总公司、农电服务中心、水利施工队、水电汽车队、水利机械施工队、抗旱物资供应站、水利综合经营司等自收自支企业单位。

（六）与扬黄灌溉管理局合并后水务局机构设置

2005年，盐池县水务局与扬黄灌溉管理局合并，组建了新的盐池县水务局。根据盐党办发[2005]1号文件规定，盐池县水务局内设机构为：办公室、水政资源管理办公室；内设事业单位为：财务室、扬黄灌溉管理办公室、规划设计室、水土保持工作站、抗旱服务队、农村

水利水电工作站、何新庄水保实验站、李家大湾水库管理所、惠安堡水管所、三道井子水管所、城西滩水管所、施工检修队。

2006年,县水务局对所属事业单位进行清理整顿,原有局属13个事业单位经合并、重组调整后,新建事业单位5个,退出事业单位序列6个,撤销1个,更名1个;6月,县水务局下文同意水电汽车运输队停业关闭。

2007年12月,县机构编制委员会下文将县水利规划设计室更名为县农村水利工作站,更名后机构编制性质不变。

2015年下半年,按照国家政企分开相关规定,原来局属所有企业从水务局分离出来,不再隶属水务局管理,成为独立的市场经营主体。

2016年,盐池县水务局下设机构包括:盐池县扬黄灌溉管理所、盐池县水土保持工作站、盐池县农村水利工作站、盐池县水利工程质量监督管理站5个事业单位。

二、机构编制

(一)水利科(农林水牧科)时期(1956—1972)人员编制

1956年盐池县水利科成立时,有职工11名,其中科级干部3名,一般干部2名,技术员5名。1957年有职工14名,其中科级干部3名,一般干部2名,技术员6名。1958年有职工18名,其中科级干部2名,一般干部1名,技术员11名。

1959年盐池县水利科并入农林水牧部,有职工19名,其中科级干部1名,一般干部1名,技术员12名。1960年农林水牧部有职工25名,其中科级干部1名,一般干部1名,技术员12名。1963年,盐池县农林水牧部更名为农林水牧科。"文化大革命"初期,农林水牧科撤销,成立水利水土保持工作站,后与林业站合并,称水保林业站,先后归生产指挥部,农牧局管辖。在此期间,人员变动较大,人员编制不确定。

(二)水利电力局时期(1973—1983)的人员编制

1973年6月,盐池县水利电力局成立,编制为局领导3名,业务组10名,后勤组7名,电力组3名,打井队4名,物管组2名;各公社各配备水利干事1名。

1976年,盐池县水利电力局职工总数73名,其中管理人员21名,工人52名。

1978年,盐池县水利电力局有职工84名,其中局机关31名,电厂34名,水保站7名,李家大湾水库9名,送变电站3名。

1979年,盐池县水利电力局职工总数为205名,其中固定职工89名,临时工116名,技术员9名,管理人员25名。

(三)水利电力科(水利电力局)时期(1984—1996)人员编制

1989年,盐池县编办核定水利电力科各科室编制为:水电科9名,农电队9名,计财室13名,技术室13名,打井队10名,水保队17名。是年8月1日,根据自治区编委、劳人厅、水利厅文件精神，盐池县在城郊等15个乡镇(除惠安堡镇外)和狼皮梁吊庄办公室设立水利水保站，编制40名。

1991年4月，盐池县水利电力局请示县政府同意成立盐池县水利管理站，为局属股级事业单位，编制5人；同期成立的盐池县水电物资经销部为全民所有制企业，安置8人。

1995年，盐池县水利电力局职工总数为209名，其中行政编制7名，技术室编制20名，计财室编制20名，水保队编制20名，抗旱队编制23名，农电队编制11名，李家大湾水库编制9名，水保站编制7名，高沙窝变电所编制7名，谢儿渠变电所编制6名，施工队编制28名，水泥制品厂编制31名，汽车队编制13名，经销部编制2名，南部山区供水工程管理所编制5名。

(四)水利水保局(水务局)时期(1997—2004)人员编制

1997年，根据盐党发[1997]32号文件规定，盐池县水利水保局确定行政编制8名，机关后勤人员确定事业编制3名。

2002年8月，盐池县政府下发《盐池县水务局职能配置和人员编制规定》，核定水务局行政人员编制8名，其中领导职数核定4名，局长1人，副局长3人；机关后勤服务事业编制核定1名。是年，县水务局干部职工在编人员242名，其中行政事业编制126名，企业自收自支编制116名。

2004年，盐池县水务局有干部职工310名，其中干部51名，工人259名，财政供养机关事业工作人员117名，自收自支企事业人员197名。

(五)与扬黄灌溉管理局合并后(2005—2016)水务局人员编制

2005年，盐池县扬黄灌溉管理局与水务局合并，组建新的盐池县水务局。根据盐党办发[2005]1号文件规定，新组建的盐池县水务局人员编制174名，其中，行政编制15名，机关后勤事业编制3名，事业编制156名。扬黄工程指挥部行政编制1名，内设机构人员编制27名，其中行政编制14名，机关后勤事业编制3名，事业编制10名；水政资源管理办公室编制6人，内设事业单位财务室编制3名；扬黄灌溉管理办公室编制8名；规划设计室编制16名；水土保持工作站编制20名；抗旱服务队编制8名；农村水利水电工作站编制8名；何新庄水保实验站编制6名；大湾水库管理所编制7名；惠安堡水管所编制20名；三道井子水管所编制29名；城西滩水管所编制8名；施工检修队编制7名。

2006年，盐池县水务局对所属事业单位进行清理整顿，经合并、重组后，新建5个事业单位在编人员157名。

2015年，盐池县人民政府办公室根据《自治区党委办公厅、人民政府办公厅关于印发(盐池县人民政府职能转变和机构改革方案)的通知》(宁党办发[2014]58号)，颁发了《盐池县水务局主要职责内设岗位和人员编制规定》(盐政办发[2015]19号)，设立盐池县水务局，为盐池县人民政府工作部门。核定盐池县水务局行政编制10名,其中局长1名,副局长3名,聘用编制1名。

2016年,盐池县水务局在编人员138名,其中行政编制12名,事业编制126名。

三、工作职责

《盐池县水务局主要职责内设岗位和人员编制规定》(盐政办发[2015]19号)对盐池县水务局主要工作职责有明确表述:

职能转变方面:取消国家、自治区、吴忠市和县人民政府已公布取消的行政审批事项;承接自治区、吴忠市人民政府下放的行政审批事项。职责加强方面:加强水资源的节约、保护和合理配置,保障城乡供水安全,促进水资源的可持续利用;加强全县水资源的统一管理;加强全县水利基础设施配套工程的规划、建设及管理;加强对取消、调整管理方式审批事项的事中、事后监管。

(一)主要工作职责包括

1.贯彻执行水利工作的法律、法规和方针政策,结合本县实际,拟订水行政工作的规章和制度,并组织实施。

2.根据全县经济和社会发展总体规划,负责制定全县水利水保工程建设发展中长期规划和年度计划,提出县财政水利建设资金安排意见,负责各类专项资金的管理、使用和监督并组织实施,依法推行水利各项改革。

3.统筹协调组织全县防汛抗旱工作,承办防汛抗旱日常事务。

4.负责全县水资源统一管理工作,统筹兼顾和保障生活生产经营和生态环境用水;制定全县水资源开发利用和保护方案,并组织实施。

5.组织全县水利工程的规划、勘测、设计和实施工作,负责水利工程的安全管理和质量监督,依法实行对水利工程的管理。

6.组织指导水土流失综合治理、预防监督和监测,并定期公告。

7.组织和指导节水型社会建设,指导、监督计划用水和节约用水;拟订节约用水政策、有关标准和用水定额并监督实施。

8.负责城乡人饮安全供水和扬黄灌溉管理工作。

9.负责全县水行政执法工作,组织查处重大涉水违法案件;协调重大水事纠纷;指导水利突发公共事件的应急管理工作。

10.负责水利行业安全生产工作,并组织重大水利工程建设;监督实施水利行业技术标准、规程、规范;指导水利设施及其岸线的管理与保护;组织实施水利建设工程质量安全的监督、稽察;指导水库、大坝的安全监督;负责水利建设市场的监督管理。

11.组织协调农田水利基本建设工作,指导农村饮水安全、农业节水和农田灌排等工程建设与管理；指导农村水利基层服务体系建设；承办日常工作。

12.承办县人民政府交办的其他事项。

（二）内设岗位职责

根据《盐池县水务局主要职责内设岗位和人员编制规定》（盐政办发[2015]19号），盐池县水务局内设岗位4个，岗位职责如下：

1.办公室岗位。负责协调和办理机关日常工作；承担机关重要文件及规范性文件起草、审核、清理、汇编工作；整理上报信息及通讯报道；承担所属单位党建、精神文明建设工作；组织协调来信来访和机关后勤管理工作。负责全局党风廉政建设及纪检监察工作；负责宣传、组织业务培训、考核和职称评定的初审呈报；负责职工的年度考核工作；负责离退休干部、职工管理；负责机关各项制度的建立完善、监督实施；负责档案收集整理归档工作；负责本机关的政务公开工作。

2.计划财务岗位。负责本单位财务计划及财务管理工作，负责财务档案整理及管理工作。水政水资源管理及节水型社会建设岗位：宣传贯彻落实水利法律法规；依法实施水资源管理和水土保持预防监督工作，依法审批取水许可证和水土保持预防监督方案合格证，承担建设项目水土保持方案的审批、检查、监测、验收工作，依法调解处理水事案件、破坏水土流失案件；全面完成各项节水型社会建设工作。

3.水利工程建设及安全生产管理岗位。全面履行项目法人职责，做好各项水利项目建设管理等工作；宣传国家、自治区、吴忠市和盐池县有关安全生产的方针政策、法律法规和规章；落实上级部门对本行业工作相适应的安全生产责任体系；经常组织排查水利安全隐患并督促整改；组织水利系统安全生产检查；发生重、特大安全事故后，立即组织人员赶赴现场，参加抢救和事故调查，组织落实事故的处理和善后工作。

四、历任领导

盐池县水务局（水利电力局、水利电力科、水利水保局）

（一）局　长（科长）

郝　智（1973.10—1976.2）

赵清光（1976.2—1976.9　代局长）

丁生兰（1976.9—1980.2）

张维俭（1980.2—1982.3）

赵元兰（1982.3—1988.2）

石　岗（1988.2—1996.1）

吴　德（1996.1—2000.6）

白树明（2000.6—2006.8）

白　赞(2006.8—2010.1)

袁书义(2010.1—2012.12)

路　关(2012.12—2014.7)

张立泽(2014.7—2016.12)

蔡向阳(2016.12 至今)

(二)副局长(副科长)

杨志勇(1956.3—1959.7)

李怀宝(1956.4—1958.12)

姚建章(1973—1979.5)

魏志荣(1974.3—1975.8)

赵　玺(1975.8—1976.110)

郭　璞(1976.2—1981.10)

侯　德(1977.12—1980.7)

赵元兰(1978.3—1982.8)

梁　建(1978.10—1979.11)

翟存福(1980.7—1983.12)

莫兴福(1982.2—1988.12)

高　玉(1984.1—2006.6)

吴　德(1988.2—1996.1)

白树明(1993.3—2000.6)

白　赟(1997.10—2006.8)

王　玺(1997.10—2007.7)

刘贵军(2003.3—2007.5)

施选耀(1997.10—2004.12)

李存山(2005—2009.2)

吴　科(2006.8—2010.1)

张德龙(2007.10—2018.1)

李鹏程(2008.11—2013.1)

彭文霄(2010.11—2014.7)

黄明森(2013.1—2016.12)

刘春莉(2016.7—至今)

孙　峰(2018.2—至今)

五、所属单位机构编制、负责人情况

（一）20世纪80年代前所属单位

1.打井队。1974年成立，事业单位。主要承担全县打机井任务。有SPT-300型钻机3台，钻车2辆，职工最多时有94名（临时工72名）。

2.机修厂。成立于1973年，事业单位，实行企业管理，独立核算。主要承担打井机械修理。有厂房52间，钻床2台，车床3台，铣床1台，刨床1台，电焊机4台，职工19名（临时工14名），年产值4万元至6万元。

3.水泥制品厂。成立于1979年，事业单位，实行企业管理，独立核算。主要制作水泥井管、水泥电杆等。有搅拌机2台，震动机2台，管模20套，职工21名（临时工16名）。年产值20万元左右。

4.汽车队。1979年成立，事业单位，实行企业管理，独立核算。主要承担打井及水利建设运输任务。有汽车12辆，职工25名。

5.李家大湾水库管理所　李家大湾水库建成后，由李家大湾农场（后改林场）进行管理。1975年从李家大湾林场分出，称李家大湾水库管理所，1980年直属水电局。有职工12名，拖拉机1台，农用排灌动力机械5台。

（二）2000年前所属单位

1.全额补助事业单位。抗旱服务队、水土保持工作队（含水土保持预防监督站）、农电队、技术室、计财室、李大湾水库管理所、何新庄水土保持试验站、各乡镇水利水保站。

2.差额补助事业单位。高沙窝供变电所、谢儿渠供变电所、南部山区（红井子）供水工程管理所。

3.自收自支事业单位。水泥制品厂、水利施工队、水电汽车运输队、水利试验基地（城郊刘八庄、惠安堡贾记圈）。

4.集体企业。盐池振兴水利工程开发有限公司、水利综合经营公司、水利机械施工队、水电物资经销部。

5.挂靠水利水保局机构。盐池县防汛抗旱指挥部办公室、盐池县水土保持委员会办公室、盐池县水政水资源管理领导小组办公室、盐池县节水灌溉领导小组办公室。

（三）2006年至2015年所属单位变动情况

2006年3月，盐池县事业单位机构编制清理整顿，撤销盐池县南部山区水管所，将盐池县扬黄工程管理局与盐池县扬黄工程中心水管所合并，组建盐池县扬黄灌溉管理所，为盐池县水务局所属事业单位；盐池县水务局何新庄水土保持站并入盐池县水土保持工作站；盐池县水利综合实验基地、盐池县水利施工队、盐池县农电队、盐池县扬黄工程水利承包公司、盐池县水电汽车运输队退出事业单位序列；盐池县水务局计划财务室退出事业单位序列，职能移交盐池县水务局一并管理；盐池县水务局技术室更名为盐池县水利测绘设计室；盐池县抗旱服务队更名为盐池县防汛抗旱指挥部办公室；原大湾水库人员并入扬黄所，水政办现有人员占大湾水库人员编制。

2007 年，盐池县水利测绘设计室更名为盐池县农村水利工作站。

2010 年 3 月，盐池县大湾水库更名为盐池县花马池生态水资源管理所。

2013 年，盐池县水务局所属事业单位 5 个：盐池县扬黄灌溉管理所（副科级）、盐池县花马池生态水资源管理所、盐池县水土保持工作站、盐池县农村水利工作站、盐池县防汛抗旱指挥部办公室。

2015 年 5 月，盐池县防汛指挥部办公室升格为副科级事业单位（盐编发[2015]20 号）。

（四）盐池县水务局（水利电力局、水利水保局）所辖其他事业单位

1.盐池县水土保持工作站。1957 年成立，区属事业单位，地址在麻黄山乡赵家湾村。20 世纪 60 年代初更名为何新庄水土保持试验站，2006 年 3 月并入盐池县水土保持工作站。

站　长：张万海（1988—1997.11）

周景前（1997.11—2011.2）

孙　峰（2011.2—2015.12）

梁晓波（2015.12—2016.12）

2.盐池县农村水利工作站（规划设计室）。

站　长：白树明（1993.2—1995.8）

李振琪（1995.8—1996.8）

彭文霄（1996.8—2010.11）

李慧萍（女，2010.11—2014.7）

王永智（2014.7—2015.4）

孙　峰（2015.4—2015.12）

王兴瑞（2015.12-2016.12）

3.盐池县花马池生态水资源管理所（2016 年撤销）。

所　长：张本强（2005.7—2010.4）

周志奉（2010.4—2015.3）

蒋　听（2015.3—2016.12）

4.水务局扬黄办（2005 年 3 月设立，2007 年 4 月撤销）。

主　任：李　峰（2005.1—2007.4）

5.扬黄灌溉管理所（副科级）。

所　长：黄　利（2007.7 至今）

6.盐池县防汛抗旱指挥部办公室(2015 年 5 月升为副科级事业单位)。

主　任:吴　科(2005.1–2006.8)

王永智(2006.8–2007.9)

蔡向阳(2007.9–2012.8)

马志伟(2012.8–2015.12)

孙　峰(2015.12–2016.12)

7.盐池县水利工程质量监督管理站(2016 年设立)。

站　长:王玉秀(女,2016.5 至今)

第二节　盐池县扬黄灌区建设指挥部

为加强对扬黄工程建设的组织领导,区、市党委(地委)、政府,以及盐池县委根据不同时期工程规划进展情况,多次设立了领导机构,如扬黄筹备委员会、扬水工程指挥部、扬黄工程规划领导小组、扬黄工程建设指挥部、扬黄灌区建设指挥部、扬黄灌区建设委员会等。

其中,1993 年 2 月盐池县委设立了盐池县扬黄灌区建设指挥部,为正处级事业单位,县委常委、副县长、银南地区正处级调研员单新强任扬黄灌区建设指挥部指挥。盐池县扬黄灌区建设指挥部自 1993 年 2 月成立至 2006 年 6 月撤销,历时 13 年余。

一、机构沿革

1975 年,盐池县委成立扬黄工程筹备委员会,县委书记张敏任主任。

1975 年 12 月,银南地委成立盐池扬水工程指挥部,地委副书记夏生秀任指挥,地委常委马文礼、盐池县革委会副主任张光祖任副指挥。

1977 年春,自治区政府决定成立盐环扬水工程指挥部,自治区政府副主席马英亮任指挥。

1978 年,盐池县委决定成立盐池扬黄工程规划领导小组,县委副书记王振宇任组长,县委副书记夏青山、柳怀德任副组长。

1985 年 6 月,盐池县委决定组建盐池扬黄工程建设指挥部,县委副书记赵国英任指挥,人大常委会主任王珍、副县长刘汉治、水电局长赵元兰任副指挥。

1986 年 4 月,盐池县委决定成立盐环定扬黄工程盐池县工程领导小组,县委书记吴学廷任组长,人大常委会主任王珍、副县长庞富贵、水电局长赵元兰、计委主任王宝山任副组长。

1987 年 4 月,盐池县委调整了盐环定扬黄工程盐池县工程领导小组。

1988 年 6 月,盐池县委决定成立盐池县扬黄工程办公室。冯儒雄任主任,水电局工程师苏明昌任副主任。

1993 年 2 月,盐池县委决定成立盐池县扬黄灌区建设指挥部,县委常委、副县长、银南地区正处级调研员单新强任指挥；水电局长石岗、扬黄局长高玉任副指挥，享受副处级待遇。

1995 年 8 月，盐池县委决定成立盐池县扬黄灌区建设委员会，县委书记蔡明任主任，县长徐安和副县长单新强、姬学仁任副主任。

1996 年 2 月，石岗因病去世。1998 年 8 月，盐池县委决定增补冯儒雄任扬黄灌区建设指挥部副指挥（正科级）。

2001 年 2 月，盐池县委、政府决定将“城西滩灌区领导小组”改为“盐池县扬黄灌区开发建设领导小组”，县委副书记刘继远任组长，副县长齐光泽任第一副组长。

2002 年 1 月，盐池县委决定免去单新强扬黄灌区建设指挥部指挥职务，任命高玉为指挥（副处级），扬黄局局长蒠万金为副指挥（正科级）。

2006 年 6 月，吴忠市委免去高玉盐池县扬黄灌区建设指挥部指挥职务。至此，盐池县扬黄灌区建设指挥部指挥职务自行撤销

二、历任领导

指　挥：单新强（1993.2—2002.1 正处级）

　　　　高　玉（2002.1—2006.6 副处级）

副指挥：石　岗（1993.2—1996.2 副处级）

　　　　高　玉（1993.2—2006.6 副处级）

　　　　冯儒雄（1996.2—2005.10 正科级）

　　　　蒠万金（2001.1—2005.11 正科级）

第三节　盐池县扬黄工程建设管理局

1991 年 2 月，盐池县委决定成立盐池县扬黄工程建设管理局，1993 年 7 月，扬黄工程建设管理局下设计财室、施工管理办公室、规划设计室、移民开发办公室。2003 年 3 月 3 日，盐池县委对扬黄局领导班子进行调整，任命李存山为局长、马广为党支部书记妆副书长。2005 年 1 月，扬黄工程建设管理局合并到盐池县水务局。

（一）历任领导局长

高　玉（1991.3—2003.3）

蒠万金（1998.1—2003.3）

李存山（2003.3—2005.4）

（二）副局长

冯儒雄（1991.2—2005.1）

张文良（1991.2—2005.1）

李　峰(1991.2—2005.1)

董　祥(1991.2—2003.3)

李春华(2002.8—2005.5)

马　广(2003.4—2005.5)

盐池县扬黄工程建设管理局下设计财室、施工管理办公室、规划设计室、移民开发办公室,主任分别为冯儒雄、张文良、李峰、董祥兼任。

第四节　水务局党委、党支部

党的基层组织建设是党的建设的基础。盐池县自1956年成立水利科以来,水利、水务和扬黄部门在不断加强业务工作同时,持续开展党员干部教育和精神文明建设活动。

一、机构沿革

1956年3月,盐池县委决定成立水利科,党员管理隶属县农工部管理;1963年11月归口机关党委管理。1968年2月由县委生产指挥部管理。1971年10月再次归口机关党委管理。1973年盐池县水利电力局成立,是年选举产生了农牧水利电力局支部委员,隶属机关党委管理。1976年成立中共盐池县革命委员会水利电力局总支委员会,隶属县机关党委;1981年6月县委成立了农牧党委,县水利电力局党支部隶属于农牧党委。1984年农牧水电局更名为水电科,农牧水电局机关党支部更名为水电科机关党支部。1990年9月中共盐池县水务局委员会成立,1997年11月中共盐池县水务局委员会更名为中共盐池县水利水保局委员会;2001年12月,中共盐池县水利水保局委员会更名为中共盐池县水务局委员会;2005年1月,盐池县扬黄灌溉管理局与水务局合并后,县委成立了中共盐池县水务局委员,延续至今。

二、历任领导

盐池县水利电力局党委、水利水保局党委、水务局党委

(一)党委书记

石　岗(1990.9—1996.1)

施选耀(1997.10—2010.1)

宋来发(2010.1—2012.80)

任红彬(2012.8—2015.12)

张立泽(2015.12—2016.12)

蔡向阳(2016.12今)

（二）党委副书记

冯儒雄（1990.9—2003.2）

刘贵军（2003.2—2007.9）

白树明（2000.6—2006.8）

张建军（2007.9—2016.12）

三、党支部简介

1956年3月盐池县水利科成立时，相应成立了水利科党支部，隶属于盐池县农工部；1959年水利科并入农林水牧部，后改为农林水牧科，相应设立了农林水牧科党支部，隶属于县机关党委；“文化大革命”初期，撤销农林水牧科，成立水利水土保持站，后与林业站合并，称为水保林业站，先后相应设立了党支部，皆隶属于县机关党委；1973年选举产生了盐池县农牧水电局支部委员会，隶属于县机关党委；1976年成立中共盐池县革命委员会水利电力局总支委员会，隶属于县机关党委；1981年6月成立农牧党委，农牧水电局机关党总支隶属于农牧党委；1984年农牧水电局更名为水电科，农牧水电局机关党总支更名为水电科机关党总支，隶属于农牧党委；1990年9月，中共盐池县水利电力局委员会成立，下设水利工程建筑承包公司、扬黄规划办、水电局机关、汽车队、水利施工队、水泥制品厂6个党支部。

1997年11月，中共盐池县水利电力局委员会更名为中共盐池县水利水保局委员会，水利水保系统下设9个党支部，隶属于中共盐池县水利水保局委员会；2001年12月中共盐池县水利水保局委员会更名为中共盐池县水务局委员会，原水利水保系统下设6个党支部隶属于中共盐池县水务局委员会。

2005年1月，盐池县扬黄灌溉管理局与水务局合并后，成立了中共盐池县水务局委员会，重新组建了盐池县扬黄灌溉管理所党支部、水务局机关党支部、盐池县水土保持工作站党支部、盐池县了旱服务队党支部、盐池县扬黄灌区中心水管所党支部、盐池县水利施工队党支部、盐池县城乡供水总公司党支部7个党支部。

2012年5月，盐池县扬黄灌区中心水管所党支部并入扬黄灌溉管理所党支部；10月，成立花马池生态旅游公司党支部，2015年10月撤销花马池生态旅游公司党支部。

2015年年底，盐池县水务局党委下辖6个支部，有党员137名，其中退休党员26人。盐池县水务局机关党支部有党员28名，盐池县防汛抗旱指挥部办公室党支部有党员14名，盐池县水土保持工作站党支部有党员25名，盐池县扬黄灌溉管理所党支部有党员28名，宁夏盐池县振兴水利开发工程有限公司党支部有党员12名，盐池县城乡供水总公司党支部有党员20名。

2016年12月，盐池县水务局党委在原下辖6个支部的基础上，又设立了离退休党支部，7个党支部共有党员137名。

盐池县农牧水电局总支委员会

1973年县委决定设立盐池县水电局，是年选举产生了农牧水电局总支委员。

支部书记

郝　智（1973.10—1976.1）

丁生兰（1976.12—1980.1）

张维俭（1980.2—1982.2）

赵元兰（1982.3—1984.1）

盐池县水电科机关党支部

1984年农牧水电局更名为水电科，农牧水电局机关党支部更名为水电科机关党支部。

支部书记

赵元兰（1984.1—1987.12）

石　岗（1988.7—1990.9）

1990年9月中共盐池县水务局委员会成立，下设水利工程建筑承包公司、扬黄规划办、水电局机关、汽车队、水利施工队、水泥制品厂6个党支部。1997年后，中共盐池县水务局党委先后更名为中共盐池县水利水保局委员会、中共盐池县水务局委员会。支部书记任职情况如下：

1.盐池县水务局（水利水保局、水务局）机关党支部

支部书记

石　岗（1990.9—1990.10）

吴　德（1990.10—1997.10）

王　玺（1997.10—2003.2）

刘贵军（2003.2—2007.1）

张建军（2007.0—2016.12）

2.中国盐池县水土保持工作站党支部（1994年3月成立）

支部书记

徐治洲（1994.3—1994.10）

周景前（1994.10—2005.7）

李风娟（女，2005.7—2011.2 ）

冯其春（2011.2—2014.3）

李慧萍（女，2014.6—2015.3）

梁高旭（2016.1—2016.12）

3.盐池县水电局打井队党支部(水电局抗旱服务队党支部)

1992 年 12 月成立水电局打井队党支部,1996 年 6 月撤销水电局打井队党支部，成立盐池县水电局抗旱服务队党支部,2001 年 12 月更名为盐池县水务局抗旱服务队党支部，2011 年 8 月更名为盐池县防汛抗旱指挥部办公室党支部。

支部书记

石学美(1992.12—2005.7)

侯学存(2005.7—2015.12)

李慧萍(女,2015.3—2016.12)

4.盐池县扬黄局机关党支部(1990 年 10 月成立,2005 年 1 月盐池县水务局与扬黄局机构合并时撤销)

支部书记

冯儒雄(1990.10—1998.8)

石文秀(1998.8—2003.2)

马　广(2003.2—2005.1)

5. 盐池县扬黄灌溉管理办公室党支部（2005 年 1 月盐池县水务局与扬黄局机构合并时,成立了盐池县扬黄灌溉管理办公室党支部;2006 年 3 月更名为盐池县扬黄灌溉管理所党支部)

支部书记

李慧萍(女,2005.1—2005.7)

蔡向阳(2005.7—2007.4)

周志奉(2007.4—2007.7)

冯春秀(2007.7—2016.12)

6.盐池县扬黄灌区惠安堡中心水管所党支部(1994 年 11 月成立,2012 年 5 月合并至扬黄灌溉管理所党支部)

支部书记

张　河(1994.11—2003.2)

任广福(2003.2—2004.12)

宋长谦(2004.12—2011.3)

李薛锋(2011.3—2012.5)

7.盐池县水利水保局施工队党支部（1990 年 10 月成立盐池县水利水保局施工队党支部,2011 年 8 月由于机构变革,更名为中国共产党宁夏盐池县振兴水利开发工程有限公司支部委员会)

支部书记

夏　勤(1990.10—1992.12)

石　岗(1992.12—1995.12)

黄　利(1995.12—2001.3)

王永智(200l.3—2014.6)

要立峰(2014.6—2015.12)

8.盐池县城乡供水总公司党支部(2001年11月由于机构改革,将盐池县建设局自来水公司承担的城市供排水、防汛职能划归水务局管理,盐池县自来水公司党支部更名为盐池县城乡供水总公司党支部)

支部书记

冯学林(2001.11—2005.7)

管明杰(2005.7—2014.7)

王金龙(2014.7—2015.12)

9.盐池县花马池生态旅游公司党支部(2012年10月成立,2015年10撤销)

支部书记

周志奉(2012.10—2015.10)

10.盐池县水务局离退休干部党支部(2010年5月成立,2012年5月合并到盐池县水务局机关党支部,2016年再次恢复为盐池县水务局离退休干部党支部)

支部书记

陆致荣(2010.5—2012.5)

冯儒雄(2016.1—2016.12)

11.盐池县水电局水泥制品厂党支部(1990年10月成立,2001年5月撤销)

支部书记

郭占贵(1990.10—1994.11)

周志奉(1994.11—2001.5)

五、党委工作纪事

(一)党员干部教育和精神文明创建活动

1956年盐池县水利科成立之后,先后经历了公社化运动、整风运动、社会主义教育、“文化大革命”运动等,在这些政治运动中,党员干部接受了教育,经受了锻炼。兴修水利是党在农村工作的重点任务。水利科党员干部和其他职工一道,深入农村水利建设第一线,组织群众大搞小型农田水利建设,同时在生产建设中接受思想教育。1956年至1961年,全县先后开工建设的大型水利工程有二道湖水利工程、郝家台水利工程、汪家河沿水利工程、营盘台水利工程、李家大湾水库工程等。在这些水利建设工程中，水利科党员干部肩负全县水利工程勘察设计和施工重任，身先士卒，吃苦耐劳，在县委、政府的坚强领导下，坚决完成建设任务。

20世纪七70年代初，盐池县掀起农田水利建设新高潮。1973年县委设立水利电力局，选举产生了农牧水利电力局支部委员。支部成立后组织党员干部学政治、学业务，深入农田水利建设第一线，认真贯彻小型为主、配套为主、社办为主的“三为主”水利建设方针，指导打井抗旱、截引潜流、开挖涝池，实施打坝修渠、引水灌溉等工程建设，充分发挥先锋模范作用。1976年，盐池县水利电力局党支部由最初成立时的6名党员发展到25名（包括临时工党员5名），县委设立了水利电力局总支委员会，下设打井队、水利机械修理队、水泥制品厂、水电局机关、电厂五个党支部。

1978年党的十一届三中全会提出改革开放、发展经济的号召。水利电力部门全体党员干部工作积极进一步高涨。1982年，盐池县水利电力局实有党员27名，其中正式党员21名，预备党员6名。农村实行联产承包责任制后，农民群众兴修水利的积极性空前提高，水电总支委员会认真组织党员干部学习贯彻中央关于改革开放的一系列方针政策，配合全县重点水利工程建设，深入农村生产第一线，积极组织实施拦截沟泉地表水，开挖带子井和打井土圆井、塑料井，实施小流域治理工程，为全县“解决温饱”问题（“三西”建设的重要目标之一即“解决温饱”问题）做出了积极贡献。党的建设方面，组织以学习宣传贯彻党的十二大精神为主线，认真开展坚持四项基本原则教育，抵制和反对无政府主义、极端个人主义、资产阶级损人利己和唯利是图的腐朽思想；组织党员干部开展以“五讲四美”为内容的文明礼貌月活动。1984年，盐池县水利电力局更名为水利电力科，农牧水利电力局机关党支部更名为水利电力科机关党支部。

1985年，盐池县委在全县范围内开展整党教育。水利电力科党支部从是年9月10日开始整党教育，1986年6月10日结束。在此期间，通过学习和开展批评与自我批评，对党员思想、行动上存在的组织观念淡薄、党性锻炼不够、党性不强、纪律松弛、缺乏全心全意为人民服务思想等方面问题进行深刻剖析，全面整改。1987年，水电科机关党支部认真组织开展反对资产阶级自由化教育；开展以“四有”为内容的理想纪律教育和行业道德教育。1989年9月，水利电力科制定出台了《盐池县水电科廉政建设制度》，规定各科室、基层单位要做到机构设置及职能公开、办事制度公开、工作人员守则公开；切实加强和改进思想政治工作，坚持以经济建设为中心；坚持党的领导，坚持社会主义制度。要求各机构负责人必须严格按照规程办事，严格遵守党纪政纪要求；要求党员干部充分发挥模范带头作用，廉洁奉公，不贪不沾，不做损害人民利益的事情；规定每星期二、五为学习日，学政治、学业务，力争做到思想纯洁，业务精炼。1990年9月，水利电力局党委成立，下设机关、承包公司、扬黄办公室、汽车队、施工队、水泥制品厂6个党支部，共有党员38名。水利电力局机关支部制定了《中共盐池县水电局机关党支部组织建设制度》,规定支部生活会每月召开两次,民主生活会每半年召开一次,支部委员会每月召开一次,民主评议党员每年召开一次,规定了党员教育工作内容,从五个方面提出了基层组织工作发展要求。是年11月2日至5日,水利电力局党委组织开展了党员干部民主评议工作。党员干部认真开展批评与自我批评,敢于触及问题,及时指出自评党员存在的不足。为巩固评议成果,水利电力局党委制订了《民主评议党员制度》《党委工作制度、职责与任务》等相关制度,各支部也相应健全、规范了《支部生活制度》、党员生活会考勤登记表、党员做好事登记册、入党积极分子培养对象登记表等制度办法和发展党员程序。是年,苏明昌、李凤荣被自治区水利厅评为农村水利工作先进个人,陆致荣、李峰、马占元、冯振秀、石学美被县委、政府表彰为"两个文明建设"先进个人;12月,在全区农田水利基本建设"六盘山杯"竞赛活动中,柳杨堡乡水利水保站、水电局打井队被评为基层水利先进集体;石岗、张文良、白树明、王文忠被评为先进个人。

1992年年初,水利电力局党委表彰了水电局技术室、物资经销部、水泥制品厂、扬黄局规划设计室、马儿庄水利水保站、城郊乡水利水保站、后洼乡水利水保站7个先进集体和29名先进个人。7月,水电局机关党支部、扬黄办公室党支部和11名党员受到局党委表彰奖励。1993年,水利电力局党委制定出台了《水电局物质文明考核评分方案》《水电局下属单位精神文明考核评分方案》《水电局下属单位物质文明考核评分方案》等考核制度。党的建设方面,主要抓好对党员干部和全体职工的基本国情教育、马克思主义基本原理教育等。在自治区水利厅表彰1992年度全区农村水利基本建设"六盘山杯"竞赛活动中,县水电局技术室、城郊乡水管站、水泥制品厂被授予先进集体,赵元兰、张修平、冯振秀、文如秀、张本强被授予先进个人荣誉称号,石岗被授予先进水电局长称号。1994年,水利电力局党委制定下发了《关于加强廉政建设的决定》,要求水电系统各级党组织和基层单位要从思想上重视反腐倡廉工作,健全廉政监督机制,坚决搞好自查自纠工作,党员干部要自觉接受群众监督;坚持半年一次民主生活制度和一年一次党员民主评议活动。是年,水电局机关党支部、扬黄局党支部和12名党员受到水利电力局党委表彰; 水电局水泥制品厂被县委命名为县级文明单位。1995年,水利电力局党委有党支部9个,党员56名,组织开民民主评议合格党员56名,优秀党员10名,合格率100%。是年,水泥制品厂党支部和党员牛彦民受到县委表彰奖励。1996年,盐池县委隆重表彰扬黄灌区开发建设先进集体和先进个人,盐池县扬黄工程建设管理局、盐池县扬黄灌区惠安堡中心水管所、盐池县水利电力局、惠安堡水利水保站被授予先进集体;全县受表彰先进个人38名,其中盐池县水电局和盐池县扬黄建设管理局职工10名。1997年9月,盐池县水利电力局更名为盐池县水利水保局;11月,中共盐池县水利电力局委员会更名为中共盐池县水利水保局委员会。1998年,水利水保局党委进一步开展整顿机关工作作风,讨论修改各项规章制度16项、68条。认真抓好党风廉政教

2001 年 10 月 13 日，盐池县水利水保局、扬黄局召开民主评议行风工作会议

育，成立了以行政主要领导任组长的党风廉政建设责任制工作小组，并与各支部签订了党风廉政建设责任书；在系统内推行“目标管理责任制、工作承诺制、功过奖罚制、不满意下台制”等责任制，各项工作取得了实际效果。是年，水利水保局被自治区水利厅和劳动人事厅表彰为先进集体，被自治区政府授予节水灌溉先进集体。1999 年，水利水保局被县政府命名为“精神文明单位”。2000 年，水利水保局党委狠抓机关作风建设，初步推行“目标管理责任制、工作承诺制、功过奖罚制、不满意下台制”等作风建设制度。2001 年 12 月，中共盐池县水利水保局委员会更名为中共盐池县水务局委员会，原水利水保系统下设 6 个党支部隶属于中共盐池县水务局委员会。2002 年，根据盐池县委安排，全县组织开展“学查改”和“三个代表”重要思想学习教育活动。水务系统各单位负责人放下思想包袱，主动从思想根源上、工作作风上、岗位业绩中寻找差距和不足，有针对性地制定整改方案，认真加以整改。当年水务部门承诺为群众办实事 5 件，全部落实。2003 年，水务局党委组织在局机关和基层单位开展精神文明创建活动，从卫生、文明用语等细微处着手，要求干部职工身体力行，说到做到；硬化机关院内面积 1096 平方米，建花池、花坛 13 处。2004 年，水务局党委严格落实党风廉政建设责任制，层层签订责任书，切实杜绝工作中的不正之风；加强依法治局，实行政务公开；加强制度建设，修改完善各项规章制度 15 条。2005 年 1 月，盐池县水务局和扬黄灌溉管理局合并，组建成立了盐池县水务局，同时成立了中共盐池县水务局委员，下设 14 个事业单位、7 个党支部。新成立的水务局党委结合保持共产党员先进性教育活动，加强

党员干部理论学习、思想教育和能力考核。是年,水务局开展对内设14个单位正副职中层领导实行竞争上岗,对13名一般干部也采取了考核定岗的办法竞争上岗。10月,盐池县水务局被授予"全国精神文明创建先进单位";在"平安盐池"创建和党建三级联创活动中被确定为示范单位。

2006年,水务局党委全年承诺为群众办实事3件:自筹资4万元,完成王乐井乡官滩村温棚种植供水工程;投资15万元,为王乐井乡孙家楼村实行整村推进建设集雨场171处,打窖171眼;协助青山乡营盘台村武记疙瘩自然村完善浅井灌区防洪工程,打拦洪坝1座。2007年局党委继续承诺为群众办实事:投资6万元为花马池镇梁台、黄沙窝两个自然村的60户250口人解决了饮水困难问题;投资3万元为官滩到王吾岔灌区修建跨沟过水路面一处,解决灌区两村群众生产出行困难问题。2009年,在深入开展科学发展观学习实践活动中,水务局358名职工、110名党员(其中退休党员8名)全部参加学习。组织开展了"解放思想、抢抓机遇、科学发展"等专题讨论活动;领导干部深入基层开展"四走进、五问讲"调研活动;按照会前广泛征求意见、查找存在问题,会中剖析问题原因、提出整改措施,会后落实整改各阶段要求,认真组织召开局领导班子专题民主生活会;切实加强党风廉政建设,深入开展反腐倡廉教育;进一步密切党群干群关系,认真落实"八个坚持、八个反对"要求,大力倡导八个方面的良好风气,着力树立正确的政绩观、利益观、地位观,促进领导干部作风进一步转变,切实做到为民、务实、清廉;加大水事执法查办工作力度,着力解决损害

2006年3月28日,盐池县委党建工作现场会在县水务局召开

群众利益的突出问题。2010年，水务局党委认真组织开展民主评议政风行风工作，评议工作从4月中旬开始至10月底结束，分宣传发动、自查自纠、落实整改三个阶段实施。主要抓领导班子政风行风、政务公开、依法履职、廉洁从政、工作态度、服务质量、办事效率等情况，职工意见建议整改落实、提案办理、信访事项办理、党风廉政建设和行业作风建设各项规章制度完善情况等。根据局领导班子变化情况，调整了水务局精神文明建设工作领导小组。组长袁书义，副组长宋来发、李鹏程、张德龙、张建军。继续深化“文明单位”创建工作，各基层单位制定了文明创建规划，以建一流班子、带一流队伍、创一流业绩、做一流贡献为目标，以加强诚信建设、提高规范化服务水平为重点，广泛开展“文明单位”“文明科室”“文明站所”“文明工地”和“党员先锋岗”“巾帼示范岗”“青年文明号”创建活动。

2011年，水务局党委继续深化“诚信单位”创建活动，加大各类精神文明创建力度，开展诚实守信、道德模范评选，努力提升干部职工社会公德、职业道德、家庭美德、个人品德素养，强化道德领域突出问题专项治理；充分调动干部职工的工作积极性，激发工作潜能，让一切有利于水利事业发展的要素充分涌动起来。

2012年，水务局党委结合全县“两管三评一推优”（组织管理、自我管理；下级测评、同级互评、上级考评；通过“三评”对员干部进行推优排队）活动，在全体干部职工中扎实开展工作点评、量化点评、细化测评、选树典型，分季度对各支部和基层党员进行评先选优。水务局党委被评为县级先进基层党组织，3名党员被评为市、县级优秀党员和优秀党务工作者。认真组织开展党内“连心工程”“下基层、解民忧、办实事、促发展”等活动，基层7个党支部分别为花园社区和王乐井乡官滩行政村、孙家楼行政村绿化、美化村部解决了部分经费问题；84名党员为35户贫困户解决了部分生产生活困难，为多名贫困党员送去慰问金3600元，党内关爱资金捐款7150元，公开为群众办实事5件。组织开展廉政风险防控管理“回头看”等工作；在水务系统推行“一牌、两书、三报告”制度，即水利重点招标工程廉政公示牌及风险防控牌，《水务局党风廉政建设责任书》《水利工程建设廉政建设责任书》，重点工程招投标报告、工程建设中期报告和重点工程验收报告。按照全县“文明县城”创建活动方案要求，水务局党委成立了水务局“文明县城”创建工作领导小组，党委书记宋来发任组长，局长袁书义任副组长，张建军、李鹏程、张德龙，彭文宵、黄利、蔡向阳、李慧萍、孙峰、周志奉、张本强、梁晓波、姬永仙、管明杰、王永智、牛广为成员，下属各基层单位为成员单位。按照县委、政府关于创建文明县城的统一要求，明确目标责任，扎实开展文明创建活动。累计投入资金8.5万元，对责任区进行美化、亮化、绿化和硬化。利用标语、专栏、电子屏等形式开展文明宣传。共报送各类信息15条，悬挂横幅25条，制作责任区标识牌14块，各类展板2个，印制宣传材料1万余份，制作宣传长廊300米。

2013年，水务局党委认真落实中央八项规定精神，厉行勤俭节约，改进工作作风。主动压缩会议、文件、简报、宣传及日常办公经费开支；压缩公务接待开支，控制公务接待标准；实行出差、学习、培训检查审批制度；严格车辆管理，实行公务派车审批制度；倡导干部职工践行节俭文明生活风尚，反对婚丧嫁娶大操大办。组织系统党员分批参加全县“学党章、守纪律”专题集中培训班；组织党员、入党积极分子等90余人参观了盐池县革命历史纪念馆和县人民法院反腐倡廉警示教育基地，感受红色教育、传递警示教育；要求每个党员年内至少撰写一篇心得体会，做好1万字学习笔记；全局“下基层”干部39人，深入8个乡镇16个行政村走访农户1500户，发放宣传资料1500余份，梳理出基层群众提出水利、交通、农业种植等方面意见、建议和问题22个，其中涉水问题9个，逐一落实或协调转办；落实解决了王乐井乡36户新搬迁户自来水入户问题；解决官滩村党建经费5000元。累计投入资金18万元，加大对责任区进行美化、亮化、绿化和硬化工作。

2014年，水务局党委根据县委统一安排部署，认真组织开展全面提升党风廉政建设制度执行力活动。重点抓好领导干部廉洁自律、公共资源交易、政府投资和专项资金监督管理、干部人事监督等制度规定落实情况。根据《盐池县2014年群众评议机关和干部作风活动实施方案》和《宁夏水利系统2014年群众评议机关和干部作风活动实施方案》的部署要求，深入开展群众评议机关和干部作风活动。重点评议是否依法依规办事，有无乱收费、乱罚款、乱摊派等问题；是否热情服务，有无故意刁难、态度冷漠等问题；是否廉洁从政，有无以权谋私、吃拿卡要等问题；是否公开公正，有无暗箱操作、欺瞒群众等问题。为继续巩固区级文明单位成果，根据局领导班子变化情况，调整了水务局文明建设工作领导小组，组长张立泽，副组长任红彬、张建军、张德龙、黄明森，领导小组办公室主任由蒋听兼任；讨论制定了《盐池县水务局创建文明单位2015年至2018年规划》。

2015年，经县委组织部批准，水务局党委实施了“充分发挥党员突击队在重点水利工程建设中的作用”的党建创新项目。该党建项目在杜窑沟水库工地上成立了临时党小组和水利重点工程党员突击队，有力促进了工程建设质量和进度。系统基层党组织承诺服务12件、100名党员承诺服务100件实事全部完成。组织36名干部下基层走访3个行政村，确定贫困户30户，每户发放慰问金500元。全年发展新党员2名、转正3名、培养入党积极分子6名、提交入党申请书11名。继续开展100名在职党员到社区报到服务工作，全体党员捐款共计1万元。城乡供水总公司党支部被局党委评定为星级党组织，被县委表彰为优秀党组织；两名党员分别被县委表彰为优秀党员及优秀党务工作者。

2016年，水务局党委工作重点主要有五个方面：一是严格落实“两个责任”，把党委主体责任、党委书记第一责任、党委班子成员分管责任落到实处。二是主动推进廉政工程，党委负责人与5个重点工程建设单位分别签定了项目廉政责任书，继续在工程建设中推行“一牌、两书、三报告”制度；配齐配强建管站工作人员，组建成立了质安站，进一步强化项目监督检查。三是认真开展整治和查处侵害群众利益不正之风和腐败问题专项行动，共查处私自打井等违法案件14起，关闭16家处于城市供水管网覆盖范围内的企业自闭井。四是进一步加强干部队伍组织纪律和作风建设。经过考查考核，对22名中层干部和12名重要岗位一般干部进行了轮岗交流；制定出台了《盐池县水务局干部职工管理办法》，要求党员干部、全体职工自觉遵纪守规；严格实行国家工作人员婚丧喜事报备制，严禁婚丧嫁娶及子女升学大操大办；公务开支、公务接待、公车管理方面严格按照制度规定办事；"守纪律、讲规矩"主题教育活动和"三严三实"教育实践活动成果得到进一步巩固；按照"控制总量、优化结构、提高质量、发挥作用"的目标标准，培养发展党员对象1名，积极分子17名，预备党员1名，如期转正党员2名。五是如期完成支部和党委换届工作。六是积极开展廉政警示教育，组织党员干部观看《镜鉴》等专题警示教育片；按照规定时限开展廉政谈话；严格要求党员领导干部认真落实中央八项规定精神，深刻领会《廉洁从政若干准则》等规定和重要文件精神。

2017年，水务局党委调整充实党建工作领导小组，进一步建立健全党建工作组织体系和运作机制。党委与所辖6个支部分别签订了《党的基层组织建设目标管理责任书》，实行"一把手"负总责、主管领导分工负责、支部具体抓党建的工作体系。把党建工作与业务工作同安排、同布置、同考核，形成统一领导、上下联动的党建工作格局。组织对所辖支部107名党员信息进行采集录入；足额完成党费收缴；发展新党员3名。通过强化制度落实，党组织组织工作活力进一步增强。继续完善领导干部党建工作联系点、基层党组织和党员承诺践诺等制度。78名在职党员到振兴社区报到承诺服务，党组织承诺办实事8件、党员承诺办实事80余件；认真对照抓基层党建成绩、问题、任务、责任"四个清单"，强化措施，落实整改；认真组织开展"四个合格"专题研讨，引导党员干部按照"四讲四有"标准，学思践悟、筑牢"初心"；扎实开展"5+X"主题党日活动，通过结对帮扶、志愿服务、集体义务献血、尊老敬老、党的知识竞赛活动等激发党组织活力；五是坚持党员"三会一课"制度，采取召开座谈会、讲党课、观摩水利工程成果等方式丰富党组织活动；坚持民主集中制，干部人事任免交流、重大事项决策、项目发包、资金调度实施集体会议决策，公开透明；投入党建工作经费4万余元用于党员教育培训、活动阵地建设，充分保障党组织活动顺利开展。坚持党建促脱贫，组织102名干部职工作为帮扶责任人，对王乐井乡双圪垯、官滩及孙家楼3个行政村414户建档立卡贫困户的1173名困难人口进行结对帮扶。努力做好政策宣讲、信息咨询、产业扶持等工作。每个行政村由1名局领导包抓，抽调4名干部成立帮扶推进组，与单位脱钩，进驻各村进行帮扶工作。先后投入1万元组织对孙家楼村东队高效节水设施进行维修；筹措30万元对官滩洪涝池进行清淤；筹措130万元对大阳沟等村20条洪漫坝进行维修；帮扶责任人共计为建档立卡户在产业、生活等方面提供帮扶资金12万元。

（二）普法教育

1986年，根据全国第一个五年普法规划部署要求，盐池县开始认真组织实施普法教育。延续至“二五”“三五”普法期间，盐池县水务局不断变化普法形式内容，拓展普法形式、改进教育方式，提高普法质量。

1988年1月21日，《中华人民共和国水法》颁布实施。此后，盐池县水利电力部门持续开展了水法宣传工作。从1991年至20世纪末，盐池县水利水电部门普法教育的重点始终围绕宣传贯彻《中华人民共和国水法》《水土保持法》，加强水利工程和水资源管理展开，为专门成立了水资源管理领导小组，依法组织开展水法宣传和水资源管理，调解处理水事纠纷。1993年，盐池县水利电力局在完成全县水资源现状调查和水资源评价工作基础上，着手制定《盐池县水资源管理办法》《盐池县取水许可登记发放暂行办法》《盐池县水土保持预防监督管理办法》《基建项目水土保持方案申报制度》等一系列水资源、水土保持预防监督配套办法。1994年，盐池县被列入全国水土保持预防监督试点县，水利电力部门在开展试点工作中持续加强普法教育，组织举办水土保持执法人员培训班，不断加强执法水平。1995年，盐池县作为全国水土保持预防监督试点县，通过了水利部黄河中游局验收。

“三五”普法期间，水电局党委于1998年开始实行社会治安综合治理目标管理责任制，局党委通过与所属各单位签订目标管理责任书，促进治安工作上台阶。组织职工参加全县

2004年”世界水日“期间，盐池县水务局组织水法宣传活动

法律知识竞赛活动，获得团体三等奖。水利执法工作方面，积极开展《水法》《水土保持法》宣传，在人口密集地区及公路沿线张贴标语300余幅，制作永久性标语80余块，在县电视台滚动播出宣传标语10条；在县城设咨询点发放宣传资料1000余份，接受咨询500余人次。加强执法体系建设，设立水政水资源管理办公室、水保预防监督站，有专兼职执法人员30名，基本形成了全县自上而下的水法执法网络；全面开展取水许可证办理业务和水保方案申报审批业务。1999，依法查处长庆石油物探处和华北石油物探大队在盐池境内作业造成水土流失案件，收缴“两费”17万元；圆满解决处理了搁置多年的长庆石油采三厂在大水坑造成水土流失案件，收缴水资源费和水土保持补偿费38万元。坚持抓好机关“二五”学习和“三五”普法按计划推进，全局140余名职工参加全县《行政诉讼法》《经济合同法》统一考试，全部合格。2000年，盐池县水利水保局加大水土保持执法力度，签发取水许可证47个；认真贯彻“预防为主、全面规划、因地制宜、加强管理、注重效益”水土保持方针，建立县、乡、村三级水土保持预防监督体系，共有县级预防监督站有专兼职监督人员10名，乡级预防监督人员15名，村级预防监督人员96名；审批签发水土保持合格方案17个；收缴水资源费和水土保持补偿费62.6万元。

2001年，盐池县水利水保局继续加强水土保持执法力度，制定出台了《盐池县实施水土保持法办法》《盐池县水土保持违法行为举报及查处办法》《盐池县取水许可证制度实施办法》等5项制度办法，配备专职人员执法5名。2003年，修改相关水执法制度15条，新建制度2项。2004年，努力通过法律和经济手段，积极营造节约用水和水资源保护的社会氛围。全年依法查处违法打井案件5起，罚没收入2720元；依法审查签发取水许可证27件(套)，批准打井47眼。加大水保预防监督机制，审批签发水土保持合格方案3个。加强执法人员学习培训，先后有11人参加了水利部在云南举办的短期业务培训学习，12人参加了自治区举办的行政许可法培训学习，100余人参加了全县行政许可法普法考试。

2006年，盐池县水利水保局抓紧抓好水政执法和水土保持预防监督工作，依法征收水资源费和水土保持补偿费；完成王乐井乡官滩行政村温棚种植供水工程、孙家楼行政村打10眼井等实事4件。2007年至2008年，组织开展了开发项目水土保持监督执法专项行动，对在建项目逐一进行摸底调查，分类汇总；在开展普查的同时对违规企业和项目进行处罚和整改。2010年，水务局党委组织系统内干部职工重点加强《劳动合同法》《就业促进法》《土地管理法》《人民调解条例》《水法》《水土保持法》《防洪法》《城市节约用水条例》等法律法规学习宣传，营造良好的水利事业法治环境。根据工作需要和人员变化情况，适时调整水务系统依法治理领导小组，水务局长袁书义担任组长，李鹏程、张德龙、梁晓波、张本强为成员。领导小组以“五五”普法总结推进为载体，组织开展形式多样的法治宣传活动：结合“综治宣传月”“6·26”国际禁毒日、“三八”妇女节、“3.15”消费者权益保护日、“3·22—3·28”水法宣传周等重要节庆节点，助推多行业法制宣传深入人心；结合“三下乡”“法律六进”活动，组织水政执法人员深入乡村、社区开展“送法下乡”和“法律进社区”活动；以“12·4”全国法制宣传日十周年活动为契机，开展大型法制宣传活动；主动配合有关部门组织开展的知识产权保护、环境保护、安全生产、禁毒、预防青少年违法犯罪等专项治理活动，积极营造良好的社会法治氛围；认真组织开展系统内“五五”普法检查验收，总结推广“五五”普法先进经验。“五五”普法期间，水务系统共制作大幅宣传标牌30余幅，发放宣传资料万余份，刷写永久性标语30余幅。

“六五”普法期间，水务局党委把推进“六五”普法作为树立宗旨意识、服务民生的出发点和落脚点，制定详细年度计划，规定重点学习内容，布置学习任务要求。结合法治实践、道德教育、传统教育、理想信念教育、优良作风教育，提高干部职工的思想境界和法制意识。继续加大法制宣传力度，严格水资源审批制度和执法力度。有秋季农田水利建设、农作物技术推广、供用水矛盾调节等方面开展以依行政、依法用水、依法调解矛盾纠纷。在城乡居民、学校、社区大力推广节约用水。认真贯彻取水许可制度，严格水资源费征收管理。对重点水利整改项目进行跟踪监督，有效促进水土保持“三同时”制度落实。2012年至2013年，水务局对全县风电、煤矿、铁路建设项目有关水土保持方案落实情况进行了检查，对存在的问题下发了整改通知书，并按规定收缴水土保持补偿费。普法教育的常态化促进了水务局系统各项工作法制化、科学化、制度化。依法履职、依法行政、依法办事成为社会共识。2015年，水务局共受理农业灌溉新打机井申请175件，审批工业取水水资源论证报告2个，查处私自打井等违法案件10余起，全部以法办理、依法结案。依法关闭县城公共供水主干网覆盖区内的城区自备井；对金家渠煤矿等17个开发建设项目依法进行水资源审批检查；组织对长庆油田分公司采油三厂等4个水土保持方案进行技术验收。干部职工参加盐池县行政执法人员综合法律培训，10人获得行政执法资格证书。

2016年，盐池县水务局进一步加强取水许可、水资源费征收等行政执法力度，严把取用水审批关，严格实行取水许可制度。2017年，继续加大宣传力度，增强节水意识，共计发放节水传宣传材料5000余份，手提袋1000余条。继续强化水政执法力度，实现资源可持续利用，全年建成节水型公共机构138家，审批水资源论证报告1项，查处私自打井等违法案件7起。

(三)精准扶贫、精准脱贫工作

2016年至2018年，盐池县全面推进精准扶贫、精准脱贫工作。盐池县水务局在县委、政府的统一部署下，认真落实新时期水利工作方针，结合精准扶贫、精准脱贫和乡村振兴战略，以水资源高效利用为核心，攻难点、补短板、求突破，先后整合资金11.8亿元，集中打造了一批精品水利民生工程，圆满完成了各项水利扶贫任务。水利扶贫工作主要措施成果为：

农村人饮安全“三率”实现新突破 “十二五”期间，盐池县把农村饮水安全工程列入全县重大民生工程之一，大力推进农村饮水安全巩固提升改造，不断加快“生态移民”“管网延伸改造”等农村饮水安全项目建设步伐，先后实施了麻黄山、尖山湾、萌城管网延伸及城西滩等农村饮水改造工程，有效解决全县4个乡镇6.11万人的饮水安全问题。“十三五”期间，通过实施麦草掌、沙崾岘、郑记堡、柳叶洼、管记掌、刘四渠、萌城等村农村饮水安全巩固提升改造工程，巩固提升了8个乡镇244个自然村、6215户22162人（其中建档立卡户3715户）饮水安全保证率。截至2017年年底，全县实现农村自来水普及率99.73%，农村自来水集中供水率100%，供水水质达标率100%，彻底解决了全县102个行政村656个自然村14.57万人(其中建档立卡户11203户32998人)的饮水安全问题。

水质监测能力得到全面提升 扩建水质化验检测中心，配套先进化验设备16台；对全县城乡各水厂、泵站、蓄水池等安装输水管道压力流量在线监测仪44台，安装水质在线监测自动化控制设备18处，在全县各输水主管线增设采样点48处，将饮用水常规检测指标由原来的8项提升至54项(有资质30项)，水质管理严格执行日检、月检、年检操作规程，成为全区唯一具有水质化验检测专业资质的县级单位。实现了大数据采集、全方位监控、数据支持、科学调度、故障预警等功能。

高效节水灌溉有力推进 截至2017年年底，全县共发展扬黄灌溉面积38.66万亩，开发灌域外高效节水面积19.06万亩，灌域内19.6万亩扬黄灌区节水改造达到15.1万亩，8万亩井灌区全部改造完成，全县高效节水总面积达到42.3万亩，占扬黄灌区总面积的90%以上，申报全国高效节水灌溉示范县，已顺利通过水利部资料核查和实地核验。通过实施滴灌带补贴项目，使全县5个乡镇32个行政村7.3万人受益，在缓解农业灌溉需求、促进农业节水增收方面发挥了重要作用，同时也为全县人饮、生态、工业发展用水提供水源保障。

抗旱应急水源建设成效显著 以相继建成的杜窑沟、石山子、隰宁堡、花马湖4座大型调蓄水工程为主，加上已建成的38座中、小型蓄水池，实现了全县蓄水能力达到1300万立方的新突破，为15万亩扬黄灌区高效节水灌溉提供了水源保障，进一步夯实了贫困村脱贫致富的农业基础；以扬黄续建配套工程为依托，投资1.5亿元对扬黄盐池专用干渠及泵站进行了全面改造升级。

南部黄土丘陵区旱三田建设发挥明显效益作用 盐池县水土流失面积达到7013平方公里，占县域总面积的82%。实施精准扶贫、精准脱贫工作以来，盐池县水土保持工作紧密结合脱贫攻坚大局，以项目扶持为主导，大力推进坡改梯、洪漫坝等水保措施，在黄土丘陵区实施以“山、水、田、林、路、草”等综合治理措施为主的小流域综合治理和生态环境治理，发展以旱作为主的基本农田42.8万亩，累计完成治理水土流失面积4437平方公里，占全县水土流失总面积的63%(小流域治理水土流失903平方公里)。

盐池县自2016年全面开展脱贫攻坚工作以来，水务局党委结对帮扶王乐井乡孙家楼村、官滩村和双圪垯村共416户贫困户1202人，其中双圪垯村122户340人、官滩村117户328人、孙家楼村177户534人。为助推盐池县率先在全区高标准脱贫摘帽，水务局党委充分发挥领导核心作用，强化责任意识，压实工作任务。先后组织102名党员、干部进村入户，切实帮助建档立卡户理清发展思路，提出具体帮扶计划。努力做好政策宣讲、信息咨询、产业扶持等方面工作。每个行政村由1名局领导包抓、1名中层干部联络，并专门抽调4名干部成立帮扶推进组，与单位脱钩，进驻各村进行蹲点帮扶。先后投入323.94万元为3个帮扶村实施防洪治理、蓄水池维修、涝池清淤、洪漫坝维修、道路硬化等工程。到2018年9月，水务局机关包扶建档立卡户全部实现脱贫。

第五节　工会、共青团、妇女组织

一、工会

1956年11月，盐池县工会联合会筹备委员会成立，1957年7月召开了盐池县工会第一次代表大会，出席代表24人，代表9个基层工会441名会员。会议选举产生了盐池县工会联合会执行委员会，由县委副书记赵雅亭兼任执委会主席，并选举了工会经费审查委员会。1958年10月召开了盐池县工会第二次代表大会，出席代表39人。会议决定将盐池县工会联合会改名为盐池县总工会，选举产生了由10名委员组成的总工会领导班子，同时召开了全县工会联合会第一次工会积极分子会议，出席代表20人。不久之后，盐池县总工会撤销。

1978年盐池县着手恢复工会机构，1979年1月召开了盐池县工会第三次代表大会，出席代表129人，特邀代表15人，列席代表32人。选举产生了由9人组成的县总工会常务委员会，设正副主席3名。下设办公室、俱乐部，辖基层工会85个，共有会员3594名。

（一）机构沿革

1979年6月，盐池县水电科召开第一届工会代表大会，选举产生第一届工会委员会，主席郭凤阙，委员杨虎、张玉发、郭占贵。

1981年6月5日，盐池县水电局改选工会组织，工会委员会由8人组成，主席张维俭，副主席杨虎，委员张玉发、郭占贵、牛万滋、张广文、郭凤阙、苏明昌。

1984年3月，盐池县水电局召开第二届工会代表大会，选举产生了第二届工会委员会，由7人组成，主席杨虎，委员张玉发、郭占贵、牛万滋、张广文、夏勤、苏明昌。

1989年1月，盐池县水电科召开第三届工会代表大会，选举产生了第三届工会委员会，由7人组成，主席杨虎；委员吴德、牛万滋、苏明昌、张文良、白赟、马志刚。

1994年1月3日，盐池县水电局召开第四届职工代表大会，选举产生第四届工会委员会，由11人组成，主席牛万滋，副主席杨虎，委员郎绍增、石学美、夏勤、张盐生、陈德、姬学军、孙占香、郭宏峰。

2004年3月21日，盐池县水务局召开第五届职工代表大会，选举产生第五届工会委员会，由11人组成，主席姬永仙，委员李慧萍、焦清芬、白树礼、冯其春、冯菊梅、马成明、石学美、王东宁、赵娣、牛建民。

（二）主要工作

20世纪80年代，水电局系统先后制定、修订完善了《水电局各单位“双百分”考核责任制》《水电局工会工作制度》《水电局工会会议制度》《水电局工会集体领导制度》《水电局工会“五必访”制度》《工会主席、副主席岗位责任制度》等规章制度，规范工会工作。组织职工开展“双增双节”“巾帼杯·为党争光辉”等社会主义劳动竞赛活动；组织全体职工开展“质量、品种、效益年”活动，在各类劳动竞赛活动中争先创秀，争当模范。1989年，盐池县水电局被县委、政府评为“双文明”单位；水电局“工会之家”先后被吴忠市总工会和盐池县总工会评为“先进职工之家”“合格职工之家”。

20世纪90年代，水电系统工会组织以积极维护职工劳动权益、关心职工生活问题和开展职工健康活动为主线。针对职工劳动保护制定相关制度办法，保障全体职工享受劳动保护和劳动福利的合法权益；制定安全生产制度，切实保护劳动者的生命健康安全；通过有效途径，协调解决职工住房困难、子女上学就业等问题；组织看望和慰问伤病职工、离退休老职工和复转军人，组织召开工会年度大会和交流座谈会，征求职工在工作、生活等方面的意见和建议；依照宪法和法律规定，参与本部门、单位重大决策，发挥民主作用；通过各种途径和形式参与社会经济、文化事业和管理社会事务管理。

关心职工生活，帮助职工解决困难，全心全意为职工服务是工会组织的职责要求。2004年6月，水务局全体职工为病故张泽胜家庭捐款4295元；2005年12月，全体职工为患病职工王建国家庭捐款10300元。2006年，盐池县水务局被自治区总工会评为“宁夏职工职业道德建设十佳单位”。

2010年，水务局工会协调县土地、城建、发改等部门联合解决的了困扰职工多年的家属楼土地证和房产证问题。2013年，慰问系统内大病职工和退休职工总计金额33100元；慰问生活困难职工11人21300元；组织对全体职工进行了健康体检。2015年，组织慰问大病职工和退休职工计33100元；组织对全体职工进行了健康体检。2016年，组织慰问困难职工8人计13000元；慰问一线职工计4000元；组织举办女性保健知识讲座一期；为82名职工缴纳医疗互助金。2017年为89名职工缴纳了医疗互助金。

组织开展各类体育、文娱活动，活跃职工文化生活是职工应享的权利。水务系统工会先后多次组织职工参加区、市、县文体活动和节目会演，展示了水务系统职工的风采，凝聚了职工团结氛围。在“五一”劳动节、元旦等重要节日，积极组织开展诗歌朗诵会、大合唱、职工体育运动会、健美操等活动，增加了职工之间的沟通和凝聚力。

二、共青团

1951 年至 1982 年，共青团盐池县委员会（新民主主义青年团）共召开十二次代表大会。1951 年 8 月，盐池县召开新民主主义青年团首次代表大会。1957 年 7 月，根据全国青年团第三次代表大会决议，新民主主义青年团改称中国共产主义青年团。1966 年至 1970 年，全县共青团工作基本处于瘫痪状态。1972 年 2 月，共青团盐池县第九次代表大会召开，选出产生了共青团盐池县第九届委员会。1979 年 3 月，共青团盐池县第十一次代表大会召开，选举产生共青团盐池县第十一届委员会书记 1 名、副书记 1 名、常委 7 名、委员 21 名。1982 年 8 月 30 日，共青团盐池县委员会第十二次代表大会召开，选举产生共青团盐池县第十二届委员会书记 1 名、副书记 1 名、常委 7 名、委员 25 名。

1960 年，盐池县水利科有职工 19 名，其中共青团员 1 名。之后，随着干部队伍年轻化，共青团工作不断加强。20 世纪 70 年代末，根据共青团盐池县委员会工作安排，对全县团员进行共青团基本知识、理想教育、共产主义道德风尚教育；对基层团组织进行了整顿。1982 年 3 月，根据县委宣传部、共青团盐池县委员会安排，组织开展了了“五讲四美”文明礼貌月活动，之后文明礼貌月活动每年坚持开展一次。1984 年，盐池县各部门根据县委[1982]10 号文件关于整顿共青团工作要求，开始组织团员进行轮训，目的是通过轮训和整顿。促使共青团思想政治工作的软弱情况有所好转，使基层团团组织成为县行团结领导团员青年干事创业的得力助手。1985 年，团县委在全县范围内组织开展了青年“创造杯”活动。1986 年，水电局团支部参加全县青年“活跃支部”夺旗竞赛。1987 年在团员青年和开展了以境况“四有”新人为主题的理想教育活动。

20 世纪 90 年代初，水电局有青年团员 30 余名，他们积极投身于社会主义政治建设和经济建设，努力创建学习型、服务型、创新型团组织，在“三个文明”建设中发挥作用。1990 年，根据中共中央《关于加强和改善党对工会、共青团、妇联工作领导的通知》和盐池县委转发共青团盐池县委员会关于团员教育评议活动的意见，在全县团员中开展了教育评议活动。

2000 年后，水务局团组织带领团员青年学知识、学技能，积极奉献岗位工作，不断推进全县社会进步和经济发展。2005 年，在学习实践“三个代表”活动中，水务局团委制定了《关于开展以学习实践“三个代表”重要思想为主增强共青团员意识主题教育活动的实施方案》，成立了增强团意识主题教育活动领导小组，认真组织开展增强团意识主题教育活动。

新千年后，在水务局党委组织开展的“以党建带团建”“创先争优”等活动中，基层团组织建设进一步得到加强，“三会两制一课”制度长期坚持；通过座谈会、读书会、调研及“凝聚青春力量、振兴县域经济”“青年科技行动”等主题活动的开展，团员青年的活力充分得到发挥。

2000 年后，历任水务局团委书记为：白赟、孙峰、姬永仙、陈欢、牛艳玲、刘海。

三、妇女工作委员会

1954 年至 1982 年，盐池县妇女联合会共召开七次代表大会。1954 年 6 月召开盐池县第一届妇女代表大会，选举产生盐池县第一届妇女联合会主任 1 名、委员 9 名。1966 年至 1972 年，盐池县各级妇女组织基本处于瘫痪状态。1973 年 4 月，盐池县第六届妇女代表大会召开，妇女工作逐步走向正轨。1979 年 3 月，盐池县第七届妇女代表大会召开，中心任务是贯彻执行党的十一届三中全会精神，表彰奖励在社会主义建设中做出贡献的先进集体和劳动模范，树立“三八”红旗手，选举产生第七届妇女联合会执委会主任 1 名、副主任 2 名。

（一）机构沿革

1984 年 2 月 1 日，盐池县水电科成立妇女工作委员会，组成人员 3 人，主任苏明昌，委员冯文英、张大从。

1989 年 1 月，盐池县水电科改选妇女工作委员会，组成人员 5 人，主任孙占香，副主任姜桂玲，委员郭宏峰、李月华、王健。

1994 年 1 月 3 日，盐池县水电局改选妇女工作委员会，组成人员 5 人，主任孙占香，委员李月华、李慧萍、赵桂琴、王健、郭宏峰。

2002 年，盐池县水务局召开第一届妇女代表大会，选举产生水务局第一届妇女委员会，组成人员 7 人，主任郭宏峰，副主任石宁艳，委员李慧萍、徐成花、高菊艳、郭玲娟、焦清芬。

2004 年 3 月，盐池县水务局改选妇女工作委员会，组成人员 3 人，主任姬永仙，委员李慧萍、冯菊梅。

2012 年 2 月 23 日，盐池县水务局党委研究决定，姬永仙任盐池县水务局妇女委员会主任。

（二）主要工作

1984 年 2 月，盐池县水电科妇女工作委员会成立后，把提高妇女工作素质作为基本要求，积极组织本单位女职工参加全县“三八红旗手”“五好家庭”等劳动竞赛和文明创建活动；把关心妇女职工切身利益作为重要职责，反对歧视妇女、反对家庭暴力、反对婚姻不道德行为；号召女职工争做有理想、有道德、有文化、有纪律的新女性。组织妇女职工参加技能培训、投身经济发展、奉献岗位职能。

20 世纪 80 年代，盐池县妇联等有关部门先后在全县范围内组织开展了“五好家庭”“三八红旗手”“双文明户”等评选竞赛活动，受到各级组织表彰的先进集体 56 个，先进个人 8055 名，其中受自治区表彰的先进个人 4 名，全国妇联表彰的先进个人 7 名。20 世纪 90 年代，全县各机关单位基层妇女组织主要职能为开展本单位计划生育工作、参与思想道德建设、落实妇女保护政策、关爱妇女弱势群体、落实妇女权益保障、组织开展文化娱乐活动、妇女维权等。

盐池县水务局妇女工作委员会积极组织女职工参加岗位竞赛、争做先进模范，参与“五好家庭”“最美家庭”等文明创建活动，组织开展健康体验、文体活动，努力提高女职工社会地位，丰富女职工文化生活。聘请专业老师教习女职工健美操、健身秧歌，学习舞蹈、排演大合唱，组织参加区、市、县各类文艺汇演，均取得不俗成绩。在 2007 年吴忠市水务系统广场文艺演出活动中，盐池县水务局编排的《栀子花开》广场舞获第二名；2008 年全县元宵节广场文艺汇演中，水务局女职工参演的健身秧歌获第三名；9 月，水务局女职工编排的健美操在全县“水利杯”群众才艺展示文娱活动获第一名；2016 年 9 月，在全县第五届职工运动会，水务局职工代表队获女子乒乓球团体第五名、女子羽毛球获团体第三名。

改革开放以来，盐池县水务（水利、水电、水保）系统女职工涌现出了许多创造新业绩、做出新贡献的妇女典型和先进人物。水利专家苏明昌于 1983 年被全国妇联授予“三八红旗手”；女职工冯雪莲于 1999 年获“宁夏干旱地区沟渠田全防渗灌水技术研究奖”；水务局妇女工作委员会主任姬永仙于 2005 年在纪念中华总工会成立 80 周年全区职工知识竞赛活动中获得一等奖；女职工高菊艳于 2008 年获得吴忠市水利基本建设先进个人奖。

第十三章　水文化

第一节　散　文

第二节　诗　歌

第三节　回忆录

第十三章　水文化

“仁者乐山，智者乐水”，面对秀美山水形胜，中国古代先贤亦难免动容，一个“智”字既反映了古代先贤对“水”的认知，又破译出“水”所蕴藏的无尽文化内涵。中国儒家学说认为水代表了德，君子应该像水那样，不断流动和永不停息，顺其自然地加强道德修养。

水文化包括了人们对水的认识和感受、关于水的观念、管理水的方式、社会法律规范、对待水的社会行为、治理和改造水环境的文化结果等，通过制度、宗教、文学艺术、社会行为、物质建设等方面得以表达，是一种彰显人水和谐关系的文化。水文化是社会主义文化建设和弘扬中华文化的重要组成部分，是社会主义精神文明建设的重要内容。

盐池县缺水，也因此催生了盼水、惜水的缕缕文化情思。艺术家、文人和新闻工作者不吝笔墨，屡歌不歇。

第一节　散　文

山村雨景

王庆同

旱魔如同绕在庄稼脖子上的毒蛇，一天比一天缠得紧了，绿生生的糜谷逐渐蔫下去，社员们的心随着紧缩起来。“卡脖子”旱无情地降临到小山村。此时此地，能“力挽狂澜”的，似乎唯有“龙王爷”。尽管人老几辈子没见过“龙王爷”发善心，人们对它还是寄以一线希望。老历六月下旬，立秋前三天的后半夜，刮了一阵东南风，气温陡降，我赶紧拉开被子盖上，“没管三”，又迷迷糊糊坠入梦乡。忽然，一阵淅淅沥沥的声音打得窗户直叫唤，侧耳细听，好像是雨声。我一骨碌翻起来，定睛一看，果然窗户纸湿了。啊，雨!黑着摸火柴，怎么也摸不着，干脆黑摸着穿好衣裤，出门朝墙后一看，嘿!十几户的小山村，几乎家家的窗户都亮了，盼得好苦的雨，总算来了，社员们谁个还能睡着？

那是老历四月出头的一天，村里的老汉们聚在一起拉话：

“不怕，等到老历五月十三，灵得很。”

“十三‘关老爷磨刀’，非下不行。”

一个口吃的小伙子插了几嘴：

“不……见得，前年十……三就没下，兴是关……关……关老爷磨刀不……不……不用水……水了？”

果然不幸而言中，老历五月十三前后，只连阴了几天。

老汉们还是不服气，有的说：“大旱不过五月二十六，只要丢一点，耀州城里买大碗。”然而，“龙王爷”好像有意在捉弄它的虔诚信徒，老历五月十六竟“滴水不漏”。眼看着五月旱出头，再旱下去，“连根烂”的日子到了。晌午时分，荞麦叶子如同在滚水里烫过似的萎了；糜谷则灰溜溜地“垂头丧气”了。社员们还是不灰心，他们懂得“锄头底下三分水”，连放假回家的学生也投入了锄地。同前些日子锄地相比，不同的是大丫头小媳妇们的歌声没有了，代之以“立秋糜子四指高，拔节出穗揽人腰”的自我宽慰的议论。

这天后半夜开始下的雨，断断续续持续到东方发亮。接着雀儿唧唧喳喳叫唤起来。这是放晴的兆头，而雨，远远没有下透，人们心中刚放下的一块石头，又提了起来。磨道是社员们议论大事的地方。几个老汉又聚集在里面交头接耳：

“人家孙记场前几天偷盖了龙王庙，这回准下好了。”

“怨谁呢？咱们连根椽子都没凑去，自己造下的倒霉。”

天大亮以后，雨果然停了。

突然，阴云深处传来了飞机嗡嗡声。声音如闯鼓一般，响过来，响过去，总不离当空。村里的小伙子们打趣地嚷开了：

“这飞机怪，好像是在天上耕弛缠墒，老来回转。”

“胡说，天上耕‘云’差不多。”

这飞机的声音尽管蹊跷，但社员们关心的是地里的墒情，而不是天上的“耕云”，小伙子们抬了一阵杠也就不嚷了。

大约过了一顿饭的时光，最利索的媳妇也不过刚把锅洗掉，天又下起雨来。老汉们只顾蹲在家里吧嗒吧嗒地咂旱烟，谁也不愿出门观天色，因为凭经验知道“早雨不多，一天的啰唆”，解决不了问题。

老汉们又失算了。雨，竟越下越大。家家户户门户洞开，挤着一张张观天色的面孔。乌云结住了，院子里冒水泡了，人们的脸开上“花”了。蚕豆大的雨点打在墙头上，墙头的湿印子越来越深。社员们盘腿上炕，净扯些与雨不相干的话题，可是每个人眼睛，总是不时盯着那渐渐往下渗的墙头湿印子。那不是渗在墙头上的雨水，而是渗进社员们心窝里的希望与欢乐呀！雨瓢泼似的倾注下来，门口地里娃娃头大的坷垃泡烂了。不知是谁又挑起了话头：

“别看坷垃不喝水，一个坷垃一张嘴，这回看你喝!”

“一张嘴不够，混身都是嘴。要不，怎么把地里的墒气‘喝完了’?这一阵子又怎么“喝得胀死了?”

旱象消除了，人们提在半空中的心，落地了。傍晚，老汉们又活跃起来：

“怪事！前晌西北方一直亮光光的，孙记场肯定没下好，庙不灵了?”

直到晌午才出圈的羊群回来了，放羊老汉证实了孙记场确实只下了“一划(铧)雨”。忽然，有线广播响起来，传来了消息：

“告诉社员们同志们一个好消息:由于支援我县抗旱的解放军机组和气象部门的努力，今天上午飞机人工降雨获得成功，大部分地区由于催化剂的作用下了饱墒雨，少数地方没有下雨是因为那里没有具备人工降雨的气象条件。”老汉们不吭了，小伙子们说开了:“盖庙不如抗旱，关老爷磨刀不如解放军耕云!”

流向荒漠的爱河(节选)

——写给莫兴福、苏明昌夫妇的信

严光星　高　强

莫工、苏工：

在这远离宁夏的南方学府，我向你们问好！

今年3月，我和县广播局副局长高强先后采访了你们两位水利工程师后，一直想为你俩写一篇报告文学，但我学业繁重，思绪杂乱，笔力不逮，甚至有时感到报告文学对我现在来说像是壶难喝的苦酒。

莫工，我第一眼看到你，根本想不到你生于秀丽的江南。你完全被盐池土化了。有点宽肥的蓝色中山装，非常宽松地裹住了你那南方人白晰的肤色。在你的脸上，读不出什么英雄气质和才子贵相。与人握手时腰微微曲呈弯形，手也变得有点粗糙。大概是病魔折磨的缘故，说话紧张时有一种实在难以掩饰的微颤和微喘。如果把你那年轻清秀的照片和现在趋于苍老的照片对叠在一起，正是叠出了你青春的变迁和生命的轨迹。

苏工，你有知识分子的气质与仪表。我第一次见你是这样一个姿态：你身着银灰色的工作服，背着手站在金灿灿的阳光下，面对县城郊外的田野，与我谈论着盐池的水利发展前景。我没见过你年轻时的照片，但从现在的仪表上还能想像到年轻时的风韵：一张白晰而又

盐池县水电科技师莫幸福和工程师苏明昌夫妇在田间观测小麦长势情况(摄于1986年6月)

生动的脸盘，一双聪慧清纯的眼睛，一个江南女子所具有亭亭玉立的身材，一口浓厚的四川口音。如果你个头再高一点，站在西湖上的船头上打了顶花伞，穿一身洁白的连衣裙，那将是一幅多么动人的南方美人画啊！现在看来，无情的岁月已在你光滑圣洁的秀额上犁开了皱纹，盐池的风沙已悄悄地染白了你的头发。但你比年轻时更为成熟，刚强，在有几分男人阳刚之美的同时又多了些女性的温柔。

从1957年到现在，你们到盐池34年了。十万天的追求，十万天的孤独，十万天的汗水，十万天的悲喜，十万天的单调，十万天的理想，这种复杂且艰辛的经历是青年人无法体验到的。爱情，在这里是一首七色诗。

莫工，你能别离江苏，苏工，你能别离四川，这在现在的一些年轻人看来似乎不可理解。江苏，那是多么迷人的地方。南京、镇州、常州、杨州、无锡……到处有迷人的风光，遍地有美丽的水色。南方人离不开水啊！这里有“孤帆远影碧空尽，唯见长江天际流”的镇江，帝王美女葬身的胭脂井，天下第一美景的太湖，天下第一泉的“中冷泉”……就连那小小的功德泉水，也竟有“一清、二冷、三香、四柔、五甘、六静、七售、八蠲”的妙处。而来到盐池，却是百里不见一条河，空有沙漠长柴禾。再说苏工，你的老家四川更有对女孩子的诱惑之处。那里有世人游览的武侯祠，闻名天下的刘备墓，披挂着诗叶的成都望江楼，散发着诗圣之气的杜甫草堂，这都最能勾起你天真烂漫的情趣。这里还是地灵人杰的天府之国。李白在这里写过著名诗句:“床前明月光，疑是地上霜，举首望明月，低头思故乡。”杜甫在这里吟过:“安得广厦千万间，大屁天下寒士俱欢颜。”

1957年，你们还是离开了故乡。莫工你19岁，结业于甘肃水利技训班;苏工你18岁，毕业于重庆水利学校，完全有理由回到家乡。况且你们那时各不相识，又没有爱情之光的燃烧。你们来了，靠什么?是靠年轻人那种革命理想和奋发向上的热情。

你们一进盐池，就像是热油饼子掉在凉水缸里——凉透了。没想到天下黄河富宁夏的塞上江南竟有这样的景象。这里是风沙畅游的土地。风沙就像一个浪荡汉，在这无垠的大漠戈壁滩上狂跑。它牵来古人的诗句:“出塞入塞寒，处处黄芦草”“大漠孤烟直，黄沙系云间”，它毫不留情地洗劫了这里的绿色，毫不客气地偷走了这里的甜水，撒给这里无穷的寂寞、荒凉和贫困。你们目睹了这里的老乡赶着一辆辆毛驴车，拉着水桶，跑几十里山路，到一百多米深的山沟里去打水。弯弯的山道上，留下了一团团黄尘和两道深深的车辙，也撒下了几句古老的、忧郁的爬山调。有的地方老乡做饭，下锅的米和水一样多。有的小学校因无水停课。“大旱望云霓，久渴明甘露。”水啊，已成为盐池人民生命悠关的大事，也像沉沉的石磨压在你们的善良且多忧的心灵上。

水井、水库，从此成了你们中的“第三者”。

你们既是一个工程师，又是一个普通钻工，随井队转战荒漠，不分日夜地苦干。三月，盐池的风沙可以埋房、拨树、噎死人。莫工你在荒漠上测量、放线，曾迷过路。塞外的初冬，寒霜遍地，而又望着结了冰陵的湖水、发怵的民工，苏工，你脱去鞋袜，挽起裤腿，跳下水去，走过潜流沟。李记大弯水库旁，你俩睡窑洞、吃炒面，洒下一路汗水；赵记弯工地的崖畔下，你俩手把手教民工预扎钢筋、成型加工、立模和混凝土拌合……塞北的狂风、沙暴、寒霜、坚冰，它可以使人畏惧、颤抖、浑身冻木，但它也可以使人振作、发愤、越过难关。你们肩并着肩、手挽着手，山一程、沟一路，扛着测水器在荒漠上艰难地跋涉。1959年的金秋，你们两双明亮的眼睛碰撞出了爱情的火花，你们的心相会在伊甸园。记得我在采访时问过你苏工：“你们是怎样结合的?”你操着四川口音微笑着说：“这怎么讲喽。反正，不知不觉地到一块了。我们那时候，没有现在小青年想得多，什么家俱呀、电视呀、手表呀、工作前途呀，一切都很简单。我们很重感情，重人心……”

爱就是爱，爱得真诚、热烈、单纯、现实。30年过去了，你们的爱河始终没有被生活的暴风雨冲垮。

你们的婚礼太简单、太简陋了。

一间土房，一张木床，几个小橙子，一只帆布箱子，是你们婚礼的全部财产。

曾记得盐池县委书记吴学廷给我谈过，你们不仅是盐池的水利迷，还是造福盐池的有功之臣。你们人到中年，锐气不减。从1982年开始，县上先后完成了马儿庄、南海子、冯记沟、麻黄山、后洼等地总投资为1000多万元的人畜水工程，解决了3万多人、1万多头大牲畜、10多万只羊的饮水困难。这里，就有你们的智慧和汗水。1982年，你们接受了盐池县第一个人畜饮水工程——马儿庄工程的土建任务后，从勘测到设计到施工，你们五六个月没有离开一步。工程师、技工一身兼，家里的一个孩子离参加高考只有几天了，他要你们无论谁回家一趟照顾一下他的食宿，可你们谁也没回去。孩子只能每天上午从考场回来自己做饭，饭后又匆匆赶去参加下午的考试。当你们后来看到孩子吃的剩饭时，你们都难过地落泪了。工地上，你们又变成了“包青天”。谁做的工不合格，你们就拉下脸来批评，有时还跟上面机关的同志争得面红耳赤。总指挥来了，委婉地劝你们注意人际关系。苏工你一扬头说：“我们的职责是对工程负责。”莫工你向苏工会神地挤一下眼睛，又唱“二人转”：“就是嘛，在其位就得谋其职。”后来，这项工程节约资金5万多元。苏工你笑着对那些上级机关的同志赔情道款说：“我这脾气太直，只认工作不认人，请谅解。”莫工你在一旁又幽默地说：“苏工的脾气我以后多管着点。”人们都笑了。你们也笑了，相互的理解和幽默地配合，成了你们爱情的绝妙交响曲。

荣誉、地位，这两个多情的姊妹少女，蹒跚向你们走来，使你们双双得到了自治区、地县先进工作者和劳动模范的奖章，并先后加入了中国共产党。苏工你还被中华全国妇联会授予全国“三八”红旗手，莫工你当了县水利科副科长。

信就写到这儿吧。这是我利用三个晚上用负伤的右手断断续续写成的，因而写得很艰涩与吃力。

（1990年4月6日至8日晚于复旦大学作家班寝室）

信天游与山水酒

侯凤章

丘陵是线形的，从西向东，一条一条，向西越涌越高，向东越码越低。西头连着名山，东头雄视着盐湖。盐湖的明净，显示了丘陵的高远，丘陵的排列，显示了盐湖的神奇。丘陵中间拉一道水沟，淌着山脉的血液，清悠悠的，默无声息，沉稳悠闲地泛着太阳细碎的光点，在寂静的荒原上自由自在地唱歌。年年岁岁人不同，这不同的一代又一代人，就被这清悠悠的水流走了。沙丘和山梁，对峙着，看似互不侵犯，但好动的沙丘，总是那么顽皮，从北向南，挪着步子，欺负山梁：旋出了一个又一个深坑，铺上了一层又一层黄沙，明明的，鼓起圆堆堆，越鼓越高，懒散地躺在山梁上，耍着无赖，让人反感。山梁用它羸弱的身子抵抗着，小草悄悄地长起来了，围着沙丘一圈又一圈，在和沙丘亲密的交谈中，宣布它威严的警告，沙丘被降服了。丘陵、水沟、盐湖、沙丘、荒草组成的辽阔草原，养育着勤劳的盐池人民。

盐池人创造了盐池文化，信天游调调有山的粗犷、水的细腻、酒的豪放。

“山畔畔放羊云团团飘，滩里的妹妹水灵灵的草”。这是说盐池人有山里人滩里人之分。山里人大多住窑，滩里人大多住房。窑在沟沿沿上，坐山面水，阴阳二气的最佳配置。房在山湾湾里，避风向阳，蕴含着寂寞的热气。水，从沟里往上担，窄窄的羊肠小道，甩在沟畔上，左一拐，右一折，一个立体的“之”字，人空走着都怕，他们却闪着两桶水，唏唏苏苏地哼着小曲上来了。“沟湾湾担水，水照人，照见哥哥，照不见妹。”水往缸里一倒，昏黄地泛着泥土，细碎的泥土渣儿飘来摆去，泛滥的不成样子，澄一会，水清了，看的人五脏六腑都冰凉。女人笑笑的煮饭，男人佝偻着腰到山梁上干活。炊烟就从这看不见人的山窝冒出来了，白如棉，细如丝，一缕一缕，随风忽东忽西地飘，有时扯成长阵，弥漫山梁，雾腾腾的；有时窝在一个山湾，是一团云，久久不散，山梁因此有了诗意，朦朦胧胧的。人在朦胧中似飞，盐湖在朦胧中似飘，鸡犬在朦胧中显出灵性，叫唤声把山梁喊醒了，活脱脱，一幅田园梦醒图。娃娃们喊他爹吃饭，一群山鸡唰唰地从头顶飞过，引逗得娃娃们只嫌山遮住了他们的眼，水挡住了他们的路。一家人坐在土炕上，一碗黄米饭，一碟淹咸菜，大人、娃娃各怀着不同的心思、理想和抱负，香喷喷地吞咽着。吞咽中幻化出了羊肉与牛肉、鸡蛋与烙饼、沙鸡烩着猪肉，解腻的苦苦菜、古老的大雁塔、雄伟的八达岭、工程师的笑容、科学家的眼镜……“那是一种什么滋味呢？”娃娃们幻想着上学去了。大人们痴痴地望着山洼，山洼上是一片一片的庄稼，糜谷正泛着翠绿，荞麦正显着红紫，油籽花开的粉白，斑斑斓斓的，是一件盛装，把山梁妆扮得像个新娘。大人们因而回味起洞房油灯之夜。孤寂的山村，唢呐声把一对情人送进洞房。洞房，窑洞之最，因一个“洞”字，我想它始于盐池——盐池那光溜溜的窑洞，曾是多少痴男情女欢聚的开始啊。土土的山洼洼，脆生生的鞭炮，宣示了人间的最大喜庆，娶回的新媳妇，端庄地坐在炕上，俊俏的面容和毛茸茸的眼睛映出了多少憨笑的神情，山峁峁飘荡的祥云传递着蓝天的深情，陶醉了，幸福的时辰，总让人一往情深。回味中男人们点起一根烟，筋骨宽缓地舒展开。又引来女人的厉声责骂：“牙都黄了，还抽哪个怂！”殊不知她的牙也是黄的。黄牙，盐池滩里人的典型标志。牙根白生生的，稍稍却黄亮地照人，是抽烟太凶吗？那是冤枉。黄牙，是水含氟量高造成的。含氟量高，沟水如此，井水也是这样。

你见过盐池人打井吗？在山梁上、沙坑里，只要草长得旺盛，尤其冰草，像头发密密地窜上来，绿得淌水，祖传的经验就认定这里有水。于是石破天惊地往下挖，沙层、土层、石层，几十丈深了，黑魆魆的深坑，手捏一把黄土，人瘦了几圈，水却不见一滴。“唉，山梁梁高来沟水咸，财主过不了三十年。”康熙访盐池的话，串着信天游调调从井底下荡上来了，接着又喊：“酒！”酒瓶瓶就晃荡着身子从井口口放下来。他们狠命啜上几口，浑身就来了力气，也有了勇气，叮叮哐哐地往下掏，水出来了，像人啜泣时的眼泪，不情愿地往出挤。人，也喜，也悲。这么深的井，水咋能弄上来？有人做了辘轳，架在井上，神气活现的新设备，体现了人的才能和价值，几个人轮换着摇，一桶水还没上来，身上的汗已淌干了，蹲在井边边喘粗气，败落得不成样子。干脆用驴拉，井绳挽在夹板上，套到驴脖子，桶放在井里吃满水，一个人赶着驴往前走，一个人在井边抓住绳，生怕桶碰着井壁掉了水点点。驴走了几十米，水桶才到井沿沿，井边的人伸手提上来，小心翼翼而又喜悦，像接生婆抱着个新生命，高兴得花了眼。“沟水咸来井水甜，泪蛋蛋滴在井沿边。”水，困惑了多少代盐池人，盐池人又创造了多少水文化？

盐池还有一种水窖，那是山里人吃水的杰作。水窖呈葫芦形，窖壁用胶泥涮成，光溜溜的，人看了心疼，就像见了一个土里土气而又精灵顽皮的孩子，恨不得抱上亲几口。打窖同样要蜕几层皮。窖打成了，要庆贺，要喝酒。主人把酒提上来了，瓶盖一拧，人们就唏溜唏溜地说："好酒，好酒！"三盅下肚，疲劳就从身上卸下来了。女人笑笑的端上了菜，先凉的，后热的。凉菜有一道烧羊蹄，那玩意，黑不溜秋的，像个盒子枪，摞在碟子里，羞涩得人不敢动手，还是盐池人豪爽，用手抓来就啃，蘸点醋醋，格外有味，蹄筋在嘴里蹦跳着，韵味就在其中。吃一个想两个。吃完了，手油油的，是胶，指头粘糊地分不开，用水洗，不行，用纸揩，不行，啤酒往手上一倒，利落清爽得让人心醉。这时你才知道，羊蹄好吃，也有它的麻烦。热菜，有一道羊羔肉，那是盐池特产，香而不腻，曾给多少外地人解过馋啊！20 世纪 70 年代，北京医疗队来，一位女护士住了不长时间就说："盐池羊羔肉，那东西，越吃越想吃，回味无穷啊。"白衣天使，你一定还在回想盐池的羊羔肉，盐池人也在等着你们，育肥羊基地恨不得建到北京城，可惜时迁景移，人已不相识，只有那诱人的羊羔肉会把我们连在一起。心与心的相撞又会撞击出羊羔肉一样美妙乐曲。

酒兴过后仍然是水窖，空空的，要蓄雪水、雨水。雪是一背篼一背篼倒进去的。下雪了，小精灵纷纷扬扬地落在地上，风一旋，集中到山湾湾、沟坎坎下，人就出动了，满山遍野往回背，往窖里倒，匆匆忙忙，像拾金拣金，窖还没倒满，人已白花花，成了雪蛋蛋。城里人爱看雪人吗？这里满山坡坡都是，活生生的，看了是另一种感受、另一种滋味，好难消受哟。而雨水，靠下雨天收积。雨来了，大人和娃娃戴一顶草帽，雷在头上滚，闪在眼前晃，千阻万挠，一场激战，他们不怕，满山坡跑上改水路。雨水哗哗地流到窖里，和雪水相会，哧哧地把窖淤满了，溢到窖口，家家户户把自己的水窖加上盖，心疼地保存着。那是无根水，喝上牙白，可惜太少、太贵，有谁听过一桶水（约一吨）五十元钱，还要排队买？"小车车拉水，贵如油，山里人吃水愁白了头。"于是冬天盼雪，夏天求雨……乌云就从远山上生起来，黑黑的，越聚越浓，是个水包，人们好长时间没见这样的云了，停下手中的活计，蹲在山梁上，扬起头，用高原烈日烤焦了的眼神紧盯着那团云，盼望着有个顺风吹过来。娃娃们，蹦蹦跳跳，呼喊着："雨来啦，雨来啦！"大人们厉声制止："别烧燎，老天有眼，知道该给哪儿下雨。"雨脚唰唰地扎下去了，远山，立刻没了踪影，被浓浓的云裹严了，雷声抖动山梁的尘土，闪电让眼睛冒出火星，人的心缩成一团，"雨，别下完了，我们这儿还等着。"但乌云一任压在远山上，挥洒着它的豪气，施展着它的淫威，与那里的土地进行着痛痛快快的厮杀与拼搏，全然不顾这里的祈盼者，是羊肉没解龙王爷的馋？"唉，人家那里又偏雨了。""好一处总比都不好强。"盐池人常常这样自慰、大度和体谅——"星星睡觉铺着一层云，盐池人善良天下都有名。"

终于，黄河水来了，汩汩滔滔，奔涌不止，急急忙忙，夜以继日。水是有感情的，不信你看，盐池草原翻滚的绿浪，汹涌地赴向天边，摇撼着天上的云团，奚落它当初的吝啬。细细想来，那绿浪是黄河水的感情在流淌。流淌出了娃娃们的幻想，大人们的向往。"沟沿沿沙蓬绿个茵茵闪，黄河水漫游着盐池草原。"盐池人兴奋了，年轻了，活出滋味了，于是又想到酒。酒伴随着盐池人的生活，从古到今。酒，塑造着盐池人的性格，幽默是一种，好胜是一种。酒，又开发了盐池人的思维，划拳时的电闪雷鸣，确使盐池人的脑瓜非常聪明。

哦，山、水、酒，永远粗犷，永远细腻，永远豪放，让盐池人永远从中得到智慧和力量，不断充实信天游的调调，在天地间悠扬地回荡。

盐池草原、黄河水

侯凤章

进入盐池灌区，汽车像只欢快的小鹿，在草原上尽情奔驰。汽车轰轰的响声传得很远，又反弹回来，衬托着草原的空旷与寂静。云影在山梁上漫游，漫游出了无数个赏心悦目的图案印在绿草地上。绿草地坦露出广阔的胸怀，起伏迤逦的山梁，抛出条条绿色曲线，蕴含着生命的活力。沙蒿柴、甘草秧连片地锁住沙丘。沙丘单调的枯黄色，在草丛中露出星星点点的脸面，羞涩地宣告了它的失败。小草安然生长发育，携手并肩，汹涌地赴向天边，呈现出巨大的气势和力量。

突然，远远的山梁上出现了奇迹，像“长桥卧波”，似“复道行空”。原来，那是灌区的渡槽，它像一条巨龙高扬着颈项，雄视着草原的博大与宽广。一个个水泥柱子是巨龙的雄爪，那水渠像巨龙的尾巴，刚刚甩过这座山梁，又在那道山梁上缠绕，缠绕出了盐池人亘古未有的梦境。

黄河水就在这渡槽上涌动，浑厚而凝重。它整体推进的合力，显示了势不可当的壮美。小溪流水的欢快，和它相比是轻浮；大浪滔天的江河水，和它相比是张狂。它沉稳、持重，沉稳的不是压抑，而是博大的胸襟，持重地一如勤劳的盐池人。它从莽莽苍苍的巴颜喀拉山下来，一路过关跃隘，出山入川，不知见过多少大世面！青藏高原的雪峰，它没驻足观赏，腾格里沙漠日出日落的霞光，它没有多看一眼，银川平原的奇丽景象，它本该流连忘返，但盐池大草原更是它魂牵梦绕的地方。

浑厚而凝重的黄河水平缓地向前涌动，涌动出了盐池人的身影。盐池人自古为水所困，水使他们不断改进自己的生活方式。为了水，他们曾分散零星居住过，在沟湾湾、山梁上、沙窝窝，靠一眼泉水、一口老井、一股溪流，忍耐着寂寞与苦闷，几代不移其土。后来，为了水，他们又搬迁到集体农庄上，在墙头写“兴修水利”，地头写“引水上山”，小流域治理了一条又一条，拦洪坝使沟谷出现了平湖，带子井像一颗颗璀璨的明珠，在沙窝里大放异彩……如今，又为了水，他们迁移吊庄，远离故土，把红砖房盖在灌区上。红砖房像火柴盒，玲珑地占着那么一点地，一排一排地摆布着，墙上写“查荒灭荒制止土地撂荒”“引水节水严禁浪费一滴水”，豪迈的气概与精细的盘算，使这里的每一寸土地都得到合理的开发与利用，每一滴

盐池草原黄河水(2011 年 6 月 23 日摄于花马池水资源综合利用工程)

水都映照着蓝天、白云和绿浪。灌区的蓝天格外明净,白云和绿浪在天边拥抱成了不可思议的情景。这时候,你会想起盐池草原随处可见零零星星住户留下的遗址:沟畔上孤零零的一孔窑洞,沙窝窝几面死气沉沉的墙垛,斜阳草树任风吹雨打,消磨难耐的时光。这些遗址,告诉你盐池人当年怎样地与天斗与地斗,他们想征服大自然,又不得不屈服大自然。殷殷的雷声,曾给他们送来多少雨的信息,但盼雨的目光,焦灼成一团火,上天也很少有一滴水的赏赐。绕花鞭的闪电,曾使他们幻化了多少五谷丰登的美景,但一任闪电由强变弱以至消逝,又无可奈何地消褪了他们盼雨的渴望心情。

自然牵制着人,人要征服自然,人与自然不停地较量,较量出这一片一片的绿洲。我们站在山梁上,极目远眺,阳光下的绿浪,翻滚出层层叠叠的波涛,波涛透出的生机,洋溢在这空旷的草原上,震撼了人心。看着灌区负责人挥手解说灌区规划,黑黝黝的脸膛,放射着兴奋与焦虑的光芒,他们兴奋的是,灌区终于使盐池人的梦想变成了现实,他们焦虑的是如何把盐池人更宏伟的梦想再变现实。风吹拂着他们的面颊,蓝天、白云、绿浪衬托着他们顽强的身影。

啊,灌区,草原上的一颗明珠,愿你在自然与人的孕育下,放射出更加耀眼的光芒。

黄河之水天上来(有删节)

周永祥

7 月 18 日,给父亲过完十周年忌日,难得一家人团聚,于是租了一辆大轿车,准备回一趟家乡青马圈去看看。车子顺着盐环定黄河扬渠坝公路而行。一行二十九人,行程百余里。

平日四散而居的孩子们一下子聚集在一起，显得格外快活，连我这个老者也被感染得像是回到了童年。

1965年前后，父亲积极响应党的“恢复战争创伤，发展经济建设”号召，且不满足于“三十只羊、一对牛，老婆孩子热炕头”的现状，要发展300只、3000只羊，这就得向外扩展草原。于是父亲用毛驴驮着我们全家4口人，大清早从老家石山子村出发，穿过哈巴湖沙地，傍晚时分才能到达落脚点。驴背上驮一天，所受的那个罪，与躺靠在这汽车椅子上无法相比。汽车载着我的思绪，沿着渠坝公路，钻石山子隧洞、过哈巴湖沙漠，孩子们突然惊叫了起来。原来眼前出现一条长长的高架桥，有1000米长、30多米高，像一条长龙飞架于两山之间。这，就是黄河引水渡槽。汽车停留在渡槽南端的大沙头上，孩子们抢先下车，都奔到高架渡槽上去洗脚，仿佛坐在天河上。不！就在天河上。渡槽把黄河水扬高了430米，坐在飞槽上，脚下玩着黄河水，伸手即可揽白云，真有“黄河之水天上来”之遐想。

孙辈们尽兴地在渠上玩水，山坡上溜沙；儿子辈们沉浸在“远山苍苍湖静静，野鸡呱呱雁阵阵”的情景中，相机抓拍着蓝天白云、瀚海绿波的美景。此时此地，我的心难以平静，历史画卷历历在目：昔日的哈巴湖，这“湖”字的三点不是“水”，而是“沙”。曾有位外地人骑自行车误入哈巴湖，周旋了大半天，沙丘把他转得精疲力尽，最后扔掉了自行车，只身爬出沙地。事后逢人就说：“我在哈巴湖里捡了一条命。”

如今的哈巴湖，引黄渠浇灌出沙海明珠，已建成了国家级自然保护区，百十平方公里内绿荫锁沙海，迎来八方客。游人可以在这里划船、垂钓、骑马、射箭、采摘，也可以尝试一下沙漠冲浪、登塔瞭望、歌舞篝火、滚沙桑拿，或尽情享受“杨柳丝丝扶轻风，蜂蝶时时舞倩影；湖水澄澄映碧空，桃源恰恰不是梦”的胜景。

昔日过哈巴湖十几个小时的沙海，如今乘汽车说到就到了。

汽车继续前行，一道青山横在眼前，黄河水缠在山腰。绕过村庄，一位身着红装的姑娘正在渠里挑水。身后水田碧绿，大山叠翠，不正应了“万绿丛中一点红”的诗情画意吗？姑娘恰似一株刚吐红缨的嫩玉米，水灵灵的。哟，前面这个村庄，不就是“干洼山”吗？如今何“干”之何有？应该把“干洼山”改为“甘洼山”才对，取“黄河千里甘霖，润泽千年干山”之意，才能名副其实呀！

干山披绿装，只不过是胜景中的点缀而已。123.8公里长的引水干渠，就像一条飘带，紧紧系在盐池草原之上，沿飘带两边，分出斗渠、支渠200余条，农渠3000余条，开垦出35片大大小小的绿洲，像一条金藤上结出的一长串甜瓜。老少边穷的干旱荒漠地带，兴起了一个个亮丽的新农村。全县7万余农业人口，人均水地达到3亩多。油葵、甘草、黄花、甜瓜等经济作物，年均产值在六七个亿以上。

过了甘洼山，车子继续南行，眼前一字形排列着六七座相似的山包，这里是我曾经放羊、挖甘草踩破鞋的地方。“人是黑头虫,羊是白虱子”,年复一年、贪婪地吮吸着大山的乳汁,剥蚀着大地的外衣。致使她的肌体枯槁、面容憔悴。如今杨柳依依,绿色无垠,真是让人眼睛都不想眨一下,只怕漏看了风景。

这一排连山的最南端山顶上,坐落着扬黄第14号泵站,也到了我的第二故乡青马圈。昔日黄沙遍布,如今满目青山,真是换了人间。黄河水就是从这里时而绕山盘旋,时而架桥凌空,时而穿越沙漠,时而钻洞穿山,一路欢歌,坦荡深情、甚至是悠闲自得地把幸福水引入了城西滩。

青马圈到了。大爹迎上来握住我的手说:“你们有本事的人都走了。”我说:“我们这不又回来了吗?”回想36年前我离开青马圈村时,全村都是文盲。如今,仅由我带出来的大学生就有15个,还有硕士以上学历有五六个,今非昔比了。望着大爹身后葱茏的水田,我问到:“今年天大旱,多亏了有扬黄工程,一亩水地能产好几百斤吧!”大爹笑着说:“几百斤?挡不住,亩产至少两千斤呢。”啊,宁夏川一年种两茬,亩产才一吨粮,没想到这海拔1500米的荒山上,亩产超过了宁夏川。若不是亲眼目睹,真不敢相信呢!大爹解释说:“那川区人种地全凭化肥,地越种越馋,哪像咱们,如今禁了牧,羊粪全拉在圈里,羊粪多了,上到地里底劲足,当然一茬顶两茬。”我问:“那禁牧后羊吃啥?”“地里产啥羊喂啥,玉米喂羊茬硬得很,一年能下两茬羔。”我粗略估算一下,大爹家养了100多只羊,一年收入10多万元。回想起父亲,曾在青马圈买了一架山,漫山遍野全养的羊。靠天养羊,夏壮、秋肥、冬乏、春死,所以当地俗语“家有万贯,长毛的不算”。老爹养了半辈子的大群羊,还抵不上大爹家100多只羊的收入。更为可喜的是,盐池滩羊注册了商标,盐池成为“中国滩羊之乡”;二毛皮、滩羊肉的标价节节攀升,仅灌区的舍饲养羊存栏就达六七十万只。如今是羊多肥多、肥多粮多、粮多羊多、羊多钱多,如此循环,岂能不富?

小时候,父亲每年春节都要在圈门贴上“羊是山间摇钱树,圈是村民聚宝盆”的对联。这只不过是寄托一种美好愿望罢了。有一年大旱,羊又生瘟,差点关了圈门呢。如今“摇钱树”“聚宝盆”梦想成真——这全赖于黄河水。如果扬黄灌渠是一条金项链的话,那么盐池草原上的滩羊就是这条项链上一串串洁白耀眼的珍珠……

乡亲们越围越多,家常话越扯越长,沉不住气的太阳催我们返程。扬黄渠边,我和孩子与乡亲们合了影,把不舍离去的孩子们赶上车……,霞光透进车窗,盛情洒满山野,风声、笑声陶醉了我,仿佛看到万里长城蜿蜒起伏、横贯盐池东西,扬黄灌渠飞架草原南北、纵穿盐池腹地。

回望,情不自已,不堪回首的往事场景,再次萦绕脑际:

镜头一:家乡漫山遍野都是甘草。每到春季农闲时间,周边上万村民群众拥到这里挖甘草“大会战”。乡干部、草原警察组织当地村民巡逻队极力劝阻:“草场再不能破坏了,留给儿孙一点吧！”挖甘草人反驳说：“我吃了今天没明天，哪管儿孙后天呢。”涌到这里挖甘草的还有许多外县区的贫困群众，所到之处安营扎寨，实行“剃光头”式的掠夺。为了生存，一场本地人与外地人的群体性械斗事件终于发生了，造成当场死亡3人、多人受伤的恶性事件。人命关天，事件惊动了上级党委、政府。乡党委书记被撤职查办，乡长因“工作不力”受法。乡长女儿是我的学生，乡长妻子向我诉说丈夫的冤屈，斑斑泪痕，至今难忘。

镜头二：1983年4月27日下午，一场特大沙尘暴突然铺天盖地袭来，飞沙走石，天地间一片昏暗。田间干活的男人迷失了村庄的方向，野外玩耍的孩子摸不到家门。妻子呼喊丈夫、父母寻唤儿女的声浪瞬间被呼啸的狂风淹没。当夜有5人冻死野外，1000多只羊被沙尘掩埋。“一年一场风，从冬刮到春，三天不见风，反而不太平”。当地有“热生风，冷生雨”的谚语，往往在天气晴暖的午后，会造成大气对流，卷起地上沙尘，以排山倒海之势突然袭来。沙暴过后，气温骤降，常常伴有雨雪。有一次，我在马儿庄挖甘草时，被沙尘暴卷走二十余里，迷迷糊糊中撞到一家羊场，才算捞了一条命。当夜降了一场大雪，第二天借了羊场主人一领大皮袄返回营地，“锹友”们欣喜地说：“你真是在阎王殿上走了个来回。”

镜头三：由于无节制的滥采滥牧，造成田园荒芜、“沙进人退”的恶性循环状态。据2000年新编《盐池县志》记载：全县每年沙化面积以20万亩的速度推进，粮食产量以每年7%的速度递减。到20世纪70年代，盐池农业人口年平均口粮74公斤，是解放前人均口粮290公斤的四分之一。“一年盼望一年富，年年穿着没裆裤”，如何向上级“讨要”救济粮，成为地方政府工作中的“着重点”和“老大难”，百姓戏称县委书记是“官讨吃”。本县许多村庄都因沙害而作出了搬迁的计划。沙害带来的奇闻怪事也屡见不鲜，听来倍感心酸：有人在夜里顺着一个沙丘漫坡，不知不觉就从不知谁家的后墙迈上了屋顶而不知止步，刚走没几步，一脚踩空，从人家屋前跌了下去，当场毙命。

当地老百姓最损人、最刻薄的一句话是“你能穷八辈子？”盐池老百姓真是穷怕了。地方干部再也坐不住、等不起、慢不得了。大家逐步形成共识：只有恢复生态，才能解决饭碗，百姓有饭吃，才能谈发展。这发展瓶颈就在一个“水”字上。

1987年，国家计委终于批复兴建“陕甘宁盐环扬水工程”项目，经过几年即若建设，2000年，扬黄工程终于全线贯通，引入盐池县。自古“天下黄河富宁夏”，富的只是宁夏川区，谁能想到千百年后，竟然富到了陕甘宁山区。之后，通过向灌区大规模移民，治沙还田、退耕还草等措施，生态经济得以全面恢复和发展。花马池、惠安堡、大水坑、青山乡、王乐井等乡镇与县城连成有机经济发嫞婴带，形成了城乡齐头发展的格局。

盐池当地曾流传这样一句话：“要想盐池兴，须有活水来”。茫茫沙原，何来活水？如今还真是应了风水先生的一番话。黄河之水千里而来，绿了沙漠、绿了村庄、绿了庄稼、绿了林网，成就了“青山作屏，绿树围城，清水环绕，道路四通”的美丽景观。几辈子盐池人的幸福梦,终于在今天变成现实。盐州古城,绿树掩映,九大公园,鸟语花香,花马湖水,碧波荡漾;城在林中兴,林在城中生,与昔日“黄沙压半城,野兔城里蹦,全城两棵树,街上不见人”的景象真是不可同日而语了。

城变美了,人也变美了。每日清晨,各大公园、广场上,一对对银发老人挺着铁板一样的腰身练拳,扭着蛇一样的身肢跳舞,安详地享受着沙塬绿地最早的晨曦。

看到这些,不由联想到四十多年前当地人因饮用高氟水而导致“牙齿发黑腰佝偻,双腿罗圈钻过狗”窘迫情景,无限感慨。我的一位王姨,年龄还不到50岁,腰身弓过90度。有一天突然听到天上吼声如雷,儿子说:“天上飞过一架直升飞机。”老人因直不起腰而无法看到飞机,成为终生遗憾。

新千年后,盐池人民依托黄河之水,凭借资源优势,干部群众奋发图强,奋起直追。改革的长缨在手,创新的战鼓惊云,这真是:

黄河远上白云间,绿洲柳浪现草原。
羌笛勿须怨杨柳,春风已度长城关。

第二节 诗 歌

风雨沧桑喜今朝

苏 克

半世风雨半世云,沧桑缅怀故去人。
执旗赤县播火种,横妇城头斩蛟龙。
燕唱欢歌有远宾,荒原披绿禾苗莘。
花马将饮黄河水,喜瞻宏图灿如锦。

东山里流出一条河(歌词)

马广建

东山里流出一条河,
带着多少悲欢驰过。
弯曲的河床是山里人艰辛的足迹,
汹涌的激流是山里人不屈的性格。

你在黄土地的怀抱里不停的流过，
把美丽动人的故事轻轻诉说。
花马池边芳草地，
骏马奔腾，银鬃闪烁。
啊，梦一样的山水河，
你身后留下的，却是望不尽的枯岭和贫瘠的荒漠。

东山里流出一条河，
载着多少崭新日月。
闪光的浪花是山里人无穷的智慧，
高耸的堤坝是山里人宏伟的气魄。
你在灿烂的阳光下荡起碧波，
把春风送来的喜讯告诉黄河，
长城脚下老区人，艰苦奋斗，引吭高歌。
啊，家乡的山水河，
你身边永远是，
自强不息的人民和他们描绘的春色。

七律·引黄工程

冒　奎

天公赐露神州沃，入地上天千里越。
欢歌轻唱舞婀娜，咆哮山川蕴翠波。
劈山喷涌盐环定，策马扬鞭昼夜奔。
九曲不绕登天籁，四季无休总向东。

池　塘

马志恒

盐池县部分农家，
在房后挖了小水库，用地下渗出的水种地。
看不见流水的小渠，

听不见清泉的歌唱，
更寻不见干涸的河道，
故乡，你哪来这清波荡漾？

是土娃从井里挑的？
是银河从天上流淌？
哦，是山里人身上的汗水，
溢满这深深的池塘。

第三节 回忆录

不可忘记的功臣

单新强

清晨锻炼是我多年的习惯，过几天不到城西滩扬黄灌区转转，就觉得心里好像有点缺憾。站在深井村的高土台子上，迎着晨日五彩缤纷的霞光，遥望城西滩灌区，一片片美丽的景色和丰收的景象尽收眼底。我不禁浮想联翩，扬黄灌区在施工建设中的人和事又在脑海里不断闪现，挥之不去。盐池扬黄灌区从前期规划设计到工程施工，我因任政府副县长分管此项工作，以致后来任灌区建设指挥部指挥，有幸参与了 15 年之久。这段十分宝贵的人生经历，给我留下了许多值得回忆的往事。当年，乡亲们饱受干旱之苦，频频发出的求生呼喊，党和人民政府心系老区的厚重举措，专家和技术人员为引水在大漠荒原上常年辛勤奔波的身影，群众为建设家园表现出的可贵奉献精神，指挥部一班人肩负重任奋战在工程一线组织施工建设的日日夜夜……许多难以忘怀的人和事，历历在目。

最辛苦的人

女工程师苏明昌，年轻时从水利学校毕业，由四川来到盐池，她和爱人莫兴福一道，把毕生精力献给了盐池水利事业。在扬黄工程的前期论证和规划设计中，她和老莫始终参加。工程开工后，她又要求站好最后一班岗。除了直接参与工程测量设计，还亲自参加施工。她认真负责，要求严格，为工程施工树立了榜样。在多年的水利工作中，她又言传身教，带出了李峰、白树民等一批年轻的技术人员。1994 年她退休了，工程测量设计的重担就由李峰等人挑起。

在盐池这个地形地质十分复杂的荒漠草原上布设扬黄灌区，工程技术人员的任务十分繁重。开发期间每年的十一月至第二年的二三月，他们要忙于野外测量和设计，四五月工程开工，又要进驻工地指导施工，负责技术把关。技术室的10多名工作人员（一半是女性）先后在李峰、李东和吴科的带领下，冒着刺骨的寒风，在沙尘弥漫的旷野里进行地形测量和渠道布设。他们经常是日出之前出发，日落之后回归。野外啃干粮、喝冷水。有时走到车进不去的沙窝，几十斤重的仪器和石桩（固定高程点用）还要靠手提肩扛，徒步跋涉。晚上回到住宿点，又要熬夜整理当天的测量资料，并为第二天出征作好准备。他们冒严寒，顶酷暑，年复一年，日复一日，拖着疲惫的双腿，背着满身的尘土，面色黝黑，嘴唇干裂，不叫苦，不叫累，一心扑在扬黄灌区的工程建设上。没有星期天，没有节假日，顾不了家也顾不了孩子。李东的爱人临产住院，李东却在离家70公里的野外忙于测量赶不回来。1994年，李东在野外作业时，爱人和孩子煤烟中毒，几乎酿成大祸。他当时却浑然不知，事后得信，惊出一身冷汗。几位女同志把幼小的孩子丢在家里，一二十天也难得回来看一次，只能用默默的泪水代替思念之苦……从1992年开工至2004年灌区工程告竣，历时13年，他们就是这样走过来的。

初略统计了一下，20万亩扬黄水地野外地形测量，他们走了4200多公里的路程。施工中为270多公里支渠、320多公里斗渠、2400多公里农渠技术放线又走了3000公里的路程。这是多么惊人的两组数据，加起来是7000多公里啊！那是他们扛着仪器测出来的，那是他们头顶烈日在干渴无水的荒漠里一步一步走出来的，那是他们顶着寒风咬着牙拼出来的！他们的足迹踏遍了20万亩灌区的每一寸土地，他们的艰辛付出，为灌区绘制了“筋”和“脉”。他们是盐池扬黄灌区建设的有功之臣，他们是最可爱的人！

说到这个科技群体，很有必要再提一下他们的“当家人”高玉同志。高玉1978年从清华大学水利工程系毕业后，就全程参与了扬黄工程的前期规划、勘测和设计工作。1991年被任命为盐池扬黄工程建设管理局局长，后又兼任盐池灌区建设指挥部副指挥、指挥。他义不容辞地担起了工程设计的技术“总工”和施工组织管理两副重担。他先后在设计和建设两个阶段参与此项工程近20年(也是参加工程建设时间最长的专家和领导)，长年战斗在工作一线，负重拼搏，尽职尽责，他为盐池的水利事业做出了突出贡献。

最可靠的人

灌区建设中，我们坚持渠、田、路、林、电、村统一规划设计，工程统一施工建设，土地统一分配利用。

这个“三统一”的开发原则打破了乡界村界，打破了村民祖祖辈辈耕种利用的田边地埂。要把原属于“自己”的土地草原无偿划拨给“外人”种植，一时难以接受。尤其随着灌区开发和土地分配，原来是“宽天宽地”，现在被限制在“狭小”的范围内，很不适应。旱改水、分散变集中、自由变统一、农闲变农忙，还要大量投资投劳……出现了许多“想不通”和新矛盾。我们也清醒地认识到，旱改水，首先是一场观念认识上的革命，灌区开发要在矛盾中进行，工程要在不断解决问题中完成。必须加强宣传教育，必须充分发动群众。

李记坝灌区是我县工程起步的第一片灌区，施工开始时，群众意见大，围攻县乡干部，阻挡田间测量放线和工程施工的事件不断发生。为了保证工程顺利实施，打好开工第一仗，县乡村三级干部20多人进驻李记坝村。组织村民开会学习，宣传政策，并与“重点人”分别进行了3天左右面对面的“辩论”和思想交锋。话说清了，理讲明了，思想勾通了，问题就解决了。群众弄清了为什么要搞扬黄灌区，有什么政策和要求，自己应该怎么办等问题，施工就再也没人挡了。

群众发动起来了，许多问题就迎刃而解。我县扬黄引水干渠南从李家大庄泵站进口起，经惠安堡、马儿庄、冯记沟、青山、王乐井北至县城西滩，弯弯曲曲全程达170多公里，沿途布设灌区用地要涉及60多个村(组)。这些村(组)的村民顾全大局，为灌区开发无偿提供了8万多亩旱耕地和10万多亩草原。同时又积极协助开发，及时清除地面附着物，尤其在20万亩土地开发范围内涉及到祖坟就达700多座，非搬不可的有500多座。

让祖先搬家可不是件容易的事，我们高度重视并倾注了大量精力，在动工前就有针对性地做坟墓搬迁工作。摸清民情，充分尊重民俗，耐心协商并给予适当补偿。在“风水宝地”不能动与灌区建设需要之间，他们还是选择了搬迁。2001年，城西滩灌区施工期间，搬迁坟墓221座。在惠安堡和城西滩施工中，由于施工人员的疏忽，有41座坟墓被机车推掉或压埋，群众还是选择了谅解和支持。

群众是灌区建设的主力军。初步统计，20万亩扬黄水地的建设，群众投劳360万工日，自筹投入资金4300多万元。边开发边利用，当年开发当年见效。

由于方方面面的努力工作和群众的积极支持，10多年的灌区开发是在一个稳定的社会环境中进行的，没有发生过上访闹事的社会问题。

我县扬黄灌区即是国家投资建设的，也是群众无私奉献开发出来的，是群众积极投资投劳建成的。群众是真正的英雄，老区人民是最可靠的人！

最可敬的人

张敏同志于1970年调任盐池县委书记，他带领县委一班人为盐池人民“找水”呕心沥血。拦塘筑坝发展小型水利，打机井搞“万亩喷灌”，但终不如愿。1975年，同心扬水工程启动，开宁夏高扬远送黄河水之先例。干旱山区有了“找水”的希望，“引黄入盐”成了水利建设的中心话题。张敏书记带着县委的意见和全县人民盼水的厚望，多次赴银南、上银川、飞北京，向上级党委、水利部门直至国务院有关部委反映盐池人民干旱缺水之苦，要求“引黄入盐”。他的辛勤努力促成了盐池引水方案的雏形。后经水利部门和专家10多年的反复论证和精心设计，形成了“盐环定扬黄工程”设计方案，上报国务院并获得批准。盐环定扬黄共用工程于1988年开工建设。

1985年，吴学庭同志调任盐池县委书记。他以超前的意识和在老灌区工作的丰富经验，继上几届县委班子的工作，继续为盐池人民“引水”不辞辛劳。他多次带领县直部门和技术人员从南到北、从东到西，对盐池的山、滩、田、林、路、村进行广泛考察调研，并多次请区、县专家进行科学论证。在方方面面的支持和努力下，促成了盐池引水方案的调整，灌区由南向北布设，水进县城西滩。并适时搭建班子，组建队伍，拉开了盐池扬黄灌区开工建设的序幕。

这里不得不提到的是，从盐环定扬黄工程最初酝酿设计到盐池灌区20万亩水地建成的20多年间，自治区水利厅的历任领导和众多水利专家，曾为盐环定工程引水与盐池灌区的规划设计和施工建设做了大量的富有成效的工作。

1980年，水利厅总工张明担任了盐环定扬黄工程的设计总负责人。他带领水利系统的设计人员从东干渠出发，沿着初步规划的渠线到盐池，又从盐池到定边，再到环县，一趟接一趟，多次勘察，对最初设计方案反复修改、多次论证。在他的主持下，完成了盐环定扬黄引水方案的规划设计。

刘汉忠在工程前期的规划论证阶段，任宁夏水利水电设计院院长。在盐池引水渠线和灌区布设方案的规划设计中，他不辞劳苦，带领设计院的技术人员反复勘测，精心设计，做了大量工作。盐池灌区的调整方案能得到自治区党委、政府的批准，他和设计院的工作起了决定性作用。进入施工阶段，他又任水利厅副厅长、厅长兼盐环定扬水工程指挥，对盐池灌区倾注了更多心血，积极支持和热心指导了我们的技术设计和工程施工。

……

当我们现在享受着扬黄灌区巨大效益而过着幸福生活的时候，我们不能忘记那些为扬黄灌区开发建设出大力流血汗的工程建设者、组织者们，他们是扬黄灌区开发建设的开拓者，是我们永远不可忘记的功臣。

（作者系原盐池县扬黄灌区建设指挥部指挥）

1994年“8.5”洪灾纪实(有删节)

吴　德

我参加工作近40年,先后曾在6个单位工作过,留下了许多难忘的记忆。而1994年8月盐池县发生的特大暴雨灾害,对我印象犹为深刻。当时,我担任盐池县水电局副局长兼防汛指挥部办公室主任,且亲自参与了抗洪救灾全过程;又由于本人多年来一直有记“流水账”(工作日志)的习惯,闲来无事,时有翻看而“触景生情”。“8.5”洪灾虽然过去多年了,但一些人和事却常常萦绕在脑海中。

认识误区:疏于城市防洪

盐池地处干旱、半干旱带,干旱缺水一直是影响人民群众生活和经济发展的最直接因素,是困扰各级、各任领导的“老大难”问题。1994年元月,老书记王世英调任银南行署副专员,蔡明接任盐池县委书记。连续干旱两年多了,给农林牧各业和群众生活造成了极大困难,盐池县新到任的当家人与历任领导一样心急如焚。蔡书记上任伊始,主持制定了县委“12333”发展思路,仅半年多,他就跑遍了全县各个乡镇调查研究、督查落实,指导抗旱救灾;而每次下乡必有水利部门负责人参加。由于水电局长石岗同志在兼任盐池县扬黄灌区建设指挥部副指挥后,大部分时间抓扬黄灌区开发建设,组织决定由我主持水电局工作。因此我便成为经常陪同蔡书记下乡的部门负责人之一。

进入汛期,水利部门的主要工作除了抓好抗旱,更要抓好防汛工作。6月9日参加完银南地区防汛会后,经请示单县长(单新强同志身兼县委常委、扬黄灌区建设指挥部指挥、防汛抗旱指挥部指挥等职,大家习惯称他为“单县长”)同意,于6月22日在惠安堡乡召开了盐池县防汛工作会议。为什么要把全县防汛工作会议放在惠安堡乡开呢?当时从上到下都认为,盐池县防汛的重点是“一库三坝”,即惠安堡乡的李家大湾水库、麻黄山乡西川流域的花鸨沟、荫子沟、甘沟三座骨干坝。李家大湾水库是国家水利部备案的小(2)型水库,也是自治区和银南地区确定的防汛重点。会议放在惠安堡乡召开,便于就近安排布置。这次会议上很具体地安排了“一库三坝”的防汛措施,落实了各个环节的责任制。面上的防汛工作只是常规性地强调了一下,城镇的防汛问题没有专门提出。从这一点即可看出,在各级领导和水利部门的指导思想上,城镇防洪问题没有引起足够的认识和重视。

7月25日,全县局部地区暴雨成灾,大水坑东部、摆宴井、王乐井等地尤甚,其中王乐井乡马记掌村死亡1人，拉响了防汛工作的警报。

7月28日至8月2日，我与农业、扶贫办等部门负责人陪同蔡书记先后到麻黄山、后洼、王乐井乡视察灾情，蔡书记在王乐井现场会上说："几天来，通过看了几个点，虽说受了灾，相对旱情来说是受了点小灾，还是下雨受益大……"蔡书记来盐池虽然时间不长，但对于"盐池县十年九旱、抗旱是第一要务"的县情了如指掌，且盼雨心切，这与盐池县各级领导干部和广大群众的观点一样，"宁可下雨受点灾，不要长期干旱"。

但是两天后，一场特大洪灾出人意料的在不该发生的地方——盐池县城发生了。

意外灾害：县城遭特大暴雨袭击

8月4日，星期四，县水电局正在召开水土保持预防监督员培训班，自治区水利厅水保处刘振声处长、水保站副站长毕廷和、工程师袁兵，银南水电处副处长贺九伦、工程师马文林等一行应邀于前一天来盐与会指导讲课，计划次日赴麻黄山乡检查骨干工程防汛情况。是日午后，天气阴沉，恶云翻腾，远处雷声滚滚。下午，我在培训班会场上接到了办公室送来值班电话记录：区防汛办通知，今天夜间至明天贺兰山麓及银南局地有强降雨，要求24小时值班，保持通讯联络畅通，做好防汛抢险工作。目前已进入主汛期，作为防汛办主任来说，对区市防汛部门的警示不敢有丝毫懈怠，立即让办公室通知到有关领导和单位。

晚饭陪同区、地同志就餐时，办公室秘书张盐生给我反馈：防汛指挥部指挥单新强同志因病在银川附属医院住院；副指挥石岗同志在惠安堡扬黄灌区，说是晚上才能赶回，其他领导和有关单位都通知到了。

当日正好轮到我为防汛值班领导。招待所饭后就没有回家，直接到了办公室。与气象局值班室核实了一下情况，得到的答复与区防汛办来的电话记录相同，说他们同时接到了区气象局的预报，已电话通知到有关单位，晚上盐池县电视台也播出了讯警信息；我与水库管理所通电话了解情况，值班人员说下午下了一阵雷阵雨，库区没有来水；我抽查了几个防汛指挥部成员单位的值班电话，都有人值班，而且都接到了气象预报通知。10点多时，我特意出去到楼顶阳台上观察了一下天气情况，见西北方乌云密布，时有闪电和沉闷的雷声。从阳台下来回到办公室后，我既祈盼赶快下雨以解除旱情，又担心发生灾害……怀着矛盾的心理，躺在床上似睡非睡的迷糊着。

夜里突然响起了炸雷，只见窗外闪电四射，雷声震得天摇地动，雨点噼里啪啦响个不停。我顿时感到庆幸，两年都没下好雨了，大雨终于来了，无疑给水利部门的抗旱工作带来了福音；同时也感到担心，洪水会冲毁水利工程设施，尤其是李家大湾水库，要是出了问题不好交代啊！随即拉灯起身，一看表，凌晨1点25分。起身下地，隔窗观望，窗外雨点在路灯的映衬下象无数条白线在闪动，炸雷一声紧接着一声，震得人心惊胆颤。我接通了水库管理所的电话，值班人员回报说，天气阴沉，下着小雨，库里没有来水。暴雨持续了两个多小时，雨势逐渐减弱。我觉得，这是我到水利部门以来连续时间最长的一次暴雨。凌晨4点，又询问水库没有大的情况，才又躺到床上。

本人多年形成两个习惯，一是“遇事睡不着觉”，另一个就是“早起溜达”。经过一夜的暴雨折腾，更是如此，迷糊了一会儿就起来了。

8月5日，按我平时记录的气象资料推算，日出时间为6点03分。早上5点过一点，天刚麻麻亮，我洗漱后与水库管理所通了电话，库区汇报说也下了雷阵雨，但是上游没有来水，我感到万幸。问气象站降雨情况，值班人员出去看了一下量雨器回来说：“截至目前降雨量是70毫米过一点。”70毫米！我马上意识到，这可能是盐池历史上最大的一次降雨。在我的记忆里，过去一次性最大降雨量也就是50毫米至60毫米。遂穿上雨鞋，披上雨衣走出办公室。

雷声稀疏，下着小雨，我围绕办公大楼转了一圈，满地都是水。大楼背后通往医院的暖气管沟被水冲开，暖气管道暴露在外，靠医院一侧的围墙倒了一段；水电局与南北大街的接头处，暖气管沟被冲开一个大豁口；大楼门前路边的自来水管沟全部冲开。到水泥制品厂门口一看，北边靠家属区的围墙全部倒塌，院内原来的积水坑，水已漫到了北边家属院的门口。

我家住在办公大楼向北约300米处，也就是水泥制品厂院内积水坑的北岸。回家的路上，一汪水挡住了去路，我只好绕道南北大街经税务局路口回家。家门口的自来水管沟也被水冲开，水向水泥制品厂的大水坑泊泊流去，大水坑的水面离家不足20米。水泥制品厂的水坑过去多年下暴雨时，水面没有超过围墙，这次却泡塌了围墙，向家属区延伸，水面抬高了2米至3米，可见夜间暴雨之大，实属罕见。石岗与我是邻居，正在门前挥锹挖排水沟，向外排院子内的积水，与我聊了几句夜间下雨的情况，我向其汇报了水库的情况和气象站的降雨量。说到水库没有来水，老石庆幸地说：“那就好！”

进院门后，见院内全是积水，灶房屋内积水约有10厘米。妻子正在向门口被冲开的管沟里泼院内的积水，见我生气地埋怨：“我当你失踪了，还知道回家呢。”我急忙帮忙，把围墙底层掏开几层砖，将院子的积水排入院外已冲开的水沟里。

6点刚过，电话响了，拿起电话一听是庞(富贵)县长。庞县长说城郊来人报告说刘八庄进水了，让我带上车，开过去把他拉上到现场看一下。我没敢犹豫，过去给石岗汇报了情况，并给白树明打电话，让他立即把车辆和抢险队伍集中起来带到现场，把防汛指挥车(213)要来，多带了一套雨衣和雨鞋，过去把庞县长从家里接上，向县城西赶去。

一路所见，到处都是积水。街道沿路自来水管沟、暖气管沟几乎全部冲开，各家各户都有人在挖排水沟或从院内向外泼水。

我与庞县长沿着307国道，过党校向西的地方，大水漫过路面，车在二三十厘米的水中行驶，见沿路二堡、五堡都有人在门前挡坝或挖排水沟。

到刘八庄，老远见人头攒动。近前一看，村上干部和村民来了不少。路边一家村民已被洪水包围，屋内积水约有一尺多深。县委常委姬学仁与城郊乡党委书记韩树宏先于我们到达现场。姬常委对庞县长说："蔡(明)书记打电话说，刘八庄让水淹了，叫我来看一下，我给韩书记打电话，让他车开来接我。韩书记到车库一看全是水，人进不去，赶紧骑了个摩托车把我捎上，走到半路上水大的走不成，才又让刘师傅(政府办司机)把我们拉过来。"

被淹的村民户主诉说："雷直响了一夜，雨一直没停，从来都没有见过这么大的雨。"

其他村民七嘴八舌说个不停："我的妈呀，炸雷响得把房子都快震塌了！"

"哎呀，雷响的吓死人了！我估计不知道啥叫雷击了！"

"我们家的院子全是水，人都进不去了！"

"我们家的房子快泡塌了，县长看咋办泥！"

……

从西北高平堡坡上的来水沿307国道一波一波地向县城东北方向涌动。庞县长问我，像这么大的雨，应该怎么应对？我说，从防洪角度说，一般是堵、分、泄，就是在上游打坝(或埂)围堰，把来水堵住；如果堵不住就打顺水引水坝(或埂)，把水引开，也叫分流；再就是开挖排水沟，加快泄洪能力，减少洪水压力。

庞县长领着大家在庄子周围转看了一圈，根据上面继续来水、排水不及来水的情况，庞县长指示让水利部门调几台推土机来，在来水方向打坝把水引开，把进庄子的水先挡住；屋里进水有危险的，赶快把人和东西先搬到高一点的人家和地方，千万不能发生人命事故；村干部要组织群众发扬互相协作精神，把受灾的农户暂时转移到没有进水的人家；乡政府与民政局联系，找些救灾帐篷给受灾户临时用。

刘八庄安排好后，我与庞县长继续向西，到高平堡附近高处看了一下。因为还下着小雨，只见城西滩白茫茫一片。见此情况，庞县长着急地说："我们赶快回去布置一下，这场雨，可能要出大问题。"随即驱车返回县城。

雨下的倒是不大，上游的来水却越来越急，八堡到县城已成一片汪洋，洪水一波接着一波向下涌动。在老车站附近的街上，碰见石岗、白树明等带着水利部门抢险队到达现场；防汛指挥部副指挥、人武部长李继民带领武装部、武警县中队、雷达站的抢险队也到了街上；刘庆泉副县长与城建局长范永春也带着城建系统抢险队到达了北街现场。

庞县长立即将姬学仁、张官民、李继民、刘庆泉、石岗等已经在街上的领导召集到一起，在大街上开了个碰头会，简单通报了刘八庄和我们看到上游的情况。根据大家的意见，临时决定了三项紧急措施：一是鉴于防汛指挥单新强同志在银川住院，防汛指挥部由石岗总负责，协调有关单位抗洪抢险事宜；二是由县委常委姬学仁牵头，刘庆泉、李继民等领导配合，组织各单位带来的抢险队负责对屋内进水有危险的住户人员、物资的转移，注意应对突发情况；三是由我负责实施“上堵、分流、下泄”的抗洪方案。

根据“街头紧急会议”部署，水利部门也做了具体分工：由水电局副局长白树明带领技术人员并水利施工队（队长夏勤）、农机服务站（站长张生海）的10台推土机到城西推坝分流，拦截洪水直接向县城漫灌；由我带领部分抢险队到东门外德胜墩出水口拓宽泄洪道。我带上20多名抢险队员到达现场，看见东门废砖窑侵泡在水中，从县城流出的水量还不算太大，洪道最窄处约有5米，技术人员现场测算，流量不超过50立方米/秒。大家立即用铁锹开挖洪道两侧，使出水口加宽。干了不到20分钟，突然水流加大、流速加快，并夹杂着衣物、脸盆、箱子等杂物奔涌而下，随即浪涛汹涌而来，猪、羊、狗、猫等动物，木棒、椽子等随波飘去，有的动物还在水中挣扎；溢洪道迅速被洪水冲刷、自然拓宽，并迅速向上切割，人站在岸边，随时都有塌方被水卷走的危险。

洪水突然大量下泄，估计是上游洪峰所致。我一看，我们拓宽泄洪道的工作已经徒劳、无须再做了，随即返回向街上走去。此时县城北关一带人流云集、人声鼎沸，从清真寺向西的各个巷口搬东西的、扶老人的、抱孩子、拥水口的，乱哄哄一片，靠三中东边的巷口人更多。突然有人大喊：“水把人冲跑啦！”

“不得了了，淹死人啦！”

“赶快救人啊！”

“有几家的人都不见了呀！”

……

没膝的洪水从街上向巷口涌去，冲的人站都站不稳。抢险队员应急在巷口的电线杆上拴紧一条大绳，慢慢向里边游走过去，固定好，然后大家手掣着绳索在水中来回抢救受困人员、转移贵重物资。我与石岗等人从三中前门进到后院，见后院院墙倒塌，靠东面冲开一条20多米宽的行洪沟，沟中间半拥堵着冲毁房屋的残垣断壁，沟两岸没冲走的房屋残垣摇摇欲坠。眼看着手扶拖拉机、木料家具、生活用具等被水卷走却束手无策。一辆东风大卡车被水旋得打转转，然后向前冲走20多米远，翻倒在水沟里。

到了通向柳杨堡的路口，庞县长想到奶牛场后院看看。过膝的大水冲的一个人无法行走，我和另外几个人赶快扶着庞县长，大家手拉手淌水走到桥边。看见原来的泄洪沟洪水满沟奔流，桥北面的公路被冲断，水泥桥的一头已悬立空中。奶牛场的奶牛惊慌不定地立在水中，洪水已经没过牛肚皮；桥头东边南岸叶义家新盖的三间砖瓦房冲毁了一半，大梁和檩条歪悬在半空中。

庞县长嘱咐石岗和姬学仁：“你们在这里多操心，无论如何先要把人转移出去，再不能发生淹死人的事故了，我再到别处查看一下。”我随即把防汛指挥的车要来，陪着庞县长淌水过西环路(现福州路),沿盐(盐池)王(王乐井)路向西巡察。

这时雨已经停了下来,站在深井村的梁上,看到城西滩到县城白茫茫一片;四墩子与盐王路交叉处公路被冲断,史庄子西坡的水穿路而过;四墩子、下王庄也是一片汪洋。我们原路返回县城后,再向林场以南查巡,盐(盐池)大(大水坑)公路冲开的豁口更大,有20多米,洪水奔涌而下。交通局长刘宝增正在查看现场,商量补救措施。庞县长询问刘宝增公路被毁情况,刘局长回答说,目前知道的情况是往南(大水坑)、往西(王乐井)、往北(柳杨堡)三条县城主干线全部不通了,各乡情况正在联系。

返回到县城街上,正好碰到自治区水利厅刘处长、毕站长和银南水电处贺处长一行正在查看受灾情况;他们说麻黄山那边就不去了,往南的路冲断了没法过。他们也要赶快回去分别向水利厅、银南行署领导汇报盐池受灾情况。

三中后院原来的溢洪道被洪水冲开后,洪水迅速加快,大大减轻了城内洪水的压力,北关一带机关单位和居民屋内的积水开始下降。此时,抢险救灾队的主要任务是向安全地方转移人员和财物。

早已过了吃午饭时间,参与抢险的同志已经十分疲劳。北街路边的饭馆大都进了水,没法营业。石岗让身边的同志买点饼干、面包和水将就一下。

我陪庞县长在一个街边饭馆草草了吃了一碗面条,然后把他送回办公室。庞县长已经是50多岁的人了,可能是劳累过度,也可能觉得愧对受灾群众,此时显得神情沉重,疲惫不堪。我安慰了县长几句,准备离开时,庞县长说:“你与老姬、老石联系一下,多操点心,下午我们开个会专门研究下一步的施救方案。”

我回到街上,碰到白树明。听他汇报说,调上去抢险分洪的推土机准备打坝时,由于水流太急,刚推的土随即就让洪水冲跑了,根本就无法施工,只好在洪水顺流道上拓宽,以加快泄洪速度。城北旧溢洪道被冲开后,泄洪加快,水位逐渐下降。一直到下午2点多,推土机才可以推土打坝。目前集中了4台推土机,在二堡以东、党校以西推土围堰,把上游来水引向307国道以北旧溢洪道,堵住了城西滩来水直接涌入县城。乘隙,姬学仁、石岗和我再次察看了县城整个受灾情况:城北旧溢洪道被彻底冲开,最宽处有20多米,洪水来势汹涌,夹杂着树枝、木料、死猪死羊、衣物等直泄而下,溢洪道两岸残垣断壁,一片狼藉;城西一片汪洋,西环路以西的洪水仍然缓缓地越过路面向老车站院内流进;汽车站近万平米大的停车场被洪水淹没,目测院内积水最深处有三四米;县城内东北角小井坑一带大部分住户屋内进水;东北角政府家属区及市场部分房屋内进水;城西南角也是一片汪洋,水泥制品厂电杆生产车间侵泡在水中,原来的积水坑水位抬高了二三米,向家属区屋内逼近;西南角烈士馆门前原科委家属区几乎家家进水。街上的下水道、暖气管沟全部被冲开,变成了城内泄洪道;城北有几处电线杆被冲倒,造成部分机关和居民停电。根据当时情况通报,受灾区已发现7具尸体，有2人下落不明。

街上老百姓纷纷议论、感叹说：这么大的水、这么大的灾情盐池历史上没有见过。

为了搞清楚这次特大洪灾的相关情况，洪灾过后，盐池县水电局配合自治区水文总站的专家技术人员进行了为期10天的暴雨与洪水详细调查，向有关部门提交了《盐池县948特大暴雨洪水调查分析报告》（盐池县当地将此次暴雨灾害称为“8.5”洪灾）。报告确认此次暴雨发生的中心在县城西北15公里处的石山子、田记掌一带。其中石山子降雨量为448毫米，田记掌降雨量为320毫米，越靠近县城的地方降雨量越小，史庄子降雨量为220毫米，县城降雨量为70.4毫米。上游的洪水分南北两路、由西向东而下：南路由石山子经上下王庄、四墩子、李毛庄过林场桥，从东郭庄穿过307国道，向东入定边县苟池碱湖；北路由田记掌经史庄子、刘八庄、八堡、五堡、二堡过县城、德胜墩，与南路洪水汇流进入苟池。南路洪水来水面积为194平方公里，在林场桥断面测算的计算洪峰流量为333米/秒，洪水历时16小时，洪水总量568万立方米。北路洪水来水面积85.2平方公里，在德胜墩断面测算的洪峰流量为157米/秒，洪水历时约24小时，洪水总量为714万立方米。据分析计算，进入县城的来洪水重现期为138年；城南林场以上来洪水的重现期超过千年。

《盐池县948特大暴雨洪水调查分析报告》分析这次暴雨的成因，以专业术语描述为：自7月份以来，西太平洋副高东退至海上，青藏高压加强。由于受西风带天气系统南压影响，青藏高压分裂成多个高压单位，并东移并入副高，促使副高加强西伸北抬。到8月4日8时500百帕天气图上可看出：蒙古一带有冷低压发展，并不断有冷空气扩散南下，将要影响我区。沿副高边缘东南沿海的水气源源不断向北输送，加上8月4日晚蒙古西部冷空气主体东移南下，激发了副高边缘的高能区，使我区南部出现了强的雷阵雨天气。但是，8月4日晚上22点至23点卫星云图上只发现我区南部有弱阵性降水云系，而盐池县城却遭到强降雨的袭击。因此，这次暴雨是突发性强对流天气过程。

生命代价换来的沉重教训：灾难来临时，生命永远重于一切

新版《盐池县志》载入1994年“8.5”特大暴雨灾害的死人数字为13人。后来，我对此13人的死亡过程做过详细了解，具体情况为：7月25日红井子乡东风村一牧羊人遭雷击；7月26日麻黄山下暴雨时一养蜂人因抢救被水冲走的蜂箱被淹死；7月26日王乐井乡马记掌村一人被水冲倒淹死。8月5日死亡9人，其中八堡死亡1人、北园子死亡8人；8月6日死亡1人。

“8.5”暴雨袭击县城的过程，受灾最严重的是城郊乡八堡村和北园子村。

八堡村70多户人家中，只有7户没有进水。洪水过后，能住人的房屋已所剩无几，部分

居民无家可归。城关镇老干部王德家的8间房屋大部分倒塌，所剩几间已成危房，只好将床板绑在两棵树之间，露宿其上。8月6日，自治区政府副主席周生贤来到八堡村视察灾情。王德全的夫人拉着周生贤副主席的手哭得像个泪人。周生贤副主席一边安慰她，一边对周围的灾民群众说："请大家放心，党和政府不会丢下群众不管……大家要振作精神，区上很快下拨资金和物资帮助大家度过难关，重建家园。"一番话使灾民群众焦虑的情绪暂时安定下来。

八堡村村长描述冯铎老汉的孙子被水冲走的大致过程是："山水(洪水)下来的时候，老冯的儿媳妇抱着娃娃往出跑，没过膝盖子深的水冲的人不敢抬腿，只能慢慢挪脚步，根本看不见前面的路。没想到被前面的一个暗坑闪了一下，把女人给绊倒了，手一松娃娃掉到地上，紧泛间(盐池方言，赶紧、随即、马上的意思)一把没抓住，娃娃就让水给冲跑了。周围一大帮邻居赶过来，大家顺水找了大半天，一直过了德胜墩都没找着，估计是被水冲到苟池了。后来收秋掰玉米的时候，在玉米地的泥层里发现了一个孩子尸体。根据身上穿的衣裳认出，就是冯铎家8月5日被水冲走的孩子。"

扬黄局长高玉的弟弟高喜住在八堡村最下面的公路北，洪灾使高喜家9间房屋全部倒塌，椽子檩条等木料被水冲走了三分之二，105只羊只剩2只。高喜向我描述当时的情况是："原定第二天(8月5日)给老二(即高玉)的二女儿订婚，下午老石(岗)、老二从惠安堡扬黄灌区回来，在老二家边喝酒、边扯嬷，商量明天的事，一直到晚上12点多我才回到(八堡)家。响雷一阵接着一阵，只听雨点子打得房皮响。我想这回才下好了，秋庄稼不用再浇水了，能省好多水电费呢。因为喝了点酒，一觉睡到大天亮。忽然庄子来人说，上面下来山水了，儿子赶紧起来出去一看，返回院子里喊："爸爸，赶快起，山水下来了！"我骂说："胡说呢，这个地方哪来的山水！"说归说，我赶紧穿衣起床，到外面一看，我的妈吆，齐胸深的水坎子已经到了房跟前。急忙把家里人喊起来往外跑。就在这时，一波水下来，把院子的东西全卷跑了，羊圈倒了，鸡窝塌了，100多只羊、几十只鸡都叫水推跑了；水进到屋里半墙高，屋里的铺盖行成、锅碗瓢勺、筛子簸箕，凡是能飘起来的家当全部被水推跑了。没过一会儿，只听房子咳几呀叉(盐池方言，吱吱呀呀的意思)地响，说话间，9间房子先后都倒了，椽棒行条也让水冲跑了。"

我说："你们当时就没有采取点顾就(盐池方言，应急的意思)措施吗？"高喜说："齐腰深的水推的人都站不住，几个人抱在一起靠到树跟前不敢松手，命都顾不住，那里还能顾上东西呢！"

我向北园子重灾户、市场卖猪头肉的吴大明了解当时洪灾情况，老吴是榆林人，说话带着浓重的榆林腔："发大水那天，光我们房前屋后就死了8个人，主要是三中院子的一壳壳水(盐池方言，一大股水的意思)下来给日塌了(盐池方言，搞挎、糟蹋了)。康河是个看车的

(盐池方言,车辆经营户的俗称),那天出车不在家,就婆姨带着两个女儿在家。清早屋里进水了,婆姨把两个孩子放在邻居李长国家让给照看一下,她到街上找人帮忙排水,还没等她回到家,山水就下来了,李长国一家和他的两个孩子都被水推走了。李长国是我弟弟吴二明挑担的儿子,那天外出打工去了,家里有老妈、二明的女人、8 岁的儿子和 5 岁的女儿,来串亲戚的妹妹也在家。屋里进水后,二明的女人和妹妹向外泼水,两个孩子还在睡觉呢,他妈在炕上照看康河婆姨抱过来的两个孩子。三中的院墙倒塌后,一院子的水一下子涌了过来,把正在往外泼水的姑嫂二人冲翻在地,炕上的大人娃娃一下都飘了起来。李长国的妹妹年轻有力,爬起来抓住后窗的钢筋栏杆翻窗子跳出去,挣扎着爬上水沟边瘫倒在地,昏了过去,被邻居抬到了别人家里。等到街上救援的人赶来时,李长国的老妈、婆姨、丫头,康河的两个丫头都不见了,找了半天才发现被大水推到了几百米远的制药厂门口。李长国的儿子当时没找着,第二天电机厂的张(金宝)厂长在烂泥中发现了一只娃娃手,开始还以为是个玩具,一拉才知道是个死娃娃(盐池方言,孩子尸体),挖出来有认得的,是李长国的儿子。孙科那天也不在家,他的婆姨和十几岁的儿子也被水冲走淹死了。三中院子的水一下涌了过来,我(吴大明)一看事发不对(盐池方言,情况不对),抱着小儿子爬上房顶,幸亏我们家的砖房没有被冲塌,才躲过了一大难。”

对于八堡村长说的“没膝盖子深的水”、高喜说的“齐胸深的水坎子”和吴大明说的“一壳壳水”,我开始还不明白,平坦的城西滩、八堡,这样大的洪峰是如何形成的?处于水利工作的职业敏感,后来我多次到发生洪灾的区域实地踏查,认真研究了这一地区的地理环境,终于找出了“齐胸深的水坎子”形成的谜底——原来都是坚固结实的围墙惹的祸!

刘八庄东南以下,在 307 国道的南面有连续几个单位的果园,都打了厚实的土围墙,且正好处于史庄子下游的水路上。下了一夜大雨,各果园自身蓄水能力已经饱和。上游洪水来时,使这几个果园的围墙次第被冲毁,水流依次加大,形成洪峰。等到邻近八堡最后一个果园的围墙被冲倒后,洪峰已经形成 1 米多高的“水坎子”了,且以汹涌之势奔流而下,势不可挡。洪峰路过五堡时,由于水路较为畅通,遂呼啸而过,只冲毁了阻挡水路几户人家的一些房屋院落;洪水顺势自西向东进入县城后,党校、城郊乡政府、畜牧局奶牛场、三中等单位的围墙再次挡住暂时洪水去路。这些单位的院落围墙遇到上游来水的强大压力,如多米诺骨牌效应,依次积流,依次倒塌,洪峰来势愈加凶猛,故此发生冲走汽车、摧垮桥梁、冲塌房屋、冲走人的现象也就不足为奇了。

八堡、北园子先后淹死 9 人,就是上游果园、单位围墙由拦蓄积聚→饱和→逐次溃塌→能量逐渐加大,然后在平地上形成巨大洪峰所致。

谁承想,为保果园、机关单位安全的围墙,洪水来时却成了致命的罪魁祸首!(经过此次洪灾教训后,盐池县不提倡各机关单位和企业建围墙;确需建围墙时,只能建花栏围墙,不允许建砖、土围墙。）

8月6日死亡1人，为水电局下属水泥制品厂工人刘建兵。刘建兵为复转军人，被安置在水泥制品厂工作时，经常请假与亲戚一起贩木头。单位觉得这个人不好管，停发工资就让他出去自己干了。8月5日下午6点左右，水电局召开抗洪救灾动员会，要求各下属单位任何人不得请假，全员投入抗洪救灾。在落实各单位人数、组织抢险队伍时，才知道刘建兵未经局里同意已放出去单干几年了。我在会上还批评了制品厂的领导，要求尽快通知让其回来参加抢险救灾。由于当时通讯条件有限，单位一时无法联系到本人。第二天中午，我带水电局水情调查组实地勘察城西滩水情、灾情返回县城时，见汽车站停车场水坑四周挤满了人。我问围观的人是咋回事，说是刚才有个人从水里往上捞木头，不小心掉到水里不见了。我急忙挤进人群，见石岗及水电局工会主席杨虎、水泥制品厂厂长周志奉等人正指挥救援人员打捞溺水者。杨虎告诉我："制品厂到处找刘建兵，联系不上，今天听他家亲戚说刘建兵回来了，在汽车站帮助亲戚捞木头。我和周厂长找到这里，没想到，人还没见着，就在刚才已经掉到水里了。石（岗）局长过来一看，这里没有会水的（盐池方言，会游泳的），赶紧把正在北园子抢险的一个会水的武警战士叫了过来，那不是，正在捞人呢。"顺着杨虎手指的方向看过去，在汽车站积水坑的西南边，一个用椽子扎成木排的附近，一名光着上身的武警战士正潜入水中，一会儿从一个地方扎进去，过一会儿从另一地方浮出来，再换个方向扎入水中，还是没有捞着人。石局长着急地向围观群众喊道："有人落水了啊，有会水的赶紧救人啊！"随着喊声，只风两个人挤开围观人群，麻利地脱掉衣服跳入水中，开始捞人。所有围观的人，几乎是屏着呼吸看着水中的三人，希望奇迹出现。三人一直在水里摸了约1个多小时，最后还是在开始掉下去人的地方将刘建兵捞了上来，人早已被淹死了。大家都感到很奇怪，这个地方三个人摸过多次呀，怎么就没找着呢？

上述因洪灾死亡的多数人中，皆因洪水来时，当事人下意识地顾及到财物财产安全，而忽略或根本没有意识到自身和家庭成员的安全，在不知所措间，酿成悲剧。这些无端逝去的生命给我们带来沉重的教训和启示：灾难来临时，生命永远重于一切。

众志成城　共渡难关

1994年8月5日盐池特大暴雨，由于强度大、来势猛，全县共有16个乡镇178个自然村遭受不同程度的灾害，直接经济损失达3297万元。8月5日凌晨灾情发生后，县防汛指挥部成员单位的领导干部和抢险队员、公安干警、武警官兵、驻盐雷达部队官兵在第一时间赶赴现场，部署抢险救灾，转移受困群众。全县各机关、企事业单位干部职工主动投入抢险救灾；下午5时，自治区水利厅厅长沈也民赶到受灾现场视察灾情、指导救灾；8月6日，自治区政府副主席周生贤、银南行署行专员杨永山率区、地有关部门赶赴灾区视察灾情、慰问群众，解决抗洪救灾中的实际问题，迅速恢复受灾群众正常生活。

一方有难，八方支援。盐池县“8.5”洪灾发生后，长庆油田采油三厂无偿调用装载机、挖掘机、吊车等大型机械设备支援抢险救灾，并捐助了大量的水泥、柴油、油毡、课桌凳、草袋、衣物等物资；自治区红十字会、银南地区卫生处、农行盐池县支行以及盐池县有关物资、石油等部门单位也积极援助救灾物资。据民政局汇总统计，救灾期间，共收到有关单位、企业捐款 20.12 万元，捐物折价 10.68 万元。

洪灾过后，在区、市党委、政府和盐池县委、政府的统一部署下，受灾群众善后安置和重建家园工作有续开展。

疑是银河落九天

——写在盐环定扬黄工程通水 5 周年之际

张树林

1993 年 5 月 7 日，一道喜讯传遍了革命老区盐池县——盐环定扬黄工程正式通水。

祖祖辈辈盼水的老百姓们从十里八乡涌向扬黄工程干渠。滚滚黄河水像一条黄色长龙，通过 8 级提水，扬程 361 米，流程 56 公里，顺着崭新的渠道、渡槽流进老区人民新开垦的土地里。其壮丽景象使人联想到唐代大诗人李白“疑是银河落九天”的名句。

人们欢腾幸福着、热烈议论着，觉得这水啊，比什么东西都亲切。

一位名叫阎多水的老人，76 岁了，激动地哭了。老汉出生时，父母给他取名叫“多水”，可是，家乡的水从来也没有多过啊；今天，这么多的黄河水终于流到了祖辈生长的地方。老汉激动的笑容永久地被定格在记者的镜头里。老汉身后，一位年轻人也擦拭着激动的泪水，另一位有点文化的老年人，还即兴赋诗一首：

盐环定千古干旱，几百里沙漠荒原。
老百姓世代盼水，没见过黄河容颜。
共产党造福人民，引甘露浇灌沙滩。
开纪元第一盛事，好光景请看明天。

旱海福音

盐池旧志中有这样一段记载:宋张洎曰:“自威州抵灵州，有旱海七百里。斥卤枯泻，无溪涧川谷。”赵珣曰:“盐夏清远军,并策沙碛,俗谓旱海。”又说:“旱海皆沙碛,距韦州东北或数里或数千里,抵灵州属之海子井,东至蒙古,浩渺无际。

上文所说的威州,即现在同心县的韦州镇,灵州即今灵武市。韦州东北至灵武之间的“七百里旱海”,正包括今盐池县的中西部地区。可见,这里的干旱情况古已有名的了。但是,先辈们并没有因为这里干旱斥卤、浩渺无际就予以放弃。

革命战争年代,为了保卫这片土地,不少革命先烈将一腔热血洒在了这个地方。1936年10月,盐池游击大队队长、老红军吴亚雄和他的警卫员张虎儿等人,因遭受叛匪袭击,牺牲在金家渠子村;1941年2月,陕甘宁边区回民工作巡视团一行6人在团长马文良的带领下,到回六庄村开展民族工作,不意遭马鸿逵部逮捕,团长马文良被杀害,两名团员被残害致死狱中;1948年5月,解放军部队配合回汉支队解放惠安堡,又有十多名年轻战士血染沙场。盐池这片热土,洒满了革命先烈的热血和汗水。但是,这里又是一片十分“苦焦”的地方。“风吹黄沙走,飞鸟不停留,三年两头旱,十种九不收”啊。年均降水量只有300毫米左右,地下水埋藏深、储藏少,矿化度又高,含氟量平均超过4.5毫克/升,为严重高氟区。

千百年来,氟中毒害苦了盐池一方人民百姓:年轻健壮的人不等老年就变得弯腰腿瘸、牙掉嘴扁,行动困难,早早丧失了劳动能力。就这样的高氟水也没有多余的。遇到干旱,人们连做饭、洗脸的水都没有,谁还敢奢望用水浇田?这里的人世世代代都穷,穷就穷在缺水上。大家都明白这样个道理:水就是粮食,水就是命。曾任自治区政府主席的白立忱同志,曾深有感触地说:“水对人类生存发展的作用,似乎只有到了盐池、环县、定边这样的干旱地区,才能真正深刻地体会到它的极端重要性。”

中华人民共和国成立后,国家采取以工代赈、“三西”建设等项目资金,持续推进老区人民兴修水利、植树造林、打井打窖,努力改善人民群众的生产生存条件。可是,已经建成的一大批小型水利工程,也最终未能从根本上解决这里的干旱问题。生活在“旱海”的人们,依然没有拔掉贫穷的“孽根”。

20世纪70年代,老区人民的决策者,受“固海”扬水工程启示,第一次把目光投向了中华民族的母亲河——黄河。1975年,盐池县成立了扬黄指挥部;从1976年1月开始,县领导张光祖、水电局长郝智率领一支勘测队,开始了引黄工程的测量工作。测量队员顶风雨、战酷暑、冒霜雪,啃干粮、喝冷水、睡地窝……在荒凉冷寂的旱海中整整拼搏了5个春秋,勘测出一条距离短、工程量小的引黄入水“最佳路线"。与此同时,甘肃省环县、陕西省定边县也先后加入这一宏伟民生工程。

陕甘宁三省(自治区)党委、政府联合向国务院提交了兴建陕甘宁盐环定扬黄工程的申请。1987年12月,国家计委批准三省(区)共用工程开工。

“党中央、国务院要给咱们送水来啦！”的喜讯传遍了七百里旱海。

扬黄共用工程于1988年8月动工兴建，经过三省区广大建设者历时8年的艰苦奋战，1996年9月胜利竣工。

陕甘宁盐环定扬黄工程是党中央、国务院为了解决宁夏盐池、同心，甘肃环县和陕西定边4个革命老区县部分地区人畜饮水困难、防治地方病、发展农业灌溉、改变生态环境、造福人民群众的一项大型民生工程。共用工程总投资约303亿元，修建干渠总长101千米，泵站11座，总装机容量6.13万千瓦；设计扬水流量11米/秒，分配盐池县5米/秒，同心、环县、定边各2米/秒。工程建成后，可解决超过1万平方公里土地上的36万人口、127万头(只)牲畜的饮水问题，发展灌溉面积32万亩；将使盐池县近15万亩荒漠、半荒漠土地变为良田，在“旱海”上营造出4片新灌区；预计粮食增产2000万公斤，油料增产180万公斤，水果增产1000万公斤，育肥羊增加10万只。

沙原新貌

盐环定扬黄工程的最先受益者，是革命老区盐池县的人民群众。

盐池县扬黄配套工程始建于1992年6月。一期工程主要开发了惠安堡、马儿庄两个乡的两大片灌区。经过整整6个年头的建设，一期工程基本告竣。

昔日的“旱海”，到底变成了什么样的一种美景呢？1998年初秋，笔者怀着仰慕已久的好奇心情，踏上了盐池县扬黄溉区的湿润土地。

登高远眺，扬黄溉区确如一片片名副其实的“沙漠绿洲”；近处看，但见绿树成阴、柳暗花明，畦田如网、渠道纵横；一眼望不到头的庄稼迎风摆浪、抽丝吐穗；屋前院后、田间地头，正在劳作的农民兄弟们脸上洋溢着喜色……恍惚间，使人骤然有一种从干旱沙漠穿越到“塞上江南”的感觉。

六年，只不过六年时间而已!在历史的长河中，六年只是弹指一挥间，而这里的变化却是如此地令人难以置信！遂口占一绝：

旱海滩上忆旧游，赤地百里使人愁。
而今无处寻旧貌，千古沙原成绿洲。

自1992年后，盐池扬黄灌区以每年开发1万亩水浇地的速度递增，已开发水地近7万亩。按照“边开发边利用”的原则，头年平整好土地，次年即开始试验种植。种植过程中，边改造边提高。灌区除了安置原住地居民群众外，还从苏步井、麻黄山、后洼等贫困乡村吊庄移民过来1.2万多人。旱改水地后，大部分农民经过农业科技部门的指导培训后，初步掌握了科学种植水田的基础常识，初步尝到了种水地的甜头，生产积极性日益提高。在灌区连续种地 3 年以上的农户人均年收入已普遍超过千元，率先实现了脱贫目标。

截至 1998 年，扬黄灌区水浇地面积已占全县旱耕地面积的 7%；当年灌区粮食总产量接近 1000 万公斤，约占全县平常年份粮食总产量的五分之一。当年灌区种植 1 万多亩小麦喜获丰收，亩产 200 至 300 公斤；2 万多亩玉米长势喜人，丰收在望。近两年夏收季节时，外地的一些联合收割机破天荒地开进了盐池灌区。农民们坐在田头上，几袋烟的工夫，十几亩小麦已经连收带打一切就绪。一位带着委员调研扬黄工作的政协领导感慨地说："收割机能进入盐池，这是祖祖辈辈没有想到的事情。过去，咱们只是在小学课本上看到过联合收割机，如今成了眼前现实。这就是历史的进步啊！"

盐池扬黄灌区最显著的成就是林网建设，千百年来的百里沙原，如今已是绿树成阴、满目青翠了。自治区农林科学院在这里设立了科技示范点，专家们向群众教授科学种植技术，搞种植示范园，推广经果林。树木起来了，沙漠绿洲形成了，生态环境正在逐步改善，七百里旱海变成"塞上河套"的大目标，已为期不远了。

大漠丰碑

盐池扬黄灌区的建设成就，是众多建设者们以他们的心血和汗水铸成的。人们在赞颂扬黄工程的同时，总不免要谈到那些为扬黄建设出力流汗的"功臣"们。

扬黄建设的主力军是数以万计的人民群众，而党政领导干部和工程技术人员，则在其中充分发挥了核心和"脊梁"的作用。

历任盐池县委、政府领导人如张敏、王振宇、吴学廷、王珍、王世英、庞富贵等同志，都为扬黄灌溉区的立项、决策、规划耗费了大量心血。他们是盐池扬黄建设的奠基人。1995 年，单新强主动辞去常务副县长职务，来到扬黄工地上担任总指挥。他的目的只有一个——把老百姓的事情办好。他说："党中央国务院为老区人民造福，如果我们下面的干部把这项造福工程搞不好，岂不是辜负了党和人民的期望！"在他的麾下，有一支不为名、不为利、不怕苦、不怕难，能征善战的骨干队伍，他们可以称得上是老区人民的脊梁。

女工程师苏明昌，18 岁从水利学校毕业后由四川来到盐池，她和丈夫莫幸福一道，把毕生精力都献给了老区的水利事业。扬黄工程开工时，苏工要求站好最后一班岗。她除了自始至终参与工程测量规划和可行性研究外，还亲自参与施工，进行质量监督。对于质量不合格的地方，不管是谁负责还是谁施工，她都"格骂勿论"。但是没有人敢顶撞她，都认为她骂得对、骂得好。退休前，她还亲自监造了一处桥洞工程，从建设速度到质量都为其他工程树立了样板。这处桥洞至今被人们称为"苏工桥"。

1994年苏明昌退休后，工程技术重担由青年技术员李锋等人挑起。李锋带领一班人经常是日出前就出发，日落之后才收工，两头不见太阳。顶风沙、冒严寒、喝冷水、啃干粮，对他们来说是家常便饭。有时走到车进不去的沙窝里，他们还要扛着几十斤重的测量仪器和上百斤的水泥柱桩，来来往往徒步跋涉，其辛苦程度常人难以想象，但是这帮年轻人从不叫苦叫累。

从1992年起，每年4至11月份工程施工期间，扬黄指挥部单新强、石岗、高玉、冯儒雄、董祥、张文良等一班人带领全体工程技术人员，离开城市家庭，辞别爱人孩子，远赴一二百里外的施工现场，吃住在工地，奉献在岗位。这里没有电视舞场，没有美食佳肴；条件艰苦、环境荒凉、生活单调，对于活力正旺的年轻人来说，不乏枯燥难熬。但是为了给老区人民造福，没有一个"临阵脱逃"。大家讲奉献、比业绩，一门心思放放在工程建设任务上。"团结协作，真抓实干，艰苦奋斗，创业奉献"是扬黄人的口号宣言，也是扬黄人的奋进旗帜，更理扬黄人奉献精神的突出体现。

人们大概很少了解到扬黄工程的建设，并不是一帆风顺的。这是一场触动千家万户利益的深刻变革。灌区的开发打乱了当地农民多年来"宽天宽地"的生活秩序，相当一部原居住地农户要作出无偿的利益牺牲。矛盾百出，问题各异。老百姓有困难、有问题、有冤枉、有怨气，都要来找总指挥单新强发泄。老单为此脑子没少动、工作没少做、劝解没少说，经常通宵达旦，夜以继日。他理解群众的苦衷，体谅群众的困难，处处以群众利意为立场。因此，也很得群众信任。老百姓都认为"老单是给群众办事的人，他的话咱们要听"。凡是经老单处理过的矛盾问题，没有上访、告状的，没有散布不满情绪的。"拥政爱民"的光荣传统在这里得到进一步发扬。老单的主要工作不在机关单位，在生产第一线。每年4至11月，他有三分之二的时间都在生产第一线做群众工作，指挥建设进展。老单是个"工作狂"，干起活来与农民没有什么两样，挖渠、平地、植树、浇水，什么活都干。不认识的人，谁也不会想到他竟然是灌区建设的总指挥。但是每当有人为老单"论功"的时候，他总是诚恳地说："盐池灌区所取得的成就，都是方方面面、各级部门大力支持的结果，不是我个人的成绩。"

的确，在党中央、国务院的宏观布局下，在自治区党委、政府和银南地委、行署的坚强领导下，自治区水利厅、计委、农建委、科委、农科院、林业厅等部门，盐池县委、政府及各相关业务单位，尤其是惠安堡、马儿庄两个乡的干部群众，都给予灌区建设大力支持与全力协助。

在对这片亘古荒原的开发建设过程中，革命老区人民群众用他们的实际行动和无私奉献精神竖起了一座无形丰碑——人民群众永远是最可爱的人。

1998年于盐池

盐池来了个大工程师

侯学斗

1973年秋收后的一天，青山公社党委书记兼革委会主任丁生兰从县上开会回来，走进办公室高兴地说："告诉大家一个好消息，咱们县上来了个大工程师。"

大家很好奇，丁书记接着说："他叫王虚中，是南方人，解放前就上过名牌大学，在美国留过学，是个修铁路的大工程师，本事可大了，参加过包兰铁路的设计和建设，是银川火车站的主要设计者。现在又改行为水利工程师，调到咱们盐池县来搞水利工程。王乐井公社官滩水利工程就是人家设计的，效果非常好。这回咱们公社修水利不愁没技术人了。"

当时，"工程师"这个称谓，在人们心中有着崇高的地位，尤其是在20世纪六七年代，人们把"工程师"当作有大知识人的代名词。一说起某某人是个工程师，就觉得人家学问大得了不得，受到人们普遍的崇拜和尊敬。为啥是这样？一个主要原因就是，那个时候工程师很少，而且人们认为确实有"本事"的人才能当工程师。

青山公社境内沟泉水较多。兴修水利、发展农业生产、改变贫穷面貌，是全公社群众的一致愿望，也是全公社三级干部为群众服务的首要任务。

从1958年起，盐池县几乎年年组织干部群众都兴修水利、平整农田，但由于缺乏技术人才指导，仅凭干部群众的热情和习惯经验苦干，虽然取得了一定效益，但失败的教训也不少，造成许多人力、财力的浪费和损失。

1972年北方农业工作会议后，全国掀起农田建设新高潮。青山公社也不列外，成为全县农田水利建设重点公社。经公社党委、革委会研究，决定修筑营盘台大队营盘台生产队南沟大坝，作为全公社第一个重点水利工程，并调动全公社劳动力利用秋冬季农闲时节有赏修筑。派公社干部驻队协助督修，时任公社革委会副主任侯堰任总指挥。

当时，我正担任公社党委委员、革委会委员兼秘书。一天，丁生兰书记对我说："县上水电局通知，明天王虚中那个大工程师要来咱们公社，到营盘台作大坝工程测绘工作，你安排将人送到营盘台。"

第二天九点左右，一个陌生人走进我的办公室，自我介绍说："我叫王虚中，是县水电局派来帮助你们公社修营盘台大坝的，刚下班车。"我急忙给他倒了杯水，乘隙把这位大工程师打量了一番：王工程师有五十岁左右，中等个头，体型敦实，鬓发略显苍白，黑脸庞，上身套一件防寒外套，背着一个旧挎包，操着不太标准的南方普通话口音，说话时不慌不忙，微微带笑。我心里想，这哪像个大工程师，咋没有一点工程师的派头啥？1971、1972年我在回民巷、东郭庄带工修国防公路时，也见了不少筑路工程师，都十分有派头，前呼后拥跟着不少人，都称某某工。而这位大工程师土里吧唧的，咋就一个人来啥？

我心里虽这样想，嘴边却问：“王工，你还没吃早饭吧？”他说：“没有，到工地上吃吧。”我说：“到工地还有二三十里地呢。”他说：“没关系，坚持一下就到了。”我说：“那咋行呢？公社炊事员刚下班回家了，我正要回家吃饭呢，你就到我家随便吃一点吧。”

那时我家还是农村户口，和其他社员一样，平日吃的都是队里分的糜谷、荞面等杂粮。那天早上家里做得是黄米干饭炒咸菜，有点不好意思端出来，我对王工说：“王工，你稍等，给你做荞面吃。”他说：“不、不，不用麻烦了，有啥吃啥，黄米饭我吃过，很好吃。”他端起饭碗大口吃起来，还赞口不绝地说：“嗯，你们家的咸菜很好吃，城里大都不会腌，没这个味道。”看见他这个朴实样子，我心里又犯嘀咕，这哪里像个大知识分子，和我们乡下干部、农村社员的做派没大的区别呀……

吃完饭，营盘台队来接他的驴拉车也到了。我说：“王工，不好意思，我们条件差，没个车送你。”他说：“这就不错，蛮好的，我走上去也行，还麻烦队上来接呢。”上驴拉车后，王工一再向我招手致谢。看着他远去的背影，我就想，人都说城里大知识分子架子大得很，可王虚中这个人好像和我们乡下的干部一样“土”。

那时干工程，全凭人挖肩背，能用上一些架子车（也叫劳动车）就算很省工了。营盘台大坝就是靠人挖肩背和“小车不倒只管推”的精神干起来的。参加修坝的干部、社员每天早晨天麻麻亮就披着星星上工，晚上又载着星星收工。几乎每顿都吃的是黄米饭、山芋菜，夹杂一些玉米干粮，白面很少吃，能吃顿荞面也算是改善生活了。就这样的条件，王工和大家一样，同吃同住同劳动。他每天穿梭在筑坝人群中，除了测绘工作外，每层土铺多厚、怎么夯实、坝的坡度怎么收等，都一一指点。王工说：“工程是百年大计，决不能马虎大意。”

一次，王工发现坝逢和沟壁接茬处有渗水反常。王工一看就知道问题所在，他一改平日和善的面孔，吼了起来：“这是谁干的？”“要大坝的命呢！”这时大家都用惊奇的目光看着他不知所措。随即王工又和善地对大家说：“你们知道不知道，这接茬处有一层土没有夯实好，水浸进去有塌陷现象。要不是及时发现，经过一夜浸透会出现大的管涌，大坝就会垮掉，我们这些天的汗水就白流了。快！马上返工修好。”大家听完都冒了一身冷汗，也开始对这位大工程师露出仰慕的目光。

营盘台大坝工程经过数月苦干终于完工了，社员们看着渐渐涨起清汪汪的一大坝水，露出喜悦的笑容。

1974 年秋，青山公社兴修水利工程主战场转移到郝家台大队郝家台生产队和北马坊东沟生产队，主要任务是筑三道大坝，平整水地五百亩，调动全公社四百多社员参加会战。是年，我已担任公社党委副书记，分工在郝家台大队蹲点，任会战指挥，负责带领公社干部数人分赴各队抓好新修水利工程。公社再次请王虚中来做技术指导。因为全县工程多，王工不能住下来指导，但他和我们一起到实地进行了勘察，提出筑坝建议，并就技术方面应该注意的事项向我们一一做详细交待，我也从中学了不少筑坝知识。

1976年，我调任冯记沟公社任党委书记、革委会主任。1977年，经县上批准，要在暴记春大队铁柱泉生产队建造一座较大的农田灌溉蓄水池。我请王工前来测绘设计，他愉快地答应了。一天，我陪着王工到铁柱泉生产队，他还是那个老作风，还没进家喝口水，就让队干部带他到实地勘察。看看他的穿着，和几年前见到时差不多，只是人比以前精神多了。整个上午，他的脚步没停地走，把水源来龙去脉、地形地貌仔仔细细看了一遍，做了记录。王工对我说，这就好了，有了第一印象，和大家座谈时好提问题，便于综合考虑设计方案。

中午回到农户家，生产队准备的饭还没做好，我俩闲聊了起来。王工第一句话就对我说："侯书记，咱俩又见面了，我要谢谢你。"说的我有点莫名其妙："王工，你谢我啥呢？"他说："我第一次在青山公社见到你，你带我到你们家吃的那顿饭，至今都感到很香，真的，谢谢。"王工的话反倒使我不好意思起来："一顿黄米干饭就咸菜，又不是八碗宴席，谢啥呢。"他说："不是一顿饭的问题，它比宴席香。重要的是，你们瞧得起我这样的人。"此时，王工有点激动……

对于王工为啥来盐池，我也有所耳闻。我想他说的"我这样的人"肯定有难言之隐。在青山公社时，我和他有几次会面，都很短促，说的都是工作上的事，其他方面聊得少。出于年轻人的好奇，我一直想知道这个大工程师究竟大到啥程度，为啥来盐池，我想今天是个好机会。

由于和王工有过几次见面和工作接触，也算是熟人了，我就开门见山地问："王工，你以前在哪里工作？咋又到我们县上来工作呢？"他看看我，没有马上回答，思索了一会儿，才对我说："侯书记，不怕你见笑，说起来话长了……我解放前就上了大学，专业是学铁路工程的，还到美国留过学，后来逐步评为一级工程师。"听到这儿，我先吃了一惊："啊！你上过大学，留过学？一级工程师，怪不得人都说你是个大工程师，学问大得很么。"王工摇摇头说："大啥呢，和你们一样，只不过多念了几天书。"我说："我也念了几年书，但是和你比，最多算扫了个文盲。"

王工接着讲了一个发生在他身上的故事：有一次在火车上，一个年轻人和他讨论了许多铁路工程问题，并拿出一本书对王工说："我遇到问题就请教王虚中先生写得这本书，有水平，你看看。"王工说："王虚中写的书我就不看了，没啥好看的。"那个年轻人有点不高兴："你为啥不看，瞧不起人家？"王工只好说："对不起，我就是王虚中。"年轻人听完惊奇地说："啊！失敬，失敬。"

听完王工的故事，我丢了一句玩笑话："那个年轻人有眼不识泰山，见了关公不烧香——把神不当神么。"王工笑笑说："你哟……"我接着问："王工，那你咋又改行，搞起水利工程了？”

王工不自然地笑笑说:“我的经历,你们可能也知道……我下放农场劳动。”“噢”,我跟着问:“王工,你也受到……”没等到我说完,王工急忙说:“都是历史,不说它,还是面对现实,干好工作。”王工这样一说,我也心领神会,不便再问了。王工接着说:“农场也搞兴修水利,但人才缺乏,我就转到水利工程方面了”我开玩笑说:“王工,在你来说,那是秀才学阴阳,三天两后晌。”王工谦续地说:“不是那回事,要做好也不容易。这回来盐池,我要好好再学习。”

吃完饭,王工对我说:“侯书记,你工作忙,就回吧,这里的测绘工作就交给我了,你放心吧。”我说:“有你这个大工程师做测绘,我一百个放心。”王工又对我说:“我女儿、女婿在冯记沟供销社工作,是你的兵,有不对的地方,请你好好管教他们。”我笑了笑说:“有其父必有其子,他俩工作能干得不好吗？你就放心。”他说:“我会常去检查他们的。”后来,王工调到吴忠地区参加盐环定扬黄水利工程建设后,就很少到盐池来了。但他给人留下的深刻印象,使人久久不能忘怀。

第十四章　人物　荣誉

第十四章　人物　荣誉

盐池县自1956年3月成立水利科以来，水利事业的发展走过了60余年不平凡历程，历任盐池县委、政府领导统筹决策、谋划布局、担当有为，水利、水务部门广大干部职工不畏艰苦、迎难而上、争做奉献，为全县水利各项事业做出了突出贡献，各级各类先进人物层出不穷。他们以对党和人民建设事业的绝对忠诚，以对家乡和水利事业的无限热爱，书写了水利人无愧于时代的光辉形象。

第一节　人物传记

赵清光　男，汉族，1921年5月出生于河南省洛阳市洛宁县，中共党员。1947年至1958年在二野三纵九旅工兵连当战士、副班长，工兵二团四连上士。1949年至1952年任西南军区工兵六团一营机械连司务长。1952年任抗美援朝志愿军工兵六团机械连司务长。1954年任抗美援朝志愿军工兵六团机械营给养供给排长。1955年至1956年任建筑一零四团机械营工程机械连政治指导员。1956年在工程兵文化速成中学学习。1958年任工程八团新兵连政治指导员。1958年转业盐池县至1977年，先后任电厂书记、秦腔剧团团长、送变电办公室主任等职。在此期间，1976年2月至9月任县水电局代局长。1978年至1981年3月任县工业局局长、建委主任。1981年3月至1983年4月任县人大常委会专职委员。1984年6月21日去世。

张　敏　男，汉族，1919年3月出生于天津蓟县宋家营乡，中共党员，初中文化。1944年在天津蓟县、遵化、兴龙三联合县九区工作，先后任区委组织干事、部长、代理区长、区长。1946年任遵化四区区长。1947年任四区翻身连指导员，同年任冀东独五师15团5连指导员。1948年在中国人民解放军十九兵团工作，先后任十二旅五七四团五连指导员、五七四团卫生队指导员、军直办公室保卫干事。1949年在西北独立二军工作，先后任二团一营教导员、三团保卫股长、干营处副处长、一团一营教导员。1953年在农建一师一团任生产科长。1955年调前进农场三场工作，任场长、党委书记。1956年当选甘肃省党代会代表。1958年前进农场一、二、三场合并后任场长，1960年兼任场党委书记。1963年调芦花台园林厂工作，任厂长。1969年调自治区农作物所工作，任革委会主任。1970年6月调盐池县委工作，先后任党的核心小组组长、革委会主任、县委书记。1975年9月5日、28日，盐池县委两次向自治区党委上报了《关于引黄灌溉工程初步建设的报告》。是月，盐池县委成立盐池扬黄工程筹备委员会，张敏任主任。11月，借全国农业学大寨会议在北京召开的机会，张敏当面向国家水利部领导汇报了引黄入盐的愿望和初步设想。年底，自治区计委正式向国家计委、水利部上报了引黄入盐的立项报告。曾3次当选自治区党委代表大会候补委员、银南地委委员。1979年调农科院林所工作，任党支部书记。1984年离休(副厅级)。

马英亮 男，回族，1930年出生于宁夏银川市大新乡双渠口村。1950年加入中国共产党，同年5月从宁夏干部学校毕业后，先后任宁夏省委统战部干事、银川地委统战部副部长、银川地委统战部部长、自治区党委统战部办公室主任等职。1959年10月任银市副市长，后任兰州军区生产建设兵团农建十三师副参谋长、宁夏盐环定水工程指挥部副指挥、自治区水利局副局长、局长等职。1983年2月任自治区政府副主席。1985年3月起任自治区党委常委、政府副主席，曾兼任自治区农业建设指挥部总指挥、自治区农业建设委员会主任等职。担任自治区领导职务后，在促进宁夏农业经济建设等方面开展了卓有成效的工作。1987年6月担任自治区地方志编审委员会主任。1989年4月组织召开了全区修志工作表彰大会，有力推动了宁夏地方志工作成果出新。1989年7月23日因病辞世，终年59岁。

石　岗 男，汉族，1947年10月出生于盐池县高沙窝镇石家庙自然村，1971年2月加入中国共产党。1976年12月参加工作，先后担任高沙窝公社长流墩大队文书、高沙窝大队党支部书记、公社党委秘书、管委会副主任。1984年4月调任鸦儿沟乡长、党委书记。1986年起任盐池县水电局党委书记、局长，盐池县扬黄灌区建设指挥部副指挥。曾多次被评为区、地、县优秀共产党员、优秀党务工作者和先进工作者。1993年获全区扶贫开发先进个人称号。1995年获自治区优秀党务工作者称号。为自治区第七届人民代表大会代表，盐池县第八次党代会代表，盐池县第九、十、十一、十二届人民代表大会代表。石岗1988年主持水电局工作。1993年任盐池扬黄灌区建设指挥部副指挥。曾亲自参与了扬黄工程前期论证、设计规划、土壤普查、灌区规划，争取项目投资、组织施工、吊庄搬迁等各个阶段重点工作。1996年2月23日因病去世。

张光祖 男，汉族，原名张显，1918年7月出生于盐池县青山乡月儿泉村，中共党员，相当于高中文化程度。1938年年初参加革命工作，任盐池县四区政府行政助理员。1939年3月任盐池县三区小学教师。1940年7月后，先后在盐池县三区一乡学校任教师、校长。

1943年7月在三边公学参加整风运动。1944年10月在盐池县政府四科任科员。1944年12月在县政府司法处任书记员。1946年年初在县秘书处任文书。1947年3月在县司法处任书记员。1947年11月在吴旗县参加土改工作,任五区五乡工作组长。1948年4月在盐池县四大队任参谋、党总支书记,1948年11月任四大队副大队长、总支书记,期间盐池县武装科成立,任科长。1949年6月到三边地委干校学习。1949年10月调任磴口县民政科科长。1952年3月任宁夏省行政单位党总支专职委员、宁夏省人事厅二科副科长、宁夏省级单位党委委员。1952年11月起先后在宁夏省委干校任总支书记、级干科长、教育处副处长、监察委员、检查员等职。1954年12月任甘肃河东回族自治区干校校长。1958年3月任金积县县长。1959年12月任宁夏粮食厅办公室主任。1962年8月任盐池县县长。1963年3月在"反补课"运动中受迫害,被停职接受劳动改造。1973年3月平反,1973年7月任盐池县革委会副主任。1975年12月银南地委成立盐池扬水工程指挥部,张光祖兼任第一副总指挥。1978年初任银南地区知识青年办公室主任。1981年3月任中共盐池县委常委、县政协主席、政协党组书记。1984年3月退居二线,1986年8月离休,享受副厅级待遇。2000年4月20日去世,享年83岁。

杨建国 男,汉族,1927年8月出生于陕西省兴平市丰仪乡,中专文化,水利工程师。1951年考入西北水利学校,毕业后先后在宁夏水利局、吴忠自治州水利局工作。1956年后先后在盐池县农业科、水利科、农林水牧站、水电局工作。参加了红山沟无坝引水工程,二道湖、官滩、陈家台截引地下水工程,营盘台水库、大湾水库工程建设和修复。1961年从事地下水利用技术指导工作,引进动力锅锥打井技术解决了流沙地层地下水利用难题,该项技术被自治区水利厅在全区推广应用;1966年在盐池县二堡村举办全区动力锅锥打井训练班,负责技术指导。1971年从事深层地下水开发利用。1988年退休。

王振宇 男,汉族,1931年10月出生于陕西省武功县,中共党员,高级畜牧师。1952年6月毕业于西北农学院高职畜牧科,分配宁夏省畜牧厅畜牧队任技术员。1953年5月调盐池县畜牧科工作。1958年起先后任盐池县人委农林水牧部副部长、县委农村工作办公室(后改为农村工作部)副主任、主任、副部长等职。1969年担任盐池县"五七"干校指导员。1970年年初,任盐池县滩羊选育场场长。1971年4月任县农牧局局长,1978年3月当选县革命委员会第一副主任。1978年4月任县委副书记。是年,盐池县委决定成立盐池扬黄工程规划领导小组,王振宇兼任组长。1979年10月任县革委会主任。1981年4月任县委副书记。1982年10月任县委书记。1985年7月任宁夏回族自治区畜牧局纪律检查组组长(副厅级)。

蒽万金 男,汉族,1950年3月出生于盐池县惠安堡镇,中共党员,中专文化,政工师。1966年在马儿庄公社老盐池大队工作。1971年在马儿庄公社农具厂任会计。从1977年起,先后任马儿庄乡公安特派员、党委秘书、党委副书记、乡长。1990年起,先后任惠安堡镇镇长、党委书记。在此期间，全镇农民人均收入由1990年210元增长到2000年的1300元；惠安堡镇先后被授予全市、全县小康试点先进镇、灌区开发建设先进集体、治安模范乡镇、“六好”乡镇党委、先进基层党组织等荣誉称号，被国家民委、自治区党委授予全国、全区民族团结进步先进单位。2002年1月至2003年3月任盐池县扬黄灌区建设指挥部副指挥、扬黄局局长。2003年4月至2004年10月任扬黄指挥部副指挥，在此期间多次被自治区党委、吴忠市委、盐池县委评为优秀共产党员、优秀党务工作者。2004年11月退居二线，2005年11月去世。

夏青山 男，汉族，1934年6月出生于青铜峡市，中共党员，高中学历，政工师。1951年3月在宁夏省委宣教班学习。1951年9月起先后任盐池县三区宣传干事、县委宣传部干事。1956年3月任盐池县委办文书。1957年1月任盐池县委文教部副部长。1958年11月任盐池县委宣传部部长。1969年10月任王乐井公社副主任。1971年5月任马儿庄公社书记、革委会主任。1976年11月任盐池县五七大学副校长。1977年11月任盐池县委常委。1978年4月任盐池县委副书记。是年，盐池县委决定成立盐池扬黄工程规划领导小组，夏青山兼任副组长。1984年1月任盐池县人大常委会副主任、党组副书记。1984年11月任银南地委农机公司经理。1991年1月任银南地区行署农牧处调研员。1994正8月退休。

丁生兰 男，汉族，1931年7月出生于盐池县惠安堡镇狼布掌村，绥宁师范毕业。1950年1月在盐池县参加工作。1952年6月加入中国共产党，历任区文书、共青团干、县委办文书、县政府办公室主任。1961年7月至1964年秋任马儿庄公社党委书记，后参加自治区党校集训3年。1970年任萌城水泥厂筹建领导小组组长。1970年10月至1976年10月任青山公社党委书记。1976年10月任县水电局局长、党总支书记等职。1980年调盐池机械化林场负责办公室等工作。1982年1月任盐池机械化林场副场长。1986年8月任盐池机械化林场调研员。1988年11月退休。2011年去世。

郝　智 男，汉族，1934年12月生于盐池县惠安堡镇，中共党员，中专文化，经济师。1949年保送宁夏吴忠师范学习，毕业后分配大水坑完小任教。1955年任盐池县团委少儿部长。1958至1973年先后在高沙窝公社、城郊公社任书记、社长。1973年任县水电局局长、党总支书记。1976年借调盐环扬水指挥部任测量设计队队长。1980年起在宁夏水利制管厂工作，任副厂长、厂长。1984年起在宁夏吴忠市秦汉渠管理处工作，任处长、巡视员。1994年退休。2012年去世。

苏明昌 女，汉族，四川省宜宾市人，1954年8月考入水利部重庆水利学校农田水利专业学习。1957年8月毕业后响应祖国支援边疆号召来到宁夏，先后在吴忠自治州水利局、金积县水利局工作。1958年8月后，先后在盐池县水利科、李家大湾水库管理所、水电局技术室、扬黄局规划设计室等单位工作。1983年6月加入中国共产党。1985年11月晋升水利工程师职称。1988年6月盐池县委成立盐池县扬黄工程办公室,苏明昌任办公室副主任。1994年年底退休。苏明昌在盐池工作生活37年,一直是水利部门业务骨干和技术负责人,她跑遍了盐池县的山山水水和沟沟岔岔。盐池县羊圈沟水库工程建设、李家大湾水库维修加固、郝家台水库规划论证、官滩截潜流工程建设,全县抗旱打井、农电工程、潜水电泵项目,城西、柳杨堡、高沙窝营西、青山、苏步井等机井(浅井)灌区开发建设,马儿庄、南海子、南部山区、县城等人畜饮水工程,引黄入盐工程前期论证、土壤普查、规划设计、田间配套工程,以及小型农田水利建设等工程项目,无不留下了她勤奋的足迹和身影。苏明昌曾5次获得国家级表彰奖励,被授予全国"三八"红旗手、全国先进工作者等荣誉称号;10次受到自治区党委、政府和有关部门表彰奖励;17次被原银南地区及盐池县委、政府评为劳动模范、先进工作(生产)者、"三八"红旗手等;曾当选自治区第五、六届人大代表,盐池县第八、九、十届人大代表。2013年去世,享年75岁。

莫兴福 男,汉族,1937年7月出生于江苏省张家港市,高中文化,工程师。1955年在宁夏吴忠州水利局工作。1958年调盐池县水利科工作。1996年退休。在盐池县工作期间,先后参加了官滩、红山沟、柳杨堡等小型水利工程和大湾水库工程建设,参加了城西滩、柳杨堡、高沙窝等井灌区和马儿庄、王乐井等乡镇人畜供水工程建设,参加了盐池县扬黄灌区工程规划、设计、建设,为盐池水利事业发展做出了突出贡献。

赵元兰 男,汉族,河北省献县人,中共党员,助理畜牧师,宁夏畜牧兽医学会会员。1957年8月毕业于甘肃省兰州农校动物饲养专业,分配盐池县畜牧站工作。1982年8月至1987年12月,历任盐池县水电局局长、水利电力科科长,水电科科长、党支部书记,党总支书记等职。1985年6月盐池县委组建盐池扬黄工程建设指挥部,时任县水电局局长赵元兰兼任副指挥。因其在少数民族地区长期从事科技工作。1983年被国家民族事务委员会、劳动人事部、中国科学技术协会授予荣誉证书。1987年获得全区水利水土保持先进个人奖。1992年获得全区农村水利建设《六盘山杯》先进个人奖。1993年"聚氯乙烯管在盐池县人畜供水工程上的应用效益"研究成果获自治区科技进步四等奖。2014年10月去世。

柳怀德 男,汉族,1934年12月出生于宁夏中卫县,中共党员,中专学历,高级政工师。1949年9月在中卫县贸易公司工作。1952年8月起先后任吴忠自治州贸易公司门市部主任、业务科副科长。1957年9月起先后任盐池县贸易公司副经理、劳动工资福利部副部长,县财政局局长,县革命委员会办公室、县委办公室副主任、主任,县计划委员会主任等职。1978年4月起先后任盐池县革命委员会副主任、县委副书记、纪律检查委员会书记、党史资料征集领导小组组长等职。1978年盐池县委决定成立盐池扬黄工程规划领导小组,柳怀德兼任副组长。1986年11月起先后任银南地区物资局局长、党总支书记、调研员等职,1995年2月离休。

刘汉治 男，汉族，1937年3月出生于盐池县花马池镇柳杨堡村，中共党员，高中学历。1949年9月任盐池县警卫队战士。1950年任盐池县政府通讯员。1951年任盐池县警卫队战士。1952年任盐池县公安队通讯员。1955年任盐池县武警中队战士。1957年1月任盐池县人民法院书记员。1958年任盐池县政府信访专干。1959年任盐池县纪律监察委员会干事。1960年8月任侯家河公社回六庄大队大队长。1961年任侯家河公社党委组检干事，同年任侯家河公社古峰庄大队党总支书记。1961年9月任王乐井公社党委委员、秘书。1963年任县纪律监察委员会秘书。1969年6月任城郊公社党委委员、秘书。1972年任城郊公社党委副书记、革委会副主任。1973年任城郊公社党委书记、革委会主任。1978年4月任盐池县革委会委员、革委会副主任。1981年3月任盐池县政府副县长。1984年3月任县委常委、副县长。1985年6月，盐池县委决定组建盐池扬黄工程建设指挥部，时任盐池县副县长刘汉治兼任副指挥。1987年3月任县委副书记。1991年任县委副书记、政协盐池县第四届委员会主席、政协党组书记。1993年任政协盐池县第五届委员会主席、党组书记。1998年离休。曾当选盐池县第七、八、九、十、十一、十二、十三届人民代表大会代表，中共盐池县第六、七、八、九、十次党代会代表。

高　玉 男，汉族，1948年2月出生于盐池县高沙窝镇苏步井村，中共党员，大学学历，水利工程师。1978年毕业于清华大学水利工程系，同年分配宁夏银南地区盐环扬黄指挥部从事技术工作。1980年调盐池县水电局工作。1984年任水电局副局长。1991年任扬黄局局长。1993年任扬黄灌区建设指挥部副指挥兼杨黄局局长。2002年任扬黄灌区建设指挥部指挥。全程参与了盐池县扬黄工程前期规划、勘测设计和建设工作。扬黄灌区一期工程从1992年动工兴建到2002年年底历时10年，开发灌区28片，发展水浇地14.6万亩，安排受益群众5万人；扬黄灌区二期扩灌工程新开发灌区8片，面积4.9万亩。高玉先后当选盐池县第九、十、十一届党代会代表，中共盐池县委第九、十、十一届委员，第十三届县人大代表和人大委员，吴忠市第一届人大代表。曾获全国农村供水先进工作者称号。2016年9月病逝。

第二节　人物简介

一、盐池县扬黄工程筹备委员会(指挥部、工程领导小组、灌区建设委员会等)历任领导简介

马文礼 男，回族，宁夏灵武市人。1955年加入中国共产党。1956年至1972年先后任高级社社长、崇兴公社革命委员会副主任。1972年至1974年任崇兴公社副书记。1974年至1975年任灵武县委书记。1975年至1977年任银南地委副书记。在此期间，1975年12月兼

任银南地委盐池扬水工程指挥部副指挥。1978年任灵武县委副书记、县革委会主任。1980年10月任灵武县委副书记、县长，后调自治区粮食局工作。

赵国英　男，汉族，1941年1月出生于盐池县麻黄山乡管记掌村，中共党员，大学文化，高级政工师。1950年至1954年在麻黄山乡下高窑小学、惠安堡乡完小上学。1954年9月至1960年7月在吴忠中学上初中、高中，1960年9月至1965年7月在宁夏农学院、宁夏大学农学系上学。1965年9月至1978年12月在盐池县农业局、农技推广站工作。1979年1月至1983年在盐池县城郊乡（区）任乡长、副书记。1985年6月盐池县委组建盐池扬黄工程建设指挥部，时任县委副书记赵国英兼任指挥。1986年12月至1989年4月任盐环定扬黄工程指挥部指挥兼筹建处处长。1989年5月至1993年3月在盐环定扬水管理处工作，任党支部书记、代理处长。1993年3月至1998年11月在宁夏水利学校工作，任校党委书记。1998年12月至2001年1月在宁夏水利学校退居二线，任调研员。2001年1月退休。

王　珍　男，汉族，盐池县青山乡猫头梁村王记圈人，1933年1月出生，中共党员，中专文化程度（吴忠回民师范肄业)。1954年4月任盐池县四区二道湖乡文书。1956年4月任盐池县委组织部干事。1957年5月任惠安堡狼布掌乡党支部书记。1958年9月起先后任王乐井区（公社）党委副书记、书记。1961年9月任县纪检委副书记。1962年4月任侯记河公社书记（1965年社教被停职）。1969年10月任惠安堡公社党委书记、革委会主任，1970年7月先后任大水坑、红井子公社党委书记、革委会主任。1973年1月任县委常委，1976年11月任县委常委、农工部部长。1981年3月在盐池县第八届人民代表大会上当选盐池县县长。1984年3月起当选为盐池县第九、十、十一届人大常委会主任、兼党组书记。1985年6月，盐池县委决定组建盐池扬黄工程建设指挥部，时任盐池县人大常委会主任王珍兼任副指挥。1993年9月退休。曾当选宁夏回族自治区第一、二、五次党代会代表，自治区第五、六、七届人代会代表，盐池县第三至十一次党代会代表，盐池县第四、五、七、八、九、十、十一、十二届人民代表大会代表。

吴学廷　男，汉族，1938年9月出生于宁夏中宁县，中共党员，高中学历，高级政工师。1955年至1978年先后任中宁县盖海农业社会计、恩和公社秘书、农村工作部部长、计划局长、县委办主任、农办主任、县革委会副主任。1978年4月任银南七星渠管理处处长。1979年任中宁县委副书记、县长。1985年4月任盐池县委书记。1986年4月，盐池县委决定成立盐环定扬黄工程盐池县工程领导小组，时任盐池县委书记吴学廷兼任组长。1991年10月任县级吴忠市委书记、银南地委委员。1994年9月任银川市委副书记。1996年任银川市政协党组副书记。1999年7月退休。

庞富贵　男，汉族，1939年12月出生于宁夏青铜峡市叶盛镇，中共党员，大专学历，高级农经师，高级政工师。1957年9月毕业于宁夏永宁农校，分配盐池县三区从事农业技术推广工作。1960年3月任盐池县农牧部干事。1968年至1981年先后任盐池县革委会秘书、农办秘书、农办副主任。1981年4月任盐池县委农村工作部部长、农牧党委书记。1984年3月任盐池县副县长。1986年4月盐池县委成立盐环定扬黄工程盐池县工程领导小组，副县长庞富贵兼任副组长。1987年3月任县委常委、副县长。1991年10月任县委副书记、县长。1995年4月任原银南地区政协联络处副主任(副厅级)。

王宝山 男，汉族，1933年6月出生于宁夏吴忠市马莲渠乡，中共党员，中专文化，高级经济师。1953年毕业于西北财校后，先后在盐池县财政科、党校工作。1969年在盐池县革委会办公室工作。1972年在盐池县计委工作。曾主持编制了盐池县"五五""六五""七五""八五"四个国民经济和社会发展五年规划。1983年兼任盐池县农业区划办主任，组织汇编了盐池县农业区划报告。1986年4月盐池县委成立盐环定扬黄工程盐池县工程领导小组，时任盐池县计划委员会主任王宝山兼任副组长。1988年9月主持编编制了《盐池县国土资源资料汇编》和《盐池县国土开发整治总体规划》，被自治区国土整治农业区划委员会评为优秀科技成果三等奖。兼任盐池县农建办主任期间，被评为宁夏西海固农业建设先进工作者和扶贫开发先进工作者。

冯儒雄 男，汉族，1951年5月出生于盐池到麻黄山乡后洼村，中共党员，中专文化，农经师。1969年在盐池县后洼公社冯崾岘生产队任会计。1970年在后洼公社赵家湾、胶泥湾大队任信用社会计、民兵营长，1971年调麻黄山公社工作，先后任青年干事、团委书记、共青团盐池县委委员、党委副书记、管委会副主任。1981年任后洼乡党委副书记、乡长，1985年调任大水坑乡党委副书记、乡长。1988年6月，盐池县委成立盐池县扬黄工程办公室，冯儒雄任主任。1991至1998年任盐池县扬黄局副局长兼政工计财室主任。1998年8月任盐池县扬黄工程指挥部副指挥、水电党委副书记。1988年后，参与了扬黄灌区建设全过程。

蔡　明 男，汉族，1957年2月出生于甘肃省天水市，中共党员，大学学历，高级政工师。1981年毕业于中国政法大学，分配银川市公安局工作。1982年在银川市委工作。1985年在宁夏顾委办公厅工作。1990年调灵武县委工作。1992年在中央党校学习。1994年1月任盐池县委书记。1995年8月盐池县委成立盐池灌区建设委员会，时任县委书记蔡明兼任主任。1996年12月后，先后任自治区民委副主任、自治区政协副秘书长、自治区政协办公厅主任。

徐　安 男，汉族，1956年4月出生于宁夏灵武县，中共党员，研究生学历，高级政工师。1977年毕业于吴忠师范，先后任中学教师、数学教研组组长、中学共青团委书记。1980年在宁夏教育学院进修。1983年至1992年先后担任共青团灵武县委副书记、书记，共青团银南地委副书记，共青团第十一届中央委员。1992年4月任中共盐池县委副书记。1995年4月代理盐池县县长。1995年8月盐池县委成立盐池灌区建设委员会，时任盐池县代县长徐安兼任副主任。1996 年 1 月当选为盐池县县长。1997 年 12 月任石嘴山区委书记兼人大常委会主任。2001 年 1 月任惠农县委书记。2003 年 1 月任宁夏高级人民法院党组成员、政治部主任。

姬学仁　男，汉族，1950 年 7 月出生于盐池县高沙窝镇苏步井村，中共党员，大专学历，高级畜牧师。1966 年 5 月在高沙窝乡畜牧站工作，期间在宁夏农学院学习 3 年。1976 年任苏步井乡党委秘书。1981 年起先后任盐池县农工部秘书、副部长。1990 年 5 月任盐池县科学技术委员会主任。1992 年 1 月任盐池县委常委。1994 年 12 月任盐池县副县长。1995 年 8 月盐池县委成立盐池灌区建设委员会，时任盐池县副县长姬学仁兼任副主任。1998 年 7 月任盐池县委副书记、政法委书记。2000 年 8 月任吴忠市财政局局长，2004 年 1 月至 2007 年 12 月任吴忠市人大常委会副主任。

刘继远　男，汉族，生于 1954 年 5 月，陕西省吴旗县人，中共党员，本科学历。1973 年在盐池县城郊乡下乡插队。1973 年 9 月在盐池县师范学校上学。1974 年 9 月在柳杨堡中学任教。1983 年 9 月至 1985 年 7 月在北京市教育学院东城分院进修学习。1985 年 8 月任盐池县教育局秘书，1986 年 6 月任盐池县委办公室秘书。1986 年 9 月任盐池县委办公室副主任，1989 年 9 月任盐池县委办公室主任。1995 年 6 月任盐池县委常委、宣传部长。2000 年 9 月任盐池县委副书记。2001 年 8 月任盐池县委副书记、政法委书记、综治委主任。2001 年 2 月，盐池县委、政府决定将“盐池城西滩灌区领导小组”改为“盐池县扬黄灌区开发建设领导小组”，时任县委副书记刘继远兼任组长。2003 年 1 月至 2007 年 11 月任盐池县人大常委会主任。曾当选为自治区第九届人代会代表、吴忠市第一次党代会代表、吴忠市第二届人大常委会委员。

齐光泽　男，汉族，1955 年 10 月出生于陕西省吴旗县，中共党员，大专学历，经济师。1975 年 4 月起在吴旗县二中、一中工作。1983 年 8 月调任盐池县教育局团委书记。1986 年 5 月在盐池县委组织部工作。1986 年 9 月任县政府办公室副主任。1990 年 5 月任县政府办公室主任。1995 年 4 月任县教育局长、党委书记，1996 年 12 月任县委常委、教育局长、党委书记。1997 年 1 月任县委常委(其中 1997 年 3 月至 1998 年 1 月任福建省福清市挂职市委常委、副市长)。1998 年 7 月任县委常委、常务副县长。2001 年 2 月县委、政府决定将“盐池县城西滩灌区领导小组”改为“盐池县扬黄灌区开发建设领导小组”，时任副县长齐光泽兼任第一副组长。2002 年 12 月任吴忠市利通区委副书记。2003 年 2 月任利通区委副书记、纪委书记。2005 年 3 月任吴忠市纪委副书记，7 月任吴忠市农牧局党委副书记、局长，后任吴忠市教育局党委书记。

二、历任局长、党委书记简介

张维俭　男，汉族，1945 年出生于宁夏吴忠市利通区马连渠乡岔渠桥，中共党员，大学本科学历。1968年大学毕业分配盐池县王乐井公社农技站工作。1974年4月至10月任王乐井公社革委会副主任。1974年11月至1979年10月任王乐井公社党委书记。1979年11月调任盐池县水电局局长、党支部书记。1983年4月调银南地区工作,先后任政策研究室主任、农工部副部长、乡镇企业局副局长、农牧局局长、吴忠市人大常委会农委副主任等职。2006年5月退休。

吴　德　男,汉族,籍贯宁夏吴忠市,1951年7月出生于盐池县大水坑镇,中共党员,大专学历,政工师,会计师。1972年1月任大水坑公社新桥学校教师。1972年9月起先后任大水坑医院出纳、保管、会计。1981年12月任县卫生局会计。1986年10月任县卫生局副局长。1988年3月任县水电局副局长。1993年7月任县水电局副局长兼防汛办主任(正科级)。1996年3月任县水电局局长。1997年10月不再兼防汛办主任。2000年1月任盐池县第十三届人大常委会副主任。2002年12月任盐池机械化林场党委书记(正处级)。2006年6月退居二线。在盐池县水务局工作期间,先后争取各类水电建设资金6174万元,实施打井、打窖、兴建小型农田水利工程,全县新增井灌面积1.8万亩,井灌面积累计达到5.4万亩;大搞以小流域治理为重点的旱作农田建设和生态建设,新增旱三田3万亩,新增种树种草面积12万亩,累计治理面积达到1524平方公里;兴建供水工程23处,累计达到31处,解决了近300个村庄8万余人30万只羊畜饮水困难;1999年实现全县乡乡通水,架设输电线路1322千米;1991年全县实现乡乡通电;1994年提前一年实现全县村村通电目标,使全县农村通电率达到95%以上。积极争取国家级建设项目,1995年盐池县被列为全国100个抗旱服务队建设试点县,1996年盐池县被列为全国300个节水增产重点县,黄河中上游管理局先后确定盐池县6个小流域综合治理试点。1992年1月被自治区水利厅评为1991年度全区水利建设先进个人;1999年3月被自治区水利厅、劳人厅评为全区水利系统先进个;2000年3月获得自治区水利厅"宁夏水利科学技术进步一等奖"。曾当选自治区第八届人民代表大会代表,吴忠市第一届党代会代表,盐池县第十三、十四届人大常委会委员。

白树民　曾用名白树明,男,汉族,祖籍陕西省吴旗县。1956年2月18日出生于盐池县青山乡六里洼村,中共党员,大专文化,水利工程师、水利监理工程师、水利工程总监理师。1974年6月通过公开考试,被盐池县水电局录用参加工作。1987年7月考入西北大学地理系,1989年9月毕业后一直在盐池县水利系统工作,先后任技术员、工程师、勘测设计室副主任、勘测设计室主任。1993年1月加入中国共产党,1993年6月任县水利水保局副局长。1996年任县防汛抗旱指挥部办公室主任(正科级)。2000年6月任县水利水保局局长、党委副书记。2001年11月继任新成立的水务局局长、党委副书记,社会兼职盐池县水利学会董事长、全国水利学会牧区专业委员会委员。2006年调入盐池县政协工作,2006年8月补选为政协盐池县第七届委员会副主席。2007年11月当选为政协盐池县第八届委员会副主席。2012年12月退居二线。在盐池县水务局工作期间，参加了《宁夏牧区水利规划》编制工作，制订了盐池项目区水利发展总体规划，主持设计了《盐池县节水增产重点县节水灌溉发展规划》《盐池县井灌区发展规划》等重要规划方案。从20世纪80年代开始在马儿庄、南海子等供水工程中推广运用无毒聚氯乙烯塑管替代钢管输水；主持节水项目实验中实施以低压管灌、扬黄小畦灌为主，喷灌、滴灌结合的灌溉方式，推广面积11万亩，节水节电效益十分明显。1996年4月获"八五"期间全区农业先进个人荣誉称号。2001年1月获全国节水增产重点县建设先进个人奖。2002年1月获全国水利系统先进工作者奖；先后8次获市、厅级各类先进个人奖；获自治区科技进步一等奖3次、二等奖1次、三等奖2次。2016年3月退休。

白　赟　男，汉族，1964年10月出生于盐池县冯记沟乡马儿庄村，中共党员，大学学历，高级水利工程师。1987年7月毕业于宁夏农学院农田水利系，分配盐池县水电局技术室工作。1989年6月起在柳杨堡乡挂职锻炼。1990年6月任盐池县水电局水政水资源办公室主任。1991年6月加入中国共产党。1993年7月任县水电局办公室主任。1997年10月任县水利局副局长。2006年8月任县水务局党委委员、局长。2004年晋升为高级水利工程师。2010年1月至2014年7月任县扶贫办主任。2014年7月至2015年12月任县农牧局局长。2015年12月调盐池县人大常委会办公室工作。在县水务局工作期间，主持参与了盐池县水利"八五""九五""十五"规划编制工作；负责柳杨堡、马儿庄平台、李庄子等多处人畜饮水工程的勘测设计和建设施工；主持盐池县牧区水利规划撰写工作。组织实施了盐池县城防洪工程、王乐井灌区配套工程、全县节水灌溉等多个重点项目。1999年被评为全区水利系统先进个人。2003年被评为全国水政工作先进个人。2009年被自治区农田水利基本建设指挥部评为先进工作者。2011年被评为全区扶贫开发先进个人。

袁书义　男，汉族，1963年11月出生于盐池县花马池镇田记掌村，中共党员，大学学历。1982年9月至1985年7月在宁夏建筑工程学校工民建专业学习。1985年8月至1986年4月在盐池县城建局工作。1986年4月至1998年12月在盐池县第二建筑公司工作。1989年9月至1992年7月参加西北建筑学院工民建专业学习。1998年12月至2000年6月任盐池县乡镇企业局副局长。2000年6月至2001年12月任县建设局副局长。2001年12月至2003年2月任大水坑镇党委副书记、镇长。2000年8月至2002年12月参加中央党校函授学院行政管理专业学习。2003年2月至2006年7月任大水坑镇党委书记。2006年7月至2009年9月任县建设局党委委员、局长。2009年9月至2010年1月任县住房和城乡建设局党委委员、局长。2010年1月至2012年10月任县水务局党委委员、局长。2012年10月任盐池县人大常委会副主任。

路　关　男，汉族，1963年10月出生于盐池县青山乡月儿泉行政村路记红庄自然村，中共党员，大学学历。1982 年 8 月至 1987 年 7 月在青山乡牛圈坑学校任教。在此期间，1985 年 5 月至 1987 年 12 月参加宁夏大学汉语言文学专业学习。1987 年 8 月至 1989 年 2 月在盐池县教师进修学校进修。1989 年 3 月至 1989 年 7 月在马儿庄中学任教。1989 年 8 月至 1991 年 7 月在青山乡中学任教。1991 年 8 月至 1994 年 2 月在青山乡中学任教务主任、副校长。1994 年 3 月至 1997 年 10 月在青山乡中学任校长。1994 年 9 月至 1997 年 7 月参加宁夏教育学院中文系汉语言文学专业学习。1997 年 10 月至 2003 年 2 月任青山乡副乡长。2003 年 2 月至 2004 年 12 月任青山乡党委副书记、纪委书记。2004 年 12 月至 2005 年 10 月任惠安堡镇党委副书记。2005 年 10 月至 2007 年 10 月任惠安堡镇党委副书记、副镇长。2007 年 10 月至 2007 年 12 月任盐池县惠安堡镇党委委员、副书记。2007 年 12 月至 2009 年 10 月任冯记沟乡党委委员、书记、乡长。2009 年 10 月至 2012 年 12 月任县环境保护和林业局党委委员、副书记、局长。2012 年 12 月任县水务局党委委员、局长。2014 年 7 月至 2015 年 12 月任县扶贫办主任。

张立泽 男，汉族，1969 年 12 月出生于盐池县麻黄山乡井滩子行政村郭记洼自然村，中共党员，大学本科学历。1995 毕业于宁夏大学，分配盐池县高沙窝乡任城建、土地干事，2001 年起任高沙窝乡副乡长、副镇长、纪委书记。2008 年 2 月调任县环保与林业局副局长，同年 8 月任县城市综合执法局支部书记兼副局长。2009 年 12 月任县住房和城乡建设局局长。2013 年 9 月任县发展和改革局局长。2014 年 7 月至 2015 年 12 月任县水务局局长，2015 年 12 月至 2016 年 12 月任县水务局党委书记、局长。2016 年 12 月任县财政局局长。

蔡向阳 男，汉族，1970 年 9 月出生于盐池县惠安堡镇四股泉行政村石堡子自然村，中共党员，大学本科，工学学士，高级工程师。1990 年 9 月至 1994 年 7 月就读于宁夏农学院农田水利工程系。1994 年 8 月至 2003 年 10 月任盐池县扬黄局工程师。2003 年 10 月至 2007 年 9 月任县水务局三道井水管所所长。2007 年 9 月至 2012 年 8 月任县水务局防汛抗旱指挥部办公室主任。2012 年 8 月至 2016 年 6 月任高沙窝镇副镇长。2016 年 6 月至 2017 年 5 月任县扶贫办副主任。2017 年 5 月任县水务局党委书记、局长。2007 年获第三届盐池县十大优秀青年奖。2008 年获吴忠市农田水利基本建设先进个人奖。2009 年获自治区农田水利基本建设先进个人奖。2010 年获盐池县农田水利基本建设先进个人奖。2011 年获自治区大中型水库移民后期扶持工作先进工作者奖。2011 年被评为盐池解放 75 周年“业务标兵”。2012 年获盐池县农田水利基本建设先进个人奖。

施选耀 男，汉族，1957 年 12 月出生于盐池县惠安堡镇萌城村，中共党员，大专学历。1976 年 8 月至 1977 年 5 月在惠安堡卫生院工作。1977 年 5 月至 1978 年 8 月在萌城乡卫生院工作。1978 年 9 月至 1986 年 5 月在萌城乡政府工作。1986 年 5 月至 1994 年 11 月任萌城乡党委书记。在此期间，1989 年 9 月至 1991 年 7 月在自治区党校党政管理专业学习。

1994年12月至1996年3月任县防疫站书记。1996年4月至1997年11月任县卫生局党委书记。1997年12月至2000年6月任县水利水保局书记、副局长。2000年6月至2010年1月任县水务局党委书记。在此期间,会同单位技术人员制定了一系列水保工程建设中、长期规划和项目方案。2010年1月起在县水务局工作(保留正科待遇)。2002年获吴忠市委、政府"重视妇女工作"先进个人奖。2006年获吴忠市保持共产党员先进性教育先进个人奖。2015年享受副处级待遇。

宋来发　男,汉族,1959年11月出生于陕西省定边县刘峁塬乡,中共党员,大专文化,审计师。1976年在刘峁塬乡任教。1978年在甘肃天水84859部队服役。1981年在宁夏财经学校上学。1983年调盐池县财政局工作。1984年在盐池县审计局工作。其间,1985年至1987年在宁夏大学学习。1989任盐池县审计局副局长。1998年至2004年9月任县审计局局长。2004年9月至2007年9月任县纪律检查委员会副书记。2007年9月至2010年1月任县卫生局局长。2010年1月至2012年8月任县水务局党委书记。

任红彬　男,汉族,1963年2月生于盐池县城,中共党员,大专学历,助理经济师。1980年12月至1982年7月在盐池县制药厂工作。1982年7月至1985年10月任制药厂车间主任。1985年10月至1992年2月任盐池县政协办公室秘书。1992年2月至1998年8月任政协办公室副主任、机关党支部副书记。1998年9月至2006年1月任政协党组成员、机关党支部书记、办公室主任,兼政协财政经济委员会主任。2006年1月至2012年8月任县交通运输局党委书记。2012年8月至2015年12月任县水务局党委书记。曾任政协盐池县第六、七届委员会常委,中共盐池县第十二、十三届党代会代表。

三、盐池县扬黄灌区建设指挥部历任领导简介

单新强　男,汉族,1944年2月出生于盐池县水坑镇,中共党员,大学文化,高级农艺师。1968年毕业于宁夏大学农学系,分配大水坑公社任教育干事。1972年任盐池县机关党委秘书。1973年任县法院副院长。1979年任大水坑公社党委书记。1984年任县政法委副书记,1985年任县农业科科长。从1987年3月起任盐池县委常委、副县长,其间主持了全县"三西"农业建设项目实施,使全县贫困人口由70%下降到4%以下,实现了基本解决温饱目标;主持了北部六乡沙漠化土地综合整治项目实施。1990年至1994年完成治沙造林50多万亩,治理成果被评为全区科技二等奖;协助实施了"全国农村能源综合建设县"项目和1990年至1993年中日治沙项目;组织实施了四墩子、沙边子科研基地建设和全县农业技术推广。1993年调任盐池县扬黄指挥部指挥(正处级)。在此期间,圆满完成了惠安堡、马儿庄和城西滩灌区开发建设重任。1994年12月任银南行署正处级调研员。在盐池工作期间,为全县人民群众脱贫致富及利水事业发展做出了突出贡献。2002年3月退居二线,2004年退休。

四、盐池县扬黄工程建设管理局历任领导简介

李存山 男，汉族，1959年3月出生于盐池县青山乡，中共党员，大专文化，政工师。1978年至1981年在甘肃省甘南军分区服役。1982年至1984年在青山乡方山村任民办教师、村委会主任。1984年11月至1992年先后在青山乡任武装干事、组织干事。1992年至1994年4月任青山乡副乡长。1994年4月至1997年10月任青山乡党委副书记。1997年10月至1998年12月任马儿庄乡乡长。1999年至2003年2月任马儿庄乡党委书记、乡长。2003年2月至2005年5月任盐池县扬黄局局长。2005年5月至2009年8月任水务局副局长。2009年退居二线。2010年至2013年任盐环定续建工程协调组组长。曾当选盐池县第十三、十四届人民代表大会代表。

石文秀 男，汉族，1950年12月出生于盐池县王乐井乡，中专文化，中共党员，政工师。1977年至1980年在王乐井公社任生产干事、办公室文书。1980年至1987年先后任王乐井公社管委会副主任、副乡长、副书记，主管农、林、水、牧工作。1987年至1998年任盐池县水利工程建筑承包公司书记、经理，先后完成扬黄一干渠、六干渠、八干渠、九干渠、龙记湾隧洞、三道井干渠、大小庄灌区、隰宁堡灌区、贾家圈灌区等施工任务。1996年9月，陕甘宁盐环定扬黄指挥部召开三省(区)扬黄共用工程竣工庆典大会，水利工程建筑承包公司被评为先进单位，石文秀被评为先进个人。1998年调任盐池县扬黄工程建设管理局书记，主要抓党建、工程协调及三道井泵站灌溉运行管理工作。2011年退休。

马 广 男，汉族，1957年7月出生于盐池县高沙窝镇苏步井村，中共党员，大专学历，政工师。1976年至1978年任小学教师。1978年10月至1979年8月任王乐井公社青年干事。1979年9月至1984年10月在共青团盐池县委工作。1984年11月至1989年4月在盐池县委办公室工作。1989年5月至2000年6月任县委信访办公室副主任。2000年6月至2003年2月先后任县矿管局、国土局副局长。2003年3月至2005年1月任县扬黄管理局副局长、党支部书记。2017年退休。

五、正科级以上干部、副高以上职称、获得市级以上表彰先进人物简介(按姓氏笔划排序)

马志伟 男，汉族，1969年11月出生于盐池县惠安堡镇惠安堡行政村南梁自然村，中共党员，大学学历，高级工程师。1988年7月毕业于宁夏水利学校。1997至2000年参加宁夏农学院水利专业学习。2004至2007年参加宁夏大学水利水电工程函授本科学习。1988年9月在盐池县水务局参加工作，先后在水土保持工作站、水政办、防汛办等基层站所从事技术工作。2012年至2014年任防汛办主任。2015年至2016年任防汛办副主任。2005年8月取得水利工程师资格。曾参与《盐池县荫子沟流域淤地坝坝系工程可行性研究报告》《盐池县桑记沟流域淤地坝坝系工程可行性研究报告》《盐池县杏树梁流域淤地坝坝系工程可行性研究报告》及上述三条坝系50座淤地坝规划设计工作。2011年后，先后参与了县城

防洪工程、王乐井灌区防洪工程、狼布掌灌区防洪工程规划设计和施工管理；参与全县山洪灾害防治及非工程措施项目编制工作，建立了县乡村山洪灾害防御及预警系统。2014 年参与完成了麻黄山、大水坑、花马池等 6 个乡镇应急抗旱水源工程。宁夏盐池县谢儿渠小流域蓄流微灌综合治理开发研究成果获 1999 年度自治区科技进步三等奖；宁南山区水窖集雨节灌技术示范推广及标准化研究成果获 2000 年度宁夏水利科学技术进步一等奖，宁南干旱非工程抗旱措施研究及推广成果获 2000 年度宁夏水利科学技术进步一等奖；撰写《宁夏盐池县水资源管理做法及成效》和《方山小流域水土保持环境生态建设技术路线》两篇论文发表在《科技时代》期刊上。

王　玺　男，汉族，1958 年 6 月出生于盐池县惠安堡镇，中共党员，大专学历，会计师。1975 年至 1980 年先后在惠安堡公社汪家河沿学校、李家大湾民办中学任教。1980 年调到盐池县农经站工作。1984 年至 1986 年在农经站负责会计辅导站工作。1988 年调盐池县水务局工作至 2016 年，先后任水务局副局长、机关党支部书记、主任科员。1980 年被共青团盐池县委授予新长征突击手、被评为全区会计工作先进个人。1984 年起连续三年被银南地委、银南行署评为会计工作先进个人。1990 年再次被银南地委、银南行署评为会计工作先进个人。1994 年被自治区水利厅评为统计报表先进个人。1995 年被评为全区会计工作先进个人。2001 年被吴忠市政府评为社会扶贫先进个人。

王文忠　男，汉族，1955 年 5 月出生于宁夏中卫市沙坡头区，中共党员，中专学历，助理工程师。1973 年参加工作。1990 年至 1993 年在盐池县城郊公社水利站工作。1993 年至 2015 年在水务局抗旱防汛办公室工作。1990 年获全区农林水利建设先进个人奖。2000 年获自治区水利厅水利科技进步奖。2003 年获吴忠市先进个人奖。2015 年退休。

王玉秀　女，汉族，1972 年 11 月生于盐池县惠安堡镇潘河村，中共党员，高级工程师。1997 年 7 月毕业于宁夏农学院水利系农田水利工程专业，此后一直在盐池县水务（水利、水电）系统工作，现任盐池县水利工程质量监督站站长。2004 年 8 月取得水利工程师资格。2011 年 1 月取得高级水利工程师资格。2003 年水利工程质量监督站被授予自治区“巾帼文明示范岗”称号。2003 年被县委宣传部等单位评为学雷锋、志愿服务先进个人。2008 年被县妇联评为“三八”红旗手。2016 年被评为全区水利工程质量监督管理先进个人。

王永智　男，汉族，1965 年 5 月出生于盐池县大水坑镇东风行政村堡头自然村，中共党员，大学学历，高级工程师。1987 年 7 月毕业于宁夏农学院农田水利系，分配盐池县水电局工作。1987 年 7 月至 1991 年 3 月在水电局水利施工队任技术员。1991 年 4 月至 2007 年 9 月任水利施工队副队长、队长。2007 年 10 月至 2014 年 5 月任盐池振兴水利开发工程有限公司经理。2014 年 6 月至 2015 年 5 月任水务局农村水利工作站站长。2015 年 6 月至 2016 年任水务局建设管理站站长。1987 年至 1991 年先后参加了宝塔、高利乌素等 6 处人畜饮水工程施工。1992年开始负责完成了青山西部、盐环续建王乐井和青山片区人饮及“百村千户”自来水入户等10余处人畜饮水工程施工任务。1993年投入盐池县扬黄工程开发建设,先后负责完成隰宁堡南灌区田间配套工程、贾家圈灌区混凝土板预制工程、宋新庄灌区田间配套工程、马儿庄灌区田间配套工程、王乐井灌区田间配套工程及盐环定扬黄宁夏调整灌区狼布掌支渠、旺四滩分支渠等6处扬黄渠道工程施工任务;从防渗渠、低压管灌、节水补灌及到高效节水灌溉滴灌、喷灌建设开始,先后负责完成全县井灌区节水改造及扬黄灌区三墩子高效节水灌溉等20余处工程施工任务,累计完成灌溉面积10万亩以上;先后负责完成红山沟整治工程、县城防洪工程、惠农抗旱打井工程等6处工程施工任务;完成郭记井沟骨干坝、佘记洼子淤地坝、赵记塘小流域及后台荫子沟除险加固工程等11处工程施工任务;完成4年退耕还林口粮田项目、2年牧区水利工程、农业综合项目、国土整治项目及潘儿庄、李记坝排碱工程等多处工程施工任务。2014年后主要负责全县高效节水灌溉、农村饮水安全、口粮田、牧区水利等项目的前期规划设计、方案编制、申报、评审和组织实施;参与了盐池县水利发展“十三五”规划编制工作。2015年6月后主要负责全局水利项目建设管理工作,组织对所有批复水利项目进行前期招投标、合同签订、项目监督管理、工程验收、竣工决算等。多次参加了自治区建设厅、水利厅组织的项目经理、监理工程师、干部工商管理、水利工程建设管理、项目法人等培训和水利部、水利厅组织的研讨会;发表了《盐池县机井灌区可持续发展》《发展节水灌溉技术,促进农业增产增收》等多篇论文。多次被评为全区水利先进工作者、全区优秀项目经理、吴忠市水利先进工作者、县级“两个文明”建设先进工作者、县级先进科技工作者、县级扬黄灌区开发建设先进工作者等荣誉称号。

王兴瑞 男,汉族,1972年12月出生于盐池县大水坑镇摆宴井村,中共党员,大学学历,高级工程师。1998年至2011年在盐池县水务局技术室工作,2011年至2015年在水务局节水办公室工作,2015年至2016年任水务局农水站站长。2003年被评为吴忠市水利工作先进个人,2008年被自治区水利厅评为节水灌溉先进工作者。2016年被盐池县委评为优秀共产党员。

王经军 男,汉族,1971年11月出生于盐池县城,中共党员,大学学历。1993年9月至1995年7月任盐池县建设局新型装饰材料厂厂长。1995年8月至2001年6月任建设局长龙水暖安装有限公司副经理。2001年7月至2006年3月任水务局城西移民区水管所所长。在此期间,2001年7月参加中央党校宁夏分校经济管理专业学习。2006年4月至2015年12月任盐池县城乡供水有限公司副经理。2003年获吴忠市水利工作先进个人奖。2010年获盐池县创建国家卫生县城先进个人奖。2011年被吴忠市委评为优秀共产党员。

王家邦 男,汉族,1967年7月出生于盐池县大水坑镇,大学学历,高级水利工程师,九三学社社员。1991年大学毕业分配盐池县水利电力局技术室工作。先后任水利电力局技术室助理工程师、技术室副主任职务。在此期间，主要参与了自治区“八五”“九五”重点水利项目“陕甘宁盐环定扬黄工程”盐池灌区开发建设；参加、主持了低压节水管灌技术的引进、示范和推广，作为主要技术负责人参与承担了盐池县全国节水增产重点县项目建设，1999、2001年分别获自治区科技进步三等奖和二等奖；主持、参与了盐池县“八五”“九五”期间节水灌溉、人畜饮水、防汛抗旱、农田水利等各项水利工程项目规划、可行性研究编制和设计，参与项目建设及管理。1999年参加全国水利工程建设监理工程师统一考试，取得国家水利部水利监理工程师资格证书。2000年12月借调自治区水利厅农村水利处工作。2001年6月调石嘴山市惠农县水务局工作。曾当选自治区第十届人民代表大会代表、石嘴山市第十三届人民代表大会代表、政协石嘴山市第十届委员会委员、政协石嘴山市惠农区第三届委员会副主席，九三学社宁夏第四次代表大会代表、农林专委会委员，九三学社宁夏第五届委员会委员、监督委员会委员，九三学社石嘴山市第三、四届委员会委员，九三学社石嘴山市惠农区第二、第三届委员会主委。现任九三学社宁夏区委会委员、监督委员会委员，九三学社石嘴山市委会委员，政协石嘴山市委员会委员，石嘴山市大武口区政协副主席。

王增明　男，汉族，1956年8月出生于盐池县麻黄山乡井滩子行政村余家洼子自然村，中共党员，大专学历。1975年在麻黄山学校任教。1992年调盐池县扬黄工程指挥部工作。1994年4月至2007年3月先后任扬黄灌区惠安堡中心水管所副所长、所长（正科级）；2007年4月至2016年在县水务局工作。2016年9月退休。

王耀武　男，汉族，1964年3月出生于盐池县青山乡猫头梁行政村王记圈自然村，中共党员，大学学历，高级农艺师。1978年9月至1981年6月在宁夏固原地区农校上学。1981年6月至1989年9月在盐池县农技推广站、农技推广中心工作。1989年9月至1991年6月在中国人民大学社会学系上学。1991年6月至1992年3月在盐池县委政研室工作，1992年3月至1996年1月任马儿庄乡副乡长。1996年2月至2004年12月任盐池县扬黄指挥部移民开发办公室副主任。2005年1月至2009年12月任盐池县农业综合开发办公室副主任。2009年11月至2016年12月任县农机推广服务中心党总支书记。1992年1月被县委、政府评为全县社教工作先进工作者。1999年2月被县委、政府评为全县扶贫工作先进个人，2011年被自治区农牧厅评为全区农机化工作先进个人。

牛　广　男，汉族，1953年12月出生于盐池县惠安堡镇牛家圈村，大专学历，高级水利工程师。1970年10月至1973年5月在盐池县萌城水泥厂任司机、电班班长。1973年5月至1973年10月在盐池县盐场任司机。1973年11月至1998年4月任盐池县水电汽车运输队队长。1998年5月至2001年2月任盐池振兴水利开发工程有限公司经理。2001年2月至今任宁夏振盐水务工程有限公司董事长。在水利企业任职期间，主要承揽水利水电工程建设，先后承担了扬黄扶贫配套工程、国家生态建设工程、水文钻探工程、水工大坝等水利工程施工建设，累计完成产值21000多万元，实现利税800多万元。1999年获县级先进工作者奖。2000年获自治区水利厅水利综合经营先进个人奖，2002年获盐池县政府颁发两个文明建设先进工作者奖。2008年被自治区水利厅评为从事水利工作35年至40年先进工作者荣誉称号。

牛万滋 男，汉族，1942年2月出生于盐池县花马池镇柳杨堡村，中共党员，高中文化，政工师。1958年在盐池县林业局参加工作，同年保送银川农业机械化学校学习，毕业后分配盐池机械化林场任拖拉机驾驶员、机耕队队长、团支部书记。1965年在吉林省白城林校学习一年。1966年被盐池县社教工作团抽调搞社会主义教育运动一年。1970年调任盐池一中农业课教师。1976年调县水利水保科（局），先后任汽车队队长、党支部书记、局党委委员（副科级）；1992年任水利系统工会主席、后勤主任。多次被评为县级、水利系统优秀共产党员、先进工作者。1999年被吴忠市委、市政府评为精神文明标兵，颁发五一劳动奖章，参加了《宁夏水利工会志》编写工作。

史海东 男，汉族，1950年3月出生于山西省交城县，中共党员，大学学历。1968年至1971年先后在盐池县委办公室、人事局、团县委工作。1972年至1975年在宁夏农学院学习。1976年年在盐池县农业局任技术干部。1979年至1983年在县科委任技术干部；1984年至1985年在县农工部工作。1986年至1988年任城郊区副区长。1989年至1992年任盐池县扬黄工程建设领导小组办公室副主任。1993年至2001年任盐池县扬黄局土壤普查利用办公室主任。2011年调盐池县水务局工作。1976年至1983年，先后开展了糜子、山芋、小麦和地膜玉米等农作物丰产栽培技术研究，其中千亩井灌春小麦丰产栽培技术研究获县级成果一等奖，千亩井灌春小麦丰产栽培技术报告发表在《宁夏农业科技》1985年第四期；1983年参加全区土壤普查工作，担任盐池县土壤普查工作组组长，参与了《宁夏土壤普查报告资料汇编》（第十六号）编写工作。1996年至2000年参加了盐池县扬黄新灌区综合开发技术研究，《扬黄新灌区农业综合开发技术研究》成果获自治区科技进步二等奖。1989年至2003年参与了盐池县扬黄灌区土壤普查工作，任土攘普查办公室主任，编写《扬黄灌区土壤普查报告》四本。2010年退休。

白　刚 男，汉族，1973年11月出生于盐池县冯记沟乡马儿庄村。宁夏大学农田水利专业本科毕业，农田水利副高级职称。1997年7月至今在盐池县水务局工作，先后从事水土保持、防汛抗旱和扬黄灌溉管理工作。2013年被宁夏第一次全国水利普查领导小组评为第一次全国水利普查先进个人。

白学军 男，汉族，1959年9月出生于盐池县冯记沟乡马儿庄行政村龚儿庄自然村，中共党员，大专学历，高级经济师。1976年11月至1988年8月在吴忠公路段工作。1988年9月至2016年在盐池县水务局工作，先后任水务局抗旱物资供应站经理、水务局办公室总务主任等职。1995年被评为银南地区先进工作者。

冯水玲 女，汉族，1969年5月出生于盐池县花马池镇二堡村，大学本科，高级工程师。1990年10月至2005年5月在盐池县水电局技术室从事水利工程规划设计、施工技术指导工作。2005年6月至2007年5月在农村水利站从事水利服务工作。2007年6月至2016年在防汛抗旱指挥部办公室从事防汛抗旱、水库移民、农田水利基本建设等工作。

冯其春 男，汉族，1972年6月出生于盐池县大水坑镇大水坑村，高级水利工程师。1997年7月毕业于宁夏农学院农田水利工程专业，获工学学士学位。1997年8月分配盐池县水土保持工作站从事技术工作。参与编写了国家农业综合开发水土保持项目盐池县青山项目区可行性研究报告；参与了青山项目区东沟、雷记沟、侯家河、红庄四条小流域水土保持综合治理项目规划实施，参与了国家农业综合开发水土保持项目盐池县柳杨堡项目、郭记沟小流域综合治理项目的规划实施；主持编写了土沟水土保持示范试点小流域综合治理实施方案；参与了荫子沟流域淤地坝坝系工程、桑记沟流域淤地坝坝系工程、杏树梁流域淤地坝坝系工程等可行性研究报告撰写；编制完成了三大流域淤地坝工程256.3平方公里、90座淤地坝规划设计；参与完成了荫子沟、桑记沟、杏树梁流域单坝扩大规划设计及实施。2014年调城西滩水管所工作。2015年任城西滩水管所所长。先后在《农业科技与信息》《中国科学学报》等国家级刊物上发表了《浅谈小流域综合治理与开发》《试述宁夏淤地坝建设的作用及对今后的建议》《宁夏青山项目区水土保持项目建设的成效与经验》等论文多篇。

冯学芳 女，汉族，1976年2月出生于盐池县高沙窝镇大疙瘩村，本科学历，高级工程师。1995年12月至2016年3月在盐池县水电局（水务局）农村水利工作站从事水利工程规划设计、技术指导工作。2016年4月至今在水利工程建管站主要承办农水、防汛项目建设管理等工作。

冯春秀 男，汉族，1962年7月出生于盐池县花马池镇红沟梁村，中共党员，大专学历。1980年10月至1983年10月在银南军分区独立营三连、武警银南支队三中队服役，先后任战士、副班长、班长。1983年9月加入中国共产党。1984年1月至1997年10月先后任柳杨堡乡党委组织干事、党委秘书、党委副书记等职。1997年10月至2000年8月任高沙窝乡党委副书记兼任人大主席团副主席。在此期间，1995年8月至1998年6月参加中央党校函授学院经济管理专业学习。2000年8月至2007年8月任盐池县乡镇企业局党支部书记、副局长，乡镇企业发展服务中心党支部书记、副主任。2007年8月至今任盐池县扬黄灌溉管理所支部书记、副所长。

冯菊梅 女，汉族，1970年10月出生于盐池县花马池镇。1992年7月毕业于湖北长江职工大学水利系水利工程概预算专业，同年10月分配盐池县水务局农村水利工作站（原技术室）工作至今。2003年12月至2007年1月在宁夏大学水利水电工程专业学习。2008年

11取得高级水利工程师资格。参加工作后，一直在农村水利工作站从事农田水利工程规划设计、概预算、技术指导及建设管理等工作。参与编写了《盐池县节水灌溉示范项目建设可行性研究报告》《盐池县农田水利规划》《盐池县农村饮水解困一期、二期规划》《盐池县“十一五”农村水利建设规划》《陕甘宁盐环定扬黄续建工程宁夏受水区规划》《陕甘宁盐环定扬黄续建工程宁夏专用工程可行性研究报告》《2008—2015年宁夏巩固退耕还林成果基本口粮田建设规划》《盐池县“十二五”水利规划》等20余项中长期水利规划和报告。2001年参加宁夏“节水增产重点县建设与节水增产技术体系示范推广”课题研究获自治区科技进步二等奖，同时获自治区水利科技进步一等奖。2002年撰写《盐池县节水增产重点县建设的成效和经验》论文在《宁夏水利》刊物上发表。2007年撰写《浅析农村饮水安全——宁夏盐池县农村饮水安全现状及对策的研究与探讨》和《对解决盐池县南部山区安全供水问题的思考》两篇论文分别在《中国科学学报》和《甘肃农业》刊物上发表。2003年所在岗位被授予自治区“巾帼文明示范岗”。2006年被评为县级优秀工作者。2012年被自治区第一次全国水利普查领导小组办公室评为先进个人。2013年被自治区第一次全国水利普查领导小组办公室评为先进个人。

冯雪莲 女，汉族，1969年12月出生于盐池县高沙窝镇大疙瘩村，大学本科学历，高级工程师。1991年7月至今在盐池县水务局从事农田水利专业工作，参加《宁夏干旱地区渠沟田全防渗灌水技术研究》试验课题研究获宁夏水利科技进步一等奖，获自治区科技进步三等奖；参加《节水增产重点县建设与节水增产技术体系示范推广》成果获自治区科技进步二等奖；参与撰写《宁夏干旱地区管灌与膜上灌相结合的灌溉系统试验研究》论文刊登在《第三次全国低压管道输水灌溉技术研讨会论文选集》中，获全国优秀论文奖。

冯燕梅 女，汉族，1975年2月出生于盐池县花马池镇，大学学历，水利工程师。1995年12月至2003年6月在盐池县麻黄山变电所工作，2003年7月至2004年8月在王乐井供电所工作。2004年9月至2011年1月在扬黄所三道井泵站工作。2011年1月至2013年12月在盐池县第一次全国水利普查办公室工作。2013年6月至今在水利质量与安全监督站工作。2015年获得全区水利安全生产先进工作者称号。

任光福 男，汉族，1955年出生于盐池县高沙窝镇苏步井村，中共党员，中专学历。1978年至1992年先后任高沙窝镇李华台村、芨芨沟村主任。1993年至1998年4月任盐池县苏步井吊庄办公室主任。1998年4月至2014年5月任盐池县扬黄灌区中心水管所副所长(副科级)。2014年5月退休。1987年被盐池县委评为优秀共产党员。1996年被银南地委、银南行署评为绿化造林先进个人。

刘贵军 男，汉族，1957年2月出生于盐池县柳杨堡公社柳杨堡村，中共党员，大专学历，政工师。2003年4月任盐池县水务局机关党支部书记、副局长。2005年7月任水务局党委委员、副书记，兼机关党支部书记。2007年2月任水务局主任科员。

孙　峰　男，汉族，1975年9月出生于盐池县王乐井乡孙家楼村，中共党员，大学学历，高级工程师。1994年8月至1998年7月在宁夏农学院水利系上学。1998年8月至2004年6月在盐池县水务局水保站工作。2004年6月至2011年2月任水保站副站长。2011年2月至2015年4月任水保站站长。2015年4月至2015年12月任水保站站长、农水站站长。2015年12月至2016年任水务局党委委员、防汛办主任。2003年被吴忠市政府评为全市水利工作先进个人。2008年被吴忠市防汛抗旱指挥部评为防汛工作先进个人。

孙荣月　女，汉族，1961年11月出生于盐池县王乐井乡孙家楼村，专科学历，水利工程师。1983年10月至2005年1月在盐池县农村水利工作站从事水利工程规划、勘测、设计、施工技术指导等工作。2015年4月至今在扬黄浇灌管理所工作。参与节水增产重点县建设与节水增产体系示范推广成果获2001年自治区水利科技进步一等奖”。

李　东　男，汉族，1965年6月出生盐池县花马池镇田记掌村，中共党员，大学学历，工学学士，高级工程师。1984年9月至1988年7月在陕西机械学院水利水电工程建筑专业学习。1988年7月至10月在山东省电力建设第三公司任技术员。1988年10月至12月在盐池县水利电力科任技术员。1988年12月至2002年12月在盐池县扬黄工程建设指挥部办公室、扬黄工程建设管理局规划设计室任副主任、主任。2002年12月至2005年11月先后任宁夏水利工程建设管理局施工管理科副科长、规划计划科科长。2005年11月至2007年1月任宁夏秦汉渠管理处副处长。2007年1月至2011年1月任自治区水利厅规划计划处副调研员。2011年1月至2016年5月任水利厅规划计划处副处长。2016年5月至2017年4月任水利厅规划计划处调研员。先后荣获自治区优秀共产党员、全国水利规划计划先进个人、全区水利系统先进工作者4次，荣立三等功1次；获得部级农业节水科技二等奖1次，宁夏水利科学技术进步一等奖4次、二等奖1次、三等奖2次；参与完成3项地方规范起草工作；发表论文3篇。

李　峰　男，汉族，1956年1月出生于盐池县王乐井乡，中共产党员，大学学历，水利工程师。1974年7月至1990年在盐池县水电局工作。1990年至2005年在盐池县扬黄管理局工作。在此期间，1991年2月至2005年1月任扬黄管理局副局长。2005年1月至2017年1月在盐池县水务局工作。在此期间，2005年1月至2007年4月任水务局扬黄办主任。2017年2月退休。1987年获自治区水利科技进步三等奖。

李一民　男，汉族，1959年12月出生，河南上蔡县人，大专学历，高级会计师。1975年8月在盐池县水电科参加工作，先后在水电局打井队、材料库、施工队、水利物资经销部、振盐水务公司、振兴水利公司工作并任会计、副队长、副经理、经理等职。2003年12月获吴忠市水利系统先进个人称号。

李凤荣 男，汉族，1946 年 10 月出生于盐池县柳杨堡乡沙边子村，中共党员，中专文化，水利助理工程师。1976 年任柳杨堡公社水利干事。1990 年任柳杨堡乡水管站站长。1976 年后主要从事水利基础设施建设和三田建设，主持修建人畜饮水工程 1 处。1984 年被盐池县政府评为先进个人。1984、1985 年被银南行署水电处评为农田水利建设先进个。1986 年被盐池县政府评为两个文明建设先进个人。1989 年被自治区水利厅评为水利工作先进个人。柳扬堡水管站获 1990 年度全区“洪漫坝建设六盘山杯”集体奖。

李凤娟 女，汉族，1971 年 10 月出生于盐池县大水坑镇红井子村，中共党员，副高级职称。1997 年 7 月毕业于宁夏农学院水利系农田水利工程专业，工学学士，同年 8 月分配盐池县水务局水土保持工作站工作。2011 年 3 月至今在水利工程建设管理站工作，主要从事水利工程招投标、质量监督、工程验收等建设管理工作。2005 年 6 月至 2011 年 3 月任水保工作站党支部书记。

李振琪 男，汉族，1966 年 4 月出生于盐池县王乐井乡鸦儿沟行政村李庄子自然村（现划归高沙窝镇），中共党员，本科学历，高级水利工程师。1988 年由宁夏农学院农田水利工程系毕业后分配盐池县水务局工作。1997 年调自治区水利厅农村水利处工作，后任水利处调研员职务。参加工作后一直从事农田水利、农村饮水工程设计、建设和管理工作。先后多次获得盐池县、自治区和国家水利部表彰的先进工作者和优秀公务员称号；宁南山区集雨节灌技术获得自治区科技进步二等奖。在《中国水利》《农村水利水电》《节水灌溉》《宁大学报》《宁夏水利》等期刊先后发表论文 20 余篇。

李鹏程 男，汉族，1961 年 9 月出生于盐池县大水坑镇莎草湾村，中共党员，中专文化，小教一级。1982 年在大水坑镇莎草湾学校任教。1987 年至 1989 年在盐池县教师进修学校学习。1993 年调盐池县委党史办工作。1994 年调大水坑镇政府工作，先后任司法助理员兼组检干事、土地管理员。1998 年任党委委员、副镇长，分管农、林、水、牧、农机、农技、草原管理工作。2002 年 10 月至 2006 年 7 月任大水坑镇副书记、纪委书记，其间，2001 年 8 月至 2004 年 6 月参加中央党校函授学院经济管理专业学习。2006 年 8 月至 2007 年 7 月任麻黄山乡党委委员、副书记、副乡长。2007 年 7 月至 2008 年 11 月任草原试验站党总支部书记、站长。2008 年 11 月至 2010 年 5 月任水务局党委委员、副局长。2010 年 5 月至 2013 年 1 月任水务局党委委员、副局长、城乡供水总公司经理。2013 年后在水务局工作，享受正科级待遇。1997、2000、2001 年三次被县委、政府评为“两个文明”建设先进工作者。1998、2000 年两次被县委评为优秀共产党员。2006 年被吴忠市委评为保持共产党员先进性教育先进个人。2010 年被吴忠市委、政府评为农田水利基本建设先进个人。2011 年被自治区水利厅评为全区水利安全生产先进个、被自治区节水型社会建设工作领导小组评为节水型社会建设先进个人。

李慧萍 女，汉族，1966 年 11 月出生于盐池县冯记沟乡丁记掌村，中共党员，大学本科，高级工程师。1990 年 7 月毕业于宁夏农学院农田水利系，分配盐池县水电局技术室工作。1992 年 4 月调整到盐池县扬黄局规划设计室工作，参与了扬黄灌区开发建设全过程。2005 年 3 月盐池县扬黄建设管理局与盐池县水务局合并后，通过竞聘担任水务局规划设计室（后改为农村水利工作站）副主任。2010 年 11 月至 2014 年 7 月任农村水利工作站站长，参与完成了盐池县水利建设“十一五”“十二五”“十三五”规划；参与了盐池县农村饮水安全、高效节水灌溉工程建设等工作。2014 年 8 月至 2016 年年底任防汛抗旱党支部书记。先后发表了《宁夏旱区水资源集约型利用与发展探讨》《李家坝泵站运行管理存在的问题及对策》《盐池县扬黄灌区经济效益分析》《宁夏银南黄河灌区盐渍土壤的地学背景及其开发利用》等多篇论文；获得“巾帼建功”标兵等多项县级荣誉，2011 年被评为吴忠市优秀人才，2012 年获全区水利工作先进个人奖，2015 年 1 月获全国水利系统先进个人奖。

李薛锋 男，汉族，1970 年 7 月出生于盐池县惠安堡镇惠安堡村，中共党员，大学文化，副高级职称。1993 年 6 月毕业于宁夏农学院水利系农田水利工程专业，获工学学士学位，同年 8 月分配盐池县苏步井乡水利水保站工作。1995 年 8 月调惠安堡水利水保站工作。2002 年 2 月调县水务局，先后从事水利工程设计、施工、水政执法及扬黄灌溉等工作；先后担任城西滩水管所所长、扬黄灌区中心水管所党支部书记、所长，水务局办公室主任、水政水资源办公室主任、节水办主任等职。2016 年 1 月获全区水利系统“六五”普法先进个人奖。

杨生斌 男，汉族，1973 年 4 月出生于盐池县高沙窝镇二步坑村，大学学历，高级水利工程师。1997 年 8 月至 2008 年 6 月在盐池县水务局设计室工作。2008 年 6 月至 2009 年 12 月任大水坑镇镇长助理。2010 年 4 月至 2012 年 12 月任大水坑镇柳条井村驻村工作指导员。2013 年 1 月至 2015 年 2 月在水务局农水站工作。2015 年 2 月选派为王乐井乡孙家楼村驻村扶贫工作队队长。2015 年被县委、政府评为脱贫攻坚先进个人。2016 年被县委、政府评为优秀水利工作者。

杨咏梅 女，汉族，1967 年 12 月 8 日出生于盐池县城，大学专科学历，水利工程师。1990 年 7 月毕业于宁夏农学院农田水利专业，同年 10 月参加工作分配在盐池县水务局农村水利工作站（原技术室）工作。1992 年到盐池县谢儿渠变电所工作一年。1993 年至今在盐池县水务局水土保持工作站工作。1993 年 8 月参加编写宁夏牧区水利规划，获科技成果一等奖。2006 年 8 月晋升为水利工程师。多年来主要从事水土保持小流域综合治理、治沟骨干坝勘测设计、病险淤地坝除险加固等工作。

宋长谦 男，汉族，1962 年 11 月出生于盐池县惠安堡镇，中共党员，大专文化。1981 年 11 月至 1985 年 1 月在盐池县水电局大湾水库工作，任库管工。1985 年 2 月至 1988 年 7 月在惠安堡乡政府财政所工作，任总预算会计。1988 年 8 月至 1989 年 7 月在宁夏财经学校中专专修班财会专业毕业。1989 年 8 月至 1992 年 7 月，在惠安堡乡政府财政所工作，任所长。1992 年 8 月至 1996 年 4 月在惠安堡乡政府工作(于 1993 年 2 月加入中国共产党)，先后任副乡长、副科级财政所长。1996 年 5 月至 2003 年 1 月在萌城乡政府工作，任乡党委委员、副乡长。在此期间，1994 年 8 月至 1997 年 6 月，在中央党校函授学院大专班经济管理专业毕业)。2003 年 2 月至 2004 年 11 月，在惠安堡镇人大主席团工作，任人大主席。2004 年 12 月至 2011 年 3 月，在盐池扬黄灌区中心水管所工作，任党支部书记、副所长(正科级)。2011 年 4 月至 2015 年 3 月，在盐池县水务局城西滩水管所工作，任所长(七级职员)。2015 年 4 月至今在盐池扬黄管理所工作，于 2017 年 1 月起享受六级职员待遇。

张　河　男，汉族，1946 年 2 月出生于盐池县惠安堡镇洪涝池村，中共党员，中专学历。1966 年 6 月至 1978 年 8 月任惠安堡公社洪涝池学校民办教师。1978 年 9 月至 1987 年 12 月任惠安堡乡杨儿庄村文书、党支部书记、乡党委委员。1988 年 1 月至 1990 年 12 月任惠安堡乡镇企业办公室主任、乡党委委员。1991 年 1 月至 1995 年 5 月任惠安堡镇副镇长，1995 年 6 月至 1998 年 3 月任惠安堡镇党委副书记、人大主席团副主席。1998 年 4 月至 2002 年任盐池县扬黄罐区中心水管所书记(正科级)。1988 至 1990 年连续三年被盐池县委评为优秀党员。1992 年被县政府评为拥军优属先进工作者。1996 年被县委、政府评为扬黄罐区开发建设先进工作者。曾当选盐池县第八、第九届人民代表大会代表。2009 年退休。

张万海　男，汉族，1950 年 12 月出生于盐池县麻黄山乡，大学文化，工程师。1969 年在麻黄山公社麻黄山大队参加工作。1975 年在云南林学院学习，毕业后分配盐池县林业局工作。1988 年在赵记湾水保站工作，同年 7 月调盐池县水利水保局水保站工作。1980 后，主持推广应用等高种植、沟垄种植水保耕作法，有效提高了单位面积粮食产量。在何新庄水保站工作期间，先后在后洼、麻黄山、萌城等地多次举办果树修剪技术培训班，提出引洪、蓄洪、用洪发展雨养经流山地果园的思路，在当地种植专业户中得到推广应用。1986 年参与设计、组织施工了荫子沟治沟骨干工程。1988 年承担了八岔梁流域综合治理与科研任务，经过 5 年治理，使该流域的治理程度达到 63%，1.5 万亩流动沙丘和耕种浮沙地得到治理；总结以草原封育治理风力侵蚀沙化、以沙生植物治理土地沙漠化的经验得到同行业专家肯定；1993 年经黄河水利委员会黄河 4 中游管理局和自治区水利厅联合验收，该项成果被评为黄河上中游地区优秀试点流域，张万海被评为先进工作者。1995 年八岔梁科研成果编入《中国科技成果大辞典》，所著《八岔梁小流域综合治理技术路线与效益评价》一文发表在《中国水土保持》(1999 年第四期)，并被《中国水利水电发展文库》收录。1997 年参加了谢儿渠小流域蓄流微灌综合治理开发研究项目，该项目于 2000 年 2 月获自治区水利厅科技进步一等奖。

张文良　男，汉族，1952 年出生于盐池县高沙窝乡营西村，中共党员，大学文化，水利工程师。1967 年起，先后在高沙窝公社营西大队任民办教师、文书、会计、团支部书记。1975 年在西北农学院水利系农田水利工程专业学习。1979 年 1 月毕业后分配宁夏农学院水利系工作，任系秘书、助教，主要从事教学管理、教学计划编制、水利实验室筹建、教学辅导，参与了全区水土保持规划编制。1985 年响应自治区人才交流中心科技人才支援山区号召，回到盐池县水电科机井管理站工作，后任技术室副主任，主要负责机井防渗渠道规划测量、设计，官滩截浅流工程规划设计，灵武狼皮梁盐池吊庄灌区农田水利渠道规划设计施工；参与制定了全县“八五”水利规划和人畜饮水工程规划。1988 年任盐池县水利施工队队长，主要负责宝塔人畜饮水工程、冯记沟乡王记疙瘩人畜饮水工程规划设计施工；南部山区人畜饮水工程麻记畔、吴记掌过沟工程改建，曾记畔、沙崾岘人畜饮水工程扩建，鸦儿沟乡狼洞沟人畜饮水工程改造，青山乡西部人畜饮水工程 PVC 塑管压力 1 米 pa 至 1.5 米 pa 实验和现场测试；在水利施工队任职期间，完成了全县人畜饮水工程计划任务。1991 年任盐池县扬黄局副局长。1994 年任扬黄灌区建设指挥部施工管理办公室主任（正科级），负责扬黄灌区开发建设管理工作，先后参加与马儿庄灌区、惠安堡灌区、冯记沟灌区、城西滩灌区和王乐井灌区的规划、测量、设计、施工工作。编写了盐池县扬黄灌区水利工程预算定额、扬黄灌区田间水利工程管理农民培训教材、施工管理办法、技术质量要求等。先后到甘肃景泰灌区、陕西宝鸡峡灌区进行灌溉渠道防渗节水技术考察学习，结合外地先进经验，研制适合盐池扬黄灌区 U 型砼渠板预制模具，在全县扬黄灌区进行砼制板推广应用。该项技术成果获 1992 年至 1993 年度宁夏水利科技进步三等奖。盐池县扬黄灌区节水灌溉实验研究获 1997 年宁夏水利科学技术进步三等奖。张文良于 1990、1991 年连续两年被评为全区农村水利建设六盘山竞赛先进个人。1990、1991 年连续两年被单位评为优秀共产党员。1996 年被县委、政府评为扬黄灌区开发建设先进工作者。2012 年退休。

张本强　男，汉族，1968 年 5 月出生于盐池县大水坑镇柳条井村，中共党员，大学学历，农学学士，高级工程师。1991 年 7 月于北京林业大学毕业后分配盐池县水保站任技术员。1992 年 7 月至 1997 年 7 月任水保站助理工程师。1998 年任水保站副站长；2005 年 3 至 2006 年 3 月在自治区水利厅挂职学习。在此期间，2005 年任盐池县水政办主任。参与完成了黄河上中游水土保持重点工程刘窑头小流域工程、国家生态建设水保项目、国家预算内专项资金水保项目等 28 条小流域综合治理项目规划报告的编写与治理实施；先后参与了雷家沟、亚木沟坝系 25 座水保工程和荫子沟淤地坝坝系规划设计与建设任务；参与了全县 14.1 万亩“旱三田”规划设计、施工建设任务；撰写《浅析水土保持设施补偿费的收缴标准》等 10 多篇论文，分别发表在《中国水土保持》等国内核心期刊上，其中《宁夏中部干旱带方山小流域水保生态环境建设技术路线》一文被水利部中国水土保持探索与实践——小流域可持续发展研讨会论文集收录,《浅析水土保持设施补偿费收缴标准》发表在《中国水土保持》2005 年 11 期,《刘窑头小流域综合治理模式初探》发表在《水土保持通报》2002 年第 3 期;《宁夏盐池县刘窑头小流域综合治理十年后评价与启示》收录于 2011 年宁夏水利论坛学术论文辑,并获二等奖。1993 年被自治区水利厅评为全区农村水利建设六盘山杯竞赛先进个人。1998 年被自治区水利厅评为全区水土保持工作先进个人。2009 年被吴忠市委授予依法行政工作先进个人。2010 年被水利部黄委会评为黄河流域(片)水土保持监督执法先进个人。2011 年被吴忠市委、政府被授予"吴忠市优秀人才"。2010 年被水利部评为全国水土保持监督执专项行动先进个人。

张和卫 男,汉族,籍贯甘肃兰州,1963 年 1 月 27 日出生于盐池县。1991 年 6 月加入中国共产党,大学本科学历,高级工程师。1983 年 11 月参加工作。1986 年 9 月至 1988 年 12 月于宁夏水利学校中专毕业。2001 年 9 月至 2003 年 9 月于北京工业大学专科毕业。2004 年 1 月至 2007 年 1 月于宁夏大学本科毕业。1983 年至 1990 年在盐池县水务局水土保持工作站工作,先后参加了后台骨干坝和阴子沟、桑家沟等淤地坝系测量、施工。1991 年至 2010 年任水务局水政办副主任,主持水土保持预防监督工作,负责起草了《盐池县实施〈水土保持法〉办法》《盐池县水土流失三区划分公告》《盐池县生产建设项目申报审批制度》等规范性文件。2010 年至 2016 年任水利工程建设管理站副站长,负责全县小型水利工程管理体制改革工作,负责起草了《盐池县深化小型水利工程管理体制改革实施方案》《盐池县深化小型水利工程管理体制改革实施细则》《盐池县小型水利工程管理办法》《盐池县小型水利工程维修养护管理办法》等规范性文件。2003 年 12 月被吴忠市政府评为全市水利工作先进个人。2004 年 6 月被盐池县委评为优秀共产党员。2004 年 9 月被自治区水利厅评为全区水土保持工作先进个人。先后发表《盐池县加快发展高效节水灌溉农业建设的必要性》《盐池县水利建设工程质量控制》《盐池县水利建设工程施工质量管理工作》等多篇论文。

张建军 男,汉族,1963 年 9 月出生于盐池县麻黄山乡,中共党员,大专学历。1980 年 11 月至 1984 年 2 月在宁夏军区银南军分区、宁夏军区后勤部服役。1984 年 3 月至 1985 年 4 月转业到盐池县后洼乡文化站工作。1985 年 5 月至 1989 年 10 月在后洼乡政府任文书。1989 年 11 月至 1992 年 2 月任后洼乡党委秘书兼组检干事。1992 年 3 月至 1999 年 5 月任后洼乡副乡长。1999 年 6 月至 2001 年 11 月任后洼乡党委副书记兼人大副主席。2001 年 12 月至 2003 年 2 月任城关镇党委副书记兼人大主席。2003 年 3 月至 2004 年 6 月任花马池镇城关街道办事处党总支副书记。2004 年 7 月至 2004 年 11 月任花马池镇城关街道党工委副书记。2004 年 12 月至 2005 年 3 月任花马池镇党委副书记、纪检委书记。2005 年 4 月至 2007 年 8 月任花马池镇党委委员兼人大主席团主席。2007 年 9 月至 2016 年 12 月任县水务局党委副书记兼机关支部书记。2017 年 1 月任县水务局纪委书记。曾被县委、政府评为1999年度先进工作者；被县委、政府评为2010、2011、2012、2015年度招商引资先进个人、争项目争资金先进个人；被县委、政府评为2012年度植树造林先进个人。曾为盐池县第十四届人民代表大会代表。

张晓童 女，汉族，1975年1月出生于盐池县青山乡方山村，高级工程师。1994年7月至1997年7月在宁夏工学院电气自动化专业学习。2004年1月至2007年1月参加宁夏大学函授学院水利水电工程专业本科学习。1997年7月至2016年一直在盐池县水务系统工作，主要从事防汛抗旱和水利统计工作，参与了第一次全国水利普查和第二次全国地名普查工作。

张德龙 男，汉族，1966年12月出生于盐池县惠安堡镇杏树梁村，中共党员，大学学历，高级工程师。1984年9月至1988年7月在西北林学院水保系学习，1988年8月至1989年8月在盐池县萌城乡政府工作。1989年9月至1991年12月借调盐池县职业中学任教。1992年1月至2005年9月任盐池县环林局干事，2005年10月至2007年3月任环林局副局长。2007年4月至2018年12月任水务局副局长。在此期间，参与了多项全县重要水利建设项目施工管理工作。2018年12月任党史办副主任。擅长文学创作，原创长篇小说《活着》被永洲影业传媒股份有限公司和浙江东阳庆龙影业有限公司改编为28集电视连续剧《太行英雄传》在央视8套播出。2017年11月参加鲁迅文学院第十二届网络文学作家高级研修班学习一个月。

陆怀宝 男，汉族，1964年1月22日出生，宁夏中宁人，中共党员，大专学历。1981年7月参加工作至今，一直在盐池县水利(水电、水务)系统工作。2003年12月获吴忠市水利系统先进个人称号。

陆致荣 男，汉族，1931年2月出生于宁夏中宁县，中专文化，水利工程师。1953年毕业于宁夏农业厅专业干部培训班，分配宁夏水利局工作。1954年调吴忠自治州水利局工作。1957年至1978年先后在盐池县麻黄山、大水坑等乡镇从事水保工作。在此期间，建立了麻黄山何新庄水土保持示范站。1979年调县水电局从事机井建设管理工作。在此期间，参与了大湾水库修建工作。1982年任县水水利水保局水保队队长。1992年退休后，被县水电局聘用参加了郝记台水库和冯记沟蓄水池工程建设。2000年被灵州公司聘用参加了扬黄工程“三道井干渠下段三标段”工程建设，完成干渠修筑2100米、渠道建筑物5座。1987年至1993年任政协盐池县委员会委员。

陈桂兰 女，汉族，1970年11月出生于盐池县惠安堡镇杜记沟村，中共党员，农田水利高级工程师。1995年7月毕业于宁夏农学院水利系农田水利工程专业，工学学士学位。1995年7月分配盐池县扬黄灌区中心水管所(址在惠安堡镇)工作。2003年年初调盐池县扬黄工程建设管理局规划设计室工作。主要参与了盐池县扬黄二期工程9片区4.9万亩灌区的勘测、规划、设计、实施及技术资料整编工作。与同事一道优选推广了管灌、输水沟地膜防渗与田间膜上灌相结合的渠、沟、田全防渗灌溉法，将渠系水利用率从不足50%提高到71%；主持编制了《盐池县扬黄灌区种植结构调整方案》。2005年1月扬黄局与水务局合并后，调整到水务局扬黄办工作。2007年至2016年在水务局技术室（后更名为农村水利工作站）工作，主要从事灌溉管理与小片灌区开发、人畜饮水工程、节水灌溉等工程的勘测、规划、设计、实施和监督管理等工作。主持编写了《盐池县五万亩甘草节水示范项目建议书》《盐池县马儿庄万亩甘草节水示范项目建设方案》《盐池县农村饮水安全项目芨芨供水工程实施方案》《盐池县三道井干渠维修实施方案》《盐池县红井坑渡槽维修实施方案》《盐池县花马池镇八岔梁吊庄设施农业节水灌溉工程初步设计报告》《盐池县2008年高效节水示范项目实施方案》《城西滩高效节水补灌项目实施方案》《汲汲沟供水工程实施方案》《2009年设施农业实施方案》《2009年现代农业滴灌项目实施方案》《城北高效节水补灌项目实施方案》《2009年退耕还林还草口粮田项目实施方案》《城北防护林四期供水工程实施方案》等重要方案文本；参与编写了《陕甘宁盐环定扬黄续建工程宁夏专用工程可行性研究报告》《宁夏中部干旱带规划》《盐池县水利建设"十一五"规划》，主持完成《盐池县水利建设"十三五"规划》等中长期水利规划及年度农水计划、基建计划等短期计划。2012年完成了《盐池县亚行节水特色农业示范项目可研报告》水利部分的报告、绘图、概算，并通过亚州银行贷款项目专家组审核，该项目最终批复。先后在《宁夏工程设计》《中国科学学报》等刊物上发表《农村小型水利改革思路》《施工组织设计的创新》《突出重点、统筹规划，扎实推进农田水利基本建设》《盐池县扬黄灌区2004年供水成本及水价调研测算》等论文多篇。积极组织推广喷灌、滴灌等节水灌溉技术，尤其在重力滴灌方面进行比较深入探究，并在《现代农业科技》2013年23期发表论文《宁夏地区重力滴灌节水技术规程》一篇；参与了《重力滴灌节水技术规程》《重力滴灌拱棚西（甜）瓜栽培技术规程》《重力滴灌拱棚越夏番茄栽培技术规程》等自治区地方标准起草工作。

周志奉 男，汉族，1962年11月出生于盐池县花马池镇，中共党员，大专学历，高级政工师。1977年在盐池县供电所工作。1980年调盐池县水电局农电队工作。1991年调任盐池县水泥制品副厂长。1993年任水泥制品厂党支部书记、厂长。1995年任水泥制品厂厂长（副科级）。2002年任水务局扬黄办副主任，在此期间，参与了马儿庄姚沟塘、王乐井灌区开发建设工作。2009年参加了花马池生态水资源综合开发利用工程建设。2010年任花马池生态管理所所长（副科级）。1993年获自治区水利厅农村水利建设工作先进个人。2006年被自治区保持共产党员先进性教育活动领导小组评为先进个人。

周景前 男，汉族，1959年5月出生于盐池县冯记沟乡，中共党员，大专学历，水利工程师。1987年至1988年任盐池县水电局技术员。1988年至1990年在西北大学水土保持系进修学习。1990年至1993年任水电局技术员。1993年至1997年任水电局水保站副站长。1997年至2011年任水务局水保站站长。2011年至2016年任水务局工程师。2001年8月被水利部授予全国水土保持先进个人,曾获自治区科技进步二等奖。

官　森　男,汉族,1971年2月出生于盐池县王乐井乡牛记圈村,大学学历,高级工程师。1991年7月毕业于宁夏水利学校农田水利工程专业,同年8月,分配盐池县惠安堡农水站工作。2000年9月参加北京工业大学农田水利工程专业函授学习。2003年7月取得专科毕业证书。2004年1月至2007年1月参加宁夏大学水利水电工程专业专升本函授学习。2008年取得水利工程师资格。1991年8月至1998年11月在惠安堡农水站工作。1998年11月至2005年3月在水务局抗旱队工作。2005年3月至2016年在水务局农水站工作。2008年6月至2009年6月挂职麻黄山乡乡长助理。2009年7月2010年12月挂职花马池镇盈德村农村工作指导员。参加工作后,先后参与了惠安堡灌区、王乐井灌区、姚沟塘灌区、城西滩灌区开发建设任务。参与编写了《宁夏农村饮水安全项目盐池县南海子供水工程可行性研究报告》《盐池县农村饮水安全现状调查评估报告》《宁夏农村饮水安全项目盐池县项目区可行性研究报告》等项目文本;参与编写了《盐池县北塘人畜饮水工程建设》《盐池县马儿庄节水灌溉工程建设》《盐池县王乐井高效节水补灌工程建设》《十六堡移民新村节水灌溉工程建设方案》《王乐井乡王吾岔高效节水工程》《盐池县2010年度巩固退耕还林成果项目基本口粮田实施方案》《盐池县2013年度巩固退耕还林成果项目基本口粮田建设方案》《盐池县隰宁堡生态移民新村供水工程初步设计》《盐池县2014年农田水利项目西沟、刘家沟、姚沟塘高效节水灌溉工程》等项目报告、方案。先后多次被评为先进工作者。

胡向霞　女,汉族,1969年7月出生于宁夏盐池县大水坑镇,大学本科,中共党员,农田水利高级工程师。1991年8月在盐池县扬黄建设管理局设计室工作。2005年在盐池县水务局农水站工作。2016年在盐池县水务局扬黄灌溉管理所工作。2017年在盐池县水务局建设管理站工作。参加完成了扬黄工程19.6万亩的规划、勘测、设计、工程施工以及资料整编。负责编写了宁夏农村饮水解困二期重点项目之一的《盐池县北塘人畜饮水工程建设方案》。参与编写了《陕甘宁盐环定扬黄续建工程宁夏专用工程可行性研究报告》《陕甘宁盐环定扬黄续建配套工程宁夏灌区专题报告》《太阳山供水工程盐池受水区可行性研究报告》《宁夏农村饮水安全项目盐池县南海子供水工程可行性研究报告》《盐池县马儿庄节水灌溉工程建设方案》《盐池县城西滩节水灌溉工程建设方案》《盐池县王乐井高效节水补灌工程建设方案》《盐池县农村饮水安全现状调查评估报告》《宁夏农村饮水安全项目盐池县项目区可行性研究报告》等中长期水利规划等。

姜桂云　女,汉族,1969年7月出生于河北省徐水县,本科学历,高级工程师。1988年7月至1990年7月在宁夏农学院水利系上学。1990年7分配盐池县水务局工作。2007年

1月取得宁夏大学本科学历。2004年加入中国民主同盟。参加工作后，主要从事农村水利建设规划设计编制、农村水利工程勘测设计和组织实施、水资源管理和节水型社会建设等工作。参与编写了盐池县水利建设“八五”“九五”“十五”“十一五”“十二五”规划，节水增产重点县建设项目规划，农村饮水解困一、二期规划，农村饮水安全、高效节水、农田水利规划等。参与设计了青山西部、南部山区、月儿泉、城西滩、十六堡新村、南梁、柳杨堡、太阳山供水等工程项目；引进推广变频自动恒压供水、蓄水池水位自动控制、远程遥控异地控制等先进技术产品；参与将全县5.4万亩井灌区由土渠改造为节水低压管，进行喷灌和滴灌试点，为“十二五”全面发展高效节水灌溉奠定基础。2011年度被评为自治区水利规划先进个人，多次被县水务局评为先进工作者。

郎绍曾 男，满族，1938年11月出生于北京市，中专文化，助理会计师。1958年毕业于北京农业学校，响应支愿宁夏号召到盐池县麻黄山乡小学任教。1971年至1976年先后在盐池中学、机械化林场、县医院等单位工作。1976年调县水电局任会计、审计。1984年12月被自治区党委组织部、宣传部、劳动人事厅、科委授予“长期从事社会科学荣誉证书”。1999年1月退休。

姚智敏 男，汉族，1962年出生于盐池县城，大专学历。1981年6月在盐池县水电科参加工作。1986年7月至1988年在宁夏水利学校学习。1988年于宁夏水利学校毕业后继续在盐池县水电局（水务局）工作至今。2001年9月至2004年1月参加宁夏广播电视大学函授学院学习。参加工作以来，主要从事盐池县人饮工程建设、扬黄灌区开发建设、机井灌区配套建设、花马池生态管理所管理等工作。2001年12月在“节水增产重点县建设与节水增产体系示范推广”项目中获宁夏水利科技进步一等奖。

夏　勤 男，汉族，1952年出生于盐池县王乐井乡丁家井村，中共党员，助理工程师。1970年参加工作。1972年调盐池县水电局工作。先后任水电局打井队队长、机修车间主任、计财室材料供应组副组长。1978年转为国家干部。1981年任水电局汽车队队长。1983年任水电局工会副主席。1985年任水电局计财室副主任。1990年任水电局打井队队长。1991年任水利局水利施工队队长（副科级）。1992年任水利综合经营公司经理。1995年8月任水电局抗旱队队长。1991年被宁夏水利委员会、水利厅评为“六盘山杯”竞赛先进个人。2008年为四川汶川抗震救灾带头捐款，受到中组部表彰。2002年提前退休。

夏淑琴 女，汉族，1971年3月出生于盐池县城，本科学历，高级工程师。1991年8月毕业分配到盐池县水务局农电站工作。1996年至2016年在水务局水土保持工作站工作，主要从事水利工程规划、勘测、设计、施工等业务技术工作。

钱永智 男，汉族，1970年7月出生于盐池县惠安堡镇，中共党员，大学学历。1986年7月参加工作。1991年8月至1993年8月在盐池县萌城乡任教师。1993年9月至1995年

7月在宁夏教育学院教育系学习。1995年8月至1996年10月在萌城乡学区任教师。1996年10月至2007年7月任盐池县水务局办公室秘书、主任。2007年7月至2010年5月任高沙窝镇党委委员、副镇长。2010年5月至2012年7月任高沙窝镇党委副书记、纪委书记;2012年7月至2014年12月任工业和商务局副书记、副局长。2014年12月任工业和安监局副书记、副局长。2001年获吴忠市水利系统民主评议行风工作先进个人奖。

高　玲　女,汉族,1969年9月15日出生于盐池县花马池镇苏步井村,中共党员,大学学历,高级工程师。1992年9月毕业于湖北长江职工大学电力设备专业。1992年10月至2005年3月在盐池县扬黄工程建设管理局规划设计室工作。2005年3月至2016年在盐池县水务局农村水利工作站工作。先后参与了盐池县扬黄工程19.6万亩灌区配套工程规划、勘测设计、施工及资料整编工作;主持了狼布掌、旺四滩、宋新庄、贾家圈、三墩子、潘儿庄等灌区的勘测、规划设计;参与编写了《影响扬黄工程施工环境的原因及解决办法》《陕甘宁盐环定扬黄续建配套工程宁夏灌区专题报告》《盐池县农村饮水安全评估报告》《盐池县水利建设“十一五”规划》《盐池县水利建设“十二五”规划》《盐池县水利建设“十三五”规划前期调研报告》《盐池县高效节水灌溉规划》《中部干旱带高效节水灌溉规划》等中长期水利规划30余项。

高菊艳　女,汉族,1969年4月出生于盐池县王乐井乡王吾岔村,中共党员,大学学历,水利工程师,高级政工师。1991年8月毕业于宁夏农学院生物系,分配至盐池县青山中学任教。1993年9月至2016年年初在盐池县水务局办公室从事文秘工作。在此期间,1998年12月毕业于中央党校经济管理专业。2003年12月被吴忠市政府评为水利工作先进个人;2008年12月被吴忠市委、市政府评为全市农田水利基本建设先进个人。

郭宏峰　女,汉族,1963年10月出生于盐池县大水坑镇向阳村,中共党员,本科学历,高级工程师。1987年7月后一直在盐池县农村水利工作站从事水利工程规划、勘测、设计、施工技术指导等工作。编写《混凝土压花工艺在唐徕渠整治工程中的应用》获2007年度自治区水利厅自然科学优秀学术论文三等奖;参与编写的《宁夏水利工程设计概(估)算编制规定(试行)》《宁夏水利建筑工程预算定额(试行)》获2010年度自治区水利厅水利科学技术进步奖二等奖。2003年12月被吴忠市政府评为水利工作先进个人。

唐菊云　女,汉族,1970年2月1日出生于盐池县王乐井乡刘四渠村,大学学历,高级工程师。1991年7月毕业于宁夏水利学校农田水利工程专业,分配到盐池县水电局技术室(后改为农村水利工作站)从事水利工程规划、勘测、设计、施工技术指导等工作。2001年7月取得北京工业大学农田水利专业函授专科。2007年1月取得宁夏大学水利水电专业函授本科。参与完成了盐池县水利建设“十一五”“十二五”“十三五”规划编写;参与了扬黄灌区开发、盐池县农村饮水安全、高效节水灌溉工程建设等。主持编写中长期水利规划、可行性研究报告、初步设计及工程实施方案等40余项(篇)。参与多项农田水利建设及人饮工程勘测规划设计、积极开展水利技术服务和技术推广;论文《加快农业产业结构调整步伐,促进农村经济持续健康发展》发表于《中国科学学报》2008年第5期,《高效节水补灌在盐池的实施》和《推进节水灌溉之路—膜下滴灌节水技术》发表于《科技致富向导》2010年第36期,《盐池县发展牧区灌溉饲草料节水地建设的必要性》发表于《甘肃农业》2011年第12期。其中《推进节水灌溉之路—膜下滴灌节水技术》和《盐池县发展牧区灌溉饲草料节水地建设的必要性》在灌溉工程实践中得到广泛应用。

陶清荣 男,汉族,1975年9月出生于冯记沟乡马儿庄村,本科学历,高级工程师。1997年7月毕业于宁夏水利学校农田水利工程专业,同年8月分配盐池县水务局水土保持工作站工作。1999年参加北京工业大学农田水利专业函授学习。2004年1月参加宁夏大学水利水电工程专业学习。2016年被评为高级工程师。2016年3月调城西滩水管所工作,2017年7月调水务局农水站工作。先后参与了盐池县佟记圈、吴记油坊、西掌、赵家塘、向阳、甘沟、平庄、曾记畔、新泉井、牛头沟、西沟、刘家口子、牛皮沟、摆宴井、牛记山、石湾沟、黄羊岭、门坎岭、管记掌、小口子、孙家洼子、高腰蚬、张家洼子等小流域规划设计和项目建设管理,以及全县旱作基本农田建设规划设计和施工管理工作。主持编写了《黄土高原地区宁夏盐池县荫子沟流域淤地坝坝系工程可行性研究报告》《盐池县桑记沟流域淤地坝坝系工程可行性研究报告》《盐池县杏树梁小流域淤地坝坝系可行性研究报告》《盐池县病险淤地坝除险加固实施方案》《盐池县海子塘骨干坝实施方案》《盐池县吴记疙瘩骨干坝实施方案》《盐池县南梁骨干坝实施方案》《盐池县吴记油房骨干坝实施方案》《盐池县林家洼子骨干坝加固实施方案》《盐池县王乐井高效节水补灌工程建设》《佟记圈小流域》等项目报告、方案和文本。

姬永仙 女,汉族,1971年7月出生于盐池县高沙窝镇苏步井村,中共党员,大学学历,高级政工师。1990年1月至2004年2月任盐池县水务局政工干事、工会会计。2004年3月至2012年1月任水务局工会主席。2012年2月至2014年1月任水务局工会主席、妇委主任、团委书记。2014年2月至2016年任水务局工会主席、妇委主任。2005年获纪念中华全国总工会成立80周年全区职工知识竞赛一等奖。2006年在红军长征胜利暨盐池解放七十周年庆祝活动中被县委、政府评为先进个人。2006年至2011年先后2次获得县委、政府表彰奖励。2006年撰写《浅议工会在构建和谐社会中的作用》一文获全区工会理论调研优秀成果奖。

黄　利 男,汉族,1966年4月出生于盐池县高沙窝镇李庄子村,中共党员。大学本科,工学学士,正高职高级工程师,水利监理工程师。1987年7月毕业于宁夏农学院农田水利工程专业,分配盐池县水利部门工作,先后任县水务局水利施工队副队长、队长、扬黄灌区(调整灌区)施工技术总负责,参与了盐环定扬黄主干工程、盐池扬黄专用工程及盐池灌区配套工程开发建设。2007 年后从事扬黄灌溉管理工作,主持编制了《盐池县扬黄灌区灌溉管理办法》《盐池县水利工程管理办法》《运行管理人员培训教材》等规章制度和培训资料。针对扬黄工程运行管理撰写多篇调研报告,发表了《宁夏盐池扬黄灌区水权到户试点主要做法及成效》《宁夏河东灌区农民用水户协会存在的问题及解决途径初探》等 7 篇论文;参与编制盐环定扬黄续建课题项目 2 项,主持编制了《宁夏专用工程现状调查报告》,其中《陕甘宁盐环定扬黄续建宁夏专用工程水价专题研究》获宁夏水利科学技术进步奖一等奖。

梁晓波　男、汉族,1973 年 10 月出生于盐池县冯记沟乡冯记沟村,中共党员,本科学历,高级工程师。1997 年 8 月至 2007 年 9 月在盐池县水务局水土保持工作站从事水土保持工程规划、设计及建设管理工作。2007 年 10 月至 2011 年 4 月任水务局办公室主任。2011 年 5 月至 2014 年 11 月任水利工程建设管理站站长。2014 年 12 月至 2016 年任水土保持工作站站长。2008、2009、2010、2016 年获得全县秋冬季农田水利基本建设先进个人奖。2008 年获得全县新闻宣传工作先进个人和全区水利宣传信息工作先进个人奖。2011 年获得全县西部大开发大学习大讨论活动先进个人奖。

彭文霄　男,汉族,1966 年 9 月出生于盐池县大水坑镇,中共党员。高级水利工程师。1987 年 7 月参加工作。1993 年 5 月任盐池县水利水保局技术室副主任,2002 年 5 月任水务局设计室主任。2010 年 10 月任水务局副局长。2012 年 11 任水务局主任科员、副局长,2014 年 7 月调任盐池县发改局党委委员、副局长。2015 年 12 月任盐池县工业园区管理委员会副主任。2000 年 1 月获吴忠市农村工作先进工作者。2001 年 12 月节水增产重点县建设与节水增产技术推广成果获自治区科技进步二等奖、自治区水利科技进步一等奖,12 月获吴忠市农村工作先进工作者奖。2008 年 3 月获自治区农村饮水工作先进个人奖。2009 年 2 月获吴忠市农业生产工作先进个人奖。2010 年 3 月获自治区水利系统政风行风建设工作先进个人奖。2013 年 12 月被授予吴忠市优秀人才荣誉称号。

董　祥　男,汉族,籍贯宁夏永宁县,1949 年 12 月出生,中共党员。曾先后担任盐池县高沙窝公社苏步井生产队耕读小学老师、生产队出纳、会计,大队支书、革委会副主任等职。1975 年 6 月在高沙窝公社参加工作,同年 7 月加入中国共产党,先后任高沙窝公社(乡)文书、秘书、副乡长等职。2001 年 7 月毕业于中央农业广播学校乡村现代经济管理专业。曾任盐池县狼皮梁吊庄办公室党总支部书记、办公室主任,盐池县扬黄指挥部移民开发办公室主任兼扬黄灌区建设管理局副局长等职。1988 年 3 月被自治区党委、政府评为吊庄移民工作先进个人;参与实施扬黄灌区农业综合开发技术研究项目被评为 2001 年度自治区科技进步二等奖。2010 年 1 月从盐池县水务局退休。

蒋　听　男,汉族,1969 年 11 月出生于盐池县王乐井乡王乐井村,中共党员,大专学历，水利工程师。1991 年 7 月至 1992 年 3 月在盐池县惠安堡镇工作，1992 年 4 月至 1996 年 5 月在马儿庄乡工作，1996 年 6 月至 2002 年 2 月在冯记沟乡工作，2002 年 3 月至今在盐池县水务局工作。2006 年被评为全区防洪抢险先进个人，2008 年被评为吴忠市防汛工作先进个人，2010 年被评为全区防洪抗旱先进个人，2012 年荣获全区水利系统 2010 年至 2011 年度政风行风建设先进个人。

焦金成 男，汉族，籍贯山西省襄汾县，1949 年 4 月 10 出生于盐池县城，中共党员。1968 年 10 月下乡劳动，1969 年 8 月在宁夏柴油机厂工作。1979 年至 1986 年在盐池县城建科工作。在此期间，1983 年在甘南自治州参加西北五省村镇规划培训。1984 年至 1985 年参加了青铜峡两个村镇的规划及盐池县十五个乡镇规划工作。1986 年至 2003 年任盐池县自来水公司经理，在此期间先后完成了盐池县供水一期、供水二期工程；2004 年至 2009 年在盐池县水务局机关党支部工作。2003 年 12 月被吴忠市政府评为全市水利工作先进个人，2003 年 12 月被盐池县政府评为 2003 年度“两个文明”建设先进工作者。

管明杰 男，汉族，1968 年 1 月出生于盐池县麻黄山乡，中共党员，本科学历。1990 年参加工作。1992 年至 2002 年担任供水公司会计。2002 年 5 月任供水公司副经理。2005 年至 2014 年任供水公司副经理、支部书记。2012 年分别被盐池县委、吴忠市委评为优秀共产党员；被宁夏水利协会授予宁夏供水行业突出贡献个人奖。

第三节 表 彰

盐池县自 1956 年 3 月成立水利科以来，历任水利、水电、水保、水务部门领导干部和广大职工脚踏实地，砥砺奋进，走过了 60 年艰难历程，为盐池县水利、水保、扬黄工程、防讯抗旱和水利文化建设事业起步发展发挥了重要作用，做出了巨大贡献。各级各类先进集体、先进人物层出不穷。由于在档史料缺失，不能一一穷尽，兹录 1990 年以来部分县级（含县级）以上先进集体和 1983 年以来部分县级（含县级）以上先进个人名录，以为铭记。

表 14-3-1　1990 年至 2017 年盐池县水务系统先进集体统计表

级别	授奖时间	授奖名称	获奖单位	授奖单位
国家部委级	2001.07	全国水土保持生态环境建设示范小流域	盐池县刘窨小流域	水利部
	2001.10	黄河水保生态工程精品小流域	盐池县刘窨小流域	
	2002.05	全国水土保持监督管理规范化建设先进集体	盐池县水务局	
	2002.09	河流域水土保持生态建设先进县	盐池县	水利部、黄河水利委员会
	2003.03	“巾帼文明示范岗”	盐池县水务局	全国妇联
	2003.08	全国水土保持生态环境建设示范 县	盐池县水务局技术室	水利部、财政部
	2004.02	全国水土保持先进集体	盐池县	水利部
	2005.10	全国精神文明建设工作先进单位		中央精神文明建设指导委员会
	2012.11	全国农田水利基本建设先进单位	盐池县	水利部
省厅级	1992.09	1992—1993 年度宁夏水利科技进步奖 二等奖：八岔梁小流域水土保持综合治理；坡耕地改造适合途径研究； 三等奖：小型砼渠槽卧式预制机及小型防渗渠道的推广应用； 四等奖：塑料管井的引进及其在我区的应用前景；聚氯乙烯管材在盐池县人畜饮水工程上的应用效益	盐池县水电局	自治区水利厅
	1993.01	1992 年度全区“六盘山杯”竞赛基层水利先进集体	技术室、城郊水管所、水泥制品厂	自治区水利厅、银南行署水电处
	1993.02	宁夏西海固农业建设及扶贫开发工作先进集体	盐池县水电局	自治区人民政府
	1993.12	1993 年度全区农村水利建设先进集体	盐池县惠安堡水管站	自治区水利厅
	1996.05	全区水利清产核资工作先进集体	盐池县水利水保局	自治区水利厅
	1997.09	全区防氟改水建设管理双优工程奖		自治区地方病防治领导小组
	1997.12	农村基层组织建设先进包村单位		自治区基层组织建设领导小组
	1999.03	全区水利系统先进集体		自治区水利厅、人劳厅
	2000.12	2000 年度水工作先进集体		自治区人民政府
	2001.11	率先在全区成立水务局实现水务一体化管理先进单位		自治区水利厅
	2001.06	水保规范化试点县建设先进集体		自治区水利厅黄河上中游局

续表

	2002.02	“节水增产重点县建设与节水增产体系示范推广”获科技进步一等奖、自治区科技进步二等奖	盐池县水务局	自治区水利厅科教处
	2002.03	水资源统一管理先进集体	盐池县水务局	自治区水利厅
	2002.03	水土保持预防监督先进集体		
	2002.09	黄河上中游局生态建设先进县	盐池县	自治区黄委会
	2002.11	全区水利工程建设管理先进集体	盐池县水务局	自治区水利厅
	2003.02	全区第一期农村饮水解困工作先进集体	盐池县水务局	
	2003.01	依法治理示范单位	盐池县水务局	自治区依法治理领导小组
	2003.03	“巾帼文明示范岗”		自治区妇联
	2004.09	全区水土保持先进集体	盐池县水土保持预防监督站	自治区水利厅
	2005.12	农田水利基本建设”黄河杯”竞赛三等奖	盐池县	自治区农田水利基本建设指挥部
	2006.04	自治区职工职业道德十佳模范单位	盐池县水务局	自治区总工会
	2006.04	宁夏职工职业道德建设先进集体	盐池县水务局	宁夏职工职业道德建设指导协调领导小组
	2007.01	2006 年度全区农田水利基本建设“黄河杯”竞赛三等奖	盐池县水务局	自治区农田水利基本建设指挥部
	2007.12	2007 年度全区农田水利基本建设“黄河杯”竞赛三等奖		
	2008.03	全区农村饮水安全建设与管理示范工程先进集体		自治区水利厅
	2008.11	自治区卫生先进单位		自治区爱国卫生运动委员会
	2009.01	2008 年度全区农田水利基本建设“黄河杯”竞赛二等奖	盐池县	自治区农田水利基本建设指挥部
	2009.04	全区水土保持预防监督专项行动先进集体	盐池县水务局	
	2010.01	全区水利行业先进基层单位	盐池县水政水资源管理办公室	自治区水利厅
	2010.01	2009 年度全区农田水利基本建设“黄河杯”竞赛二等奖	盐池县	自治区农田水利基本建设指挥部
	2010.12	全区防汛抗旱先进集体	盐池县水务局	自治区防汛抗旱指挥部、区人力资源和社会保障厅
	2011.01	2010 年度全区农田水利基本建设“黄河杯”竞赛特等奖	盐池县	自治区农田水利基本建设指挥部
	2011.01	2010 年度全区农田水利基本建设先进县	盐池县	自治区农田水利基本建设指挥部
	2011.01	自治区级文明单位（2011—2014 年度）	盐池县水务局	自治区精神文明建设指导委员会

续表

	2011.08	庆祝建党 90 周年“党在我心中”文化主题电视展播节目优秀奖	盐池县水务局	自治区委员会宣传部、自治区精神文明建设指导委员会办公室
	2012.01	2011 年度全区农田水利基本建设“黄河杯”竞赛特等奖	盐池县水务局	自治区农田水利基本建设指挥部
	2012.01	全区水利工作先进集体	盐池县水务局	自治区水利厅
	2013.01	2012 年度全区农田水利基本建设“黄河杯”竞赛一等奖	盐池县	自治区农田水利基本建设指挥部
	2013.03	宁夏引(扬)黄灌区节约用水先进单位二等奖	盐池县水务局	自治区水利厅、自治区财政厅
	2013.04	全区重点帮扶先进单位		自治区扶贫开发领导小组
	2014.01	2013 年度农田水利基本建设“黄河杯”南部山区农田水利综合治理先进县	盐池县	自治区农建指挥部
	2015.01	2014 年度全区农田水利基本建设“黄河杯”竞赛特等奖	盐池县	
	2015.01	自治区文明单位	盐池县水务局	自治区精神文明建设指导委员会
	2016.01	2015 年全区农田水利基本建设“黄河杯”竞赛获奖	盐池县	自治区农建指挥部
市级	1992.01	1992 年井灌区水利工程建设单项奖	盐池县	银南行政公署
	1993.01	盐池县在九三年度农村水利基层建设中荣获二等奖	盐池县水电局	
	1993.02	银南地区“我为就业添光彩”竞赛赛活动先进集体		
	1996.02	1995 年度水保林草治沙先进单位	盐池县水利局	银南行政公署
	1997	治安模范单位		银南地委、银南行政公署
	1998	1997 年治安模范单位		银南地委
	1999	1999 年度水土保持先进单位		吴忠市委、市人民政府
	1999	安全文明小区		
	2000.01	水土保持先进单位		
	2001.01	2000 年“三田“建设先进单位		
	2001.12	行风评议水利系统先进集体		吴忠市水利局
	2001.12	小流域治理先进县	盐池县水务局	吴忠市委、市人民政府
	2003	市级文明单位		
	2003.12	水土保持生态建设先进县		
	2004.09	民族团结先进集体	盐池县水务局水保队、技术室	吴忠市委、市人民政府

续表

	2005.05	先进职工之家	盐池县水务局	吴忠市总工会
	2005.08	获吴忠市水务系统广场文艺晚会"优秀组织奖"	盐池县水务局	吴忠市水务局
	2005.08	吴忠市水务系统广场文艺晚会"黄河三部曲"获一等奖		
	2005.08	吴忠市水务系统广场文艺晚会"我的大北方"获二等奖		
	2006.01	支持工会先进单位	盐池县水务局	吴忠市委
	2006	卫生先进单位		吴忠市爱国卫生运动委员会
	2006.06	庆祝建党 85 周年先进基层党组织	盐池县水务局党委	吴忠市委
	2006.06	先进性教育先进集体	盐池县供水公司	吴忠市保先领导小组
	2008.02	2007 年度政法综治工作先进集体	盐池县水务局	吴忠市委、市人民政府
	2008.08	吴忠市社区共建工作先进单位		吴忠市委组织部
	2008.12	吴忠市 2008 年度农田水利基本建设二等奖	盐池县水务局	吴忠市委、市人民政府
	2010.02	吴忠市 2009 年度农田水利基本建设三等奖		
	2011.01	2010 年度农田水利基本建设一等奖	盐池县	吴忠市委、市人民政府
	2011.06	庆祝建党 90 周年先进基层党组织	盐池县水务局	吴忠市委
	2011.07	全市"五五"普法先进集体	盐池县水务局	吴忠市委、市人民政府
	2012.01	2011 年农田水利基本建设一等奖	盐池县	
	2012.11.29	吴忠市 2012 年度全市农田水利基本建设一等奖	盐池县	吴忠市人民政府
	2013.01	2011—2012 年度学习型党组织和学习型机关建设先进单位	盐池县水务局	吴忠市委
	2014.12	依法治理示范单位		吴忠市依法治理领导小组
县级	1990.02	1989 年度扶贫先进单位	盐池县水电局	盐池县委、县人民政府
	1990.04	1989 年度"双文明"建设先进单位		
	1992.08	拥军优属先进单位		
	1993.02	1993 年春节社火三等奖		
	1994.03	1993 年度政法、社会治安、综合治理工作先进集体	盐池县水电局党委	盐池县委、县人民政府
	1994.09	抗洪救灾先进集体	盐池县水电局	盐池县委、县人民政府、武装部
	1994.12	发展老区电力事业,促进脱贫致富		盐池县人民政府
	1995.08	1994 年度县级文明单位	盐池县水电局制品厂支部	盐池县委、县人民政府

续表

	1995.06	先进基层党组织	盐池县水电局制品厂支部	盐池县委
	1995.09	双拥模范单位	盐池县水电局	盐池县委、县人民政府
	1996.03	“重、保、促”达标单位	盐池县水利局	盐池县委、县人民政府
	1997.08	1993—1996 年两个文明建设先进单位		
	1998.01	盐池县首届手工艺制作大赛组织奖		
	1998.06	全县先进基层党组织	盐池县水利局党委机关支部	盐池县委
	1999.03	盐池县九九年春节社火表演特别奖	盐池县水利局	盐池县人民政府
	1998	全县双文明建设单位	盐池县水利局	盐池县委、县人民政府
	1999.08	县级文明单位		
	2000.06	1999—2000 年度先进綦层党组织	盐池县水利局	盐池县委
	2000	1999 年度两个文明先进单位	盐池县水利局	盐池县委、县人民政府
	2000.01	“两基“先进单位、全区包校先进单位		
	2001.01	2000 年度“两个文明“建设先进单位		
	2001.01	2000 年度社会治安综合治理先进集体		
	2002.01	2001 年度“两个文明”建设先进单位		
	2002.08	优属先进单位		
	2003.01	2002 年度“两个文明”先进单位		
	2004.01	“两基”工作先进集体		
	2005.03	“五个好”机关党支部	盐池县水务局机关支部、施工队支部、扬黄支部、惠所支部	盐池县委
	2005.04	重视和支持共青团先进集体	盐池县水务局	盐池县委、团县委
	2005.06	“平安盐池”创建命名为平安单位	盐池县水务局	盐池县委、县人民政府
	2005.06	庆祝建党 84 周年歌咏比赛组织奖	盐池县水务局党委	
	2005.12	2005 年度责任制考核先进集体	盐池县水务局	
	2006.03	全县宣传思想工作先进集体	盐池县水务局	盐池县宣传思想工作领导小组、县精神文明建设委员会
	2006.09	“盐池风采”广场文化活动一等奖	盐池县水务局	盐池“盐池风采”广场活动协调领导小组

续表

	2006.06	庆祝建党 85 周年合唱比赛一等奖	盐池县水务局党委	盐池县委组织部、宣传部、文旅局
	2006.09	2001—2005 年全县法制宣传教育先进单位	盐池县水务局	盐池县委、县人民政府
	2007.01	办理人大代表议案建议先进单位	盐池县水务局	盐池县人大常委会
	2007.04	2007 年度设施农业建设先进集体	盐池县水务局	盐池县委、县人民政府
	2007.12	2007 年度责任制考核先进集体	盐池县水务局	盐池县委、县人民政府
	2007.12	园林式单位	水务局小区	盐池县绿化委员会
	2008.05	园林式小区	水务局小区	盐池县绿化委员会
	2008.09	全区“两基”迎国检工作先进集体	盐池县水务局	盐池县委、县人民政府
	2008.12	创建自治区园林县城先进集体	盐池县水务局	盐池县委、县人民政府
	2008.12	城乡环境综合整治暨绿化美化工程先进包扶部门	盐池县水务局	盐池县委、县人民政府
	2008.12	2008 年农建组织贡献奖	盐池县水务局	盐池县委、县人民政府
	2008.12	2008 年责任制考核先进集体	盐池县水务局	盐池县委、县人民政府
	2009.02	全县政法综治工作先进集体	盐池县水务局	盐池县委、县人民政府
	2010.02	2009 年度全县农田水利基本建设组织贡献奖	盐池县水务局	盐池县委、县人民政府
	2010.02	2009 年度全县重点工作先进集体、花马池工程建设先进集体	盐池县水务局	盐池县委、县人民政府
	2010.02	2009 年度全县重点工作先进集体、先进施工单位	盐池县水务局	盐池县委、县人民政府
	2010.02	2009 年度先进包扶单位	盐池县水务局	盐池县委、县人民政府
	2010.03	2010 年度争项目争资金工作先进集体	盐池县水务局	盐池县委、县人民政府
	2010.03	2010 年春节群众文化活动花灯展二等奖	盐池县水务局	盐池县委、县人民政府
	2010.06	全县先进基层党组织	盐池县水务局机关党支部	盐池县委
	2010.12	提案承办先进单位	盐池县水务局	政协盐池县委员会
	2011.02	2010 年度党风廉政建设工作先进集体	盐池县水务局党委	盐池县委、县人民政府
	2011.02	2010 年度责任制考核先进集体	盐池县水务局	盐池县委、县人民政府
	2011.02	2010 年度农农田水利基本建设工作先进包扶单位	盐池县水务局	盐池县委、县人民政府
	2011.02	2010 年度争项目争资金一等奖	盐池县水务局	盐池县委、县人民政府
	2011.02	2010 年度“创卫”工作先进集体(牵头责任单位)	盐池县水务局	盐池县委、县人民政府

续表

	2011.02	2010 年度春季植树造林先进集体(以奖代补单位第三名)		
	2011.02	农田水利基本建设突出贡献奖		
	2011.03	办理人大代表议案建议先进单位	盐池县水务局	盐池县人大常委会
	2011.03	“工业发展突破年”活动先进集体	盐池县水务局	盐池县委、县人民政府
	2012.01	秋季农田水利基本建设特等奖		
	2012.02	秋季农田水利包扶单位		
	2012.02	秋季农田水利包扶部门		
	2012.02	效能目标管理责任制考核工作二等奖		
	2012.02	招商引资先进集体(三等奖)		
	2012.02	春秋季植树造林工作第二名		
	2012.06	全县创先争段先进党工委	盐池县水务局党委	盐池县委
	2013.01	2012 年度县直社会帮扶先进集体	盐池县水务局	盐池县委、县人民政府
	2013.01	2012 年度秋季农田水利基本建设特等奖		
	2013.12	代表议案建议办理先进单位	盐池县水务局	盐池县人大常委会
	2014.01	2013 年度农业农村工作先进集体	盐池县水务局	盐池县委、县人民政府
	2014.01	2014 年农田水利基本建设成员单位		
	2015.03	全县效能目标管理责任制考核工作先进集体(一等奖)		
	2015.03	超额完成目标任务责任但兑现补助奖金		
	2015.03	秋季农田水利基本建设组织奖		
	2015	2015 年办理人大代表议案先进单位	盐池县水务局	盐池县人大常委会
	2016.02	效能目标管理责任制考核工作先进集体(一等奖)	盐池县水务局	盐池县委、县人民政府
	2016.03	“工业转型升级”活动年及“两大任务”先进单位(三等奖)		
	2016.04	依据《盐池县争项目、争资金责任制考核办法》超额完成任务先进集体(第三名)		
	2016.05	全县秋季农田水利基本建设特殊贡献奖		
	2016.06	全县美丽乡村建设先进集体(三等奖)		

表 14-3-2　1983 年至 2017 年盐池县水务系统先进个人统计表

级　别	授奖时间	授奖名称	获奖个人	授奖单位
国家部委级	1983	全国“三八”红旗手	苏明昌	全国妇联
	1992	全国水土保持先进个人	陆志荣	水利部
	1992	全国供水先进个人	高　玉	
	1993.10	全国第三届节水灌溉技术研讨会论文奖	白树明	中国水利学会农水委
	1995	全国水土保持执法试点先进个人	周景前	水利部
	2001.02	全国节水增产重点县建设先进个人	白树明	
	2001.08	全国水土保持先进个人	周景前	
	2002.01	全国水利系统先进工作者	白树明	国家人事部、水利部
	2002.09	全国水土保持先进个人	周景前	水利部
	2003.01	全国水政工作先进个人	白　赟	
	2009.03	全国水土保持监督执法专项行动中工作突出先进个人	张本强	
	2010.09	黄河流域(片)水土保持监督执法先进个人	张本强	水利部黄河水利委员会
	2015.01	全国水利系统先进工作者	李慧萍	人社部、水利部省厅级
省厅级	1983	区农村经营管理先进个人	王　玺	自治区农牧厅
	1990	全区农村水利建设先进个人	白树明	自治区水利厅
	1991	全区农村水利建设《六盘山杯》竞赛先进个人	吴　德、张本强、夏　勤	
	1992	1991 年度全区水利建设先进个人	白树明	
	1993	水利系统先进个人	周志奉	
	1993	1992—1993 年度宁夏水利科技进步一等奖,“宁夏牧区水利规划”	白树明	
	1993	全区扶贫开发先进个人	石　岗	自治区人民政府
	1995	宁夏会计工作先进个人	王　玺	
	1995	全区优秀党务工作者	石　岗	自治区党委
	1996	《守夏盐池县沙漠化土地综合整治》先进个人	白树明	自治区科委、畜牧、林业厅等
	1996.04	“八五”期间全区先进个人	白树明	自治区党委、人民政府

续表

	1997.10	防治地方性氟中毒先进工作者	白树明	自治区地方病小组
	1998	全区水土保持先进个人	张本强	自治区水利厅
	1999.03	全区水利系统先进个人	吴　德	自治区水利厅、人劳厅
	1999.01	宁夏区科技进步二等奖宁夏干旱地区沟渠田全防渗灌水技术研究	白树明、冯雪莲	自治区人民政府
	1999.01	宁夏科技进步二等奖：宁南山区水窖集雨节灌技术示范推广及标准化研究；宁夏科技进步三等奖：宁夏盐池县谢儿渠小流域蓄流微灌综合治理开发研究；	白树明、周景前 马志伟、张万海	
	2000.02	宁夏水利科技一等奖“宁南山区水窖集节灌技术示范推广及标准化研究”	白树明、白　赟、马志伟	自治区水利厅
	2000.02	1999 年度全区水利系统先进个人	白树明、白　赟	自治区水利厅、人劳厅
	2000.03	宁南干旱区非工程抗旱措施形容及推广一等奖	马志伟	自治区水利厅
	2000.03	宁夏水利科技进步一等奖：谢儿渠流域蓄流微灌综合治理开发研究	马志伟、周景前	
	2001.12	宁夏水利科技进步一等奖：节水增产重点县建设与节水增产体系示范推广	白树明、彭文霄、冯雪莲、郭宏峰、姚智敏 姜桂芸、刘碧林、孙荣月、冯菊梅	
	2002.03	2001 年度节水灌溉工作先进个人	彭文霄	
	2002.09	2000—2001 年度基本农田建设先进个人	周景前	自治区扶贫小组
	2002	全区水利建设先进个人	王永智	自治区水利厅
	2004.06	全区水利系统行风建设先进个人	白树明	全区水利系统行风建设领导小组
	2004.08	全区水土保持先进个人	张和卫	自治水利厅
	2005.08	纪念中华总工会成立 80 周年全区职工知识竞赛活动一等奖	姬永仙	自治区总工会
	2006.12	全区工会理论调研成果优秀奖	姬永仙	
	2006.11	2006 年全区防洪抢险先进个人	蒋　听	自治区评选推荐 2006 年防洪抢险先进集体和先进个人领导小组
	2008.01	全区水利系统先进工作者	王永智	自治区水利厅
	2009.02	2008 年度全区水利系统宣传信息工作先进个人	梁晓波	
	2010.01	2009 年全区农田水利基本建设黄河杯竞赛先进工作者	蔡向阳	自治区农建指挥部

续表

	2010.03	2009 年政风行风先进个人	彭文霄	自治区水利厅
	2010.12	全区防汛抗旱先进个人	蒋　听	自治区防汛抗旱指挥部、区人力资源和社会保障厅、区政治部
	2011.01	2010 年度全区农田水利基本建设黄河杯竞赛先进个人	袁书义	自治区农建指挥部
	2011.02	全区大中型水库移民后期扶持工作先进工作者	蔡向阳	自治区水库移民工作领导小组
	2011.04	全区节水型社会建设工作先进个人	李鹏程	自治区节水型社会建设工作领导小组
	2011.09	五五"普法全区水利系统先进个人	张本强	自治区水利厅
	2012.01	2011 年度全区农田水利基本建设"黄河杯"竞赛先进个人	蔡向阳	自治区农建指挥部
	2012.01	全区水利工作先进个人	李慧萍	自治区水利厅
	2012.03	2010—2011 年度全区政风行风建设先进个人	蒋　听	
	2012.04	全区水利规划计划工作先进个人	姜桂芸	
	2012.12	全区水利普查先进个人	冯菊梅	自治区第一次全国水利普查办公室
市级	1990	银南地区先进会计工作者	王　玺	银南地区财贸处、劳人处
	1999.05	"精神文明标兵"	牛万滋	吴忠市委、市人民政府
	2000.01	1999 年度农村工作先进个人	彭文霄	
	2001.01	市政协三好委员	彭文霄	政协吴忠市委员会
	2001.11	扶贫先进个人	王　玺	吴忠市委、市人民政府
	2001.12	行风评议水利系统先进个人	钱永智	吴忠市水利局
	2002.02	个人优秀提案	彭文霄	政协吴忠市委员会
	2002.03	重视妇女工作先进个人	施选耀	吴忠市委、市人民政府
	2002.04	先进工会工作者	牛万滋	吴忠市总工会
	2003.12	水利系统先进个人	白　赟、高菊艳、王文忠、王永智 王兴瑞、郭宏峰、孙　峰、陆怀宝 张和卫、焦金成、王经军、李一民	吴忠市委、市人民政府
	2005.03	重视妇女工作先进个人	白树明	
	2006.06	吴忠市保持共产党员先进性教育活动先进个人	施选耀	吴忠市保先领导小组
	2008	吴忠市农业工作先进个人	吴　科	吴忠市委、市人民政府

续表

	2008.12	全市农田水利基本建设先进个人	蔡向阳、高菊艳	
	2008.05	吴忠市防汛工作先进个人	蒋　听	吴忠市防汛抗旱指挥部
	2009.02	吴忠市农业工作先进个人	彭文霄	吴忠市人民政府
	2010.03	吴忠市农田水利基本建设先进个人	李鹏程	吴忠市委、市人民政府
	2012.11	2012 年度吴忠市农田水利基本建设先进个人	马志伟	
县级	2011.04	2010 年全县信息调研工作先进个人	吴晓玫	盐池县委、县人民政府
	2011.06	优秀共产党员	李慧萍	
	2011.06	优秀共产党员	杨　安	
	2011.06	优秀党务工作者	高菊艳	
	2011.09	盐池县“五五”普法先进个人	高菊艳	
	2011.09	盐池县业务标兵	蔡向阳	
	2012.02	争项目争资金先进个人	张建军	
	2012.06	全县创先争优优秀共产党员	管明杰	盐池县委
	2012.06	全县创先争优优秀共产党员	高菊艳	
	2013.04	优秀工会工作者	姬永仙	盐池县委、县人民政府
	2016.02	秋季农田水利基本建设先进个人	陈　欢	
	2016.2	秋季农田水利基本建设先进个人	冯菊梅	
	2016.2	帮扶部门先进个人	杨生斌	
	2016.2	信访工作先进个人	李薛锋	

附　录

附 录

附录 1

盐池县第一个“五年水利规划”(1955年制定)

一、基本情况

1.全县有7个区35个乡,居民8124户47984人(其中男26107人、女21877人);有牲畜:牛15321头、马1295匹、驴13573头、骡子772头、骆驼503头、绵羊217999只、山羊206493只、猪8807头。

2.全县总面积9500平方公里,耕地面积736219亩,其中水地2546亩、洪漫地52685亩、井浇地85亩、水车11部、水窖3467个。

3.全县播种面积573326亩,小麦74020亩、杂粮379671亩、油料88828亩。

4.全县粮食总产量50362544斤,其中油料作物3375464斤、蔬菜8170500斤、苜蓿2000000斤、粮食作物35076586斤、瓜类1200000斤。

5.单位面积产量:旱地小麦亩均61斤、糜子亩均78斤、油料亩均30斤。

二、工作任务

对1956年、1657年各区的洪漫工程、水窖、田间工程、水土保持、农田水利进行规划,分别就数量、效益、工程量、投资额作了分配。

三、工作要求

积极配合,加强计划,鼓励群众增强信心,避免工程中的浪费现象。把兴修水利作为改变干旱面貌的关键工作,开展群众性找寻水源运动。大力开展水土保持工作,开展田间工程,大力植树造林,种植牧草。

附录 2

盐池县农林水牧全面规划意见(1956 年制定)(节录)

水利方面:为支援农业合作化发展,重点发展小型水利建设,配合做好水土保持工作。大力兴修水利,增加灌溉面积,开展大规模水土保持治理,利用洪漫地提高粮食产量。1956 年,计划修建小型水利工程一处,发展水地 6830 亩,打井 101 眼,安装水车 100 部,发展水地 1037 亩,安装抽水机 1 台,发展水地 300 亩,累计发展水地 8167 亩;修建洪漫工程 2 处,利用洪水漫地 32911 亩。1957 年,计划修建小型水利工程 9 处,发展水地 6250 亩,打井 400 眼,安装水车 400 部,发展水地 6000 亩,累计发展水地 12520 亩;修洪漫工程 13 处,利用洪水漫地 72570 亩。1956 年至 1962 年 7 年间,水地面积由 2546 亩发展到 101618 亩,洪漫地由 52685 亩发展到 222465 亩,农村人均水地 1.8 亩,洪漫地 3.9 亩,水地亩产达到 200 公斤,洪漫地亩产达到 140 公斤,人均粮食达到 906 公斤。完成培地埂 165358 亩,水平沟 745000 米,水簸箕 50000 个,河流小土墙 525000 立方米,水窖 3469 个、涝池 184 个。

附录 3

盐池县第二个五年水利规划(1957 年制定)

根据第一个五年水利规划执行情况,遵循党的第八次全国代表大会关于发展国民经济第二个五年计划的建设要求,为了保障农业经济,提高单位面积产量,大力兴修水利,加强防洪排涝措施,开展水土保持工作,努力减轻巨大水旱灾害,发动农业合作社力量,有计划地兴办小型水利工程,发展并改善原有的水利设施。

初步计划发展水浇地 25000 亩,其中沟泉水浇地 15430 亩、水井浇地 9570 亩,工程费 231200 元。控制水土流失面积 800 平方公里,发展洪漫地 131000 亩,需要国家补助 36000 元。

第二个五年计划完成后,全县水地发展到 48050 亩,洪漫地 245920 亩,现有人口 49350 人,可增加到 55836 人,人均水地 0.86 亩,洪漫地 4.4 亩。全县基本摆脱干旱面貌,控制水土流失面积 1180 平方公里,占水土流失总面积的 39.33%。

附录 4

盐池县“五五”水利规划(1975年制定)

为了贯彻全国农业学大寨会议精神,尽快把我县农业生产搞上去,“五五”期间发展农田灌溉20万亩,灌溉饲草料基地40万亩,造林100万亩,实现一人2亩水地、1.5亩饲草料基地。主抓二大工程:南部引黄扬水、北部打井。

南部引黄扬水工程 在东干渠扬水7立方米/秒,经白土岗—石沟驿—盐池,总干渠长55公里,总干渠经马儿庄李家圈分水,分南北二干渠。南干渠长35公里,灌溉惠安堡公社惠安堡、杨儿庄、西宁堡、李家大湾4个大队,灌溉面积18万亩;北干渠长37公里,灌溉马儿庄公社老盐池、马儿庄、平台、三墩子、回六庄5个大队,发展灌溉12万亩。分设五级泵站,总扬程330米,装机容量385万千瓦。二期增大水量至15立方米/秒,逐级扬水至惠安堡公社大小庄子滩、摆宴井滩及大水坑公社草原站地区。

北部打井工程 “五五”期间,在北部打井1200眼(人畜饮水井70眼、农用机井1130眼),发展30万亩井罐区,主要分布在城郊、高沙窝、王乐井、青山、大水坑公社。

草原打井 草原井按照8×8.64平方公里布置,基本实现一个大队一眼草原井,部分缺水地区可采用管道输水解决。

附录 5

盐池县“六五”水利规划(1980年制定)

集中一切力量,建设好引黄灌溉工程。

1.搞好引黄灌溉。抓紧进行引黄勘测,引水6.5立方米/秒的,发展灌溉面积13万亩,1979年全面动工,1985年全面建设好灌区。

2.搞好机井挖潜配套。累计成井1000眼,使井灌和小型水利灌溉面积达到40000亩。

3.搞好渠道防渗。1980年前,对井罐区及小型水利灌溉区的所有渠道进行维护,总长500公里;1985年前对引黄灌区的支、毛、斗渠全部采用防渗渠道砌护。

4.搞好水土保持工作。

5.搞好农电建设。

6.抓好人畜饮水工程建设。

7.建设一支技术过硬的施工队伍。

附录 6

盐池县水利概况及规划(1982 年制定)

盐池县的建设方针经自治区审批定为“以牧为主,农林牧结合,因地制宜,全面发展”的农牧业发展方针,水利工作重点做好几项工作。

1.引黄入盐。从东干渠向盐池引水 1 立方米 / 秒至 2 立方米 / 秒,解决盐池县 10 万人、60 万只羊的饮水困难。

2.利用长庆采油三厂鸣沙饮水管线给盐池县南部山区部分村庄提供生活用水。计划从牛毛井—马儿沟、摆宴井—西宁堡修建引水管道全长 40 公里,解决 62 个生产队 3030 人的生活用水。

3.进一步挖掘水资源,自力更生,修建一些小型引水工程。在南海子、红井子、铁柱泉等水源地用管道引水,解决 50 个生产队 7400 人的生活饮水问题。在南部山区按照“一户两窖,十畜一窖,百养一窖”的要求,新打土窖 8000 眼。

4.1982 年至 1985 年,申请自治区每年给盐池补助拉水费 20 万元,解决群众 5 月至 7 月份拉水费用和长庆采油三厂水源水费补贴。

附录 7

国家计划委员会
关于宁甘陕三省(区)共同兴建盐环扬黄工程问题的复函

计农[1984]858 号

宁夏回族自治区、甘肃省、陕西省人民政府:

一九八四年二月六日宁政发[1984]15 号文《关于宁甘陕三省(区)协作共同兴建盐环扬黄工程的报告》收悉,经与水电部研究,函复如下:

一、盐环扬黄工程涉及宁夏盐池、同心县,甘肃环县及陕西定边县,该地区系老根据地的一部分,由于气候干旱,水源奇缺,又是苦氟水地带,人民生活十分贫困。为了改变该地区贫困面貌和解决人畜饮水问题,我们认为兴建盐环扬黄工程是必要的。

二、关于工程设计流量,考虑增加供水陕西定边县,原则同意由 15 秒立米调整为 16 秒立米，具体水量分配，同意三省协商意见。

三、盐环扬黄工程原初步设计，水电部规划院曾于1982年审查过，但由于工程规模变更和供水范围扩大，应在原初步设计基础上进行补充设计，落实电源，并进一步做经济论证工作，然后上报水电部审批。

四、关于工程投资问题，引水骨干工程投资原则上由三省（区）按分配水量合理分摊，干渠以下由各省负责配套。

五、关于工程所用名称，待初步设计审查时再定。

附录8

水利水电部关于“盐环定扬黄工程初步设计”（共用部分）审查意见的复函

[86]水电水规字第4号

宁夏回族自治区人民政府：

宁政函[1985]104号文“盐环定扬黄工程初步设计”（共用部分）收悉。经我部研究，按照一九八六年元月在北京召开的设计协商会议纪要精神，函复如下：

一、本工程受益地区是革命老根据地

当地人民为革命事业作出了巨大贡献，解放已半个世纪，但由于气候干旱，水源奇缺，又是苦氟水，地方病严重，人畜饮水至今尚未解决，人民生活十分困难。为改变这一地区的贫困面貌，兴建该工程是十分必要的。工程的主要任务是解决宁夏盐池、同心，甘肃环县和陕西定边四县部分地区二十七万人和七十九万头牲畜的用水，防治地方病。在条件较好的地区结合发展灌溉。我部基本同意共用部分的初步设计。根据甘肃省的需要，同意增加环县供水流量一秒立方米。因此，工程设计流量由10秒立方米改为11秒立方米，分配宁夏七秒立方米，甘肃，陕西各两秒立方米。以上均为渠首泵站毛流量。

二、同意该工程名称改为“陕甘宁盐环定扬黄工程”

由于主要受益地区和三省（自治区）及两省（自治区）共用工程均在宁夏境内，为简化程序，提高效率，今后工程初步设计的修改和施工仍请宁夏负责完成。

三、由于流量改变

需要对原设计进行修改工作，可合并在技施设计阶段一并进行，并请继续研究以下几个问题：

1.工程地质和水文地质方面，主要是膨胀土、湿陷性黄土和隧洞成洞条件等问题，请进一步把工作做细，分段作出定量评价，落实工程处理措施。

2.设计选用泵型单机出水量较小，水泵台数偏多，可结合扬水流量的增加，进一步通过技术经济比较，尽可能选用大型水泵，减少装机台数，以节省工程投资和运行管理费用。

3.设计三至八泵站110千伏高压侧与线路联结采用"T"型结线方式与保护措施不够协调。为保证运行安全，可进一步研究采用以隔离开关分段的"π"型结线方式的可能性。为减少六千伏高压阀开关柜效率，6千伏侧进线联结可进一步研究采用双断路器母线分段结线方式。

五里坡220千伏变电所装置载波通讯已能满足运行要求，请研究是否还有必要装设微薄通讯设备。

供电工程设计可适当考虑泵站附件少量地方负荷。各省（自治区）应进一步核实负荷容量，以便按负荷容量比例分摊投资。

泵站蓄电池容量应选择偏大，请进一步精确统计负荷，重新确定容量。

4.共用工程设计中进行水利经济分析有一定困难。各省（自治区）应在专用工程设计中计入共用工程分摊的投资数额，进行水利经济分析和财物分析。

三、工程概算。由于增加环县供水流量，原设计概算要做修改。为不影响工程计划安排和1986年的施工准备工作，工程概算总投资可暂按1.5亿（含供电工程3130万元）控制，待修正概算提出后由我部核定。

四、关于共用工程概算修正和投资分摊。施工和运行管理等问题，请依照国家计委计农[1984]658号文，水利电力部［85］水电水规字第11号和"陕甘宁盐环定扬黄工程设计协调会议纪要"规定执行。

五、请各省（自治区）抓紧做好本地区专用工程设计，按照本建设程序，由各省（自治区）人民政府审批。

各省（自治区）专用工程建设应与共用工程建设同步进行，使工程早日发挥效益。

附录 9

盐池县“八五”水利基本建设规划（1990 年制定）

一、盐环定扬黄工程盐池灌区配套

盐环定扬黄工程是一项针对革命老区的扶贫工程，也是一项高氟水病区改水工程。为使扬黄工程早日发挥效益，计划安排：1990 年开发苏家场、龚儿庄二处灌区面积 0.581 万亩，投资 79.32 万元；1991 年开发宋新庄、马儿庄、李家坝、尚家圈、惠安堡、苦水井、南梁 6 处灌区面积 3.249 万亩，投资 435.93 万元；1992 年开发丁家井、石井坑、青马圈、潘儿庄、汪四滩 5 处灌区面积 2.363 万亩，投资 316.99 万元；1993 年开发糜子滩、西宁堡、汪记河沿、李家大湾 4 处灌区面积 1.771 万亩，投资 237.55 万元；1994 年开发大小庄滩、郑家堡滩二处灌区面积 2.363 万亩，投资 315.92 万元；1995 年开发城西滩灌区面积 4.432 万亩，投资 592.12 万元。

二、人畜供水

1.青山西部供水工程。计划投资 246.03 万元，可解决 3 个乡、8 个行政村、37 个自然村的 9072 人、197 头大家畜、4.47 万只羊的饮水困难。

2.高利乌素人畜饮水工程。投资 47.8634 万元，解决 9 个自然村 2068 人、484 头大家畜、2.983 万只羊的饮水困难。

3.平台人畜饮水工程。投资 45.2677 万元，解决 980 人、210 头大家畜、1.39 万只羊的饮水困难。

4.柳树梁人畜供水工程。投资 598.49 万元，解决 11 个自然村 2103 人、569 头大家畜、7030 只羊的饮水困难。

三、水土保持

1.基本农田建设。1991 年至 1995 年期间，每年建设旱三田 1 万亩，其中梯田 1.2 万亩、条田 1.22 万亩、洪漫地 2.58 万亩，共需资金 150 万元。

2.林草措施。五年计划造林 293498 亩，共需资金 205.5 万元。种草 130000 亩，共需资金 39 万元。

3.水保工程。修建小型水保工程 730 处，共需资金 29 万元。治沟骨干工程 3 座，治理小流域 3 处，分别为凉风掌、窝风掌、干沟小流域，共需资金 166.06 万元。

附录 10

盐池县牧区水利规划(1991—2000 年)

畜牧业发展必须依靠水利建设,发展灌溉饲草料基地,改善缺水草原牲畜饮水困难。依据盐池县水资源日趋贫乏、水利设施老化、塘坝涝池水量减少、水利管理体制不健全的实际,迫切需要扬黄引水建设饲草料基地,解决饲草料严重缺乏的困难。

一、人畜饮水

1991 年,兴建青山和高利乌素二处供水工程,总投资 232.11 万元,效益人口 9252 人,大畜 2453 头、羊 37476 只。

1992 年,兴建柳树梁和盐环定灌区饮水工程,总投资 162.3 万元,效益人口 3003 人,大畜 1749 头、羊 15910 只。

1993 年,兴建高沙窝、李庄子和盐环定灌区三处饮水改水工程,总投资 363 万元,效益人口 11173 人,大畜 2116 头、羊 41933 只。

1994 年,兴建平台和盐环定二处饮水工程,总投资 167.6 万元,效益人口 9230 人,大畜 1370 头、羊 26336 只。

1995 年,兴建赵记湾饮水工程,总投资 559 万元,效益人口 9430 人,大畜 5277 头、羊 46300 只。

1996 年至 2000 年,利用黄河水兴建盐池中北部氟改水工程,总投资 1300.75 万元,效益人口 20031 人,大畜 11970 头、羊 121458 只。

二、饲草料基地灌溉

盐环定扬黄工程盐池专用工程 1992 年开工建设,至 2000 年末,建设灌区 14.77 万亩,其中饲草料基地 3.7 万亩,总投资 4730.45 万元。

三、发展供水井建设(含水窖)

计划新建水井 650 眼,水窖 2500 眼,总投资 385 万元。

四、水土保持

1.建设基本农田 5 万亩,其中梯田 1.2 万亩,条田 1.22 万亩,洪漫地 2.58 万亩,总投资 150 万元。

2.造林 30 万亩,投资 205.5 万元。

3.种草 13 万亩,投资 39 万元。

4.水保工程 733 处,投资 195.16 万元。

附录 11

中共盐池县委
关于批转盐池扬黄灌区开发建设规划提纲的通知

盐党发[1991]21 号

各乡党委、政府，县直各党委(党组)，县委、政府各部门，各人民团体：

《盐池扬黄灌区开发建设规划提纲》业经县委一九九一年五月二十五日常委会议审定通过，现予以批转，望遵照执行。

盐池扬黄灌区开发建设规划提纲是在区、地、县有关部门的大力支持和各级领导的亲切关怀下，在科技人员广泛调研、科学论证的基础上产生的。《提纲》从指导思想、经营方针、建设目标、开发原则、政策措施等方面对灌区的开发建设提出了总体要求，是我县扬黄灌区开发建设的指导性文件。我们一定要把宣传《提纲》，落实《提纲》作为当前的一项重要工作抓紧抓好。

广泛宣传，统一思想　开发建设扬黄灌区是盐池人民生产、生活中的一件大事，对于实现"小康"目标，从根本上改变全县面貌有着举足轻重的作用。通过广泛深入地宣传，使全县人民充分认识开发建设扬黄灌区的战略意义，增强责任感和开发建设意识。要把宣传《提纲》的过程变为开发建设的实际行动，造成强大的舆论声势，调动一切力量，统一思想，增强信心，掀起开发建设高潮。

科学规划，保证质量　百年大计，质量第一。搞好规划是保证工程质量的前提，当前，要依据《提纲》要求，本着严谨的态度、科学的精神、求是的作风，因地制宜，尽快搞好项目的规划设计，并制定具体的建设方案、措施和办法，付诸实施。要切实加强工程管理工作，努力提高施工质量，严格执行财金纪律、厉行节约，把灌区建设成为一个具有盐池特色的优质高效型工程和廉洁、信得过工程。

密切配合，打好总体战　开发建设扬黄灌区是一项投资大、任务重、涉及范围较广、技术性较强的复杂的综合性系统工程，需要全社会的大力协助和支援。各级党政组织要以对党对人民高度负责的精神，切实加强领导，努力工作，为全县人民办好这件事关发展、走向繁荣富裕的宏伟事业。各部门、各单位都要树立"我为扬黄做奉献"的思想，从组织领导、技术力量、政策措施和物力财力等方面向灌区建设倾斜。要着眼长远，顾全大局，紧密配合，通力协作，打好开发建设扬黄灌区的总体战，争取工程早建成、早发挥效益，人民早受益、早得到实惠。

县委、县人民政府号召全县人民立即行动起来，发扬“艰苦创业、奋发图强”精神，团结一致，齐心协力，开拓进取，埋头苦干，积极授身于开发建设扬黄灌区的伟大实践，以实际行动创造和迎接美好的未来。

盐池扬黄灌区开发建设规划提纲

盐环定扬黄滩区开发建设是“宁夏黄河经济”的组成部分，是全区“八五”期间的重点工程，也是我县今后十年农业建设的主战场。灌区的建成，将从根本上改善我县中西部的生产和生态条件，改变贫困落后面貌;将使近15万亩荒漠半荒漠的草原和贫瘠耕地变成粮油生产基地、林果生产基地、蔬菜生产基地、饲草料生产基地和商品羊育肥基地。它的建成将在盐池大地上展现出六片“塞上河套”的新型灌区，进而辐射和带动全县的经济发展，社会繁荣。因此，这是一项脱贫致富、荫及子孙的造富工程，也是转变人们的思想观念，提高我县农业地位，增强农业发展后劲的开发项目。

一、规划的依据和目的

盐环定扬黄工程于1986年由水电部批准设计，1987年经国务院批准，1988年7月正式动工兴建。

该工程批准设计流量11秒立方米，经自治区人民政府决定分配给盐池5秒立方米，发展灌溉面积14.7万亩;解决或改善南、中、北部地区的7.4万人、35万头(只)羊畜的缺水和高氟病水危害的问题。

工程建成后，每年从四月下到十一月底可给盐池提供水资源总6217万立方米，其中灌溉用水5847万立方米，人畜饮水370万立方米。为了合理科学地用好这部分水，以发挥最好的经济、社会、生态效益，必须认真的搞好灌区开发建设的规划设计工作。

二、规划的指导思想和原则

1.灌区建设实行农牧结合，农、林、牧、副、工多种经营全面发展的方针。把灌区建设成具有山区特色的，生态、经济和社会效益显著的，富裕文明的社会主义新农村，建成我县新型的农业生产基地。

一是粮油生产基地。灌区计划粮油种植面积7万亩，占灌区面积的47.6%。达到水平生产年后，每年可生产粮食2000万公斤、油料180万公斤。

二是林果生产基地。灌区计划植树造林3.6万亩，占灌溉面积的24.5%。其中农田防护林2.8万亩，可植树302万株，发展经果林8000亩。达到水平生产年后，每年可产水果1056万公斤。

同时工程的干渠在境内横穿120多公里，沿渠道两侧建成宽幅的乔灌草混合的防护林带，形成绿色屏障，以利控制水土沙化，改善生态环境。

三是瓜菜基地。灌区计划种植瓜菜5000亩，占灌溉面积的3.4%。

四是饲料基地。灌区计划人工饲草料种植 3.6 万亩，占灌区面积的 24.5%。大力发展舍饲半舍饲畜牧业。

五是商品羊育肥基地。根据灌区种植业生产能力，预计每年可提供饲料粮 1000 万公斤，作物秸秆、树叶等共可产草 1 亿公斤左右。除了大群补饲，还可育肥 10 万只左右的商品羊。

2.灌区建设贯彻优化开发的方针，走科技兴农的路子，发挥水土资源的综合效益。灌区规划要从长远考虑，适应农业机械化、区域种植、轮作倒茬等综合发展的需要。

要把灌区建成科学试验和科技成果推广应用的典范。培养一批科技示范乡、科技示范村、科技示范户。要提高开发建设者的素质，逐步成为有文化、有技术、会经营的一代新型农民。

灌区的吊庄移民，要优先安排那些家庭劳力比较充裕，有投入能力，积极性高的农户到灌区带头搞开发，形成一支以回乡知识青年、复员转业军人、科技积极分子为主体，具有强烈的开发意识，立志开拓，艰苦创业精神的农民为骨干的建设大军，以加快灌区建设的步伐。达到“一年起步打基础，二年迈步上路子，三年建成有效益，四年达标上台阶”的建设要求。

3.灌区建设要充分考虑盐池农牧结合，干旱缺水和土壤沙化严重的特点，贯彻节水、高产、高效的原则。扬黄灌区是高扬程远距离提水，成本高、费用大，来之不易。必须把节约用水，科学用水，合理用水放在首位，从渠道建设，田块设置、种植结构等方面都要立足于节约用水，夏秋合理搭配，以水定植。真正做到管好水、用好水，提高水的利用率，让有限的水资源真正发挥命脉作用，创出高产，收到最大效益。

4.扬黄工程建设要重点考虑盐池人畜普遍缺水和高氟水的危害，规划好人畜饮水和氟病区改水工程。

5.灌区开发建设要发扬自力更生，艰苦创业的精神，把立足点放在自已力量的基础上，在争取各方面支持的同时，依靠自己的力量搞建设，坚决扭转国家出钱，农民种田的思想意识。国家的投资，主要是扶持较大型的骨干工程建设;干、支、斗渠及建筑物由县扬黄工程指挥部统一组织施工;农渠建设和田间工程由乡、村组织施工，靠集体和农户集资投劳，谁建设，谁受益。

6.灌区实行以家庭联产承包责任制为主，以集体经济为依托的双层经营体制。在家庭联产承包的基础上，适度发展集体经营的承包企业，以不断壮大集体经济，为农户提供更多的服务。要进一步明确区内的土地公有、农民承包经营的政策和党在农村的其他政策长期不变。

灌区农户承包土地计划人均 2.5 亩至 3 亩(包括庭院经济地、造林种草用地)，拟实行“两田制”，即“口粮田”和“责任田”。(两田制的办法另定)

在灌区内县、乡、村应发展一批旨在起示范和带动作用的小农场、小牧场、小林场，以壮大集体经济。

7.灌区开发建设实行全面规划，分年实施的原则。

为了体现整体利益，灌区规划内的所有土地，要依照《土地法》和自治区有关规定做权属变更，打破原行政界线，实行山、水、田、林、路、电、村全面规划，统一实施。建成后划归国家或集体所有，除少数由国家或集体经营外，大部分承包给农户经营。土地使用单位(含农户承包)所使用的土地要做到四址清楚，手续齐会。

“八五”期间，计划建成惠安堡、马儿庄、冯记沟、青山四个灌区，发展灌溉面积7万至10万亩，力争王乐井灌区初具规模，并把大、小庄滩建成我县的样板灌区，“九五”期间的前三年建设好城西灌区。

三、规划的主要内容和要求

1.主要内容

（1）灌区土地利用总体规划（包括土壤普查类别、化学、物理性质测定、土地适用性价、土壤改良和次生盐渍化的防治）。

（2）灌区水利规划（包括灌溉系统、灌溉制度、灌水定额、平田整地、田间道路、排水系统和防汛工程）。

（3）农业规划（包括农作物种植结构、轮作制度、栽培技术和防治病虫害）。

（4）林业规划（包括带片网结合的防护林体系，庭院为主的经济林体系，房前屋后、村庄四旁的零星植树体系）。

（5）畜牧业规划别（包括四周放牧与区育肥相结合，建立饲草料基地与加工转化相结合，以草定畜与舍饲栈养育肥相结合的灌区畜牧业）。

（6）吊庄移民规划（包括村庄居民点建设，交通道路，供水、供电、通讯、移民政策、吊庄计划，管理服务机构设置，村镇企业、庭院、房屋设计等）。

（7）人畜饮水工程规划（包括灌区内外人畜饮水及高氟区改水工程）。

（8）环境保护规划（包括环境影响综合评价，环境保护报告书）。

（9）灌区监测和科研规划（包括土壤盐化、沙化、肥力、地下水、生态、产量等动态监测和节水、增产、新品种等科学试验）。

2.要求

（1）灌区水利配套力求科学、合理、省水，提高水的利用率，达到一个流量灌溉3万亩地的要求，并利用灌区内沟泉苦水进行苦掺淡，扩大或保证灌溉面积。

支、斗、农渠和排水沟道布局合理，灌排畅通。农渠以上渠道全部采用砌护，并研究减少渗漏和蒸发的措施。渠系建筑物配套齐全，分水口装设计量和控制设备。灌区尽量以行政村设斗口、自然村设农口、便于灌溉和管理。渠道断面设计要留有充分余地，按轮灌规划，一般要达到设计过水断面的2至3倍，以便在下游工程完成之前，利用主干渠的富裕流量，先行灌溉受益，并能使渠系利用主动灵活。

排水系统的建设，在设计中要充分重视。灌区大部分地处闭流区，且土壤有相对隔水层，会程度不同地引发次生盐渍化。因此要解决好排水出路。排水可采用沟排、井排结合，排灌结合，有条件的地方也可以排代灌。并积极实验暗管竖井排水、生物排水等综合措施。排水设施所占土地利用权要归国家或集体。

（2）灌区要充分利用土地资源。通过土壤普查，选定地形平坦，质地疏松，土层厚度大于0.6米，矿化度小于0.3%，地下水位埋深超过2米的耕地或宜农荒地为灌区农田。灌区土地要做出适用性评价，合理利用，宜农则农，宜林则林，宜牧则牧。农田规划要留有余地，以供农、林、牧在发展中充分选择利用。

灌区布置中要渠道顺直，田块方正，美观适用。田块一般控制在0.3亩至0.5亩左右，并考虑便于机械耕作，便于区域种植，便于轮作倒茬。

（3）灌区规划要有利于大力开展植树造林。在灌区四周，渠系、道路两侧，居民点四旁以及一切闲散空地，都要造林绿化。灌区内防护林以用材林为主，一林多能、多林种结合，并配备一定比例的经济林，经济林配置要有特色，干果、水果并举。灌区外围防护林片带结合、乔灌结合。树种要选择速生、丰产、优质、郁闭快，抗虫病、耐旱、防风固沙效果好的品种。

植树造林要在灌区开发中先行一步。县、乡、村和国营林场要尽早在灌区建成一定规模的、以育苗和经果林并举的园艺场，为灌区林业建设提供种苗，并起到示范带动作用。林业规划的同时要制定政策、落实林权归属和管理制度。

（4）灌区道路规划要本着有利生产、方便生活、节约用地的原则。村庄道路更适应新农村发展的需要，路面平直、畅通无阻。

灌区生产道路尽量沿支、斗渠布置（路面宽6米，高出地面0.5米）；田间道路沿农渠布设（按机械耕种规划路面宽度，高出地面0.3米）。道路与渠道、林带布局要统一。

（5）灌区规划要充分体现我县畜牧业的优势，采取山区养羊、灌区育肥、外围放牧、灌区舍饲等多种途径发展畜牧业。

灌区四周向外扩伸5公里为灌区草原。采用补播、封育、轮牧等建设和管理措施，做为牧业生产基地。灌区建成标准较高的草料基地，形成青贮、氨化、加工体系，搞好饲草料转化。发展以家庭畜牧业为主体，以舍饲栈养为基础，牛、羊、猪、鸡、兔全面发展的商品畜牧业。

（6）灌区村庄居民点规划，要体现现代化农村的特色。每户占地（包括宅基地、畜禽栏舍、庭院经济等）按统一标准规划。庭院经济占地根据居民点在灌区的位置确定，可规划到房前屋后，也可以村或联户集中建立经果园。房屋建设规模要统一，结构可以多样。但一个村庄的规模、结构要统一，建筑标准可量力而行，尽量一致。居民点的规模一般以50户（250人）左右为宜。供水、供电、通讯、道路以及管理服务、福利机构的设置等一次进行规划，分期实施。把居民区建成美观舒适、宽敞方便、经济适用,利于开展社会活动,便于商品流通的庄园。

(7)灌区开展建设要实现科技兴农。建立健全科技试验、示范、推广、服务体系,为灌区发展提供科学依据和技术指导,为农民的种田、养畜、种树等经营活动提供技术服务,使灌区成为实施“231”工程的典范。

(8)灌区建设是百年大计,必须坚持质量第一的原则。要建立一套严格的工程质量监督、检查和验收程序,制定完善的奖惩、考核制度。

工程施工要实行技术人员岗位责任制,配备过硬的施工员把好质量关,把工程建成质量合格、经得起考验的优良工程。

四、规划的方法步骤

1.灌区规划是涉及到多学科的综合系统工程,政策性、技术性都很强。因此,必须在县委、政府的领导下,组织水利、农业、林业、畜牧、土地、城乡建设、科技等部门的专业人员协作完成

2.要实行“从群众中来,到群众中去”的方法,规划人员深入灌区所在地,走访当地干部群众,组织座谈讨论,广泛听取群众对灌区意见和建议。

3.调查收集灌区范围内的社会、经济、生态等方面的资料,掌握基本情况。

4.考察学习外地灌区开发建设的经验及教训。

5.邀请有关部门领导、专家对灌区建设规划进行研讨论证。

五、规划的组织实施

我县灌区开发建设是历史赋予子我们这一代人的重大任务,工程量大、条件困难、资金不足,要搞好这项工程的组织实施,必须要有以下几个方面的保证。

1.组织保证。为了加强灌区开发建没的组织领导,县上成立了工程建设决策机构—扬黄工程领导小组;指挥机构—灌区建设指挥部;办事机构—场黄工程建设管理局。决策和指挥班子都由县委、人大、政府的主要领导挂帅,有关部门负责人参加。

各有关乡(镇)也要相应地成立领导机构和办事机构,把灌区开发建设提到重要议事日程上来,当作一件大事来抓。

2.政策保证。县乡要根据灌区开发的实际需要,制定有关政策和规定(如土地利用、劳动积累工使用,吊庄移民等政策规定),以保证灌区建设的顺利进行。

3.技术保证。灌区规划设计工作是开发建设的关键,技术上必须有依托做保证。规划设计过程中,拟邀请自治区科研、设计等有关单位进行指导和技术把关。水利工程规划设计是灌区的核心部分,要聘请区水利设计院为技术依托,请求选派 2 名至 3 名专家帮助指导和技术把关。具体工作由县扬黄局和水电局负责,配备较强的技术力量完成。专业技术人员以固定为主,必要时可抽调有关部门的专业人员配合。

4.投入保证。灌区配套工程投资额较大,经初步计算需要投资8241.12万元。其中:灌区配套工程(包括水利配套、平田整地、农田防护林、田间道路)4730.4万元;吊庄移民费用1207.78万元;供水工程734.94万元;供电工程1468万元;其他工程(包括预制厂及水利管理机构建设等)100万元。地方财政又很困难,因此要多途径、多渠道争取对灌区建设的投入。

一是积极争取国家,包括自治区的投资。

二是争取"三西""以工代赈""世行贷款"等投资项目。

三是各部门从各渠道争取专项资全。

四是地方财政筹集一部分,各主管部门从事业资金挤出一部分资金投入灌区。

五是乡、村和受益农户投入一部分资金。采取"大拼盘"的办法,力争保证灌区投入的需要。

5.全县动员起来,保证打好总体战。扬黄灌区开发的序幕已经拉开,从现在起要在全县广泛宣传动员,提高对灌区建设重要意义的认识,发动各方面的力量投入灌区建设。从组织领导、技术力量、财力、物力等各方面向灌区建设倾斜。全县人民要为灌区的开发建设出谋献策,出力流汗,在灌区开发建设中开拓创业,无私奉献。

各级领导干部要以为党、为人民高度负责的精神,以一个开拓者、创业者、奉献者的姿态,带领群众搞好灌区的开发建设。要鼓励干部职工、科技人员到灌区参加建设,也可以与群众联营承包搞开发。

必须加强和完善工程的施工管理和财务管理。建立和健全岗位任制和定额管理制度,实行民主理财,接受群众和组织监督。同那些营私舞弊、贪污贿赂、渎职浪费的现象作坚决的斗争,把工程搞成廉洁和信得过工程。

扬黄灌区的前景是美好的,但任务艰巨、困难重重,任重而道远。全县各级组织和全县人民要在县委、政府的领导下,齐心协力,团结一致,艰苦奋斗,以开拓进取的精神,以实事求是的态度和务实苦干的作风积极投入到新灌区的开发建设中来。

附录12

陕甘宁盐环定扬黄工程宁夏专用部分
初步设计审查的意见

陕甘宁盐环定扬黄工程是解决宁夏盐池、同心县,甘肃环县和陕西定边县部分地区人畜饮水,发展灌溉、防治地方病、改善生态环境的扬水工程,由三省(区)共用工程和各省

(区)专用工程组成。共用工程初步设计经水利部审查批准,设计流量为11立方米/秒,其中宁夏7立方米/秒,甘肃、陕西各为2立方米/秒;解决27万人、79万羊畜的饮水困难(其中宁夏14.33万人、46.54万羊畜);发展灌溉面积31万亩(其中宁夏20.36万亩)。该工程经国家计委批准兴建,1988年7月正式动工,计划1994年全部建成。1991年末批准调整后的总概算为24928万元。

宁夏专用部分的初步设计由宁夏水利水电勘测设计院于1985年5月与共用工程的初设计同时完成,后应盐池县人民政府的要求,根据该县以牧为主的特点,调整了灌区规划方案,随后做了《盐池灌区调整方案的可行性研究报告》,经1990年5月自治区人民政府主席办公会议通过后,重新修改了初步设计,供电工程和通信统筹的初设分别由宁夏电力设计院、银南供电局设计室和宁夏系统工程公司完成。区区水利水电勘测设计院为该工程设计汇总单位。

盐环定扬黄工程宁夏专用部分的初步设计,由区计委会同我厅组织区建行、农电局、盐环定扬黄工程指挥部、林业厅、畜牧局、土地管理局、审计局、银南供电局、盐环定扬黄管理处及盐池县、同心县人民政府等单位的负责同志和专家,于1992年9月19日至24日分别在水利设计院和水利厅进行了预审和复审,供电部分又于1992年10月16日进行了复审。

盐环定扬黄宁夏专用工程,包括水利工程、供电工程和通讯工程。水利工程由盐池灌区和韦州灌区的骨干工程,人畜饮水和配套工程组成。盐池灌区涉及毛流量5.0立方米/秒,解决9.16万人,32.64万羊畜的饮水问题,灌区林草地14.7万亩;韦州灌区解决5.17万人,13.9万羊畜的饮水问题并发展灌溉面积5.66万亩。工程规模和规划设计符合原水电部[86]4号、52号文的批复和自治区人民政府主席办公会(1990年第五项)纪要的原则,主要内容和深度达到了初步设计的要求,经审查同意专用工程初步设计和水利、供电及通讯工程的规划设计方案。现就审查意见分述如下:

一、水利工程

1.本工程以解决人畜饮水为主,在条件较好的地区发展灌溉,扩大经济效益。按照水利部“高起点”的要求,进一步搞好人畜饮水工程的规划设计,适当地提高了工程标准,并按加速发展乡镇企业的要求考虑其供水需要。

2.收益地区干旱多风沙,土地沙化日益严重,为了发展高产、优质、高效农业,灌区要尽量扩大林业比重,增加防护林面积,林业比重不应低于20%,并增大优质经果林的比例,根据盐池、韦州不同的自然地理条件,建议农林牧的比例为5∶2∶3和6∶2∶2。

3.工程地处毛乌素沙漠边缘,支干渠多穿越流动沙丘和沙漠区,为保证输水畅顺,渠道两旁根据需要设置纺纱草障,布置宽度为50米左右的防风固沙林带。

4.初设对主要山洪沟的防洪建筑物,虽然做了安排,单渠道和泵站坡积水的处理问题,还需在技施阶段中逐段加以认真解决。

5.盐池灌区大部分处于闭流区，部分灌区土壤下层有第三纪红土隔水层，灌溉后地下水会迅速上升，加速土壤盐碱化。技施设计要十分重视排水规划，安排好排水出路，并由水文部门布置监测井点，对地下水位和水盐动态变化进行监测，提出防治土壤盐渍化的措施。

6.支渠以下宜采用U型砌护断面，斗渠布置尽可能采取双向灌溉，以减少斗渠数量节省投资。有条件的要搞低压管道灌溉和小畦灌溉，以节约水量。构筑物尽量统一规格，以便于预制安装。

7.原则同意按水利部SJL705-81标准编制的管理人员人数，盐池灌区为168人，韦州灌区为47人，均包括渠道、泵站及人畜饮水的管理人员在内。管理机构，生活福利设施的建筑面积按人均30平方米从严控制。

8.根据宁政阅[1992]9号《盐环定扬水工程及配套建设现场办公会议纪要》的决定，二干渠两侧由水利厅和灵武县先行开发各一亩，投资列入本概算，补助标准应低于盐池、韦州灌区配套工程的补助水平，并按年度投资情况逐步到位。

二、供电工程

1.宁夏专用工程的供电部分，由韦州、三道井两座35千伏变电所，惠安堡—韦州、龚尔庄—黎明、黎明—三道井三条35千伏线路，以及惠安堡—李家坝、韦州—屯家塘、韦州—七里疙瘩一、二级泵站三条10千伏线路组成。统一变电所选址和布置方案以及供电线路的走向和布置方案。

2.同意变电所的主接线方案和容量选定。三道井变电所主要容量为1×500千伏安，不包括地方负荷，韦州变电所（含地方负荷），主变容量为2×1000千伏安，建设投资按地方和水利负荷容量分摊。为保证灌溉既不误农时和乡镇人畜及时供水，两座变电所均由水利部门管理。

3.根据1992年3月24日宁夏专用部分供电方案备忘录的意见，韦州用电与灌区用电统一考虑，采用惠安堡向韦州以35千伏线路供电方案，宁计（基）发[1991]449号文《关于同心县下马关至韦州镇35千伏送变电工程初步设计的批复》停止执行。惠—韦35千伏供电线路投资按地方和水利负荷容量分摊。

4.同意惠安堡—韦州、黎明—三道井两条35千伏线路的路径和导线截面的选定，惠—韦线路主要杆型应采用Φ190、12米砼杆，陶瓷横担。龚尔庄—黎明的供电设计和相应的变电增容问题，由盐环定指挥部协同电力设计院尽快完成补充设计。

5.同意三条10千伏线路选定的路径和导线截面，并取消15米π型杆。

6.输变电工程管理人员问题，待管理体制确定后由设计部门结合实际提供人员数量另行报批。

三、通讯工程

专用部分的通讯工程是陕甘宁盐环定扬黄工程通讯网络组成的一部分，设备型号、接口和功能衔接等，都应满足联网需要，且要话音清晰、运行可靠、检修方便，又能满足三道井、李记坝泵站与惠安堡中心管理所的联系及屯家塘泵站、七里疙瘩泵站与韦州中心管理所的通讯需要。盐池、同心县城分别与惠安堡、韦州中心管理所的通讯，可通过地方长途电话联系，本工程不予考虑。审查会议认为这个通讯方案是合理可行的，并同意单项通讯工程的设计。黎明微波站增加的两名维修人员，归属于共用通讯网编制。

四、工程概算

1.根据水利部水规[1991]43 号文件精神结合我区实际，同意水利设计院按照水利厅宁水计发[1992]01 号文件确定的概算编制原则和取费标准，以 1991 年四季度材料价格水平编制的水利工程概算。

2.同意电力设计院提出的供电工程概算编制原则和取费标准。35 千伏线路和变电工程按能源部规定和 1992 年二季度价格水平编制概算，10 千伏线路和变电设施以银川地区估价表和银川地区建安工程《电气分册》的材料预算价格为基数编制概算，供变电的土建和安装工程均执行三类企业的取费标准，生产、生活、备用备件准备费用按能源部预规系数计列。

3.通讯工程采用国家计委、邮电部颁发的通讯工程概(预)算编制办法和费用定额及区计委定额站 1991 年四季度颁发的材料价格编制概算，按物价上涨指数 6%，两年工期计列价差预备费。

4.根据宁政发[1989]72 号文《宁夏回族自治区依靠群众合作兴修农村水利的若干规定》第十二条的规定："支渠及其以下的占地、青苗和拆迁房屋国家均不予以补偿"。该工程概算中的土地赔偿费仅适用于骨干工程的干渠部分。

5.根据 1993 年 3 月 4 日宁政阅[1993]第 6 号协调会议纪要，对灌区配套和平田整地补助按每亩 180 元的标准已计入概算，并相应调整了其他费用标准。

根据上述原则审定后的总概算动态投资为 21980.59 万元（静态投资为 20873.09 万元），其中：宁陕共用工程为 3035.49 万元(宁夏应分摊 1807.88 万元)，宁夏专用部分投资 18945.10 万元。两项合计宁夏应安排的总投资为 20752.98 万元。

附录 13

盐池县 1994—2000 年人畜饮水和乡镇供水规划

历史以来，盐池县人畜饮水十分困难，且处于严重缺水的高氟病区，全县 98 个行政村有 12.56 万人、3 万头畜、53.24 万只羊不同程度存在饮水困难问题。截至 1993 年年底，全县累计修建供改水工程 19 处，人饮机井 21 眼、土圆井 420 眼、水窖 15425 眼，累计投资 1934.6 万元，解决了 6.6934 万人、2.0244 头大家畜、26.5193 万只羊的饮水困难，但仍然有 5.22 万人、0.96 万头大家畜、12.89 万只羊尚未解决饮水困难。计划在 1994 年至 2000 年期间，新建、改建人畜饮水工程 20 处，总投资 2392.91 万元。

主要人畜饮水工程

1.李庄子供水工程。1994 年建设，打机井 2 眼，铺设管道 65.51 公里，解决 5766 人、820 头畜、19611 只羊的饮水困难问题。

2.潘儿庄供水工程。1994 年建设，铺设管道 27 公里，建蓄水池 160 立方米(1 个)。解决 4749 人、989 头大家畜、9360 只羊的饮水困难问题。

3.暴记春供水工程改造。计划 1994 年改造，更换输水管线 7.324 公里，增加增压泵一座，解决 2011 人、573 头大家畜、1624 只羊的饮水困难问题。

4.吴记圈小康村供水工程。1994 年建设，打机井 1 眼，建淡化池 1 座，铺设管道 2.1 公里，架设高压线 0.61 公里。解决 248 人、32 头大家畜、1300 只羊的饮水困难问题。

5.萌城乡镇供水工程。1994 年至 1995 年建设，铺设输水管线 20 公里，建蓄水池 4 座，解决 3000 人、600 头大家畜、10000 只羊的饮水困难问题。

6.沙窝子供水工程。1994 年建设，铺设输水管线 15 公里，供水房 6 间，解决 1200 人、200 头大家畜、1500 只羊的饮水困难问题。

7.刘八庄供水工程。1995 年建设，铺设输水管线 15 公里，解决 2028 人、363 头大家畜、2004 只羊的饮水困难问题。

8.硝池子供水工程。1995 年建设，打机井 2 眼，铺设输水管道 18 公里，建蓄水池 2 座，解决 1400 人、270 头大家畜、8000 只羊的饮水困难问题。

9.牛记圈供水工程。1995 年建设，铺设输水管线 10 公里，建蓄水池 2 座，解决 1200 人、200 头大家畜、5000 只羊的饮水困难问题。

10.柳杨堡乡镇供水工程。1995 年至 1996 年建设，铺设输水管线 40 公里，淡化池一座，打机井一眼，解决 4500 人、700 头大家畜、10000 只羊的饮水困难问题。

11.高沙窝大疙瘩供水工程。1996 年建设，打机井 2 眼，铺设输水管道 30 公里，建蓄水池 8 座，解决 2550 人、600 头大家畜、4557 只羊的饮水困难问题。

12.张步井供水工程。1996 年建设，打机井 1 眼，铺设管道 12 公里，架设输电线路 5 公里，解决 900 人、180 头大家畜、6000 只羊的饮水困难问题。

13.柳杨堡、高沙窝机井灌区供水工程。1996 年建设，铺设输水管线 10 公里，建蓄水池 10 座，解决 2000 人、280 头大家畜、10000 只羊的饮水困难。

14.红井子马坊供水工程。1997 年建设，铺设输水管线 20 公里，加压泵 1 座，建蓄水池 5 座，解决 1500 人、500 头大家畜、5000 只羊的饮水困难问题。

15.鸦儿沟郭庄子供水工程。1997 年建设，铺设输水管道 15 公里，建蓄水池 2 座，解决 1500 人、220 头大家畜、4000 只羊的饮水困难问题。

16.大水坑乡镇供水工程。1997 年至 1998 年建设，铺设输水管道 97.65 公里，建供水房 10 间，解决 11212 人、1972 头大家畜、33213 只羊的饮水困难问题。

17.青山月儿泉供水工程。1998 年建设，铺设输水管道 45 公里，解决 310 人、700 头大家畜、9000 只羊的饮水困难问题。

18.李大庄—赵记湾供水工程。1998 年至 1999 年建设，铺设输水管道 67.31 公里，加压泵 2 座，建蓄水池 32 座，架设输电线路 101.35 公里，解决 23247 人、7137 头大家畜、99864 只羊的饮水困难问题。

19.王乐井东部供水工程。1999 年建设，铺设输水管线 35 公里，建蓄水池 5 座，解决 2600 人、700 头大家畜、5500 只羊的饮水困难问题。

20.城西滩灌区供水工程。1999 年至 2000 年建设，铺设输水管线 50 公里，建水厂 2 座，解决 32500 人、1500 头大家畜、55000 只羊的饮水困难问题。

附录 14

盐池县“十五”防汛抗旱规划

指导思想：抓住西部大开发历史机遇，立足干旱缺水实际，开源节流，充分利用“三水”加强农村水利基础设施及生态环境建设，大力发展高效节水农业，推广抗旱措施，提高水资源利用效率，调整产业结构，创造出更加适合人民群众生存发展的自然环境，实现可持续发展。

一、防汛

为有效防御洪涝灾害，计划成立盐池县城区防洪管理所；储备充足的防汛物资，对库坝进行加固维修，配备通讯和交通设备，计划投资 468.5 万元。

二、抗旱

计划新建人畜饮水工程　包括高沙窝大疙瘩供水工程、大水坑乡镇供水工程、向阳供水工程、石山子供水工程、青山月儿泉供水工程、柳杨堡冒寨子供水工程、范记圈供水工程、扬黄灌区供水工程、干旱带乡镇中小学供水工程、苏步井硝池子供水工程、牛记圈—张步井供水工程、狼皮梁供水工程、郝家台供水工程、井窖供水工程共16处。打机井17眼、浅机井1000眼、水窖20247眼，建水厂2座，蓄水池42座，加压泵10座，铺设输水管道465.78公里，计划投资4432.4万元，可解决71377人、7015头大家畜、110742只羊的饮水困难问题。

人畜饮水工程维修改造　包括南海子供水工程、青山东西部供水工程、马儿庄供水工程、杨儿庄供水工程、宝塔供水工程、高利乌素供水工程、柳树梁供水工程、平台供水工程、西宁堡供水工程、潘儿庄供水工程、回六庄供水工程、四墩子供水工程、苏步井乡供水工程共计13处。新打机井4眼，更新管道180.81公里，维修蓄水池38座，投资837万元，可巩固43808人、10124头大家畜、119566只羊的饮水困难。

抗旱水源工程建设　机井灌溉：开发建设高沙窝范记圈灌区、郭记坑—徐庄子灌区、马场井西灌区、城郊东门—沟沿灌区；柳杨堡冒寨子—李记场灌区、柳杨堡—小洞湾灌区。新打机井57眼，铺设管道39.51公里，投资1284.5万元。更新机井100眼，巩固水地6000亩，扩灌5000亩，计划投资600万元。

1.浅井灌区。开发建设哈巴湖沙漠南沿、一棵树—柳树梁、苏步井、海子塘、东塘、北园子、西大井浅井灌区。挖带子井180条，打塑料井30眼、浅机井90眼，铺设低压管道33.5公里，计划投资598.5万元。

2.节水灌溉。发展低压管灌1万亩、喷灌0.5万亩、扬黄小畦灌6.5万亩、南部山区微灌2万亩，总计10万亩，计划投资3000万元。

非抗旱技术推广　应用旱地龙31吨，使用面积30万亩。购置喷灌设备1060台(套)，更新机泵510台(套)，修复水毁工程400处，使用风力抽水机1550台，计划投资1533万元。

抗旱服务体系建设　在15个乡镇建立抗旱服务站，计划人员编制38人。

附录15

盐池县“十五”农村水利建设规划

一、人畜饮水工程

新建人畜饮水工程16处：包括高沙窝大疙瘩供水工程、大水坑镇供水工程、向阳供水工程、石山子供水工程、青山月儿泉供水工程、柳杨堡冒寨子供水工程、范记圈供水工程、扬黄灌区供水工程、干旱带乡镇中小学供水工程、苏步井硝池子供水工程、牛记圈—张步井供水工程、狼皮梁供水工程、郝家台供水工程、井窖供水工程。打机井17眼，浅井1000眼，水窖20247眼；建水厂2座，蓄水池42座，加压泵10座，铺设输水管道465.78公里，计划投资4432.4万元，可解决71377人、7015头大家畜、110742只羊的饮水困难问题。

维修改造人畜饮水工程13处：包括南海子供水工程、青山东西部供水工程、马儿庄供水工程、杨儿庄供水工程、宝塔供水工程、高利乌素供水工程、柳树梁供水工程、平台供水工程、西宁堡供水工程、潘儿庄供水工程、回六庄供水工程、四墩子供水工程、苏步井乡供水工程。新打机井4眼，更新管道180.81公里，维修蓄水池38座，计划投资837万元，巩固解决43808人、10124头大家畜、119566只羊饮水困难问题。

二、农田水利工程

“十五”期间，盐池县农田水利工程建设主要包涵四个方面：扬黄灌溉、机井灌溉、浅井灌溉，节水灌溉。

扬黄灌溉 开发城西滩灌区支渠和1至5分支渠、王乐井灌区，修支渠39.05千米，支渠分水口6座、节水闸118座、跌水221座、渡槽12座、路涵9座、量水堰118座、生产桥103座、斗口83座，发展水地75728亩，计划投资6263.25万元。

机井灌溉 开发建设高沙窝范记圈灌区、郭记坑—徐庄子灌区、马场井西灌区；城郊东门—沟沿灌区；柳杨堡冒寨子—李记场灌区、柳杨堡—小洞湾灌区。新打机井57眼，铺设管道39.51公里，投资1284.5万元。更新机井100眼，巩固水地6000亩，扩灌5000亩，计划投资600万元。

浅井灌溉 开发建设哈巴湖沙漠南沿、一棵树—柳树梁、苏步井、海子塘、东塘、北园子、西大井浅井灌区。挖带子井180条，打塑料井30眼、浅机井90眼，铺设低压管道33.5公里，计划投资598.5万元。

节水灌溉 发展低压管灌1万亩，喷灌0.5万亩，扬黄小畦灌6.5万亩，南部山区微灌2万亩，总计10万亩，计划投资3000万元。

三、农电建设

解决106个自然村未通电问题；对高沙窝、谢儿渠变电所进行增容改造。

四、水土保持

基本农田 修建梯田7.97万亩、洪漫地7.25万亩、水地7.77万亩，增加粮食产量999.16万公斤，计划投资23193.12万元。

小流域治理 治理小流域32条，治理面积260.29平方公里，种草185.75万亩，修水保工程34268座，打生产窖1.5万眼。

骨干沟治理 治理骨干沟19条，控制水土流失面积442.7平方公里，计划投资74365.65万元。

附录 16

盐池县抗旱应急预案

一、总　则

1.编制目的

做好水旱灾害突发事件防范与处置工作，使水旱灾害处于可控状态，保证抗洪抢险、抗旱救灾工作高效有序进行，最大程度减少人员伤亡和财产损失。

2.工作原则

（1）坚持以“三个代表”重要思想为指导，以人为本，树立和落实科学发展观，努力实现由单一抗旱向全面抗旱转变，不断提高抗旱的现代化水平。

（2）抗旱工作实行各级人民政府行政首长负责制，统一指挥，分级分部门负责。

（3）抗旱以城乡供水安全、粮食生产安全为首要目标，实行安全第一，常备不懈，以防为主，防抗结合的原则。

（4）抗旱工作按照流域或区域统一规划，坚持因地制宜，城乡统筹，突出重点，兼顾一般，局部利益服从全局利益。

（5）坚持依法抗旱，实行公众参与，军民结合，专群结合，平战结合。

（6）抗旱用水以水资源承载能力为基础，实行先生活、后生产，先地表、后地下，先节水、后调水，科学调度，优化配置，最大程度地满足城乡生活、生产、生态用水需求。

（7）坚持抗旱统筹，在防洪保安的前提下，尽可能利用洪水资源；以法规约束人的行为，防止人对水的侵害，既利用水资源又保护水资源，促进人与自然和谐相处。

3.编制依据

依据《中华人民共和国水法》《中华人民共和国防洪法》《国家突发公共事件总体应急预案》《宁夏回族自治区河道管理条例》等，制定本预案。

4.适用范围

本预案适用于盐池县范围内突发性水旱灾害的预防和应急处置。突发性水旱灾害包括：干旱灾害、供水危机以及由洪水、地震、恐怖活动、重大供水水源污染等引发的供水水质被侵害等次生衍生灾害。

二、基本情况

1.自然地理情况

(1)地理位置

盐池县地处宁夏东部,地理位置介于东经106°30'至107°47'和北纬37°04'至38°10'之间,总面积8661.3平方千米;东与陕西定边毗邻,南部与甘肃环县接壤,西部与同心县、灵武市连接,北部和内蒙古前旗相连。

(2)地形地貌

盐池县地貌大致可分为黄土高原丘陵沟壑区、鄂尔多斯台地和毛乌素沙漠边缘区三个类型。黄土高原丘陵沟壑区海拔1600米至1800米,鄂尔多斯台地海拔1400米至1600米,毛乌素沙漠边缘区海拔1300米至1650米。盐池县南部为黄土高原丘陵沟壑区,该区山峦起伏、沟壑纵横、梁峁相间、水土流失严重。中部为鄂尔多斯缓坡丘陵区,该区地势平坦,多为缓坡池地,部分丘陵顶部侵蚀严重,基岩裸露。北部为毛乌素沙漠边缘区,该区有部分流动沙丘,其余为固定、半固定沙丘和浮沙。

(3)气象

盐池县属典型中温带大陆性气候,具有冬长夏短,春迟秋早,冬寒夏热,干旱少雨,风大沙多,蒸发强烈,日照充足的特点。据多年观测统计,全县多年平均气温7.7℃,多年平均最高气温22.4℃(7月),多年平均最低气温-8.7℃(1月)。年日照时数为2901小时,日照率为66%,辐射量为140大卡/平方厘米,大于10℃积温2944.9℃,无霜期为128天,年均风速2.8米/秒。

盐池县降水量不足300毫米,不但降水量少,而且分布极不均匀。一是年际变化大,从1954年至2000年降雨资料看,降雨最大值为586.8毫米(1964年),最小值为145.3毫米(1980年)。二是年内降水分配不均匀,由于受内陆性气候控制,冬春气候平稳,夏秋气候活跃,形成冬春降水少而夏秋降水多。降雨大多集中在七、八、九三个月,占全年总降水量的62%。盐池县内蒸发强烈,年蒸发量2179.2毫米,是降雨量的6至7倍,当地有“三年两头旱,十年一大旱”的俗语。

(4)水文

盐池县地处西北内陆干旱区,由于受下层面(地形、土壤、植被)干旱制约,年径流少,时空分布不均匀。全县平均年降雨量不足300毫米,年径流深4.3毫米,年径流量中72%产生在7至9月份,多产生洪水灾害。县内黄土高原丘陵沟壑区侵蚀模数5000T/平方千米至10000T/平方千米,为全区水土流失最严重地区。

（5）河流水系

按河流水系划分，盐池县主要流域为黄河流域，属内陆河流域面积 1864 平方公里，分布在盐池北部。山水河，发源于甘肃省环县，流往境内西南边缘惠安堡镇，转入同心、灵武、吴忠入黄河。境内长 45 公里，平时水小或干涸，山洪暴发时流量较大。苦水河，发源于大水坑镇贺坊沟至盐池、同心交界的小泉村与山水河汇流入黄河。河水矿化度大，不宜灌溉与饮用。

盐池县内有硝池子、八字洼硝湖、四儿滩、天池子、二道湖、牛圈坑西湖、园硝湖、摆晏井碱湖等湖泊，绝大多数冬季干涸，夏季时续时断。

2.经济社会发展情况

盐池县辖 8 个乡（镇）、102 个行政村、661 个自然村、一个街道办事处、15 个社区。总面积 8552 平方公里，占宁夏总面积的 13%。全县总人口 16.921 万人，其中少数民族人口 0.438 万人，农村人口 13.548 万人。耕地面积 134 万亩，粮食播种面积 4.48 万亩，水地 1.353 万亩；农作物以小麦、土豆、玉米、糜谷、荞麦为主，年粮食产量 8.8964 万公斤左右。畜牧业为盐池县传统主导产业。

3.水资源开发利用概况

盐池县水资源总量 3979.2 万立方米 / 年，其中地表水 1925 万立方米 / 年，地下水开采储量 2054.26 万立方米 / 年。可利用水总量 2252.89 万立方米 / 年，其中可利用地表水 198.63 万立方米 / 年，可利用地下水 2054.26 万立方米 / 年。目前地下水开采量为 2480 万立方米 / 年，超采 425.74 万立方米 / 年，导致地下水矿化度增高，水质恶化，生态环境问题日益突出。

4.旱灾概况

据《盐池县志》等资料记载，盐池县 1949 年至 1990 年的 42 年间发生旱灾占 28 个年份，平均 1.5 年发生一次。1990 年至 2006 年，除个别年份外，大都为旱灾年。旱灾由过去的“十年九旱”发展为“十年十旱”的趋势。

2005 年，盐池县遭受 50 年一遇的大旱，全年降水量为 180.4 毫米，麻黄山降水量为 100 毫米。1 至 7 月份全县累计降水量仅为 53.2 毫米（个别地区降水为 20 毫米），8 至 10 月份累计降雨 81.8 毫米，10 至 12 月份降水 45.3 毫米，由于受 2003、2004 年两年旱灾的持续影响，2005 年盐池县牧草返青迟缓，夏粮绝产，秋粮减产 70%，大面积沙生植物和部分榆、杨树等枯萎死亡，地下水位下降，水质变差，井窖干涸，供水不足，全县有 3.2 万人、16.3 万只羊、0.5 万头大家畜严重缺水。

5. 抗旱能力

根据盐池县干旱、水资源贫乏的实际情况，通过打深机井提取地下水，建筑塘坝截拦沟泉地表水，开挖带子井、土圆井、塑料井等开发浅层水，在没有水资源的南部山区打窖蓄存天上水，建设扬黄灌区引入黄河水，因地制宜，发展水浇地。

目前全县打成深机井700余眼，浅机井、带子井、塑料井2200余眼，水窖3.7万眼，配套集水场5200处，土圆井4000余眼，沟塘坝等蓄水设施21处，配套泵站19处，装机容量0.83万千瓦。机井工程用于解决24处人饮工程的供水及2000公顷水地的灌溉。水窖、集水场工程解决全县54498人、13万只羊蓄的饮水问题。沟塘坝、土圆井、带子井将雨水及地表水结合利用，共解决23万多只羊蓄的饮水问题，灌溉水地333.3公顷。

通过对1.3万公顷扬黄灌区配套工程的清淤 维修 整修，保证了扬黄灌区的灌溉和种植利用。

盐池县城供水水源为地下水，水源地距县城34公里，日设计供水量为1万立方米，县城日需水量为0.3万立方米，可以保证县城供水。

三、组织指挥体系及职责

指挥体系

盐池县政府成立抗旱应急指挥部（与抗旱防汛指挥部合署），由分管副县长任总指挥，县人武部、水务局负责同志任副总指挥，县发展和改革局、农业局、水务局、林业局、气象局、建设局、国土资源局、民政局、财政局、扶贫开发办公室、交通局、畜牧局、广播电视局、卫生局、邮政局、公安局、供电局等有关部门和各乡镇为指挥部成员单位，各部门负责同志为指挥部领导小组成员。盐池县防汛抗旱指挥部办公室负责领导、组织全县防汛抗旱工作，其办事机构防汛抗旱指挥部办公室设在盐池县水务局。

职责

（1）抗旱防汛指挥部职责：盐池县抗旱防汛指挥部是全县抗旱应急工作的指挥决策机构，其主要职责。

①在同级人民政府和上级抗旱防汛指挥部的领导下，贯彻执行相关决定、指令；

②组织召开抗旱工作应急会议，听取抗旱防办、民政、水利、农业、气象等部门的旱情灾情汇报，安排部署抗旱救灾工作；

③制定各项抗旱措施，落实抗旱物资和经费；

④统一指挥全县抗旱工作，组织县级相关部门、驻县部队按本预案规定职责对受灾地区进行抗旱救灾。

（2）抗旱防汛指挥部办公室职责

抗旱防汛指挥部办公室是综合协调办事机构，其职责是：

①贯彻执行国家有关防汛抗旱工作的法律、法规和方针政策；

②及时了解、掌握旱情、灾情和水利灌溉工程运行状况，发布旱情、灾情报告；

③及时向指挥部主要领导提出抗旱防汛决策参谋意见并具体实施抗旱工作；

④传递上级抗旱救灾工作指令，了解救灾工作进展情况，督促检查各项抗旱救灾措施的落实；

⑤协调有关部门做好抗旱防汛物资的储备、管理和抗旱防汛资金的分配工作；

⑥处理县抗旱防汛指挥部日常工作。

（3）县抗旱防汛指挥部各成员单位职责

抗旱工作是社会公益性事业，必须在县政府和抗旱防汛指挥部统一领导下，各成员单位根据分工，各司其职，各负其责，密切配合，共同搞好抗旱工作。各成员单位职责是：

①县农业局。组织协调做好本行业的防旱抗旱工作，负责灾区农业救灾，组织恢复生产。负责提供农作物播种面积、产量及收集旱情、苗情，推广应用有关抗旱农业新技术，制定农业救灾措施并组织实施，负责灾后灾区农业生产所需种子、农资调拨供应、技术指导，帮助灾区人民搞好抢收抢种，恢复生产。

②县水利局。协调抗旱防旱工作，负责水利工程调度，统一合理调配抗旱水源，充分发挥现有水利工程效益。组织实施抗旱水源工程建设和抗旱应急工程修复，及时调处水事纠纷。

③县林业局。组织协调好本行业的防旱抗旱工作。负责林草抗旱，退耕还林草的补苗及配合粮食部门进行粮款落实工作。

④县畜牧局。做好防疫工作，负责灾区牲畜的疾病控制和救护工作。提供草原返青、种植、牧草长势及产量信息，羊畜存栏及淘汰情况。负责灾区适时种草技术指导、所需种子及机具供应。

⑤县扶贫办。做好贫困村监测，确定贫困对象。在种植业、养殖业、基础设施、文教卫生事业等方面加大投入力度，扶持龙头企业发展。

⑥县气象局。负责旱情监测和预报，按时向抗旱防汛指挥部提供短期、中期、长期气象预报，降雨实况和土壤墒情等相关资料，组织实施人工增雨工作，提出抗旱防汛建议和意见。

⑦县邮政局。优先传递抗旱信息和邮件等。

⑧县发改局、财政局。协调安排抗旱工程建设项目、资金的筹措，保证及时到位，并监督使用情况。

⑨县建设局。负责编制城市抗旱应急供水计划，并负责组织实施。

⑩县民政局。会同有关部门检查灾情，负责灾民的生活安排、救济，负责救灾物资的筹集、管理、发放。

⑪县广播电视局。按照县抗旱防汛指挥部的部署，利用广播、电视、报纸等各种宣传工具，实事求是地报道发生的旱情灾情，宣传抗旱方针政策和动态。

⑫县统计局。协同抗旱防汛指挥部办公室做好旱灾的调查、核实、统计、上报工作。

⑬县交通局。优先运送抗旱救灾人员和物资。

⑭县供电局。保证抗旱、救灾用电优先供应。

⑮县供销社。负责抗旱救灾物资的储备和供应,并定期向抗旱防汛指挥部报送物资储备情况。

⑯县卫生局。负责组织灾区疾病预防控制和医疗救护工作,做好饮用水质检验工作,指导群众做好水质消毒,保证饮用水安全。

⑰县公安局。负责抗旱秩序和灾区社会治安工作,协助查处水事纠纷,严厉打击偷窃、破坏抗旱设施的犯罪行为。

⑱县人武部。负责组织武警部队实施抗旱救灾,参加重要工程和重大险情的抢险工作,协助当地公安部门维护抢险救灾秩序和灾区社会治安,协助当地政府转移危险地区群众。

其他有关部门在干旱期间,按照各自的职能范围,根据指挥部的救灾指令,无条件提供相关服务,配合相关部门共同完成抗旱救灾任务。

四、预防和预警机制

1.预防

(1)旱情信息监测及报告

各级气象部门应加强对当地灾害性天气的监测和预报,并将结果及时报送有关防汛抗旱指挥机构。当预报即将发生严重水旱灾害时,当地防汛抗旱指挥机构应提早预警,通知有关区域做好相关准备。当有重大水旱灾情时,气象部门应在30分钟内报到县防汛抗旱指挥部办公室,为防汛抗旱指挥机构适时指挥决策提供依据。

①旱情信息。主要包括干旱发生的时间、地点、程度、受旱范围、影响人口,以及对工农业生产、城乡生活、生态环境等方面造成的影响。

②防汛抗旱指挥机构应掌握水雨情变化、当地蓄水情况、农田土壤墒情和城乡供水情况,加强旱情监测。地方各级人民政府防汛抗旱指挥机构应按照规定上报受旱情况。遇旱情急剧发展时应及时加报。

(2)预防措施

①思想准备。加强宣传,增强全民预防水旱灾害和自我保护意识,做好抗大旱思想准备。

②组织准备。建立健全抗旱组织指挥机构,落实抗旱责任人、抗旱队伍及预警措施,加强抗旱服务组织建设。

③工程准备。按时完成水毁工程修复和水源工程建设任务,对存在病险的堤防、水库、涵闸、泵站等各类水利工程设施实行应急除险加固,落实安全度汛方案。

④预案准备。修订完善抗旱预案、城市抗旱预案和节水限水方案。研究制订防御超标准

旱情的应急方案，主动应对特大旱情。

⑤物料准备。按照分级负责原则，储备必需的抗旱物资，合理配置。在防汛重点乡镇应储备一定数量的拉水和抽水工具，以应急需。

⑥通信准备。充分利用社会通信公网，确保抗旱信息完好畅通。健全水文、气象测报站网，确保雨情、水情、工情、灾情信息和指挥调度指令的及时传递。

⑦抗旱检查。实行以查组织、查工程、查预案、查物资、查通信为主要内容的分级检查制度，发现薄弱环节要明确责任、限时整改。

⑧日常管理工作。加强日常管理工作，对在江河、湖泊、水库、蓄水窖建设的非防洪建设项目应当编制影响评价报告。

2.预警

（1）干旱预警

干旱预警共分四级：即Ⅰ级预警（特大干旱）、Ⅱ级预警（严重干旱）、Ⅲ级预警（中度干旱）、Ⅳ级预警（轻度干旱）。

（2）农业干旱预警标准

①级特大干旱。受旱区域作物受旱面积占播种面积的比例在80%以上；以及因旱造成农（牧）区临时性饮水困难人口占所在地区人口比例高于60%。

②级严重干旱。受旱区域作物受旱面积占播种面积的比例达51%至80%，以及因旱造成农（牧）区临时性饮水困难人口占所在地区人口比例达41%至60%。

③级中度干旱。受旱区域作物受旱面积占播种面积的比例达31%至50%，以及因旱造成农（牧）区临时性饮水困难人口占所在地区人口比例达21%至40%。

④级轻度干旱。受旱区域作物受旱面积占播种面积的比例在30%以下，以及因旱造成农（牧）区临时性饮水困难人口占所在地区人口比例在20%以下。

（3）城市干旱预警标准

①城市干旱。因遇枯水年造成城市供水水源不足，或者由于突发性事件使城市供水水源遭到破坏或污染，导致城市实际供水能力低于正常需求，致使城市生产、生活和生态环境受到影响。

②级城市特大干旱。因旱城市少供水量低于正常日用水量的30%，出现极为严重缺水局面或发生供水危机，城市生活、生产用水受到极大影响。

③级城市重度干旱。因旱城市少供水量低于正常日用水量的20%至30%，出现明显缺水现象，城市生活、生产用水受到严重影响。

④级城市中度干旱。因旱城市少供水量低于正常日 用水量的10%至20%，出现明显的缺水现象，居民生活、生产用水受到较大影响。

⑤级城市轻度干旱。因旱城市少供水量低于正常需求量的5%至10%，出现缺水现象，

居民生活、生产用水在受到一定程度影响。

（4）干旱预警发布

县人民政府根据实时干旱灾情大小，通过报纸、电台、电视和手机短信等形式向有关部门或公众发布干旱预警信息。向公众发布的干旱信息须经当地人民政府同意才可发布。

Ⅰ至Ⅳ级干旱预警颜色依次采用红色、橙色、黄色、蓝色。

五、应急响应

1. 应急响应的总体要求

（1）各级抗旱指挥机构应针对干旱灾害的成因、特点，因地制宜采取预警防范措施。

（2）各级抗旱指挥机构应建立健全旱情监测网络和干旱灾害统计队伍，随时掌握实时旱情灾情，并预测干旱发展趋势，根据不同干旱等级提出相应对策，为抗旱指挥决策提供科学依据。

（3）各级抗旱指挥机构应当加强抗旱服务网络建设，鼓励和支持社会力量开展多种形式的社会化服务组织建设，以防范干旱灾害的发生和蔓延。

2. Ⅰ级响应（特大干旱）

（1）全面落实各级地方人民政府抗旱工作行政首长目标责任，县人民政府和县抗旱防汛指挥部接到旱情、灾情报告后，立即启动县级抗旱救灾预案，召开紧急会商会议，分析旱灾情发展动态及对经济社会发展的影响，分阶段安排部署抗旱救灾应急工作，并发出抗旱紧急通知，要求各级、各部门立即行动起来，投入抗旱救灾工作；组织有关部门紧急行动，协助灾区开展抗旱救灾工作。同时及时向区、市政府和区、市抗旱防汛指挥部报告灾情和救灾情况，传达上级对抗旱救灾工作的指示，请求区、市的支援。

（2）县抗旱防汛指挥部加强统一指挥和组织协调。协调各部门筹集、调运抗旱救灾资金和物资；派出工作组赶赴灾区协助各乡镇开展抗旱救灾工作，督促落实各项抗旱救灾措施，维护灾区社会稳定。

（3）按照“先生活、后生产，先节水、后调水，先地表、后地下，先重点、后一般”的原则，强化抗旱水源的科学调度和用水管理，保障城乡居民生活用水安全。

（4）按灾情和国家有关规定，动员社会各界力量支援抗旱救灾工作，并做好救援资金、物资的接收和发放。

（5）启动抗旱水量调度方案、节水限水方案及各种抗旱设施全部启动。

（6）新闻单位按照县政府核定的旱情灾情，及时向社会发布旱灾情信息；宣传各级政府、各部门的抗旱救灾情况。

(7)县抗旱防汛指挥部各成员单位在指挥部的统一部署下,按照抗御严重干旱的要求,全力做好抗旱救灾工作。

①受灾各乡镇将旱情、灾情上报县政府及相关部门,立即启动各地抗旱应急预案,迅速组织抗旱救灾,及时在县区财政计划中划拨专项抗旱救灾应急经费,积极动员和组织受灾群众开展生产自救。

②县抗旱防汛指挥部及时向区、市抗旱防汛指挥部报告灾情和救灾情况,传达上级对抗旱救灾工作的指示,请求区、市的支援。立即启动县级抗御干旱应急预案,组织召开由扶贫办、气象、水利、农业、财政、计划等部门负责人参加的抗旱会商紧急会议,分析旱情、灾情发展态势,研究部署全县抗旱救灾工作,并发出抗旱救灾紧急通知,督促受灾乡镇组织力量投入抗旱,组织工作组赴灾区核实灾情,协助当地开展抗旱救灾应急工作。

③县抗旱防汛指挥部办公室发布旱灾情消息,及时了解、掌握、统计旱灾情及发展趋势、抗旱工作情况;向县政府、县抗旱防汛指挥部领导报告旱灾情信息和抗旱救灾情况,提交抗旱决策建议;填报旱情报表,部署指导各级抗旱服务组织投入抗旱。

④气象部门发布干旱监测、预报等气象信息。向县抗旱防汛办提供逐日降雨、蒸发、气温、土壤墒情等情况,并分析未来的天气形势和发展趋势。组织实施人工增雨工作,随时监测云图,不失时机开展人工增雨,并提出抗旱建议,不失时机地开展大规模、大剂量的人工增雨。

⑤农业部门负责调查、收集、统计农作物苗情,向市抗旱防汛指挥部报告旱情对作物的不利影响。做好抗旱救灾所需化肥、种子、农资的调拨供应工作。指导各乡镇调整作物种植结构,抢墒播种、改种、补种,推广应用有关抗旱农业新技术,组织实施农业救灾措施。

⑥水利部门加强抗旱水源的管理,掌握水利工程蓄水和河道来水情况,优先保证农村人畜饮用水,做好计划用水、节约用水和科学调水工作,充分发挥现有水利工程效益,利用一切可利用的水资源,千方百计扩大抗旱灌溉面积,并抓好水利工程设施的维修管护,积极检修抗旱设备,组织实施抗旱水源工程建设和抗旱应急工程修复。同时加强水政执法工作,及时调处水事纠纷,办理水事案件。

⑦县财政局及时制定救助方案,迅速筹措资金,及时下拨抗旱救灾经费,并指导、督促受灾乡镇做好抗旱救灾资金的使用、发放工作。各有关部门要尽力筹措资金支援灾区。

⑧县民政局会同有关部门检查核实灾情,及时筹措救灾物资,发放救灾款,调配救济物品,保障灾民的基本生活。

⑨县卫生局及时检查、监测灾区饮用水源,指导群众做好水质消毒,保证饮用水安全,做好疾病预防控制和卫生监督工作。

⑩县建设局立即启动城市抗旱应急供水计划,分片、分段、限时供水,保障城市居民生活用水和重要工矿企业用水。

⑪新闻宣传部门按照县抗旱防汛指挥部的部署，利用广播、电视、报纸等各种宣传工具，加强灾情报道和抗旱救灾的宣传工作。

⑫县经贸、物资、供销社等部门做好抗旱救灾物资的储备和供应工作，并定期向抗旱防汛指挥部报送物资储备情况。

⑬其他各有关部门按照县抗旱防汛指挥部的统一部署，按照各自的职责范围，配合相关部门共同完成抗旱救灾任务。

3. Ⅱ级响应(严重干旱)

(1)受灾乡镇将旱情、灾情上报县政府及相关部门，立即启动各地抗旱应急预案，迅速组织抗旱救灾，及时在县财政计划中划拨专项抗旱救灾应急经费，积极动员和组织受灾群众开展生产自救。

(2)县抗旱防汛指挥部及时向区、市抗旱防汛指挥部报告灾情和救灾情况，传达上级对抗旱救灾工作的指示，请求区、市的支援。立即启动县级抗御干旱应急预案，组织召开由气象、水利、农业、财政、计划等部门负责人参加的抗旱会商紧急会议，分析旱情、灾情发展态势，研究部署全市抗旱救灾工作，并发出抗旱救灾紧急通知，督促受灾乡镇组织力量投入抗旱，组织工作组赴灾区核实灾情，协助当地开展抗旱救灾应急工作。

(3)县抗旱防汛指挥部办公室发布旱灾情消息，及时了解、掌握、统计旱灾情及发展趋势、抗旱工作情况；向县政府、县抗旱防汛指挥部领导报告旱灾情信息和抗旱救灾情况，提交抗旱决策建议；填报旱情报表，部署指导各级抗旱服务组织投入抗旱。

(4)气象部门发布干旱监测、预报等气象信息。向县抗旱防汛办提供逐日降雨、蒸发、气温、土壤墒情等情况，并分析未来天气形势和发展趋势。组织实施人工增雨工作，随时监测云图，不失时机开展人工增雨，并提出抗旱建议，不失时机地开展大规模、大剂量的人工增雨。

(5)农业部门负责调查、收集、统计农作物苗情，向县抗旱防汛指挥部报告旱情对作物的不利影响。做好抗旱救灾所需化肥、种子、农资的调拨供应工作。指导各乡镇调整作物种植结构，抢墒播种、改种、补种，推广应用有关抗旱农业新技术，组织实施农业救灾措施。

(6)水利部门加强抗旱水源的管理，掌握水利工程蓄水和河道来水情况，优先保证农村人畜饮水，做好计划用水、节约用水和科学调水工作，充分发挥现有水利工程效益，利用一切可利用的水资源，千方百计扩大抗旱灌溉面积，并抓好水利工程设施的维修管护，积极检修抗旱设备，组织实施抗旱水源工程建设和抗旱应急工程修复。同时加强水政执法工作，及时调处水事纠纷，办理水事案件。

(7)县财政局及时制定救助方案，迅速筹措资金，及时下拨抗旱救灾经费，并指导、督促受灾乡镇做好抗旱救灾资金的使用、发放工作。县级有关部门要尽力筹措资金支援灾区。

(8)县民政局会同有关部门检查核实灾情，及时筹措救灾物资，发放救灾款，调配救济物品，保障灾民的基本生活。

（9）县卫生局及时检查、监测灾区饮用水源，指导群众做好水质消毒，保证饮用水安全，做好疾病预防控制和卫生监督工作。

（10）县建设局立即启动城市抗旱应急供水计划，分片、分段、限时供水，保障城市居民生活用水和重要工矿企业用水。

（11）新闻宣传部门按照县抗旱防汛指挥部的部署，利用广播、电视、报纸等各种宣传工具加强灾情报道和抗旱救灾的宣传工作。

（12）县经委、商务、物资、供销社等部门做好抗旱救灾物资的储备和供应工作，并定期向抗旱防汛指挥部报送物资储备情况。

（13）其他各有关部门按照县抗旱防汛指挥部的统一部署，按照各自的职责范围，配合相关部门共同完成抗旱救灾任务。

4.Ⅲ级响应（中度干旱）

（1）受灾乡镇政府将旱情、灾情上报县政府及相关部门，启动各地抗旱应急预案，根据灾情确定救灾应急工作方案，组织有关部门实施。

（2）县抗旱防汛指挥部及时向区、市抗旱防汛指挥部报告灾情和救灾情况，召开抗旱应急工作会议，部署抗旱救灾工作，组织有关部门赴灾区核实灾情，协助当地开展抗旱救灾应急工作。

（3）县抗旱防汛指挥部办公室发布旱情消息，了解、统计受旱情况，及时掌握各乡镇旱情发展变化和抗旱动态；向县政府、县抗旱防汛指挥部领导报告旱情信息和抗旱情况，提交抗旱决策建议；填报旱情报表；部署指导各级抗旱服务组织投入抗旱。

（4）气象部门发布干旱监测、预报等气象信息。向县抗旱防汛办提供降雨、蒸发、气温、土壤墒情等情况，并分析未来天气形势和发展趋势，提出抗旱建议，不失时机地开展较大规模的人工增雨。

（5）农业部门负责调查农作物苗情，向县抗旱防汛指挥部报告作物的种植结构、种植面积、生长时期，分析旱情对作物的不利影响。做好农业生产所需种子、农资的调拨供应工作。根据旱情发展情况，适时进行农作物改种和补种，推广应用有关抗旱农业新技术，制定农业救灾措施并组织实施。

（6）水利部门加强抗旱水源的管理，掌握水利工程蓄水和河道来水情况，优先保证生活用水，做好计划用水、节约用水和科学调水工作，充分发挥现有水利工程效益，利用一切可利用的水资源，千方百计扩大抗旱灌溉面积。

（7）水利部门负责监测河道水量，及时向抗旱防汛指挥部办公室提供水情和有关水文情报。

（8）县经贸、物资、供销社等部门做好抗旱救灾物资的储备和供应工作，并定期向抗旱防汛指挥部报送物资储备情况。

5. Ⅳ级响应(轻度干旱)

(1)受灾乡镇将旱情、灾情上报县政府及相关部门,启动各地抗旱应急预案。

(2)县抗旱防汛指挥部办公室掌握旱情发展趋势,了解、统计受旱情况,发布旱情通报;向县政府、县抗旱防汛指挥部领导报告旱情,提交抗旱决策建议;填报旱情报表。

(3)气象部门发布干旱监测、预报等气象信息;向县抗旱防汛办提供降雨、蒸发、气温、土壤墒情等情况,并分析未来天气形势,不失时机地开展人工增雨。

(4)县水利局加强抗旱水源的管理,掌握水利工程蓄水和河道来水情况,下达各类水利工程抗旱灌溉任务,落实抗旱供水计划;抓好水利工程设施的维修管护,积极检修抗旱设备,组织实施抗旱水源工程建设和抗旱应急工程修复。

(5)农业部门掌握农作物播种情况、苗情,推广抗旱农业新技术,加强田间管理。

(6)各级抗旱服务组织全力投入抗旱。

6.响应结束

(1)当旱灾、极度缺水得到有效控制时,事发地的防汛抗旱指挥机构可视旱情,宣布结束紧急抗旱期。

(2)依照有关紧急抗旱期规定征用、调用的物资、设备、交通运输工具等,在抗旱期结束后应当及时归还;造成损坏或者无法归还的,按照国家有关规定给予适当补偿或者作其他处理。

(3)紧急处置工作结束后,事发地防汛抗旱指挥机构应协助当地政府进一步恢复正常生活、生产、工作秩序,修复基础设施,尽可能减少突发事件带来的损失和影响。

六、后期处置

1.损失评估

发生旱灾后,各相关单位要对旱灾造成的损失进行评估,征求群众的意见和建议,力求评估准确真实,为抗旱工作找出问题,总结经验,促进抗旱工作的顺利有序进行。

(1)各乡镇。各乡镇要从农业、林业、畜牧业的生产状况、收入情况如实反映情况且进行评估。

(2)农业局。从农作物播种面积、苗情、产量、农业新技术、新产品的推广应用上进行评估。

(3)林业局。以林业种植面积、种植品种及发芽率、成活率等方面进行评估。

(4)畜牧局。从牧草返青、牧草播种面积,长势、产量、羊畜的存栏、淘汰等方面进行评估。

(5)民政局。从受灾群众的数量、家庭经济状况、农牧业及其他经济收入方面进行评估。

(6)水务局。从水资源的开发利用、抗旱水源调配使用情况、抗旱水源工程建设和抗旱应急工程修复、水利工程的现状及发挥效益方面进行评估。

(7)发改局、财政局。从抗旱工程建设项目的资金筹措情况和使用情况进行评估。

2.灾民救助

发生严重旱灾的乡镇要做好灾区生活供给、卫生防疫、救灾物资供应、治安管理、学校复课和恢复生产等善后工作。民政部门负责受灾群众生活救助。应及时调配救灾款物，组织安置受灾群众，作好受灾群众临时生活安排，保证灾民有粮吃、有衣穿、有房住，切实解决受灾群众的基本生活问题。卫生部门负责调配医务技术力量，抢救因灾伤病人员，对污染源进行消毒处理，对灾区重大疫情、病情实施紧急处理，防止疫病传播、蔓延。各乡村应组织对可能造成环境污染的污染物进行清除。

3.效益评估

每年各级防汛抗旱部门应针对防汛抗旱工作的各个方面和环节进行定性和定量总结、分析、评估。引进外部评价机制，征求社会各界和群众对抗旱工作的意见和建议，总结经验，找出问题，从抗旱工程的规划、设计、运行、管理以及抗旱工作的各个方面提出改进建议，以进一步做好抗旱工作。

七、保障措施

1.资金保障

(1)国家财政安排特大防汛抗旱补助费，用于遭受特大旱灾害补助；防汛抢险、抗旱经费应当在本级财政预算中安排资金，用于本行政区域内遭受严重水灾害的工程修复补助。

(2)国家设立中央水利建设基金，专项用于大江大河重点治理工程维护和建设，以及其他规定水利工程的维护和建设。

2. 物资保障

干旱频繁发生的乡镇应当贮备一定数量的抗旱物资，并做好生产流程和生产能力储备有关工作。抗旱物资管理部门应及时掌握新材料、新设备的应用情况，及时调整储备物资品种，提高科技含量。抗旱物资由本级防汛抗旱指挥机构负责调用。

3. 应急备用水源准备

严重缺水城镇应当建立应急供水机制，建设应急供水备用水源。在一些重点人畜饮水工程要加强备用水源井建设，提高供水保障率。

4. 应急队伍保障

抗旱期间，各乡镇和防汛抗旱指挥机构应组织动员社会公众力量投入抗旱救灾工作。

5. 技术保障

建设抗旱指挥系统，形成防汛抗旱部门的计算机网络系统，提高信息传输的质量和速度。各级防汛抗旱指挥机构应建立专家库，当发生水旱灾害时，由防汛抗旱指挥机构统一调度，派出专家组，指导抗旱工作。

6. 宣传与培训

（1）公众信息交流

①旱情、工情、灾情及防汛抗旱工作等方面的公众信息交流实行分级负责制，一般公众信息可通过媒体向社会发布。

②当出现大范围的严重旱情，并呈发展趋势时，按分管权限，由本地区防汛抗旱指挥部统一发布旱情通报，以引起社会公众关注，参与抗旱救灾工作。

（2）培训

①采取分级负责的原则，由各级防汛抗旱指挥机构统一组织培训。

②培训工作应做到合理规范课程、考核严格、分类指导，保证培训工作质量。

③培训工作应结合实际，采取多种组织形式，定期与不定期相结合的方式，每年至少组织一次培训。对抗旱节水知识，抗旱防汛指挥部要利用广播、电视、报纸等各种宣传工具进行广泛宣传；对抗旱工作人员定期进行培训，及时掌握新技术、新工艺。

附则：

1.编制、审查与审批：盐池县总体抗旱预案由盐池县抗旱指挥机构组织编制，报盐池县人民政府批准执行；盐池县城区专项抗旱预案由盐池县城市建设局组织编制，报盐池县人民政府批准。各乡镇抗旱预案由乡镇抗旱指挥机构组织编制，报县人民政府批准执行。经批准的抗旱预案，须报县抗旱指挥机构备案。

2.预案修订：抗旱预案启用后，应当根据评估结果及时予以修订、完善。一般情况下每 3 年至 5 年修订一次，特殊情况下及时修订。修订后的抗旱预案需按原程序报批。

3.抗旱预案简表

附表　盐池县抗旱预案简表

预警等级	耕地受旱情况		农村饮水困难情况		城市预期缺水		影响人口（万人）	会商主持人	响应措施
	面积（万亩）	占耕地面积(%)	缺水人口数(万人)	占农村人口比例(%)	预期缺水量(万方)	缺水率(%)			
红色	106.1	79.2%	7.74	60%	0.09	30%	10.22	分管县长	启动县级抗旱救灾预案
橙色	67.6	50.5%	5.29	41%	0.06	20%	6.5	县抗旱指挥部指挥	启动县级抗御干旱应急预案
黄色	41.1	30.7%	2.71	21%	0.03	10%	3.96	县抗旱指挥部指挥	启动各乡镇抗旱应急预案
蓝色	39.8	29.7%	2.58	20%	0.015	5%	3.38	县抗旱指挥部办公室主任	启动各乡镇抗旱应急预案

附录 17

盐池县山洪灾害防御预案

一、总　则

1.1 编制目的

山洪灾害是指山丘区由于降雨引发的山洪、泥石流、滑坡等对人民生命、财产造成损失的灾害。盐池县境内山洪沟众多，山洪灾害发生频繁。为有效防御山洪灾害，最大限度减少人员伤亡和财产损失，做到有计划、有准备地防御山洪灾害，避免群死群伤事件发生，特制定本预案。

1.2 编制依据

1.依据《中华人民共和国水法》《中华人民共和国防洪法》《中华人民共和国水土保持法》《地质灾害防治条列》《中华人民共和国气象法》《中华人民共和国水库大坝安全管理条例》《中华人民共和国河道管理条例》《山洪灾害防御预案编制大纲》《宁夏水工程管理条例》《宁夏防汛抗旱条例》等国家、自治区颁布的有关法律、法规及条例。

2、依据自治区防汛抗旱指挥部办公室制定的有关规程、规范和技术标准。

1.3 编制原则

1.坚持科学发展观，体现以人为本，以保障人民群众生命安全为首要目标；

2.贯彻安全第一，常备不懈，以防为主，防、抢、救相结合；

3.落实行政首长负责制、分级管理责任制、分部门责任制、技术人员责任制和岗位责任制；

4.结合盐池县山洪灾害的特点和实际情况，因地制宜，具有实用性和可操作性。

1.4 适用范围

山洪灾害防御预案适用于盐池县行政区域范围内山洪灾害的预防和应急处置。本预案是在现有工程设施条件下，针对可能发生的山洪灾害预先制定的防御方案、对策和措施，是各级山洪灾害防御指挥部门实施指挥决策和防御调度、抢险救灾的依据。

1.5 预案的审批

本预案制定完成后，报请盐池县人民政府审批后实施。

1.6 预案执行与修订

本预案自批准之日起执行，应根据盐池县山洪灾害防御情况适时修订。

二、基本情况

2.1 自然概况

2.1.1 地理位置

盐池地处宁夏东部、毛乌素沙漠南缘，东邻陕西定边县，南接甘肃环县，北靠内蒙鄂托克前旗，西连本区灵武、同心，属陕西、甘肃、宁夏、内蒙古四省（区）交界地带。辖区总面积8661.3平方公里，是宁夏面积最大的县。

2002年全县林木覆盖度30%，植被覆盖度68%。2003年被国务院特产委员会命名为“中国滩羊之乡”，2005年成功注册“盐池滩羊”产地证明商标，2008年滩羊饲养量达到160万只，滩羊肉、二毛皮享誉海内外。境内分布的野生中药材有130多种，甘草、苦豆草面积分别达到235万亩和300万亩，所产甘草品质好、药用价值高，在国内外享有很高声誉，1995年被国务院命名为“中国甘草之乡”。

2.1.2 水系分布

盐池县属于黄河水系、泾河水系、内陆河流域，县境内有泾河、苦水河、封闭内陆河三大流域。内陆河流域与本县环江流域的麻黄山乡和苦水河流域的惠安堡相接，属典型的缓坡丘陵地带，为半荒漠风沙草原区。大地形南高北低，西高东低，局部地形中间低，海拔高程1442米至1631米，流域面积6032平方公里。

2.1.3 气象水文

盐池县为宁夏中部干旱带山区县，属典型大陆性季风气候，晴天多，降雨少，光能丰富，日照充足，年平均气温7.8℃，昼夜温差可达20℃。全县有可利用草原714万亩、耕地134万亩，是优质小杂粮集中产地。该地区土地较为贫瘠，土地沙化严重，很难汇流形成洪水。但当雨量达到一定程度时，区域易产生超渗产流，加上该地区地表形态及地质构造复杂，易形成一定量的洪水，对当地居民生命财产构成一定的威胁。

盐池县在惠安堡镇潘和村建有小泉水文站，有较长系列的水位、雨量等水文实测资料。洪水系列具有一定的代表性。随着人类活动加剧，森林、植被等自然生态遭到破坏，增加了降水的产流、汇流条件，导致洪水来得快，峰高量大，且相对集中。由于风沙作用，以及该地区河流流速较低，加之宁夏地区河流含沙量大等特点，该地区河床逐年抬高，降低河道行洪能力，洪水陡涨陡落过程较短，极易形成洪水灾害。

2.1.4 地形地质

盐池县位于宁夏中东部，地处鄂尔多斯台地西缘，在祁（祁连山）—吕（吕梁山）—贺（贺兰山）山字形构造的脊柱部位，是布伦庙—镇原自里东大向斜与贺兰山—青龙山的褶皱带两个互带。地势南高北低，北接毛乌素沙漠，属鄂尔多斯台地，南靠黄土高原，属黄土丘陵沟壑第五付区。南北分为黄土丘陵和鄂尔多斯缓坡两大地貌单元。地理位置上属典型的过渡地带，即自南向北地形从黄土高原向鄂尔多斯台地过渡。以惠安堡镇杜家沟、狼布掌和大水坑镇牛皮沟、谷山塘与红井子乡李伏渠为界划一条线，以南为黄土高原丘陵区，以北为鄂尔多斯缓坡丘陵区。

2.2 社会经济概况

2.2.1 行政区划

盐池县辖 4 个镇、4 个乡、101 个行政村、628 个自然村。

2.2.2 社会经济情况

盐池县总人口 16.92 万人，其中农业人口 13.548 万，回族人口 0.356 万。全县有规模以上企业 10 家，工业产品品种达 32 种，初步形成了煤炭、石油化工、金属镁、水泥建材、中药材、保健食品、草产业、畜产品加工八大支柱产业。培育了宁鲁石化、萌生水泥、全世达镁业、紫荆花药业、恒纳地毯、绿海苜蓿等一批优势骨干企业。

2013 年全县农民人均纯收入 4793 元，农民人均消费支出 5127 元，全县城镇居民人均可支配收入 16238 元，城镇居民人均消费支出 11932 元。

2.3 灾害损失及山洪灾害成因

2.3.1 灾害损失

近 50 年来年，盐池县共发生大小山洪灾害 12 次，累计受灾人口达 11.62 万，死亡人数 16 人，造成直接经济损失 7560.4 万元。山洪灾害不仅对盐池县的基础设施造成破坏，而且对人民群众生命安全构成极大威胁，严重影响和制约着该区经济社会的可持续发展。

1994 年 8 月 5 日，盐池县遭受百年不遇特大洪灾。全县受灾人口 2.9 万，死亡 13 人，重伤 10 人，倒塌损坏房屋 5466 间，使 385 户 1648 人无家可归。洪水淹没农田 12.01 万亩，直接经济损失 2913 万元左右。

1999 年 7 月 12 日至 13 日，全县普降大到暴雨，县城一天降雨 121.2 毫米，灾害造成 9 个乡镇、28 个行政村、168 个自然村的 1.2 万余人受灾，死亡 3 人，倒塌损坏房屋 498 间，325 户、800 人无家可归，洪水淹没农田 7.318 万亩，直接经济损失 1000 万元左右。

2010 年 8 月 10 日 8 时至 8 月 11 日 8 时，全县普降大到暴雨，王乐井乡降水量达 148.8 毫米，部分地区受强降雨侵袭引发洪灾，造成全县受灾人口 2.3 万，农作物受灾面积 5.5 万亩，以及各类设施受损，经济损失达 3000 万元。

2.3.2 山洪灾害成因

盐池县是宁夏地区重要的牧业基地，石油化工、建材、矿业、药业等多个行业蓬勃发展。古王高速公路、307 国道、211 国道、盐兴二级公路穿境而过，在建的太中银铁路、盐中高速公路横跨县境，在全区经济发展进程中占有十分重要的地位。县境内内陆河众多，山洪沟道多为季节性沟道，加之部分地区土地沙化、植被稀薄，水土流失严重。年内降雨分布极不均匀，季节性强降雨较多，导致暴雨洪水突发，汛期高度集中，以强降雨引发的山洪灾害最为频繁。洪水历时短，危害程度大，极大地危害了人民群众生命财产安全和经济发展。

2.4 山洪灾害防御现状

2.4.1 非工程措施现状及存在问题

盐池县是宁夏地区山洪地质灾害较为严重县之一，全县因季节性暴雨造成的山洪灾害频繁发生。随着经济社会的持续发展，山洪灾害给人民群众带来的经济损失和人畜伤亡越来越严重。多年来，部分基层干部和群众对防汛工作仍有麻痹心理，防范措施不到位。一旦灾害发生，措手不及，极易造成人员伤亡。

2.4.2 工程措施现状及存在问题

盐池县各乡镇均存在不同程度的山洪灾害隐患，分布范围广，山洪灾害防治任务艰巨。多年来，由于治理资金有限，大多山洪沟没有得到有效治理。治理工程多为护坡工程，控制性工程较少，未能实现防御洪水到利用洪水的转变。近年来地质灾害较为普遍，盐池县沟道淤塞严重，沟床抬高，堤防矮小单薄，防洪能力弱，存在大量影响安全度汛隐患。防洪工程只有红山沟北之防洪堤。防洪工程标准低，隐患多，难以抗御较大洪水袭击。要对县内山洪沟、泥石流沟及滑坡进行全面治理，在短时期内难以实现，必须推行“以防为主、防治结合”的方针，进行合理规划、综合治理，选择重点—次重点——一般山洪灾害点，分期、分批治理，逐步改善自然环境。

三、危险区、安全区的划分

3.1 危险区划分依据

根据盐池县政府的安排部署，县水务局会同气象、国土等部门技术员组成山洪灾害普查专家组，对盐池县山洪灾害易发区 54 个小流域范围内历史山洪灾害情况进行全面普查，普查信息涉及灾害中人员伤亡情况、房屋损毁和浸泡情况，道路、桥梁等基础设施损毁淹没情况，农作物及林地损失等多项指标，并依据普查结果，对受灾范围、程度进行进一步评估。此次山洪灾害普查是历次灾害评估中最为细致的一次，采集了大量翔实的历史山洪灾害基础数据，提高了灾害评估结果的科学性、客观性和权威性，为下一步的盐池县山洪灾害防治工作提供重要依据。

3.2 危险区划分原则

危险区是指受山洪灾害危险点威胁的连片危险区域，一旦发生山洪、泥石流、滑坡，将直接造成区内人员伤亡以及房屋、设施破坏。

1.危险区的划定须遵照相关公共设施和相关建筑的《国家标准》来划分，如：

（1）《中华人民共和国城镇建设行业标准》（CJ/T 12-1999）

（2）《中华人民共和国国家标准——村镇规划标准》（GB 50188-93）

（3）《中华人民共和国国家标准厂矿道路设计规范》（GBJ 22-87）

（4）《中华人民共和国国家标准城市道路交通规划设计规范》（GB 50220-95）

（5）《堤防工程设计规范》（GB50286-98）

（6）《中华人民共和国国家标准一防洪标准》（GB 50201-94）

2.依据中小河流设计暴雨洪水进行划分。人口聚集的受灾害影响村组按五年一遇设计洪水进行区划，受灾害影响的城镇根据具体情况可以按十年一遇或二十年一遇的标准进行划分。

3.根据区域山洪灾害的形成特点，在调查历史山洪灾害发生区域的基础上，结合气候和地形地质条件、人员分布等，分析山洪灾害发生的类型、程度及影响范围，合理划分危险区。

3.3 安全区划分原则

安全区是指不受山洪、泥石流、滑坡威胁，地质结构比较稳定，可安全居住和从事生产活动的区域。

安全区是危险区人员撤离的避灾所，是危险区以外的安全区域。安全区一般选择在地势较高、平坦或坡度平缓的地方，应避开河道、沟口、陡坡、低洼地带。

3.4 危险区、安全区的基本情况

危险区划定时坚持做到不留死角、逐条山洪沟走访的方式。根据洪水风险图，对受洪水威胁的住户进行登记造册，做到一户不漏。在界定危险区时，走访乡村年长者、目睹者、参与抢险人员，力争做到准确、真实。特别对行洪的山谷口、河道集中居住区、学校、厂矿、乡镇街道都应纳入预警防治之列。同时对病险水库下游受洪水威胁的住户进行预警。具体方法如下：

一、根据各乡镇防汛部门山洪灾害普查和历史山洪灾资料评估的结果；

二、通过对照暴雨洪水图集、实测暴雨资料以及大水年影响范围；

三、对照行政区划图确定大概的影响范围和可能影响区域，划定盐池县山洪灾害防治区内危险区。

本次危险区、安全区划定，是在调查、收集盐池县山洪灾害基本资料的基础上，通过分析致灾原因、灾害特点，详细了解山洪灾害基本规律、历史山洪灾害发生区域的基础上，结合现实状况，以乡镇为单位，在有人居住区域进行划定。

【第一区】盐池县城关街道办

主要涉及2个社区：小井坑社区（2575人595户）、北关社区（2751人736户），共计受灾人口5326人1331户。

盐池县城区属盐池内陆河流域,山洪灾害主要由局地暴雨造成,暴雨历时短、成灾快,易造成局地洪水。

【第二区】花马池镇

共涉及10个行政村:长城村、沟沿村、佟记圈村、四墩子村、田记掌村、裕新村、盈德村、惠泽村、柳杨堡村、冒寨子村。共计受灾人口14856人3812户。

1.长城村。共6个自然村,合计受灾人口2999人799户,其中:北园子村373人117户,二堡村310人74户,五堡村800人203户,八堡村499人126户,深井村683人175户,刘八庄村334人104户。

2.沟沿村。共有2个自然村,合计受灾人口670人195户,其中:德胜墩村410人110户,东郭庄柘城260人85户。

3.佟记圈村。共有2个自然村,合计受灾人口1423人166户,其中:佟家圈村村183人42户,下潘圈村1240人124户。

4.四墩子村。共有2个自然村,合计受灾人口850人215户,其中:红山沟村258人80户,下王庄村592人135户。

5.田家掌村。共有2个自然村,合计受灾人口821人203户,其中:中庄村360人91户,史庄子村592人135户。

6.裕新村。共有3个自然村,合计受灾人口2129人619户,其中:一区235人69户,东西长廊272人80户,二堡吊庄1622人470户。

7.盈德村。共有4个自然村,合计受灾人口1968人458户,其中:五区村861人167户,六区594人108户,五队185人76户,六队328人107户。

8.惠泽村。共有6个自然组,合计受灾人口1679人524户,其中:一组243人82户,二组267人84户,三组183人53户,四组211人66户,五组401人114户,六组374人125户。

9.柳杨堡村。共有5个自然村,合计受灾人口1560人414户,其中:下滩村116人40户,上滩村305人82户,柳杨堡村520人121户,下土沟村321人87户,上土沟村298人84户。

10.冒寨子村。共有3个自然村,合计受灾人口757人219户,其中:冒寨子村393人113户,高家圈村201人63户,蔡家塘村163人43户。

花马池镇属内陆河流域,主要受红山沟、王庄子沟、北梁沟等小流域暴雨洪水的威胁。

【第三区】王乐井乡

主要受灾地区为郑家堡子、刘四渠、石山子3个行政村,2040人638户。

1.郑家堡子行政村的郑家堡子自然村,受灾人口为790人288户;

2.刘四渠村。共有2个自然村,合计受灾人口517人134户,其中:官东庄柘城286人

76户，官西庄村231人58户。

3.石山子村。共有2个自然村，受灾人口733人216户，其中：起家沟252人80户，西北队481人136户。

王乐井村属盐池内陆河流域，主要受王乐井东沟、赵家沟等山洪沟道洪水的威胁。

【第四区】大水坑镇

危险区共涉及5个行政村：新泉井村、向阳村、摆宴井村、新桥村、红井子村。共计受灾人口4581人1191户。

1.新泉井村。共有4个自然村，合计受灾人口1215人332户，其中：圈湾子村328人104户，新泉井村129人31户，关家沟村204人58户，谷山塘村554人139户。

2.向阳村。共有4个自然村，合计受灾人口1028人236户，其中：向阳村410人112户，马儿沟村269人62户，齐家庄村114户28户，狼儿沟村235户34户。

3.摆宴井村。共有5个自然村，合计受灾人口895人212户，其中：孙家沟村164人37户，前指村90人20户，牛皮沟村190人50户，井梁村120人41户，摆宴井村331人64户。

4.新桥村。共有4个自然村，合计受灾人口817人225户，其中：山泉峁村115人33户，农台村248人72户，新桥自然村343人90户，余疙涝村111人30户。

大水坑镇属盐池内陆河流域，主要受牛皮沟、马儿沟、二道沟洪水的威胁。

【第五区】青山乡

主要涉及3个行政村：郝家台村、猫头梁村、青山村。共计受灾人口2092人368户。

1.郝家台行政村的郝家台村281人70户。

2.猫头梁村。共有3个自然村，合计受灾人口549人122户。猫头梁自然村252人58户，太平庙村138人30户，牛家圈村159人34户。

3.青山村。共有2个自然村，合计受灾人口1262人176户，其中：侯家河村852人80户，杨成沟村410人96户。

青山乡属盐池内陆河流域，主要受雷家沟暴雨洪水的威胁。

【第六区】冯记沟乡

受灾地区主要是冯记沟2个行政村，634人193户。

1.冯家沟村。共有1个冯家沟自然村，受灾影响人口364人117户；

2.丁家掌村。共有2个自然村，共计受灾影响人口270人76户，其中：三道井村100人33户，双庄坑村170人43户。

冯记沟属盐池内陆河流域，主要是由局地暴雨引发的洪水。

【第七区】麻黄山乡

危险区内主要涉及6个行政村：井滩子村、下高窑村、何新庄村、管家掌村、李塬畔村和沙崾岘村,共计受灾人口 2900 人 719 户。

1.井滩子村。共有 8 个自然村,合计受灾人口 1088 人 260 户。其中:甘沟村 164 人 32 户,佘家洼子村 116 人 32 户,郭家洼村 83 人 26 户,张家湾村 106 人 28 户,上高窑村 96 人 25 户,李兴庄村 136 人 32 户,陈家洼子村 189 人 43 户,井滩子村 198 人 42 户。

2.下高窑村。共有 3 个自然村,合计受灾人口 364 人 75 户,其中:上甘沟村 137 人 26 户,凉风掌村 88 人 18 户,刘家口子村 139 人 31 户。

3.何新庄村。共有 6 个自然村,合计受灾人口 1021 人 281 户,其中:新庄子村 173 人 53 户,阳洼村 141 人 43 户,起家湾村 205 人 61 户,何家山村 182 人 50 户,西掌村 160 人 40 户,白家洼子村 160 人 34 户。

4.管家掌村的石丛湾自然村,受灾人口 123 人 30 户。

5.李源畔村的张南沟村自然村,受灾人口 201 人 50 户。

6.沙崾岘村的潘家山自然村,受灾人口 103 人 23 户。

麻黄山位于泾河水系上游,主要受沙坡子沟、井滩子沟等山洪沟道洪水的影响。

【第八区】惠安堡镇

危险区主要涉及 9 个行政村:杏树梁村、狼布掌村、大坝村、隰宁堡村、杜家沟村、麦草掌村、林家口子村、萌城村和四股泉村。共计受灾人口 6096 人 1550 户。

1.杏树梁村。共有 4 个自然村,合计受灾人口 893 人 219 户,其中:窝风掌村 271 人 56 户,小口子村 171 人 44 户,芦家口子村 179 人 42 户,孙家洼子村 272 人 77 户。

2.狼布掌村。共有 4 个自然村,合计受灾人口 1143 人 312 户,其中:狼布掌村 384 人 115 户,下滩村 279 人 78 户,小庄子村 229 人 66 户,新合村 251 人 53 户。

3.大坝村的刘世嘴子自然村,123 人 36 户。

4.隰宁堡村。共有 3 个自然村,合计受灾人口 520 人 113 户,其中:苦水井村 162 人 45 户,沟边村 250 人 38 户,洪涝池村 108 人 30 户。

5.杜家沟村。共有 3 个自然村,合计受灾人口 584 人 176 户,其中:郝家台村 117 人 38 户,大湾村 191 人 51 户,红土沟村 276 人 87 户。

6.麦草掌村。共有 3 个自然村,合计受灾人口 441 人 115 户,其中:麦草掌村 125 人 30 户,南窑子村 137 人 35 户,东圈村 179 人 50 户。

7.林家口子村。共有 3 个自然村,合计受灾人口 387 人 119 户,其中:钱家源村 204 人 64 户,汪家源村 105 人 35 户,王代夫掌村 78 人 20 户。

8.萌城村。共有 5 个自然村:合计受灾人口 944 人 199 户,其中:沙坡子村 295 人 60 户,南河西队 197 人 45 户,南河北队 181 人 39 户,新庄村 141 人 29 户,林泉村 130 人 26 户。

9.四股泉村。共有 7 个自然村,合计受灾人口 1061 人 261 户,其中:河口村 188 人 49

户，三岔河村 68 人 20 户，石下河村 113 人 24 户，红土桥村 184 人 45 户，石湾沟村 261 人 77 户，陈家山沟村 193 人 36 户，营盘山村 54 人 10 户。

惠安堡镇位于苦水河流域一级支流甜水河小流域，主要受甜水河及其支流各山洪沟道洪水的影响。

四、组织指挥体系

4.1 组织机构

山洪灾害防御实行行政首长负责制，盐池县人民政府县长任总指挥，县委常委、县人武部部长，公安局长、县人民政府副县长、县水务局局长任副总指挥。指挥部办公室设在县水务局，由水务局局长兼任办公室主任。

指挥部成员单位：县政府办、人武部、公安局、水务局、监察局、发改局、工业和商务局、民政局、财政局、国土资源局、住房和城乡建设局、交通运输局、农牧局、文化广播电视局、卫生局、审计局、安监局、气象局、供电局、电信局、公路段等。

指挥部下设“一室五组”，指挥部办公室设在县水务局，成立监测、信息、转移、调度、保障五个工作组。

4.2 分工与职责

4.2.1 分工

1.指挥部

盐池县山洪灾害防御指挥部统一领导和组织全县山洪灾害防御工作，各部门各负其责，实施山洪灾害防御预案。防御指挥部办公室负责指挥部的日常工作，执行、传达区、市和县人民政府山洪灾害防御指挥部的决定、调度、命令，指导乡、镇及有关单位制定防御方案；负责检查、督促指挥部成员单位及有关部门做好山洪灾害防御工作；负责指导全县防御、抢险、救灾工作。

2.成员单位

（1）政府办公室：负责执行盐池县山洪灾害防御指挥部发布的决策、指令，责成有关成员单位履行职责，并监督协调执行过程中发生的问题。

（2）发改局：负责指导防御规划和建设工作，负责山洪灾害损毁工程的修复及灾区恢复生产重建家园所需资金的计划和使用监督管理。

（3）财政局：负责筹措和落实山洪灾害防御经费；及时下拨各级政府防御经费并做好监督使用；负责防御抢险和灾后损毁工程的修复及群众恢复生产、重建家园、疫病防治资金的筹集、使用管理和检查。

（4）公安局：负责维护山洪灾害防御抢险救灾秩序和灾区社会治安工作，依法打击造谣惑众和盗窃、哄抢防御物资及破坏防御设施的违法犯罪活动；负责协助有关部门妥善处置因防御引起的群众性治安事件，紧急期间协助组织群众从危险地区安全撤离和转移。

（5）民政局：负责山洪灾害防御救灾工作，灾情发生后及时组织灾情核查，向区防御指挥部提供灾情信息；负责救灾和灾区群众的生活救助和安置；负责管理、分配救助款物并监督使用；负责组织、指导开展救灾捐赠等工作。

（6）住房和城乡建设局：负责搞好城市防洪排涝规划和工程建设组织实施，提高城市防洪标准；负责搞好城市抢险救灾工作。

（7）交通运输局：负责公路、水运交通设施的防灾安全；做好在建公路（桥梁）工程安全度汛工作，及时清除妨碍行洪的障碍物，确保山洪畅通；配合水务部门做好通航河道的堤防保护；负责抢险车辆、船舶的及时调配与通行；及时组织水毁公路、桥梁的修复，保证公路运输畅通；做好防汛和防疫人员、物资及设备的运输和灾区人员撤离交通运输工作。

（8）安监局：负责监督、指导汛期安全生产；加强各采矿企业工程设施安全度汛的监督检查。

（9）水务局：负责组织、协调、监督、指导山洪灾害防御的日常工作，尽最大努力减少洪涝和干旱损失；负责组织河道洪水的监测、预报和管理工作。

（10）农牧局：负责指导农业防灾和灾后救助、生产恢复及乡镇企业的防御工作；及时收集、整理和反映洪涝灾情信息，指导灾区调整农业种植结构和动物疫病防治；做好救灾化肥、柴油等专项补助资金的分配和管理；负责国家救灾备荒种子、饲料、动物防疫物资储备调剂和管理工作。

（11）卫生局：负责灾区疫病预防控制和医疗救护，确保灾害发生后及时向盐池县山洪灾害防御指挥部提供灾区疫情与防治信息；负责组织卫生防疫部门和医疗卫生人员开展灾区防病治病，预防和控制疫情的发生和流行。

（12）教体局：负责中小学校舍、幼儿园和学生安全。负责辖区内中小学校、幼儿园等教育机构的防汛工作，检查督导各学校落实好各项防汛避险措施，确保汛期安全。

（13）气象局：负责天气气象监测和预测、预报，依据气象形势对汛情形势作出分析和预测；负责对重要天气形势和灾害性天气作出滚动预报，并及时向盐池县防汛抗旱指挥部及成员单位提供长期、中期、短期天气预报和降雨情况等气象信息。

（14）文化广播电视局：负责组织广播、电视开展山洪灾害防御宣传工作，及时准确报道经区防御指挥部审定的灾情和各地防汛抗灾工作动态。

（15）电信局：负责指导、协助公共通信设施的建设和维护，做好山洪灾害防御的通信保障工作，优先传递山洪灾害防御通讯信息，保证各级防御指挥部的信息畅通；负责根据灾情需要，协调调度应急通信设施。

(16)供电局:负责做好电力设施的防御安全,保证山洪灾害防御和抢险、救灾的电力供应。

(17)国土资源局:负责提供山洪灾害防御必须的砂石土料等物资供应、抢险用土位置的规划;负责做好对辖区山体滑坡、坍塌、地面塌陷、泥石流等地质灾害勘察、监测、防治等工作。

(18)人武部:负责组建抢险队伍,搞好抢险救灾演练培训,参加重大工程和重大险情的抢险工作;协助公安部门维护抢险救灾秩序和灾区社会治安,协助政府转移危险地区的群众。

(19)盐池县防汛抗旱指挥部办公室:负责承办盐池县山洪灾害防御指挥部的日常工作,执行、传达区、市和盐池县人民政府山洪灾害防御指挥部的决定、调度命令,指导乡、镇及有关单位制定山洪灾害防御方案;负责检查、督促山洪灾害防御指挥部成员单位及有关部门做好山洪灾害防御工作;指导盐池县防御、抢险、救灾工作。

4.2.2 机构职责

当发生流域性或超标准洪水时,县山洪灾害防御指挥部进入紧急状态,监测、信息、转移、调度、保障 5 个工作小组负责单位各确定一名领导到县山洪灾害防御指挥部办公室集中办公。各部门的主要职责。

1.盐池县行政首长主要职责

(1)负责组织制定本地区防御山洪的规章制度,组织做好宣传和思想动员工作,增强各级干部和广大群众防御山洪的意识。

(2)负责组织开展本辖区防御山洪的非工程措施和工程措施建设,不断提高防御山洪灾害的能力。

(3)根据汛情,及时做出防御山洪灾害工作部署,及时发布各项工作指令,及时指挥和处理突发事件。

(4)山洪灾害发生后,要立即组织各方面力量迅速开展救灾工作,安排好群众生活,尽快恢复生产,保持社会稳定。

(5)各级行政首长对本辖区或分管部门的防御山洪工作必须切实负起责任,确保安全度汛,防止发生重大灾害。

2.盐池县山洪灾害防御指挥部主要职责

在指挥长的统一领导下,负责全县山洪灾害防御工作。具体职责:

(1)贯彻执行有关山洪灾害防御工作的法律、法规、方针、政策和上级山洪灾害防御指挥部的指令、命令,统一指挥本县内的山洪防御工作。

(2)贯彻“安全第一、常备不懈、以防为主、全力抢险”的方针,部署年度山洪灾害防御工作任务,明确各部门防御职责,落实工作任务,协调各部门之间、上下之间的工作配合,检查督促各有关部门做好灾害防御工作。

(3)遇大暴雨,可能引发山洪灾害时,及时掌握情况,研究对策,指挥协调山洪灾害抢险工作，努力减少灾害损失。

(4)督促有关部门根据山洪灾害防治规划，按照确保重点、兼顾一般的原则，编制并落实本县山洪灾害防御预案。组织有关人员宣传培训山洪灾害防御预案及相关山洪灾害知识。

3.盐池县山洪灾害防御指挥部办公室主要职责

(1)负责指挥部的日常工作，负责各工作组之间相互协调，各种指示、指令的上传下达，各种信息的收集和整理等。

(2)掌握雨情、水情和气象形势，及时了解全县暴雨强度、洪水流量等，为领导决策提供依据。

(3)制定和组织实施山洪灾害防御预案。

(4)负责统计掌握洪涝灾害情况。

(5)督促山洪灾害防御安全建设，及时开展山洪灾害防御宣传教育等工作。

4.各工作组主要职责

(1)监测组：负责监测辖区雨量站、气象站、水位站、水文站等雨情信息，监测重要水利工程、危险区水位、山体开裂、滑坡点、泥石流沟等信息。

监测组组长：县气象局局长

成员单位：县水务局、国土资源局、气象局。

(2)信息组：负责对县级防指、气象、水文、安监、地矿等部门汛前各种信息的收集整理，掌握暴雨洪水预报、本地降雨、山体开裂、滑坡、泥石流、水库、尾矿库溃坝、决堤等信息，及时为指挥长指挥决策提供依据。

组长：县国土资源局局长

成员单位：县水务局、国土资源局、气象局。

(3)转移组：按照指挥部的命令及预报通知，组织群众按预定的转移路线转移，一个不漏地动员到户到人，同时确保转移途中和安置后的人员安全。

组长：县委常委、公安局局长

成员单位：县水务局、国土局、公安局、人武部、交通运输局、住房和城乡建设局、供电局、电信局。

(4)调度组：负责与公安、交通、农业、水利、商业、民政、电信等部门和单位的联系，调度所有抢险救灾工作所需的救灾车辆、救灾物资、设备等。

组长：县政府办公室主任

成员单位：县水务局、交通运输局、发展和改革局、财政局、公安局、人武部、环境保护和林业局、民政局。

(5)保障组：负责了解、收集山洪灾害造成的损失情况，派员到灾区实地查灾核灾，汇总上报灾情数据；做好灾区群众的基本生活保障，包括急需物资的组织、供应、调拨和管理等；指导和帮助灾区开展生产自救和恢复重要基础设施；负责救灾应急资金的落实和争取上级财政支持，做好救灾资金、捐赠款物的分配、下拨工作，指导、督促灾区做好救灾款物的使用、发放和信贷工作；组织医疗防疫队伍进入灾区，抢救、治疗和转运伤病员，实施灾区疫情监测，向灾区提供所需药品和医疗器械。

组长：县民政局局长

成员单位：县民政局、卫生局、国土资源局、发改局、财政局、公安局、供电局、电信局、人武部。

（6）应急抢险队：紧急情况下听从山洪灾害防御指挥部命令，进行有序的抢险救援工作。

队长：县水务局局长

成员：县人武部、交通运输局、公安局及有山洪防御任务责任的乡镇、单位抽调人员组成。

五、监测、通信及预警

5.1 监测

5.1.1 监测系统的设立

（1）简易（人工）监测雨量站

盐池县共辖 4 镇 4 乡、101 个行政村。在花马池镇、王乐井乡、大水坑镇、麻黄山乡、惠安堡镇、青山乡 12 个村、点设立简易人工雨量站 12 个。

（2）自动监测雨量站

盐池县现有水文站 1 个（雨量项目），雨量站 11 处，新设及改造 66 个自动监测雨量站。其中改造已有雨量站 9 个，新建自动雨量站 57 个。当发生大暴雨时，实时信息将由自动监测系统传输至盐池县防汛预警平台。

（3）人工监测水位站

在盐池县城郊、王乐井东沟和红山沟 3 个山洪灾害重点小流域设立人工监测水位站。如发生异常水情，可利用语音报汛或通过手机告知盐池县指挥中心。

（4）自动监测水位站

盐池县已建有水文站 1 处，为小泉水文站。本次规划对小泉水文站及 1 处已有雨量站（郝家台）进行改造，新设立 3 处自动监测水位站（同时安装自动遥测雨量计），实现水位和雨量信息一体式自动采集与传输。

（5）视频监测站

设立了 3 个视频监测站，配备视频监测设备及时掌握山洪信息，增强预警时效。

(6)气象站

为暴雨、强降水等中尺度天气的预报预警提供多要素、可进入模式运算的气象资料，规划建设3个六要素气象站，监测雨量、气温、湿度、气压、风速、风向等。

5.1.2 监测内容

盐池县监测系统监测项目主要包括降雨量、水位等，站类主要包括雨量站、水位站、视频监测站和气象站。雨量站监测雨量信息，水位站监测雨量和水位信息，视频监测站主要监控黄河洪水及贺兰山主要山洪沟、拦洪库、滞洪区、排洪沟实时情况，气象站监测雨量、气温、湿度、气压、风速、风向，为暴雨、强降水等中尺度天气的预报预警提供多要素、可进入模式运算的气象资料。

5.1.3 监测要求

雨量、水位自动监测站实行一点双发的传输方式，同时发送雨水情信息到县级监测预警平台和市级水情分中心，区、市、县通过水利骨干网实现信息同步共享。

视频采集信息直接传输到县级平台，再通过水利骨干网实现区、市、县信息同步共享。

气象站通过一点多发功能，同时向气象部门、水文部门及盐池县水务局发送监测信息。

简易监测站监测人员应及时将预警雨水情信息通知当地防汛指挥人员或预警人员，以实现及时应对；有条件的情况下可报告县、乡(镇)防汛负责人及值班人员。

5.2 预报、预警

5.2.1 预报内容

预报内容包括气象预报、沟河洪水预报、水库水位预报、泥石流和滑坡预报等。气象预报由气象部门发布，沟河洪水预报、水库水位预报由水利部门发布，泥石流和滑坡预报由国土部门发布。

5.2.2 预警

1.预警指标确定

根据盐池县历史降雨及山洪灾害情况，结合地形、地貌、植被、土壤类型等，确定每个小流域或乡村各级临界雨量、水位等预警指标。

雨量站预警指标分为：警戒雨量(准备转移)、危险雨量(立即转移)；水位站分为：警戒水位(准备转移)、危险水位(立即转移)。

(1)雨量预警指标

根据宁夏山洪灾害多发区域代表站暴雨极值表，参照盐池县历史山洪灾害成灾暴雨量级、地质条件和历史洪灾调查成果综合分析，确定成灾暴雨指标。盐池县山洪易发区1小时成灾暴雨为30毫米、3小时成灾暴雨为50毫米、6小时成灾暴雨为80毫米、24小时成灾暴雨为120毫米。此为预警的基本指标，实时预警指令需依据基本指标和流域前期影响雨量(土壤湿润程度)因素综合确定。前期影响雨量(Pa)的计算参数可利用本站或临近水文站点分析成果,确定预警流域的前期影响雨量(Pa)的计算参数 K、I 米 值,基此采用连续演算法计算预警流域每日的前期影响雨量。当小流域不同时段面雨量达到成灾暴雨值,盐池县山洪预警中心应向流域内群众发布准备转移的指令。当小流域 1 小时面平均降雨量达到 50 毫米、3 小时达到 90 毫米、6 小时达到 120 毫米、24 小时达到 150 毫米时,盐池县山洪预警中心应向流域内群众发布立即转移指令。以上雨量预警指标为参考值,系统建设后需根据雨情、水情、灾情资料积累不断修订,以适应特定区域预警需求。

盐池县预警指标汇总表如下表所示:

表 1　盐池县预警指标汇总表

序号	预警区域	准备转移预警指标(毫米)	立即转移预警指标(毫米)	关联监测站名称
1	城关街道办	1 小时降雨量 30毫米 3 小时降雨量 50毫米 6 小时降雨量 70毫米 24 小时降雨量 120毫米	1 小时降雨量 50毫米 3 小时降雨量 90毫米 6 小时降雨量 120毫米 24 小时降雨量 150毫米	
2	花马池镇	1 小时降雨量 30毫米 3 小时降雨量 50毫米 6 小时降雨量 70毫米 24 小时降雨量 120毫米	1 小时降雨量 50毫米 3 小时降雨量 90毫米 6 小时降雨量 120毫米 24 小时降雨量 150毫米	
3	王乐井乡	1 小时降雨量 30毫米 3 小时降雨量 50毫米 6 小时降雨量 70毫米 24 小时降雨量 120毫米	1 小时降雨量 50毫米 3 小时降雨量 90毫米 6 小时降雨量 120毫米 24 小时降雨量 150毫米	
4	大水坑镇	1 小时降雨量 30毫米 3 小时降雨量 50毫米 6 小时降雨量 70毫米 24 小时降雨量 120毫米	1 小时降雨量 50毫米 3 小时降雨量 90毫米 6 小时降雨量 120毫米 24 小时降雨量 150毫米	
5	青山乡	1 小时降雨量 30毫米 3 小时降雨量 50毫米 6 小时降雨量 70毫米 24 小时降雨量 120毫米	1 小时降雨量 50毫米 3 小时降雨量 90毫米 6 小时降雨量 120毫米 24 小时降雨量 150毫米	
6	冯家沟乡	1 小时降雨量 30毫米 3 小时降雨量 50毫米 6 小时降雨量 70毫米 24 小时降雨量 120毫米	1 小时降雨量 50毫米 3 小时降雨量 90毫米 6 小时降雨量 120毫米 24 小时降雨量 150毫米	
7	麻黄山乡	1 小时降雨量 30毫米 3 小时降雨量 50毫米 6 小时降雨量 70毫米 24 小时降雨量 120毫米	1 小时降雨量 50毫米 3 小时降雨量 90毫米 6 小时降雨量 120毫米 24 小时降雨量 150毫米	
8	惠安堡镇	1 小时降雨量 30毫米 3 小时降雨量 50毫米 6 小时降雨量 70毫米 24 小时降雨量 120毫米	1 小时降雨量 50毫米 3 小时降雨量 90毫米 6 小时降雨量 120毫米 24 小时降雨量 150毫米	

（2）警界水位

水位预警指标分为水库水位预警指标和河道水位预警指标。

水库水位预警指标：当水库溢洪、库区上游持续降雨、水位继续上涨时，通过广播、电视、电话等手段向外发布汛情公告或紧急通知，准备转移可能被淹没范围内的人员和财产。当库水位达到设计水位，库区上游仍有强降雨，或出现重大险情时，通过各种途径向可能被淹没范围内的人员发布紧急通知，组织下游群众立即转移。

河道水位预警指标：山洪灾害危险区小流域内缺乏实测历史水位资料，目前水位预警指标难以确定的，要在小流域下游重要城镇、工矿企事业单位、人口相对密集的水位预报节点进行历史洪水位调查，依据各调查点山洪灾害成灾情况，确定历史成灾水位为立即转移指标；结合当地水利工程在历史成灾水位上适当降低，作为准备转移指标。

2.预警等级划分

山洪灾害预警等级按低、中、高分为三级（Ⅲ、Ⅱ、Ⅰ）。

（1）Ⅲ级预警（黄色）

当预报有暴雨天气时，即为Ⅲ级（黄色）预警。

（2）Ⅱ级预警（橙色）

当降雨量达到警戒雨量且降雨仍在持续，或沟河水位达到警戒水位时，即为Ⅱ级（橙色）预警。

（3）Ⅰ级预警（红色）

当降雨量达到危险雨量且降雨仍在持续，或沟河水位达到危险水位，或有泥石流、滑坡发生征兆时，或有水库、尾矿库、塘堰坝出现重大险情和溃坝征兆时，即为Ⅰ级（红色）预警。

3.预警启用时机

（1）当接到暴雨天气预报，相关行政责任人应引起重视，并发布暴雨预警信息。当降雨量达到相应等级雨量值时，降雨仍在持续，应发布预警信息；

（2）当水位达到相应等级值，且仍在上涨，应发布预警信息。若可能对下游造成山洪灾害，应向下游发布预警信息；

（3）当出现发生泥石流、滑坡征兆时，发布泥石流、滑坡灾害预警信息。

（4）水库、塘堰坝出现重大险情时应立即发布预警信息。

4.预警发布及程序

根据监测、预报，按照预警等级及时发布预警。

（1）一般情况下，可按照县→乡镇→村→组→户的次序进行预警，预警程序如图1所示。

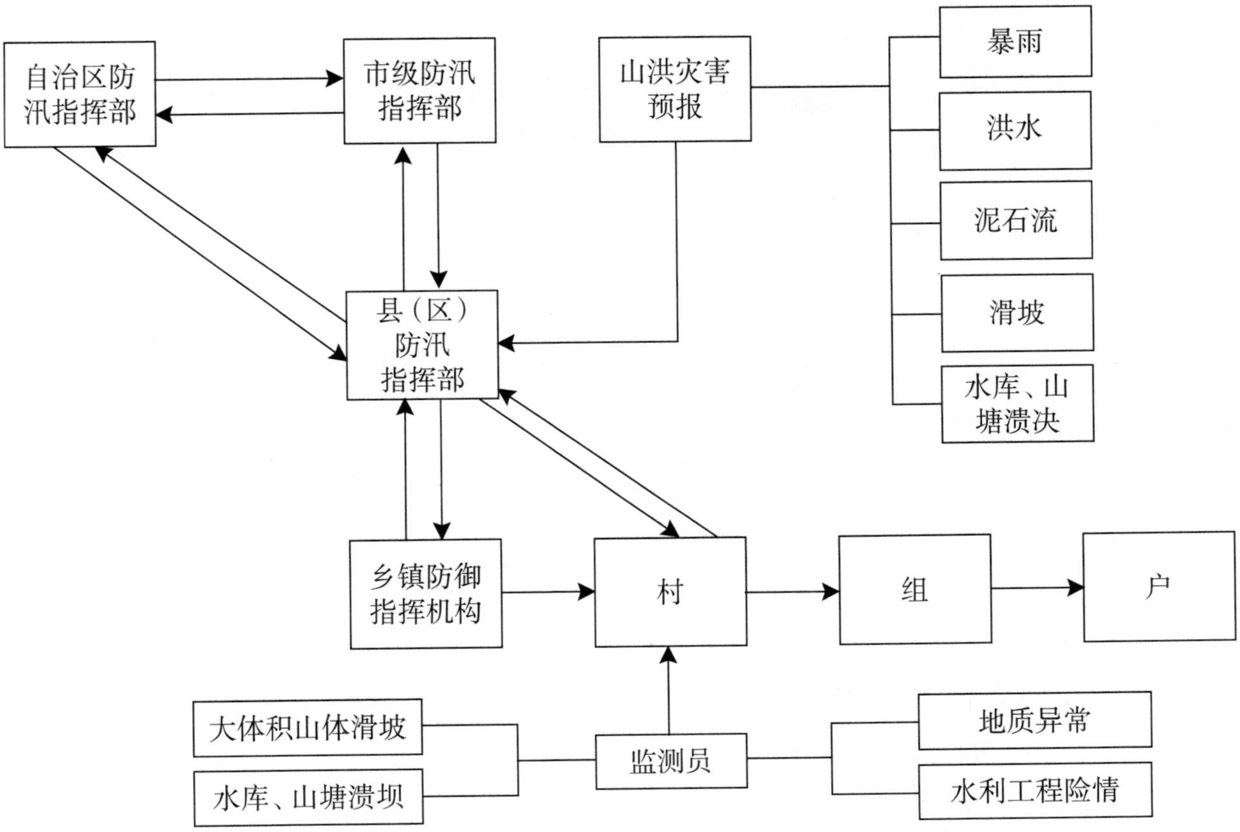

图 1　一般情况预警程序示意图

(2)如遇紧急情况(水库、塘堰坝出现重大险情,滑坡等),可采用快速灵活的预警方式进行预警,预警程序如图 2 所示:

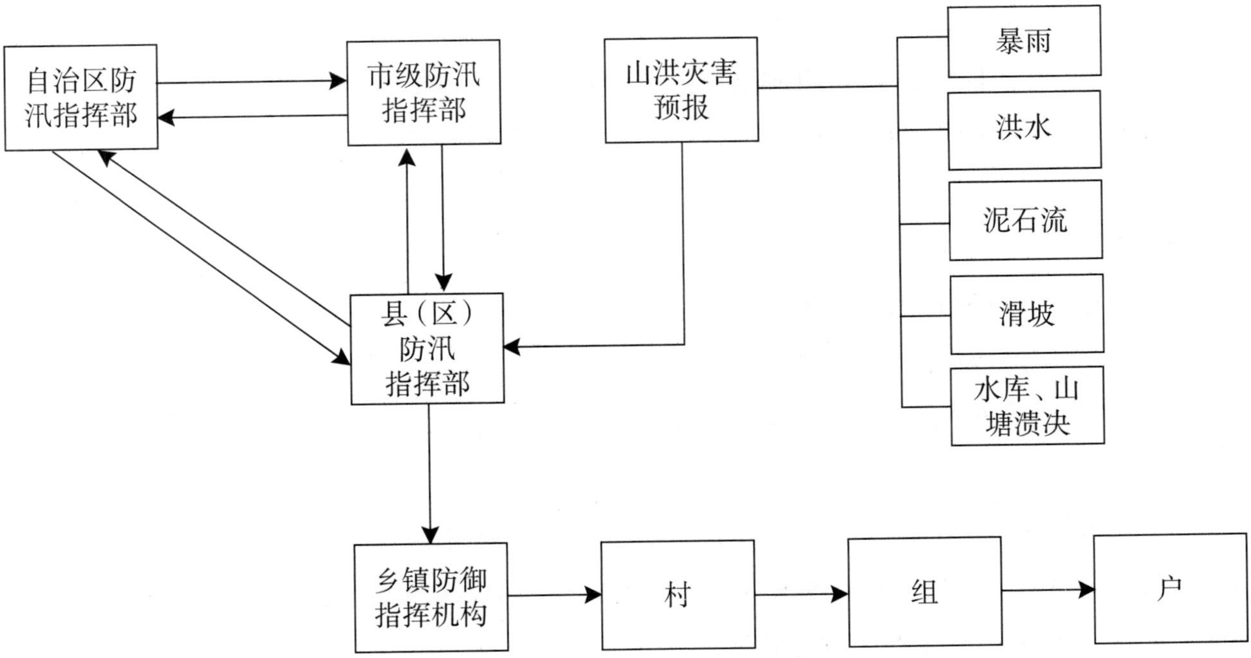

图 2　紧急情况预警程序示意图

5.预警、警报方式

根据实际情况设置预警信号(如语音电话、手机短信等)、报警信号(如信号弹、报警器、敲锣等);按照发生山洪灾害的严重性和紧急程度,因地制宜地确定不同级别预警信号所对应的预警方式。

5.3 应急响应

5.3.1Ⅲ级响应

1.县山洪灾害防御指挥部通过电话、传真、手机短信等方式向有关部门发出三级(黄色)预警;

2.通过广播电视播放天气预报,提醒广大群众注意做好山洪灾害防范准备。

3.当接到三级(黄色)预警后,各有关部门人员应迅速上岗到位,注意观察水雨情变化,并加强防范。

5.3.2Ⅱ级响应

发生暴雨使水位上涨、堤防出现险情、洪水漫淹河水漫滩造成人员被困,农田、房屋、道路、水利工程等设施淹没的情况下,启动Ⅱ级响应。

1.县山洪灾害防御指挥部通过电话、传真、手机短信向有关部门发出二级(橙色)预警。

2.通过广播电视播放山洪灾害二级(橙色)预警信息,提醒广大群众注意防范山洪灾害,危险区人员做好转移准备。

3.通过手机短信向县山洪灾害防御指挥部指挥长及指挥部成员单位领导、各主要部门领导、县防指所属的监测组、信息组、转移组、调度组、保障组主要成员发布二级(橙色)预警,做好相关防范工作。

4.有关乡村在接到县灾害防御指挥部发布的二级(橙色)预警后,通过无线语音广播、铜锣、手摇报警器等向危险区群众发出二级(橙色)预警,提醒危险区人员注意防范,做好转移准备。

5.3.3Ⅰ级响应

1.县山洪灾害防御指挥部通过电话、传真、手机短信向有关部门发出一级(红色)预警,要求有关部门立即全面行动,做好抢险救灾转移安置工作。

2.通过广播电视播放山洪灾害一级(红色)预警信息,要求危险区人员马上转移,有关群众严加防范山洪灾害。

3.手机短信报警通知到县主要领导、县山洪灾害防御指挥部指挥长及指挥部成员单位领导、各主要领导、山洪灾害监测组、信息组、转移组、调度组、保障组主要成员、各行政村负责人,要求危险区人员立即按预定路线撤离至安全区。

六、转移安置

6.1 转移安置原则

转移遵循先人员后财产，先老弱病残后一般人员，先低洼处后较高处人员的原则，以集体、有组织转移为主。转移责任人有权对不服从转移命令的人员采取强制转移措施。

6.2 转移安置路线

转移安置路线的确定遵循就近、安全原则。事先拟定好转移路线，必须经常检查转移路线是否出现异常，如有异常应及时修补或确定新的转移线路。转移路线宜避开跨河、跨沟或易滑坡等地带。根据拟定的转移安置路线绘制转移安置图。

1.长城村危险区群众沿 307 国道向东至西环路，沿西环路向南转移至长城建材市场。

2.沟沿村危险区群众沿盐惠线向北转移至职业中学。

3.佟家圈村危险区群众沿盐惠线向北转移至佟家圈村村部。

4.四墩子村危险区群众沿乡道向北转移至 330 变电所。

5.田家掌村危险区群众向南转移至田记掌村小学。

6.裕新村、盈德村、惠泽村危险区群众向东过西环路转移至第五中学。

7.柳杨堡村危险区群众沿 302 省道向北转移至村部。

8.冒寨子村危险区群众沿村道向南转移至村部。

9.郑家堡子村危险区群众向东转移至村小学。

10.刘四渠村危险区群众向北转移至地势较高处。

11.石山子村危险区群众向南转移至村部。

12.新泉井村、向阳村、摆宴井村危险区群众沿大马公路转移至盐池县草原试验站。

13.新桥村危险区群众向东北方向转移至村小学。

14.红井子村危险区群众向村小学转移。

15.郝家台村危险区群众沿乡道向北转移至村北部高梁上。

16.猫头梁村危险区群众沿高速公路向西转移至猫头梁村部。

17.青山村危险区群众转移至村小学。

18.冯家沟村危险区群众沿大马公路与 302 省道间的乡道向东转移至冯家沟乡政府。

19.丁家掌村危险区群众向村部转移。

20.井滩子村危险区群众沿乡道向东南方向转移至老村供销社。

21.下高窑村危险区群众沿乡道向东转移至下高窑村小学。

22.何新庄村危险区群众沿大马公路及乡道向北部山上的气象站转移。

23.管家掌村危险区群众向北转移至村部。

24.李源畔村危险区群众向东南转移至村小学。

25.沙崾岘村危险区群众就近向开阔且地势较高处转移。

26.杏树梁村危险区群众沿乡道向西转移至村部。

27.狼布掌村危险区群众沿乡道向东北方转移至狼布掌泵站。

28.大坝村、隰宁堡村危险区群总沿乡道上211国道,然后向北转移至隰宁堡村部。

29.杜家沟村危险区群众向南转移至杜家沟村部。

30.麦草掌村危险区群众向东转移至村部。

31.林家口子村危险区群众向村小学转移。

32.萌城村危险区群众向北转移至村小学。

33.四股泉村危险区群众向南转移至村小学。

6.3 转移安置方式

安置点一般因地制宜,采取就近安置、集中安置和分散安置相结合的原则。安置方式可采取投亲靠友、借住公房、搭建帐篷等。搭篷地点应选择在安全区内。及时对转移安置灾民情况进行登记,逐级上报转移安置情况及需要解决的困难,妥善解决被安置人员的饮食起居。

6.4 制定特殊情况应急措施

转移安置过程中出现交通、通讯中断等特殊情况时,灾区各村组应各自为战、不等不靠,及时采取防灾避灾措施。由村干部分头入户通知易发灾害点村民,尤其是夜间可能发生相关灾害时,要保证信息传递的可靠性,做到不漏一户,不漏一人。借助无线广播、铜锣、哨子等设备引导转移人员到安置地点。在制定的转移路线交通中断的情况下,应选择向沟河沟谷两侧山坡或滑坡体的两侧方向转移到就近较高地点。对于特殊人群的转移安置采取专项措施,并派专人负责,确保无一人掉队。

七、抢险救灾

7.1 抢险救灾准备

1.建立抢险救灾工作机制,确定救灾方案

抢险救灾由县山洪灾害防御指挥部统一指挥。紧急救援人员主要由受灾地区的党员干部、群众、其他自愿人员以及抗洪抢险突击队员组成。公安、民政、交通、卫生、水利等有关成员单位各司其职,密切合作,共同做好抗洪抢险工作。县山洪灾害防御指挥部视灾害严重情况组织前线救灾抢险工作组,现场协调指挥,安排各类抢险救灾装备、车辆和医护人员前往灾区实施救助。若遇特大山洪灾害,由指挥部联络地方部队和武警官兵参加抢险救灾。

2.抢险救灾准备

抢险救灾准备包括装备、资金、物资准备等。

(1)装备:救助装备由县山洪灾害防御指挥部联合当地驻军、武警部队等单位共同准备。

(2)资金:县、乡镇政府应设立抢险救灾专项资金,列入同级财政预算。

(3)物资:包括抢险物资准备和救助物资准备。抢险物资主要包括抢修水利设施、抢修道路、抢修电力、抢修通讯所需的设备和材料,抢救伤员的药品及其它紧急抢险所需的物资。抢险物资由水利、交通、通讯、物资、商业、供销、石油、卫生、电力等部门储备和筹集。救助物资包括粮食、方便食品、帐篷、衣被、饮用水和其他生存性救助所需物资等。救助物资由民政部门储备和筹集。上述救灾物资必须在汛前储备到位。

7.2 抢险、救灾

1.抢险

一旦发生险情，险情所在地的群众要通过电话或安排专人到村委会或政府上报险情,山洪灾害防御指挥机构接到险情报告,在及时向上一级防汛指挥部门报告的同时,要迅速组织乡、村两级应急抢险队员奔赴灾区,投入到抢险救灾工作中去,确保灾区人民群众的生命安全,尽量减少财产损失。紧急情况下可以强制征用和调配车辆、设备和物资等。

2.对可能造成新的危害的山体、建筑物,要安排专人监测、防御,对可能造成山体滑坡、建筑物倒塌涉及范围内的村庄、厂矿、学校等,要及时进行转移并对该区域设立警戒线,禁止人员进入。监测情况及时上报,使上级指挥部门掌握情况,科学制定对策。

3.发生灾情时,首先要把被困人员迅速转移到安全地带。各村一旦有哪个部位出现灾情,首先要组织对被困人员进行营救,并把被困人员迅速转移到防御预案中的安全地带。对受伤人员要组织医疗单位给予及时治疗,确保人民群众生命安全。

4.如有人畜伤亡,及时抢救受伤人员,清理、掩埋人畜尸体。对有人员伤亡的山洪灾害要组织医护人员及时抢救受伤人员。病情较轻的,在村级卫生所或卫生院接受治疗,伤势较重的,应安排到医疗水平相对较高的县级卫生部门进行救助。对有人员伤亡的,主要领导要协调所在地村委会,及时做好亡者家属的善后工作。

5.对紧急转移的人员作好临时安置,发放粮食、衣物,对灾区作好卫生防疫工作。在抢险救灾中实行紧急转移的人员,要做好临时安置工作。对于居住比较偏僻、人口较少的地区,应把紧急转移人员安置在安全地区;对于居住相对集中的村庄,应把紧急转移人员安置在亲朋好友或村委会所在地进行临时安置,并及时发放粮食、衣物等必需品,做好转移人员的思想工作,确保稳定。灾情发生后,县、乡卫生防疫部门应迅速成立卫生防疫小组,深入灾区,开展卫生防疫工作。在开展防疫工作过程中,要做到认真细致,不留死角,确保疫情不蔓延。

6.灾后重建工作

灾情发生后,所在地乡、村两级要及时成立灾后重建工作领导小组,主要领导亲自挂帅，针对水、电、路、通信等基础设施登记造册，有侧重的进行重建工作。各职能部门要各司其职，结合行业特点和部门优势，迅速投入到灾后重建工作中去，力争把灾害损失降低到最小限度。对灾后重建工作行动不力的，县委、政府将对相关责任单位和责任人给予党纪、政纪处分。

抢险救灾实行县、乡镇两级行政首长负总责，各相关部门各负其责、相互配合的工作机制。建立抢险救灾队伍、医疗救护队伍和灾民救助队伍，确保抢险救灾工作实施到位。

八、保障措施

8.1 汛前检查

汛前，县、乡镇要对所辖区域的重要水利工程、河道险工险段、滑坡危险点、尾矿库以及通信、监测、预报预警设施进行全面检查，统计危险区内常住人口，登记造册，建立台账，发现问题及时处理。不能及时处理的要限期整改，做到有险必查、有险必纠、有险必报。

8.2 应急抢险与保障

1.对历史上出现山洪灾害区域以及重点险工险段或易出险的水利工程设施，应提前编制防汛应急抢险预案，以备紧急情况下因险施策；当出现新的险情后，应派工程技术人员赶赴现场，研究优化除险方案，由防汛行政责任人负责组织实施。

2. 县灾害防御指挥部、工程管理单位以及受山洪威胁的其他单位储备的常规抢险机械、设备、物资和救生器材等，应能满足防洪抢险急需。

3.应急队伍保障

（1）任何单位和个人都有依法参加防汛抢险的义务，驻宁部队、武警宁夏总队和民兵是防汛抢险的重要力量。

（2）防汛抢险队伍分为群众抢险队伍、非专业抢险队伍和专业抢险队伍。群众抢险队伍主要为抢险提供劳动力，非专业抢险队伍主要完成对技术设备要求不高的抢险任务，专业抢险队伍主要完成急、难、险、重的抢险任务。

（3）调动部队参加防汛抢险程序：由自治区人民政府组织的抢险救灾需要军队参加的，自治区防汛抗旱指挥部提出申请，宁夏军区或武警总队按照军队有关规定办理。紧急情况下，部队可边行动边报告，地方人民政府及时补办申请手续。

（4）申请调动部队参加抢险救灾的文件内容包括：凌汛灾害的程度、发生地点、受灾区域和程度，采取的救灾措施以及需要动用的兵力和设备等。

4.供电保障

电力部门主要负责防汛抢险、救灾等方面的供电需要和应急救援现场的临时供电。

5.交通运输保障

交通运输部门主要负责优先保证防凌抢险人员、物资等运输；负责洪水淹没区群众安全转移所需地方车辆、船舶的调配，并负责用于防汛抢险、救灾车辆、船舶的及时调配和渡口安全。

(6)医疗保障

医疗卫生防疫部门主要负责灾区传染疾病防治和医疗救助的业务技术指导；组织医疗卫生队赶赴灾区巡医问诊、抢救伤员、卫生防疫等工作。

(7)治安保障

公安部门主要负责做好防汛抢险期间的治安保卫工作，依法严厉打击破坏防汛抢险救灾行动和防汛设施安全的行为，保证防汛救灾工作的顺利进行；负责组织搞好防汛抢险的戒严、警戒工作，维护灾区的社会治安秩序。

(8)物资保障

①县防御指挥部、山洪防御工程管理单位以及受洪水威胁的其他单位，按规定储备防汛抢险物料，主要有救生衣、草袋、编制袋、铅丝、木桩、片石、砂石料等。

②部队参加防汛抢险救灾时，县人民政府应提供必要装备、物资、器材等保障，协助执行抢险救灾任务的部队做好饮食、住宿、供水、供电、供暖、医疗和卫生防病工作，并派出专业技术人员指导部队抢险救灾。

(9)资金保障

①县财政每年安排的防汛资金，主要用于防汛报汛费、防汛抢险车辆油料费和各地水毁工程维修费、汛情信息监测设备建设及运行维护费等开支。

②中央财政支持的特大防汛费主要用于补助遭受洪水灾害地区的防汛抢险。

(10)社会动员保障

①防汛抢险是社会公益事业，任何单位和个人都有保护水利工程设施和防汛的责任。汛期，县、乡镇政府要根据情况做好动员工作，组织社会力量投入防汛抢险救灾工作。

②县防御指挥部及成员单位在严重洪汛期间，应按照分工，特事特办，急事急办，解决防汛抢险的实际问题。同时充分调动本系统力量，全力支援抗灾救灾和灾后重建工作。

③县人民政府要加强防汛抢险工作的统一领导，组织各有关部门和单位，动员社会力量做好防汛抢险工作。在防汛抢险的关键时刻，县山洪防御行政首长要靠前指挥，组织广大干部群从投入防讯抢险工作。

8.3 宣传教育及演练

1.利用会议、广播、电视、墙报、标语、宣传车、文艺节目等多种形式，宣传山洪灾害防御常识，增强群众主动防灾避灾意识。

制作有关山洪灾害防御知识 VCD、科普读物和宣传单，在中小学、企业以及危险区内的行政村进行宣传，各单位负责人平时积极做好防灾知识方面的培训和宣传。张贴标语、创建宣传栏，介绍防灾、避灾知识等。

2.在交通要道口及危险区设立警示牌。

3.组织对乡村责任人、预警人员、抢险队员等进行培训，掌握山洪灾害防御基本技能。

4.为危险区群众发放防灾明白卡，对危险区可能出现的险情、范围、转移路线及安置地点进行详细说明，并组织群众进行演练。

8.4 纪律

1.加强领导，落实责任。各行政领导要负总责，层层落实责任，一级抓一级，确保灾民转移安置工作任务的圆满完成。

2.服从命令，听从指挥。对山洪灾害防御工作失职、渎职、脱岗离岗、不听指挥的，追究相应责任，情节严重的，追究法律责任。

3.水、雨情报告要及时，有险要速报，会商要及时，指挥要果断。

4.暴雨天气，各级防汛办和主要领导及包村干部未经批准，不得离岗外出。

5.严格执行病险水库、塘堰控制蓄水一天一巡坝，大雨、暴雨天气24小时巡查制度。

6.各级防汛办及监测、信息组严格实行24小时值班制和领导带班制，确保各种信息畅通。

表2 盐池县行政区划基本情况表

序号	乡镇、村名称	土地面积(平方公里)	耕地面积(亩)	总人口(万人)	家庭户数(户)	房屋数(间)
1	花马池镇	1595.4	14466	5.6731	20796	83184
2	高沙窝镇	926.2	4992	1.058	3530	14120
3	大水坑镇	1368.9	16348	2.5391	9085	36340
4	惠安堡镇	1240.3	17797	1.8892	5995	23980
5	王乐井乡	1045.8	10472	2.0622	6476	25904
6	冯家沟乡	934.2	5765	1.0261	3461	13844
7	青山乡	746.5	5856	1.1755	3695	14780
8	麻黄山乡	692.2	12896	1.1599	3638	14552
	合　计	8552	88592	16.5831	56676	226704

表3 盐池县山洪灾害危险区基本情况表

序号	危险区地点	危险区内	
		人口(人)	户数(户)
一	城关街道办		
1	小井坑社区	2575	595
2	北关社区	2751	736
二	花马池镇		
3	长城村	2999	799
4	沟沿村	670	195
5	佟家圈村	1423	166
6	四墩子村	850	215

续表

7	田家掌村	821	203
8	裕新村	2129	619
9	盈德村	1968	458
10	惠泽村	1679	524
11	柳杨堡村	1560	414
12	冒寨子村	757	219
三	王乐井乡		
13	郑家堡子村	790	288
14	刘四渠村	517	134
15	石山子村	733	216
四	大水坑镇		
16	新泉井村	1215	332
17	向阳村	1028	236
18	摆宴井村	895	212
19	新桥村	817	225
20	红井子村	626	186
五	青山乡		
21	郝家台村	281	70
22	猫头梁村	549	122
23	青山村	1262	176
六	冯家沟乡		
24	冯家沟村	364	117
25	丁家掌村	270	76
七	麻黄山乡		
26	井滩子村	1088	260
27	下高窑村	364	75
28	何新庄村	1021	281
29	管家掌村	123	30
30	李源畔村	201	50
31	沙崾岘村	103	23
八	惠安堡镇		
32	杏树梁村	893	219
33	狼布掌村	1143	312
34	大坝村	123	36
35	隰宁堡村	520	113
36	杜家沟村	584	176
37	麦草掌村	441	115
38	林家口子村	387	119
39	萌城村	944	119
40	四股泉村	1061	261
	合 计	38525	9722

表 4 人工监测雨量站基本情况表

序 号	站 名	观测地点	东 经	北 纬
1	胶泥湾	麻黄山乡	107.0987	37.25682
2	井 滩	麻黄山乡	106.9527	37.21316
3	长 城	盐池县城郊	107.3622	37.8018
4	田家掌	盐池县城郊	107.2552	37.81287
5	四墩子	花马池	107.3016	37.75214
6	沟 沿	盐池县城郊	107.4296	37.77871
7	郑家堡子	王乐井	107.0678	37.79483
8	摆堰井	大水坑	106.9131	37.28053
9	向 阳	大水坑	107.0113	37.31944
10	郝家台(青山)	青山乡	107.2778	37.6343
11	猫头梁	青山乡	107.3243	37.65929
12	杏树梁村	惠安堡镇	106.912	37.17244

表 5 自动监测雨量站基本情况表

序 号	站 名	观测地点	东 经	北 纬	备 注
1	隰宁堡	惠安堡镇	106.701	37.3792	改建
2	新泉井	大水坑	106.9833	37.3667	改建
3	草原站	大水坑	106.9396	37.3183	改建
4	惠安堡	惠安堡镇	106.6667	37.45	改建
5	侯家河	青山	107.1667	37.5667	改建
6	王乐井	王乐井乡	107.15	37.7833	改建
7	萌 城	萌城乡	106.7667	37.1667	改建
8	高沙窝	宁夏盐池县高沙窝乡	107.05	38	改建
9	盐池县	宁夏盐池县	107.4	37.7833	改建
10	大水坑	大水坑	106.9671	37.4345	新建
11	杏树湾	麻黄山	107.25	37.1167	新建
12	沙崾岘	麻黄山	107.2861	37.179	新建
13	后 洼	麻黄山	107.2167	37.2167	新建
14	麻黄山	麻黄山	107.1167	37.1667	新建
15	东 风	麻黄山	107.2161	37.3092	新建
16	新庄子	麻黄山	107.0333	37.25	新建
17	李塬畔	麻黄山	107.1682	37.277	新建
18	新 桥	麻黄山	107.2333	37.3333	新建
19	西 梁	麻黄山	107.1864	37.3862	新建
20	下高窑子	麻黄山	106.9833	37.1833	新建
21	麦草掌	麻黄山	106.8	37.15	新建
22	四股泉	麻黄山	106.7001	37.1641	新建
23	林家口子	麻黄山	106.8262	37.2325	新建
24	狼布掌	麻黄山	106.7912	37.2664	新建
25	宋家红沟	麻黄山	106.7935	37.3032	新建
26	李渠子	麻黄山	106.85	37.2833	新建

续表

27	狼儿井	萌城乡	106.9667	37.2833	新建
28	上台子	大水坑	106.8333	37.4	新建
29	陈家大梁	惠安堡	106.7333	37.45	新建
30	于家梁	惠安堡	106.855	37.4821	新建
31	老盐池	惠安堡	106.6667	37.5333	新建
32	平台	惠安堡	106.7333	37.6	新建
33	马儿庄	惠安堡	106.812	37.5632	新建
34	回六庄	冯家沟乡	106.7946	37.6921	新建
35	莎草湾	青　山	107.0767	37.3723	新建
36	红井子	青　山	107.154	37.4683	新建
37	营盘台水库	青　山	107.2783	37.5634	新建
38	东郭台	盐池城郊	107.4678	37.7403	新建
39	张家塆	盐池城郊	107.4247	37.8452	新建
40	佟家圈	盐池城郊	107.3361	37.7086	新建
41	西井滩	盐池城郊	107.5585	37.8627	新建
42	杨柳堡	盐池城郊	107.4	37.9	新建
43	胡家圈	大水坑	106.9603	37.5088	新建
44	古峰庄	大水坑	107.0635	37.6065	新建
45	暴纪春	冯家沟乡	106.94	37.6354	新建
46	鲁家红庄	青　山	107.15	37.6667	新建
47	冯家沟	冯家沟乡	106.85	37.6833	新建
48	双疙瘩	王乐井乡	106.9307	37.766	新建
49	狼洞沟	王乐井乡	106.8975	37.8487	新建
50	鸦儿沟	王乐井乡	106.9667	37.8333	新建
51	火山子	王乐井乡	107.05	37.8667	新建
52	牛家圈	王乐井乡	107.1824	37.8902	新建
53	机　井	王乐井乡	107.3084	37.9104	新建
54	东　塘	高沙窝乡	107.3914	37.9739	新建
55	李华台	高沙窝乡	107.254	37.9893	新建
56	高利乌苏	高沙窝乡	107.3	38.0833	新建
57	苏步井	高沙窝乡	107.2045	38.083	新建
58	硝池子	高沙窝乡	107.1667	38.1167	新建
59	二铺坑	高沙窝乡	107.0667	38.0833	新建
60	李庄子	高沙窝乡	106.8987	37.9302	新建
61	施家圈	高沙窝乡	106.85	37.9786	新建
62	南胡家圈	高沙窝乡	106.9209	38.0355	新建
63	南　梁	高沙窝乡	107.0167	38.0667	新建
64	宝　塔	高沙窝乡	106.8731	38.1252	新建
65	哈巴湖	王乐井乡	107.0486	37.7097	新建
66	周庄子	王乐井乡	107.241	37.7498	新建
37	营盘台水库	青　山	107.2783	37.5634	新建

表 6　人工监测水位站基本情况表

序号	站　名	观测地点	东　径	北　纬	备　注
1	沟　沿	沟　沿	107.4578	37.7702	新建
2	王乐井东沟	王乐井	107.1601	37.7711	新建
3	红山沟	花马池	107.2839	37.7253	新建

表 7　自动监测水位站基本情况表

序号	站　名	观测地点	东　径	北　纬	备　注
1	小　泉	惠安堡镇	106.5833	37.4167	改建
2	郝家台	郝家台水库入库处 原郝家台水文站	106.6893	37.2678	改建
3	郝家台水库	惠安堡镇	106.6792	37.3067	新建
4	花马池	盐池城南花马池	107.3707	37.7523	新建
5	十字河	十字河省界断面	107.3056	37.1016	改建

表 8　视频监测站基本情况表

序号	站　名	观测地点	东　径	北　纬	备　注
1	花马池视频站	盐池城南花马池	107.3707	37.7523	新建
2	郝家台水库视频站	惠安堡镇	106.7	37.2667	新建
3	小泉视频站	惠安堡镇	106.5833	37.4167	新建

表 9　自动气象站基本情况表

序号	站　名	观测地点	东　经	北　纬	备　注
1	狼布掌村	狼布掌村	106° 45'31"	37° 17'09"	
2	新泉井村	新泉井村	107° 22'41"	37° 17'20"	
3	暴纪春村	暴纪春村	106° 56'08"	37° 38'25"	

八、防洪工程

县城防洪工程　自治区计委立项批复，吴忠市水利工程勘测设计院设计，工程总投资873.83 万元，其中自治区投资 753.38 万元，盐池县政府投资 100 万元，群众自筹 20 万元。工程级别为四级，防洪标准为 50 年重现，洪峰流量为 143 立方米 / 秒。依照“引泄结合，以泄为主，城乡结合，以城为主”的指导原则建设。工程由泄洪渠、导洪堤和护村围堰 3 部分组成。泄洪渠东西走向，总长 3.178 千米。在泄洪渠的起点修建了一条南北走向的导洪提，导洪渠与 307 国道交叉处修建交叉建筑物一座。二堡、五堡、八堡 3 个村修建护村围堰 4 条，总长 3.9 千米。1999 年 7 月开工建设，当年完成泄洪渠、导洪堤土方工程，填挖土方 19.0 万立方米。2000 年 4 月建设渠道衬砌、跨沟桥以及其他建筑工程，11 月完工。共动用土方25.45 米 3、砼 200 立方米 3、浆砌石 6000 立方米，新建公路桥 3 座。该防洪工程对县城及周围村庄的有可能发生的洪涝灾害进行了有效防范，对人民群众的生命财产安全进行了可靠守护。

城西滩防洪工程 2004年由盐池县水务局设计并施工，总投资250万元，修建防洪骨干坝2座、导洪坝11.2千米、简易路桥3座、过水路面1处，工程动用土方53万立方米，砼砌石898.2万立方米。该工程保证了城西滩5万亩水地和吊庄移民群众的安全，疏通了县城南北导洪工程。刻工程建设后，又多次进行了维修加固。

王乐井灌区防洪工程 2004年由盐池县水务局设计施工，总投资420万元。当年完成泄洪渠道1.6千米，动用土方2.18万立方米。2006年完成郑家堡子片区防洪工程，开挖泄洪沟3千米，动用土方6万立方米。2011年修建防洪堤82.7千米，开挖排水沟6.28千米，新建过水路面8个，出水3个，支渠渡槽4处，砌护干渠2.912千米；全部工程开挖土方140660万立方米，回填土方169545万立方米。

花马池生态水资源综合利用工程 2008年10月开工建设，2009年6月1日竣工。整个工程由水利工程、火车站前广场工程、道路工程和造林绿化工程四部组成。利用红山沟、扬黄渠道水资源，以中太银铁路盐池火车站建设为契机，借助铁路人文景观和花马寺国家森林公园自然景观，通过工程措施的合理协调，形成以水面为特色，站、路、寺、林、池、城相结合，人与自然和谐的多功能生态境区。2010年对蓄水工程进行了扩建，完成土方96万立方米，铺设反滤体砂石料9784立方米，完成投资1036万元。

红山沟河道治理工程 2011年9月开工建设，2012年11月竣工，治理河道31.53千米，泄洪沟3.03千米，清淤河道11.87千米，砌护段10处4.82千米，完成投资2982万元。

姚沟塘灌区防洪工程 位于盐池县惠安堡以南18千米处，分布于211国道两侧，总面积2.6万亩。1997年10月开工建设，2004年6月竣工。共砌筑渠道333.6千米，支渠长13.85千米、斗渠长46.4千米、农渠长273.4千米。工程涉及姚沟塘、大小庄、狼布掌3个行政村16个自然村，受益农户860户4850人。工程开挖土方4.87万立方米，土方回填12.2万立方米。总投资116.02万元，其中建筑工程96.18万元、生物措施3.06万元、其他费用16.78万元。

马儿沟堤防应急加固工程 位于大水坑镇向阳村，属苦水河流域，沟长3.105千米，流域面积16.4平方千米，2014年批复并开工建设。工程总投资70万元，其中建筑工程投资62.28万元，独立费7.72万元。修整堤坝0.34千米、引洪沟2.555千米，新建引洪沟0.610千米、引洪沟砌护0.82千米，建村道桥1座。开挖土方16540立方米，回填土方16246立方米，砌混凝土1490立方米。

高利乌苏导洪工程 位于花马池镇高利乌苏行政村侯家坑自然村。工程于2015年开工，总投资84.29万元，其中工程建设71.71万元，历史工程费1.43万元，独立费8.7万元。工程涉及农户57户173人，旱地978亩，水浇地880亩，主要山洪沟为井沟，沟道淤塞。

移民新村防洪及排水工程 移民新村防洪及排水工程涉及惠安堡镇隰宁堡、花马池镇北塘和十六堡三个移民新村。工程于2015年开工建设，总投资208.85万元，其中北塘新村111.77万元，隰宁堡新村20.6万元，十六堡新村42.08万元，历史工程3.49万元，独立费用24.83万元。北塘新村工程新修D=0.3米U型排水渠道0.63千米，D=0.4米U型排水渠道1.286千米，D=0.8米排水暗管道0.76千米，新建检修井9座，穿路渠42座，面包砖路面1192平方米，林带10.58亩；十六堡新村工程新修导洪沟道1.46千米，过水路面1座，砂砾石路面1.04千米；隰宁堡村新工程新修D=0.3米U排水渠10条、1.63千米，新修穿路渠涵19座，铺设道牙0.223千米。

附录18

宁夏盐池县水利发展"十三五"规划

"十三五"时期，是承接第一个百年目标和第二个百年目标的重要阶段，是全面建成小康社会决胜阶段，也是加快水利改革发展的关键时期。党的十八届五中全会和《中共中央关于制定国民经济和社会发展第十三个五年规划的建议》，高度重视水资源问题和水利工作，把"水利"列入八大基础设施网络之首，把防范水资源风险纳入风险防范的重要内容，在水资源节约保护方面确立了新思路，在水利基础设施建设方面部署了新任务，在水生态环境保护方面提出了新理念，在连通江河湖库水系方面明确了新要求，在水利改革创新方面谋划了新举措，更加凸显了水利在经济社会发展全局中的战略地位和重要作用，充分彰显了中央对水利工作的高度重视和大力支持。

同时，2015年中央扶贫开发工作会议把水利摆在脱贫攻坚的突出位置，对加强农田水利基础设施建设、加快重大水利工程建设、实施农村饮水安全巩固提升工程、加强灾害防御体系建设，以及小水电开发、水生态治理、坡耕地整治、水库移民和库区后续发展等做出重要部署，提出明确要求。

盐池县地处西北干旱的农牧交错带，经济欠发达，水资源极其匮乏。按照党的十八届五中全会提出的必须牢固树立并切实贯彻创新、协调、绿色、开放、共享的发展理念，编制《盐池县水利发展"十三五"规划》，旨在按照中央"节水优先、空间均衡、系统治理、两手发力"的新时期水利工作方针，规划好各类项目，实现对盐池县水资源科学地开发、利用、治理、配置、节约和保护；同时，奋力推进盐池县水利改革发展，从而更好地为盐池经济社会发展服务，满足新一轮经济社会发展对水利的客观需要，为在新的历史起点上的盐池县经济社会跨越式发展提供有力保障。

第一章　水利发展现状及形势

一、水资源及水利发展现状

(一)水资源概况

盐池县的水资源主要有扬黄水、地表水(塘坝水)和地下水。2015年盐池县取水总量控制指标为8000万立方米，其中当地地表水取水总量为200万立方米，黄河水取水总量为5800万立方米,地下水取水总量为2000万立方米。8000万立方米取水总量中城乡生活用水的取水量为800万立方米,工业用水的取水量为100万立方米,农业和生态用水的取水量为7100万立方米。2015年盐池县用水总量控制指标为7300万立方米,其中当地地表水用水总量为200万立方米，直开口黄河水用水总量为5100万立方米，地下水用水总量为2000万立方米。7300万立方米用水总量中800万立方米用于城乡生活用水,100万立方米用于工业用水,6400万立方米用于农业和生态用水。(见表1-1)。

表1-1　2015年盐池县取水量与用水量指标表

类型	扬黄水（万立方米）	当地地表水（万立方米）	地下水（万立方米）	水资源总量(万立方米)		
				生活(万立方米)	工业(万立方米)	农业+生态(万立方米)
取水量指标	5800	200	2000	8000		
				800	100	7100
用水量指标	5100	200	2000	7300		
				800	100	6400
实际用水量	5363	200	2000	7563		
				583	73	6907

1.扬黄水水资源量

根据《宁夏黄河水资源县级初始水权分配方案》，宁夏分配给盐池县的初始水权0.61亿立方米,其中干流0.58亿立方米(全部为农业和生态)、支流0.03亿立方米,并根据黄河来水情况丰增枯减(见表1-2)。

表1-2　盐池县初始水权分配表(单位:亿立方米)

市(县、区)	干流	支流	总计
盐池县	0.58	0.03	0.61

但由于干流蒸发及下渗,直开口的取水量为0.51亿立方米,而支流的0.03亿立方米无法使用,因此而扬黄水的可利用水量为0.51亿立方米。

2.当地地表水(塘坝水)

(1)降水现状

盐池县多年年平均降水量为296.4毫米至355毫米,降水的年际变化很大,主要集中在7、8、9三个月,占全年降水量的62%,最大年降水量586.8毫米,最小145.3毫米,多年年平均蒸发量为2095毫米至2179.8毫米,为降水量的6至7倍。

(2)地表水资源量

盐池县多年平均地表水资源总量为0.269亿立方米,径流深4.1毫米,年径流系数0.02。地表水资源量少,年内、年际变化大,地区分布不均,水质差,矿化度高,开发利用难度大。经调查统计多地表水可利用总量为200万立方米,主要为塘坝水,用于农业灌溉(见表1–3)。

表1–3 盐池县分区地表水资源量统计表

县名	流域分区	计算面积(平方公里)	降水量(亿立方米)	降水深(毫米)	径流量(亿立方米)	径流深(毫米)
盐池县	苦水河	1167	3.473	298	0.032	2.7
	黄右诸沟	70	0.158	225	0.002	3.0
	盐池内流区	4608	11.694	254	0.152	3.3
	泾河流域	775	2.514	324	0.083	10.7
	小计	6620	17.838	269	0.269	4.1

盐池县全境地表水矿化度多年年平均变化在2克/升以上。其中,流域面积为1167平方千米的苦水河水矿化度大于5.0克/升;面积为70平方千米的黄河右岸诸沟地表水矿化度全部为2克/升至5克/升;面积为3638平方千米的盐池内流区水矿化度2克/升5克/升,5克/升以上的区域面积970平方千米;泾河水矿化度全部大于5克/升,面积775平方千米(见表1–4)。

表1–4 盐池县各分区不同水质地表水资源量

县名	流域分区	计算面积(平方千米)	矿化度(克/升)	面积(平方千米)	径流量(亿立方米)
盐池县	苦水河	1167	2—5	40	0.001
			>5	1127	0.031
			小计	1167	0.032
	黄右诸沟	70	2—5	70	0.002
	盐池内流区	4608	2—5	3638	0.115
			>5	970	0.037
			小计	4608	0.152
	泾河流域	775	>5	775	0.083
	合计	6620		6620	0.269

盐池县境内地表水资源具有以下特点：

水量贫乏、空间分布不均。地表水径流深是自治区平均数18.3毫米的22.4%，是全国平均数281.9毫米的1.5%，而且地表径流空间上分布不均，由东南向西北递减。

年际、年内变差大，时间分布不均。盐池内流区年径流变差系数为0.6，其他地区系数为0.7，反映出水资源年际变差较大；年内70%以上径流集中在6月至9月的汛期，径流与降水紧密相关，大部分以暴雨洪水的形式出现，水土流失较严重，开发难度大。

水质差，地表水矿化度多年平均在2克/升以上，是自治区矿化度较高的地区之一。

综上所述，盐池县由于地表水资源量少、水质差，年内分配极不均匀，多以汛期洪水形式出现，所以开发利用难度很大，可利用水量极少。

3.当地地下水资源

（1）地下水资源量

盐池县地下水主要有毛乌素沙地第四系地下水、毛乌素沙地基岩地下水以及承压自流水和南部山区地下水，水源补给主要是降雨。地下水资源量计算采用水均衡法计算，评价内容主要为与大气降水有直接联系的浅层地下水。计算各分区近期条件下各项补给量、排泄量，以各项补给量之和减去各项排泄量作为平原区地下水资源量。补给项包括降水入渗补给以及井灌回归补给；排泄项包括潜水蒸发以及地下水实际开采量。

根据宁夏水文水资源勘测局《宁夏回族自治区县（区）水资源详查报告》（2009年7月）成果，盐池县多年平均地下水资源量为0.29亿立方米，可开采量0.21亿立方米，目前已开采0.2亿立方米，主要用于发展农业节水灌溉。表1–5为盐池县各分区地下水资源量统计表。

表1–5 盐池县各分区地下水资源量统计表

县名	流域分区	计算面积（平方千米）	地下水资源量（亿立方米）	重复量（亿立方米）
盐池县	苦水河	1167	0.027	0.027
	黄右诸沟	70	0.002	0.002
	盐池内流区	4608	0.249	0.007
	泾河流域	775	0.012	0.012
	小　计	6620	0.29	0.048

（2）地下水资源分布

盐池地区上部第四系堆积物广泛分布，厚度较小，多为透水不含水的岩层，在坳谷洼地区域，是聚集和储存地下水的主要场所。含水层主要为第四系洪积砂砾石层及粘砂土层，潜水主要来源为大气降水，富水性受含水层的厚度、汇水面积控制，多为弱富水地段，矿化度2克/升至5克/升。白垩系在该地区广泛分布，为一套陆相碎屑岩沉积，大致沿盐池南北分水岭构成宽缓向斜，即布伦庙—镇原向斜。岩层沿轴线及其两侧形成了较丰富的裂隙孔隙水和承压水，含水层主要岩性为砂岩、砾岩、泥质砂岩。在500米深度内大部分钻孔的单井涌水量为 100 立方米 / 日至 500 立方米 / 日，矿化度 2 克 / 升至 5 克 / 升。大致以王乐井黄土梁和盐池县南北分水岭为界，分为盐池古西天河、马家滩、大水坑、王乐井黄土梁四个地段。

①盐池地段。位于南北分水岭以东地区，面积 1165.2 平方千米，地下水天然补给资源量 0.237 亿立方米 / 年。地下水多为东西向发育的冲沟切割，以下降泉的形式出露地表，泉流量 0.14—200 立方米 / 日，含水层埋深为 30 米至 60 米，厚度约 40 米，单井涌水量 200 立方米 / 日至 600 立方米 / 日。下部细砂岩含水层分布较稳定，以承压水和弱承压水为主，含水层埋深 30 米至 60 米，厚度约 40 米，单井涌水量 100 立方米 / 日 600 立方米 / 日。

②古西天河地段。位于马家滩—王乐井北部一带，面积 1164.7 平方千米，地下水天然补给资源量 0.045 亿立方米 / 年。其中，苏步井、英雄堡、砖井等几个小型洼地地下水较丰富，单井涌水量 4.3 立方米 / 日至 259 立方米 / 日，水位埋深 2 米至 3 米，矿化度小于 2 克 / 升。其次为安定堡至天池、苏步井至察汉墩及马场以西下游地段，单井涌水量 25 立方米至 100 立方米 / 日，水位埋深一般 1 米至 5 米，局部可达 10 米。水量最小的地区为察汉墩至余庄子一带，单井涌水量小于 20 立方米 / 日。氯钻探资料，在 500 米深度内，大部分单井涌水量为 100 立方米 / 日至 500 立方米 / 日。

③马家滩—大水坑地段。位于马家滩—大水坑一带，面积 2321.3 平方千米，地下水天然补给资源量 0.103 亿立方米 / 年。如陈家台—铁柱泉坳谷，含苞欲放水层岩性以冲洪积砾石为主，厚度一般小于 10 米，水位埋深 1 米至 5 米，矿化度 2 克升至 5 克 / 升，其富水性受汇水面积和含水层厚度控制，多数坳谷洼地的富水性差，民井涌水量一般小于 10 立方米 / 日，个别洼地富水性较好，单井涌水量可达 100 立方米 / 日至 300 立方米 / 日。此外还有新近系、古近系覆盖，但厚度较小、富水性弱，仅局部地段分布由砂岩组成的层间承压含水层，单井涌水量 150 立方米 / 日至 200 立方米 / 日。下伏含水层为白垩纪下部，岩性为砂砾岩、砾岩、砾状砂岩或砾岩、砂质泥岩、泥岩；据钻孔资料，在 500 米深度内，大部分单井涌水量为 100 立方米 / 日至 500 立方米 / 日，该区北部矿化度 2 克 / 升至 5 克 / 升。

④王乐井黄土梁地段。位于王乐井一带，为一条东西向的黄土梁地，是盐池内陆流域的分水岭，面积 366.7 平方千米，地下水天然补给资源量 0.004 亿立方米 / 年。两侧冲沟发育，沟深 20 米至 40 米。岩性为第四系黄土及黄土状粘砂土，垂直节理发育，有利于降水入渗，透水而不含水。下伏基岩地下水，口感苦涩，矿化度大于 5 克 / 升。

4.水资源总量

宁夏分配给盐池县的扬黄水初始水权 6100 万立方米，当地多年平均地表水资源量 2690 万立方米，多年平均地下水资源量 2900 万立方米。盐池县水资源总量为 1.169 亿立方米。

5.可利用水资源量

盐池县可利用的扬黄水资源总量为 5100 万立方米，可开采的地表水资源总量为 200 万立方米，可开采的地下水资源总量为 2000 万立方米。盐池县总的可利用水资源量为

7300 万立方米。

（二）水资源开发利用现状

1.水利工程与供水能力

（1）扬黄水工程

①水利工程。盐环定扬水工程的水资源是盐池县的主要用水资源。盐环定扬黄工程从青铜峡东干渠引水，设计流量 11 立方米 / 秒，分配 7 立方米 / 秒，其中盐池 5 立方米 / 秒，同心韦州 2 立方米 / 秒；2001 年 10 月宁夏自治区政府根据全区水利工程总体布局和区域发展需求，将韦州灌区的 2 立方米 / 秒流量调整到盐池开发利用。盐环定扬黄工程三省（区）共用部分共计有泵站 11 座，干渠 94.7 千米，渠道建筑物 92 座，其中陕、甘、宁三省（区）共用的泵站 8 座，干渠 43.77 千米；宁陕两省（区）共用泵站 1 座，干渠 16.55 千米；宁甘两省（区）共用泵站 2 座，干渠 34.38 千米。

盐环定扬水续建宁夏专用人饮工程主要用于人饮。盐环定扬黄续建工程于 2004 年设计，2009 年 7 月，黄河水利委员会批复了宁夏专用工程初步设计报告（黄规计〔2009〕97 号文），工程于 2009 年至 2012 年建成。工程共涉及 542 个自然村，设计供水人口 191775 人。有刘家沟水库和骆驼井水源地两大水源，日供水量 1.8 万立方米。包括水处理厂 3 座、加压泵站 15 座，泵站装机功率 2664 千瓦，蓄水池 19 座，输配水管道 15.54 千米，建各类阀井 1640 座。

②供水能力。盐环定扬水工程通过渠道从南到北流经惠安堡、青山、冯记沟、王乐井和花马池 5 个乡镇，14476 户 66185 人受益，其中就地旱改水受益 8043 户 39357 人，生态移民 6307 户 26828 人。

盐池县近三年的扬黄用水情况见表 1—6。由表中统计数据可知，2012 年至 2015 年，自治区分配的指标水量每年都在增加，但较指标水量，每年水量都严重不足。随着农业灌溉面积及生态用水量的增加，扬黄水用水量也逐年增加。2015 年自治区分配给盐池县的水权水量为 5100 万立方米，从 2013 的总用水量 5628 万立方米、2014 年的总用水量 5860 万立方米、2015 的总用水量 5950 万立方米来看，近三年的扬黄水用水量全都超过 2015 年自治区分配的水权水量 5100 万立方米，造成扬黄水用水紧缺。

盐环定扬水续建宁夏专用人饮工程设计日供水量 1.8 万立方米，实际供水量 1.2 万立方米，该工程目前已满负荷运行，但仍无法满足盐池县城镇及农村的生活用水要求。

表 1-6　盐池县近年扬黄水用水情况(单位:万立方米)

年　份	2012	2013	2014	2015
灌溉面积(万亩)	34.87	34.87	34.87	34.87
农业用水	4225	5218	5388	5600
生态用水	228	410	472	350
合　计	4453	5628	5860	5950
指标水量	4570	4725	5060	5100
余亏水量	+117	-903	-800	-750

(2)塘坝水工程

①水利工程。塘坝水资源配置工程主要是淤地坝工程。共有淤地坝 78 座，总库容量 4017 万立方米。其中骨干坝 38 座，总库容 3524 万立方米；中型坝 25 座，总库容 428 万立方米；小型坝 15 座，总库容 65.6 万立方米；实际配套蓄水塘坝 10 座，蓄水量共为 126 万立方米。详细数据见表 1-7。

表 1-7　盐池县淤地坝基本情况表

项　目	所属乡(镇)、村	控制面积(平方千米)	坝高(米)	总库容(万立方米)	防洪库容(万立方米)	淤积库容(万立方米)	已淤积库容(万立方米)	剩余淤库容(万立方米)	蓄水量(万立方米)
林洼子	大水坑镇新桥村	8.64	8	131	76	55	12	43	
后台	大水坑镇二道沟村	9	30	125.6	79.3	46.3	15	31.3	
郝家台	青山乡郝家台村	16.5	20	140.7	102.6	34.7	20	14.7	
亚木沟Ⅱ号	青山乡方山村	6.17	19.5	54.7	43.6	11.1	9	2.1	15
亚木沟	青山乡方山村	6.2	22	62.5	43	19.5	8	11.5	12
郝家甘沟	青山乡郝家台村	16.9	14	85.2	49.7	35.5	19	16.5	20
牛记圈	青山乡猫头梁村	29.4	7	233.7	172	61.7	20	41.7	
营盘台	青山乡营盘台村	7.35	16	42.5	27.1	15.4	8	7.4	18
北马坊	青山乡郝家台村	3.18	16	35	23	12	7	5	15
上　圈	青山乡方山村	5.4	16	56	38	18	12	6	10
东　沟	青山乡郝家台村	3.2	9.5	25.7	19.1	6.7	3	3.7	10
井　沟	大水坑镇马坊村	3.97	20	45	32	13	8	5	6
海子塘	青山乡郝家台村	6.9	19	78	56	22	13	9	12
吴记油房	青山乡营盘台村	9.8	13	79	58	21	5	16	
田记掌	花马池镇田记掌村	9.24	8.9	92.0	39.2	36.96	10	26.96	
北　梁	花马池镇田记掌村	10.68	8.6	74	45.3	42.72	11	31.72	
南　梁	青山乡方山行政村	7.3	18.0	91.65	66.1	25.55			
双沟嘴	青山乡方山行政村	4.15	17.0	52.13	37.6	14.53			
孙家沟	青山乡	4.59	19.0	57.64					
张记圈	青山乡营盘台村	4.03	14.0	50.6	36.51	14.09			

续表

荫子沟	麻黄山乡何新庄村	20.1	36	271	199	72	14	58	
赵记湾	麻黄山乡何新庄村	5.2	8.08	50.4	34.41	15.63	8	7.63	
西　掌	麻黄山乡何新庄村	5.1	11	75.26	34.01	41.25	11	30.25	
上甘沟	麻黄山乡井滩子村	5.8	9	70.29	38.34	31.95	18	13.95	
甘　沟	麻黄山乡下高窑村	20	54.17	392.2	176.6	215.6	60	155.6	
花狍沟	麻黄山乡何新庄村	6.13	41.5	78.06	42.66	35.4	20	15.4	
郭记井沟	麻黄山乡井滩子村	3.5	11.7	52.66	24.36	28.3	15	13.3	
谷子梁	麻黄山乡井滩子村	4.09	21	61.47	28.47	33	13	20	
凉风掌	麻黄山乡下高窑村	4.2	35	63.2	29.24	33.96	18	15.96	
杨沙沟	麻黄山乡麻黄山村	13.8	9	254.5	105.9	148.6	23	125.6	
刘家口子	麻黄山乡下高窑村	4.1	9.6	61.69	28.54	33.15	16	17.15	
张记洼子	麻黄山乡麻黄山村	4.9	14	73.72	34.1	39.62	18	21.62	
大井沟	麻黄山乡麻黄山村	5.26	30.7	79.14	36.61	42.53	20	22.53	
石葱湾	麻黄山乡麻黄山村	6.2	10.6	92.67	42.87	49.8	15	34.8	
窝风掌	惠安堡镇杏树梁村	4.3	8.5	64.73	29.93	34.8	9	25.8	
刘家窝	惠安堡镇杏树梁村	3.7	13	55.6	25.75	29.85	11	18.85	
孙记洼子	惠安堡镇杏树梁村	3.53	28	53.11	24.57	28.54	12	16.54	
杏树梁	惠安堡镇杏树梁村	4.1	9.4	61.69	28.54	33.15	15	18.15	
骨干坝小计	38 座	296.6	675.8	3524	2008	1453	496	902.7	118
石山子	王乐井乡石山子村	1.85	6.5	10.13	7.54	2.59	2	0.59	
南阳沟	王乐井乡刘四渠村	2.68	7	14.23	10.3	3.8	1.6	2.2	
赵记沟 1 号	王乐井乡石山子村	2.3	8	12.6	9.37	3.22	1.8	1.42	
赵记沟 2 号	王乐井乡石山子村	3.9	8.39	21.35	15.89	5.46	2.3	3.16	
灵应寺	青山乡方山村	1.2	24	5.1	4.2	0.85	0.8	0.05	
西台	青山乡方山村	2.64	10.5	13.9	11.1	2.78	2.78	0	
红山沟	花马池镇四墩子村	11.36	6.5	5	1.8	3.2	2	1.2	
马房水源工程	青山乡郝家台村	5.4	14	24	20.4	3.6	2	1.6	8
赵记湾	麻黄山乡何新庄村	1.35	5.2	10.25	5.25	5	1.9	3.1	
天子塘	麻黄山乡何新庄村	1.54	6.5	14.3	6	8.3	3.8	4.5	
五道山湾	麻黄山乡何新庄村	3.5	5.42	33.2	13.6	19.6	11	8.6	
佘记洼子 1 号	麻黄山乡井滩子村	1.86	7.7	19.84	7.24	12.6	6.5	6.1	
上甘沟	麻黄山乡井滩子村	1.58	6.5	15.58	7.06	8.52	3.8	4.72	
张记湾	麻黄山乡井滩子村	1.9	12	18.73	8.49	10.24	8	2.24	
上高窑	麻黄山乡井滩子村	1.97	18	16.41	8.81	7.6	6	1.6	
李新庄	麻黄山乡井滩子村	2.82	8.5	22.48	12.61	9.87	2	7.87	
急渠梁	麻黄山乡井滩子村	1.22	6	12.03	5.45	6.58	4	2.58	

续表

佘记洼 2 号	麻黄山乡井滩子村	3.02	12.3	28.3	11.75	14.8	1.6	13.2	
何记山	麻黄山乡何新庄村	3.08	7	30.37	13.77	16.6	8.6	8	
何新庄	麻黄山乡何新庄村	1.64	6.5	16.17	7.33	8.84	6.2	2.64	
何团庄	麻黄山乡何新庄村	1.32	19.8	13.01	5.9	7.11	7	0.11	
老坟淌	麻黄山乡何新庄村	1.4	13.28	13.81	6.26	7.55	3.6	3.95	
杏树湾	麻黄山乡下高窑村	1.36	15.4	13.41	6.08	7.33	2.3	5.03	
凉风掌	麻黄山乡下高窑村	1.62	8.8	15.97	7.24	8.73	2.8	5.93	
西　淌	惠安堡镇杏树梁村	2.8	6.9	27.61	12.52	15.09	5.6	9.49	
中型坝小计	25 座	65.3	250.7	427.8	226	200	100	100	8
赵记湾	麻黄山乡何新庄	0.97	5.65	5.86	3.26	2.6	1.8	0.8	
官和沟脑	麻黄山佘记洼子村	0.53	9	3.21	1.78	1.43	0.6	0.83	
佘记洼子 1	麻黄山佘记洼子村	0.35	3.5	2.11	1.17	0.94	0.5	0.44	
甘　沟	麻黄山乡	1.12	3.5	6.02	4.07	1.95	0.6	1.35	
陈家洼子	麻黄山乡	1.12	5.8	6.02	4.07	1.95	1.2	0.75	
张家湾	麻黄山乡	0.7	4	3.79	2.54	1.25	1.2	0.05	
郭记井沟	麻黄山乡	0.78	6	4.78	2.83	1.95	1.2	0.75	
李新庄	麻黄山乡	0.87	3.6	4.66	3.16	1.5	0.6	0.9	
佘记洼子 2	麻黄山乡	0.77	7	4.68	2.58	2.1	0.5	1.6	
西　掌	麻黄山乡	0.85	3.5	4.42	2.85	1.57	0.8	0.77	
天子塘	麻黄山乡	0.72	6.2	4.36	2.61	1.75	1	0.75	
上甘沟	麻黄山乡	1.05	7.2	6.66	3.81	2.85	1.6	1.25	
康记掌	麻黄山乡	0.77	7.3	4.9	2.8	2.1	1.8	0.3	
上高窑	麻黄山乡	0.37	3.6	2.24	1.34	0.9	0.3	0.6	
马记掌	王乐井乡石山子村	0.45	4.3	1.9	1.58	0.32	0.2	0.12	
小型坝小计	15 座	11.4	80.2	65.6	40.5	25.2	13.9	11.3	0
合　计	78 座	373	1007	4017	2274	1678	610	1014	126

②供水能力。塘坝水主要用于农业灌溉。利用淤地坝蓄水量 126 万立方米，加上水窖蓄水 74 万立方米，共发展灌溉面积 0.6614 万亩，主要分布在花马池镇、大水坑镇、青山乡。

（3）机井工程

①水利工程。开发地下水的机井 3447 眼，主要用于发展农业高效节水灌溉，其中规模以上 1606 眼，规模以下 1841 眼。

②供水能力。井灌区分布在县域中北部及南部，涉及花马池、高沙窝、王乐井、青山、大水坑 5 个乡镇，36 个行政村，共 130 个自然村。以花马池、高沙窝、青山三个乡镇分布较多。已开发利用地下水资源量 2000 万立方米，发展农田灌溉面积 8.2 万亩，经多年的改造大部分采用节水灌溉，综合灌溉定额 186 立方米 / 亩左右。

2.用水量现状

2014 年盐池的总用水量为 7563 万立方米，其中农业灌溉用水量为 6407 万立方米，占 84.7%；城镇生活用水 357 万立方米，占 4.7%；农村人畜饮水 226 万立方米，占 3%；工业用水 73 万立方米，占 1.0%；生态用水量为 500 万立方米，占 6.6%，水资源利用现状见表 1–8。

表 1–8　盐池县 2014 年用水统计表（单位：万立方米）

分项	农业		生活		生态		工业		合计	
	总水量	其中地下水	总水量	其中地下水	总水量	其中地下水	总水量	其中地下水	总水量	其中地下水
用水量	6407	1814	583	233	500	0	73	23	7563	1937

3.水资源开发利用程度分析

（1）当地地表水开发利用程度

盐池县多年平均地表水资源总量为 0.269 亿立方米，但年内、年际变化大，地区分布不均，水质差，开发利用难度大，经过塘坝、水窖蓄积，可利用总量为 200 万立方米，主要用于农业灌溉，水资源开发利用程度较低。

（2）地下水资源开发利用程度

盐池县多年平均地下水资源量 2900 万立方米，可开采量 2100 万立方米，现状开采量为 2000 万立方米，已达到开采极限。

（3）黄河水资源开发利用程度

宁夏分配给盐池县的初始水权 6100 万立方米，但由于干流 700 万立方米的蒸发和渗漏，以及支流 300 万立方米无法利用，导致盐池县可利用的黄河水资源量只有 5100 万立方米。盐池县 2014 年农业灌溉黄河水平均用水量为 5388 万立方米，较可利用的黄河水资源量 5100 万立方米，多出 288 万立方米。

目前，盐池县当地地表水矿化度高，难以利用，地下水的开采已达到极限，无法再继续开采利用，黄河水年均用水量严重超过自治区的水权水量。就目前盐池县的用水情况来看，属于严重缺水状态。

二、水利工程现状

（一）饮水工程现状

全县地处干旱地带，县内水资源量少，主要以骆驼井水源地为主要人饮水源，分布范围狭窄，而且水质差，当地人畜饮水很困难。到 2009 年批复修建陕甘宁盐环定扬黄续建宁夏专用饮水工程时，用黄河水替代当地水，全县 80%以上人口饮水才有了水源保障，全面改善了盐池县城市乡村的人畜饮水困难状况，骆驼井水源地成为盐池县的备用水源。另外，随着 2010 年至 2012 年“百村千户”自来水入户工程的建成，2015 年盐池县麻黄山地区农村饮水安全工程的建成，到“十二五”末盐池农村集中供水工程有 2 处，即陕甘宁盐环定扬黄续建宁夏专用工程和麻黄山地区农村饮水安全工程，具体人饮工程如表 1–9 所示。

表 1–9　盐池县 2011 年至 2015 年农村供水工程基本情况表

序号	工程名称	辐射乡镇名称	建成时间	水源形式	设计日供水量（m^3）	受益范围		
						行政村数（个）	户数（户）	人口（人）
1	十六堡新村生态移民供水工程	花马池镇	2013.12	扬黄水	64	1	254	1068
2	北塘生态移民供水工程	花马池镇	2013.12	扬黄水	102	1	405	1700
3	隰宁堡生态移民供水工程	惠安堡镇	2013.12	扬黄水	240	1	949	3984
4	第一批自来水入户	7	2011.4	扬黄水	918	14	3070	17175
5	第二批自来水入户	青山、冯记沟	2011.6	扬黄水	623	12	2217	11956
6	第三批自来水入户	7	2012.12	扬黄水	2534	38	8716	44143
7	麻黄山地区农村饮水安全工程	麻黄山乡、大水坑镇	2014.12	扬黄水	774	20	4659	16274
8	尖山湾饮水安全工程	青山	2014.9	扬黄水	71	1	241	1081
9	哈巴湖危房改造饮水安全工程	花马池镇	2014.9	扬黄水	257		504	2061
10	盐池县萌城管网延升及城西滩等农村饮水改造工程		2015.10	扬黄水	1991	29	7957	33418
	合计					117	28971	132860

全县 8 个乡镇 101 个行政村 13.286 万农村人口饮水安全问题得到解决，全县饮水集中供水率 100%，自来水普及率达到 94%，水质达标率 82%，如表 1–10 所示。目前仍有南部山区麻黄山、惠安堡、大水坑 3 个乡镇的 6205 人饮用窖水，用水方便程度不达标，如表 1–11 所示。

表 1–10　盐池县农村供水现状表

乡镇数量	行政村数量	全县总人口	农村供水人口	现状供水量			现状用水量					农村饮水现状			
				地表水	地下水	其他	工业	农业	生活		生态环境	自来水普及率	水质达标率（按人口）	集中供水率	是否有专管机构
									城镇	农村					
个	个	万人	万人	亿立方米 / 年	亿立方米 / 年	亿立方米 / 年	亿立方米 / 年	亿立方米 / 年	亿立方米 / 年	亿立方米 / 年	亿立方米 / 年	%	%	%	是 / 否
1	2	3	4	6	7	8	9	10	11	12	13	14	15	16	17
盐池县	101	17.2343	13.9067	0.563	0.194	0.000	0.007	0.641	0.036	0.023	0.050	94	82	100	8
花马池镇	23	5.9258	2.5982	0.1979	0.12571		0.00071	0.246	0.0242	0.0027	0.05	100	85	100	是
大水坑镇	15	2.5185	2.5185	0.00813	0				0.0036	0.0045		94	85	100	是
惠安堡镇	12	1.9495	1.9495	0.1568	0.00061		0.00061	0.1511	0.0029	0.0029		78	80	100	是
高沙窝镇	9	1.1491	1.1491	0.00912	0.0246		0.005	0.0196	0.0022	0.0070		100	85	100	是
王乐井乡	13	2.2088	2.2088	0.08724				0.0854	0.0007	0.0011		100	85	100	是
冯记沟乡	8	1.1018	1.1018	0.0725	0.00076		0.00051	0.069	0.0014	0.0021		100	85	100	是
青山乡	8	1.2325	1.2325	0.02992	0.04203		0.00043	0.0696	0.0007	0.0012		100	85	100	是
麻黄山乡	13	1.1483	1.1483	0.0012						0.0012		82	68	100	是

表 1-11　盐池县农村饮水工程现状

工程规模及水源类型		序号	水厂所在乡镇	工程名称	建成时间	设计供水规模	日实际供水量	受益人口	供水入户人口
					年、月	立方米 / 日	立方米 / 日	人	人
		1	2	3	4	5	6	7	8
地表水集中供水工程	W>1000 立方米 / 日	1	太阳山	陕甘宁盐环定扬黄续建宁夏专用人饮工程	2012.1	18000	10000	116588	116588
	200<W ≦1000 立方平	2	太阳山	麻黄山地区农村饮水安全工程	2015.10	774	774	16274	14380
总计					18774	10774	139067	130968	
20 人以下分散供水工程		1	惠安堡	2193 处集雨窖	/	/	/	4386	/
		2	麻黄山	723 处集雨窖				1446	
		3	大水坑	187 处集雨窖	/	/	/	373	/
总计								6205	

(1)陕甘宁盐环定扬黄续建宁夏专用工程

陕甘宁盐环定扬黄续建宁夏专用人饮工程 2009 年至 2012 年建成。分为太阳山水库区和骆驼井水源地两大水源，供水范围为盐池县县城及乡镇人饮用水，工程分为四个供水区，分别是太阳山水库供水区、骆驼井水源地供水区、太阳山供水区和萌城供水区，共涉及 542 个自然村，设计供水人口 191775 人(含县城人口)。其中，太阳山水库供水区涉及 352 个自然村，农村供水人口 105067 人，分别为高沙窝、大水坑、青山、王乐井四个供水片区；农村骆驼井水源地供水区涉及 105 个自然村，供水人口 27789 人；农村太阳山供水区涉及 37 个自然村，供水人口 17377 人；萌城供水区涉及 48 个自然村，农村供水人口 9542 人。四个供水区中，太阳山水库供水区、太阳山供水区、萌城供水区均由太阳山水库供水，骆驼井水源地供水区的水源采用当地地下水。

陕甘宁盐环定扬黄续建宁夏专用人饮工程共兴建水处理厂 3 座，加压泵站 16 座，蓄水池 19 座，铺设输水管道总长度约 1500 千米，建各类阀井 1640 余座。工程建成后解决了全县 7 个乡镇 521 个自然村 13.5 万人的饮水困难问题

(2)麻黄山地区农村饮水安全工程

利用已建的盐环定扬黄续建人饮专项工程为水源，新建 φ200-50 毫米输水管道 450 千米、建加压泵站 4 座、500 立方米 至 10 立方米蓄水池 64 座，供水范围覆盖盐池县大水坑和麻黄山 2 乡镇 20 个行政村，111 个自然村，4659 户 16274 人。

(3)骆驼井水源地地下水工程

骆驼井水源地经 1988 年初建、2001 年扩建、2009 年扩建后，已建成水源井 28 眼，设计日供水能力 1.5 万吨，承担着县城及周边 34 个自然村 4.6 万群众的生活生产建设用水需求。水源地保护面积为 43 平方千米，目前已成为盐池县城及周边自然村居民生活用水的备用水源。

（二）农村水利现状

1.扬黄灌区现状

1992年盐环定扬黄工程开工建设，历时12年，建成专用泵站4座，总装机容量为6545千瓦。盐环定共用工程从八干渠开始向盐池县供水，包括八干渠、九干渠、十干渠、十一干渠、十二干渠（黎明干渠）。盐池专用工程建泵站4座：李家坝泵站（总扬程39米，净扬程32米）、三道井泵站（扬程82.98米，净扬程75米）、狼布掌泵站（总扬程46米，净扬程40米）、旺四滩泵站（总扬程37.6米，净扬程31.06米），四座泵站总装机容量为6545千瓦。隧洞2段（龙记湾隧洞长280米和石山子隧洞长4160米）、渡槽2座（甘洼山渡槽和红井坑渡槽）。截至2014年年底，共砌护专用干渠43千米，支、斗渠413条586.1千米，农渠5315条1909.2千米，配套建筑物8387座。渠道完好率为60%至90%。

盐环定扬水工程主要作为盐池县的农业和生态用水。截至2015年年底，全县农业灌溉总面积为41.27万亩。扬黄水灌溉面积达33.07万亩（原扬黄灌区实际灌溉面积为18.37万亩，扬黄灌区周边发展14.70万亩），主要分布在花马池、王乐井、冯记沟、惠安堡、大水坑和青山6个乡镇（见表1–12），其中渠灌14.40万亩，高效节水灌溉面积18.67万亩（原扬黄灌区改造3.97万亩，灌区周边发展14.70万亩），具体见表1–13。多年来，扬黄水灌区作物种植主要类型为种植业（小麦、玉米、油料、瓜菜、药材）、林业（经果林、防护林）、牧业等，种植比例为4∶3∶3。采用0.3亩以下小畦田灌溉，综合灌溉定额为190立方米/亩，灌溉水利用系数达到0.69至0.77，水分生产率1.32立方米/千克至1.55立方米/千克。

表1–12 盐池县灌区内灌溉面积统计表（单位：万立方米）

乡镇名称	灌区名称	批复面积（亩）	开发面积（亩）	实际面积（亩）	支渠长度（千米）	斗渠长度（千米）	农渠长度（千米）	竣工时间
惠安堡镇	隰宁堡南灌区	7500	7500		9.26	14.83	83.30	1994.11.11
	隰宁堡北灌区	1700	1700		1.45	6.84	17.16	1995.8
	贾家圈灌区	16706	16706		11.83	37.86	145.60	1996.6
	大庄子灌区	8066	8066		6.40	15.14	69.96	1997.10.20
	南梁灌区	2441	2441		3.25	6.26	21.47	1993.6.20
	潘儿庄灌区	8140	8140		15.32	14.54	77.75	1993.11.20
	苦水井灌区	1121	1121		2.10	2.16	18.08	1993.11.5
	薛园子灌区	580	580		0.30	1.63	5.21	1993.11.10
	李家坝灌区	6000	6000		6.83	20.44	50.23	1993.4.20
	老盐池南北苏记场	3075	3075		5.37	3.68	31.83	1993.4.20
	陈记圈灌区	1500	195		0	0.756	5.00	2003.8.20
	李家坝扩灌区	1000	1000		0	3.748	7.9	2003.10.3
	狼布掌灌区	11000	10000		3.6	15.357	78.84	2004.6.1
	姚沟塘灌区	11000	9500		3.85	15.54	66.74	2004.6.1
	小 计	79829	76024		9.563	158.781	679.07	

续表

冯记沟乡	三道井灌区	600	600		0	0	0	2001.11
	石井坑灌区	1078	1078		0.80	1.67	9.75	1999.10.10
	宋新庄灌区	2300	2300		2.33	4.73	19.46	1997.10.20
	龚儿庄右岸	1407	1407		1.92	3.55	16.30	1997.8.30
	龚儿庄左岸	1700	1700		3.88	0	27.02	1993.11
	马一支灌区	11358	11358		11.06	20.74	92.78	1998.9.20
	马二支灌区							
	牛家口子灌区	602	602		1.00	1.67	5.50	1999.8
	王记疙瘩灌区	277	277		0.29	1.07	2.70	1998.10.21
	杜窑沟灌区	640	640		0.55	1.31	6.31	1998.10.10
	余家梁灌区	710	710		0.69	1.26	5.55	2000.11
	丁记掌灌区	0	1500		3.9	3.89	14.69	2004.10.1
	三墩子灌区	12000	8600		23.16	14.68	93.25	2004.6.1
	龚儿庄扩灌区	0	500		0	0.80	4.40	
	小　计	32672	31272		49.584	55.37	297.71	
花马镇	城西滩灌区	53125	53125		43.95	95.36	609.35	2003.10.30
	李毛庄灌区	6000	4500		5.178	10.41	34.81	2004.6.1
	上王庄灌区	0	1500		0	2.34	18.52	
	小 计	59125	59125		49.128	108.11	662.68	
王乐井乡	王乐井灌区	14900	14900		24.86	35.27	154.70	2003.10.20
	官滩灌区	0	1500		3.35	3.60	14.96	
	野湖井灌区	1500	891		0.00	2.498	9.35	2003.8.20
	小 计	16400	17291		28.209	41.368	179.01	
青山乡	龙记弯灌区	523	523		0.60	1.50	4.45	1999.10.10
	常山子灌区	1345	1345		1.99	2.04	13.36	1999.10.10
	甘洼山灌区	352	352		0.97	1.03	7.91	1999.10.10
	张记圈灌区	0	1000		0	2.60	10.23	
	旺四滩灌区	5000	6000		5.40	9.82	54.76	2004.6.1
	小 计	7220	9220		8.964	16.993	90.71	
总　计	195246	192932	183700	205.448	380.622	1909.18		

表 1-13　盐池县农业灌溉面积基本情况

灌区类型	灌溉方式		灌溉面积(万亩)	合计(万亩)	总灌溉面积(万亩)
扬黄灌区	渠　灌		14.40	33.07	41.27
	节水灌溉	微灌(原灌区节水改造)	3.97		
		灌区周边发展	14.70		
库井灌区	微　灌		7.95	8.20	
	喷　灌		0.25		

2.库井灌区

盐池县库井灌区主要分布在县域中北部及南部，涉及花马池、高沙窝、王乐井、青山、大水坑5个乡镇，36个行政村，共130个自然村，以花马池、高沙窝、青山三个乡镇分布较多。截至2015年年底，累计打灌溉机井3447眼，共有淤地坝78座，总库容量4017万立方米，其中骨干坝38座，总库容3524万立方米；中型坝25座，总库容428万立方米；小型坝15座，总库容65.6万立方米；实际配套蓄水塘坝10座。利用地下水发展农田灌溉面积8.2万亩（见表1-13），其中，微灌面积7.95万亩、喷灌0.25万亩。井灌区作物种植主要类型为玉米、油料、瓜菜、土豆等。综合灌溉定额200立方米/亩左右，年取水量1600万立方米。

已建工程为全县农业旱涝保收起到了重要的支撑作用，对促进农业经济发展做出了应有的贡献。但是由于这些工程大多在20世纪70年代至90年代建成，建设年代久，且标准低、病害严重、渠系配套差、抗御连续干旱的能力低等诸多不足，严重制约着盐池县农业持续、稳定及健康发展。

（三）水土保持及生态修复

盐池县土地总面积8552.2平方千米，其中水土流失面积7013.8平方千米，占总面积的82%。县域中北部为荒漠化草原风沙区，约占总面积80%；以风力侵蚀为主；南部为黄土丘陵沟壑区，约占20%，以水力侵蚀为主。

严重的水土流失是制约盐池县农业和农村经济发展的重要因素。在“十二五”期间，水土保持工作始终坚持“预防为主、全面规划，综合治理、因地制宜、加强管理、注重效益”的水土保持方针，通过“南治土、中治水、北治沙”的治理思路，较好的完成了各项建设任务。

盐池县水土保持工作按照县委、政府提出的“南治土、中治水、北治沙”的建设思路，始终坚持“预防为主、全面规划，因地制宜、综合治理、加强管理、注重效益”的水土保持建设方针，在上级业务部门的支持下，在全县广大干部职工及群众的共同努力下，通过小流域综合治理、淤地坝坝系等项目建设，水土保持工程取得了一定的成绩。截至2015年年底，全县共治理水土流失面积3940平方千米，占水土流失面积的56%。水土保持各项综合治理措施的实施，为防止水土流失、改善生态环境、提高农业综合生产能力和农民生活水平起到了积极的推动作用。

三、“十二五”水利建设成就

（一）“十二五”期间水利规划目标的完成情况

“十二五”期间共完成工程项目86个，完成投资72723.01万元，如表1-14所示。

表 1-14 盐池县"十二五"期间水利建设项目

序号	工程项目类别	项目个数(项)	完成投资(万元)
1	人饮安全	10	9176.20
2	农田水利	37	33245.68
3	防汛抗旱	6	12173.00
4	水土保持	29	10528.13
5	水资源保护	3	5600.00
6	水利改革管理	2	2000.00
	合计	86	72723.01

人饮安全 "十二五"期间人饮安全工程累计完成项目 10 个,完成规划投资 9176.20 万元。"十二五"期间主要实施了第一、二、三批"百村千户"自来水入户工程和十六堡、团结、隰宁堡三个生态移民新村供水工程,解决了全县 7.6 万人的饮水不安全问题。第一、二批"百村千户"自来水入户工程和十六堡、团结两个生态移民新村供水工程,完成工程总投资 3135 万元,解决了全县 14857 户 4.6 万人的饮水不安全问题。第三批入户工程受益 1.5 万人,自来水入户 5894 户,完成工程总投资 1292 万元。惠安堡熙宁堡生态移民新村供水工程完成自来水入户工程 572 户,完成工程总投资 137 万元。青山乡尖山湾农村饮水安全工程,解决 1081 人的饮水安全问题,总投资 117.35 万元;麻黄山地区农村饮水安全工程,解决 16274 人的饮水不安全问题,工程总投资 2760 万元;尖山湾饮水安全工程、哈巴湖危房改造饮水安全工程、盐池县萌城管网延升及城西滩等农村饮水安全工作,解决改善 33625 人饮水安全问题。

农田水利 "十二五"期间完成农田水利工程项目 37 个,累计完成投资 33245.68 万元。主要完成了扬黄灌区 11.83 万亩的渠道改造任务;完成佟记圈和柳杨堡井灌区节水改造工程,实施面积 0.52 万亩;完成小型农田水利专项工程山丘区"五小水利"工程及盐池县海子塘、姜记坑片区综合开发项目,发展节水灌溉面积 0.37 万亩;在扬黄灌区完成高效节水灌溉工程,实施节水面积 3.97 万亩,占规划的 60%;在牧区完成灌溉饲料地高效节水灌溉工程,实施面积 7.73 万亩;完成林果间作基地节水灌溉工程,实施面积 0.63 万亩;完成退耕护还林成果项目,实施面积 0.40 万亩。

防汛抗旱 "十二五"期间防汛抗旱工程共完成规划投资 12173 万元。

1.防汛工程。"十二五"期间完成了王乐井灌区防洪工程,修复灌区水毁道 15.42 千米,新建防洪堤 4 处 8.27 千米,排洪支沟 4 条 6.28 千米,排洪干沟 1 条 8.36 千米,配套防洪建筑物 15 座,投资 420 万元。完成了红山沟河道整治工程,完成河道整治 31.53 千米,县城段泄洪沟清淤 3.03 千米,建设完成防洪建筑物 29 座,投资 2982 万元。完成了大小庄灌区防洪工程，新建导洪堤5.12千米、过水路面3处，开挖排洪沟2.5千米，维修泥结石路面4.12千米，加固泵站防洪堤75米，投资105万元。完成了防汛预警观测系统工程，建立了山洪灾害防治县级非工程措施监测预警系统，具体完成了雨水情监测站网、通信系统，监测预警平台、软件配置、预警系统等，投资530.56万元；建立了山洪灾害防治县级非工程措施群测群防体系，具体完成了山洪灾害普查及划定危险区244个，群测群防体系预案编制39个，宣传册36455本，演练2次，培训620人次，投资93.66万元；完成了杜窑沟水库工程，建设进水闸1座，挡水建筑物3座，库区防渗40万2座，输水塔1座，扬水泵站1座，工程总投资5674.03万元；盐池县2015年度大中型水库移民后期扶持项目、2014年中央水利建设基金(应急度汛项目)资金马儿沟、盐池县石山子、牛记山村防洪工程维修、盐池县柳杨堡山洪沟应急度汛项目、盐池县大水坑镇二道沟村过洪涵洞道路水毁工程等项目。

2.抗旱工程。抗旱服务组织以抗旱服务为中心，以机动、灵活、快捷、方便的服务形式进行抗旱，目前完成了抗旱服务体系建设，建立了1个县级抗旱队，8个乡级抗旱队，10辆拉水车及其配套设施，物资储备库1个，完成总投资245万元；2012年第二批特大抗旱补助资金、盐池县花马池镇抗旱应急水源工程、盐池县麻黄山乡抗旱应急水源工程、盐池县青山乡抗旱应急水源工程、2013年县级抗旱服务队第二批抗旱设备购置补助资金、盐池县佟记圈青山抗旱应急水源工程等项目。

水土保持　“十二五”期间水土保持工程累计完成规划投资10528.13万元。共完成项目29个，其中包括新建赵家塘示范小流域、杨儿庄小流域等小流域综合治理项目21个，除险加固后台水库等骨干坝、洪漫坝维修工程3个，新建南梁、双沟嘴、张记圈等骨干坝工程5个，总投资10528.13万元。累计治理水土流失面积754.93平方千米，其中小流域治理201.80平方千米，完成坡改梯面积1235.55公顷，种植水土保持林7398.46公顷，生产道路115.91千米，洪漫坝361座，洪漫坝地908.40公顷，封禁面积11117.53公顷，新建骨干坝5座，总库容308.32万立方米。

盐池县水土保持“十二五”规划完成情况，具体体现在以下几个方面。

1.水库工程。在2010年至2015年期间，盐池水务局对芦沟子、猪头山、王新庄、海彩萍、东风五座水库工程进行了规划设计，做好了项目前期准备工作，目前项目正在审查阶段，暂时没有实施。

2.水土保持治沟骨干工程。在2010年至2015年期间，对南梁、双沟嘴两座治沟骨干工程进行了实施建设。

3.淤地坝除险加固工程。在2010年至2015年期间，实施建设了后台、营盘台、林家洼子、东沟淤地坝除险加固工程。

4.小流域综合治理工程。在2010年至2015年期间，共规划实施21个水土保持综合治理项目区,治理面积201.80平方千米,已实施完成了杨儿庄小流域综合治理任务,治理水土流失面积4.94平方千米,完成国补投资220万元。目前正在实施建设高沙窝水土保持综合治理项目区,已治理水土流失面积24.11平方千米;通过小流域综合治理,减少了水土流失,减少了土壤侵蚀量,改善了生态环境条件,改善了群众生产、生活条件,实现了区域经济稳步增长。

5.坡改梯改造工程项目。针对区域地形地貌特点,为进一步改善农业生产条件,根据“十二五”总体规划部署,在南部黄土丘陵沟壑区开展坡改梯改造工程项目三个片区3500亩。

6.生态修复工程。“十二五”期间规划实施生态修复三个区域,目前项目正在审查阶段,暂时没有实施。

水资源开发利用和节约保护 “十二五”期间,完成水资源保护工程项目3个,完成投资5600万元。实施了对划定的水源地进行分区保护,对保护区范围内影响水源水质安全的污染源进行限期搬迁、拆除。大力开展水质监测,全面开展节水型社会建设,提高水资源利用效率。通过大力推广小畦田建设,积极调整灌区农作物结构,克服扬黄灌区高耗水作物比例大、灌溉时间集中、供用水矛盾突出的问题。

利用各类水源工程,发展节水灌溉。截至目前,我县有各类水源工程27077处(座),其中深机井1606眼、浅机井1841眼、塘坝78座、土圆井1354眼、水窖22300眼。为发展管灌、喷灌、微灌等高效节水灌溉,新建泵站9座,蓄水池11座,发展节水补灌面积6万亩、管灌面积2.2万亩和滴灌面积7.3万亩。加大节约生活用水宣传力度,提高全民水法制观念。认真执行取水许可制度,严格水资源费征收管理。

水利改革与管理 “十二五”期间完成水资源保护工程项目1个,完成投资2000万元,主要完成以下两方面改革。

1.盐池县实行城乡供水一体化管理。为统筹解决盐池县城乡供水问题,切实保障城乡居民日常用水需求,实现城乡供水一体化管理,根据县委、政府关于《盐池县规范城乡供水一体化管理工作实施方案》(盐党办发[2010]79号)文件精神,结合《盐池县城乡供水暂行管理办法》颁布实施意见和《盐池县供用水管理实施细则》的具体要求,坚持“企业管理、市场运作、计量收费、用户参与、依法管水”原则,按照“一个水源、一条管线、一个区域”集中管理模式,建立“责、权、利”相统一的供水经营管理体制,形成规范化、市场化的安全供水体系,逐步实现城乡供水一体化管理的目标。

2.扬黄灌区实行总量控制、定额管理、以水定植、以亩定量,计划用水的管理办法。从2012年开始,盐池县扬黄灌区水量实行总量控制、定额管理、以水定植、以亩定量,计划用水的管理办法。各灌区灌溉用水由扬黄灌溉管理所根据灌溉管理处所给水指标情况,按照面积和作物种植比例分水到灌区直属乡镇,各灌区直属乡镇按核定面积和作物种植比例分水到各农民用水协会，以支、斗渠口计量收费。

通过逐步完善农民用水协会，积极向灌区做好水情宣传工作，让农户了解水资源短缺形势，提高科学用水、节约用水的意识，充分调动了农民科学管水用水的积极性。让农民用水协会发挥其职能，加强调配水管理，为灌区灌溉节水23万立方米。

（二）“十二五”水利建设成就

盐池县“十二五”水利发展规划实施以来，在人饮安全、农村水利、水资源开发利用和节约保护、防洪抗旱减灾、水土保持和生态治理、水利改革与管理等方面取得显著成效。

人饮安全 “十二五”期间人饮安全工程农村自来水普及率达到94%，比“十一五”规划的自来水入户率85%提高7个百分点。供水到户率90%以上，供水保证率90%，全县供水条件明显改善，人饮用水安全问题基本得到解决，供水水质符合国家卫生标准。解决了全县7.6万人的饮水不安全问题，进一步保障了农村居民的基本生存权和健康生活质量，有力地促进了农业增产和农民增收，缩小城乡差距，明显改善了党群、干群关系，促进了民族团结和社会稳定，为全面建设小康社会奠定坚实的基础，取得了显著的经济效益、社会效益和生态效益。

农田水利 “十二五”期间农田水利工程主要以节水改造总揽全局，推进扬黄灌区和库井灌区的节水改造，发展现代农业和特色农业种植，提高灌溉水的有效利用率，在灌区大力调整种植结构，减少高耗水农作物的种植面积，增加节水作物的种植面积，实现了节水扩灌、补灌，提高了农田灌溉效益。

防汛抗旱 防汛工程的实施，加快了防洪体系建设，进一步完善了防洪抗旱减灾体系，着力提高了预防自然灾害应急处置能力，为全县经济社会建设提供抵御洪涝、旱灾害的安全保障。完善防洪抗旱减灾体系，建立健全洪水管理、抗旱调度、应急管理制度，完善防汛抗旱指挥系统，提高应对气候变化和突发事件能力，使水旱灾害对经济社会影响进一步降低。同时防汛抗旱工程的实施，加快了防洪体系建设，进一步完善了防洪抗旱减灾体系，着力提高了预防自然灾害应急处置能力，为全县经济社会建设提供抵御洪涝、旱灾害的安全保障。

水土保持 “十二五”规划水土保持通过小流域综合治理，减少了水土流失，减少了土壤侵蚀量，改善了生态环境条件，改善了群众生产、生活条件，实现了区域经济稳步增长。

水资源开发利用和保护 “十二五”期间，主要实施对划定的水源地进行分区保护，对保护区范围内影响水源水质安全的污染源进行限期搬迁、拆除，大力开展水质监测，加大宣传教育力度，提高公众水源保护意识；实行环境污染有奖举报制度，畅通投诉渠道，鼓励和引导社会公众积极参与水源地保护；认真执行取水许可制度，严格水资源费征收管理。同时，全面开展节水型社会建设，提高水资源利用效率，利用各类水源工程，发展节水灌溉15.5万亩。

通过实施扬黄续建工程和自来水入户工程，使城市供水水源地水质达标率达95%以上；乡村自来水合格率达90%；水功能区水质达标率达70%。农业灌溉水利用系数达0.63；亩均灌溉用水量243立方米。城镇供水管网漏损率15%。基本缓解了现有局部缺水地区的供水紧张问题。

水利改革与管理 水利改革与管理方面的成效主要体现在两个方面：一是盐池县实行城乡供水一体化管理；二是扬黄灌区实行总量控制、定额管理、以水定植、以亩定量、计划用水的管理办法，加强调配水管理。"十二五"前期重点完成了人饮安全工程、农田水利工程、防洪工程建设，后两年将重点完成水土保持工程、水利改革与管理措施落实。

（三）"十二五"规划目标制定和实施过程中的经验

1.提出了适合本县可持续发展的治水思路。从本县经济社会发展的客观要求和水利工作的实际出发，逐步转变治水思路，坚持水资源的可持续利用，高度重视水资源的节约、配置和保护。提出了"三个转变，一个目标"的治理水思路，可持续发展治水思路逐渐形成。具体为一是转变输水方式，即从渠道输水逐步向管道输水转变，减少输水损失，提高输水效率；二是转变灌水模式，变大水漫灌为小畦田灌溉，不断推广滴灌、管灌、渗灌、高效节水补灌等节水灌溉新技术，提高水的利用率；三是产业结构模式的转变，压减玉米等高耗水低产出作物的种植面积，扩大经果林、防护林等低耗水高产出作物的种植面积。坚持人与自然和谐相处，高度重视生态环境建设，水利建设和生态保护齐抓共管。

2.认清县情，立足实际。全县水资源严重短缺，农业灌溉完全依赖于扬黄水，其生存得益于黄河水，但其发展又受制于黄河水，盐池县的发展出路在于节水。争取在盐池县扬黄灌区启动实施节水改造项目，实施滴灌，设施农业集中供水工程全部实行管道输水，调整农业种植结构，改变目前粗放的灌水模式，让有限的水资源发挥其最大的经济效益，达到节水增收目的，确保农作物适时适量灌溉。

3.高度认识编制规划的重要性。凡是今后实施的项目，必须是规划列入的项目，在项目的排序中，首选项目为急需实施的项目，其余项目以此类推。规划一旦形成，如无特殊情况，一般不做变动。指定专业人员从事规划的建设与管理，随时掌握水利发展动态，投资意向，以此确定本县水利发展方向与具体实施的水利工程项目。

进一步完善水利规划工作。在搞好盐池县水利发展长远规划的前提下，按照先急后缓、先重点后一般的原则，不断充实、完善、编制具体的设计方案，做到水利工程规划设计宏观上清晰明了，微观上具体细致，有章可依，有据可查，事事有回声，件件有落实。

4.增强水利规划工作的预见性。广泛吸纳各行业、各部门及广大人民群众的意见和建议，将人民群众的实际需求同上级业务部门的水利方针政策紧密结合起来、同中央的水利投资意向结合起来，做到有的放矢、未雨绸缪，变被动为主动，避免资金、项目与规划离题万里的事件发生。

四、存在问题及面临形势

（一）水利建设存在的问题

防汛抗旱　盐池县目前防洪标准较低，防洪减灾体系尚不完善，存在一些重点薄弱环节，中小河流治理和山洪地质灾害防御滞后，重点乡镇、农村、农田的防洪能力偏弱，洪水预测监控力低，非工程措施滞后，尚未建立起完善、可靠的防洪预报与调度指挥系统。中小河流尚未得到全面治理，洪水预测监控能力较低，山丘区暴雨洪水监测预报预警和防御措施有待加强，同时县城和各个乡镇排涝能力严重不足，主要易涝地区农田排涝能力防御风暴潮能力偏低，蓄滞洪区建设与管理问题突出，难以及时有效运用，防洪抗旱意识差，缺少相关的防洪机制，无法保障全县的防洪安全；防洪抗旱基础设施较为薄弱，服务体系不健全，应对气候变化和突发公共安全事件能力低。

农村水利

1.农田水利基础设施薄弱，农业用水方式粗放，不少工程带病运行，输水设施供水能力不足，灌溉保证率低，效益衰减。盐池县水资源贫乏，干旱缺水是制约农业及农村经济发展的瓶颈，特别是近年来，降水量的不断减少、致使灌区用水量大大增加。同时，随着工业的日益发展以及城镇规模的扩大，各行业用水矛盾日趋严重；农田灌排在田头灌溉，田间渠系不健全，泵站老化，时有漫灌现象，加之田间建筑物不配套，用水、用电浪费现象较为普遍。

2.灌区工程设计标准低，水利设施不完备，已有设备老化失修；部分渠道已被风沙淤积、掩埋，给正常的输水灌溉带来严重问题。

3.农田排水设施条件差，排涝能力不足，次生盐渍化危害严重。

4.灌区水量不足，不能够因地制宜的选择灌溉模式，种植结构单一，普遍采用大水漫灌，玉米、小麦等高耗水作物比例太高，灌溉效益和水分生产率都较低。

人饮工程

1.陕甘宁盐环定扬黄续建宁夏专用工程

（1）水厂供水能力不足。盐环定扬黄续建宁夏专用人饮工程设计水厂的日水处理能力1.8万立方米，而刘家沟水库实际日供水量只有1.0万立方米。根据盐池县2015年6月至7月份实际用水量统计显示，县城和花马池镇每天生活用水量1.6万立方米/日，其他6个乡镇每天用水量为1.0万立方米/日，共计每天用水量为2.6万立方米，目前实际用水量已超出设计的1.8万立方米的供水量。

麻黄山地区农村饮水安全工程设计日用水量1320立方米，工程水源是已建的盐环定扬黄续建人饮专项工程水源，麻黄山工程2014年年底已建成，由于来水量不足，至今仍处于试水阶段，没有全面运行。

(2)工程设计标准低。一是城镇人口增长速度快。工程2007年设计供水区现状总人口16.53万人，其中农业人口13.08万人，占总人口79.13%，城镇人口3.46万人，占总人口的20.87%。规划供水区2010年总人口将达到17.14万人，其中城镇人口3.58万人，农村人口13.56万人，2020年总人口将达到16.90万人，其中城镇人口5.24万人，农村人口11.67万人。近年来随着社会经济发展，农村进城务工人员、陪孩子上学进城人员增加，造成城镇人口急剧增加。据统计2014年城镇人口已达5.7万人，城镇化率为37.36%，已超出设计2020年城镇规划人口2.2万人。

二是自来水延伸到户用水量增大。原工程设计县城居民综合用水定额标准120升/人/日，农村居民为50升/人/日，设计只是供水到行政村，设集中供水点解决人饮困难问题。2010年随着农村饮水安全标准提高，农民生活条件的改善和新农村建设，供水管道延伸到自然村并入户，管网延伸水损增大，漏失率增大。有部分农村居民用上了水冲式厕所，配套了淋浴设施，种植庭院经济，用水标准趋于城镇化，用水量增大。

(3)工程辐射范围有限，没有全辐射。陕甘宁盐环定扬黄续建宁夏专用人饮工程刘家沟水库供水区只涉及全县7个乡镇352个自然村，供水人口13.5万人，其中农村人口10.1799万人，县城居民3.5268万人。盐池县全县辖8个乡镇，661个自然村，2014年末总人口17.2343万人，其中农村人口13.9067万人。由于盐池境内没有合格的人饮水源，刘家沟水库是全县所有居民用水唯一水源，在续建工程中县城以北骆驼井供水区105个自然村，2.7789万人，仍用当地的地下水（骆驼井水源地）；大水坑、麻黄山南部山区共1.772万人，原续建工程涉及4290人，剩余1.34万人未涉及。

(4)工程管道规模、机泵供水能力小。续建专用人饮工程设计供水时间为14小时，为集中式供水。近年工程所辐射村庄全部自来水入户，实际用水户每天用水时间集中在6小时至8小时，集中用水时间缩短，按原设计管道规模、机泵供水能力小时供水量小，在用水高峰期不能满足用水户需要。

(5)自动化程度落后。扬黄人饮续建工程的自动化设备只装配到总干管、部分干管和高位蓄水池，且目前全部处于瘫痪状态，无法正常使用。泵站通信设施配套不全。2015年建设的萌城管网延伸工程没有配套自动化，泵站和蓄水池之间液位无法控制。

(6)各泵站、蓄水池没有建排水系统因各泵站、蓄水池没有建排水系统，余水只能外排到周边村民的农田，造成耕地被冲，形成沟壕，村民多次前来要求赔偿。如：鸦儿沟、朱新庄、黑山墩等蓄水池。

(7)供水主管道、供电线路没有备用系统。扬黄续建人饮工程供水管道、供电线路没有备用系统，发生故障只能全线停水，管道维修至少2天，供电线路检修长达5天，影响全县用户生产和生活。

2.麻黄山地区农村饮水安全工程

(1)工程水源保障率低。麻黄山地区农村饮水安全工程水源,是以已建的盐环定扬黄续建人饮专项工程高位蓄水池为起点,在原盐环定扬黄续建宁夏专用人饮工程中从水厂—泵站—高位蓄水池,其中麻黄山工程中的1.34万人的用水量都没有计算在里面,所以已建成的水厂、泵站、输水干管规模偏小,工程水源保障率低,急需改造泵站,增加副管。

(2)自动化控制范围小。麻黄山地区农村饮水安全工程只有三级泵站实现了自动化,其余64座蓄水池水位难以控制,需要实现自动化。

(3)已建成的工程没有实现村庄全覆盖。麻黄山乡共100个自然村,在建设的麻黄山地区农村饮水安全工程中辐射了78个自然村,其中自来水入户66个、设集中供水点12个自然村,工程建成后,仍有12个自然村远距离拉水,22个自然村未能辐射到。剩余这些村庄地形相对复杂,居住相对分散,引水难度和造价大。

3.骆驼井水源地

1988年骆驼井地区实施勘探建设,经过20余年的运行,目前,深井水位大幅下降,并有涌砂碛粒堆积,如不及时采取有效措施,沉淀物会越积越多,从而导致机井无法生产运行。生产井的输水管道运行已达20年,由于当时建设时期资金紧缺,使用了价格低、材质差的灰口铸铁管,目前,管道内壁水垢凝集,外壁锈蚀严重,不但造成疏水不畅,爆管频繁,而且影响居民身体健康。

骆驼井水源地补给区面积达136平方千米,只有少部分区域布设围栏保护。近年来,由于持续干旱,降雨量少,蒸发量大,循环体系失衡,井群水位下降。同时,由于资金匮乏,围栏建设保护工作薄弱,植被、苗木经常被牲畜啃咬,树木枯死,绿色植物减少,水源地补给区沙化面积不断增加,长期开采利用地下水资源存在隐患。因此,为了防止骆驼井植被继续遭受破坏,有效遏制土地沙化,保护供水设施,必须实施水源保护建设,布设围栏,增设警示标志,种草种树,实施生态绿化建设,确保地下水资源长期持久开采利用。

4.运行机制方面

(1)盐池县农村饮水安全运行管理和水价机制尚未建立健全,水价偏低,成本上涨,导致供水企业政策性亏损。

自2003年供水价格调整至今,10多年来供水成本连年增涨, 而供水价格仍维持在2003年的价格水平。随着城市化建设进程的加快,供水量逐年大幅增长,水价倒挂的情况越来越严重。经测算,县城供水成本价格为4.32元/立方米,按现行水费价格标准执行的实际回收水费价格仅为2.43元/立方米, 而且绿化用水等公益性低价位用水所占比例大,造成供水企业平均销售水价偏低的现象,形成供水量越大企业亏损越严重的局面。

农村居民用水每方按4.00元收取,其中一半(2.00元)交给太阳山水务公司,根据工程实际运行成本，单方水平均供水成本 5.76 元 / 立方米，每方亏损 1.76 元 / 立方米。

（2）运行成本高，维修养护基金缺乏。

饮水工程管线长，地形复杂，管理难度大，运行成本高，维修养护基金缺乏。盐池县 2014 年安排 200 万元维修养护资金用于农村饮水工程维修，但仍不能弥补工程的运营成本。

水资源开发利用与保护 随着经济社会的发展，盐池县工业和生活用水逐年增加，水资源供需矛盾日益加剧，已成为制约经济社会可持续发展及生态环境稳定的关键因素。同时，由于工农业生产的快速发展，人口的增加，以及农业化肥、农药的普遍超量使用，废污水排放总量大幅度增加，水环境在一定程度上遭到严重破坏。目前，盐池县水资源开发利用和保护主要存在以下几方面的问题。

1.水资源严重短缺，制约经济的发展。目前，水资源紧缺已经成为盐池县经济社会发展的瓶颈。在扬黄水方面，自治区分配的用水指标为 5100 万立方米，主要用于农业灌溉，无法满足全县的用水要求。因此，应大力发展节水灌溉，减少农业用水量，来平衡其他用水。在地下水资源方面，盐池县由于疏于管理，导致地下水开采利用水平较低，且局部地区乱采、超采、浪费现象严重，多年平均地下水开采量为 0.2 亿 立方米，而地下水多年平均可开采量为 0.21 亿立方米，已经达到开采量极限，迫切需要对地下水源地进行保护，禁止超采地下水。在地表水方面，盐池县水资源匮乏，年径流深仅为 4.1 毫米，主要是季节性山洪，开发利用困难，可通过塘坝、雨水窖、集雨场等方式收集暴雨季节的雨水。

自治区分配给盐池县的用水量已基本用完，干旱不断加剧，水资源总量已不能完全适应经济社会发展的需要。各行业用水结构不尽合理，供需矛盾日益突出。农业灌溉用水量占总用水量的 84.7%，城镇生活用水占 4.7%，农村人畜饮水占 3%，工业用水占 1.0%，生态用水量占 6.6%，随着工业化、城市化进程加快，各行业之间需水矛盾日益凸现。

2.农业用水量偏大，水资源浪费严重。随着灌区规模不断扩大，超计划引水现象严重。从近年实际用水量分析中可以发现，农业用水量在总水量中所占比例非常大，占总用水量的 84.7%。自治区分配的指标水量每年都在增加，但较指标水量，每年水量都严重不足。主要是用水效率低和种植结构不合理造成的。从农业灌溉方式上看，大部分农业灌溉采用的是渠灌，而高效用水的灌溉方式如微喷、滴灌等面积还很小，此外还有 14.4 万亩左右耕地没有发展节水灌溉。因此，大力推广现代高效节水农业及合理调整优化种植结构势在必行。

3.非工程节水措施在节水推广中应用的不够充分。工业节水一般分为管理节水、系统节水和工艺节水三类。目前，盐池县系统节水的普及率不高且不完备，管理节水还有待加强，工艺节水几乎没有。

城镇生活的节水器具普及率低且不均衡，管网漏损率过高，还没有全部做到单户安装水表和有效计量；不能及时发现漏水点和正确判断漏水量，且不能采取有效的治漏措施；中水回用,使用再生水的规模还很小;雨洪水资源利用率不高,而且居民还没有形成良好的节水意识,养成良好的节水习惯。

城镇绿地用水大多采用大水漫灌的方式,并且是直接取自自备井,甚至自来水,还没有利用再生水或雨洪水进行灌溉。

4.非常规水源开发力度不够。盐池县水资源比较紧缺,但再生水和雨洪水的利用率不高。由于再生水开发投资大且回收慢,处理后的污水还没有作为重要的水源充分的开发和利用;另外每年有大量的雨洪水因城市排水设施中渗水设施少、雨污合流,缺少必要的拦蓄设施而白白流走,造成大量的雨洪水资源浪费。

5.资金投入不足和管理水平有待提高。盐池县水利工程存在老化失修、不配套、防御洪涝风险能力低等问题。例如在农业节水方面,已有节水设施破损老化,年久失修,输水效率降低,与结构调整不相适应,部分设施落后或超出使用年限,需更新换代,部分工程已无水源供水,失去作用,需另建系统。水利工程建设与管理的科技含量还不高。虽然引入水利市场机制,但仍需要政府增加投入,使水利发展的速度、质量、效益与国民经济发展相适应。

6.水资源管理运行机制不健,社会节水意识不强。全县还没有实现水资源的统一管理,且以行政手段为主,水价、水资源费等经济调控手段不足。社会节水意识不高,仍存在水资源浪费现象,水资源短缺的严重形势还没有成为全县人民的共识,全县推进水资源节约和保护的氛围尚未形成。

水土保持　盐池县水土流失严重、治理难度大,治理渠道单一,每年仅仅依靠项目上的投资进行小规模的治理,受投资资金的限制,不能解决根本问题。加之水土保持工作受流域内自然条件限制,大规模开展人工治理困难较大,水土流失治理进展缓慢,治理程度低,洪水资源和泥沙资源没有充分利用。特别是流域黄土丘陵沟壑区水土流失严重,亟待开展规模性治理。中小型开发建设项目水土保持工作落实不够,人为造成新增水土流失现象依然严重,水土保持监督执法工作有待于进一步加强。

1.林牧业用地矛盾突出,林草植被保存率低,植被恢复慢。在全面实行封山禁牧以前,传统的放牧生产与造林种草和管护之间的矛盾十分突出,导致破坏速度大于治理速度,虽然实施了大面积的治理,但管护措施跟不上,没有实行平茬复壮等抚育管理措施,使大部分柠条在干旱年逐渐枯萎,林草保存率低,植被恢复慢,植被稳定性差。

2.治理进度慢,生态环境差。在现状治理措施中,由于缺乏统一规划和合理的布局,治理措施单一,投入不足,重视程度不高,且措施配置不尽合理,不能满足水土保持生态环境建设的要求,致使治理速度慢,生态环境质量差。

3.水资源分布不均,不利于各项措施的实施　降水资源的年内分配不均,年内绝大部分降水集中在7至9月,且均以暴雨形式出现,降雨强度大,历时短,降雨的有效利用率低,年内大部分时间是干旱，特别是各种措施和作物的长期严重缺水，对各项生物的生长和成活不利。因此，在各项治理措施的实施中，必须配置必要的整地工程和小型蓄水保土工程，使降水资源得到合理的利用，提高植物的成活率。

4.部分群众存在重治理，轻管护的思想倾向，在众多经济利益的趋势下，边治理边破坏的现象仍然不断发生，使一些地方的治理措施、效益发挥仍不明显。

水利改革与管理 水利改革与管理工作虽然取得阶段性成果，但随着社会主义市场经济体制改革的深化和社会经济的快速发展，我县水利工程运行管理和建设管理发展还存在比例失调，普遍存在“重建轻管”的现象。

1.对水利工程管理的认识不足。水利系统内“重建轻管”的思想普遍存在，近几年在增加水利投入、加快水利基础设施建设的同时，对现有工程的挖潜改造和强化管理问题没有给予足够重视。在思想上，比较重视工程项目建设管理，而忽视工程运行管理。在投入上，基础设施投入多运行维护投入少，基础建设资金不能用于运行管理，财政拨款资金又远远不能满足运行维护所需费用。在管理上，建设管理执行项目法人责任制、招投标制、建设监理制，建立了适应社会主义市场经济要求的管理模式，而已建工程的运行管理没有建立起规范的管理模式，定额标准陈旧、管理方式单一、经营方法不规范。

2.水管单位定位不准，管理权责不明。由于水管单位分类指导政策正在试点中，目前纯公益性单位、经营性单位比较好区分，但是由于综合性水管单位功能的双重性，很难严格区分其单位性质。许多水管单位定位不准，性质不明，没有享受应有的国家财政补贴，专款也不能专用。部分水管单位责任主体不明晰。一些水利工程没有严格按分级管理的原则进行管理，该由上一级管理的水利工程由下级单位管理，不利于水资源的优化配置和统一调度；一些水行政主管部门对水管单位只有业务管理权限，没有人事管理权，只管事不管人。

3. 工程管理维护经费不足。水管单位存在着收支不平衡、管理资金严重短缺的问题。造成水管单位经费严重不足的直接原因是各级财政对公益性工程的运行管理和维修养护始终没有建立起相对稳定的、有制度保障的投入渠道。一方面，财政拨款原本就与工程正常运行所需经费相差较远，在财政困难地区拨款到位率又很低。另一方面，收费性质界定混乱，有限的维修养护经费也未能得到有效利用，专项资金浪费、专款不能专用现象时有发生。

（二）面临的形势和挑战

随着盐池县经济社会发展和人口增长，对水的需求量与安全度的要求越来越高，水利面临的形势愈加严峻。深入研究经济社会发展与水利的关系，研究水利发展的制约因素和有利条件，从战略的高度全面加快水利发展，是今后五年盐池县经济建设的一项十分重要的任务。

1.社会经济发展对水利的要求

(1)人口持续增长对水的要求。随着全县人口的持续增长和人民生活水平的提高,对供水安全,以及人居环境改善等方面的要求会越来越高。

(2)经济快速发展对水的要求。全县经济快速发展,社会不断进步,增加了洪水灾害的风险;同时,用水增长,相应废污水排放量也增加,以及用水结构、用水方式等的变化,将进一步加剧水资源供需矛盾。因此,全县对防洪安全、水资源供给、水资源保护都提出了更高的要求。

(3)城区化进程加快对水的要求。城区化发展对供水安全、城区防洪安全以及城区水环境治理与景观建设将提出更高的要求,因此,城乡的防洪、供水、水污染防治和水资源保护任务将更加繁重。

(4)生态保护和建设需要水资源作保障。随着城乡居民对环境质量要求的不断提高,改善生态环境和美化生活环境将逐步提到重要位置。河流、湿地生态系统保护,水土流失治理、荒漠化防治、盐碱地改良,以及生态建设与人居环境的美化和改善,都需要水资源提供支撑和保障,需水量将大量增加,对于日趋紧张的水资源将构成巨大的压力。

(5)工业发展对水的需求。随着工业化进程的快速发展必将驱动工业需水量持续增长,需水量、污水量的大量增加,对于日趋紧张的水资源将构成巨大的压力,使得保证工业需水和水污染防治任务更加繁重。

2.水利发展的制约因素

(1)灌区不少工程破坏严重,配套率低。水利工程建设不配套,加之长期以来"重建轻管"思想尚未从根本上扭转,管理粗放,手段落后,经费不足,缺乏工程良性运行机制,致使许多工程破坏失修,效益衰减。

(2)水利投入不足且不稳定。水利是公益性极强的国民经济和社会发展的基础设施,具有投资规模大、建设周期长、投资回报慢、财务收益率低、社会筹资难等特点。长期以来水利建设与管理投入不足,缺乏稳定的投入保障机制,导致水利基础设施建设严重滞后于经济社会发展要求,而且长期投入不足以及缺乏投入保障机制,将严重制约盐池县未来水利事业的发展。

(3)水管理体制与运行机制不顺。水法规体系不健全,"多龙管水"的体制尚未理顺,不利于水事活动的统一协调与依法行政;水管理运行机制不完善,缺乏管理经费,不适应水资源可持续利用和市场经济的要求,尤其是水价和水利服务价格长期背离价值规律,难以保证水利建设与管理的有序进行,难以实施水资源的合理配置、高效利用和有效保护;管理人员素质和管理手段还远不能适应新时期水利发展的要求。

3.水利发展的有利因素

(1)水利在国民经济中的基础地位进一步提高。国家确立了水利在国民经济体系中的基础设施和基础产业地位,全社会的水利与水忧患意识不断增强,中央和地方的水利建设投资不断增加。党中央、国务院进一步做出了一系列关于加强水利建设的重要决定,将水利摆在基础设施建设之首,政府更加重视水利建设,全社会参与水利建设的积极性大大提高,基本形成了“水利为社会,社会办水利”的新局面。

(2)科学发展观为进一步发展和完善治水新思路提供了有力的理论指导。从传统水利向现代水利、可持续发展水利转变的治水新思路,强调必须加强水资源统一管理,优化水资源配置,建立水权制度,实行用水定额管理,严格水资源保护,通过建设节水型社会,提高水的利用效率和效益,以水资源的可持续利用支撑经济社会可持续发展。

(3)社会对水的认识发生了重大转变,水的忧患意识和节约保护观念的增强,为水利发展提供了强有力的舆论支持。随着小康社会进程加快,社会民众对水环境和水生态安全越来越高度关注和支持;随着农业形势好转,农民群众要求加快农田水利建设的呼声日益高涨,各种社会力量和农民群众投资投劳兴水利、干水利,进一步营造了有利于水利发展的大环境。

第二章　水利发展的指导思想和原则

一、规划范围和水平年

(一)规划范围和内容

本次规划范围包括盐池县行政区划全域内,涉水有关的所有事物,内容主要包括防汛抗旱工程、城乡饮水安全工程、农田水利建设工程、水土保持、水资源保护工程及水利信息化建设工程等。

(二)规划水平年

1.现状水平年:2015 年。

2.规划水平年:2020 年。

二、指导思想

全面贯彻党的十八届五中全会精神,秉持“创新、最严、节约、绿色、共享”的理念,积极践行习近平总书记提出的“节水优先、空间均衡、系统治理、两手发力”的新时期治水方针,以服务盐池县社会经济发展、防范水资源风险和建立水生态文明为目标,以发展现代水利为主线,以高效节水灌溉和提高水资源利用效率和效益为核心,以加快完善水利基础设施网络为基础,大规模推进农田水利建设,实行最严格的水资源管理制度,开展水资源消耗总量和强度双控行动,着力解决防洪、抗旱、供水、生态环境等事关盐池县人民生命财产安全、用水保障等民众最关注、最直接、最现实的热点问题。同时，扎实推进依法治水，不断深化水利改革，努力推进"资源水利、工程水利、民生水利、生态水利、法治水利、智慧水利"建设，实现水资源科学持续利用，为加快全县转型跨越发展提供坚实的水利保障，使水利发展成果惠及盐池广大人民群众，提升盐池人民的满意度、舒适度和幸福感。

三、基本原则

（1）坚持以人为本，实现共建共享，把解决盐池县民生水利问题放在更加突出的位置。把人民群众的根本利益作为水利工作的出发点和落脚点，把解决盐池县人民群众最关心、最直接、最现实的民生水利问题作为水利工作的优先领域，保障水利建设和改革的成果惠及全体人民群众。

（2）坚持统筹兼顾，推动协调发展，把提高水利对盐池县经济社会的保障能力放在更加突出的位置。围绕区域协调发展、城乡统筹协调和粮食安全保障战略，统筹水利发展的目标、速度、规模、水平，促进水量水质共管、水体水域兼顾、防洪抗旱除涝并重、开源节流保护并举、建设管理改革齐抓、工程措施与非工程措施结合，推动流域区域、城市农村水利协调发展。

（3）坚持人水和谐，促进可持续发展，把落实最严格的水资源管理制度放在更加突出的位置。国民经济和社会发展规划以及城市总体规划、重大建设项目布局要充分考虑盐池县的水资源承载能力，妥善处理开发与保护的关系。既要防止水对人类的危害，也要规范人类活动，给水留有出路，防止人对水的侵害；既要满足人类的合理需求，也要满足维护河湖健康的基本需求；既要加强对重点流域的水土流失综合治理，又要注重发挥大自然的自我修复能力。

（4）坚持生态优先，着力建设生态文明，把水资源保护建设放在更加突出的位置。高举生态旗帜，把水资源保护放在更加突出的位路，坚持"在保护中开发，在开发中保护"。

（5）坚持改革创新，提升管理水平，把构建法制完备、体制健全、机制合理的水管理体系放在更加突出的位置。大力推进城乡涉水事务一体化改革，继续深化水利投融资体制、水利工程建设管理体制、农村水利发展机制、水价形成机制、水利工程产权管理体制等各项水利改革，不断破除制约水利发展的各种障碍，推进水利体制创新、机制创新、制度创新、管理创新，促进水利事业全面发展。

（6）坚持现代化方向，推进科技进步，把以水利信息化促进水利现代化放在更加突出的位置。用现代的治水理念、先进的科学技术、完善的基础设施、科学的管理制度，武装和改造传统水利。坚持自主创新、重点跨越、支撑发展、引领未来的科技方针，全面推进水利科技创新体系建设，不断提升水利科技支撑能力，积极构建与现代水利相适应的水利信息化综合保障体系，以水利信息化带动水利现代化。

四、规划目标

“十三五”水利发展的目标是：准确把握创新、协调、绿色、开放、共享的发展理念，全面落实最严格的水资源管理制度，落实水资源消耗的总量和强度双控行动，以“节水、高效”为目标，大力推进灌区改造、高效节水灌溉、农田水利和防洪薄弱环节建设。加快完善水利基础设施网络，抓紧实施节水供水重大水利工程，启动实施城市人饮水源和农村饮水安全工程巩固提升工作。全面推进水生态文明建设，加强水生态修复、水土流失防治，地下水保护，着力落实水污染防治计划。进一步深化水利改革创新，加快推进节水型社会建设，搞好用水权初始分配，积极培育水权交易市场，加快推进农业水价综合改革，基本满足盐池县经济社会发展、生态环境改善和人民生活水平提高的生活、生产和生态用水需求，有力推进盐池县产业结构转型升级和盐池县经济社会的可持续发展。

(一)城乡饮水安全

通过“十三五”人饮规划，到2020年通过巩固提升，一是解决因用水方便程度不达标新出现的6205人饮水不安全人口，二是对已建的盐环定扬黄续建宁夏专用人饮工程和麻黄山地区饮水安全工程进行巩固改造提升建设，采取新建、扩建、配套、改造、联网等措施，提高城乡供水保证率，完善管网供水能力不足等问题。三是加大全县水质监测中心监测能力建设，实施县城供水和农村饮水工程信息化建设项目，建立信息化管理中心，供水工程管理初步实现信息化，建立饮水安全应急水源建设；加大供水专业管理机构建设，加快农村饮水工程专业化管理进程，建立县、乡镇二级农村饮水专业化管理机构。

到2020年，使全县饮水集中供水率达到100%，自来水普及率达到98%，水质达标率100%。通过巩固提升，逐步建立“从源头到龙头”的农村饮水工程建设和运行管护体系，提高农村饮水安全保障水平，使广大农村居民喝上更加方便、稳定和安全的饮用水。

(二)农村水利建设

结合自然地理条件及可持续发展对农田水利工程建设的需求，按照人与自然和谐的原则，充分利用有限的水资源，以保障粮食安全和增加农民收入，改善农业生产条件和农村生态环境为目标，规划到2020年，通过节水改造配套，使扬黄灌区灌溉水利用系数达到0.69以上，水分生产率达到1.32公斤/立方米至1.55公斤/立方米；井灌区及塘坝灌区灌溉水利用系数达到0.90以上，水分生产率达到1.14公斤/立方米至1.81公斤/立方米；高效节水灌溉工程灌溉水利用系数达到0.90以上，水分生产率达到10.6公斤/立方米至15.9公斤/立方米。

(三)防汛抗旱

重点建设山洪灾害防治工程、县城防洪工程，完善防洪减灾工程体系，基本建成工程措施与非工程措施相结合的综合防洪减灾体系。城区能防御二十年一遇洪水，工业园区、重要集镇争取能防御二十年一遇洪水,山系小河流得到有效治理,重点河段防御十至二十年一遇洪水,基本建立山洪地质灾害重点防治区监测预报预警体系和防灾减灾体系。全县通过全面建立抗旱应急人饮水源工程和抗旱应急灌溉水源工程,避免出现严重影响社会稳定和经济运行的灾难性局面,从而使得抗旱能力显著增强。

(四)水土保持及水资源保护

重点建设石山子、西川等国家水土保持重点工程,赵记沟、狼布掌等黄土高原淤地坝和引洪漫地工程、李原畔等坡耕地治理工程,刘家口子水蚀区小流域综合治理等革命老区水土保持治理工程,加快水土保持生态建设,改善水土流失区的生活和生产条件,控制人为造成新的水土流失,减少河道、沟道泥沙淤积,加大对水污染防治和水资源保护的力度,新增水土流失有效控制率达到85%以上。

一方面,确定水资源保护和水环境改善的目标,坚持水资源开发利用与保护并重的原则;优先保护地下水资源,严格控制地下水超采和污染,通过实施污染物排放总量控制,遏止水环境恶化;按照国家有关规定重点对城乡饮用水水源进行保护和管理,在城乡供水水源地划定饮用水水源保护区,设置保护标志,任何单位和个人未经允许不得毁坏或移动。另一方面,加强水资源的有效保护和合理配置,使生活用水水源地得到进一步保护;加强水质监测,根据水源地分布情况,设立符合国家规定的水质检验采样点,出厂水和管网水的水质,确保供水水质符合国家规定的饮用水卫生标准;提高污水处理能力,加大中水利用的力度;加强生态湿地的保护及修复。到2020年基本满足水功能区水质要求,全县水环境质量有明显好转。

(五)节水型社会

(1)控制用水量。通过最严格水资源管理制度和节水型社会建设,在全县树立节水意识,在确保经济社会发展的同时,实现用水总量的零增长,扬黄灌区用水量控制在自治区下达指标以内。严格执行建设项目水资源论证制度,新建项目水资源论证和取水许可办证率达到100%,严格地下水管理和保护,依法规范机井建设审批管理,限期关闭在城市公共供水管网覆盖范围内的自备水井;严格水资源费征收、使用和管理,确保应收尽收。

(2)提高用水效率。加快农业种植结构的调整,节约农业灌溉用水,提高用水效率。工业企业大力采用节约用水的新技术、新工艺和新设备,并对耗水量高的技术、工艺和设备进行节约用水技术改造。园林绿化选用耐旱型树木、花草,推广采用穴灌、喷灌、滴灌、微灌等节水型灌溉方式并优先使用再生水。万元GDP用水量降低到413立方米以下,万元工业增加值用水量降低到46立方米以下,农田灌溉水有效利用系数达到0.490,工业用水重复利用率达到75%以上,开展城市节水工作,推广节水设备和器具,加快供水管网改造,把城市供水管网漏失率控制在12%以下。

(3)水功能区限制纳污。围绕生态环境建设,把节水与治污结合起来,在提高用水效率的同时,减少污水排放;加快县城污水处理厂改建的进度,使其尽快发挥作用,县城污水处理率提高到82%,再生水回用率提高到21%;在饮用水水源地保护区内,禁止排放倾倒、堆放、掩埋工业废渣、粪便和其他有害废弃物;禁止从事污染水源水质的活动,防止水源污染和水体污染,使饮用水水源地水质达标率达到100%;

(4)推进示范作用。政府各级机关切实履行推进节水型社会建设的责任,把节约用水贯穿于经济社会发展和群众生活生产全过程,建立健全有利于节约用水的体制和机制。同时,要以节水型社会建设为载体,建立现代化的水资源供给、保护、管理和服务体系,按照保障生活、生产、生态和其他用水的先后顺序对取水户采取限制性用水措施,确保全面完成各项节水目标。

(六)水利信息化建设

建成盐池县的水利信息化,实现各类水利信息资源的快速传递,为水利科学管理和防洪减灾决策提供支撑,以信息化带动和促进水利现代化,重点建设水质监测体系、水土保持监测体系、防汛自动信息监测系统、盐池县水务一体化智能管理网络平台等项目。

(七)水利改革与管理

通过改革管理体制,初步建立符合盐池县区情、水情和社会主义市场经济要求的水管体制和运行机制,深化水权转换改革,最终达到理顺体制、搞活机制、机构合理、服务优质、安全运行和节水高效的目标,重点搞好盐池县水利工程运行管理服务体系改革和水权转换改革。

五、总体布局

规划工程建设根据盐池经济社会发展的格局,结合区域自然地理条件及可持续发展对水利工程建设的需求,以节水高效为目标,以提高灌溉水的利用效率为核心,坚持常规节水与先进节水相结合,工程节水措施与管理节水措施相结合。以当地水资源和扬黄水为依托重点解决农村饮水安全;加强对重点沟道治理,提高防洪能力;加强沟道流域水土保持生态环境建设和生态修复;加大灌区续建配套节水改造、产业结构调整、推广低压管道输水、膜下滴灌、喷灌等先进的灌溉技术和自动信息化建设;进行水资源优化配置和保护,发展外围补灌,扩大灌溉面积,提供水资源的利用效益;修建调蓄工程,加强抗旱应急水源工程建设。

(一)城乡饮水安全

重点建设盐池县扬黄续建工程的改造提升工程,扩大一级泵站、二级泵站和三级泵站的供水能力,扩大一级泵站到二级泵站、二级泵站到三级泵站以及三级泵站到各供水区的输水能力,增大泵的流量、输水管径、泵前池及蓄水池容量。重点对麻黄山地区人饮工程进行提升改造,提高自来水的供水能力。对设计供水能力过小的城镇供水管网及乡镇区供水管网进行改造。从鸭子当水库引水，提升盐池县城北部人饮供水能力，保障工业园区供水安全。随着盐池县美丽村庄的建设，饮水工程配套设施要及时完成；针对盐池县自来水还未入户的住户，争取十三五期间全面解决农村饮水安全问题；加大供水工程的管理和监测，减少管网的漏损。

（二）农村水利建设

重点建设盐池专用泵站及灌区改造工程，提高扬黄专用工程的输水能力，解决扬黄灌区的灌溉瓶颈问题；实施牧区灌溉饲草地提升改造工程，实现自动化配水管理工程；实施扬黄灌区高效节水灌溉工程；规划实施冯记沟乡、惠安堡镇共8个灌区的盐渍化治理工程。

（三）防汛抗旱

建立完善的旱情监测系统和防汛预警观测系统，在加强控制洪水能力建设的同时，提高洪水管理水平，形成人与自然和谐的综合防洪减灾体系。采取工程措施与非工程措施相结合，防御洪水与水资源利用、改善环境相结合，人文关怀与抗旱措施相结合。重点建设抗旱应急水源工程，通过修建水库和蓄水池等方式提高蓄水、供水能力，增强抗旱能力。通过加快防洪体系建设，着力提高流域防自然灾害应急处置指挥能力，建立机制，完善预案，以保护村庄、农田、公路为防洪的首要工作，为全县经济社会建设提供抵御洪涝、旱灾害的安全保障。

（四）水土保持及水资源保护

通过流域综合治理、生态修复，充分起到保水、保土、治沙、防洪、减灾等作用，维系良好生态环境。

小流域综合治理按照生态经济学原理，将流域生态保护目标、流域群众生产发展目标、流域水土资源开发利用目标紧密结合起来，把山、水、田、林、草、路统一规划，近、中、远期利益兼顾，生态、经济和社会效益结合，工程、生物和耕作措施并重，拦、截、蓄、灌、引各项措施合理布局，对流域进行开发性治理，最终实现生态、经济、社会三大目标的协调发展。

生态修复在人口相对较少、水土流失相对轻微地区大力开展生态修复，对促进流域水源涵养具有重要意义。

在水资源保护方面，重点对刘家沟水库和骆驼井地下水源地进行保护，关闭骆驼井地下水源工程；重点建设盐池县哈巴湖生态保护工程等脆弱河湖、湿地生态修复工程。对划分保护区的水源地采取保护性建设措施，设置永久性采样口，定期监测水质状况并密切观察变化趋势；对保护区范围内影响水源水质安全的污染源进行限期搬迁、拆除；在水源地周围植树，改善水源地周围生态环境；在一些主要管路的接口处敷设检查井，确保输水安全，力争供水水源地的水质达到国家规定的标准，城乡水源地得到有效保护，所有水源地水质满足供水水质要求。

（五）节水型社会

1.建立健全制度体系，强化节水管理水平。成立管理机构，建立节水管理网络，有专职节水管理人员并且岗位责任制明确；全面实行总量控制与定额管理制度，严格取水、用水、排水全过程管理，保护和合理开发、利用水资源，健全节水社会化服务，推广节水新技术、新工艺、新设备，组织开展节水宣传活动，提高全社会的节水意识，建立节水型社会。

2.加强水资源开发利用控制红线管理。合理配置生活、生产和生态用水，严格执行计划总量控制制度。使用自备井或者公共供水管网的工业、服务业、城乡居民用水必须安装计量设施，实行分户计量，按实际用水量缴纳水资源费。对城市居民用水，推行阶梯式水价。对非居民用水，实行超计划超定额加价制度强化定额管理，建立节水鼓励、超计划超定额加价惩罚等有关制度。

3.加大节水技术推广，完善水资源高效利用的工程体系。对现有水资源利用设施进行配套和节水改造，推广使用高效用水设施和技术，完善水资源高效利用工程技术体系，推广节约用水新技术。

农业方面采用工程节水与农艺节水的方法，推广渠道防渗、管道输水、小畦灌溉、沟灌、喷灌、滴灌、渗灌和地膜覆盖、耙耱保墒等节水灌溉方式和技术；扬黄灌区以推进高效节水改造为重点，大力推广高效节水灌溉技术，确保不超过自治区下达的用水指标；库井灌区以开展高效节水查漏补缺为重点，确保实现高效节水（滴灌）全覆盖；旱作区以覆膜保墒和雨水集蓄利用为重点，发展小杂粮等经济作物。

工业方面采用节约用水的新技术、新工艺和新设备，并对耗水量高的技术、工艺和设备进行节约用水技术改造，工业间接冷却水应当循环使用或者回收使用，循环使用率不得低于95%，不得直接排放。

服务业方面应当采取一水多用，循环用水等节约用水措施。推进污水处理及再生水利用，建设公共再生水管网，统筹调配再生水的使用。园林绿化、环境卫生、住宅小区、单位内部景观绿化和洗车业、建筑业应当优先使用再生水，并选用耐旱型树木、花草，推广采用喷灌、微灌等节水型灌溉方式，不得采用耗水量高的灌溉方式。

城镇居民、机关和企业事业单位应当加强住所和单位用水设施的维护保养，防止水的跑、冒、滴、漏。通过以上工程措施的科学配置，合理调配本地水与外来水，新鲜水与再生水，发挥水资源的综合效益。

以建设节水型社会为目标，深化治水用水体制机制改革，建立以水权、水市场理论为基础的水资源管理体制，形成以经济手段为主体的节水机制。深化改革保障水安全，加快产业结构调整，深入推进工业节水，积极推进生活节水技术，强化公众节水意识，建立节水型社会。

4.严格地下水管理、实施取水许可和有偿使用水资源。

加强地下水动态监测,实行地下水取用水总量控制和水位控制,尽快核定并公布地下水禁采和限采范围。在地下水超采区,禁止农业、工业建设项目和服务业新增取用地下水,并逐步削减超采量,实现地下水采补平衡。

5.建立自觉节水的社会行为,鼓励公众参与

建立节水监督机制,鼓励用水户和公众参与节水型社会建设,促进全社会共同节水。利用各种媒介,采用多种形式对节水型社会建设进行广泛、深入和持久的宣传,启动一批节水型社会公众参与项目。同时,将节水型社会教育纳入到全民素质教育、义务教育体系当中,充分调动相关社会团体和组织在建设中的作用。建设与节水型社会相符合的节水文化,倡导文明的生产和消费方式,逐步形成"浪费水可耻、节约水光荣"的社会风尚。

(六)水利信息化建设

规划实施盐池县水文水资源监测体系、水土保持监测体系、盐池县水利行业智慧化管理体系等项目,与此同时,购置一批高性能新型测绘设备和自动化设备为完成基础工作提供必要的硬件支持。

第三章　水利建设主要任务

一、水资源优化配置

(一)国民经济发展预测

通过地下水和扬黄水合理优化配置,灌区内工程和灌区外工程、水利工程和水保工程,以及不同水利工程之间的联合运用,把农业、工业、生活和生态供水目标的系统整合,对现有5100万立方米引黄水和区域内当地可利用水资源为2200万立方米合理调配,整体提高全灌区水安全保障程度。

社会经济发展指标　根据《盐池县水利五年规划》确定的发展目标,灌区社会经济发展指标参照《盐池县国民经济和社会发展"十三五"规划》,结合灌区实际情况确定,水平年灌区社会经济发展指标如下:

1.人口。2014年末全县总人口172343人,其中农业人口139067人,非农业人口33276人。其中城镇常住人口64387人,乡村人口107956人,城市化率为37.36%;根据现状人口自然增长率及盐池县经济社会发展规划,预测灌区人口自然增长率为8.87‰,机械增长率10‰按计算,预计2020年全县总人口达到192800人,水平年城镇人口、农村人口详见表3-1。

2.工业。2014年全县规模以上工业企业累计完成工业总产值68.06亿元,增长21.4%,实现规模以上工业增加值21.8亿元,同比增长26.2%,预测未来5年时间全县工业将快速

增长，平均增长速度为20%，预计2020年工业总产值达到169.35亿元(详见表3-1)。

3.牲畜业。2014年灌区有大牲畜0.83万头，小牲畜80.9万只；根据当地经济社会发展规划，结合灌区产业结构调整，预测大牲畜平均年增长速度为-6.2%，小牲畜平均年增长速度为-12.93%，到2020年灌区不同水平年社会经济发展主要规划指标(见表3—1)。

表3-1　灌区不同水平年社会经济发展预测表

灌区	水平年	人口(万人)			牲畜(万头、只)		工业总产值
		城镇	农村	合计	大牲畜	小牲畜	(万元)
盐池县	2014	6.43	10.8	17.23	0.83	80.9	680600
	2020	7.2	12.08	19.28	0.76	70.44	1693500

(二)灌区需水定额预测

灌区需水按城镇生活、农村人畜饮水、工业用水、生态环境用水和农业灌溉用水分别进行预测。

城镇生活用水　城镇生活用水包括城镇居民生活用水和公共设施、建筑、城市绿化等公共事业用水两部分。2020年平均120升/人·天(见表3-2)。

工业用水　工业需水定额仍以万元产值需水量计，2020年取2.35立方米/万元(见表3-2)。

农村人畜用水　农村人畜用水包括农村人口及大小家畜的饮用用水，按综合用水指标控制，2020年取40升/人·天、大牲畜30升/头·天、小牲畜6升/头·天(见表3-2)。

表3-2　2020年需水定额预测

水平年	城镇生活(L/人·天)	农村人畜			工业(立方米/万元)	生态(万立方米)
		人(L/人·天)	大牲畜(L/头·天)	小牲畜(L/头·天)		
单位需水量	120	40	30	6	2.35	
数量	72030	120770	7600	704400	1693500	
合计需水量(万立方米)	398.4	220.4	10.4	192.9	497.5	200
需水量总计(万立方米)	1520					

生态环境用水　生态环境用水是指人工灌溉的生态环境用水。在农业灌溉需水量计算中，经果林及部分农田防护林的用水已计入其中。本地区为干旱多风沙地区，为改善生态环境，2020年生态环境用水为200万立方米。

目前刘家沟水库的净化水厂日供水量为1.2万立方米，用于解决城乡生活用水，年供水量为438万立方米。剩余的生活用水要从宁东鸭子荡水库引水，解决县城北部的城乡生活用水和高沙窝工业园区的工业用水。因此除农业外，灌区的需水量=438+200=638万立方米。

灌区农业需水量

1.灌区农业产业结构调整。盐池灌区粮食作物种植比例大，产出低。随着经济的发展，灌区将调整作物种植比例，以市场为导向，以提高灌区经济效益为目标，适当提高经济作物的种植比例，降低粮食作物种植面积和高耗水作物比例，对灌区种植结构进行优化调整。在灌区内在节水和灌溉面积不增加的前提下，不断优化种植结构，提高农民的收入，实现奔小康的目标。多年来，扬黄水灌区作物种植主要类型为种植业（玉米、油料、瓜菜、药材）、林业（经果林、防护林）、牧业等，种植比例为40∶30∶30。各类灌区在土地利用结构中，适当压缩粮食作物用地面积，加大经济作物和其他作物的用地面积，到2020年，将种植业、林业、牧业的用地比例调整为35∶35∶30，具体（见表3–3）。

表3–3　盐池县灌区农业产业结构规划表

灌区类型	灌区面积（万亩）	种植类型	作物名称	灌溉面积(万亩)	比例(%)
扬黄补灌区	18.37	种植业	玉　米	0.91	10
			油　料	3.28	18
			瓜　菜	/	/
			药　材	1.42	7
		林业	经果林	3.65	20
			防护林	2.73	15
		牧业	牧　草	5.47	30
小计	18.37			18.37	100.00
扬黄补灌区	14.70	种植业	玉　米	1.48	10
			油　料	2.65	18
			瓜　菜	/	/
			药　材	1.03	7
		林业	经果林	2.94	20
			防护林	2.21	15
		牧业	苜　蓿	4.41	30
小计	14.70			14.70	100.00
库井灌区	8.20	种植业	玉　米	0.82	10
			油　料	1.48	18
			瓜　菜	/	/
			药　材	0.57	7
		林　业	经果林	1.64	20
			防护林	1.23	15
		牧　业	苜　蓿	2.46	30
小计	8.2			8.20	100.00
合计	41.27			41.27	

2.灌溉制度设计。根据《灌溉与排水工程设计规范》(GB50288-99)规定，以旱作物为主的缺水地区，其灌溉设计保证率取75%，盐池县灌区灌溉制度详见表3-4。根据盐池县水资源的现状，各灌区作物净灌溉定额均按不进行冬灌计。

表3-4 盐池县作物灌溉制度表

种植类型	作物种类	作物组成（%）	灌水阶段	灌水次数	灌水定额(立方米/亩)	净灌溉定额（立方米/亩）	取消冬灌后的净灌溉定额(立方米/亩)	灌水时间		灌水延续天数(d)	净灌水率(立方米/秒/万亩)
								起(月—日)	止(月—日)		
农业	玉米	10	生育期	1	55	260	200	6—5	6—19	15	0.0433
				2	50			6—30	7—10	11	0.0537
				3	50			7—26	8—9	15	0.0394
				4	45			8—19	9—1	14	0.0379
			冬　灌	5	60			10—20	11—18	30	0.0236
	胡麻	18	生育期	1	50	195	140	5—7	5—21	15	0.0708
				2	50			6—20	6—29	10	0.1063
				3	40			8—10	8—18	9	0.0945
			冬　灌	4	55			10—20	11—18	30	0.0390
	药材	7	生育期	1	50	190	140	4—25	5—6	12	0.0344
				2	50			6—20	6—29	10	0.0413
				3	40			7—26	8—9	15	0.0220
			冬　灌	4	50			10—20	11—18	30	0.0138
林业	防护林	20	生育期	1	60	160	110	4—25	5—6	12	0.1181
				2	50			8—10	8—18	9	0.1312
			冬　灌	3	50			10—20	11—18	30	0.0394
	经果林	15	生育期	1	55	155	105	5—22	6—4	14	0.0696
				2	50			7—26	8—9	15	0.0590
			冬　灌	3	50			10—20	11—18	30	0.0295
牧业	牧草	30	生育期	1	45	220	165	5—7	5—21	15	0.1063
				2	40			6—5	6—19	15	0.0945
				3	40			7—11	7—25	15	0.0945
				4	40			8—19	9—1	14	0.1012
			冬灌	5	55			10—20	11—18	30	0.0649

3.灌区农业需水预测

（1）扬黄灌区。扬黄灌区总灌溉面积为18.37万亩。规划水平年扬黄灌区全部采用高效节水灌溉，根据规范，确定扬黄灌区灌溉水利用系数 η 为 $0.90\times0.90\times0.85\approx0.69$，由此计算得出扬黄灌区的净灌溉需水量为2603.95万立方米，预测灌溉用水量为2603.95万立方米÷0.69=3773.84 万立方米，详见表 3–5。

（2）扬黄补灌区。扬黄灌区总灌溉面积为 14.70 万亩。规划水平年灌区灌溉水利用系数 η 确定为 0.90，得出扬黄补灌区的净灌溉需水量为 2083.73 万立方米，预测灌溉用水量为 2315.25 万立方米，详见表 3–5。

（3）库井灌区。库井灌区总灌溉面积为 8.20 万亩。规划水平年灌区灌溉水利用系数 η 确定为 0.90，经计算得出库井灌区的净灌溉需水量为 1162.35 万立方米，预测灌溉用水量为 1291.50 万立方米，详见表 3–5。

表 3–5　灌区需水量计算

灌区类型	种植类型	作物名称	灌溉面积（万亩）	灌溉定额（立方米 / 亩）	净灌溉需水量（万立方米）	灌溉水利用系数	毛灌溉需水量（万立方米）
扬黄灌区	种植业	单种玉米	1.84	200	367.40	0.69	532.46
		油料	3.31	140	462.92		670.90
		药材	1.29	140	180.03		260.91
	林业	防护林	1.84	110	202.07		292.86
		经果林	4.59	105	482.21		698.86
	牧业	牧草	5.51	165	909.32		1317.85
小计			18.37		2603.95		3 73.84
扬黄补灌区	种植业	单种玉米	1.47	200	294.00	0.90	326.67
		油料	2.65	140	370.44		411.60
		药材	1.03	140	144.06		160.07
	林业	防护林	1.47	110	161.70		179.67
		经果林	3.68	105	385.88		428.75
	牧业	苜蓿	4.41	165	727.65		808.50
小计			14.70	860.00	2083.73		2315.25
库井灌区	种植业	单种玉米	0.82	200	164.00	0.90	182.22
		油料	1.48	140	206.64		229.60
		药材	0.57	140	80.36		89.29
	林业	防护林	0.82	110	90.20		100.22
		经果林	2.05	105	215.25		239.17
	牧业	苜蓿	2.46	165	405.90		451.00
小计			8.20		1162.35		1291.50
合计			41.27		5850.02		7380.59

综上所述，盐池所有灌区总用水量为 7380.59 万立方米，其中扬黄灌区需水量 3773.84 万立方米，扬黄补灌区需水量 2315.25 万立方米，库井灌区需水量 1291.50 万立方米。

（四）灌区设计水平年用水供需平衡分析

规划到2020年各行各业总需水量7827.77万立方米，根据灌区总可供水量减去总需水量，求得本灌区规划水平年供需水量平衡计算结果，水量结余1596.16万立方米，结余水量可用于对扬黄补灌区11.16万立方米作物的灌溉。具体详见表3–6。

表3–6 设计水平年年灌区总体水量平衡分析表

水平年	需水量(万立方米)					可供水量(万立方米)	水量平衡(万立方米)	
	农业(扬黄灌区＋库井灌区)	工业	生活	生态	合计		＋	－
2020年	5065.84	0	438.00	200	5703.84	7300	1596.16	

二、城乡饮水安全规划

（一）农村饮水安全规划

建设方案 对陕甘宁盐环定扬黄续建专用工程进行改造提升，扩充水厂供水量，增大各泵站供水能力，增加泵站前蓄水池数量及容量，提升泵站配套设施，改造泵站机电设备，增加主干管长度，解决供水量不足的问题；对麻黄山人饮工程进行提升改造，增加蓄水池容量和干管长度，解决麻黄山和后洼的人饮问题；完成美丽村庄饮水安全工程，铺设管道，保证自来水管道入户通水；对盐池县还未入户的住户，尽量铺设管道，达到自来水入户，对于难入户且离集中供水点较远的住户，通过每户建2个50立方米的集雨窖，1个集雨场解决用水问题。另外，还需要对农村支管末梢进行改造，保证末端的供水要求。

建设内容

1.陕甘宁盐环定扬黄续建专用工程提升改造。

（1）扩大水厂供水能力：由现有的供水量1.2万立方米，增大至3.8万立方米。

（2）新增输水主干管87.2千米，新增干管70千米：新增DN800的主干管25.2千米，新增DN500的主干管62千米，新增DN400的干管70千米。

（3）增加各泵站蓄水前池：增加50立方米蓄水池16座，增加尚记圈二泵站2000立方米蓄水前池1座。

（4）增大高位蓄水池容积：烟墩山蓄水池由现有的2000立方米增加至5000立方米，四墩子蓄水池由现在的3000立方米增加至6000立方米，暴记春蓄水池由现在的500立方米增加至2500立方米，以满足全县供水需求。

（5）提升6座泵站的供水能力：将一泵站现在的800立方米增加至1600立方米，将二泵站现在的450立方米增加至800立方米，将三泵站现在的400立方米增加至700立方米，将高沙窝支线现在的200立方米增加至400立方米，将大水坑支线现在的130立方米增加至400立方米，将青山支线现在的50立方米增加至100立方米，将王乐井支线现在的50立方米增加至100立方米。

（6）提升泵站机泵配套，给各泵站配备变频控制柜，将13座泵站的离心泵改为变频泵供水

2.麻黄山人饮工程提升改造

（1）在杏儿渠增加3000立方米蓄水池，干管1长度为19千米，原管道DN160，增加一根DN300的干管，建2个500立方米的蓄水池，解决麻黄山供水需求；

（2）在墩梁建3000立方米蓄水池，干管2长度为18千米，原管道DN160，增加一根DN300的干管，建2个500立方米的蓄水池，解决后洼供水需求。

3.美丽村庄饮水安全工程。对惠安堡镇狼布掌二组、惠安堡村南梁组、隰宁堡新村、杨二庄城东组、杜记沟村杜记沟组，麻黄山乡麻黄山村、李原半村、松记水村、侯洼村，青山乡营盘台、郝家台、侯家河、尖山湾，大水坑镇15个中心村，王乐井石山子、鸦儿沟、王乐井、边记洼村、兴武营、二步坑村，冯记沟乡回六庄老庄子村，花马池镇东塘村张记场、田继掌史庄子，高沙窝南梁村南梁组实施美丽村庄饮水安全工程，同时为美丽村庄饮水安全工程铺设管道，保证自来水入户率达到100%。

4.农村人饮安全入户工程 。对盐池县惠安堡镇的4386人、大水坑镇的373人、麻黄山乡的1446人实施自来水入户工程，从最近的集中供水点铺设管道到各用户。对于距离集中供水点2千米以外，5户以下的村庄，每户建2个50立方米的集雨窖，1个150平方米的集雨场。

5.农村人饮工程支管末梢改造。新建加压泵站10座，铺设管道200千米，其中60千米使用直径为100毫米的管道，140千米使用直径为63毫米的管道。

分年度建设任务及投资估算　2016年至2020年完成陕甘宁盐环定扬黄续建专用工程提升改造30000万元，麻黄山人饮工程提升改造3000万元，美丽村庄饮水安全工程3000万元，农村人饮安全入户工程2700万元，农村人饮工程支管末梢改造1200万元，总投资39900万元（见附表）。

2016年，完成陕甘宁盐环定扬黄续建专用工程提升改造Ⅰ期工程，投资6000万元；完成麻黄山人饮提升改造Ⅰ期工程，投资1500万元；完成美丽村庄饮水安全Ⅰ期工程，投资1500万元。

2017年，完成陕甘宁盐环定扬黄续建专用工程提升改造Ⅱ期工程，投资6000万元；完成麻黄山人饮提升改造Ⅱ期工程，投资1500万元；完成美丽村庄饮水安全Ⅱ期工程，投资1500万元。

2018年，完成陕甘宁盐环定扬黄续建专用工程提升改造Ⅲ期工程，投资6000万元；完成农村人饮安全入户Ⅰ期工程，投资1350万元。

2019年，完成陕甘宁盐环定扬黄续建专用工程提升改造Ⅳ期工程，投资6000万元；完成农村人饮安全入户Ⅱ期工程，投资1350万元。

2020年，完成陕甘宁盐环定扬黄续建专用工程提升改造Ⅴ期工程，投资6000万元；完成农村人饮工程支管末梢改造1200万元。

（二）城市饮水安全规划

根据流域和区域水资源条件，合理配置水资源，调整用水结构，通过建立有利于加快城镇供水工程建设的投融资机制，多渠道开源和节流，建设稳定可靠的城市供水水源。城市要重点加强水源工程建设，建设备用水源工程，改变单一水源供水状况，减少供水风险；加强城市供水水质监测网络和监管体系建设，提高生活饮用水卫生标准，保障城市居民生活用水质量。

建设方案　盐池县饮用水以太阳山水务公司刘家沟水库净化水为水源，为盐池县城及大水坑、惠安堡、青山、冯记沟、高沙窝、王乐井、花马池、麻黄山8个乡镇的17.2万城乡居民提供生活、生产用水及受水区内的工矿企业生产用水。通过重点建设鸭子荡水库引水工程，保证盐池县今后的生活用水需求和高沙窝工业园区供水水源。对已建好的但供水能力过小的盐池县城及8个乡镇供水管网进行改造。建立城乡供水智慧管理一体化系统，减少供水管网漏损量，提高供水效率。

建设内容

1.城镇供水工程管网提升改造工程 。“十三五”期间对以下管网工程进行改造：

（1）骆驼井水源地供水工程改造：新建水厂至县城段更换DN500毫米水泥管6.4千米，水厂至井区段更换DN500毫米水泥管11000米，DN400毫米球墨铸铁管6.5千米，DN300毫米球墨铸铁管3000米，DN200毫米球墨铸铁管3000米,DN160毫米球墨铸铁管1.9千米。

（2）城镇供水管网改造：2006年盐池县城供水管网改造工程安装各类管道4.44千米；2007年盐池县城市给给水管网改造工程安装各类管道2.6千米；2007年盐池县城市给给水管网改造工程安装各类管道5.8千米；2009年至2010年盐池县城供水管网改造工程安装各类管道8.5千米；盐池县城供水管网改造工程安装各类管道28.92千米；盐池县城西区给水工程安装各类管道9.46千米； 盐池县老城区供水管网扩建一期工程安装各类管道23千米；盐池县城西区给水管网扩建工程安装各类管道5.7千米。

（3）因设计管径偏小、管道压力等级偏低的管道，需改造的区域：南二新村Φ63毫米PP-R管2.8千米，Φ32毫米PP-R管1.262千米，砌筑各类阀井89座；北园子Φ110毫米PVC-M管（1.0mPa）3.9千米，Φ63毫米PP-R管2千米，砌筑各类阀井138座；千户小区改造主线Φ63毫米PP-R管1.2千米，表井168座；花马市场主线Φ75毫米铸铁管800米，更换Φ110毫米PVC-M管（1.0MPa）800米，Φ63毫米PP-R管600米，砌筑各类阀井10座；西环路更换Φ50毫米塑料管2.5千米，更换为Φ63毫米PP-R管2.5千米，砌筑各类阀井20座。

2.盐池县城北部人饮提升改造及工业园区供水工程。

(1) 盐池县城北部人饮提升改造

从鸭子荡水库引水，建一个1500万立方米的水库和一个日供水量为5万立方米/日的净化水厂，铺设DN800的主干管38千米，以满足盐池县的城乡人饮供水和高沙窝工业园区的供水需求。

(2)高沙窝工业园区供水工程

高沙窝工业园区作为宁东工业园区的扩展区域，在工业化发展中起着至关重要的作用。高沙窝工业园区集中区建泵站6座，安装输水主管道79千米、支管180千米，建4000立方米蓄水池2座，2000立方米蓄水池1座，辐射面积100平方千米。

3.城乡供水智慧管理一体化。在刘家沟水库净化水厂进出水处安装水量和水质监测点，测试每天的实际供水量及供水水质。在供水干管、各配水管及末梢支管布置水量和水质监测点，通过水量的监测，分析管网的漏损情况，如出现水量突变，可检测出管网的爆裂等情况，通过水质监测，分析各供水点的水质情况，真正达到安全供水的目的。

通过射频识别技术、物联网技术、云计算技术等新一代信息技术，将水厂工程基础设施、供水管网基础设施、供水社区基础设施、地理基础设施等供水相关的基础设施连接起来，使其成为新一代的智慧化基础设施，使供水各领域、各系统之间的内在关系更为明确，实现全面感知、泛在互联、普适计算与融合应用，并在此基础上，进一步建立以“智慧供水”优化决策软件为核心的，以供水管网地理信息系统、管网水力模型系统、供水远程数据采集与监控等系统为主干的城乡供水智慧管理一体化体系。

分年度建设任务及投资估算　2016年至2020年完成盐池县城镇供水管网改造工程17500万元，盐池县城北部人饮提升改造40000万元，高沙窝工业园区供水工程16000万元，城乡供水智慧管理一体化16000万元，总投资89500万元(见附表)。

2016年，完成盐池县城镇供水管网改造Ⅰ期工程3500万元，盐池县城北部人饮提升改造Ⅰ期工程8000万元，高沙窝工业园区供水Ⅰ期工程3200万元，城乡供水智慧管理一体化Ⅰ期工程3200万元；

2017年，完成盐池县城镇供水管网改造Ⅱ期工程3500万元，盐池县城北部人饮提升改造Ⅱ期工程8000万元，高沙窝工业园区供水Ⅱ期工程3200万元，城乡供水智慧管理一体化Ⅱ期工程3200万元；

2018年，完成盐池县城镇供水管网改造Ⅲ期工程3500万元，盐池县城北部人饮提升改造Ⅲ期工程8000万元，高沙窝工业园区供水Ⅲ期工程3200万元，城乡供水智慧管理一体化Ⅲ期工程3200万元；

2019年，完成盐池县城镇供水管网改造Ⅳ期工程3500万元，盐池县城北部人饮提升改造Ⅳ期工程8000万元，高沙窝工业园区供水Ⅳ期工程3200万元，城乡供水智慧管理一体化Ⅳ期工程3200万元；

2020年，完成盐池县城镇供水管网改造Ⅴ期工程3500万元，盐池县城北部人饮提升改造Ⅴ期工程8000万元，高沙窝工业园区供水Ⅴ期工程3200万元，城乡供水智慧管理一体化Ⅴ期工程3200万元；

三、农村水利建设规划

（一）灌区维修配套与节水改造

建设方案 以现有的渠系为基本框架，在原来渠系配套的基础上，进行盐环定盐池专用泵站维修改造、专用干渠防渗砌护及维修、灌区建筑物的配套及维修、生产道路建设及土地平整等措施，提升农田水利基础设施水平，从根本上改变盐池县农田水利设施滞后的现状，提高农业抵御自然灾害的能力，为保障粮食安全奠定基础；对井灌区牧区饲草地进行提升改造，实现灌溉自动化。

建设内容

1.盐环定盐池专用泵站及灌区改造工程

（1）对盐环定盐池4座专用泵站的37千米供电专线进行维修改造，其中三道井泵站供电专线18.8千米，旺四滩泵站供电专线5千米，狼布掌泵站3.5千米，李家坝泵站9.7千米；

（2）对三道井干渠进行防渗衬砌，长度43千米；

（3）对扬黄灌区内的渠道及渠系建筑物进行配套与完善，配套改造支渠205.448千米，各类渠系建筑物2000座；4）建立扬黄灌区输配水自动化系统1套。工程投资22000万元。

2.花马池镇牧区饲草地提升改造自动化灌溉工程

工程涉及花马池镇的郭记沟、八岔梁、沙边子、佟记圈、四墩子、皖记沟、施记圈、冒寨子和红沟梁9个行政村24个自然村的2.01万亩牧地，对灌区内现有的机井及配套设施进行维修，并安装自动化控制系统194台套，通过系统可采集对应大田的环境因子，可展示大田信息，可控制大田灌溉。系统支持PC浏览器使用，同时支持基于Android安卓系统的智能手机远程访问与控制。工程投资7000万元。

分年度建设任务及投资估算 2016年至2020年完成盐环定盐池专用泵站及灌区改造工程，投资22000万元；完成盐池县花马池镇牧区饲草地提升改造自动化灌溉工程，投资7200万元。总投资29000万元（见附表）。

2016年，完成盐环定盐池专用泵站及灌区Ⅰ期改造工程，投资4400万元；完成盐池县花马池镇牧区饲草地提升改造自动化灌溉Ⅰ期工程，投资1400万元。

2017年，完成盐环定盐池专用泵站及灌区Ⅱ期改造工程，投资4400万元，完成盐池县花马池镇牧区饲草地提升改造自动化灌溉Ⅱ期工程，投资1400万元。

2018年，完成盐环定盐池专用泵站及灌区Ⅲ期改造工程，投资4400万元，完成盐池县花马池镇牧区饲草地提升改造自动化灌溉Ⅲ期工程，投资1400万元。

2019年，完成盐环定盐池专用泵站及灌区Ⅳ期改造工程，投资4400万元，完成盐池县花马池镇牧区饲草地提升改造自动化灌溉Ⅳ期工程，投资1400万元。

2020年，完成盐环定盐池专用泵站及灌区Ⅴ期改造工程，投资4400万元，完成盐池县花马池镇牧区饲草地提升改造自动化灌溉Ⅴ期工程，投资1400万元。

（二）高效节水灌溉工程

建设方案　规划改善节水灌溉面积14.40万亩，主要种植苜蓿、瓜果蔬菜、玉米等，全部采用管道输水，灌水方法均采用微灌，以达到节水目的。

针对扬黄灌区灌水效率低、成本高及浪费严重等问题，以生态灌区智慧化为理念，综合高效节水灌溉、水资源调配和专家系统等先进水资源管理理论与信息技术，在盐池扬黄灌区建设监控调度中心，安装高效节水灌溉智慧化管理系统，系统可根据不同地域的土壤类型、灌溉水源、灌溉方式、种植作物等划分不同类型区，在不同类型区内选择代表性的地块，建设具有土壤含水量、降雨量等信息自动采集、传输功能的监测点。通过灌溉预报软件结合信息实时监测系统，获得作物最佳灌溉时间、灌溉水量及需采取的节水措施为主要内容的灌溉预报结果，科学指导种植户实时实量灌溉，以达到节水目的。

建设内容

1.扬黄灌区高效节水灌溉工程。规划改善扬黄灌区35处，共计14.40万亩，主要种植苜蓿、瓜果蔬菜、黄花、玉米等。全部采用管道输水，灌水方法均采用微灌，以达到节水目的。共需建泵站30座，修建蓄水池30座（蓄水量206.33万立方米），修引水渠道5.1千米，铺PVC干管123.80千米，铺PVC分干管137.55千米，竖管27.51千米，铺设PE支管1375.5千米、滴灌带96285千米，闸阀井2754座，镇墩1254座，穿路防护135处，出地保护井13755座，过滤器及施肥系统225套。工程投资28800万元。

2.盐池县高效节水灌溉智慧化管理系统建设。按照物联网应用系统的架构，高效节水灌溉智慧化管理系统由智能感知平台、无线传输平台、控制管理平台和应用平台四部分组成：

（1）智能感知平台：包括土壤水分与土壤温度传感器、智能气象站（温度、湿度、降雨量、辐射、风速和风向）、超声波水位传感器、摄像机等。

（2）传输网络：包括网络传输标准、PAN网络、LAN网络、WAN网络。

（3）控制管理平台：包括墒情（旱情）预报、灌溉远程/自动控制、农田管理。

（4）应用平台：用户可以通过手机、PDA、计算机等信息终端接收农田墒情信息、气象信息，并可远程控制灌溉设备。对政府管理部门而言，则可以通过该平台，提升农情、农业气象、农田水利的综合管理水平。工程投资25000万元。

3.分年度建设任务及投资估算。2016年至2020年完成扬黄灌区高效节水灌溉工程，总投资 28800 万元；完成盐池县高效节水灌溉智慧化管理系统建设，总投资 25000 万元（见附表）。

2016 年，完成王乐井乡陈庄子高效节水灌溉工程 0.5000 万亩、青山乡旺四滩灌区高效节水灌溉工程 0.5000 万亩、惠安堡镇狼布掌灌区高效节水灌溉工程 0.5000 万亩、花马池镇史庄子高效节水灌溉工程 0.5600 万亩，共计 2.0600 万亩，总投资 4120 万元；完成盐池县高效节水灌溉智慧化管理系统建设Ⅰ期工程 5000 万元。

2017 年，完成青山乡甘洼山灌区高效节水灌溉工程 0.0352 万亩、青山乡常山子灌区高效节水灌溉工程 0.1345 万亩、冯记沟乡马一支高效节水灌溉工程 0.6700 万亩，王乐井乡王吾岔高效节水灌溉工程 0.5000 万亩、冯记沟乡马二支高效节水灌溉工程 0.4658 万亩、冯记沟乡李家坝灌区高效节水灌溉工程 0.6000 万亩、惠安堡镇南梁灌区高效节水灌溉工程 0.1911 万亩、惠安堡镇陈家圈灌区高效节水灌溉工程 0.1500 万亩、青山乡龙记湾灌区高效节水灌溉工程 0.0523 万亩、共计 2.7989 万亩，总投资 5598 万元；完成盐池县高效节水灌溉智慧化管理系统建设Ⅱ期工程 5000 万元。

2018 年，完成冯记沟乡龚儿庄左岸灌区节水灌溉工程 0.1700 万亩、冯记沟乡龚儿庄右岸灌区节水灌溉工程 0.1400 万亩、冯记沟乡石井坑灌区高效节水灌溉工程 0.1080 万亩、惠安堡镇杜记沟灌区高效节水灌溉工程（狼布掌）0.6000 万亩、惠安堡镇姚沟塘灌区高效节水灌溉二期工程 0.8000 万亩、惠安堡镇大庄子灌区高效节水灌溉 0.8066 万亩、惠安堡镇薛园子灌区高效节水灌溉工程 0.0580 万亩、惠安堡镇王记疙瘩灌区高效节水灌溉工程 0.0277 万亩、惠安堡镇杜窑沟灌区高效节水灌溉工程 0.0640 万亩、惠安堡镇余记梁灌区高效节水灌溉工程 0.0710 万亩、惠安堡镇牛家口子灌区高效节水灌溉工程 0.0602 万亩，共计 2.9055 万亩，总投资 5811 万元；完成盐池县高效节水灌溉智慧化管理系统建设Ⅲ期工程 5000 万元。

2019 年，完成惠安堡镇隰宁堡南灌区高效节水灌溉工程 0.4685 万亩、惠安堡镇隰宁堡北灌区高效节水灌溉工程 0.1700 万亩、花马池镇城西滩灌区三、四分支高效节水灌溉工程 1.5000 万亩、惠安堡镇苦水井灌区高效节水灌溉工程 0.1121 万亩、惠安堡镇贾记圈灌区高效节水灌溉工程 0.4706 万亩、冯记沟乡三墩子高效节水灌溉工程 0.8000 万亩，共计 3.5212 万亩，总投资 7025 万元；完成盐池县高效节水灌溉智慧化管理系统建设Ⅳ期工程 5000 万元。

2020 年，完成花马池镇李毛庄灌区高效节水灌溉工程 0.6000 万亩、王乐井乡灌区三期高效节水灌溉工程 0.4900 万亩、王乐井乡野湖井灌区高效节水灌溉工程 0.1500 万亩、惠安堡镇李家坝扩灌区高效节水灌溉工程 0.1000 万亩、惠安堡镇老盐池南北灌区高效节水灌溉工程 0.3075 万亩、花马池镇城西滩五、六支灌区高效节水灌溉工程 1.4700 万亩，共计 3.1175 万亩，总投资 6229 万元；完成盐池县高效节水灌溉智慧化管理系统建设Ⅴ期工程 5000 万元。

（三）盐渍化治理规划

治理方案　根据地形、地势、水文地质条件及天然排水途径，分区分片地利用天然河沟作为排水干沟，各排水支沟（管）则根据地形地势及灌溉渠系的布置采用灌排相邻或灌排相间形式。

由于土壤质地多为砂土或砂壤土，明沟排水易出现塌坡现象，采用较大边坡系数，能使沟坡稳定，但导致占用耕地面积大，挖方量大，因此田间排水主要采用暗管排水。排水支沟（管）是采用明沟还是暗管主要取决于沟（管）沿线是耕地还是荒地、控制排水面积的大小。田间采用吸水暗管排除土壤中的多余水分，吸水暗管的水直接流入排水支管或通过集水管再流入排水支管或排水支沟。

建设内容　本次规划8片扬黄灌区，包括老盐池灌区、李家坝灌区、苦水井灌区、南梁灌区、宋新庄灌区、龚儿庄左岸灌区、龚儿庄右岸灌区和马儿庄一支灌区，共涉及三个乡镇。治理面积3.0528万亩，开沟铺设排水管道暗管244.22千米，暗管埋深1.2米至1.5米，暗管间距50米至100米，建检查井205口、集水井13口，修建配套建筑物220873座，挖排水沟2324.57千米。

分年度建设任务及投资估算　2016年至2020年完成盐渍化治理规划工程，总投资23182万元。其中：

2016年，完成李家坝灌区0.7126万亩盐渍化治理工程，投资5411万元；

2017年，完成老盐池灌区0.3075万亩盐渍化治理工程，投资2335万元；

2018年，完成苦水井灌区0.1121万亩和南梁灌区0.2441万亩盐渍化治理。共计0.3562万亩，总投资2705万元；

2019年，完成宋新庄灌区0.2300万亩、龚儿庄右岸灌区0.1407万亩和龚儿庄左岸灌区0.1700万亩盐渍化治理。共计0.5407万亩，总投资4106万元；

2020年，完成马儿庄一支灌区1.1358万亩盐渍化治理，投资8625万元。

四、防汛抗旱规划

（一）中小河流综合治理

“十三五”期间盐池县水利要按照人水和谐的理念，给洪水以必要的出路，因地制宜，科学合理地安排各类防洪工程措施及其组合，通过工程和非工程措施，形成较为完善的防洪减灾体系，重点保护人口及生产要素高度集聚的地方。防洪减灾工程建设的重点是完善重点苦水河、红山沟两岸的堤防工程体系，抓好河道的疏浚整治工程、防御山区小流域突发性洪水为主要内容的小流域防洪避洪工程。

建设方案

1.堤防建设方案。对河道较窄，比降陡，洪水流速大，洪水水流冲堤、坏堤几率较大的情况，规划采用堤防防护。

2.河道整治建设方案。对河道断面大，流速大，峰量集中，历史短，主要破坏型式是塌岸坏田的情况，根据河道演变特点并结合宁夏及国内其他类似河道整治的经验，河道整治主要采用以微弯为主，节点整治为辅的整治方案，防止水流单侧冲刷河岸。整治工程采用一岸控制，仅在凹岸弯道修建工程，河道依势取弯，以护岸守弯，以弯导流，以流定槽，以槽固滩，弯弯相扣，强化河湾边界条件，控导主流，归顺流路，改变河势，使主流一直处于工程之下。

建设内容

1.苦水河一级支流芦沟子整治工程，开挖导洪沟道总长12.1千米，开挖泄洪渠6千米。建筑物工程28座。生物防护工程40000株，工程占地425.53亩。

2.盐池县城南水资源综合利用工程，红山沟主沟治理总长14.308千米，全县清淤；对局部段落砌护单侧砌护总长17.816千米。新建各类建筑物17座，其中溢流堰9座、尾水5座、景观桥2座、交通桥1座；在沟拜左侧设混凝土防汛管护道路，绿化面积11.5万平方米，栽植新疆杨、刺槐28956株。在下游建300万立方米水库一座，新建泵站一座，输水管道8千米，管径250毫米，将水输到城北污水厂进行处理，处理后的水用于县城生态绿化。

分年度建设任务及投资估算　2016年至2020年完成苦水河一级支流芦沟子整治工程，总投资2874万元，详见附表。

2016年至2020年完成盐池县城南水资源综合利用工程，总投资20000万元。

（二）山洪灾害防治

以海绵城市为契机，通过“慢排缓释”和“源头分散”控制为主要规划设计理念，实现“渗、滞、蓄、净、用、排”，优先利用植草沟，雨水花园、下沉式绿地等“绿色”措施来组织排水，达到防洪、减洪、以及利用的目的。建立完善的旱情监测系统和防讯预警观测系统，在加强控制洪水能力建设的同时，提高洪水管理水平，形成人与自然和谐的综合防洪减灾体系。通过非工程措施建设，有效防御山洪灾害，改变山洪灾害日趋严重的局面，减少人员伤亡和财产损失。

建设方案　以导洪、排洪为目的，对沟道断面大，流速大，峰量集中，历史短，主要破坏型式是塌岸坏田的情况，根据河道演变特点并结合宁夏及国内其他类似沟道整治经验，沟道整治主要采用以微弯为主，节点整治为辅的整治方案。

建设内容

1.王乐井乡孙家楼、狼子沟防洪沟，新开泄洪沟道0.55千米，新建生产桥2座；

2.大水坑镇摆宴井泄洪沟整治工程，沟道整治8千米；

3.大水坑镇农台村防洪工程　沟道整治5千米，护坡及建筑物等；

4.曹泥洼村应急度汛工程，1.8千米长的排洪渠，修建3个过水路面。共治理沟道79.1千米。

5.南阳沟治理工程,沟道整治 18.37 千米,护坡及建筑物,全断面砌护等。

6.柳杨堡土沟整治工程,沟道整治 9.5 千米,护坡及建筑物等。

分年度建设任务及投资估算 2016 年至 2020 年完成山洪灾害防治工程,共投资 3187 万元。

2016 年完成王乐井乡孙家楼、狼子沟防洪沟,投资 77 万元;

2017 年完成大水坑镇摆宴井泄洪沟,投资 500 万元;大水坑镇农台村防洪工程,投资 800 万元;

2018 年完成完成曹泥洼村排洪渠,投资 110 万元;

2019 年完成南阳沟治理工程,投资 1100 万元;

2020 年完成柳杨堡土沟整治工程,投资 600 万元。

(三)抗旱应急规划

建设方案 当前盐池县抗旱减灾工作仍存在着基础薄弱,城乡供水体系抵御旱灾能力弱,抗旱减灾管理体系不健全,抗旱意识差等问题。因此,加强抗旱应急水源工程建设,挖掘现有工程潜力,提高蓄、供水能力。

建设内容

1.工程措施:新建抗旱应急水源、蓄水池、水库。

2.非工程措施:包括政策法规、组织机构、抗旱指挥调度、抗旱预案制度、抗旱投入机制、抗旱服务组织、抗旱物资储备等。

3.建设内容

(1)惠安堡镇抗旱应急水源工程:新建 40 万立方米蓄水池 1 座,1000 立方米蓄水池 1 座、3000 立方米蓄水池 1 座,配套自动化设备 2 套;新建泵站 1 座,铺设管道 2.5 千米。

(2)杜窑沟净水厂工程:新建 4 万立方米净水厂一座,配套自动化设备 2 套;新建泵站 1 座,铺设管道 10 千米。

(3)路记红庄抗旱调蓄水库;新建一个 1500 万立方米水库,新建 30 万立方米蓄水池 1 座,铺设管道 8.0 千米,新建一座泵站及配套设施。

(4)卢沟子水库:位于大水坑镇芦沟子村,工程控制面积 374 平方千米,主体工程分三大件,即土坝、输水建筑物、溢洪道。总库容 800 万立方米。

(5)盐池县城北绿化水源工程:解决城北 2 万亩生态林的灌溉水源;铺设管道 240km、泵站 4 座、各类阀井 200 座。

分年度建设任务及投资估算 2016 年至 2020 年完成应急抗旱水源工程, 共投资 54370 万元(见附表)。

2016 年实施惠安堡镇抗旱应急水源工程,总投资 1970 万元;

2017 年实施杜窑沟净水厂工程，总投资 14000 万元；

2018 年实施路记红庄抗旱调蓄水库，总投资 20000 万元；

2019 年实施卢沟子水库工程，总投资16000 万元；

2020 年实施盐池县城北绿化水源工程，总投资 2400 万元。

五、水土保持与水资源保护规划

（一）水土保持

治理措施 要以小流域为单元，将工程、生物措施相结合，对山、水、田、林、路综合治理。在保证基本农田的基础上，坡耕地面全部退耕还林还草，在林草措施上，先草灌、后乔木；建立骨干坝、淤地坝、沟头防护为主的沟道防护体系，风沙区以防风固沙为主营造防护水保林，并注重水资源的合理开发。

治理内容

1.小流域综合治理。“十三五”期间，规划小流域综合治理 26 个区，治理水土流失面积 306.73 平方千米，其中：梯田 4026.92 公顷，洪漫坝 1462.41 座，灌木林 2444.26 公顷；封禁治理 12450.81 公顷,道路 216.03 千米，田间道路 168.45 千米，小型水保工程 16 个，塘坝 5 个；补植补造 280.97 公顷，经果林 3.33 公顷、坝坡造林 0.27 公顷，保土耕作 76.22 公顷，建设生产性洪漫坝 9 座溢洪口 6 处，新增洪漫坝 525 米，规划总投资 13809 万元。

2.生态自然修复。规划“十三五”期间，新增杨儿庄生态修复区、苏步井生态修复区、铁柱泉生态修复区。三个项目区的总面积 615 平方千米，其中水土流失面积 512 平方千米，规划新增封禁面积 307 平方千米，围栏长度 1262 千米，规划投资 3377 万元。

3.坡耕地治理工程。规划“十三五”期间，对松记水、胶泥湾、李原畔三个流域的坡耕地进行治理，三个流域的总面积 41.2 平方千米，其中水土流失面积 39.14 平方千米，坡改梯面积 715 公顷，维修道路 30 千米，规划投资 1430 万元。

4.引洪漫地工程建设。规划“十三五”期间，新增引洪漫地工程 10 个，控制流域总面积 142.5 平方千米，引洪漫地 1241 公顷，土方量 232.4 立方米，浆砌石量 6.8 万立方米，砼方量 0.6 万立方米，道路改造 7 千米，规划投资 5009 万元。

5.骨干坝工程建设。“十三五”期间规划新建高新庄和施天池 2 个骨干坝工程项目，控制面积 7.1 平方千米，总库容达到 106.88 万立方米，可淤地面积 8.21 公顷，坝体土方量为 40.66 万立方米，浆砌石方 0.68 万立方米，砼方 0.088 万立方米，规划投资 883 万元。

6.国家水土保持重点工程盐池县西川等小流域综合治理项目。“十三五”期间，建设西川等小流域综合治理项目，地点位于麻黄山乡何新庄、井滩子、下高窑三个行政村，总面积 210 平方千米，其中水土流失面积 190 平方千米。新增治理面积为 100 平方千米，包括梯田建设、水平沟整地造林等，项目投资 6000 万元。

建设石山子小流域综合治理工程，流域治理 70 平方公里，砌护泄洪渠道 26 千米，下游工业园区改线 5.4 千米。安装防洪自动信息监测系统，建成盐池县城西部生态屏障，保障县城 5 万人、城西滩 6 万亩灌区及下游工业园区的防洪安全，项目投资 4500 万元。

建设二道沟—新泉井—摆宴井流域综合治理工程，地点大水坑二道沟村、新泉井、摆宴井村，总面积 320 平方千米，水土流失面积 272 平方千米，新增治理面积 150 平方千米，包括淤地坝、洪漫坝、梯田、鱼鳞坑、水平沟、造林等，治理水土流失面积 150 平方千米，保障 8000 人、12 万亩农田的防洪安全，项目投资 13500 万元。

分年度建设任务及投资估算　2016 年至 2020 年完成水土保持治理任务，总投资 48507 万元(见附表)。

2016 年完成投资 17930 万元。其中，魏庄子小流域概算总投资 720 万元，管记掌小流域概算总投资 429 万元，高腰岘小流域概算总投资 608 万元，门坎岭小流域概算总投资 607 万元，小口子小流域概算总投资 629 万元，黄羊岭小流域概算总投资 679 万元，孙记洼子小流域概算总投资 856 万元，石湾沟小流域概算总投资 553 万元，刘家口子小流域概算总投资 555 万元，惠安堡施天池流域综合治理 493 万元，麻黄山中滩流域综合治理 508 万元，大水坑王辛庄流域综合治理 600 万元，王乐井三道井流域综合治理 408 万元，王乐井边记洼流域综合治理 470 万元，王乐井平阳沟流域综合治理 408 万元；杨儿庄生态修复 957 万元；胶泥弯坡耕地治理 488 万元，李原畔坡耕地治理 445 万元；赵记沟淤地坝工程 495 万元，狼布掌淤地坝工程 499 万元，冒寨子淤地坝工程 523 万元；盐池县西川流域上游综合治理项目 6000 万。

2017 年完成水土保持治理 9422 万元。其中，惠安堡四股泉流域综合治理 503 万元，惠安堡南河流域综合治理 501 万元，麻黄山包原流域综合治理 468 万元，大水坑新桥水流域综合治理 600 万元；苏步井生态修复 1342 万元；施天池骨干坝工程 508 万元，马记掌淤地坝工程 500 万元，张记洼子淤地坝工程 500 万元；石山子小流域综合治理工程 4500 万元。

2018 年完成水土保持治理 7867 万元。其中，麻黄山李新庄流域综合治理 505 万元，麻黄山下高窑水流域综合治理 474 万元，大水坑东风流域综合治理 500 万元，王乐井鸭儿沟水流域综合治理 392 万元；松记水坡耕地治理 497 万元；黄记井淤地坝工程 499 万元；二道沟—新泉井—摆宴井流域综合治理Ⅰ期工程 5000 万元。

2019 年完成水土保持治理 7815 万元。其中，花马池苏步井庄流域综合治理 474 万元，王乐井牛记圈水流域综合治理 268 万元；铁柱泉生态修复 1078 万元；新建淤地坝工程 497 万元，新桥淤地坝工程 498 万元；二道沟—新泉井—摆宴井流域综合治理Ⅱ期工程 5000 万元。

2020 年完成水土保持治理 5473 万元。其中，大水坑新建流域综合治理 600 万元，莎草湾引洪漫坝工程 498 万元，洪庄引洪漫坝工程 500 万元，高新庄骨干坝工程 375 万元，二道沟—新泉井—摆宴井流域综合治理Ⅱ期工程 3500 万元。

(二)水资源保护

水资源保护方案 将骆驼井地下水源地作为盐池县城的备用水源进行保护,保护面积为43.5平方千米,其中一级保护区为14.5平方千米。在一级保护区设置物理隔离围、生物隔离防护林及进行生态治理,在二级保护区设置围栏隔离、界标和警示标志,对保护区内自然村进行搬迁。

对刘家沟水库及多处蓄水池、减压池、泵站进行保护。对刘家沟水库保护区实施隔离防护工程,设置物理隔离围栏、生物隔离防护林、水源涵养林及警示标志等。对多处小型蓄水池、减压池、泵站等实施实体墙防护工程,设置视频监控系统,保障水源安全。对多处大型蓄水池及泵站设置视频监控系统及自动化控制系统，通过对泵站流量和蓄水池水位的监测,控制水泵的启停,实现供水自动化。

对哈巴湖生态湿地进行修复与保护工程,主要是周边环境进行封护管理,使其生态环境自然修复。种植适宜当地生长的土著树种,构成绿化隔离带,构成蓄水池周边的生态屏障,减少农田径流等面源对蓄水池水体的污染,减缓周边水土流失。

建设内容

1. 骆驼井水源地保护工程。物理隔离围网30千米，围栏4.5万亩，生物隔离防护林10000亩,生态治理3.2万亩,设标志牌10块,搬迁7个自然村350户1750人。设置自动化水质和水量监测站,对骆驼井的水质和水量进行实时监测。

2.刘家沟水库水源地保护工程。对刘家沟水库保护区实施隔离防护工程:设置物理隔离网6千米、生物隔离防护林和水源涵养林200亩,警示标志2块等,设置自动化水质和水量监测站,对骆驼井的水质和水量进行实时监测。

3.蓄水池及泵站保护工程

(1)对个大型蓄水池和泵站设置视频监控系统及自动化控制系统。对每一个蓄水池设置2个高清摄像头,一套视频监控系统,对水池水位设置一套自动化监测和控制系统。对每一个本站设置一套视频监控系统和水量控制系统,实现供水安全和供水自动化;

(2)对55个小型蓄水池、减压池、泵站设置实体围墙防护工程,每个防护工程砌筑30米×30米×2米的24砖墙,安装1个高清视频监控系统。

4.盐池县哈巴湖生态保护工程。围栏封育30千米,建水保林5000亩,撒播草籽30000亩,保护面积30平方千米。

分年度建设任务及投资估算 2016年至2020年完成骆驼井水源地保护工程18000万元,刘家沟水库水源地保护工程800万元,蓄水池及泵站保护工程1100万元,盐池县哈巴湖生态保护工程1195万元,总投资21095万元。其中:

2016年,完成骆驼井地下水源地保护Ⅰ期工程,投资3600万元;刘家沟水库水源地保护工程,投资800万元。

2017年，完成骆驼井地下水源地保护及水厂扩建项目Ⅱ期工程，投资3600万元；完成哈巴湖生态保护工程，投资1195万元；

2018年，完成骆驼井地下水源地保护及水厂扩建项目Ⅲ期工程，投资3600万元；完成大型蓄水池、泵站保护工程投资800万元。

2019年，完成骆驼井地下水源地保护及水厂扩建项目Ⅳ期工程，投资3600万元；完成小型蓄水池、泵站保护工程投资300万元。

2020年，完成骆驼井地下水源地保护及水厂扩建项目Ⅴ期工程，投资3600万元。

六、节水型社会建设

建设方案

1.农业节水。鼓励山区农村集体经济组织和农民个人兴建集雨水窖、水池、水塘等蓄水工程，拦蓄雨洪水，增加有效水源。采用工程节水与农艺节水的方法，坚持因地制宜，注重实效，选择适宜的节水模式，加大产业调整力度，调整农、林、牧业用水结构，限制并压缩耗水量大、效益低的作物种植面积。加强节水工程建设，认真组织实施秋季农田水利、灌区节水改造、农业综合开发等项目建设。完善灌排体系，加快排水骨干沟系的建设，改良土壤盐渍化。

2.工业节水。采用先进的用水工艺和水处理技术，增加循环用水次数，提高水的重复利用率，减少水资源的损耗。加快对老企业的节水改造，严格控制耗水多且污染大的项目上马，同时结合水资源论证和审批制度，加大对新上企业的准入管理力度，使新上企业一律采取先进节水工艺，开展水平衡测试，提高工业水重复利用率，加强再生水回用和用水计量管理。

3.生活节水。对新建、改建和扩建的居住小区、公共建筑区等民用建筑和工业建筑生活给水要按照《民用建筑节水设计标准》进行节水设计，全部采用符合《节水型生活用水器具标准》的用水器具，节约用水设施必须与主体工程同时设计，同时施工，同时投产。未经验收或者验收不合格的节水设施，不得投入使用。通过报刊、电视、广播、网络等多种媒体广泛宣传国家公布的水效标准和其他节水器具使用标准，帮助公众正确认识和使用节水器具，营造自觉节约用水，抵制用水浪费的良好舆论氛围。积极引导居民尽快淘汰现有住宅中不符合节水标准的生活用水器具。

4.生态节水。对新建绿地优先种植耐旱作物和采用节水灌溉方式，街心花园、广场、绿地等要建设集雨工程，园林绿化要新增渗水设施，建设海绵城市，增加地下水的补给，并优先利用中水和雨水，逐步实现中水、雨水资源化；限制高档洗浴、洗车行业的发展，洗浴业必须在安装节水设施后方可营业，洗车业要安装并使用循环用水设施；组织开展5个节水型社（小）区工作任务。

建设内容

1.雨水利用工程。将盐池县冯记沟乡、花马池镇、青山乡、麻黄山乡、高沙窝乡5个乡镇，每户采取“集雨场＋蓄水窖＋集雨补灌＋特色作物种植”技术模式，一户新建一个雨水窖、一个集雨场和一套微灌设备。冯记沟乡的794户每户新建一个30立方米雨水窖、一个1502集雨场和一套微灌设备；花马池镇的750户每户新建一个20立方米雨水窖、一个1502集雨场和一套微灌设备；青山乡的384户每户新建一个8立方米雨水窖、一个1502集雨场和一套微灌设备；麻黄山乡的2000户每户新建一个30立方米水窖，一个1502集雨场和一套微灌设备；高沙窝乡664户每户新建一个25立方米雨水窖、一个962集雨场和一套微灌设备。

2.节水型社区建设。分年度一年新建四个节水型社区，一个社区500户，5年10000户，主要是节水马桶、节水龙头、节水淋浴器、绿化节水灌溉等。

3.矿井水利用工程。对冯记沟乡的矿井水进行利用，经过水处理设备处理后，铺设管道，进行绿化。

分年度建设任务及投资估算

2016年至2020年完成雨水利用工程6996万元，节水型社区建设7000万元，矿井水利用工程200万元，总投资14196。其中：

2016年完成冯记沟乡的雨水利用工程1386万元，完成节水型社区建设1400万元和矿井水利用工程200万元；

2017年实施花马池镇的雨水利用工程825万元，完成节水型社区建设1400万元；

2018年实施青山乡的雨水利用工程363万元，完成节水型社区建设1400万元；

2019年实施麻黄山乡的雨水利用工程3465万元，完成节水型社区建设1400万元；

2020年实施高沙窝乡的雨水利用工程957万元，完成节水型社区建设1400万元。

七、水利信息化建设规划

水利发展要坚持以信息化带动水利现代化，从过去重视水利工程建设，转变为在重视工程建设同时，更为重视通信、计算机等网络工程非工程措施的建设；从过去对水量、水质、水能的分别管理和对水的供、用、排、回收再用的多家管理，转变为对水资源的统一配置、统一调度、统一管理。要实现水利工作的上述转变，就必须不断加强水利信息化的建设。这不仅是时代的要求，也是科学技术发展的必然趋势。

盐池县目前的水利信息化工作还有待大力提高，集中存在的问题有：水质监测能力不足，监测站网稀疏，有效监测范围很小；在运行的水土保持方面的监测系统有刘窑头、冯记沟风蚀监测站及为数不多的一些雨量站和蒸发站。监测系统覆盖不全面，运行不稳定是当前存在的主要问题。在防洪方面，由于缺乏统一和长远规划，资金投入不足，持续性研发不够，致使已有成果仅限于局部应用阶段，在总体上尚未形成能为防汛指挥决策提供有力支持的信息系统，在功能上远远不能满足防汛业务的需要。

“十三五”期间，即2016年至2020年

1.建立完善的水文水资源监测体系。规划5年在全县8个乡镇建设水质监测站点8处；

拟建成28002水质化验检测中心1座，配备专业技术人员30人，包括生物室、理化室等十多科室，配备各项水质检测实验设备。计划投资5000万元，分三年实施。

2.建设完善水土保持监测体系。建立旱情，雨情，墒情数据库系统和信息查询服务系统，通过旱情，雨情，墒情信息采集、处理、查询和报送，形成完整的水土保持管理、服务和逐级上报体系；建立旱情分析系统，利用遥感、水文、气象、农业等信息，采用多种方法，进行合理选择，通过综合判断，估算各类干旱指数，形成标准化的旱情监测预测业务流程。建成一个可监视全县，人机交互式的旱情实时监视预测业务系统，并实现常年连续运转，以图表和统计数据的形式按日、旬、月、季等不同时段输出全县旱情监测和分析产品，反映全县的旱情实况和未来短期旱情发展变化的信息，进行旱情监测预测，为指导抗旱、水利建设、水资源配置、农业生产等提供科学依据和决策支持。计划投资6000万，分三年实施。

3.建设盐池县水利行业智慧管理体系。建设集人饮、防汛抗旱、灌溉、办公等智慧化管理平台，实现对涉水业务的统一配置、统一调度、统一管理。计划投资10000万元，分5年实施完成。

第四章 水利改革与管理

改革的主要任务是建立和完善职能清晰，权责明确的水利工程分级管理体制；建立管理科学，经营规范的水管单位运行机制；建立专业化和社会化的水利工程维修养护体系；对新建的水利工程建立合理的水价形成机制和有效的水费计收方式；建立规范的资金投入、使用、管理与监督机制；建立保障有力、配套完善的政策、法律支撑体系。

一、基础设施

为满足不断水利业务发展的新要求，提高盐池县水务局工作质量和效率，在本次规划中拟采购一批新型测绘设备，如RTK测量系统，全站仪等。还将采购办公自动化设备一批，主要包括高性能计算机、绘图仪等。

二、科研教育

(一)盐池县劣质水(高含沙水、苦咸水)处理与微灌技术示范

盐池县地处四个水资源四级区，即苦水河、盐池内流区、泾河以及黄河右岸诸沟，境内河流主要有枯水河、马莲河以及苦水河一级支流小河等。受盐池内流区域特殊的自然环境和地质构造影响，南部地区地表水矿化度在3000毫克/升至4000毫克/升，水质较差；北部矿化度在1500毫克/升至2000毫克/升之间，水质相对较好，可供人畜饮用。矿化度在7000毫克/升至8000毫克/升之间的地表水在盐池县多为岛状分布。盐池是宁夏高氟区之一，氟含量大于2.0毫克/升的地域多有分布，相当一部分地方氟含量高达5毫克/升。因此，“十三五”期间拟联合宁夏大学开展“盐池县劣质水(高含沙水、苦咸水)处理与微灌技

术示范”研究，为拓宽盐池县水资源利用的渠道提供科研和技术上的支持。计划投资 4000 万元，分 2 年实施完成。

（二）盐池县地下水资源的计算与评价

盐池县地下水主要有毛乌素沙地第四系地下水、毛乌素沙地基岩地下水以及承压自流水和南部山区地下水，水源补给主要是降雨。目前，盐池县有水井 1500 余眼，主要用于人饮、生态环境、工业和农业灌溉。

全面的开展一次盐池县地下水资源调查评价，查明盐池县地下水补、径、排条件变化特征及其相关的环境地质问题与成因，建立盐池县地下水基本数据库，为促进盐池县水资源与生态地质环境的和谐、水资源综合规划提供依据，为制定盐池县优化水资源配置及开发利用方案，和进一步研究盐池县地下水资源及其环境问题综合评价提供基础资料。计划投资 8500 万元，分三年实施完成。

三、水利改革与能力建设

（一）水利工程管理体系改革

建议上级相关部门对公益性工程的运行管理和维修养护在宏观上应建立长效资金投入机制，建立起相对稳定的、有制度保障的投入渠道，使水利工程建设和运行管理有机结合起来，实现“建管结合、无缝交接”，有利于水利工程管理水平提高以及水利工程功能的充分发挥。计划投资 40000 万元，分五年实施完成。

（二）盐池县水权转换改革

盐池县农业是第一用水大户。在用水总量居高不下的同时，水资源利用效率仍然较低，随着盐池县工业化和城镇化加快，越来越多的水资源需求在增加，工业用水和城市用水会呈现不断增长的趋势。因此，农业用水向其它产业转移是用水管理面临的一个实际问题，大力推进节水农业，就必须深化农业水权改革。

第一，要明晰产权边界，完善与改革农业水资源产权制度。立足于水资源有偿使用制度，重点解决水权交易与转换中存在的问题，建立适宜的水权交易机制。

第二，要充分调动节水主体——农民的积极性，提高农民在水管理中的参与度。这样可以缩短管理链条，提高效率，形成农民自我约束和自我保护的管理模式，减少不必要的矛盾。

第三，建立节水奖励机制。对于完成节水指标的用户，给予适当的奖励，对于没有完成的农户，给予适当的惩罚。这样可以促使农户自觉采取科学的浇灌措施，或者改变种植作物种类，将耗水多的作物改为耗水低的作物，或者采用先进的节水设施，达到水资源的高效利用。

第四，完善补偿机制。水权转换中发生的各种费用成本应由用水单位承担，导致的损益和各种风险也应由用水单位负责。所获得的收益，应主要用于农民补偿，保障农民生活。同时，应从转让水权所得的资金中划分一定比例的资金用于农村基础设施建设，尤其是节水技术的应用和建设，使灌区节省出更多的水，实现多赢。

第五，多方合作，解决失水农民生存问题，为农民创造就业机会。各地政府应结合产业结构调整，增设定向失水农民的技能培训，向农民传授就业技能；政府应针对水权交易市场，尽快设立“失水农民创业基金”，鼓励农民自主创业，保障农民生活。

（三）盐池县水价改革

在水权改革的基础上，启动农业水价改革、创新农村水利体制机制、实现农田灌排工程良性运行，让农民用水合作组织和用水大户成为工程管护、用水管理、协商定价、水费计收的责任主体，建立健全协会章程、水费管理等相关制度，共同达到农业节水的目的。

具体农业综合水价改革措施有五个方面：一是水资源使用权确权。将农业初始水权分配到用水户协会、种植大户或用水户，发放水资源使用权证。二是明晰工程产权。通过确权划界小型水利工程的保护范围和管理范围，发放小型水利工程所有权证、管理权证和使用权证。按照“谁投资、谁所有，谁使用、谁管理，谁受益、谁负担”的原则，确定工程管护主体和责任。跨村小型水利工程，产权归乡镇所有，各受益村集体代表受益户分别行使使用权；不跨村小型水利工程，产权归村集体所有，并代表受益户行使使用权。三是建立农业水价形成机制，体现分类水价和超定额累进加价制度。四是建立精准补贴机制和节水奖励机制，制定精准补贴和节水奖励办法，落实精准补贴和节水奖励资金，推动水权转让。五是规范农民用水合作组织建设。农民用水合作组织和用水大户成为工程管护、用水管理、协商定价、水费计收的责任主体，建立健全协会章程、水费管理等相关制度。

四、水利人才培训中心

为全面推进盐池县水利科技进步和提高水利职工整体素质，开展高效节水、防洪减灾、水资源综合利用及水土保持等领域的科学研究，促进科技成果的转化和推广，科学治水、科教兴水，拟投资建设盐池县水利人才培训中心一座，配套相关水利行业人才培养规划，加快水利水电科技成果和新技术的推广应用，促进水利水电事业的蓬勃发展。计划投资5000万元，分二年实施完成。

第五章　重点项目和投资

根据“十三五”水利发展和改革的目标与任务，以及对重大水利工程的研究和项目的前期工作情况，按照突出重点、因地制宜、需要与可能结合的原则，提出对全灌区起关键作用的重点水利工程，共40项，总投资478111万元，其中城乡饮水安全工程129400万元，农村水利建设工程105982万元，防洪抗旱工程80431万元，水土保持与水资源保护工程69602万元，节水型社会建设工程14196万元，水利行业能力建设工程78500万元。具体项目及投资建表5-1。

表 5-1　重点项目及投资

序号	工程名称	总投资(万元)
一	**城乡饮水安全工程**	**129400**
(一)	农村饮水安全工程	39900
1	陕甘宁盐环定扬黄续建专用工程提升改造工程	30000
2	美丽村庄饮水安全工程	3000
3	麻黄山人饮提升改造工程	3000
4	农村人饮安全入户工程	2700
5	农村人饮工程支管末梢改造	1200
(二)	城市饮水安全工程	89500
6	盐池县城镇供水管网改造工程	17500
7	盐池县城北部人饮提升改造及工业园区供水工程	56000
8	城乡供水智慧管理一体化	16000
二	**农村水利建设工程**	**105982**
(一)	灌区维修配套与节水改造工程	29000
9	盐环定盐池专用泵站及灌区改造工程	22000
10	盐池县花马池镇牧区饲草地提升改造自动化灌溉工程	7000
(二)	高效节水灌溉工程	53800
11	扬黄灌区高效节水灌溉工程	28800
12	盐池县高效节水灌溉智慧化管理系统建设工程	25000
(三)	盐渍化治理工程	23182
13	盐渍化治理工程	23182
三	**防汛抗旱工程**	**80431**
(一)	中小河流综合治理工程	22874
14	苦水河一级支流芦沟子整治工程	2874
15	盐池县城南水资源综合利用工程	20000
(二)	山洪灾害防治工程	3187
16	山洪灾害防治工程	3187
(三)	抗旱应急工程	54370
17	惠安堡镇抗旱应急水源工程	1970
18	杜窑沟净水厂工程	14000
19	路记红庄抗旱调蓄水库	20000
20	卢沟子水库	16000
21	盐池县城北绿化水源工程	2400

续表

四	**水土保持与水资源规划**	**69602**
(一)	水土保持	48507
22	小流域综合治理	13808
23	生态自然修复	3377
24	坡耕地治理工程	1430
25	引洪漫地工程建设	5009
26	骨干坝工程建设	883
27	国家水土保持重点工程盐池县西川等小流域综合治理项目	24000
(二)	水资源保护	21095
28	骆驼井水源地保护工程	18000
29	刘家沟水库水源地保护工程	800
30	蓄水池及泵站保护工程	1100
31	盐池县哈巴湖生态保护工程	1195
五	**节水型社会**	**14196**
32	雨水利用工程	6996
33	节水型社区建设	7000
34	矿井水利用工程	200
六	**水利信息化建设**	**78500**
35	水文水资源和水土保持监测设施建设	11000
36	水利行业智慧化管理体系建设	10000
37	盐池县劣质水(高含沙水、苦咸水)处理与微灌技术示范	4000
38	盐池县地下水资源的计算与评价	8500
39	中小型水利工程管理体制改革	40000
40	人才培训中心建设	5000
合计		478111

第六章 保障措施

一、秉持理念、提高认识、健全法规，完善制度

“十三五”期间，牢牢抓住“创新、协调、绿色、开放、共享”的发展理念，按照中央“节水优先、空间均衡、系统治理、两手发力”的新时期水利工作方针，以《水法》为依据，据经济社会和水利发展的要求，加紧制定相关配套法规和实施细则，进一步完善水法规体系，完善水权分配制度、水资源有偿使用制度、水资源配置方案、节水技术经济政策等法规、规章。加强执法力度，完善监督机制，规范水事行为，依法行政，依法治水。严格按基本建设程序立项，经自治区批准的水利规划是工程建设的依据，要按照规划安排项目建设。各类基本建设项目

要符合区域规划及防洪、水资源、城市建设、水土保持等专业规划的要求。开发建设项目要实行水土保持方案报告制度，涉及防洪和水资源的建设项目，应实行防洪影响评价和水资源论证、审批制度。水法规是水利事业健康发展的重要保证。

二、落实责任、注重协调、强化管理，履行职能

在加强水利业务部门主体责任，注重各级部门及生产单位的协调，强化管理制度的基础上，切实履行工作职能。具体有以下几个方面。

1.提高政府在防御洪涝、干旱等自然灾害和突发性水污染事件的应急处置指挥能力，建立完善的防洪抗旱安全保障体系，提高防御洪涝、干旱等自然灾害和突发性水污染事件的应急处置指挥能力。在逐步建立完善工程措施有效防御、防范灾害的同时，以人为本，发挥政府的指挥作用，加强对灾害发生期间的指挥调度，减轻灾害损失；加强水质监测，提高水质监测的自动化水平；逐步建立健全水质的预警机制，对突发性水质污染及时预警，采取有效措施，防止因水质污染而带来的危害。

2.提高政府对水资源配置管理能力

(1)强化水资源统一管理，加强地表水与地下水、水量与水质、需水与供水、用水与防洪的综合规划和科学管理，确保在保护的前提下进行水资源的合理开发。探索应用水权理论进行水资源的管理，实现水资源的可持续利用。

(2)严格执行水资源论证、取水许可、水资源有偿使用等相关制度。建立完善建设项目水资源论证制度、取水许可制度和水资源有偿使用制度，制订相应的管理措施。

(3)积极推进节约用水，通过法律、行政、技术和管理等手段，全面推进节水型社会建设。开展农业节水工作，推行农业用水定额管理制度，积极发挥价格机制在农业用水中的杠杆作用；大力推广高效节水灌溉、渠道衬砌、喷滴灌和管道灌溉等节水技术，调整农业种植结构，改造农田排灌设施；大力推广效益农业、设施农业，创建节水型农业；大力发展节水型产业，加大对耗水量大产业的用水管理和限制，加强节水技术改造，提高水重复利用率和污水处理回用率；加强对群众进行节水宣传教育，增强节水意识。加大城镇管网改造力度，推广节水器具，减少跑、冒、滴、漏等问题。

3.提高政府在水资源保护、水土保持生态建设管理的能力

加强对水源地周围隔离保护，合理使用化肥、农药，逐步减少面源污染，重视乡村水污染治理；建立健全适应市场经济要求的水土保持发展机制，按照治理、使用、管理相结合的原则，明晰水土流失治理成果的权属，保护治理者的合法权益，鼓励和支持广大农民和社会各界人士积极参与水土流失治理；健全水土保持监督管理体系，完善开发建设项目水土保持方案申报审批制度，强化监督，严格执法，依法查处违反水土保持法律法规的行为。

4.强化水利建设和市场管理

按照工程设计审批和开工建设管理要求，必须严格把关，使水利工程建设符合有关国

家政策，符合规划，按基本建设程序进行。完善项目法人责任制、招标投标制、建设监理制和合同管理制，加强政府对建设全过程的监管，对项目建设实施稽查制度，规范水利建设市场；进一步加强水利工程质量和安全生产的监督管理工作；加强水利水电建设的安全督查工作，强化项目法人安全责任制，保障水利水电建设项目的建设安全和生产安全。

三、加强水利基础工作

1.继续加强水利规划工作。根据经济社会发展的要求，完善水利规划体系，使水利规划能与经济社会发展相适应。着手编制盐池县生态河道、湖泊建设规划、小流域防洪避洪规划。树立和巩固规划在水利建设中应有的法律地位，不符合规划的建设项目一律不予立项建设。

2.加强水利重大问题和重大工程建设的研究，按照要求处理好水利建设，经济社会发展和环境保护等方面的关系。按照国家水利部和自治区水利厅对水利建设项目前期工作的要求，加大对水利前期工作的投入，协调好与相关部门、相关行业、相关地区间的关系，加快水利前期工作进程。

3.依托科技成果和先进技术发展水利。实施“人才强水”战略，加强水利人才队伍建设。重视水利专业人才和管理人才的培养，注重基层水利队伍的稳定和素质提高，使工作人员服务社会应对复杂水事危机的能力明显提高。依据科技进步和创新，提高水资源利用效率，促进水利现代化。加强对防洪、水资源配置、水资源保护、城市供水与排水、城市与农业节水、水土保持等领域以及工程建设研究和科技推广。

四、深化水利管理体制改革，以改革促发展

1.研究推进整体管理与区域管理相结合的水资源管理体制改革和区域水务管理体制改革，从而逐步推进对区域防洪、供水、排水、节水、污水处理的统一管理。

2.推进水利国有资产产权制度改革。对以防洪等公益性服务为主的水利非经营性资产，建立水行政主管部门对水利非经营性国有资产的监管制度，推进水利非经营性国有资产管理的法制化、制度化和规范化的进程，以提高水利非经营性国有资产的使用效率；对兼有防洪、供水、养殖等多功能的准公益性水利国有资产，探索建立事业管理、授权经营、权责明确、补偿合理、收支分列的管理体制和运营机制。积极探索建立与市场经济体制和公共财政体制相适应的水利行政事业性资产管理体制。

3.积极深化农村水利改革。鼓励和引导用水户通过用水合作组织对工程管理、用水管理、水费收缴进行自主管理，自我经营。大力推进小型农村水利工程管理改革，以明晰工程所有权为核心，建立投资者自主管理或与专业化服务组织相结合的管理模式；采取承包、租赁、拍卖、股份合作等方式，搞活经营权，落实管理权，合理确定非自用工程供水价格，促进工程良性运行。

4.推进水利投融资体制的改革和投资机制创新，把对水利的投入纳入公共财政投入的主框架。

五、积极落实筹措资金，保障水利建设投入，建立水利补偿机制

按照“谁投资、谁决策、谁收益、谁承担风险”的原则，放宽经营性水利项目的审批权限，落实业主投资自主权。尝试建立社会资金进入公益性水利工程的回报机制，发布水利规划，推介水利项目，降低市场准入门坎，进一步拓宽项目融资渠道，发展多种融资方式，鼓励引导社会资金投入水利建设。合理确定政府投资职能，政府投资主要用于市场不能有效配置资源的经济和社会领域。对农村小型水利工程和水土保持生态建设等水利设施，有条件的可采取拍卖、租贷、承保经营等方式盘活存量资产，调动广大农民参与建设和治理的积极性。

六、社会参与，共同实施

加强规划的宣传和引导，在全县树立良好的规划实施环境和意识，提高全县对加快水利发展和改革的认同程度，引导公众积极地参与和支持水利规划实施，使规划实施取得更好的社会效果。在水利规划实施过程中，通过多种形式听取社会公众的意见，充分反映公众意愿，不断保证规划实施的科学性与合理性。

附表　盐池县“十三五”水利规划项目表

序号	工程名称	总投资（万元）	分年度投资				
			2016	2017	2018	2019	2020
合计		478111	99531	104314	100215	94878	79173
一	城乡饮水安全工程	129400	26900	26900	25250	25250	25100
（一）	农村饮水安全工程	39900	9000	9000	7350	7350	7200
1	陕甘宁盐环定扬黄续建专用工程提升改造工程	30000	6000	6000	6000	6000	6000
2	美丽村庄饮水安全工程	3000	1500	1500			
3	麻黄山人饮提升改造工程	3000	1500	1500			
4	农村人饮安全入户工程	2700			1350	1350	
5	农村人饮工程支管末梢改造	1200					1200
（二）	城市饮水安全工程	89500	17900	17900	17900	17900	17900
6	盐池县城镇供水管网改造工程	17500	3500	3500	3500	3500	3500
7	盐池县城北部人饮提升改造及工业园区供水工程	56000	11200	11200	11200	11200	11200
8	城乡供水智慧管理一体化	16000	3200	3200	3200	3200	3200

续表

二	农村水利建设工程	105982	20331	18735	19325	21948	25643
（一）	灌区维修配套与节水改造工程	29000	5800	5800	5800	5800	5800
9	盐环定盐池专用泵站及灌区改造工程	22000	4400	4400	4400	4400	4400
10	盐池县花马池镇牧区饲草地提升改造自动化灌溉工程	7000	1400	1400	1400	1400	1400
（二）	高效节水灌溉工程	53800	9120	10600	10820	12042	11218
11	扬黄灌区高效节水灌溉工程	28800	4120	5598	5811	7042	6229
12	盐池县高效节水灌溉智慧化管理系统建设工程	25000	5000	5000	5000	5000	5000
（三）	盐渍化治理工程	23182	5411	2335	2705	4106	8625
13	盐渍化治理工程	23182	5411	2335	2705	4106	8625
三	防汛抗旱工程	80431	7484	20737	24110	21100	7000
（一）	中小河流综合治理工程	22874	5437	5437	4000	4000	4000
14	苦水河一级支流芦沟子整治工程	2874	1437	1437			
15	盐池县城南水资源综合利用工程	20000	4000	4000	4000	4000	4000
（二）	山洪灾害防治工程	2687	77	1300	110	1100	600
16	山洪灾害防治工程	3187	77	1300	110	1100	600
（三）	抗旱应急工程	54370	1970	14000	20000	16000	2400
17	惠安堡镇抗旱应急水源工程	1970	1970				
18	杜窑沟净水厂工程	14000		14000			
19	路记红庄抗旱调蓄水库	20000			20000		
20	卢沟子水库	16000				16000	
21	盐池县城北绿化水源工程	2400					2400
四	水土保持与水资源规划	69602	22330	14217	12267	11715	9073
（一）	水土保持	48507	17930	9422	7867	7815	5473
22	小流域综合治理	13808	8523	2072	1871	742	600
23	生态自然修复	3377	957	1342		1078	
24	坡耕地治理工程	1430	933		497		

续表

25	引洪漫地工程建设	5009	1517	1000	499	995	998
26	骨干坝工程建设	883		508			375
27	国家水土保持重点工程盐池县西川等小流域综合治理项目	24000	6000	4500	5000	5000	3500
（二）	水资源保护	21095	4400	4795	4400	3900	3600
28	骆驼井水源地保护工程	18000	3600	3600	3600	3600	3600
29	刘家沟水库水源地保护工程	800	800				
30	蓄水池及泵站保护工程	1100			800	300	
31	盐池县哈巴湖生态保护工程	1195		1195			
五	节水型社会	14196	2986	2225	1763	4865	2357
32	雨水利用工程	6996	1386	825	363	3465	957
33	节水型社区建设	7000	1400	1400	1400	1400	1400
34	矿井水利用工程	200	200				
六	水利信息化建设	78500	19500	21500	17500	10000	10000
35	水文水资源和水土保持监测设施建设	11000	4000	4000	3000		
36	水利行业智慧化管理体系建设	10000	2000	2000	2000	2000	2000
37	盐池县劣质水（高含沙水、苦咸水）处理与微灌技术示范	4000		2000	2000		
38	盐池县地下水资源的计算与评价	8500	3000	3000	2500		
39	中小型水利工程管理体制改革	40000	8000	8000	8000	8000	8000
40	人才培训中心建设	5000	2500	2500			

后　记

2017 年 4 月，宁夏回族自治区人民政府办公厅下发《关于印发宁夏回族自治区地方志事业发展实施方案（2016 年—2020 年）的通知》（宁政办发[2017]83 号文件），要求各地、各部门要积极推进行业（部门）、乡镇（街道）、村（社区）等志书编纂工作。同月，盐池县史志办组织起草了《关于进一步加强和改进新形势下党史和地方志工作的实施方案》，由县委办、政府办联合下发有关单位部门，进一步明确了盐池县编纂行业（部门）、乡镇（街道）志工作任务和方法措施。盐池县在贯彻《方案》精神方面，乡镇志编纂走在前面，行业（部门）志书修订任务还很艰巨。

同年 5 月，盐池县水务局决定启动编辑《盐池县水务志》。在局长张立泽的亲自主持下，支部书记张建军、主任科员冯春秀两名同志具体负责，办公室主任高菊艳统筹协调，邀请县人大常委会原副主任、自治区文史馆文史研究员侯凤章先生担纲，组织县内文史爱好者、老同志组成编写组，在县史志办的业务指导下，于 7 月份启动编辑工作。

2018 年 6 月，编写组完成初稿，水务局组织相关科室人员进行初审，提出修改意见，再由编写组进行二次统稿；之后将书稿送达各编纂委员会委员进行审阅、会稿。单新强、吴德、白树民、袁书义、路关、白赟等历任水务局领导，分管副县长吴科以及新任水务局局长蔡向阳等同志都亲自参与了书稿修改。这些同志都是亲历亲见的当事人，有的同志参与水利、扬黄、水务事业长达 40 年之久，所提意见、建议忠恳到位。10 月下旬，由县史志办主持，邀请自治区地方志编纂委员会办公室专家、县地方志评审小组成员、历任水务局领导等同志召开志书评审会，提出终评修改指导意见。编写组按照终评评审意见进行再次修改，终成是志。

颜师古曰："志，记也。积记其事也。"志书编纂，就是把事物发展的过程记载下来。由于编者立场、角度不同，加之事既久远，搜求不易，终不能尽善尽美。所记疏漏，恳请广大读者指正。

2019 年，在庆祝中华人民共和国成立 70 周年之际，《盐池县水务志》编纂成书，是对盐池县 40 多年来水务事业发展历程最为全面的总结，也是对中华人民共和国成立 70 周年最好的献礼。

编者

2018 年 12 月